최신 조경식물학

대표저자

김용식 천리포수목원

저 자

강현미 목포대학교

강호철 경남과학기술대학교

김광두 상명대학교 대학원

김동엽 성균관대학교

김민수 대구가톨릭대학교

김인호 신구대학교

김창환 전북대학교

노재현 우석대학교

박석곤 순천대학교

박인환 경북대학교

변무섭 전북대학교

송근준 천안연암대학교

신현탁 국립수목원

안영희 중앙대학교

오구균 호남대학교

윤정원 국립수목원

이경재 서울시립대학교

이유미 국립수목원

이명훈 대구수목원

이재윤 가천대학교

임동옥 호남대학교

장병관 대구대학교

전승훈 가천대학교

정용문 공주대학교

주명칠 동신대학교

최송현 부산대학교

최재영 경주대학교

한봉호 서울시립대학교

도서출판 광일문화사

著者承認
檢印省略

(제3개정 수정판)

최신 조경식물학

2018년 2월 28일 3판 발행
2024년 2월 28일 9쇄 발행

저자 / 김용식 외 26인
삽화 / 박기환
발행인 / 이상춘
발행처 / 광일문화사
135-010 서울특별시 강남구 학동로323
TEL: (02)517-5555
FAX: (02)545-5786
ISBN: 978-89-86752-45-8 (93720)

정가 32,000원

서 문

제3개정 수정판에 덧붙여

지난 2007년 2월에 조경식물학 개정판을 펴 낸지도 어언 10년이 지났다. 개정판을 낼 때에는 미진한 점을 최소화 시키도록 노력하였으나, 아직도 수정해야 할 내용이 많았음을 매우 아쉽게 생각해 왔으며, 이번 기회에 그 오류를 최대한 바로 잡기로 하였다.

본 수정 개정판은 기존의 개정판에 비교하여 아래의 내용을 보완하였다. 조경식물학 교재 중에서 가장 중요하고 정확성을 기해야 할 부분이 식물명이라 생각하여 보통명, 학명, 과명 및 일명은 국립수목원의 "국가표준식물목록"을 기준으로 하였다. 이에 비하여, 영명은 영국원예협회(RHS: Royal Horticultural Society), A-Z Garden Plant 및 미국 미주리식물원 등에서 통용하는 것을 사용하였으며, 일부 여의치 않을 경우에는 "국가표준식물목록"에 따랐다. 꽃과 열매의 경우 꽃의 형태, 개화시기 및 결실시기 등을 추가로 보완하여 기술하였다. 아울러 일부 세밀화와 사진자료를 수정하거나 변경하였다.

본 수정 개정판을 준비하면서 각 부분별 집필자의 노력을 고맙게 생각한다. 특히 본 수정 개정판의 준비를 위하여 대구수목원 이명훈 박사의 노력이 컸음을 이에 밝히고 고마움을 표하고자 한다. 아울러 본 개정판을 준비하는데 물심양면으로 지원해 주신 광일문화사 이상춘 사장에게 심심한 사의를 표한다.

2018년 02월 28일
서해안 천리포수목원에서
저자를 대표하여 김용식

차 례

제4장 식물토양환경

제5장 조경식물 번식방법

제6장 조경식물의 관리

제2편 각론

제1편 총론

제1장 조경식물의 개념

1. 조경식물(造景植物)

1) 조경식물의 뜻과 특성

인간은 오래 전부터 식물과 다양한 관계를 맺으며 살아 왔다. 즉, 유사 이래 인간은 다양한 식물에서 자신의 생존과 번영에 필요한 식량을 구하고 각종 질병의 치료에도 식물은 거의 절대적인 역할을 해 왔다. 또한 초본이든 목본이든 식물은 인간정신의 건강함양에 매우 중요한 존재이다. 이는 과학문명이 고도로 발달한 현대에도 거의 변함이 없을 뿐 아니라 오히려 그 중요성을 더해 가고 있다. 인간은 자신의 거주환경을 쾌적하고 아름답게 꾸미고 가꾸는 데 많은 관심과 노력을 기울이고 있다. 인간에게 쾌적한 거주환경이란 주변이 미적으로 아름답고 생태적으로 충분한 기능을 지녀야 한다. 이러한 관점에서 보면 식물이 지닌 미적, 기능적 및 심미적 특성은 매우 중요한 인자이며, 이러한 목적을 달성할 수 있도록 각 식물이 지닌 미적, 기능적 및 생태적 기능을 극대화하는 일이 매우 중요하다. 따라서 조경식물학은 식물 자체의 이름, 형태, 생태, 기능, 용도, 재배 및 관리 등을 탐구하여 인간의 바람직한 환경조성과 유지에 사용하는 식물을 연구하는 식물학의 한 분야이며 조경식물은 조경에 쓰여지는 목본과 초본을 통칭한다.

2) 조경식물의 범위

현재 지구상에는 대략 30~50만종이 넘는 식물이 분포하고 있으며, 이들은 인간과 매우 밀접한 관련을 맺고 있다. 우리나라는 전통적으로 자연과 인간이 조화를 이루는 자연관을 가지고 있어서 실생활에 큰 영향을 미쳐 왔다. 그러나 영국을 비롯한 서구 여러 나라에서는 해외의 식민지를 관리하면서 각 지역의 진귀한 식물을 적극적으로 수집하여 산업적 이용과 함께 관상용으로 재배하였고 이와 관련하여 다양하고 체계적인 연구를 해 왔다.

각 나라 조경양식의 발달, 교통의 발달 및 문화교류의 확대에 따라 자생지가 아닌 곳에서도 식물자원을 조경목적에 널리 이용하고 있다. 이러한 관점에서 보아 조경식물은 크게 자생종(native species)과 재배종(cultivated species)으로 구분할 수 있다. 첫째로, 자생종은 자연적으로 한 지역에 오랫 동안 살아온 식물로, 이는 아주 오래 전부터 그 지역의 고유한 기후와 토양에 적응해 온 식물이다. 예를 들면 우리나라의 각 지역에 분포해 있는 소나무와 미선나무를 비교할 수 있다. 소나무는 우리나라와 일본에 비교적 널리 분포해 있는 반면에, 미선나무는 오직 우리나라 그것도 충북의 진천 · 괴산 · 영동 · 충주, 전북의 부안, 서울의 북한산, 경북의 의성 · 안동 등지에만 분포하는 특징을 지니고 있다. 이러한 관점에서 소나무는 광역종이라 부르는 반면, 미선나무는 협의의 자생종이라 한다. 이에 반하여, 재배종이란 도입종(introduced species)을 포함하여 인간이 미적인 환경개선을 목적으로 사용하는 모든 식물을 지칭하며, 우리 주변에서 볼 수 있는 모든 재배품종(cultivated variety)이 이에 속한다.

인간이 조경목적으로 이용하는 식물의 범위는 사실상 그 제한이 거의 없다고 할 수 있다. 왜냐하면 주변의 모든 식물은 조경의 목적으로 이용할 수 있는 잠재적 가치를 지니고 있기 때문이다. 예를 들면, 은행나무는 인간이 지구상에 출현하기 이전부터 중국에 삶터를 잡아온 화석식물(fossil plant)이다. 인간이 은행나무를 원예 또는 조경 목적에 이용하기 전에는 거의 대부분 식용이나 용재의 목적으로 이용해 왔으리라 생각된다. 이후 인간 문화의 발달에 따라 은행나무는 조경의 목적으로 널리 이용되어 현재는 녹음수나 가로수로 매우 중요한 역할을 하고 있다. 그러나 은행나무의 용도는 이에 멈추지 않고 잎에서 징코민을 추출하여 혈액순환제로 널리 이용하고 있어 인류의 질병치료에 큰 공헌을 하고 있다. 일부에서는 은행나무를 밀식하고 주기적으로 전정을 하여 훌륭한 생울타리(hedge)로 이용하고 있기도 하다. 이와 같이 인간이 다양하게 이용하기 시작한 기간은 지구상에 은행나무가 출현한 역사에 비한다면 극히 짧은 기간이다.

우리나라는 국토면적에 비교하여 종다양성(species diversity)이 풍부한 곳이나, 우리나라의 전통조경에서는 매우 제한된 목본 위주로 조경을 해 왔을 뿐만 아니라, 초본의 경우 거의 무시해 왔다고 할 수 있어서 그 이용 빈도는 매우 낮은 편이다. 최근 생물다양성 보전의 중요성이 부각됨에 따라 자생식물에 대한 관심이 급격히 높아졌으며, 이를 조경 식재에 적극적으로 이용하고 있다. 그러나 우리나라 전체 식물 다양성의 규모에 비하면 아직 매우 낮은 수준에 머물러 있다.

우리나라에서는 현재 조경 소재용으로 94과 322속 486종 85변종 5아종 13품종 등 총 599분류군(taxa)을 생산, 이용하고 있으나, 특히 국화과, 난초과, 미나리아재비과, 백합과, 장미과 등의 5개과에 속하는 식물이 주를 이루고 있다(한국자생식물협회, 2004). 이에 비하여 서구에서는 약 73,000분류군의 식물을 조경용으로 생산, 이용하고 있다(RHS, 2006). 비록 문화와 전통이 서로 다르기는 하나 영국, 네덜란드, 독일, 미국 등 선진국은 재배품종 중심으로 이용하는 경우가 일반적이나, 우리나라의 자생 조경식물 재료는 거의 대부분이 전통적인 식물분류 단위인 종(species)과 변종(variety) 등 매우 초보적인 수준에만 머물고 있어서 급변하는 국민의 식물 선호도나 다양한 경관연출 등의 요구에 부응하기 어려운 실정이다. 따라서 재배품종 수준의 다양한 조경식물 재료를 적극적으로 개발하여 조경설계에 이용할 수 있도록 많은 관심이 필요하다.

3) 조경식물의 구비요건

인간은 예로부터 식용, 약용, 공예용이나 원예용으로 매우 다양한 식물을 이용해 왔다. 일반적으로 조경식물이란 원예용 식물뿐만 아니라 조경에 필요로 하는 모든 경우에 사용하는 식물을 조경식물이라 본다면, 인간이 관리해 나가는데 큰 불편함이 없는 것이 좋다. 이러한 점에서 조경식물이란 다음과 같은 특성을 지니고 있는 것이 바람직하다.

첫째, 실용적 가치와 형태미가 뛰어나 관상가치가 높은 것이 좋다. 가능하면 아름다움을 최대한 발휘할 수 있는 식물이 좋다는 관점에서 형태, 색채, 생태적 특성 등의 가치가 높은 것이 좋다. 둘째, 조경식재지는 일반적으로 절토와 성토를 많이 하는 관계로 자연토양과 비교하여 토양양분이 열악한 경우가 많은데 이러한 식재지의 불량한 토양 및 대기환경에 적응성(adaptability)이 높은 식물이 바람직하다. 특히 인위적으로 조성한 도시환경의 경우 식물 생육에 매우 불리한 환경조건을 가지고 있으므로 이러한 환경조건에 잘 견디며 생육할 수 있는 식물이 바람직하다. 셋째, 병충해나 대기오염에 대한 내성과 적응성이 강한 것이 좋다. 산업화나 도시화가 진전될수록 외래식물이나 귀화식물 등 침입종(invasive species)이 차지하는 비중이 점차 커지며, 물류이동의 급속한 증대에 따라 새로이 발생하는 병해충의 종류도 날로 증가하고 있다. 따라서 식재지 관리의 측면에서 병해충에 저항성이 강한 식물재료의 도입이 점차 중요시되고 있다. 병충해는 식재지 관리를 통하여 어느 정도 조절 가능하나, 기본적으로 이에 대한 내성이 높은 식물이 바람직하다. 넷째, 조경식물은 식재나 그 이후의 관리를 위해 이식을 전제로 하는 식물이 거의 대부분이기 때문에 뿌리의 자람이 좋아서 이식의 각종 스트레스에 견뎌 내어 도시생태계(urban ecosystem)를 포함한 다양한 식재환경에 용이하게 활착할 수 있는 이식능력을 지닌 식물이 좋다. 마지막으로, 조직배양 기술발달로 거의 대부분 식물의 대량번식(mass propagation)이 가능하지만, 유성번식방법인 종자파종이나 무성번식방법인 삽목이나 접목 또는 취목 등과 같은 전통적 증식방법이 중요시 되고 있는 요즈음 대량번식에 어려움이 없으며 이후의 관리에 비교적 노동력이 적게 소요될 수 있는 식물이 바람직하다. 위와 같은 조건은 절대적인 기준은 아니며, 결국 우리가 어떠한 식물재료를 어떻게 이용하는가에 따라 대상이 되는 조경식물의 가치를 재인식할 수도 있다.

식물종의 조경적인 이용은 처음부터 그 용도가 정해져 있는 것이 아니라, 인류가 역사적으로 식물의 용도와 이용범위를 지속적으로 확대하기 위해 노력해 온 산물이다. 이러한 관점에서 조경식물의 구비요건이라는 의미는 특정식물의 이용에 선입관을 가지고 대할 우려가 있기 때문에 절대적인 것으로 생각해서는 안 된다.

2. 기후요인(氣候要因)과 식물

일반적으로 식물의 분포나 생육은 환경의 지배를 크게 받는다. 즉, 그 식물이 생육하고 있는 곳의 기후(climate), 지형(landform), 지질(geology), 토양(soil) 등의 요인에 따라 분포의 특성뿐만 아니라 형태적이나 유전적인 특성도 큰 차이를 보이게 된다. 예를 들면 특정식물은 위도에 따라 규칙적인 변화, 즉 경사변이(clinal variation)를 보인다. 또한 식물은 기후의 절대적인 영향을 받게 되는데, 식물 지리학자인 티오프라스터스(Theophrastus)는 식물의 분포에 일변화(daily variation)와 계절변화(seasonal variation)와 같은 기후요인이 가장 중요함을 밝힌 바 있다. 또한 식물의 분포는 서식하는 환경의 생물적 요인에 의해 영향을 받는다.

1) 우리나라의 식물구계(植物區系)

러시아의 유명한 식물지리학자인 탁타아잔Takhtajan(1986)에 따르면 한반도는 식물지리학상 히말라야 동부, 인도의 일부, 미얀마의 일부 산악지역, 중국 · 대만 · 일본의 대부분지역, 러시아의 쿠릴열도 등을 포함한 동아시아구의 일본-한국아구에 속한다(그림1-1). 이 지역은 고유과(endemic family) 20

종류 이상, 고유속(endemic genera) 300종류 이상이 분포하고 있는 등 지구상에서 식물다양성이 매우 풍부한 지역의 하나이다.

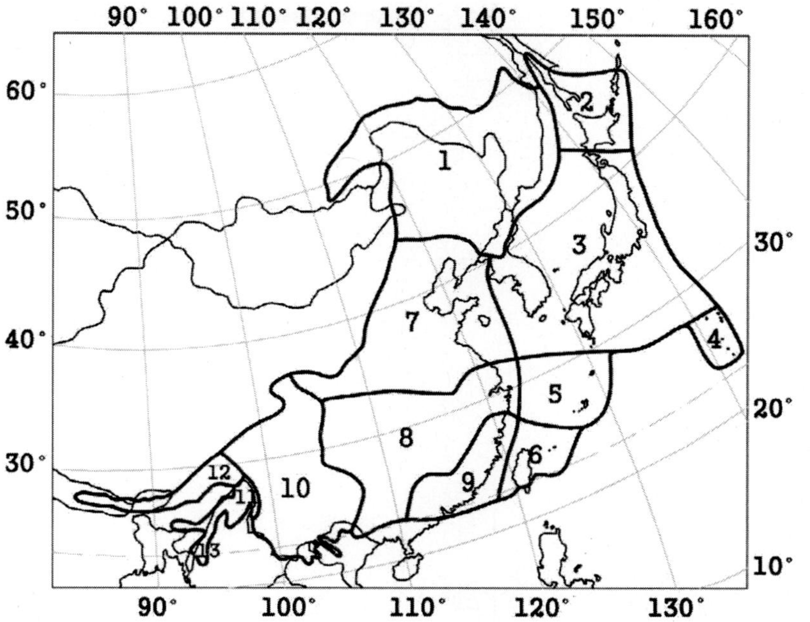

1. 만주아구 2. 사할린-북해도아구 3. 일본-한국아구 4. 볼카노-보닌아구 5. 오키나와아구 6. 대만아구 7. 중국북부아구 8. 중국중부아구 9. 중국남부아구 10. 운남아구 11. 버마북부아구 12. 히말라야 동부아구 13. 카사-마니퍼아구

그림 1-1 탁타아잔이 구분한 동아시아지역의 식물지리도

2) 수직분포(垂直分布)

삼림대의 분포는 온도의 영향을 가장 크게 받기 때문에 높은 산을 놓고 본다면 해발고(ESL: Elevation from the Sea Level)를 기준으로 기술하기도 하는데 이를 수직적 삼림대(vertical distribution of forest zone)라 한다. 즉, 수직적 삼림대는 산의 남쪽과 북쪽 사면은 햇빛의 영향으로 심한 온도 차이를 보이는데, 이러한 이유로 해발고의 경계가 다르다. 예를 들면, 한대림의 경우 백두산은 해발 700*m* 이상이나 금강산은 1,150*m* 이상, 설악산은 1,000*m* 이상, 지리산은 1,300*m* 이상, 한라산은 1,500*m* 이상 등 남쪽으로 내려올수록 그 높이는 점차 높아진다(그림 1-2, 1-3).

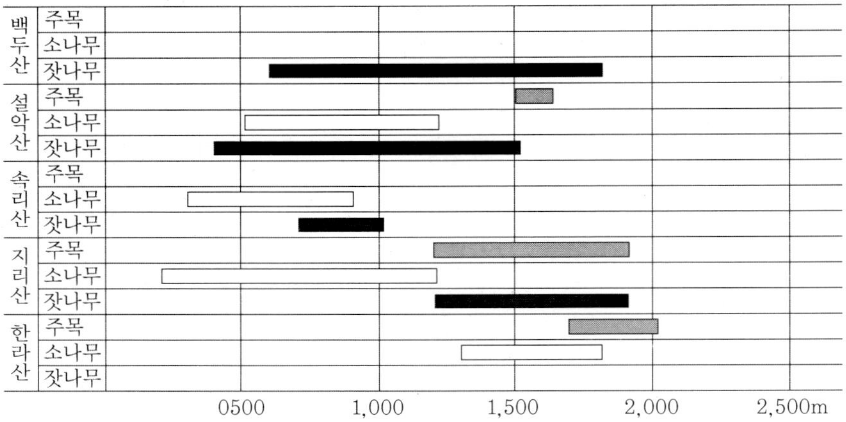

그림 1-2 우리나라 주요 침엽수종의 수직 분포도

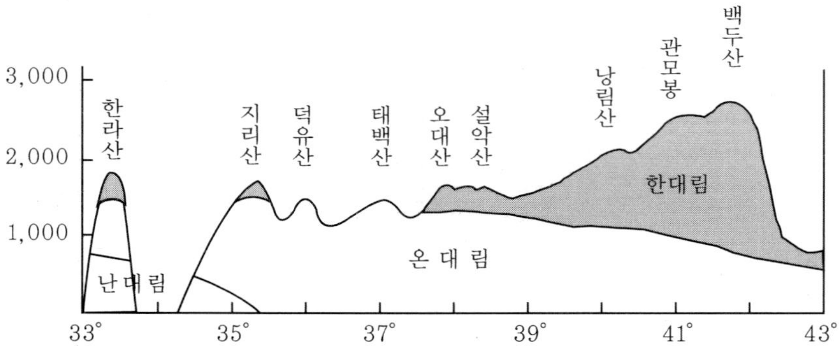

그림 1-3 우리나라 삼림대의 수직 분포도

시로미과에 속하는 상록소관목인 시로미는 식물지리학적으로 스칸디나아반도와 러시아의 캄차카반도 등 북반구와 하와이에 주로 분포하며, 우리나라의 남한지역에는 유일하게 제주도 한라산의 고지대에만 자생하고 있다.

한편 장미과에 속하는 낙엽활엽관목인 해당화는 우리나라의 해수면에 가까운 해안가의 모래사장에 주로 분포해 있어서 우리나라에는 이 두 수종이 동일한 서식지에 분포할 가능성은 거의 없다. 그러나 고위도에 가까운 곳, 예를 들면 캄차카반도에는 이들 수종이 바닷가 백사장의 한 서식지에 밀생하고 있다(사진 1-1). 이는 온도요인 때문으로 북쪽으로 갈수록 해발고가 낮아지는 식물의 분포 상 특징이라 할 수 있다.

이러하듯 온도는 삼림의 분포에 절대적으로 영향을 미치고 있다. 이러한 관점에서 전 지구적 차원 또는 우리나라 한반도 차원에서 삼림대(forest zone)의 구별이 가능하며, 이는 식물의 천연분포(natural distribution)와 식물의 이용에 매우 중요한 지식을 제공하기 때문에 전 지구적, 지역적 및 국가적 맥락에서 이에 대한 정확한 이해가 필요하다.

사진 1-1 캄차카반도 해안 사구지대에서 볼 수 있는 시로미와 해당화군락지

3) 수평분포(水平分布)

일반적으로 식물의 분포양상은 수직적 특성, 즉 해발고에 따라 뚜렷이 구분되나, 수평적인 기준에서도 구분이 된다. 이와 같이 지역에 따라 식물종 분포의 정도가 뚜렷한 차이를 보이는 이유는 그 지역의 온도대에 따라 식물종의 분포역(distribution range)이 결정되기 때문이다. 따라서 수직적으로는 매 100*m* 마다 달라지는 식생이나 식물상이 수평적으로는 수 백*km*에 이르기도 한다. 이는 영 · 호남 전 지역에서 보는 것보다 그 면적이 훨씬 좁은 한라산이나 지리산에서 더 다양한 식물을 볼 수 있는 이유이기도 하다.

또한 감탕나무나 후박나무 등은 제주도, 남해안의 섬 또는 동해안의 울릉도에서만, 개비자나무는 한반도의 남부지역에만 분포하는 반면에, 소나무는 한반도 전 지역에 분포한다. 이처럼 온도특성에 따라 수종의 분포는 각각 다르다. 이를 크게 보아 전

세계의 삼림대는 한대림, 온대림, 열대림으로 구분하며, 우리나라와 같이 지역적인 범위에서는 한대림, 온대북부림, 온대중부림, 온대남부림, 난대림 등으로 구분한다. 이는 식물의 분포를 위도와 관련하여 본 것이기에 수평적 삼림식물대라 하기도 한다.

수평적 삼림식물대는 자로 선을 긋듯이 구분할 수 있는 것은 아니다. 즉, 백두산, 지리산 또는 한라산과 같은 높은 산은 온도차이가 있어서 수종의 분포는 대상분포(帶狀分布)상태를 이룬다. 전 세계적인 분포역으로 보아 국화과에 속하는 식물은 한대에서 온대를 거쳐 열대지방에 이르기까지 수평적으로 매우 광범위한 지역에 분포하고 있는 반면에, 단풍나무과에 속하는 식물은 그 분포영역이 상대적으로 제한적이다(그림 1-4).

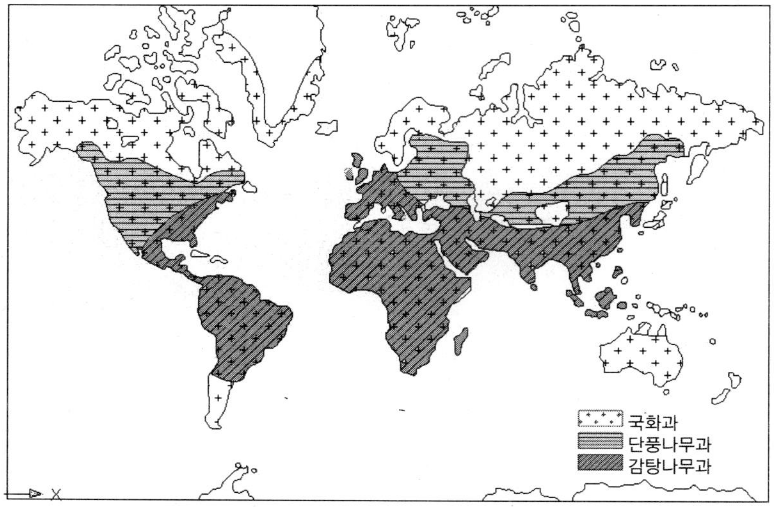

그림 1-4 몇 가지 중요한 과의 수평분포도

온도는 특히 식물의 이용능력을 더욱 높일 수 있으므로 조경식물의 이용에 매우 중요하며, 특히 식물의 개화와 결실에 매우 중요한 역할을 한다. 식물의 생육과 매우 밀접한 관계를 가진 온도는 유효온도, 적산온도, 연평균온도, 월평균온도, 최저온도 등이다. 식물은 일반적으로 5℃ 이상이 되면 정상적인 생리활동을 시작하게 되는데, 이보다 높은 온도를 유효온도(ET: Effective Temperature)라 한다. 유효온도의 시간적분을 유효적산온도(EAT: Effective Accumulative Temperature)라 하는데, 이는 삼림대의 분포한계, 농작물의 생육문제 등에 적용된다. 일반적으로 식물은 5℃ 이상이 되면 생리활동을 시작하는데 이를 기준하여 매일의 온도값에서 5℃를 뺀 온도를 적산한 값을 일적산

온도(DAT: Daily Accumulative Temperature)라 하며 식물의 발아, 개화, 성숙 등에 큰 영향을 미친다. 월적산온도(MAT: Monthly Accumulative Temperature)는 월평균온도를 매월 합산한 값으로 식물종의 분포한계와 관련이 깊으며, 수종선정 시에 기준으로 삼는다.

온량지수(WI: Warmth Index)는 식물의 생육가능온도인 5℃를 기준하여 월평균온도가 5℃ 이상 되는 달의 평균온도에서 5℃를 뺀 값을 1년간 모두 합한 값으로 식물의 분포와 깊은 관계가 있다. 이에 반하여 한랭지수(CI: Cold Index)는 5℃를 기준하여 월평균온도가 5℃ 이하가 되는 달의 평균온도에서 5℃를 뺀 값을 1년간 모두 합한 값이다.

온량지수(WI) = $\Sigma n(t-5)$, (n: $t>5$℃ 까지의 월수) 한랭지수(CI) = $-\Sigma_{12-n}(5-t)$, (12-n: $t<5$℃ 인 월수)

연평균온도(AMT: Annual Mean Temperature)는 온량지수보다 개괄적이기는 하나, 식재수종을 선정할 때에 참고가 되는 반면에, 월평균온도(MMT: Monthly Mean Temperature)는 식물의 생리적 현상과 밀접한 관계가 있다. 특히 식물은 낮은 온도에 어느 정도 노출되어 있느냐에 따라 생존이 결정되는데, 이러한 점에서 특정기간 동안 반드시 최저온도의 값을 알아보는 일이 매우 중요하다.

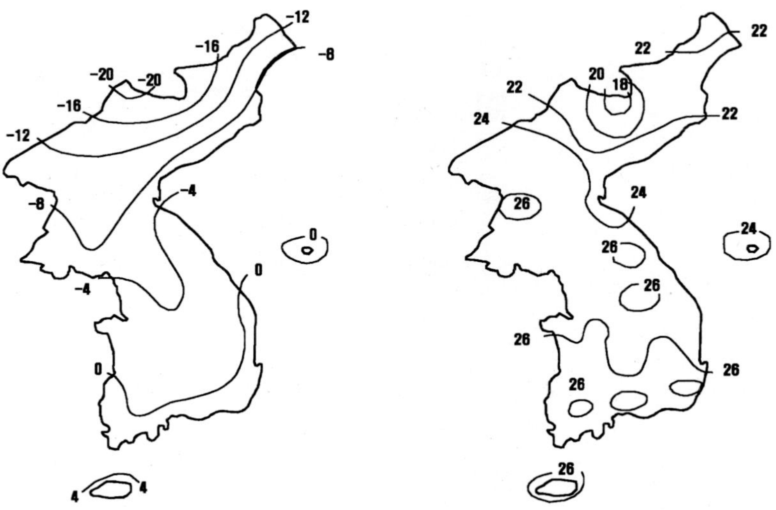

〈1월 평균기온 (℃)〉　〈8월 평균기온 (℃)〉

그림 1-5 한반도의 1월과 8월의 평균온도 등온선

우리나라의 삼림대는 일제시대에 우에끼(埴木) 교수가 온도의 분포를 중심으로 난대(상록활엽수대), 온대(낙엽활엽수대) 및 한대(침엽수대) 등으로 주장한 바 있다. 특히 온대는 분포지역이 넓어서 온대남부, 온대중부 및 온대북부 등 3개 삼림대로 구분한다. 이후 몇 학자들이 연평균온도나 온량지수와 한랭지수를 계산한 온도기후 등을 고려하여 우리나라의 삼림대를 구분하기도 했다.

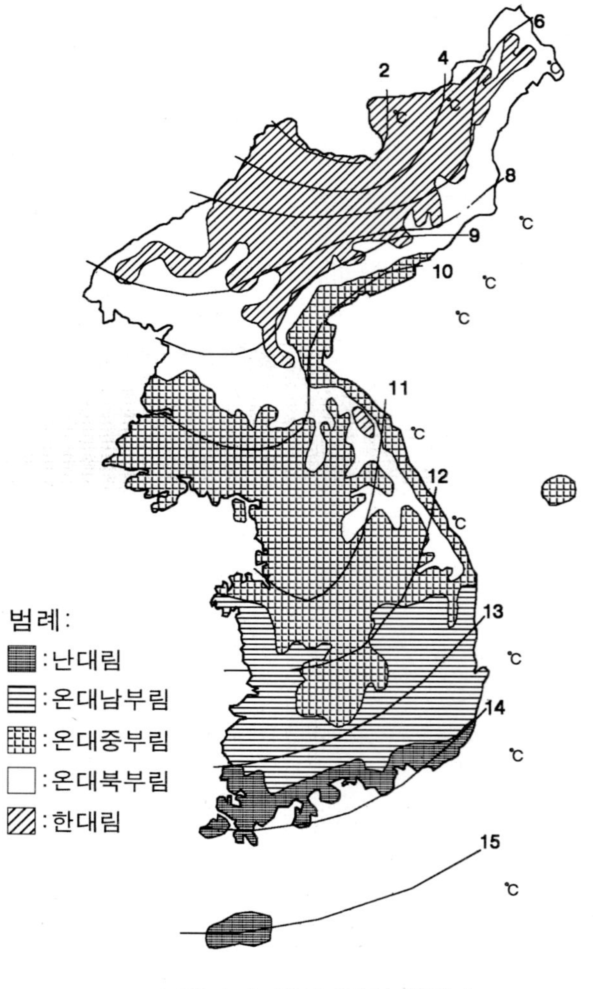

그림 1-6 우리나라의 삼림대

① 한대림(寒帶林)

한대림(cold temperate forest)은 수평적으로 한반도의 북한지역에 분포하며, 주로 평안도와 함경도의 고원 및 고산지역이 이에 속한다. 온량지수는 55 이하인 상록침엽수림대이다. 한대림은 침엽수종이 우점을 이루며 주목, 분비나무, 잎갈나무, 사스래나무, 자작나무, 눈잣나무, 만병초 등이 주를 이룬다. 백두산은 한대림을 대표하는 지역이다. 남한에는 전형적인 한대림 임상을 보이는 지역은 없으나, 한라산이나 지리산의 높은 지역이 이와 비슷하다고 볼 수 있다.

② 온대림(溫帶林)

온대림(temperate forest)은 우리나라에서 분포면적이 가장 넓으며, 남쪽으로는 난대림과 북쪽으로는 한대림과 접하고 있다. 우리나라의 온대림은 북위 약 35도 이북에서 43° 2′에 걸쳐 분포하며, 이 사이에 있는 고산과 고원을 제외한 지역으로 낙엽활엽수림대이다. 연평균기온은 5~14℃의 범위에 있다. 역사적으로 우리나라에서 가장 광범위하게 인간의 간섭을 받은 숲으로, 다음과 같이 세분한다.

온대북부림(溫帶北部林)

평안북도와 함경북도의 고산지역을 제외한 온대중부 이북의 지역에 분포한다. 온량지수는 55~85 정도의 지역이다. 이 지역의 특징수종은 잣나무, 전나무, 잎갈나무 등의 일부 침엽수종을 포함하여 박달나무, 찰피나무, 정향나무, 붉은인가목, 신갈나무, 거제수나무, 시닥나무, 복자기, 산겨릅나무 같은 낙엽활엽수종이다.

온대중부림(溫帶中部林)

동해안에서는 북위 40°, 중부지역은 38°, 서해안지역은 39°를 연결하는 남쪽지역으로, 태백산맥을 중심으로 동해안과 서해안의 경우 내륙지역과 비교하여 일부 북상하여 분포하고 있다. 온량지수는 85~100 정도의 지역이다. 특징수종은 주로 낙엽활엽교목 수종인 졸참나무, 음나무, 물푸레나무, 때죽나무, 백당나무, 까치박달나무, 서어나무 등이며 소나무가 넓은 면적에 분포하고 있다.

온대남부림(溫帶南部林)

동해안에서는 북위 38°, 중부내륙지역은 북위 36°, 서해안지역은 북위 37°선을 중심으로 온대중부림의 남쪽지역을 차지한다. 온량지수는 100 이상인 지역이다. 특징수종은 소나무, 곰솔, 개비자나무, 이나무, 나도밤나무, 노각나무,

사람주나무, 개서어나무 등이다.

③ 난온대림(暖溫帶林)

난온대림(warm temperate forest)은 수평적으로 34° 이남 지역이나 해안지역의 경우 35° 30′ 이남의 지역으로 연평균기온은 14℃ 이상이며 한랭지수는 -10 이상인 상록활엽수림대이다. 지리적으로는 경상남도 온산(울주군)과 전라남도 목포를 연결하는 남해안의 해안지역과 일부 도서 및 제주도의 저지대 해안지역이 이에 속한다. 남해안이나 도서지역의 난온대림은 벌채, 땔감채취 또는 조림 등 인간의 간섭으로 심하게 훼손되었으며, 천연기념물 제 28호로 지정하여 보호하고 있는 전남 완도항 바로 앞에 있는 주도 상록수림 가장 대표적인 난온대림의 전형으로 알려져 있다. 주로 상록활엽수종인 모밀잣밤나무, 구실잣밤나무, 붉가시나무, 천선과, 녹나무, 육박나무, 후박나무, 동백나무, 까마귀쪽나무, 생달나무, 아왜나무, 산호수, 광나무, 다정큼나무, 돈나무, 사철나무, 감탕나무, 황칠나무, 비쭈기나무, 사스레피나무, 우묵사스레피, 송악, 백량금, 멀꿀, 마삭줄 등이 특징수종이다.

한편, 외국에서는 오래 전부터 식물의 내한성을 중심으로 분포도를 작성하여 실생활에 밀접하게 활용한다. 예를 들면, 유럽의 경우 유럽기후지역도(Europe Climate Zone Map)나 유럽내한성도(Hardiness Zone Map for Europe와 Europa Hardiness Zone Map), 호주의 경우 호주정부기후도(Australian Government Climate Map)이나 호주식물내성구역(Plant Hardiness Zones for Australia), 중국의 경우 중국식물내성구역도(China Hardiness Zone Map), 캐나다를 포함한 미국의 경우 식물내성구역도(USDA Plant Hardiness Zone Map)를 작성하여 사용 중이다. 미국 농무부 식물내성구역도의 경우 알라스카를 포함한 미국, 캐나다, 및 멕시코를 대상으로 겨울의 최저온도를 바탕으로 온도 구분에 따라 전 북미지역을 11개 기후지역으로 구분하였다. 또한 조경식물의 선발시험, 생산과 판매에 식물내성권역도(Plant Hardiness Zone Map)를 제작, 이용하는 등 조경식물의 선정 및 생산과 관리에 효과적으로 활용하고 있다.

식물내성권역의 구분은 자생식물 뿐만 아니라 도입식물의 고려에도 그 활용도가 높다. 이에 반하여, 천연분포역(natural range)은 특정식물종의 분포를 기술하는 데 주로 사용하는 용어이며, 생태권역(ecoregion)은 한 분포역 또는 생태권역에서 식물을 선발할 때에 매우 중요한 의미를 지닌 용어로 식물의 경우 동일한 천연분포역 내에서도 독특한 환경조건에 따라 유전적으로 매우 특이한 차이를 보이는 경우가 많다. 일반적으로 식물의 식재분포역(planting range)은 천연분포역보다 더 넓게 자리 잡아서, 온도인자에 따른 식물의 이용능력을 더욱 높일 수 있다. 특히 우리나라에서 사과나무나 차나무 등의 식재패턴이 점차 북상하거나, 난대림에서 자생하는 마삭줄이 대구지역에서 아무런 문제없이 생육하고 있는 등 기존의 식물분포 특성으로 보아 큰 변화가 있다. 이러한 분포 특성의 이해는 조경식물의 이용에 매우 중요하나, 정확한 범위를 설정하기 위해서는 학술적으로 더 많은 논의가 필요하다.

3. 식물의 명명과 분류

1) 식물의 명명(命名)

예로부터 인간은 거주지 주변에서 자신의 생존에 필요한 식량을 구해 왔으며, 이를 위하여 거주지 인근에 나는 각종 식물을 종류별로 식별할 필요성을 크게 느껴왔을 것으로 짐작된다. 또한 자신이 터득한 다양한 지식을 후손에게 전해 주기 위하여 어떠한 형식이든지 간에 자신이 거주하고 있는 지역의 모든 생물과 무생물자원을 체계적으로 정리할 필요성을 느껴 왔다. 식물을 인식하고 묘사하는 일은 특히 인간이 역사적으로 필요로 했던 식용과 약용식물의 용도를 이해하기 위해서 매우 중요한 일이 되어 왔다. 식물을 대상으로 한 이러한 인식과 묘사는 나라와 지역에 따라 서로 다르다.

(1) 보통명(普通名)

보통명은(common name) 흔히 일상적으로 사용하는 것으로 속명(俗名)이라 부르기도 하며, 한 언어 또는 국가나 한 지방에서만 통용될 수 있는 이름이다. 일반적으로 보통명은 다음과 같은 유래에서 비롯된다.

- 습 성: 눈주목, 갯버들, 삼지닥나무
- 특 징: 생강나무, 물푸레나무, 주목, 눈잣나무
- 산 지: 설악눈주목, 금강소나무, 광릉물푸레나무, 울릉국화
- 용 도: 향나무, 오리나무, 도장나무(회양목)
- 전 설: 나도밤나무, 너도밤나무
- 외래어: 플라타너스, 사쿠라, 메타세쿼이아, 모미지(단풍나무)

일반인은 식물의 정확한 이름을 사용할 필요가 그리 많지 않아 흔히 보통명만으로도 의사소통이 이루어진다. 보통명과 유사한 개념으로 향명(vernacular name)이 있는데, 이는 일종의 한 지방에서만 사용하는 방언에 가까운 식물의 이름을 말한다.

(2) 학명(學名)

전 세계에는 매우 다양한 기후지역에 매우 다양한 식물이 분포하거나 사용되고 있으며, 각 지역에는 이들만이 공통적으로 사용해 오고 있는 식물의 이름이 있다. 이를 보통명(common name)이라 하는데, 이는 지역이 다르거나 특히 사용하는 언어가 다르면 전혀 이해할 수 없거나 의사소통에 많은 문제가 있다. 따라서 이러한 불편을 없애 전 세계적으로 사용할 수 있는 수단이 학명(scientific name)으로, 그 구성이 속명(generic name)과 종명(species name)의 두 가지 체제로 되어 있어서 흔히 이명법(binomials)이라 한다.

학명은 세 개의 이름으로 구성되어 있다. 즉 첫번째의 이름은 속명으로 단수는 genus로, 복수인 경우에는 genera로 각기 표기한다. 예를 들면 단풍나무속(*Acer*), 소나무속(*Pinus*), 참나무속(*Quercus*), 미선나무속(*Abeliophyllum*) 등이 그것인데, 이는 식물의 특성이 영속적이거나 비슷한 특징을 가진 것끼리 묶인 그룹에 붙인 이름이다. 학명의 두 번째 이름은 종명(species name)으로 복수인 경우에도 species로 표기하는데, 예를들면, 소나무(*Pinus densiflora*), 신갈나무(*Quercus mongolica*), 미선나무(*Abeliophyllum distichum*) 등으로 표기한다. 세 번째의 이름은 명명자인데, 이는 학술논문 작성에만 주로 사용한다. 또한, 털팥배나무 (*Sorbus alnifolia* var. *hirtella* (Nakai) T. Lee) 처럼 어떤 식물은 ( )를 사용하는 경우도 있다. 이는 명명자인 Nakai(1916)가 처음에 이 식물을 *Micromeles alnifolia* var. *hirtella*로 발표하였지만 이창복 교수(1966)가 이를 *Sorbus*에 편입하면서 나까이 교수가 이 식물을 최초로 명명했음을 표시한 것이다.

식물의 이름은 흔히 종 이하의 수준으로 구분하기도 한다. 이에는 아종(subspecies: subsp.), 변종(variety: var.), 품종(forma: for.) 및 재배품종(cultivar: cv.) 등이 있다. 아종은 subspecies(ssp.)로 표기하는데, 이는 분류적 그룹의 하나로 어떠한 생물종이 지리적으로 격리되어 오랜 시간이 지날 경우에 나타나는 생물종의 한 구분이다.

지리적(Geographical)

atlantica: *Cedrus* ***atlantica*** (북아프리카의 아틀라스산맥)

chejuense: *Mankyua* ***chejuense*** (제주도)

chinensis: *Juniperus* ***chinensis*** (중국)

chosenia (nensis, nicus): ***Chosenia*** *bracteosa* (한국)

: *Populus* ***chosenia*** (한국)

sinense(is): *Wisteria* ***sinensis*** (중국)

coreana(num, nus): *Carpinus* ***coreana*** (한국)

koreana(num, anus): *Abies* ***koreana*** (한국)

japonica(num, anus): *Camellia* ***japonica*** (일본)

orentale(is): *Thuja* ***orientalis*** (동양)

quelpaertensis: *Euonymus* ***quelpaertensis*** (제주도)

wandoensis: *Ilex* x ***wandoensis*** (완도)

서식지(Habitat)

alpina(num, nus): *Daphne* ***alpina*** (고산성 또는 알프스산)

aquatica(cum, cus): *Nyssa* ***aquatica*** (수생)

maritima(unm, nus): *Prunus* ***maritima*** (바다)

palustre(is): *Quercus* ***palustris*** (습지)

sylvatica(cum, cus): *Fagus* ***sylvatica***: 목본성

습성(Habit)

fruticosa(um, us): *Buplerum* ***fruticosum*** (목본처럼 생긴)

horizontale(is): *Juniperus* ***horizontales*** (수평으로 퍼지는)

pendula(um, us): *Betula* ***pendula*** (가지가 처지는)

prostrata(um, us): *Ceanothus* ***prostratus*** (땅위로 기는)

suffruticosa(um, us): *Paeonia* ***suffruticosa*** (기저부가 목본인)

잎 모양(Leaf form)

angustifolia(um, us): *Pyracantha* ***angustifolia*** (잎이 좁은)

arguta(um, us): *Spiraea* x ***arguta*** (잎이 뾰족한)

glabra(ta, um, us): *Elaeagnus* ***glabra*** (털이 없는)

heterophylla(um, us): *Osmanthus* ***heterophyllus*** (잎에 변이가 많은)

꽃 특징(Floral characteristics)

campanulata(um, us): *Rhododendron* ***campanulatum*** (종 모양의)
parviflora(um, us): *Aesculus* ***parviflora*** (꽃이 작은)
spicata(um, us): *Corylopsis* ***spicata*** (수상화서로 맺는)
stellata(um, us): *Magnolia* ***stellata*** (별모양인)
triflora(um, us): *Abelia* ***triflora*** (꽃이 3개씩 맺는)
umbillata(um, us): *Berberis* ***umbillata*** (산형화서로 맺는)

기념(Commemoration)

Abelia ***tuaihyoni*** : 정태현 박사 기념
Begonia ***ravenii*** : Raven 박사 기념
Mankyua *chejuense* : 박만규 박사 기념
Pinus ***thunbergii*** : Thunberg 박사 기념

(3) 변종(變種)

식물의 명명에 있어서 변종(variety : var.)이란 종 아래의 분류단위로, 흔히 지리적으로 격리되어 있어서 형태의 차이를 보이나, 이들과 교잡을 자유로이 할 수 있는 경우를 의미한다. 변종의 표기는 var.를 사용하며, 다음과 같이 표기한다.

(예) 자작나무(*Betula platyphylla* var. *japonica* (Miq.) H. Hara)

(4) 품종(品種)

품종(forma: for.)은 꽃이나 잎의 형태와 같이 보다 작은 식물학적 차이점을 지닌다. 품종의 표기는 for.를 사용하며, 다음과 같이 표기한다.

(예) 산철쭉(*Rhododendron yedoense* for. *poukhanense* (H. Lév) M. Sugim. ex T. yamaz)

(5) 재배품종(栽培品種)

재배품종이란 'cultivated variety'의 번역어이다. 이는 재배식물명명의 한 분류단위로, 형태적, 생리적, 세포학적, 화학적 또는 다른 인자로 분명히 구별할 수 있으며 자연적 혹은 연구를 통하거나 교배시켜 인위적으로 육성한 식물로 번식의 수단을 통하여 동일형질의 식물을 계속해서 재생산할 수 있는 식물을 의미한다. 재배품종은 야생식물과 동일한 규칙에 따르며, 이에 부가하여 재배품종의 명명은 국제재배식물명명규약(ICNCP: International Code of

Nomenclature for Cultivated Plants)에 따른다. 재배품종의 표기는 이탤릭체 대신 인쇄체를 사용하며 첫자는 항상 대문자로 시작한다. 특히 재배품종명은 ICNCP에 따라 1959년 1월부터 처음 유래된 나라의 언어를 로마자로 표기하여 사용하여야 한다. 그러나 이 규칙 이전에 라틴어로 등록한 재배품종명은 이 규칙의 적용에 관계없이 그대로 사용할 수 있다. 재배품종명은 흔히 재배식물의 명명이 그리 쉽지 않은 이유 때문에 식물분류학자들의 관심이 그리 높지 않은 편이나 정확한 조경식물의 식별과 이용을 위해서 이에 대한 깊은 관심이 필요하다. 재배품종명의 표기는 다음과 같이 하며, 맨 마지막의 것이 가장 널리 사용되는 표기방법이다.

(예) Maidenhair tree cultivar Fastigiata, *Ginkgo biloba* cultivar Fastigiata, *Ginkgo biloba* 'Fastigiata' (은행나무 '파스티기아타')

(6) 이명(異名)

모든 식물종은 각기 단 하나의 학명을 가져야 한다. 그러나 분류학의 발달에 따라 잘못 분류되거나 명명된 식물의 이름이 바뀌는 경우가 흔하다. 학명을 식물명명 측면에서 본다면 이명(synonym)은 그 형태나 적용으로 보아 부정확한 변칙적인 식물의 이름이다. 따라서 어떤 식물이 분류학적 판단에 따른 차이나 연구의 진전에 따라 여러 가지로 불리는 경우가 있지만, 이 중에서 오직 하나만이 유효한 학명으로 사용되지만은 않는다.

식물의 이름은 특허와 같이 최초에 붙인 이름이 선취권을 가진다. 식물분류학, 특히 분자생물학의 발달로 식물분류나 명명(nomenclature)이란 완료된 것이 아니고 현재 진행형이기 때문에 설령 예전에 맞는 이름이었다 할지라도 새로운 증거에 근거한다면 제외되거나 다른 이름으로 바뀔 수도 있다. 이렇게 될 경우 지금까지 사용해온 이름은 이명으로 처리되는 것이다. 현실적으로 보아 이름의 변경과 실제 이용에는 시간차이가 있기 때문에 많은 이명을 함께 사용하는 경우가 많다. 이명으로 처리되었다 해서 모두 당장 버려야하는 것은 아니다. 왜냐하면 그 식물의 이력이 되어 후속 연구에 귀중한 근거를 제공하기 때문이다.

2) 식물명명의 기본원칙(基本原則)

모든 식물의 이름은 전 세계의 식물학자들이 합의하여 만든 국제식물명명규약(ICBN: International Code of Botanical Nomenclature)에 따라야 한다. 최초로 종명을 발표할 때에 사용한 표본을 모식표본(type specimen)이라 하고, 속명을 기초로 사용된 종을 기준표본(type species)이라 하며, 식물의 명명은 다음 6가지의 기본원칙을 따라야 한다.

- 식물의 학명은 동물의 학명과 관계가 없다.
- 분류군의 명명은 표본이 명명기본이 된다.
- 분류군의 학명은 선취권에 따른다.
- 각 분류군은 오직 하나의 이름만을 가진다.
- 학명은 라틴어화하여 표기한다.
- 규약은 일부 예외적인 사항을 제외하고 소급하여 적용한다.

3) 조경식물의 식별(識別)

야외에서 식물의 이름을 아는 일은 때로는 매우 어려운 일이다. 모르는 식물의 이름을 찾기 위하여 요즈음에는 여러 가지 종류의 식물도감뿐만 아니라 휴대폰으로도 이용할 수 있으나, 이것만으로 모든 식물을 식별(identification)하기란 쉽지 않은 일이다.

일반적으로 식물을 식별할 때에 생각해야 할 점은 다음과 같다. 첫째, 야외에서 본 식물을 식물도감에서 찾았을 경우 가장 먼저 이 식물의 분포를 염두에 두는 것이 좋다. 인위적 간섭을 받은 식물이 아니라면 대부분의 식물은 자신만의 분포역 내에서 자라기 때문이다. 둘째, 식물이 지닌 각종 특징을 찾도록 노력한다. 예를 들면, 수피의 특징, 잎의 모양, 거치나 털, 잎이나 꽃에서 나는 독특한 향기나 악취, 꽃의 맺는 모양이나 개화기 등은 식별에 좋은 거점이 되기 때문이다. 셋째, 같은 가시라도 경침인지 극상돌기인지를 구별하는 일도 식별에 많은 도움이 된다. 넷째, 식물의 크기는 얼마나 되는가, 줄기는 여러 갈래로 나뉘어 있는가, 줄기는 초본성인가 또는 목본성인가 등을 알아내는 일도 중요하다. 마지막으로, 개화기를 알아내는 일이 중요하다. 수종에 따라서는 서로 비슷하게 보일지라도 개화기가 다른 식물이 많기 때문이다.

4) 학명의 발음

학명을 발음하는 일은 대체로 쉬운 편이지만, 처음 배우는 사람들에게는 매우 당황스러운 일이기도 하다. 예를 들면, Aster, Delphinium, Gentiana, Geranium, Orchid, Saxifraga 등은 보통명을 그대로 학명으로 이어서 사용하기 때문에 매우 쉽지만, Asteraceae, Pinaceae 등의 어미는 사람에 따라 다르게 발음되기도 한다. 학명은 만국 공통어로, 모든 의사소통의 가장 기본이 되기 때문에 정확히 발음하는 일이 매우 중요하다. 즉 학명을 말할 때에는 발음이 듣기에 좋으며 이해가 쉽도록 해야 한다. 학명의 발음에는 일반적으로 세 가지의 원칙 즉, 개별문자의 소리, 모음의 길이(양) 및 강세의 위치인 악센트에 따라 결정된다.

따라서 발음을 정확하게 하기 위해서는 다음과 같은 내용을 기억하는 것이 좋다. 첫째, 각 모음은 모두 발음한다. 둘째, 방크스소나무인 *Pinus banksiana* 나 최근에 제주도에서 발견하여 우리나라의 저명한 식물학자이셨던 고 박만규 박사를 기념하기 위하여 명명한 제주고사리삼인 *Mankyua chejuense*와 같이 사람의 이름이 학명의 일부분일 경우에는 그 사람의 이름이 실제로 사용된 경우와 같이 정확히 발음하도록 한다. 학명은 처음에는 매우 어려워 보이지만, 매우 체계적이고 규칙적이기 때문에, 한번 배워두면 식물의 이해를 더욱 쉽게 하여 오히려 식물을 공부하는 데에 더 많은 도움이 된다.

5) 조경식물의 분류

(1) 성상별 분류(性狀別 分類)

식물은 흔히 교목(tree), 관목(shrub), 만경목(climber) 및 초본(herbaceous)을 포함한 지피식물(groundcover plant)로 구분한다. 교목, 관목, 만경목 등의 목본식물은 겨울에 잎의 유무에 따라 상록과 낙엽으로 나눈다. 코넬대학의 Curtis 교수는 식물의 크기에 따라 1등급(만경목, climber), 2등급(지피식물, groundcover, 0.5*m* 이하), 3등급(왜성관목, dwarf shrub, 0.5~1.0*m*), 4등급(소관목, small shrub, 1.0~2.0*m*), 5등급(중관목, medium shrub, 2.0~4.0*m*), 6등급(대관목 또는 소교목, medium shrub or small tree, 4.0~8.0*m*), 7등급(중교목, medium tree, 8.0~16.0*m*), 8등급(대교목, large tree, 16*m* 이상) 등 모두 8가지 계급으로 구분하였다. 이에 반하여 미국의 조경가인 Hamblin은 높이에 따라 1급 교목(tall, 30*m*), 2급 교목(large, 18*m*), 3급 교목(medium, 12*m*), 4급 교목(small, 6*m*), 관목은 4.5*m* 이상, 3.0~4.5*m*, 1.8~3.0*m*, 0.9~1.8*m*, 왜생직립, 왜생복생 등으로 나누었다.

(2) 이용분류(利用分類)

녹음용

여름철에 강한 햇빛을 차단하는 기능을 지닌 수종을 녹음용 수목(shade tree)이라 한다. 녹음용 수목은 주로 그늘을 이용하기 때문에 지하고를 일정 높이로 유지할 수 있는 교목성으로, 수관폭이 가능한 넓어야 하며, 답압에 견딜 수 있어야 한다. 우리나라는 계절의 구분이 뚜렷하기 때문에 녹음수는 가능하면 낙엽활엽수가 바람직하며, 녹음수로 이용하는 수종이 매우 제한되어 있기 때문에 추가적인 개발이 필요하다. 이에 적합한 수종으로는 가죽나무, 느티나무, 단풍나무류, 버즘나무류, 백합나무, 은행나무, 이팝나무, 회화나무, 팽나무 등이 있다.

생울타리(수벽)/차폐용

생울타리나 차폐용 수목(tree hedge)은 경계기능 또는 시선차폐나 통행조절 목적 등에 사용되는 수목을 말한다. 이를 위해서는 식물의 질감이 좋아야 하고, 맹아력이 강해서 전정에 잘 견디며, 아름다운 꽃이나 열매가 많이 맺히는 수종이 좋다. 특히 아랫부분의 가지가 고사하면 시각적 또는 기능적으로 바람직하지 않기 때문에 지엽의 고른 생장이 필요하다. 또한 도시지역에서 그 요구가 많기 때문에 대기오염이나 건조에 견디는 능력이 필요하다.
식재장소가 넓은 경우에는 자연수형으로 생울타리를 관리하는 것도 좋다. 이에 적합한 수종으로는 어느 정도 맹아력이 있고 전정에 잘 견디는 수종이라면 거의 제한을 둘 필요가 없다. 예를 들면 주로 녹음수 또는 가로수로 널리 이용하고 있는 은행나무나 가이즈카향나무도 매우 훌륭한 생울타리용 재료가 된다. 가시나무류, 개나리, 광나무, 꽝꽝나무, 동백나무, 명자나무, 사철나무, 삼나무, 아왜나무, 애기동백, 탱자나무, 측백나무, 가이즈카향나무, 편백, 화백, 향나무, 호랑가시나무, 미선나무, 회양목 등이 주로 사용되고 있다.

방풍용

일반적으로 수목은 넓은 수관층을 지니고 있어서 바람이 불 경우 강한 풍압을 받게 된다. 풍압은 풍속의 제곱에 비례하기 때문에 풍속이 약간만 증가해도 풍압은 현저히 증가하는 속성을 지니고 있다. 방풍수림대(shelter belt)의 조성에 적합한 수종은 심근성으로 지엽이 치밀하나 잘 부러지지 않는 가지와 줄기를 지닌 수종이 좋다. 이에 적합한 수종으로는 감탕나무, 곰솔, 동백나무, 사철나무, 삼나무, 팽나무, 후박나무 등이 있으며, 도입종으로 x *Cupressocyparis leylandii*가 있다.

방진/방사/방연용

대기 중에는 크고 작은 수많은 먼지형태의 오염물질이 떠다니며, 이는 인간의 호흡기 건강에 많은 피해를 미치고 있다. 또한 바람의 작용으로 지표면의 침식이 발생하기도 한다. 식물은 줄기, 가지 및 잎에 이르기까지 이러한 먼지를 어느 정도 흡착했다가 비가 오면 씻겨 내리며, 지표면의 침식을 방지하는 기능으로 대기정화나 지표면의 안정에 많은 기여를 하고 있다. 수관층이 넓거나 지면을 빽빽이 덮을 수 있으며, 또는 줄기나 가지의 껍질부분에 요철이 많고 잎의 뒷면에 털이 잘 발달해 있으며, 대기오염에 강한 내성을 지니는 식물이 좋다. 이에 적합한 수종으로는 눈향나무, 동백나무, 사철나무, 쥐똥나무, 버즘나무류, 해당화 등을 포함한 대부분의 지피식물이다.

방연용

공장이나 자동차에서 배출되는 대기오염 물질은 주로 아황산가스가 많으나 염산, 황산 또는 불화수소 등이 함유되어 식물에 많은 피해를 준다. 대기오염물질은 직접 식물에 피해를 미치기도 하지만, 이들 물질이 토양에 축적하여 석회질의 결핍을 초래할 수가 있다. 대기오염물질의 영향으로 침엽수는 주로 기공이 먼저 파괴되나, 활엽수는 여러 가지 형태로 잎에 반점에 생기기도 한다. 이에 적합한 수종으로는 태산목, 아왜나무, 광나무, 사철나무, 팽나무 등이다.

방조/임해매립지용

해안지방은 강한 바람과 끊임없는 파도의 영향으로 특히 백사장이 발달한 곳은 바람과 파도로 인한 침식의 피해를 받게 된다. 또한 새로이 해안지방에 매립한 곳은 토양에 함유된 강한 염분으로 식물의 생육에 많은 지장을 초래하게 된다. 이를 위해서는 강한 바람에 견디며, 정상적인 식물생육에 부적합한 토양의 물리적, 화학적 성질 등 척박한 토양환경을 극복할 수 있는 식물이 바람직하다. 이에 적합한 식물에는 곰솔, 다정큼나무, 돈나무, 동백나무, 소사나무, 순비기나무, 아왜나무, 위성류, 쥐똥나무, 팔손이, 팽나무, 통보리사초 등이 있다.

방화용

이는 수목식재를 통하여 화재의 방지 또는 확산을 막거나 지연시킬 목적으로 이용하는 식물을 말한다. 일반적으로 비교적 잎이 두껍고 함수량이 많으며 수관층이 치밀하게 발달한 활엽수종이 적당하다. 가시나무, 굴거리나무, 동백나무, 사철나무, 식나무, 아왜나무, 후박나무, Eucalyptus 등이 좋다.

제2장 조경식물의 내부구조

1. 수목의 구조

1) 식물의 기관(器官)과 조직계(組織系)

식물체는 토양으로부터 흡수된 물이나 양분을 줄기나 잎이 위치한 지상부로 운반시키는 체제가 존재한다. 이런 체제의 기관이나 조직은 주로 유관속식물을 식별하는 기준으로 이용된다. 수목의 생장(growth)이란, 일반적으로 키가 자라고, 줄기나 뿌리의 직경이 커지는 것을 의미한다. 이런 식물의 생장은 크게 두 가지로 나누는데, 줄기, 뿌리 및 잎이 자라 개체의 크기가 커지는 생장을 영양생장(vegetative growth)이라 하며, 꽃이 피어 종자를 맺어서 다음 세대를 만들기 위한 생장을 생식생장(reproductive growth)이라고 한다.

식물체의 구성단위는 기관인데, 영양생장을 하는 뿌리, 줄기 및 잎을 영양기관이라 하고, 유성생식과 관계되는 꽃이나 열매 및 종자를 생식기관이라 한다. 이런 기관에서 기능이나 형태가 동일한 세포의 집합을 조직이라 하고, 위치와 기능에 관계된 조직의 집합을 조직계라고 한다. 이는 세포분열능력의 유무에 따라 분열조직계와 영구조직계로 나눈다. 영구조직계는 J. von Sachs에 의해 표피계(epidermis system), 유관속계(vascular bundle system), 기본조직계(ground tissue system)로 구분하였다.

식물의 생장과 발달은 조직배양을 하면서 잘 알려졌다. 먼저 시험관 속에서 자라고 있는 세포덩이인 캘러스(callus)에서 줄기, 뿌리 및 잎과 같은 기관이 만들어지는 현상을 식물의 발달이라고 한다. 이처럼 조직배양을 통해 어떤 식물의 세포가 식물의 모든 부분 즉, 온전한 식물을 형성하는 능력을 분화전능성(totipotent)라고 한다. 이처럼 식물이 분화전능성을 가졌기 때문에 조직배양, 삽목. 취목 및 접목을 통해 유전능이 동일한 식물을 많이 만들 수 있다.

(1) 분열조직계(分裂組織系)

아무리 커다란 수목도 기원은 정핵과 난핵이 수정된 수정핵이라는 1개의 세포가 계속된 체세포분열을 함으로써 배 발생이 이루어진다. 배 발생 초기에는 전체 세포가 분열에 참여하지만 성숙 시 분열세포는 특정 부위에만 국한하여 존재한다. 이처럼 세포분열 능력을 가진 세포들을 분열조직(meristem)이라 한다. 분열조직은 크게 정단분열조직, 개재분열조직과 측생분열조직으로 대별하고, 그 세포들은 일반적으로 작고, 세포질은 풍부하고 세포벽은 얇으며 핵을 가지고 있다.

정단분열조직(頂端分裂組織, apical meristem)

줄기나 뿌리의 정단은 신장생장을 하는 분열조직으로 흔히 생장점이라고 부른다. 생장점 중 줄기의 끝에 위치한 경단은 유엽으로, 뿌리 끝의 근단은 근관으로 보호되고 있다(사진 2-1).

개재분열조직(介在分裂組織, intercalary meristem)

단자엽 식물은 잎의 기부와 줄기의 마디와 마디 사이에 위치한 개재분열조직이 있다.

측생분열조직(側生分裂組織, lateral meristem)

비대생장을 하는 특히 벼과식물같은 마디가 많은 식물에서 절간 생장을 한다. 식물은 유관속의 물관부와 체관부 사이에 형성층(cambium)이라고 하는 분열조직이 있어서 안쪽으로 물관부조직을, 바깥쪽에 체관부조직을 추가시키고 있다. 또한 목본식물은 성장하면서 유관속의 외부에 코르크형성층이 발달해서, 안쪽에 코르크피층, 바깥쪽에 코르크조직을 형성한다.

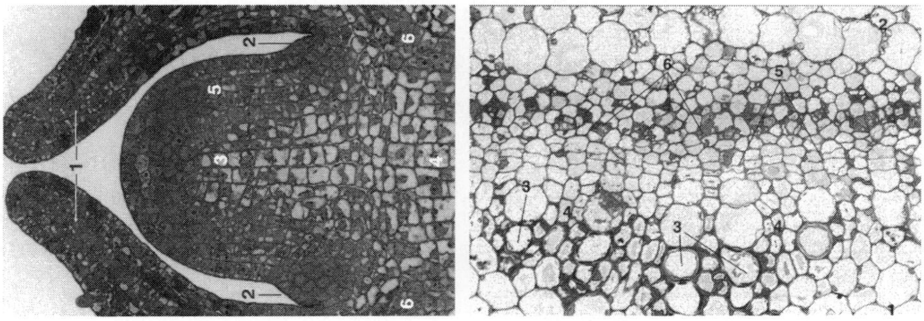

사진 2-1 (좌)정단분열조직과 (우)측생분열조직인 유관속형성층(Browes, 1996)

(좌)1. 엽원기 2. 아원기 3. 경단분열조직 4. 수 5. 축부분열조직 6. 전형성층

(우)1. 목부 2. 사부 3. 도부 4. 유세표 5. 유관속형성층 6. 사관

(2) 영구조직계

표피계(表皮系)

식물체의 표면은 한층 또는 다층의 표피세포로 덮여 있으며, 표피세포가 변형된 것으로 모용, 근모 및 기공(氣孔) 등이 있다. 표피세포의 표면 무늬는 식물군이나 종에 따라 다른데, 쌍자엽식물은 부정형이면서 그물모양의 망상맥이고, 단자엽식물은 축방향으로 긴 세포와 짧은 세포가 평행 배열을 한 평행맥이다. 세포의 외벽은 각피화하여 두꺼운 각피층을 형성하거나, 연잎이나 토란잎과 같이 납층(wax layer)이 발달된 것도 있다. 이들은 잎을 보호하고 수분 증발을 막는 역할을 한다.

모용(毛茸, trichome)은 식물체 표면에 생긴 털(hair)을 총칭하고, 단세포성 또는 다세포성이고 모양은 선상, 성상 및 분지상 등 종에 따라 특징적으로 나타나기 때문에 분류 형질로서 중요하게 이용된다.

근모(根毛, root hairs)는 어린뿌리의 표피세포가 외부로 돌출 신장한 뿌리털을 말하며, 이는 식물체에 필요한 물이나 양분을 토양으로부터 흡수하는 역할을 한다. 기능을 멈춘 오래된 것은 표피에서 탈락된다.

증산과 이산화탄소가 유입되는 통로로 역할을 하는 기공(stoma)은 2개의 공변세포로 이루어졌고, 주로 잎에 많이 존재하지만 광합성을 수행하는 녹색 줄기에도 약간 존재한다. 공변세포는 그 세포벽의 안쪽이 두꺼워서 팽압의 변화에 따라 기공이 개폐된다. 특히 잎의 이면에 많으나 식물의 종류에 따라 다르다. 부유식물은 잎의 표면에, 건생식물은 함몰된 기공을 가진다.

유관속계(維管束系)

식물체 줄기의 횡단면에서 동심원상의 조직이 방사상으로 배열된 것을 유관속계라고 부르고 물관부와 체관부로 구분한다. 현미경상에서 세포가 크고 벽이 두꺼운 도관(vessel)을 물관부(xylem)라 하고 도관 외에 물관부섬유와 물관부유조직이 있다. 도관은 긴 원통형으로 양끝에 천공(perforation)이 있고 측벽에 다양한 무늬의 벽공이 있는 죽은 세포로서 뿌리에서 흡수한 무기양분이나 물이 상승하는 통로이다. 물관부섬유는 가늘고 긴 방추형이고 목질화된 세포벽으로 지지기능을 수행한다. 유조직은 생세포로서 방사배열을 하여 방사조직으로 저장과 방사방향으로 물질이동을 수행한다. 양치식물과 나자식물은 도관이 없고, 가도관(tracheid)이 있다. 가도관은 천공이 없고 측벽에 유연벽공이 발달하고 2기 비후를 함으로써 통로와 지지기능을 한다.

줄기의 유관속 중 물관부 외측에 동화산물의 통로인 체관(sieve tube)과 반세포(companion cell), 체관부섬유 및 체관부유조직을 포함하는 체관부(phloem)가 있다. 체관은 도관과 달리 세포질로 채워진 생세포이고, 세포벽도 목화되지 않았으며, 양끝에 체판(sieve plate)이 존재한다. 체관에 인접한 반세포는 체관의 기능을 돕는 것으로 알려졌다. 유관속은 물관부, 유관속형성층 및 체관부가 다발로 되어 있으며 거의 같은 양의 물관부와 체관부가 나란히 접하고 있는 병립유관속(collateral vascular bundle)은 피자식물과 나자식물의 줄기나 잎에서 흔히 볼 수 있다. 모든 식물의 뿌리에서는 물관부와 체관부가 교대로 환상배열을 한 방사유관속(radical vascular bundle)이다.

기본조직계(基本組織系)

표피계와 유관속을 제외한 모든 부분을 기본조직계라 한다. 줄기에서 기본조직계는 중심부의 골속(髓, pith) 주변부의 피층(cortex), 뿌리에서는 내초(pericycle) 및 피층 등으로 구성되어 있다. 피층의 제일 안쪽의 1열의 세포를 내피(endodermis)라 하고 뿌리와 지하경에서는 카스파리선(casparian dots)이 나타난다. 이는 이웃세포와 밀착되어 있어서 피층을 통과하는 양분이 유관속으로 이동될 때 필히 내피세포를 통과해야 된다. 줄기나 뿌리의 내피를 포함한 안쪽의 조직을 중심주(stele)라 한다.

이 조직계는 유조직 세포로 구성되어 있는데 잎이나 약한 줄기의 피층에 있는 세포는 엽록체를 갖고 있어 동화조직이라 하고 줄기의 골속이나 뿌리의 피층 등을 저장조직이라 하는데 이들은 물질대사에 중요하다. 기본조직을 형태적으로 보면 유조직, 후각조직, 후벽조직 및 섬유세포 등으로 이루어져 있고, 기능상으로 보면 저장조직, 동화조직, 분비조직, 기계조직, 통기조직 등으로 구분된다.

2. 잎

잎(leaf)은 주로 엽육조직으로 구성되어 있으며, 책상조직이나 해면조직에 많은 엽록체를 가지고 있어 녹색을 띠면서, 식물에서 광합성작용을 하는 가장 중요한 기관이다. 줄기나 열매도 초기에는 엽록체를 가지고 광합성을 할 수 있으나, 그 양은 많지 않고, 다년생 목본으로 자라면서 두꺼운 표피로 덮여 광합성 기능은 소실된다. 그리고 잎에는 기공이 있어서 산소와 이산화탄소를 교환하는 장소이며, 부수적으로 증산작용도 한다. 목본식물의 잎은 그 모양이 다양하여 식물 분류군을 식별하는 분류키로 이용되기도 한다.

1) 피자식물(속씨식물)의 잎

피자식물의 잎은 일반적으로 넓게 발달한 엽신(leaf blade)과 잎을 지탱하는 엽병(petiole) 및 엽병기부에 위치한 탁엽(stipule)으로 구성되어 있다. 엽신을 횡단해보면 햇빛을 직접 받는 향축면에 상표피(upper epidermis)와 배축면에 하표피(lower epidermis)로 둘러싸여 있다. 특히 상표피 표면에는 투명 매니큐어 같은 각피(cuticle)가 있어서 수분 증발을 억제하고 있다. 양 표피 세포의 안쪽은 엽육조직(mesophyll)이라고 하는데, 엽록체를 많이 함유하고 있다(그림 2-1).

엽육조직 가운데 책상조직(palisade parenchyma)은 윗부분에 위치하고, 표피와 수직 방향으로 긴 세포이며 촘촘히 배열되어 있고, 특히 엽록체를 많이 함유하고 있어서 광합성 기능을 최대로 할 수 있다. 다른 하나인 해면조직(spongy parenchyma)은 아래쪽에 위치하고 세포간극이 발달하여 둥근 모양의 세포가 불규칙하게 흩어져 있어서 광합성 기능이 있지만 약하고 세포간극의 발달로 탄산가스의 확산을 용이하게 한다.

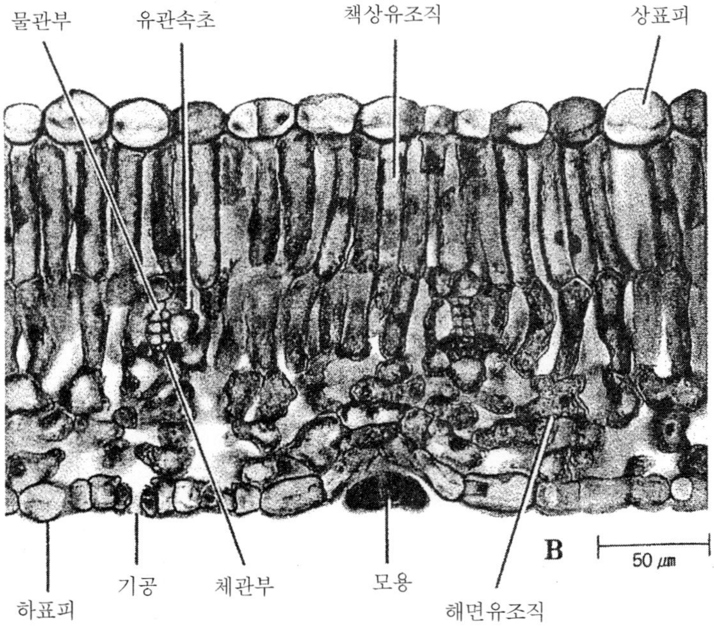

그림 2-1 잎의 횡단면(Raven *et al.*, 1986)

온대지방에서 충분한 강우량이 있는 적습지(mesophytic habitat)에서 자라는 중생식물(mesophyte)에 속하는 수목의 잎은 책상조직이 주로 위쪽에 존재하고, 해면조직은 아래쪽에 존재해서 잎의 앞뒷면이 뚜렷하게 구별되는 양면엽(bifacial leaf)이다. 반면, 유칼리나무와 같이 건조지(xerophytic habitat)에서 자라는 건생식물(xerophytes)의 잎은 책상조직이 양쪽에 있어서 앞뒤의 구별이 불분명한 등면엽(unifacial leaf)이다.

엽육조직에는 줄기와 엽병과 엽신으로 연결되는 엽맥(leaf vein)이 존재하는데, 주로 탄수화물, 수분, 무기영양분 등을 운반하는데, 상표피 쪽에 수분을 이동시키는 물관부(xylem)가 있고, 하표피 쪽에 탄수화물을 이동시키는 체관부(phloem)가 있다. 엽맥은 엽신에 골고루 분포하여 기계적인 지탱 역할도 겸하고 있다.

2) 나자식물(겉씨식물)의 잎

나자식물은 흔히 침엽을 가진 송백류와 넓은 잎을 가진 은행나무로 구성되는데, 줄기에 도관은 없으며, 모두 가도관을 갖는 특징이 있다. 환경조건에 대해 나자식물의 잎은 피자식물에 비해 변이가 적은 편이며, 대부분의 나자식물의 잎은 상록성(evergreen)이지만, 간혹 은행나무, 일본잎갈나무, 메타세쿼이아와 같이 낙엽성(deciduous)인 것도 있다.

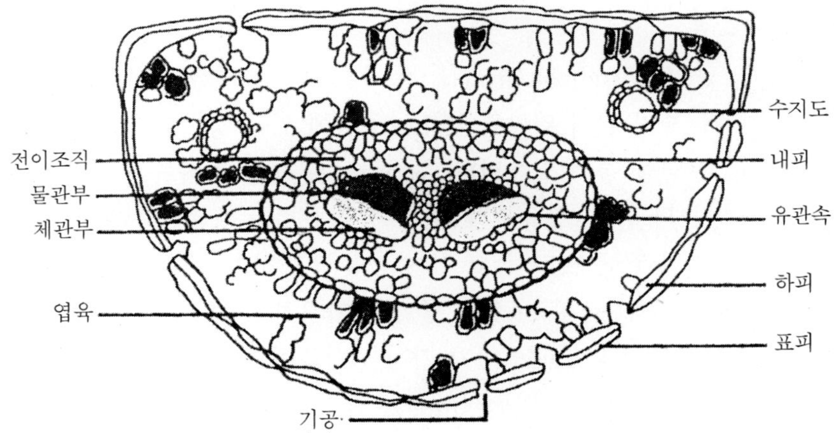

그림 2-2 소나무 잎의 횡단면(Raven *et al.*, 1986)

나자식물의 엽육조직은 은행나무, 주목, 전나무, 미송과 같이 책상조직과 해면조직으로 분화되어 있는 경우도 있으나, 소나무류와 같이 분화되어 있지 않은 경우도 있다. 소나무류의 표피조직인 표피세포(epidermis)는 두꺼운 세포벽을 가지고 있고, 기공이 함몰형이어서 효율적으로 증산작용을 억제할 수 있다. 엽육조직에는 원형의 수지구(resin duct)가 있어서 수지(resin)를 분비한다. 엽육조직 안쪽에는 치밀한 단일 세포층으로 된 내피(endodermis)가 있으며, 내피 안쪽에는 이입조직(transfusion tissue)이 있고, 유관속이 한 개인 잣나무류와 두 개인 소나무류가 있다(그림 2-2).

3. 줄기

목본식물의 줄기(stem)는 유관속 형성층에 의해 부피 생장이 이루어져서 단단하고 굵다. 나무가 굵은 하나의 줄기만을 가지고 있을 경우, 수간(trunk)이라 부르며, 용재로 이용할 경우 목재(wood)라고 한다. 줄기는 윗부분에 잎과 가지가 있어 우산모양의 수관(crown)을 지탱하고 있으면서, 뿌리에서 흡수한 수분과 무기영양분을 위쪽으로 이동시키고, 수관의 잎에서 만든 광합성 산물인 탄수화물은 아래 방향으로 운반하거나 혹은 저장하는 기능을 가지고 있다.

수목의 키나 직경이 커지는 것은 분열조직(meristem)에 의해 이루어지는데, 줄기와 뿌리의 끝부분에 정단분열조직이 있어 키가 자라고, 줄기나 뿌리의 직경 증가는 유관속형성층의 분열에 의해 일어난다. 수목의 여러 부위는 자라는 속도와 자라는 시기가 각각 다르다.

1) 수고생장

줄기생장(shoot growth)은 수목의 키를 크게 하는 수고생장을 의미한다. 수고생장은 줄기 끝에 위치한 눈(bud) 속에 있는 정단분열조직(apical meristem)의 연속된 분열을 통해 일어난다. 눈(bud)은 생장 잠재력을 가진 어린가지라고 할 수 있으며, 눈의 위치, 함유조직, 활동 상태에 따라서 분류한다. 정아(terminal bud)는 줄기나 가지 끝에 자리 잡고 있는 눈을 의미하며, 수간(樹幹, main shoot)을 만들어 낸다. 측아(lateral bud)는 줄기나 가지의 정아 아래에서 측면에 발달된 눈으로 주로 측지(lateral branch), 즉 가지를 만들어낸다.

액아(腋芽, axillary bud)는 줄기와 잎 사이에 위치한 작은 눈을 의미하며, 주로 새로운 잎을 만들어낸다. 휴면아(冬芽, dormant bud)는 겨울잠을 자는 정단분열조직을 갖고 있는 액아를 의미하고 아린(bud scale)으로 싸여 있는데, 처음에는 줄기와 잎 사이의 엽액(leaf axil)에 만들어졌다가 줄기가 굵어지면 수피 바로 밑에까지 계속해서 따라오면서 흔적으로 아흔(bud trace)을 남긴다. 가지치기 후에 생기는 새 가지, 나무를 베어낸 그루터기에서 나오는 맹아(stump sprout), 피자식물의 도장지(epicormic shoot)와 나자식물의 맹아지는 모두 휴면아에서 유래한 것이다.

부정아(adventitious bud)는 줄기 끝이나 엽액에서 유래하지 않고, 수목의 오래 된 부위에서 불규칙하게 형성되는 것을 의미하는데, 상처를 입은 유상조직(callus)이나 형성층 근처에서 만들어진다. 이태리포푸라와 오동나무의 뿌리에서 나오는 맹아(root sprout, root sucker)는 부정아에서 생겨난 것이다. 부정아는 즉시 생긴 것이기 때문에 아흔이 없다. 엽아(leaf bud)는 잎을 만드는 눈이며, 화아(floral bud)는 꽃을, 그리고 혼합아(mixed bud)는 잎, 꽃, 가지를 함께 만드는 눈이다.

2) 줄기 생장형

수목의 줄기가 생장하는 형태는 정아의 역할, 줄기의 형태, 그리고 생장주기에 따라서 몇 가지로 분류할 수 있다. 수종에 따라 줄기가 빨리 자라거나 천천히 자라기도 하며, 봄에만 자라거나, 가을 늦게까지 자라기도 하는 차이가 있는데, 이것은 줄기의 생장형(shoot growth type)이 다르기 때문에 나타나는 현상이며, 유전적으로 고정되어 있다.

(1) 유한생장과 무한생장

정아가 줄기의 끝에 자리 잡고 있어 줄기의 생장을 주도하고 있을 때, 이런 정아에 의해서 액아의 생장을 억제하는 현상을 정단우세(apical dominance)라고 하며, 유한생장(determinate growth)을 한다고 한다. 소나무류, 가문비나무류, 참나무류 등과 같은 대부분의 나자식물은 정아지(terminal leader)가 측지보다 빨리 자라는 정아우세를 보임으로써 원추형(excurrent form)의 수관형(crown form)을 유지하게 된다. 유한생장을 하는 수종은 한 가지 당 1년에 한 번 혹은 두세 번 정아가 차례대로 형성되면서 신장한다.

반면에 동아에서 유래한 줄기가 자란 다음 가지 끝이 죽거나, 정아를 형성하지 않은 상태에서 겨울동안 줄기 끝부분이 죽으면, 살아 있는 줄기 맨 위에 있는 측아가 정아 역할을 하여 이듬해인 봄에 다시 줄기가 자라는데, 이를 무한생장(indeterminate growth)이라고 하며, 자작나무, 서어나무, 버드나무, 양버즘나무, 아까시나무, 피나무, 느릅나무 등이 여기에 속하며, 가지 끝이 죽은 흔적(scar)이 남기 때문에 유한생장을 하는 수종과 구별이 된다. 대부분의 피자식물은 어릴 때에는 정아우세가 나타나서 원추형의 수형을 유지하지만, 곧 정아우세현상이 없어지고 측지의 발달이 왕성해져서 넓은 수관을 가진 구형(decurrent form)의 수관형을 만든다.

(2) 장지와 단지

은행나무, 일본잎갈나무(낙엽송), 자작나무, 단풍나무 등의 가지는 장지와 단지 등 두 종류가 있다. 장지(long shoot)는 잎과 잎 사이의 마디가 길어 잎이 서로 떨어져 있으며, 단지(short shoot)는 마디가 거의 없어 잎이 서로 총생한 것처럼 보인다. 소나무류의 경우에 엽속(fascicle)은 단지에 해당하고, 엽속이 붙어 있는 가지는 장지에 해당한다고 할 수 있다. 은행나무나 일본잎갈나무에서 일부 가지가 고정생장을 할 경우, 단지는 동아에서 유래한 춘엽만을 가지고 있으면서 마디의 길이가 2mm보다 짧으며, 만일 단지가 다시 생장을 시작하면 하엽을 만들면서 자유생장을 함으로써 장지로 바뀐다. 자유생장을 하는 수종이 노령기에 달해 생장이 줄어드는 이유는 대부분의 가지가 고정생장으로 바뀌면서 단지가 되기 때문이다.

사진 2-2 은행나무의 장지와 단지

3) 줄기의 직경생장

수목에서 줄기나 뿌리의 직경생장은 주로 유관속형성층의 활동에 의해 방사생장(radial growth)으로 이루어지며, 체관부 바깥쪽에 위치하고 있는 코르크형성층도 비대생장에 일부 기여한다. 이런 유관속형성층(vascular cambium)과 코르크형성층(cork cambium)은 줄기나 뿌리를 둘러싸고 있어서 측생분열조직(lateral meristem)이라고 한다. 나무의 유관속형성층은 줄기와 뿌리의 직경을 굵게 만드는 분열조직으로서, 수피 바로 안쪽에 동심원상으로 물관부를 둘러싸고 있으며, 한 세포층에서 몇 개의 세포층으로만 이루어져 있다. 이런 분열조직은 나무가 살아 있는 생육기간 동안 거의 쉬지 않고 세포분열을 계속한다.

형성층 세포는 병층분열을 하여 안쪽으로는 물관부모세포를 거쳐 물관부세포를 만들고, 바깥쪽으로는 체관부세포를 만들기 때문에 직경이 굵어지더라도 형성층의 세포층은 한층 또는 소수 층이고, 그 위치는 항상 마지막 생산된 물관부와 체관부 사이에 남게 된다. 또한 직경이 증가하면 형성층은 수층분열을 통해 형성층 세포 수를 증가시킨다.

사진 2-3 목본식물의 줄기단면(Capon, 1994)

C. 횡단면(좌측) R. 방사단면 T. 종단면

(1) 유관속형성층

초기 유관속형성층

목본성 쌍자엽식물과 나자식물도 종자가 발아한 직후에는 초본식물과 마찬가지로 원통형의 연속된 형성층을 갖추고 있지 않다. 발아한 직후 소나무류의 어린줄기의 횡단면을 보면, 1차생장만을 하고 있어서 유관속 다발(vascular bundle)은 서로 떨어져 있으면서 한복판의 골속(pith)을 중심으로 동심원상에 배열되어 있다. 이때에는 전형성층(procambium)이 유관속 다발 안에만 자리 잡고 있으며, 후에 속내형성층(fascicular cambium)으로 바뀐다.

이 단계에는 유관속과 유관속 사이에는 아직 형성층이 없는데, 그 사이에 있는 피층세포가 분열을 시작하여 속간형성층(interfascicular cambium)을 만들면서 양쪽에서 다리를 놓듯이 두 유관속을 연결하여 원형의 유관속형성층(vascular cambium)을 갖추게 된다. 피나무의 경우, 종자에서 발아하는 초기부터 속내형성층이 크게 자리 잡고 있어서 속간형성층의 발달 없이도 곧바로 원형의 형성층을 갖추는 경우도 있다.

유관속형성층의 구성세포

유관속형성층 세포는 방추형시원세포(fusiform initials)와 방사조직시원세포(ray initials)로 구성된다. 방추형시원세포는 길고 끝으로 갈수록 뾰쪽한 프리즘모양의 세포이고 분열하여 물관부의 도관이나 섬유로 발달하며, 방사조직시원세포는 작고 타원형 모양의 세포로 장차 방사조직을 이룬다.

유관속형성층의 세포분열

유관속형성층은 원칙적으로 수간의 횡단면상에서 접선 방향으로 원통형으로 배열한 얇은 한 층의 분열능력을 가진 세포군을 의미하지만, 실제로 현미경으로 관찰할 때, 얇은 한 층의 분열세포군을 찾아내기는 거의 불가능하기 때문에 형성층을 포함한 여러 층의 시원세포(mother cell)까지 포함하여 형성층대(cambial zone)로 부르고 있다.

형성층 세포의 분열은 병층분열(periclinal division)과 수층분열(anticlinal division)이 일어난다. 병층분열은 물관부나 체관부의 시원세포(fusiform initial)를 추가로 만들기 위하여 횡단면상에서 접선 방향(tangential direction)으로 세포벽을 만드는 세포분열을 의미하며, 수층분열은 나무의 직경이 굵어짐으로 인해 형성층 자체의 세포수가 모자랄 때, 형성층의 세포수를 증가시키기 위하여 방사방향(radial direction)으로 세포벽을 만드는 세포분열을 뜻한다.

(2) 물관부와 체관부의 생산과 세포분화

형성층은 세포분열을 통하여 2기조직인 2기물관부와 2기체관부를 생산하는

데, 형성층보다 안쪽으로 물관부를, 바깥쪽으로 체관부를 추가시키면서 형성층 자신은 계속 분열조직으로 남게 된다. 따라서, 형성층 세포는 자기 자신이 둘로 갈라질 때 접선 방향으로 새로운 세포벽을 만드는 병층분열에 의하여 물관부와 체관부를 만들게 된다. 생리적으로 체내식물 호르몬 중 옥신의 함량이 높고 지베렐린의 농도가 낮으면 물관부를 생산하고, 그 반대일 때에는 체관부를 생산하는 것으로 알려져 있다.

형성층에서 안쪽으로 추가된 세포는 물관부조직이 되는데, 물관부요소인 도관, 섬유, 가도관, 유세포 중 하나로 분화된다. 도관, 섬유 그리고 가도관으로 분화되는 경우 2차벽을 가지게 되며, 원형질을 잃어버린다. 도관의 경우, 양쪽 끝에 천공판이 생겨서 수분의 이동을 용이하게 만든다. 방사조직을 만드는 유세포는 분화과정에서 모양이 별로 변하지 않으며, 세포 내용물인 원형질을 그대로 가지고 살아 있는 세포로 남는다.

각 세포의 분화는 종에 따라 다소 차이가 있지만 보통 몇 주에 걸쳐 일어난다. 분화도중에 세포의 크기는 방사 및 접선 방향의 확장과 종축 방향으로 길이가 신장이 되는데, 활엽수의 섬유는 종축 방향으로 최고 500% 가량 길이가 신장되며, 침엽수의 가도관은 20% 가량 확장된다. 그렇지만 침엽수의 가도관은 원래 길이가 길기 때문에 성숙한 후에도 활엽수의 섬유보다 더 길다.

(3) 형성층의 계절적 활동

형성층의 활동은 환경요인의 영향을 많이 받는다. 가뭄이 지속될 때에는 대개 형성층의 활동이 둔화되어 세포분열이 거의 정지된다. 형성층의 계절적 활동은 상록수의 경우 낙엽수보다 더 오래 지속되며, 산림내에서 우세종이 피압종보다 더 오래 일어난다. 형성층의 활동은 일반적으로 봄에 줄기생장이 시작될 때 함께 시작하여 여름에 줄기생장이 정지한 다음에도 지속되는 경향이 있다.

형성층의 활동은 식물호르몬인 옥신(auxin)에 의해 좌우된다. 이른 봄, 눈에서 만들어진 옥신 계통의 식물호르몬이 밑으로 이동하면서 형성층을 자극하여 세포분열을 유도하기 때문에 형성층의 활동은 나무 꼭대기와 눈 바로 아래의 줄기에서 제일 먼저 시작되며, 그 여파가 밑으로 전달되기 때문에 나무 밑동 부분에서 제일 늦게 시작된다. 가을이 되어 잎에서 옥신 생산이 줄어들기 시작하면 밑으로 공급되는 옥신의 양이 감소하여 제일 먼저 나무 밑동 부근에서 형성층의 분열이 중단된다. 그 여파는 점점 위로 전달되어 나무 꼭대기 부근으로 형성층의 활동이 전달되므로 나무 꼭대기 부근에서는 제일 늦게까지 형성층의 활동이 일어난다. 이러한 옥신의 영향은 추재를 형성하기 시작하는 기간과 동일하다. 즉, 늦은 여름에 추재를 만들기 시작하는 시기는 잎에서 옥신의 생산량이 줄어드는 시기와 일치하며, 나무 밑동에서부터 추재 생산이 시작되어 그 여파가 위로 전달된다.

4) 목재의 구조

목재(wood)는 형성층의 안쪽에 만들어진 2차 물관부를 의미하며, 수피 안쪽에 있는 골속(髓, pith)을 제외한 모든 조직을 말한다. 유관속형성층이 세포분열을 통해 만드는 세포는 대부분 주축 방향(longitudinal direction)으로 길게 자라는 세포들로서, 나자식물과 피자식물에 따라 구성성분이 다르다.

피자식물에서 주축 방향으로 배열하는 주축요소는 도관(vessel), 가도관(tracheid), 물관부섬유(wood fiber), 주축유세포(axial parenchyma) 등이다. 도관, 가도관, 물관부섬유는 모두 목질소(lignin)가 축적된 2차벽(secondary wall)으로 이루어졌다. 도관은 여러 개의 도관요소가 주축방향으로 연결된 긴 파이프와 같은 구조로 세포 내강은 비어 있어서 수분이동통로로 이용된다. 한편 물관부섬유는 2차 세포벽이 두껍게 발달하여 줄기나 뿌리를 단단하게 지지하는 역할을 한다.

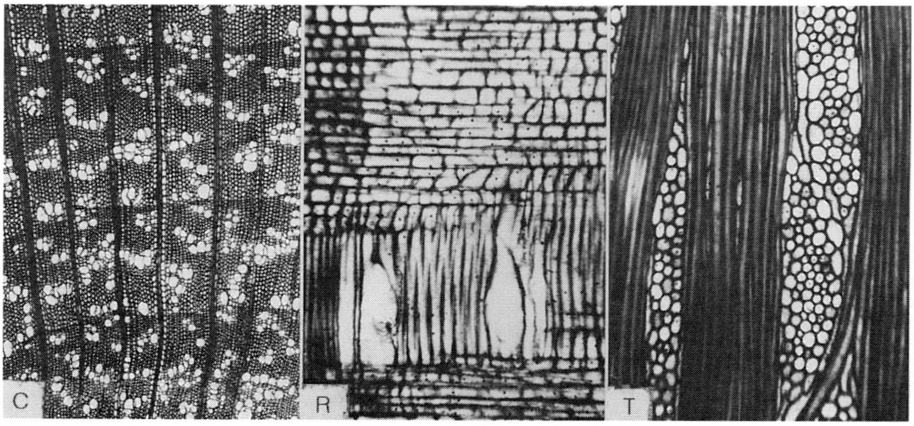

사진 2-4 팔손이의 3단면 구조(임동옥과 소웅영, 1993)

C. 횡단면 R. 방사단면 T. 종단면

나자식물의 경우에는 주축 방향으로 배열하는 주축요소는 대부분 가도관으로 구성되어 있어서 횡단면상의 구조가 비교적 단순하다. 그밖에 수직 수지도가 있다. 가도관은 폭이 20~30㎛, 길이가 2~3mm로서, 길이가 폭보다 약 100배가량 더 긴 세포이며, 피자식물의 도관처럼 수분통도세포이면서, 지지기능도 동시에 수행한다. 따라서 가도관 세포끼리의 수분이동에 비효율적이다. 즉, 두 세포의 연결부위에는 세포벽 사이에 있는 유연벽공(bordered pit)이라고 하는 아주 작은 구멍을 통해서만 가능하므로 수분의 이동속도가 아주 느리다. 특히 심재에 있는 가도관의 유연벽공 막의 중앙에 위치한 원절(torus)이 한쪽으로 치우쳐져 막공폐쇄(aspiration)가 일어나므로 수분이동 기능을 할 수 없다.

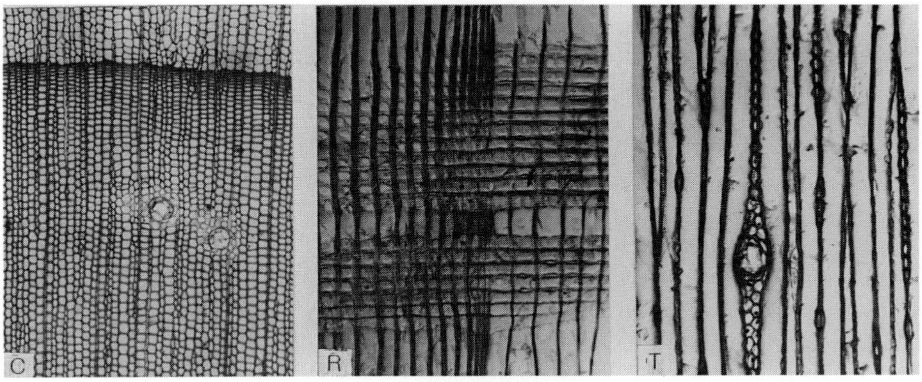

사진 2-5 잣나무의 3단면 구조(임동옥과 소웅영, 1986)

C. 횡단면(좌측) R. 방사단면 T. 종단면

유관속식물은 줄기나 뿌리 내부에 관속을 가지는 경우를 말한다. 관속은 물관부 체관부 및 유관속형성층을 가진 경우를 말한다. 이끼와 같은 선태류 이상의 식물에서 유관속을 갖는다. 이 책에서 주로 다루는 식물은 나자식물과 피자식물에 국한하므로 이에 준하여 설명하겠다. 나자식물은 가도관과 사요소로 이루어졌다. 이들 구조는 모두 끝부분이 뾰쪽한 상태를 이룬다. 피자식물은 물관과 체관으로 이루어졌고 물관 끝의 큰 구멍을 천공이라 부르고 체관 끝의 작은 구멍을 체공역이라고 부른다.

피자식물이나 나자식물 모두 수평 방향으로 배열된 방사요소는 대부분 방사조직 세포(ray cell)이다. 방사조직은 유세포(parenchymatous cell)로 이루어져 있는데, 이는 원형질이 있는 살아 있는 세포로서, 수평방향으로 물질을 이동하고 저장하기도 하며, 필요할 때에는 세포분열을 재개할 수 있는 능력을 가지고 있다.

식물은 유세포로 이루어진 주축유조직이나 방사유조직에 2차 대사산물을 축적하기도 한다. 예를 들면 소나무는 수지를, 주목은 택솔을 그리고 참나무는 타닌 성분을 축적하여 포식자나 해충으로부터 자신을 보호한다. 1차 대사산물은 모든 식물체가 생산하여 이용하는 핵산, 단백질, 지질 및 탄수화물과 같은 물질이다. 2차 대사산물을 분비하는 수목들이 모두 장수식물은 아니다.

특히 식물체는 초식동물로부터 멀리 달아나거나, 물리적으로 대항 할 수 없다. 잎은 연약하고 영양물질이 풍부해서 초식자들에게 먹잇감이 된다. 그렇지만 식물의 잎은 모두 무방비 상태는 아니며 대항하는 수단을 갖는 경우도 잇다. 이런 전략으로 첫째, 자신을 덜 소화하게 만드는 물질을 만든다. 초식자에게 먹힌 토마토나 감자는 잘려나간 잎 부위에 소화억제 효소를 만들어 자기 방어를 한다. 둘째 탁엽을 만들어 방어한다. 아까시나무속 식물은 탁엽을 동공화된 가시를 만들어 개미집으로 제공하고 개미는 식물 잎을 뜯어먹는 초식자를 적극적으로 보호한다. 셋째 잎에 생산물질을 바꾼다. 식물은 그들이 생산하는 어떤 화학물질을 변경함으로서 스스로를 방어한다. 단풍나무는 곤충의 침입이 있는 잎에 독성이 있는 방어 물질을 만들어 곤충을 몰아낸다. 넷째 후벽조직이 발달된 잎을 만든다. 매자나무, 유카 및 호랑가시나무 등의 식물은 잎에 후벽조직을 단단히 만들므로서 동물, 곰팡이, 결빙온도 및 자외선에 잘 견딘다. 다섯째 잎에 독성화학물질을 만든다. 은행나무는 징코민 성분을, 차나무는 카페인이나 타닌을, 토끼풀과 벌노랑이는 시아노겐이라는 유독물질을 갖는다. 고추냉이는 치오글루코사이드를, 독당근은 알카로이드물질인 코닌을 그리고 삼은 헤쉬쉬를 함유하여 초식을 피하는 전략을 가졌다.

(1) 연재(軟材)와 경재(硬材)

소나무, 전나무, 일본잎갈나무, 가문비나무 등과 같은 나자식물인 은행나무, 소나무, 삼나무 및 편백나무 등의 목재는 가도관으로만 구성되어 있어서 비교적 균질하고 연한 조직으로 구성되어 있어서 연재(soft wood)라고 한다. 그러나 쌍자엽식물인 물푸레나무, 단풍나무, 서어나무, 참나무 및 자작나무 등의 목재는 도관과 섬유로 구성되어 있고, 더욱 강하고 단단하므로 경재(hard wood)라고 한다. 따라서 대부분의 경재를 이루는 수목의 목재는 못질하기 어렵고 대패질도 어려워 건축용으로 사용하지 않는다.

(2) 연륜(年輪)

연륜(annual ring)은 온대지방에서 자란 목본식물 줄기의 횡단면에 매년 하나씩 형성되는 둥근 테인 나이테를 말하고, 이는 봄에 형성된 춘재(spring wood)와 여름에 형성된 추재(summer wood)로 구성되었다. 춘재는 세포 직경이 크고 세포벽이 얇은 반면, 추재는 세포의 직경이 작고 세포벽이 두껍기 때문에, 전년도에 형성된 추재와 이듬해에 형성된 춘재 사이에 뚜렷한 경계선이 만들어진다.

열대지방에서 자라는 나무는 연중 생장을 계속하기 때문에 대부분 연륜이 없으나, 고무나무와 같이 일정한 주기로 새순이 나오는 경우에는 연륜이 있는 경우도 있다.

(3) 환공재(環孔材)와 산공재(散孔材)

피자식물의 목부조직은 횡단면에서 도관의 크기와 배열에 따라 크게 두 가지로 나눈다. 참나무류, 느티나무와 같이 춘재 도관의 직경이 추재 도관 것보다 훨씬 크고, 직경이 큰 도관이 춘재에만 집중적으로 환상으로 배열하는 경우를 환공재(ring-porous wood)라 한다. 환공재는 물푸레나무속, 참나무속, 뽕나무속, 느릅나무속 및 팽나무속 등에서 볼 수 있다. 특히 참나무 춘재 도관의 경우에는 직경이 거의 0.5mm 가량 되어 육안으로도 보일 정도로 구멍이 뚫려 있으며, 도관의 직경이 크기 때문에 수분 이동 속도가 다른 어느 수종보다도 빠르다. 한편 춘재 도관의 직경이 추재 도관의 직경과 같아서, 같은 크기의 도관이 연륜 전체에 골고루 산재해 있는 경우를 산공재(diffuse-porous wood)라고 한다. 산공재는 단풍나무속, 층층나무속, 목련속, 버드나무속, 호두나무속 및 이태리포푸라와 같은 사시나무속 등에서 볼 수 있다.

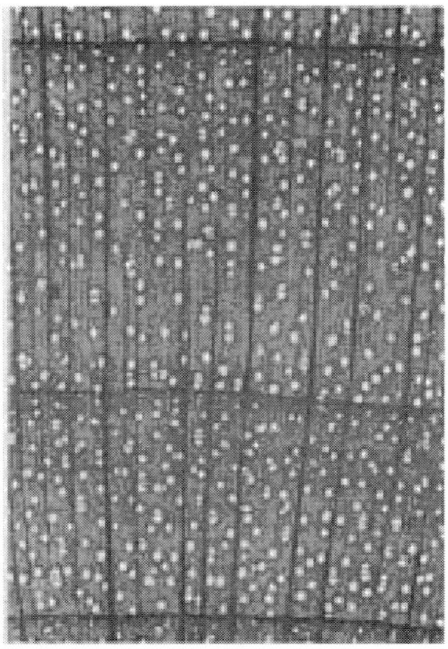
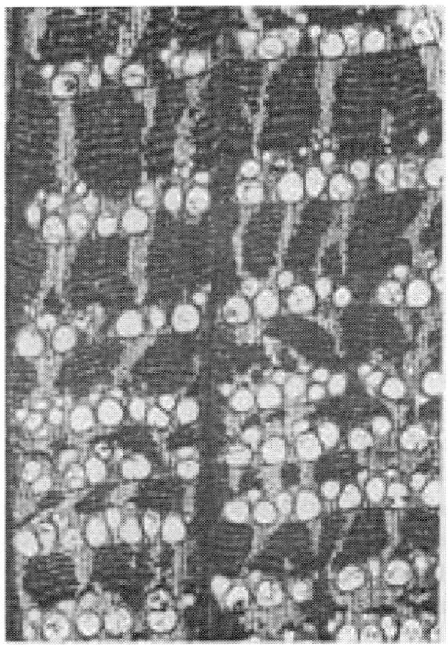

사진 2-6 산공재(좌), 환공재(우) (임동옥과 소웅영, 1991)

(4) 심재(心材)와 변재(邊材)

나이 먹은 나무의 굵은 줄기를 횡단해보면, 목재의 가운데에 있는 건조하고 짙게 착색된 부분이 심재(heartwood)이다. 반면, 가장자리에 물기가 있고, 비교적 옅은 색을 가진 부분을 변재(sapwood)라고 한다. 심재는 나무의 노폐물을 처리하는 장소이다. 즉 나무가 늙어감에 따라 세포가 죽어 통수나 저장 기능을 하는 세포에 기름, 껌, 송진, 타닌, 페놀 등의 대사산물이 축적되어 짙은 색깔을 나타낸다. 따라서 심재는 죽은 조직으로 생리적 역할은 없으며, 단지 나무를 기계적으로 지탱해 주는 역할만 하기 때문에 고목나무의 경우 심재가 썩어서, 속이 텅 비었을지라도 나무가 살아갈 수 있다.

반면 변재는 형성층이 비교적 최근에 생산한 물관부조직으로서 수분이 많고 살아 있는 부분이며, 뿌리로부터 수분을 위쪽으로 이동시키는 중요한 역할을 담당함과 동시에 탄수화물을 저장하기도 한다. 변재의 두께는 수종에 따라서 다른데, 아까시나무와 같이 최근 2~3년 전에 생산된 물관부만이 변재인 경우와, 벚나무류와 같이 10년 전에 생산된 물관부가 변재로 남아 있는 경우도 있다. 그리고 버드나무, 이태리포푸라나 피나무처럼 구별이 어려운 경우도 있다.

사진 2-7 금강소나무의 수간의 심재와 변재

(5) 반응재(反應材)

수목은 평지에서만 자라지 않고 경사진 산지에서 자라는 경우가 많은데, 이때 기울어진 줄기나 가지는 중력의 스트레스를 받는다. 만일 이런 중력스트레스에 대한 반작용이 없다면, 줄기나 가지는 축 늘어져버릴 것이다. 이처럼 식물 줄기나 가지가 중력스트레스에 반응하여 형성하는 목재를 반응재(reaction wood)라고 한다. 반응재는 옥신에 의해 영향을 받고, 압축재와 장력재로 나눈다.

소나무나 전나무와 같은 나자식물은 줄기나 가지의 아랫부분에 연륜 폭이 넓게 발달하는 압축재(compression wood)를 형성한다. 압축재는 정상적인 목재보다 세포간극과 다량의 목질소(lignin)를 포함하고, 섬유소는 소량 함유하고 있다. 반면 단풍나무나 물푸레나무 같은 쌍자엽식물은 줄기 위쪽 부분에 연륜 폭이 넓게 발달하는 장력재(tension wood)를 형성한다. 장력재는 비교적 적은 도관과 주로 교질섬유(gelatinous fibers)로 이루어졌다. 이 교질섬유는 세포벽에 목질소의 축적은 거의 없고, 대부분 섬유소가 많이 함유되어 있다.

5) 수피(樹皮)

수피(bark)는 형성층 바깥쪽에 있는 모든 조직을 통틀어 일컫는데, 목본식물 줄기의 경우 체관부와 표피조직으로 이루어진다. 체관부(phloem)는 광합성으로 만들어진 탄수화물을 이동시키는 중요한 역할을 한다. 체부는 전형성층에 의하여 만들어진 1차 체관부(primary phloem)가 탄수화물의 이동을 담당하다가, 유관속형성층이 만들어지면 2차 체관부(secondary phloem)가 생산되어 탄수화물의 이동을 담당하게 된다. 2차 체관부를 구성하는 세포에는 피자식물의 경우 체관세포(sieve cell), 반세포(companion cells), 체관부유세포, 체관부섬유 등이 있으며, 나자식물의 경우에는 체관세포(sieve cell), 그리고 반세포 대신 알부민세포(albuminous cell)가 있다.

나무는 성장하면서 표피가 파열되어 코르크조직으로 구성된 주피(periderm)가 만들어진다. 주피는 그 안쪽에 조직들을 보호하는 목전화층으로서 코르크형성층(cork cambium = phellogen), 코르크층(cork layer = phellem), 코르크피층(cork cortex = phelloderm) 등 3가지 조직으로 구성된다. 이때 가장 안쪽의 코르크조직은 물관부나 체관부에서 물이나 영양물질이 외부로 나가는 것을 차단한다. 그 결과 코르크층 안쪽부터 그 외부에 있는 모든 세포는 죽게 되는데 이를 조피(rhytidome)라고 한다. 따라서 코르크조직과 조피는 줄기의 수분 손실을 막고, 외부로부터의 충격이나 병원균의 침입을 막아준다. 그러나 줄기가 조피에 의해 완전히 둘러싸이면 가스의 출입이 불가능하게 되는데 코르크층의 일부 세포가 엉성하게 배열된 작은 구멍을 가진, 가스 출입이 가능한 조직을 피목(lenticel)이라고 한다.

수종에 따라서 수피의 모양도 다른데, 처음 생긴 주피의 위치, 추후에 생기는 주피의 형태, 체부세포의 구성과 배열상태에 따라서 수피의 모양이 다르기 때문이다. 자작나무의 경우, 얕은 위치에 처음 생긴 주피가 계속 남아 있으면서 얇은 코르크층을 만들기 때문에 매끄러운 수피를 가지게 되며, 굴참나무의 경우에는 코르크 형성층이 주로 코르크층을 만들기 때문에 두꺼운 코르크층을 가지게 되며, 20~25년생부터 코르크층을 벗겨내면 코르크형성층이 죽지만,

> 식물은 바이러스나 박테리아, 초식자 및 전정 등으로 상해를 받게 되는 경우가 있다. 이런 경우 식물들은 상해조직을 만들게 된다. 1차적으로 보강조직을 상처부위에 형성한다. 체관세포에는 캘루스를 만들어 광합성 산물의 이동을 막는다. 그리고 2차 대사산물 소나무같은 종은 레진, 벚나무같은 종은 검물질을 분비하여 상처부위를 1차 봉쇄한다.
>
> 나자식물같은 단간성 식물은 줄기가 잘려 나가면 죽게 되지만 그렇지 않은 쌍자엽 목본식물들은 줄기가 잘려도 다시 맹아가 몇 개 돋아나 한 그루터기에서 여러개의 줄기가 생장하는 것도 상해치유의 한 예이다.

밑에서 새로운 코르크형성층이 재생되기 때문에 10년 간격으로 코르크를 수확할 수 있다.

4. 뿌리

수목의 뿌리는 지하부에 감추어져 있기 때문에 식물분류의 기준으로 사용되지 못하지만, 실제로는 뿌리의 모양, 분포, 생장양식 등은 수종에 따라 매우 다양하며, 독특한 형태를 가지고 있다. 다시 말해 뿌리의 모양이나 발달은 토양환경의 변화에 따라서 크게 변화하기 때문에 줄기처럼 체계적인 연구가 되어 있지 않다. 그러나 뿌리는 식물을 고착시키고 영양물질을 저장하며, 물질을 흡수하고 수송하는 중요한 기능을 수행한다.

1) 뿌리의 외부형태

근계(root system)는 유묘 시절에는 수종에 따라서 유전적으로 형태가 독특하며, 특징이 두드러지게 나타나는데, 일반적으로 밑으로 깊숙이 빠른 속도로 자라 내려가는 주근(tap root)과 옆방향으로 넓게 퍼지는 측근(lateral roots)으로 나눈다. 그러나 나무가 나이를 먹으면 환경조건의 영향을 더 많이 받기 때문에 고유의 모양이 점점 모호해진다. 일반적으로, 배수가 잘 되고 건조한 토양에서는 주로 주근의 발달이 깊게 이루어지는 반면에, 습기가 많거나 배수가 잘 안 되는 토양에서는 주근 대신 측근이 얕게 퍼지는 경향이 있다.

(1) 주근계(主根系)

큰 주근과 작은 측근으로 이루어진 뿌리 전체를 주근계(tap root system)라고 하는데, 소나무류와 쌍자엽식물에서 흔히 볼 수 있다. 큰 주근은 빨리 뻗어나가면서 새로운 근계를 개척하며, 형성층에 의해 직경이 굵어지면서 주근(long tap root)을 이루어 오래도록 살아남는 반면에, 작은 측근은 뻗어나가는 큰 주근에서 기원하여 천천히 자라는데, 형성층이 없어서 직경생장을 하지 않으며, 1년 혹은 2년간 살다가 죽어버린다. 그렇지만 작은 측근은 실제로 수분과 영양분 흡수를 담당하고, 토양곰팡이와 균근(mycorrhizae)을 형성하는 세근(fine roots)이 된다.

큰 주근은 크게 개척근과 모근으로 나눈다. 개척근(pioneer roots)은 늦은 봄과 여름에 뿌리가 가장 왕성하게 자랄 때 나타나서 숫자는 적지만, 새로운 근계를 빠른 속도로 개척한 후 직경이 굵어지는 뿌리이며, 모근(mother roots)은 가지를 많이 쳐서 넓은 면적을 확보하는데, 개척근보다 직경이 작고 길이가 짧다.

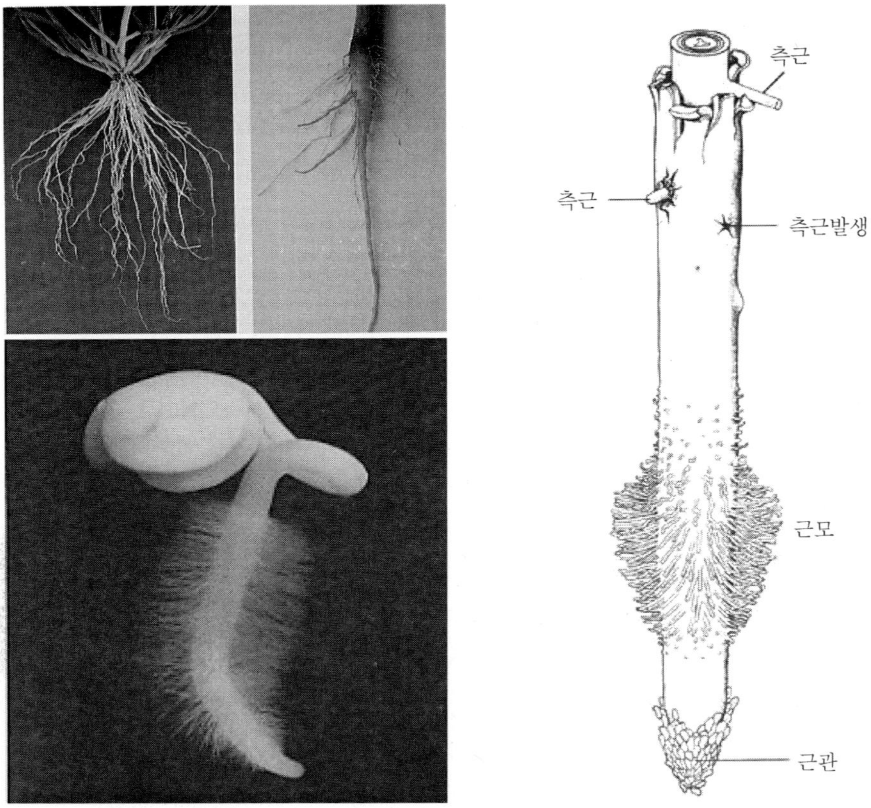

사진 2-8 뿌리의 수근계과 주근계(좌상), 근모와 근관(좌하) 및 모식도 (Capon, 1994)

(2) 수근계(鬚根系)

대부분 단자엽식물은 비슷한 크기의 많은 뿌리, 즉 수염뿌리(鬚根, 수근)로 이루어진 수근계(fibrous root system)를 형성한다.

식물이 자라면서 지면에 가까운 줄기 조직에서 뿌리가 생기는 경우가 있는데 이를 부정근(adventitous root)이라고 한다. 부정근은 뿌리 이외의 다른 기관에서 형성되는 뿌리를 뜻하며, 이런 뿌리는 근계의 흡수 및 수송 능력을 증가시킨다. 또한 삽목을 할 경우 줄기나 가지를 잘라 땅에 심으면 부정근이 형성되어 장차 뿌리로 발달하게 되고 취묵도 가지에 상처를 내어 땅에 묻으면 부정근이 발생한다.

2) 뿌리의 내부구조

어린 뿌리를 정중앙을 종단하여 보면, 흙속으로 미끄러지면서 자라는 끝부분에 위치한 정단분열조직을 볼 수 있고, 성숙부위에는 유관속형성층이 발달하여 뿌리 굵기가 커지는 부피 자람도 이루어진다.

(1) 근관(根冠)

어린 뿌리의 정단분열조직(apical meristem)은 끝부분에 있다. 세포분열이 일어나는 곳은 끝부분이지만, 근관에 의해 보호되고 있으며, 분열된 세포는 종축 방향으로 세포신장을 도모하여 뿌리를 앞으로 전진시킨다. 세포가 신장되면서 곧이어 체관부와 물관부 세포의 분화가 완성되는 곳이다. 근관(root cap)은 분열조직을 보호하는 기능 외에 중력의 방향을 감지하여 굴지성을 유도하며, 탄수화물로 만든 점액질(mucigel)을 분비한다. 이 점액질은 당, 유기산, 비타민, 효소, 아미노산 등을 함유하는 복합다당류로서 토양입자를 뚫고 지나가는데 윤활제 역할을 한다. 점액질 주변에는 토양미생물이 많이 서식하고 있다.

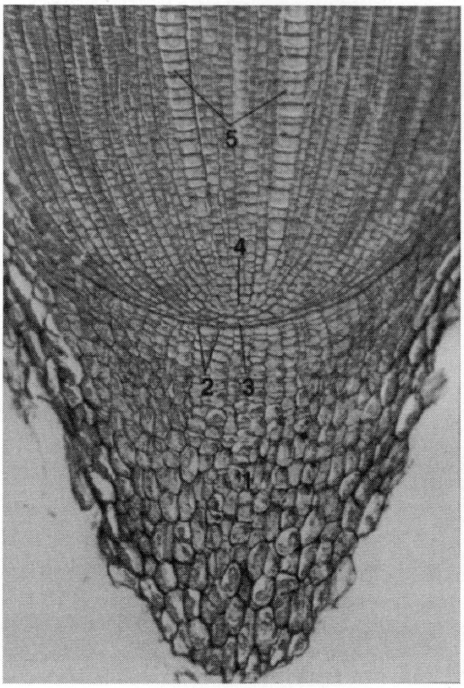

사진 2-9 뿌리의 내부구조(Browes, 1996)

1. 근관 2. 근단분열조직 3. 분열지연중심부 4. 전형성층 5. 기본분열조직

(2) 근단분열조직

근관 안쪽에 있는 근단분열조직 부위를 관찰하면 세포들이 규칙적으로 열을 지어서 배열되어 있는 것을 볼 수 있다. 이 세포들은 분열조직에서 기원되어 성숙한 뿌리 조직으로 발달한다.

근관의 바로 뒤에 분열지연중심부(quiescent center)가 있다. 이 부위는 500~1,000개 정도의 세포로 이루어져 있으며 활발하게 분열하지 않는다. 그러나 그 주변세포들은 하루에 1회 이상 분열을 한다. 분열조직세포에 비하여 분열지연중심부 세포는 방사선과 독성물질 등에 의한 환경 교란에 대하여 강한 저항력을 갖고 있다.

(3) 뿌리의 성숙부위

뿌리는 형성층에 의해 2차 생장을 시작하기 전에 1기 조직이 분화하는데, 이 1기 조직은 표피, 피층, 내피, 유관속조직 등을 모두 갖추게 된다. 표피는 비교적 치밀하게 배열된 맨 바깥쪽의 세포층이며, 표피세포가 길게 밖으로 자라서 형성된 뿌리털은 물과 무기물질의 흡수표면적을 증가시킨다.

피층(cortex)은 표피 안쪽에 여러 층의 유세포가 비교적 여유있게 세포간극을 가지고 배열한, 둥근 모양을 가진 세포층이다. 내피는 횡단면상에서 방사단면의 세포벽이 이웃하고 있는 내피세포와 치밀하게 서로 맞닿아 있어 세포간극이 없다. 또한 방사단면의 세포벽에 목전소(suberin)로 이루어진 카스파리띠(casparian strip)가 있어서, 자유로운 수분의 이동을 효율적으로 차단할 수 있도록 배열되어 있다. 뿌리에서는 피층 안쪽에 있는 내피, 내초(pericycle), 유관속조직 등의 모든 조직을 통틀어 중심주라고 한다.

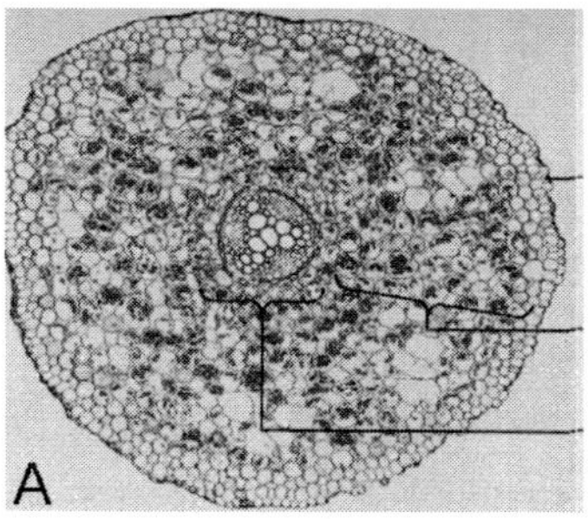

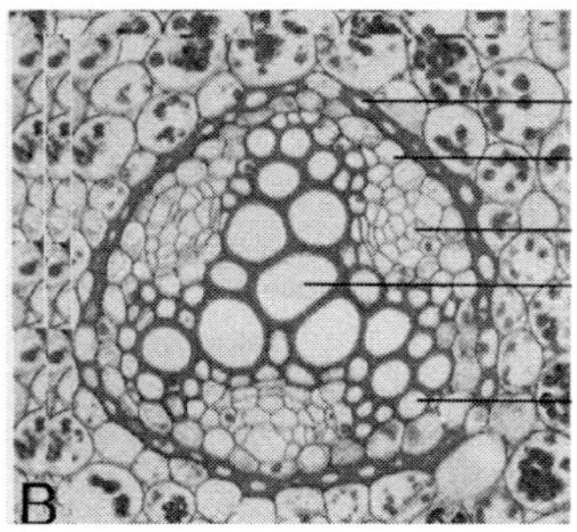

사진 2-10 뿌리의 횡단 구조(이규배, 2012)

3) 뿌리생장

종자내 배에 뿌리로 발달하는 분열조직인 유근(radicle)이 첫째로 주근(tap root)으로 발달한 다음 측근이 생기고, 다시 갈라지면서 세근이 형성되어 분기된 근계를 이룬다. 즉, 근계는 주근이 갈라져서 측근을 만들고, 재차 갈라지면서 엄청난 수의 가는 뿌리를 만들어낸다. 뿌리에서 측근은 중심주의 외부에 위치한 내초(pericycle)에서 발달한다. 내초는 수종에 따라서 한 층 혹은 서너 층으로 된 세포군으로서, 세포분열 능력이 왕성하여 병층분열을 시작하면서 접선방향으로 세포벽을 새로 추가하여 새로운 세포를 만들면서 불룩 튀어나오기 시작한다. 후에 수층분열을 일으켜 방사선 방향으로 세포벽을 추가하여 세포의 숫자를 증가시키면서 내피와 피층을 뚫고 주근 밖으로 튀어나와 측근이 된다. 성숙한 참나무류는 5억개의 근단(root tips)을 갖는다고 한다(Lyford, 1975).

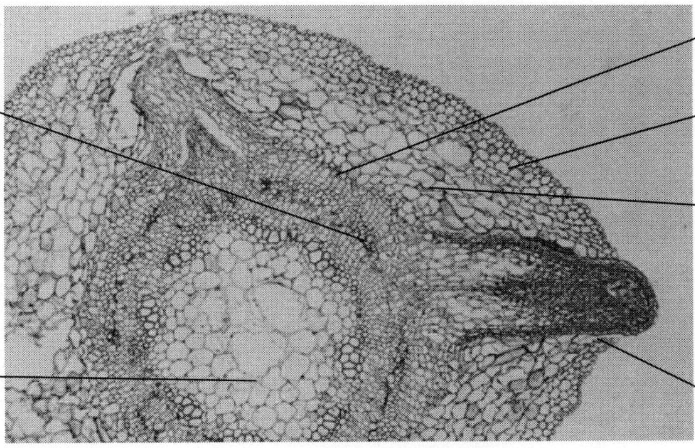

사진 2-11 초기 측근발생

근단(root tips)은 긴 뿌리에서는 뾰쪽하고, 짧은 뿌리에서는 둥글다. 근단은 앞에서 언급했듯이 근관(root cap)으로 둘러싸여 있는데, 소나무류나 참나무류와 같이 외생균근을 형성하는 수종들은 근관을 형성하지 않는다. 홍단풍의 수평방향 뿌리는 직선거리로 약 25m까지 뻗는다. 뿌리가 자라다 장애물을 만나면 그 반대방향으로 자란다.

뿌리털(root hairs)은 뿌리의 표면적을 확대시켜 무기염과 수분의 흡수에 크게 기여하는데, 표피세포가 변형되어 길게 자란 형태로서 뿌리 끝에 신장생장을 하는 부분 바로 뒤에 위치하고 있다. 토양 중에 수분이 과다하게 많을 때

보다는 약간 부족한 듯할 때 뿌리털의 발달이 더 왕성하게 이루어진다.

4) 뿌리의 계절적 변동

뿌리의 연간 생장은 기존 뿌리의 신장과 새로운 측근의 발생 및 신장으로 구분할 수 있다. 온대지방에 분포하는 수목에서 뿌리의 신장은 이른 봄에는 줄기의 신장보다 먼저 시작하며, 가을에는 줄기 신장보다 더 늦게까지 지속된다. 줄기가 고정생장을 하는 수종에서 줄기생장은 이른 여름에 일찍 정지하지만, 뿌리의 생장은 가을까지 계속하여 줄기보다 훨씬 더 긴 기간 동안 자란다. 그러나 토양이 찬 상태인 경우 물푸레나무, 개암나무와 라일락에서는 줄기가 생장할 때 뿌리 신장이 일어나는 경우도 있다.

줄기 생장이 멈추는 시기와 뿌리 생장이 멈추는 시기는 종에 따라 다양하다. 참나무류, 유럽소나무(구주적송), 독일가문비나무는 고정생장을 하기 때문에 줄기생장이 6월 또는 7월에 정지하지만, 뿌리생장은 참나무류의 경우 9월에, 유럽소나무(구주적송)의 경우 11월에 정지한다(Lyr & Hoffmann, 1967). 남반구 소나무에서 뿌리 신장은 연중 매월 진행하지만, 겨울동안에는 추위 때문에, 여름에는 한발로 인해 낮은 생장률을 보인다.

5) 뿌리의 분포

수목의 직근은 종자에서 제일 먼저 유래한 유근이 2기생장을 하여 굵게 자라서 수간 바로 아랫부분에서 물리적인 지탱을 담당하고 있으며, 측근이 옆으로 퍼져서 지지력을 향상시킨다. 수목의 뿌리 분포는 수종에 따라서 독특한 형태를 가지고 있어서, 소나무(적송)와 같이 심근성을 나타내거나 잣나무, 밤나무와 같이 천근성인 경우가 있다. 또, 환경의 변화에 따라서 크게 달라지는데, 특히 뿌리의 수직적 분포는 토성(soil texturu)의 영향을 많이 받는다. 즉, 점토가 많은 토양에서는 뿌리의 침투가 불량하지만, 해수욕장 주변 같은 사질토에서는 통기성이 좋아서 곰솔의 근계는 주근이 더 깊게 발달한다. 미국 유타주의 사막에서 자라는 관목은 지하부가 지상부보다 9배가량 더 무거운 반면, 온대지방의 사과나무나 소나무 종류는 지상부가 지하부보다 5배가량 더 크다.

뿌리는 수평 방향으로도 넓게 퍼지는데, 일반적으로 수관 폭보다 더 넓게 퍼지며, 토양에 따라 크게 달라진다. 과수의 경우 모래 토양에서는 뿌리가 수관 폭보다 3배까지 넓게 퍼지며, 양토의 경우 2배까지, 그리고 점토의 경우는 1.5배 가량 퍼진다(Rogers & Booth, 1960).

뿌리가 수직 방향으로 깊고 수평 방향으로 넓게 퍼지지만, 세근의 수직적 분포는 극히 제한되어 있다. 즉, 수분과 양분을 주로 흡수하는 세근은 토양 표면부에 대부분 모여 있다. 그 이유는 표토는 통기성이 좋아서 뿌리 호흡에 유리하고, 무기영양분의 함량이 높으며, 적은 강우량에서도 표면수를 이용할 수 있기 때문이다. 참나무류와 소나무 숲의 경우, 표토 12*cm* 내에 전체 세근의 90%가 존재할 만큼 세근은 토양 표면부에 집중되어 있다.

제3장 조경수목의 형태와 시각적 특성

1. 성상

1) 상록수(常綠樹)와 낙엽수(落葉樹)

상록수란 사계절 내내 늘 푸른 잎을 가진 나무이며, 낙엽수란 상록수와 달리 주로 겨울철에 잎이 지는 나무이다. 상록수라 하여 일생동안 같은 잎이 계속 붙어 있는 것은 아니며, 보통 2~3년이 지나면 새잎이 나오는 대신 오래된 잎은 낙엽이 진다.

상록수와 낙엽수의 구분은 절대적이 아니며, 기후, 계절, 나무의 입지환경에 따라 상록수가 낙엽수가 되기도 하고, 낙엽수가 상록수가 되기도 한다. 예를 들면, 중국이 원산지인 남천(*Nandina domestica*)은 원래 상록수이나 우리나라에서는 겨울철에 일부 낙엽이 지므로 반상록수라 한다.

2) 침엽수(針葉樹)와 활엽수(闊葉樹)

침엽수란 겉씨식물 중에서 구과식물에 속하는 수목이며 보통 잎이 바늘과 같이 뾰족한 특징을 가지고 있다. 반면 활엽수는 속씨식물 중 쌍떡잎식물류에 속하는 나무이며 평평하고 넓은 잎을 가진다.

겉씨식물이란 나자식물(裸子植物)이라고도 하는데, 씨앗이 비늘잎 위에 노출되어 있고, 반대로 속씨식물이란 피자식물(被子植物)이라고도 하며, 심피가 만든 씨방에 밑씨가 들어가 있는 것을 말한다. 겉씨식물은 은행나무과 같은 것들을 제외하고는 모두 잎이 가늘고 긴 바늘의 형태이고, 반면 속씨식물은 떡잎이 하나 달리는 외떡잎식물과 떡잎이 2개 달리는 쌍떡잎식물로 이뤄지는데, 넓은 잎을 가지고 있다.

3) 교목(喬木)과 관목(灌木)

교목은 높이가 7~8*m* 이상 되는 키가 큰 나무로 주간(主幹)이 곧게 서며 줄기, 가지의 구별이 뚜렷하여 수관을 이룬다. 반면 관목은 교목보다 키가 작고 줄기가 땅위로 여러 갈래로 나오거나, 줄기가 땅위로 기는 특징을 나타낸다. 교목의 특징을 지니나 일반적으로 교목보다는 작고 관목보다는 큰 나무를 아교목(亞喬木)이라 한다.

수고에 따른 수목의 분류는 나라나 연구자에 따라 다소 상이하다. 우리나라의 경우 일반적으로 숲의 층위는 교목층(8*m* 이상), 아교목층(2~8*m*), 관목층(2*m* 이하)으로 구분하는데 반해, 생물학자 Raunkiaer(덴마크, 1860~1938)는 교목(30*m* 이상), 아교목(8~30*m*), 소교목(2~8*m*), 관목(2*m* 이하)으로 구분하였다.

4) 만경목(蔓莖木)

만경목은 식물의 줄기가 길게 뻗어 나가면서 다른 물건을 감기도 하고 땅바닥에 퍼지기도 하는 식물들 중 목본에 해당하는 것을 말한다. 일반적으로 스스로 서지 못해 기거나 타고 오르는 나무로 정의하고, 덩굴나무, 덩굴수목 등으로 부르며 만경목으로는 등, 마삭줄, 담쟁이덩굴, 인동덩굴, 능소화, 송악, 멀꿀, 다래, 머루 등이 있다.

5) 초본(草本)

초본은 지상부에서의 생존기간이 짧고, 비대생장하지 않는 식물을 말한다. 반면 목본은 지상의 줄기가 일년 넘게 생존을 지속하며, 목질화되어 비대생장을 하는 특징을 갖는다. 그러나 이러한 구분은 절대적인 것은 아니며 초본과 목본의 특성을 동시에 나타내는 식물들도 있다.

대나무는 키가 크며 다년간 생장한다. 그러나 나이테가 없고 비대생장도 하지 않으므로 초본의 성질을 가진다고 할 수 있으나, 줄기가 목질화하므로 목본이라고도 할 수 있다. 반면 뿌리가 지하경으로 넓게 퍼지는데 이는 초본의 성질이다. 따라서 대나무의 경우에는 목본과 초본의 성질을 다 갖추었다.

땅에 떨어진 종자가 발아하여 성장, 개화, 결실하는 일생의 과정을 생활사라 한다. 이러한 생활사를 통해 초본은 크게 1년초, 2년초, 다년초로 구분할 수 있다.

- **일년초(일년생 초본)**: 1년 이내에 생활사가 끝나게 된다. 어떤 계절은 종자상태로 있는 종류가 있는데, 이것을 춘파일년초(여름형), 추파일년초(겨울형)르 구분한다.
- **이년초(이년생 초본)**: 1년 이상 2~3년에 걸친 생활사를 지닌 초본을 보통 이년초라고 한다. 예를 들어 봄, 여름부터 가을에 걸쳐서 생장하거나, 또

는 다시 1년을 지나 생장하는 것도 있다.

- **다년초(다년생 초본)**: 개체의 수명이 3년 이상인 초본을 일컫는다.

2. 수형

수형이란 잎, 가지, 줄기, 뿌리 등이 자연상태의 성목에서 전체적으로 보여지는 모습으로, 일반적으로 독립목의 형태를 지칭한다. 뿌리에서 나온 줄기, 줄기로부터 뻗어 나온 가지, 그로부터 나온 잔가지, 그리고 잎이 수형을 형성한다. 따라서 수형은 줄기(樹幹), 수관(樹冠)에 따라 모양을 달리한다.

1) 수관(樹冠)

수관은 가지가 자라는 모양에 따라 형태가 결정된다. 수간으로부터 뻗어 나오는 가지의 각도나 방향 등이 수관의 형태를 결정하기도 하고, 가지의 방향 즉, 위로 뻗느냐 혹은 아래로 늘어지느냐에 따라서도 달라진다. 특히, 이를 생장형(habit)이라고도 한다. 가지가 사방으로 균일하게 퍼지면 정형(整形), 불규칙하게 퍼지면 부정형(不整形)이라 한다.

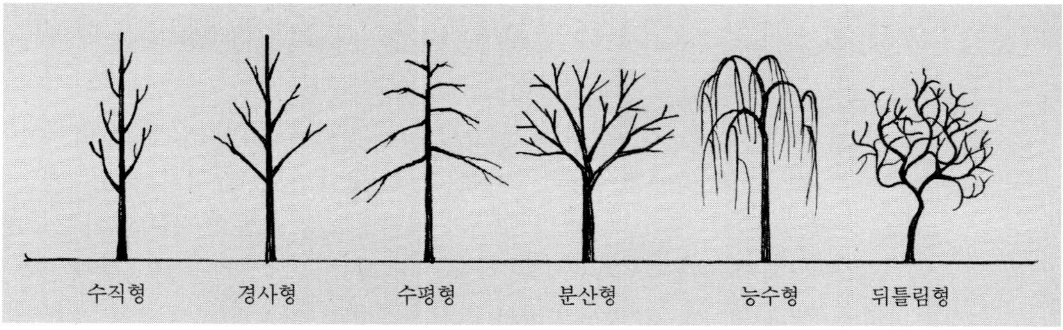

그림 3-1 수목의 생장형

2) 수간(樹幹)

곧은 줄기

뿌리로부터 줄기가 곧게 올라오는 것을 곧은 줄기라 한다. 줄기는 생태적, 환경적 여건에 따라 하나 이상 발생할 수 있는데, 이를 쌍간, 삼간 등으로 부른다. 같은 종이라 해도 줄기가 복수로 발생하거나 기타의 변형된 형태로 나타날

수 있다. 예들 들면 신갈나무나 당단풍나무 등은 저지대에서는 단간의 곧은 줄기이나 능선부나 고지대에서는 영양생식을 하므로 다간의 형태가 된다. 그러나 소사나무는 고지대에서는 단간이나 해안가에서는 다간이다.

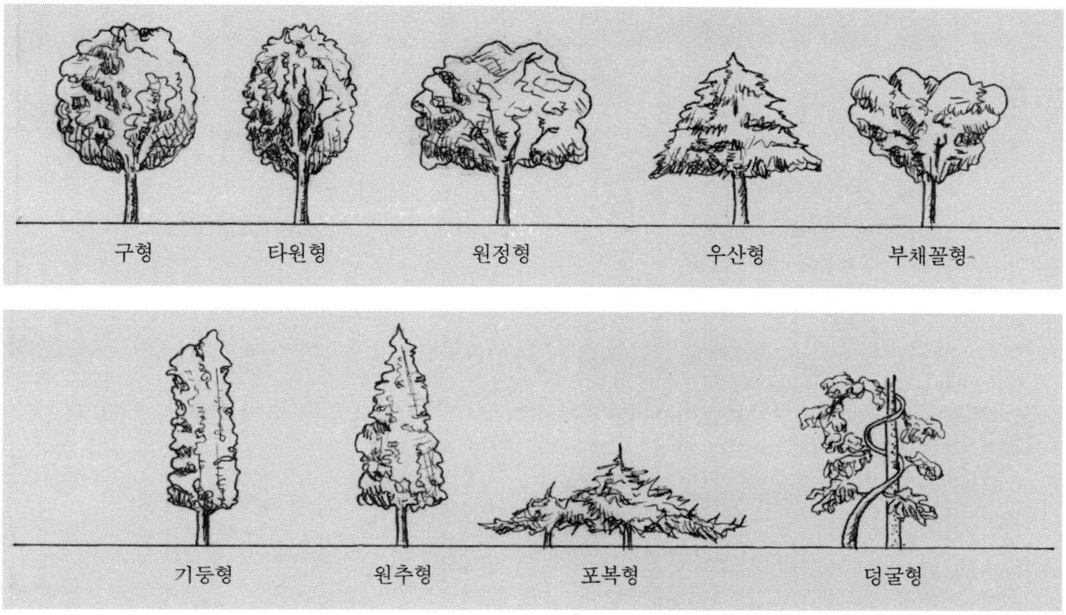

그림 3-2 수목의 수관형

총상줄기

뿌리로부터 여러 개의 줄기가 올라오는 것을 말한다. 일반적으로 관목의 형태에서 많이 나타난다.

3. 주요 식물기관

1) 잎(葉)

잎은 잎몸(葉身), 잎자루(葉柄), 턱잎(托葉) 등으로 구성되어 있는데, 이 세 가지가 갖추어진 잎을 완전잎(complete leaf)이라 하고, 이 중에서 어느 한두 개가 없는 것을 불완전잎(incomplete leaf)이라고 한다. 대개 턱잎은 없는 경우가 많고, 잎이 때로는 가시, 덩굴손, 분비샘으로 변하기도 한다.

잎몸은 잎 중에서 가장 넓고 편평하게 신장된 부분으로 잎몸 수에 따라 단엽과 복엽으로 구분하며, 잎자루는 잎자루가 없는 무엽병, 모든 소엽을 지탱하고 있는 총엽병, 잎자루가 줄기를 감싸고 있는 구조의 엽초 등으로 구분된다. 턱잎은 잎자루의 기부 또는 마디 좌우에 달린 비늘같은 잎으로 턱잎(拖葉: stipule)의 유무에 따라 나눠진다.

(1) 잎의 종류

단엽(單葉)

한 개의 잎몸으로 되어 있다.

복엽(複葉)

두 개 이상의 잎몸으로 이루어져 있고, 각각의 잎은 소엽이라 부른다. 복엽은 잎이 깃털모양이라는 의미로 우상복엽(羽狀複葉), 잎이 손바닥처럼 생겼다는 뜻으로 장상복엽(掌狀複葉) 등이 있다.

- **우상복엽**(pinnately compound leaf): 소엽의 숫자가 홀수이면 기수(奇數)우상복엽, 짝수이면 우수(偶數)우상복엽이라 한다. 우상복엽이 반복형태를 취하면 횟수(回數)를 붙여 기수1회우상복엽 등으로 부른다.
- **장상복엽**(palmately compound leaf): 소엽이 3~5장씩 짝을 이뤄 반복적인 모양을 이루는데, 횟수에 따라 1회장상복엽, 2회장상복엽 등으로 부른다.

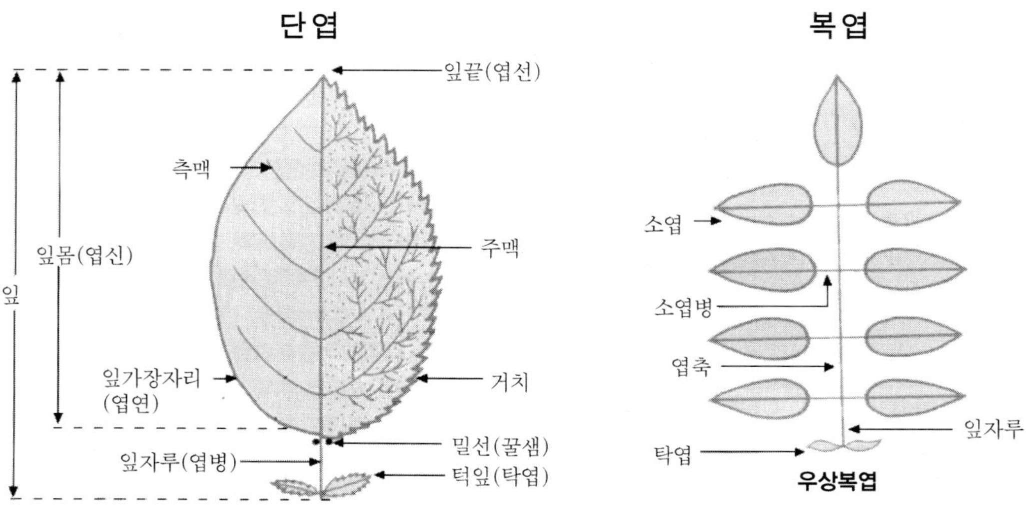

그림 3-3 단엽과 복엽

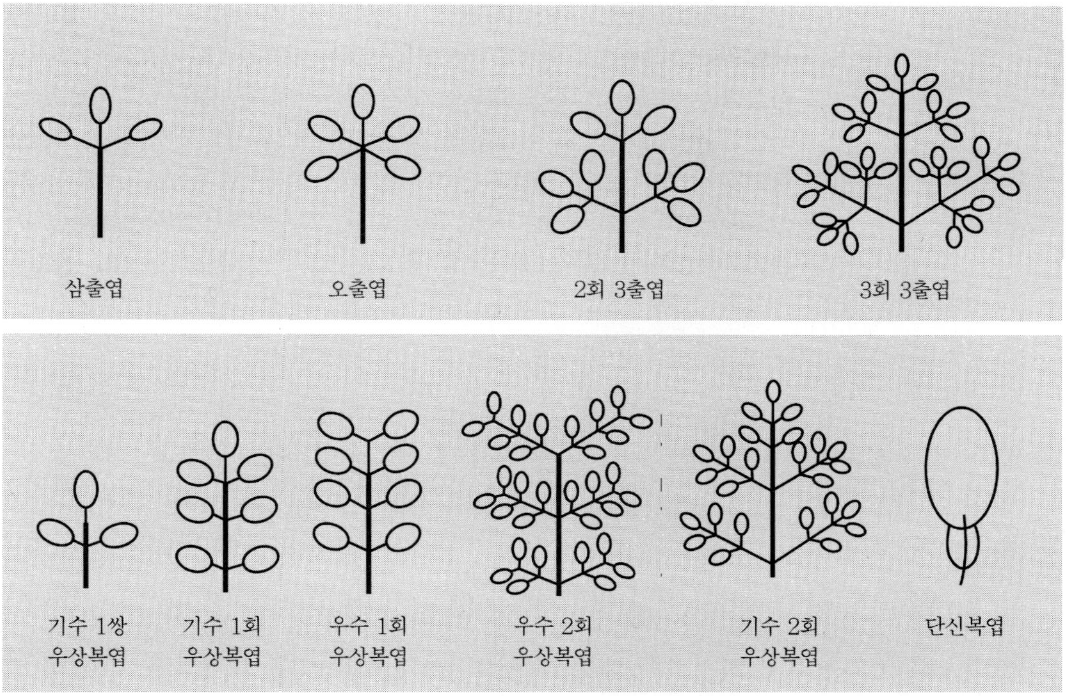

그림 3-4 복엽의 종류

(2) 잎의 모양

잎의 모양은 흔히 연상하기 쉬운 도형이나 특정 사물의 이름을 붙인 것들이 많다. 따라서 잎의 모양은 절대적이지 않으며 주관적이기도 하다. 예를 들면, 개서어나무의 잎 모양은 '타원형' 혹은 '달걀모양의 타원형' 등으로 묘사되기도 한다.

- **피침형**(lanceolate): 창모양처럼 생겼으며, 나비에 비해 길이가 긴 것/ 버드나무(*Salix koreensis*)
- **도피침형**(oblanceolate): 피침형을 거꾸로 한 모양/ 초령목(*Michelia compressa*)
- **타원형**(elliptical): 타원모양이며 길이가 나비의 2배 정도 되는 것/ 개서어나무(*Carpinus tschonoskii*)
- **장타원형**(oblong): 타원모양이며 길이가 나비의 2배 이상 되는 것/ 물참대(*Deutzia glabrata*)
- **광타원형**(oval): 나비가 길이의 1/2 이상인 것/ 청미래덩굴(*Smilax china*)
- **난형**(ovate): 달걀모양으로 생긴 것/ 푸조나무(*Aphananthe aspera*), 생

강나무(*Lindera obtusiloba*)

- **도란형**(obovate): 난형을 거꾸로 한 모양/ 새덕이(*Neolitsea aciculata*)
- **심장형**(cordate): 심장모양으로 생긴 것/ 박태기나무(*Cercis chinensis*)
- **도심장형**(obcordate): 심장형을 거꾸로 한 모양/ 괭이밥(*Oxalis corniculata*)
- **침형**(acerate): 잎이 가늘고, 끝이 뾰족한 것/ 소나무(*Pinus densiflora*)
- **선형**(linear): 길이가 나비보다 월등히 긴 것/ 주목(*Taxus cuspidata*)
- **능형**(rhomboid): 잎이 마름모꼴 모양인 것/ 오구나무(*Sapium sebiferum*)

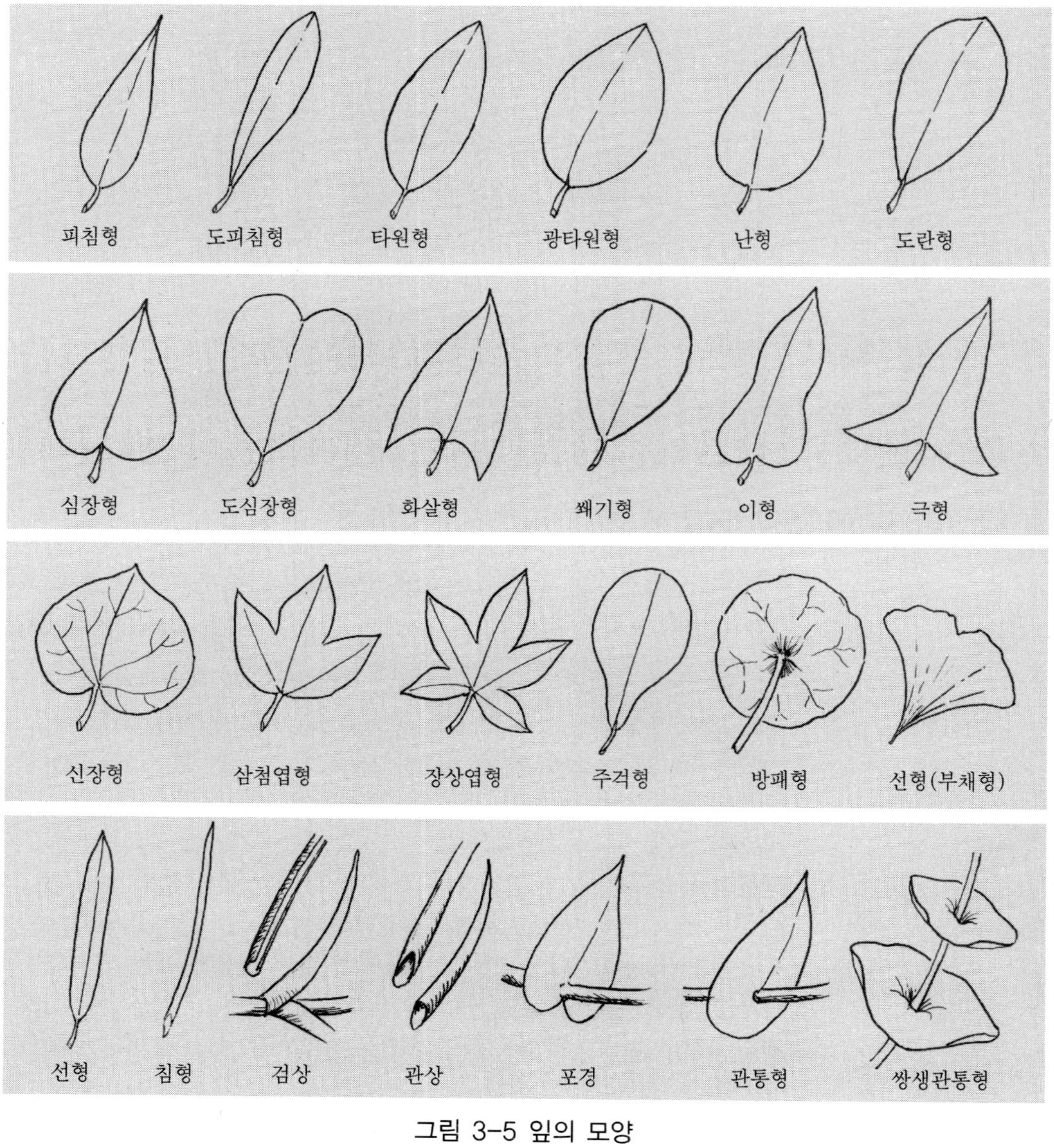

그림 3-5 잎의 모양

(3) 잎차례

잎은 줄기를 따라 일정하게 배열되는데 이를 잎차례(葉序)라 한다. 잎차례는 한마디에 붙어 있는 잎의 수와 전체적 배열에 따라 마주나기, 어긋나기, 돌려나기 등으로 구분한다.

- **어긋나기(호생-alternate)**: 한 마디에 잎이 1개씩 달린 것
- **마주나기(대생-opposite)**: 한 마디에 잎이 2개씩 마주보며 달린 것
- **돌려나기(윤생- whorled)**: 한 마디에 잎이 3개 이상 달린 것

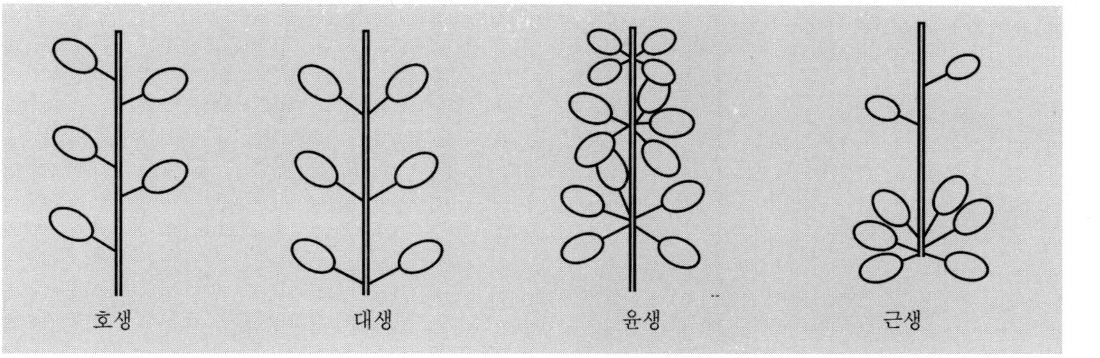

그림 3-6 잎차례

(4) 잎 가장자리 모양

잎의 가장자리 모양은 톱날모양으로 생긴 것들을 보통 '거치(鋸齒)' 라고 표현하며, 가장자리가 파진 모양에 따라 천열(淺裂), 첨열(尖裂), 심열(深裂), 전열(全裂) 등으로 표현한다.

- **전연**(entire): 입의 가장자리가 매끈하고, 톱니가 전혀 없는 것
- **천열**(lobed): 갈라진 톱니 같은 기복이 약간 있는 것
- **첨열**: 갈라진 톱니 같은 기복이 주맥까지 길이의 1/4정도로 갈라진 것
- **심열**(dissected): 갈라진 톱니 같은 기복이 주맥까지 길이의 1/2정도로 갈라진 것
- **전열**(parted): 갈라진 톱니 같은 기복이 주맥까지 갈라진 것
- **예거치**(serrate): 뾰족한 톱니모양으로 갈라진 것
- **둔거치**(crenate): 둔한 톱니모양으로 갈라진 것
- **중거치**: 거치가 이중으로 발달한 것
- **파상**(undulate): 물결모양으로 갈라진 것
- **심파상**(sinuate): 큰 물결모양으로 갈라진 것

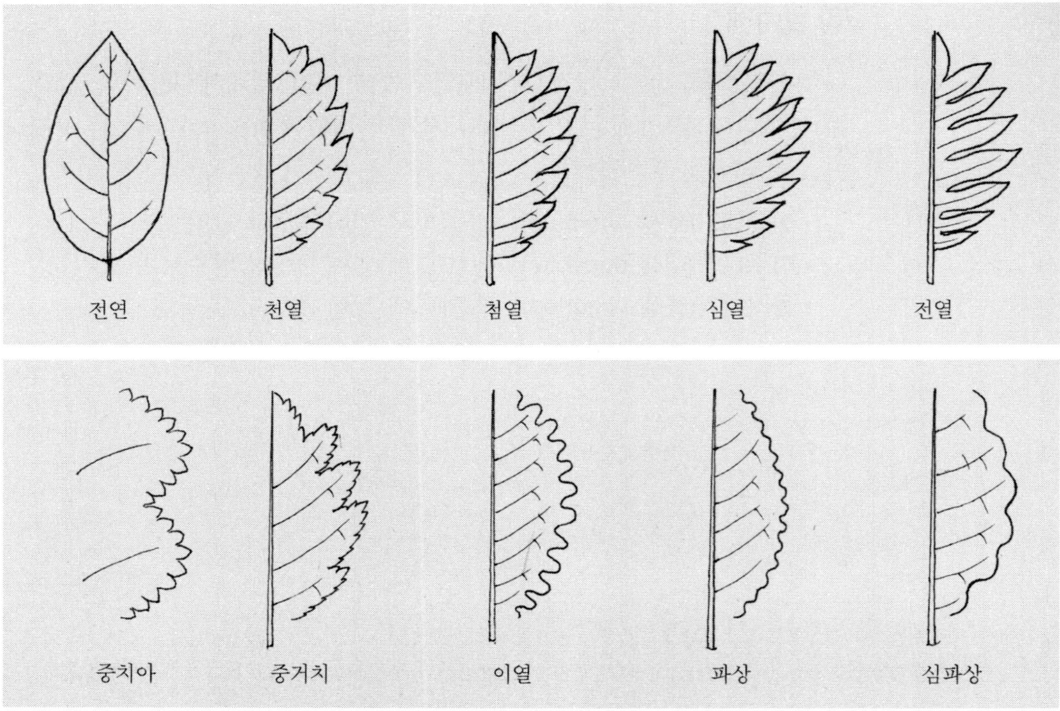

그림 3-7 잎 가장자리 모양

(5) 잎끝 모양

잎끝 모양은 잎끝의 형태는 물론 각도 등에 따라 모양의 이름이 나눠진다.

- **점첨두**(acuminate): 잎끝이 점차 좁아지면서 뾰족해지는 모양
- **급첨두**(mucronate): 주맥이 튀어나와 잎끝이 갑자기 좁아지면서 뾰족해지는 모양
- **예두**(acute): 잎끝이 짧게 뾰족한 모양
- **예철두**(cuspidate): 침처럼 뾰족한 부분이 튀어나와 있는 모양
- **둔두**(obtuse): 잎끝이 둔탁하게 튀어나와 있는 모양
- **원두**(rounded): 잎끝이 원형처럼 되어 있는 모양
- **평두**(truncate): 잎끝이 자른 것처럼 평평한 모양
- **요두**(emarginate): 잎끝이 오목하게 파진 모양

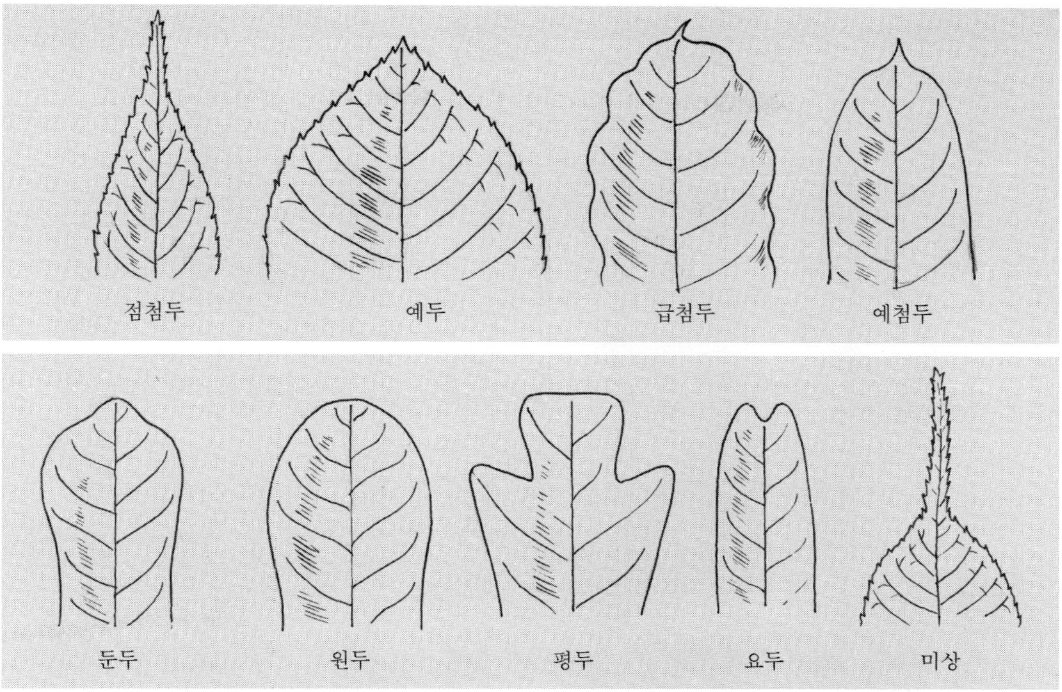

그림 3-8 잎 끝의 모양

(6) 잎밑 모양

잎밑 모양은 잎 하단부의 형태와 각도 등에 따라 모양의 이름이 나눠진다.

- **이저**(auriculate): 귀밑모양
- **심장저**(cordate): 잎밑이 하트모양
- **왜저**(oblique): 잎밑 모양이 대칭되지 않고 일그러져 있는 모양
- **유저**(attenuate): 잎몸 양쪽 가장자리 밑이 합쳐지지 않고 잎자루에 날개처럼 붙어 있는 모양
- **설저**(cuneate): 쐐기 모양으로 점점 좁아져서 뾰족하게 된 모양
- **원저**(round): 원모양
- **둔저**(obtuse): 양쪽 가장자리가 90도 이상의 각으로 합쳐진 모양
- **예저**(acute): 짧게 좁아진 모양
- **순저**(peltate): 방패모양

(7) 잎맥 모양

- **주맥**(main vein): 잎몸의 가운데 기부에서 잎 끝을 향해 있는 굵은 맥
- **측맥**(side vein): 주맥에서 좌우로 갈라져 나온 맥

- **망상맥**(netted vein): 주맥에서 측맥이 발달해 그물처럼 생긴 맥
- **평행맥**(parallel vein): 주맥과 측맥이 나란히 배열된 맥

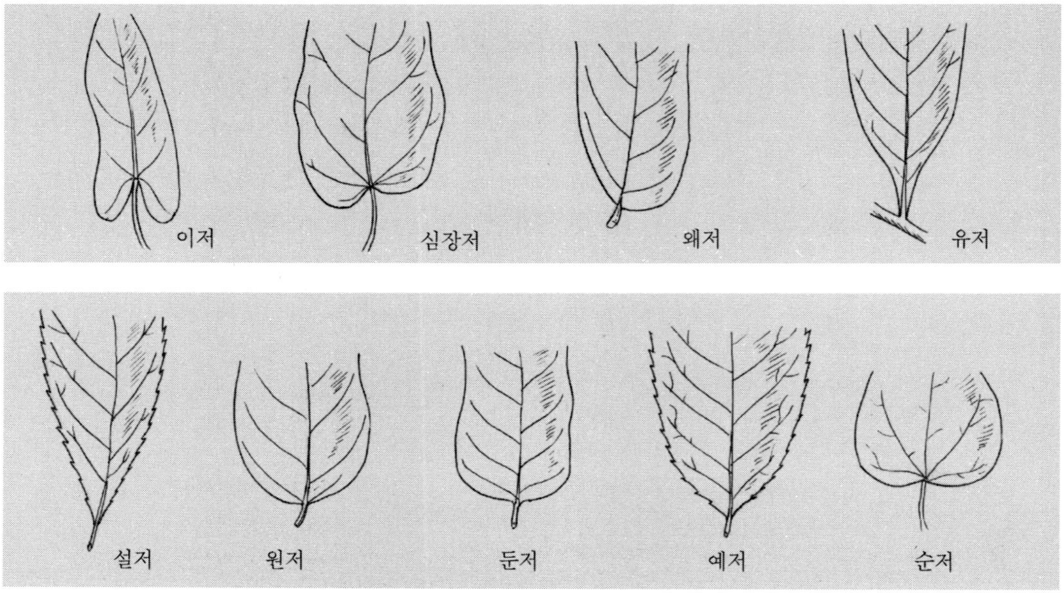

그림 3-9 잎 밑의 모양

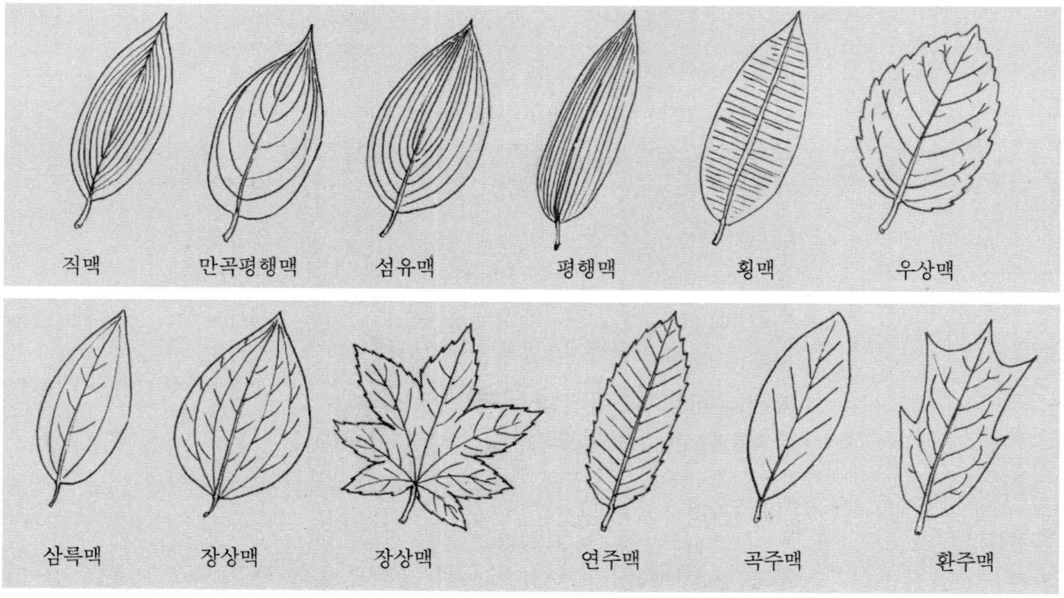

그림 3-10 잎 맥의 종류

2) 꽃

(1)꽃의 구조

꽃은 암술, 수술, 씨방, 꽃잎, 꽃받침을 갖춘 것을 완전화(完全花)라고 하고, 이들 중 일부가 없는 것을 불완전화(不完全花)라고 한다. 한꽃에 암술과 수술이 모두 있는 것을 양성화(兩性花, hermaphrodite flower), 혹은 갖춘꽃, 자웅동화(雌雄同花)라고 한다. 이에 반해 한 꽃에 수술이나 암술이 하나만 있을 경우에는 단성화(單性花)라고 한다.

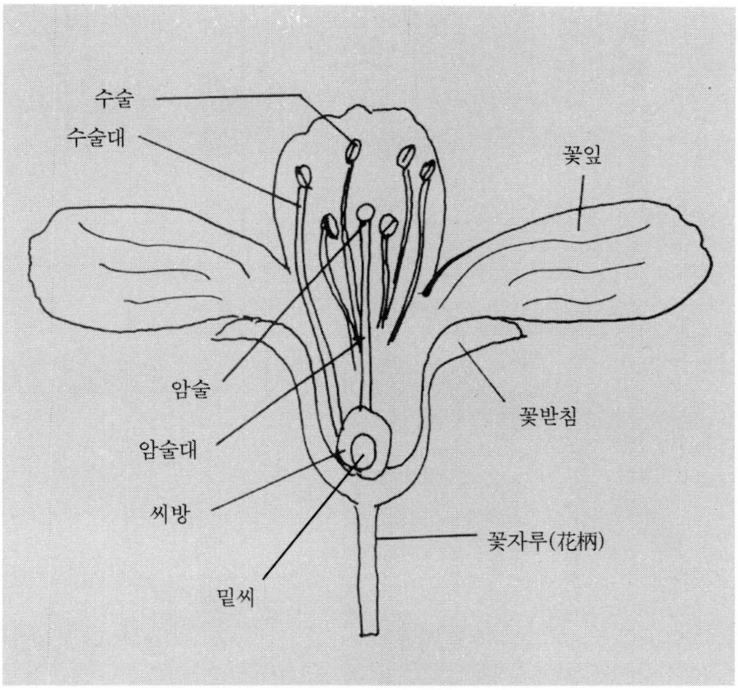

그림 3-11 꽃의 구조

(2)꽃차례(花序)

꽃차례는 식물의 꽃자루가 달리는 줄기에 붙는 꽃들의 배열상태이다. 꽃차례의 형태는 다양하고 복잡해서 명확하게 구별하기 어려운 경우도 있다. 꽃차례는 일반적으로 유한화서(有限花序)와 무한화서(無限花序)로 나누어지며, 전자는 정점에서 아래를 향해 꽃이 피고, 후자는 아래에서 위를 향해 꽃이 핀다.

- **총상화서**(raceme): 화축과 화경이 길게 발달하며, 분지하지 않는 화서(예:

아까시나무, 때죽나무)

- **수상화서**(spike): 화축이 길게 자라서 소화경이 거의 생략된 화서(예: 질경이)
- **산방화서**(corymb): 화경의 끝이 거의 같은 높이인 화서(예: 층층나무, 기린초)
- **산형화서**(umbel): 길이가 거의 동일한 화경들이 동일한 지점에서 우산모양

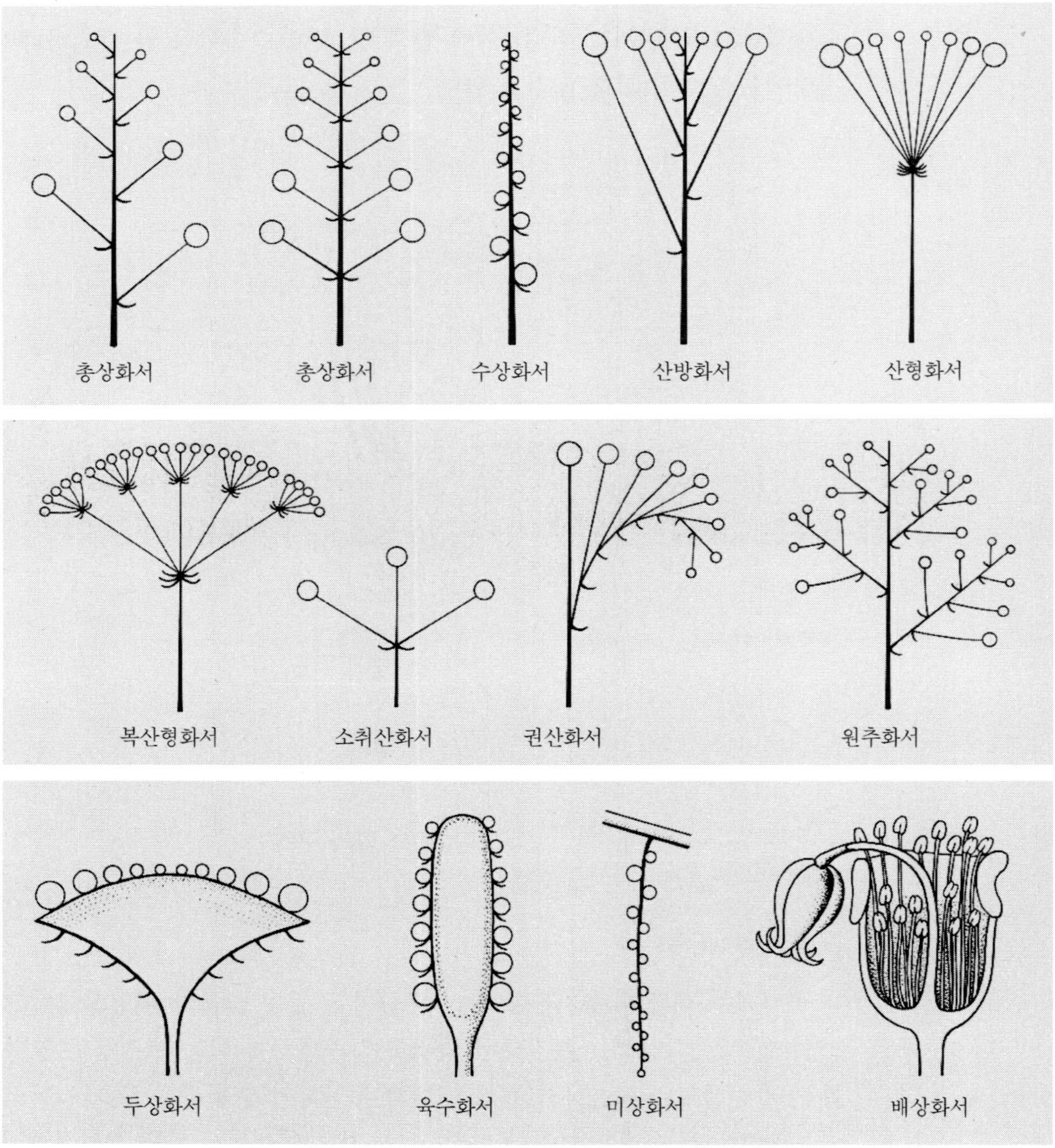

그림 3-12 꽃차례(이창복, 2003)

을 하는 화서(예: 산형과, 산수유)

- **복산형화서**(compound umbel): 화축이 산형화서가 여러개 달리는 화서
- **소취산화서**(cymule): 취산화서의 기본유형으로 중앙에 있는 꽃이 먼저 핀 다음, 뒤이어 주위의 꽃들이 피는 화서
- **권산화서**(drepanium): 화축의 일부에서 다른 화축이 나오고 각각의 끝에 하나의 꽃이 달리는 화서(예: 꽃마리)
- **원추화서**(panicle): 소화경이 분지해서 전체적으로 원통형의 화서(예: 쥐똥나무)
- **두상화서**(head): 가장자리의 꽃이 먼저 피고 중앙을 향해 피는 화서로서 머리모양인 것(예: 부추속)
- **육수화서**(spadix): 화축이 육질이고, 불염포로 둘러싸인 화서(예: 천성남과)
- **미상화서**(catkin): 유이화서와 동의어이며, 화축이 연해서 축 늘어지고, 단성화로 구성된 무한화서(예: 버드나무과)
- **배상화서**(cyathium): 암술 및 수술이 각각 1개로 된 암꽃과 수꽃이 컵모양의 화탁 안에 들어있는 화서(예: 대극과)

3) 열매

일반적으로 열매란 식물의 꽃이 수정한 후 씨방이 자라서 맺힌 것이라 정의한다. 그러나 엄밀하게는 씨방이 발달하여 된 것을 과실(果實)이라 하고, 밑씨(胚珠)가 발달하여 만드는 것을 씨(種子)라 하니 열매란 말은 과실에 가깝다고 할 수 있다. 그러나 통상 열매는 두 가지 의미를 포괄하여 사용된다.

열매는 과실을 만드는데 사용된 씨방의 수에 따라 단과(單果), 취과(聚果), 복과(複果)로 구분한다.

- **단과**(simple fruit): 1개의 씨방과 꽃의 다른 부분들이 결합해서 커진 과실
- **취과**(aggregate fruit): 1개의 꽃이 다수의 큰 씨방으로 되어 있으며, 1개의 꽃받기 표면에 과실이 모여 있는 것/ 산딸기(*Rubus crataegifolius*)
- **복과**(compound fruit): 많은 꽃의 큰 씨방들이 모여서 하나의 덩이를 이룬 과실/ 뽕나무(*Morus alba*)

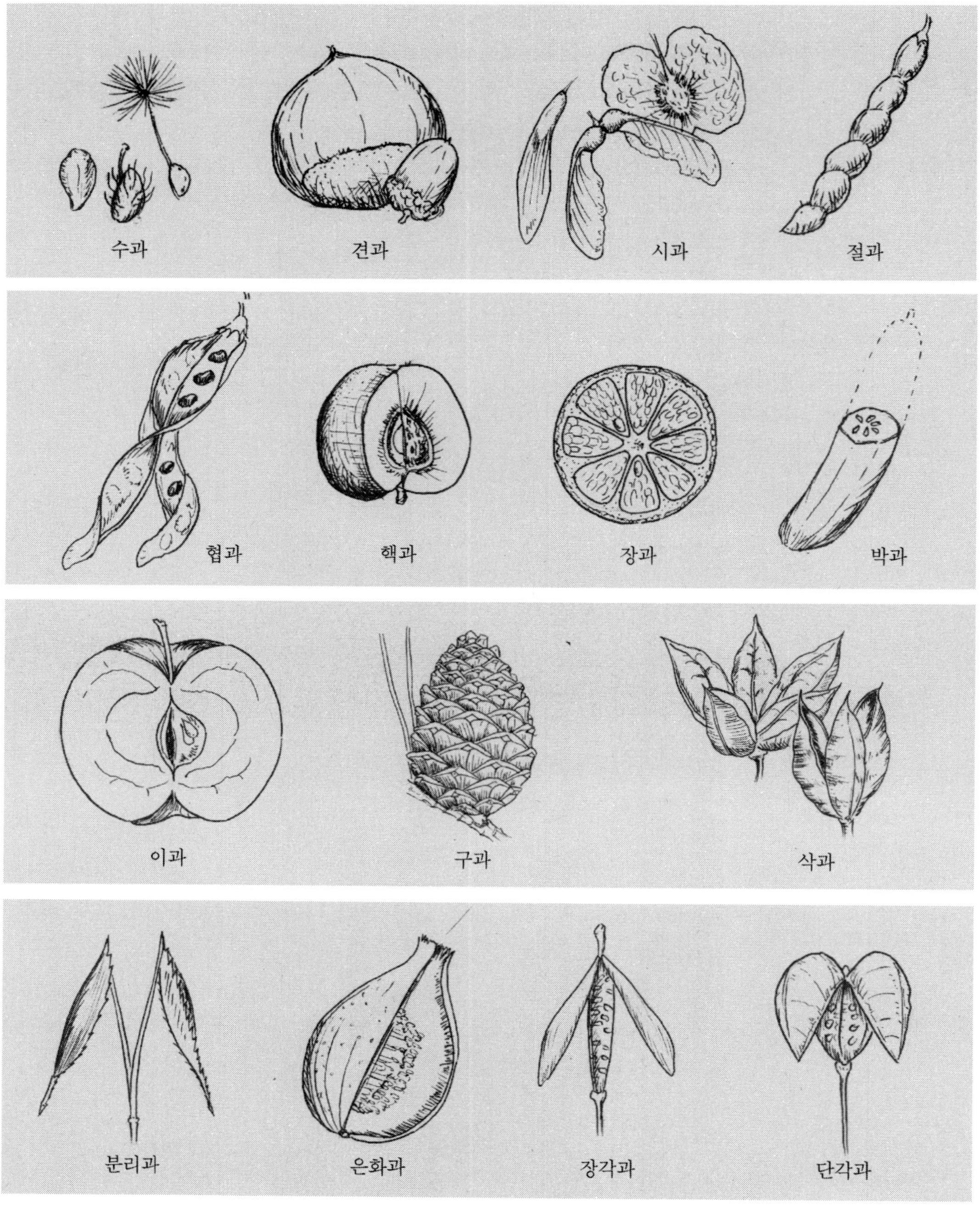

그림 3-13 열매의 종류

4) 눈

눈(芽)은 싹이라 표현할 수 있는데, 엽아(葉芽), 화아(花芽), 잠아(潛芽) 등으로 구분되고, 특히 뿌리에 형성되는 눈을 부정아(不定芽)라고 한다. 그리고 눈이 가지의 끝에 달리면 정아(頂芽), 가지의 옆에 달리면 측아(側芽)로 구분한다.

- **잎눈**(leaf bud): 자라서 잎이나 가지가 될 눈
- **꽃눈**(flower bud): 자라서 꽃이 될 눈이며, 잎눈보다 짧고 통통함
- **잠아**(dormant bud): 줄기 밑에서 드러나지 않는 눈으로 보통 여러 해가 지나도 발달하지 않고 있다가 근처의 가지나 줄기가 잘리면 발달함
- **맹아**(sprout): 식물의 새로 튼 싹
- **정아**(terminal bud): 식물의 꼭지눈(頂芽)이나 곁눈(側芽)과 같이 일정한 자리에 나는 눈
- **부정아**(adventitious bud): 보통 싹이 나지 않는 곳에서 나는 눈

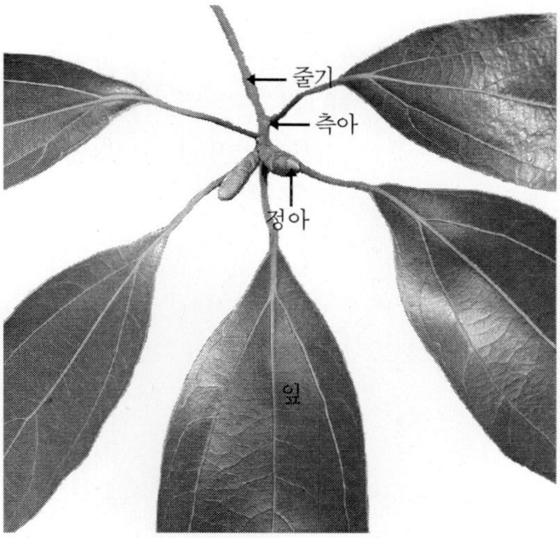

사진 3-1 눈의 종류

5) 가시

가시는 식물의 잎이나 줄기에 뾰족하게 돋아나는 것을 말한다. 가시는 형성기원에 따라 여러 종류로 나뉜다.

- **경침**(thorn): 가지의 끝부분이 가시로 변한 것

- **엽침**(spine): 잎이 가시로 변한 것
- **탁엽침**(stipular spine): 탁엽이 가시로 변한 것
- **극상돌기**(prickle): 가지나 줄기에 불규칙적으로 무수히 돋아난 것
- **강모침**(brisles): 가지에 난 털이 가시로 변한 것

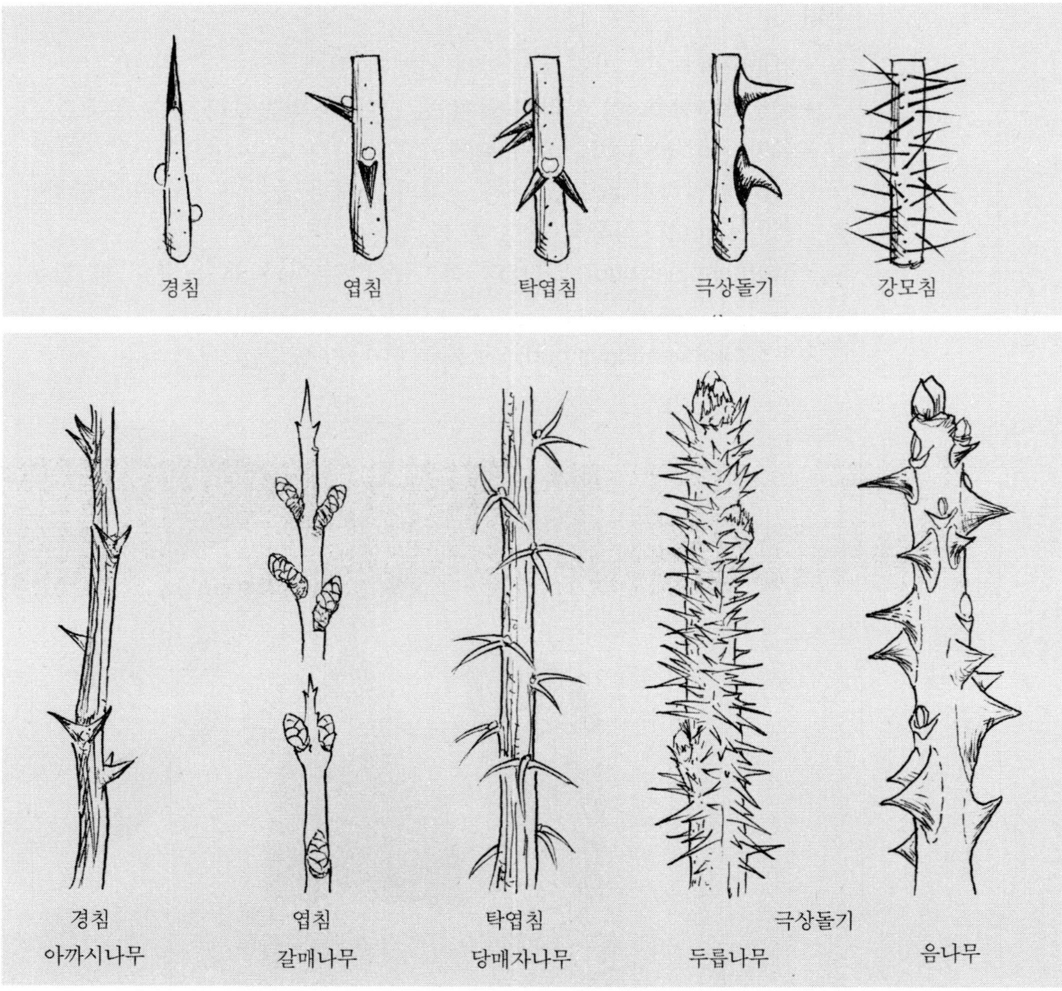

그림 3-14 가시의 유형(한국조경학회, 1996)

6) 뿌리

뿌리는 흡수, 통도, 식물체의 고정 및 지지 그리고 저장의 역할을 한다. 쌍자엽식물은 직근계로 중심이 되는 주근과 주근에서 발달하는 측근의 구별이 명확

하다. 그러나 단자엽식물에서는 세모근이 발달하여 주근과 측근이 구별되지 않는 총생의 형태를 띤다.

- **정근**(definite root): 종자의 배에서 어린뿌리가 발달하여 이것이 주근이 되고, 주근에서 측근이 발달하여 뿌리를 형성한다. 쌍자엽식물, 나자식물의 대부분이 정근의 유형이다.
- **부정근**(adventitous root): 주근의 발달이 조기에 멈추고, 지상부의 기부, 포복지, 만경, 삽수 등에서 부정근이 분지, 총생하여 뿌리를 형성한다. 일반적으로 초본식물에 많은 유형이다.

뿌리는 보통 땅속에 묻혀 있어 지중근(地中根)이라 할 수 있으나 식물에 따라서 물속에 뻗어 있으면 수근(水根), 공기 중에 있으면 기근(氣根)이라 한다.

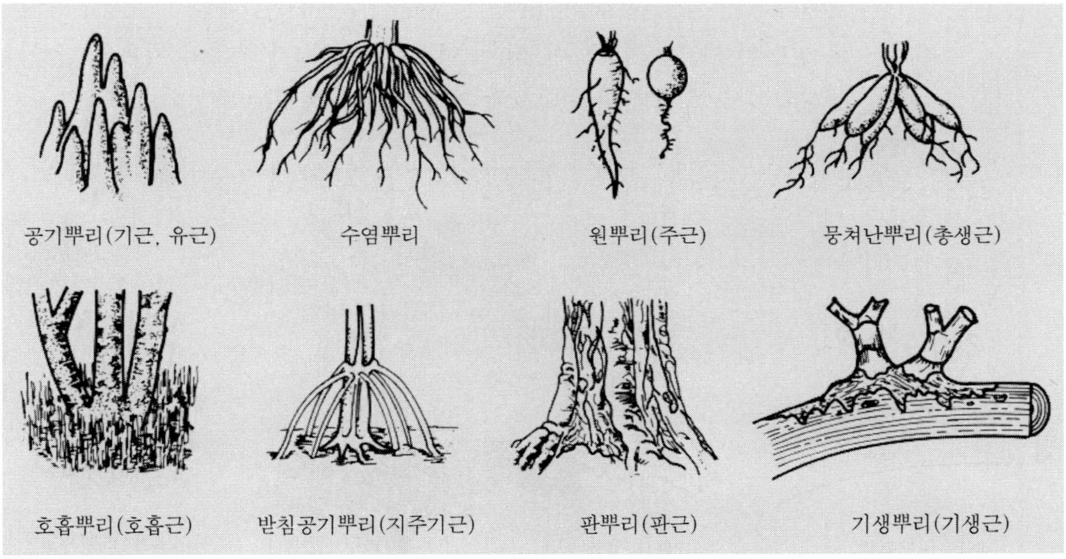

그림 3-15 뿌리의 유형(고경식과 전의식, 2005)

4. 조경수목의 규격

1) 수관(樹冠)

수관(crown)이란 나무의 줄기 위쪽으로 잎이 달린 가지 부분을 잎을 포함하여 총칭하여 부르는 명칭이다. 수관폭(樹冠幅, crown width, CW/W)은 수관의 한쪽 끝에서 다른 쪽 끝까지의 거리를 말한다. 수관의 모양이 타원형일 경우에는 최장폭과 최단폭의 평균을 수관폭으로 사용한다. 나무의 수관이 수평으로 생장하는 조형된 수관의 경우에는 수관폭의 최장폭을 수관길이로 사용한다. 기타 관목에서 흉고직경과 근원직경 등의 측정이 용이하지 아니한 경우 수관길이를 채택한다.

2) 수고(樹高)

수고(樹高, height, H)는 나무의 키로 지표면에서부터 나무의 수관의 가장 높은 끝부분까지의 수직높이를 말한다. 이때 도장지는 제외한다.

3) 흉고직경(胸高直徑)

흉고직경(diameter of breast height, DBH/B)이란 지표로부터 일반적으로 성인의 가슴높이 즉, 1.2*m*에 이르는 나무줄기 부위의 지름을 말한다. 산림생태학에서 산림의 수목 측정에 가장 많이 사용되는 방법이다.

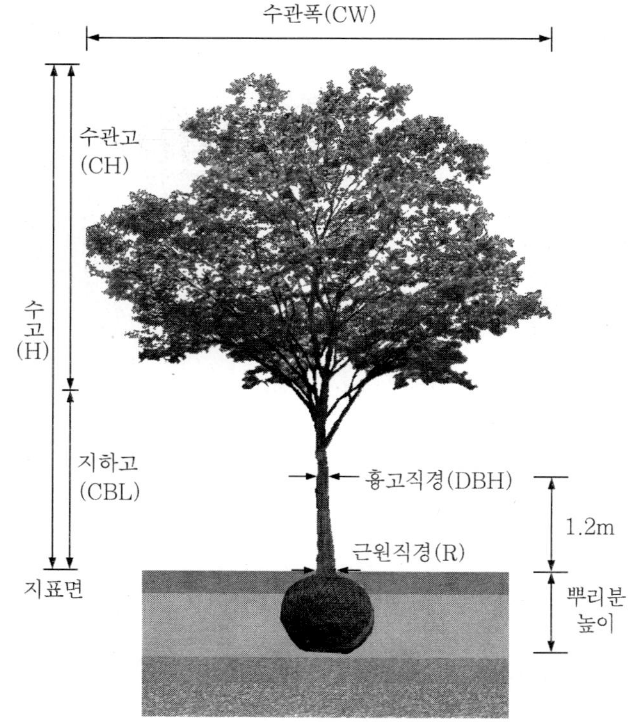

그림 3-16 조경수목의 규격측정

4) 근원직경(根元直徑)

근원직경(root collar caliper, R)은 지하고가 낮아 흉고직경을 측정하기 어려운 수종과 흉고직경을 측정할 수 없는 관목이나 어린묘목 등에 적응하며 지표면의 줄기(지제부)의 지름을 말한다.

5) 지하고(枝下高)

지하고(branching height, BH)란 수관의 가장 아래쪽 가지에서부터 지표면까지의 높이를 말한다.

6) 분지 수

관목은 여러개의 줄기가 지표면에서 갈라져 나오는 특성이 있으므로 수고와 수관길이 외에 줄기의 개수(canes, Ca)를 규정하는 경우가 있다. 개나리, 고광나무, 남천 등은 규격의 표시에서 가짓수를 사용한다.

표 3-1 수목의 규격표시

수목명	학 명	규 격	가격(원)
은행나무	*Ginkgo biloba*	H4.0 × B10	233,000
왕벚나무	*Prunus yedoensis*	H3.5 × B8	148,000
가죽나무	*Ailanthus altissima*	H3.5 × B5	85,000
자귀나무	*Albizia julibrissin*	H2.5 × R5	56,000
느티나무	*Zelkova serrata*	H3.5 × R10	172,000
독일가문비	*Picea abies*	H3.0 × W1.5	133,000
구상나무	*Abies koreana*	H2.5 × W1.0	192,000
소나무(조형)	*Pinus densiflora*	H3.0 × W1.5 × R12	909,000
개나리	*Forsythia koreana*	H1.2 (7가지)	3,600
고광나무	*Philadelphus schrenkii*	H1.2 (5가지)	5,300
남천	*Nandina domestica*	H1.0 (3가지)	5,200
능소화	*Campsis grandiflora*	L3.0 × R6	194,000
등	*Wisteria floribunda*	L2.5 × R4	36,700

* 수고: H(*m*), 수관폭: CW/W(*m*), 흉고직경: DBH/B(*cm*), 근원직경: R(*cm*), 수관길이: CL(*m*)

제4장 식물토양환경

1. 토양(土壤)

토양은 식물이 자라는 기반이 되며 기후, 식생, 지형 및 지질의 영향을 받아 생성된다. 식물들은 다양한 토양의 특성에 적응하며 자라기 때문에 토양의 종류에 따라 특정한 식물이 잘 적응하여 자라는 것을 볼 수 있다. 토양은 뿌리에 수분, 양분을 공급하고 기타 생장환경을 제공한다. 좋은 수목을 적절하지 않은 토양에 심는 것 보다는 보잘 것 없는 수목을 적절한 토양에 심는 경우 훨씬 더 나은 결과를 가져올 수 있으므로 적절한 토양으로 식물생육 기반을 마련하는 것은 중요하다.

1) 토양(土壤)의 정의(定義)

토양은 지구 표면의 암석 풍화 물질과 유기물이 섞이고 기후, 지형 조건과 생명체의 영향을 받아 형성된다. 토양은 생물들의 활동이 활발한 역동적인 체계이며 이를 바탕으로 식물에 적당량의 공기, 수분 및 지지력을 제공한다. 지질학, 토목공학, 계획 분야에서는 토양의 재료 특성과 기반암에 주목하며, 농학, 임학, 조경 분야에서는 식물 뿌리가 분포하는 부분에 더 많은 주의를 기울인다. 토양은 무생물인 물리적 요소와 살아있는 생물적 요소로 구성되어 시스템을 이루는 집합체이다. 식물의 생장에 관심이 있다면 이 두 요소를 잘 이해해야 한다.

토양은 암석권과 대기권 사이에 형성된다. 이곳은 에너지 교환이 활발한 장소이다. 그림 4-1은 태양 복사광선이 유입되어 토양 표면이 가열되는 것을 보여준다. 복사광선의 일부는 대기 중으로 반사되어 되돌아간다. 토양에 흡수된 열은 밑으로 전도되어 지하로 이동한다. 이 열에너지는 토양생성 과정에 작용한다. 토양은 열을 잘 전달하지 못하는 특성을 갖는다. 따라서 표면에서 온도차가 심하고 깊이 내려갈수록 온도 변화 폭은 줄어든다. 열은 야간에 장파복사로 지표면에서 대기로 방출된다.

토양 표면에 도달한 강우는 중력 또는 모세관력에 의해 아래로 이동한다. 지면 깊이 침투한 수분은 결국은 지하수층에 도달하며, 토양에 남아있는 수분은 모세관작용으로 뿌리로 이동하여 식물에 흡수된다. 수분 중 일부는 토양 표면에서 증발되기도 한다. 수분이 토양 속으로 침투하지 못하는 경우 지표면 위로 유출된다. 토양수분함량은 표면에서 가장 변동이 심하고 깊이 내려갈수록 수분함량 변화 폭은 감소한다.

대기권과 토양 사이에서 가스 교환이 일어난다. 산소는 온도와 농도 차이에 의해 토양공극 속으로 들어가며 이산화탄소는 토양으로부터 대기 중으로 확산되어 나간다. 토양 내 이산화탄소는 뿌리와 토양생물의 호흡에 의해 발생된다. 토양 내 산소의 농도는 표면에서 가까울수록 높아서 생물들의 호흡 및 산화작용에 유리한 환경을 조성한다.

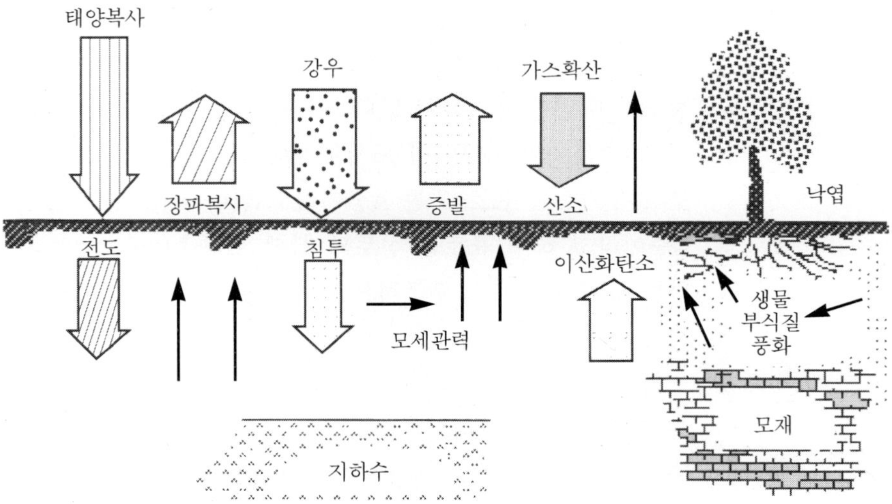

그림 4-1 대기권과 암석권 사이에 존재하는 토양층

2) 토양의 주요 구성요소(構成要素)

토양은 암석 또는 암석 조각이 풍화되어 형성된 다공성 매체이다. 다양한 크기의 암석 조각들은 토양의 골격을 이루며 토양 무기성분의 일부분을 형성한다. 이상적인 토양은 무기성분이 부피의 45%를 차지한다. 부피의 5%는 토양에 서식하는 생물들과 이들의 분해된 조직들 그리고 동식물 잔해가 차지한다. 무기입자들 사이의 공간은 공기로 채워진다. 토양에 물이 들어가면 공기로 차 있던 공간의 일부가 물로 대체된다. 이상적인 토양에서는 공기와 물의 부피 비율은 각각 25%로 같다. 무기입자의 크기, 모양, 화학적 성분 그리고 네 가지

토양 구성요소의 상대적 비율은 토양의 기본적인 물리, 화학, 생물학적 특성을 결정하며 이러한 특성은 토양 관리 및 식물 생장에 영향을 미치게 된다.

3) 토양단면(土壤斷面)

토양은 표면에서부터 아래로 내려갈수록 토양 구성요소에 상당한 변화가 나타나 토양단면을 형성한다. 야외에서 토양의 수직단면을 조사하면 깊이에 따라 다른 모양이 나타나는 것을 볼 수 있다. 어떤 토양에서는 그 차이가 뚜렷하고 대조적이며, 다른 토양에서는 분명하지 않다. 가장 분명한 차이는 색으로 나타난다. 이 층들을 층위라고 한다.

토양 중에서 무기질 성분 위주로 되어있는 부분을 무기토양이라고 하며 유기질 성분이 우세한 경우 유기토양이라고 한다. 대개는 무기토양에 주로 관심이 모아진다. 무기토양은 표면에 유기물층인 O층을 가지며 이 층에는 부숙된 정도가 다양한 유기물이 있다. 이 층은 숲이 있는 곳에서 잘 발달한다 (그림 4-2). O층은 농업토양이나 도시토양에서는 볼 수 없다. 유기물이 섞여 들어간 상부의 무기층을 표토 또는 A층이라고 한다. A층 밑에 있는 무기층을 심토 또는 B층이라고 하며 표토는 심토와 함께 토양층(solum)을 구성한다. C층을 구성하는 토양의 모재는 부분적으로 풍화된 암반 또는 토양의 특성을 갖지 않는 비경화 퇴적물이다.

유기물층은 낙엽층 L (Oi), 중간부식층 F (Oe), 부식층 H (Oa)로 구분된다. 낙엽층 L은 분해되지 않은 유기물로서 잎, 잔가지, 쓰러진 줄기, 동물잔해들로 이루어져 있다. 중간부식층 F에는 유기물이 물리적으로 조각나 있으며 어느 정도 화학적인 분해가 진행된 상태이다. 부식층 H에는 물리, 화학적인 분해과정을 거치면서 비교적 분해가 쉬운 성분들이 제거된 후 부숙도가 높은 부식질이 남아있다. 부식질은 주로 리그닌과 셀룰로스로 되어 있으며 이들은 토양생물들에 의해 쉽게 분해되지 않는다. 토양표면의 무기층이 유기물과 혼합되어 있는 것이 A층이다. 유기물은 A층 토양을 어두운 색으로 만든다. E층은 A층의 일부로 대개 밝은 색을 띠며 이 층은 무기물과 유기물에 있는 수용성물질과 산용해성물질, 그리고 콜로이드 입자가 용탈되어 아래로 빠져나가면서 형성된다. 용탈된 물질들은 풍화의 진행 정도에 따라 심토에 축적되거나 토양층에서 완전히 빠져나가게 된다. EB층과 BE층은 E층과 B층 사이의 전환과정에서 나타나며 토양단면에 반드시 나타나는 것은 아니다. B층에는 상위층에서 내려온 물질들이 축적된다. B층은 무기질 콜로이드입자와 산화철 때문에 전체 토양단층에서 가장 빛나는 색을 띠게 된다. BC층은 또 다른 전이층이다. C층은 암석이 어느 정도 풍화되었으나 아직 토양을 구성할 정도로 충분히 풍화되지 못한 모재이다. 암반이 존재하는 경우 이를 R층이라고 한다. 아직 경화되지 않은 퇴적물은 C층으로 구분된다.

토양층의 구성 또는 주요 구성성분에 의해 결정되는 토양 특성은 식물근계의 성장과 발달을 위한 매체로서 역할을 한다. 토양은 뿌리에 수분, 양분, 산소, 열, 기계적인 지지를 공급한다. 이 요소들은 토양의 표면 근처에서는 적정 수준을 유지하지만 층위 간 특성의 차이 때문에 아래로 내려갈수록 수준미달 현상을 보인다.

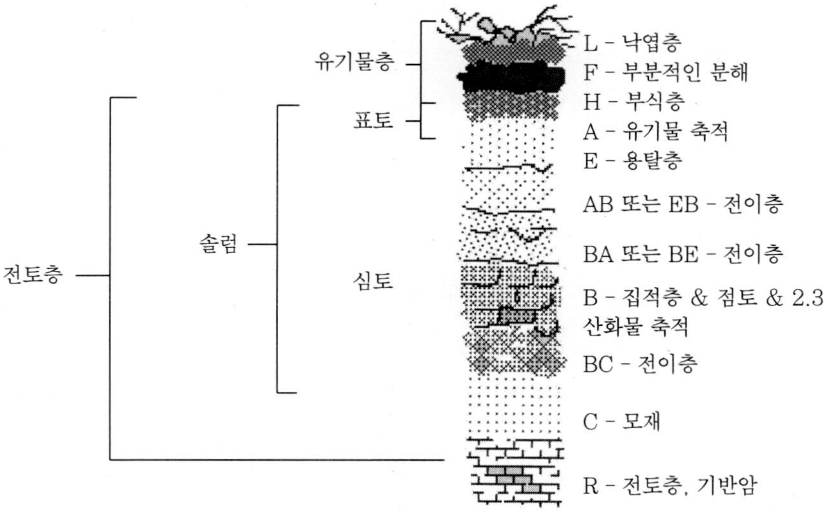

그림 4-2 자연토양의 토양단면

4) 토양의 물리적 특성(物理的 特性)

토양조직은 다양한 크기의 토양입자들로 만들어지며 이들은 특정한 기하학적 형태로 배열된다. 토성은 토양입자들이 갖는 크기 등급 또는 직경의 비율을 의미한다. 토양구조는 토양의 일차적인 입자들이 모여서 특정한 기하 형태로 발달한 정도 및 배열된 상태를 말한다. 이 두 가지 특성과 토양유기물 함량은 토양 내 공극의 총량과 크기 및 분포를 결정한다. 이는 또한 토양의 용적밀도에 영향을 미치는데 용적밀도는 고체부분과 공극을 포함하는 건조토양의 단위 부피에 대한 중량으로 나타낸다.

(1) 토성(土性)

토성은 토양의 3 상중에서 고체상을 형성하는 무기입자의 크기 등급의 비율을 말한다. 무기입자는 바위, 암석을 토함하고 직경 2 *mm* 이상의 자갈, 그리고 모래, 실트, 점토의 다양한 크기로 나타난다. 이 크기등급은 표 4-1에 나타나있다.

대부분의 토양원소는 몇 가지의 입자 크기 등급을 가지며 그 상대적인 비율을 바탕으로 토성을 구분한다. 토성은 토양을 구성하는 크기 등급 중에서 가장 많은 크기의 입자 이름을 이용하여 지정한다. 사질토양은 0.05-2 *mm*의 범위를 갖는 입자가 가장 많은 토양이다. 실트질토양은 0.02-0.05 *mm* 사이의 입자가 가장 많은 토양이다. 그리고 점토질토양은 대부분 0.002 *mm* 이하의 입자로만 구성되어 있는 토양이다. 하나의 크기 등급만 갖는 토양은 거의 없으며 보통은 모든 크기 등급이 섞여 있다. 예를 들면, 모래, 실트, 점토가 각각 40, 40, 20%의 비율로 섞여 있다면 토성은 양토로 규정된다. 그림 4-3에는 미국에서 사용되는 12개의 토성 등급이 나타나 있다.

표 4-1 토양 입자의 크기 등급

크기등급	직경범위(USDA)
바위	〉250*mm*
암석	250-75*mm*
자갈	75-2*mm*
매우 거친모래	2-1*mm*
거친모래	1-0.5*mm*
중간모래	0.5-0.25*mm*
가는모래	0.25-0.10*mm*
매우 가는모래	0.10-0.05*mm*
실트	0.05-0.002*mm*
점토	〈0.002*mm*

토성은 토양습도, 토양구조, 공극량, 화학반응과 식물생장에 상당한 영향을 미친다. 따라서 토양을 취급할 때 토성과 다른 토양 특성들과의 관계를 충분히 이해할 필요가 있다. 사질토양은 뿌리의 침투가 쉽고 지표유출 가능성이 낮다. 반면에 가용수분이 적고 투수성이 지나치게 높은 것은 불리한 점이다. 양토는 식물생장 조건을 적정수준으로 제공해 준다. 실트질양토와 점토질토양은 수분과 양분함량이 많으나 침식과 다짐의 가능성이 높다. 토성은 야외에서 식별이 가능하다. 그러나 정확한 정보를 위해서는 실험실에서 분석하여 자료를 얻는다.

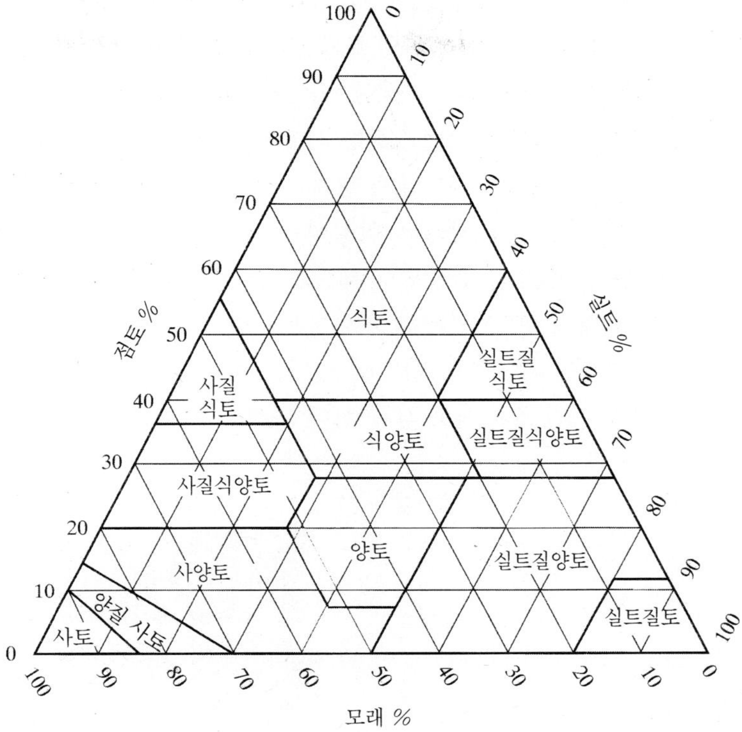

그림 4-3 토성삼각도 (Soil Survey Staff, 1975)

습윤과 건조에 따른 토양의 팽창, 수축현상은 토양 내 점토의 양과 종류에 따라 다르다. 온대지역 토양의 경우 세 종류의 점토: kaolinite, illite, montmorillonite가 나타난다. 수분흡수 정도와 이에 따른 팽창-수축 정도는 위의 세 종류의 점토 순서대로 커진다.

montmorillonite 형태의 점토를 많이 가진 토양은 극심한 팽창과 수축을 한다. 어떤 토양은 팽창과 수축이 너무 심하여 그 위에 건축물을 세울 수 없다. 이러한 토양은 습윤 상태에서 점착력과 가소성이 매우 크기 때문에 불안정하고 다루기가 쉽지 않다. kaolinite 토양은 수축과 팽창의 정도가 훨씬 약하다. 그리고 사질토양은 점착력이 매우 적기 때문에 팽창과 수축이 거의 일어나지 않는다.

(2) 토양구조(土壤構造)

토양구조는 토양을 구성하는 1차 입자들이 결집되어 기하학적 형태의 단위로 만들어진 것이다. 이 단위를 페드(ped) 또는 입단이라고 한다(그림 4-4). 페드 내의 1차 입자인 모래, 실트, 자갈은 배열되어 특정한 모양의 조직을 만들고, 이 때 모래입자들은 표면을 둘러싼 점토 입자의 접착작용으로 응집된다. 유기물은 단독으로 또는 점토와 함께 접착제 역할을 한다. 이와 같이 점토와 유기물은 모래와 실트 입자들을 서로 결합시킨다. 입자들이 서로 모이면 페드가 형성된다. 페드의 안정성은 어떠한 접착물질에 의하여 접착되었는가에 따라 결정된다. 일반적으로 페드는 물이 있을 때 또는 빗방울에 의한 운동에너지가 가해질 때 부서지지 않는 것이 바람직하다. 불안정한 페드 또는 약한 구조는 안정된 페드보다 다짐이 일어나기 쉽다. 그러나 안정된 페드 또는 발달된 구조를 가진 경우에도 강한 힘이 가해졌을 때에는 페드가 파괴될 수 있다.

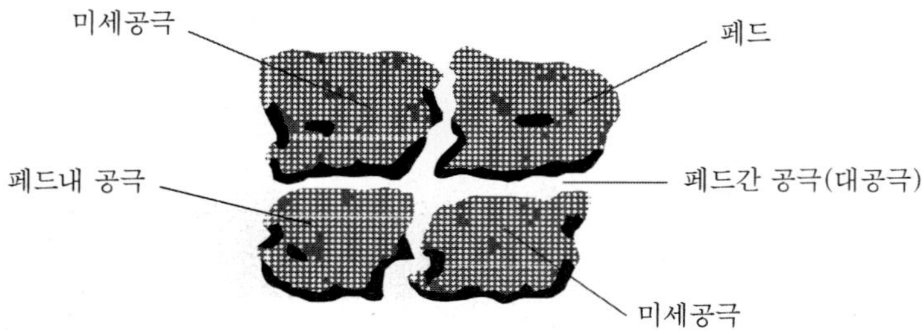

그림 4-4 페드와 토양 공극의 배열

페드의 조직 내에는 입자 사이의 틈에 작은 소공극이 나타난다. 반면에 페드와 페드 사이에는 큰 공극 즉 대공극이 형성된다. 대공극에서는 수분 이동, 가스 확산, 뿌리 신장이 일어난다. 공극의 크기와 배열은 토성과 점토의 종류, 유기물함량 그리고 생물 활동의 종류와 정도에 따라 결정된다. 이러한 요인들은 층위에 따라 다르기 때문에 토양구조가 발달하는 형태와 정도는 토양층에 따라 다르게 나타난다.

입자의 결합 정도는 유기물이 적은 굵은 사질토양에서와 같이 엉성하거나 단립인 것에서부터 실트질 또는 비팽창점토가 많은 토양에서와 같은 덩어리형까지 있다. 후자는 공극량이 매우 적고 꽉 채워진 토양이다. 이 토양은 입자 사이의 접촉이 이루어지는 부분이 많기 때문에 응집성과 점착성이 매우 높다. 덩어리형 토양은 건조할 때 딱딱해지며 습할 때에도 단단하게 유지된다.

토양구조는 여섯 가지 형태로 구분된다(그림 4-5). 입상구조는 둥글고 공극이 많은 페드로 되어 있고 그 사이로 대공극이 많다. 이 구조는 유기물함량이 많고 생물의 활동이 활발한 곳에서, 그리고 건조, 습윤 상태가 반복되는 조건에서 형성된다. 주로 표면층(A층)에서 발견되고 초지토양과 같이 잘 발달된 곳에서는 심토에도 나타난다. 대부분의 산림토양 표면층과 잘 관리된 농경지 경작층은 입상구조를 갖는다. 입상구조를 가진 토양은 대공극의 양이 많아 전체 공극률이 상당히 높고, 따라서 투수율이 높고 뿌리 침투가 용이하며 가스 확산이 잘 된다.

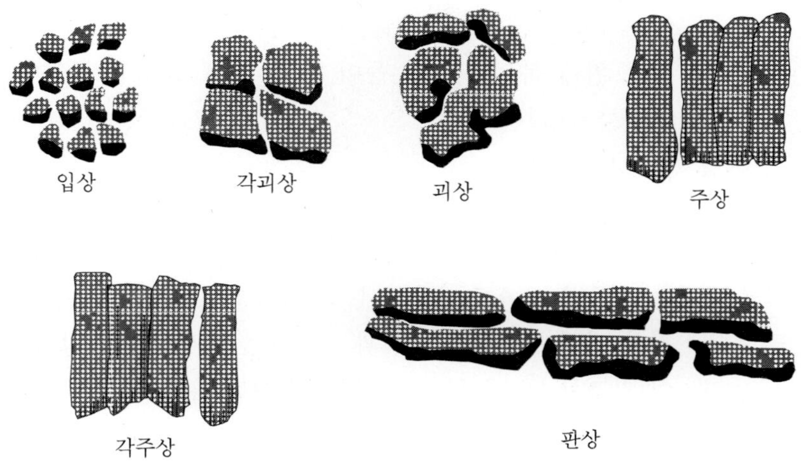

그림 4-5 토양구조의 형태

각괴상과 괴상은 페드 표면들이 직각에 가까운 각을 갖는다. 이 때 수직, 수평축의 길이는 같다. 이러한 페드의 각진 모양 때문에 입상구조에 비하여 단위 구성체 사이의 공극량이 적어지며 대공극의 비율도 낮아진다. 수분이동과 가스 확산 속도는 감소하고 뿌리 침투도 어려워지게 된다. 대개 온대지역의 심토는 괴상 또는 각괴상 구조를 갖는다. 토양 표면층은 침식으로 노출되는 경우에만 괴상구조를 갖는다.

주상과 각주상 형태의 페드는 수평축보다는 수직축이 길게 형성된다. 주상구조는 상부면이 둥글며 각주상구조는 평평하다. 이 형태에서는 토양이 다시 물에 젖게 될 때까지는 수분이동, 가스 확산, 뿌리 침투가 수직방향으로 이루어진다. 토양이 물에 젖어 팽창하면 수직방향의 공극은 닫히게 되고 수직이동은 감소한다. 이 형태는 연중 특정한 기간 동안 깊은 곳까지 건조하게 되는 건조 또는 반건조지역 토양의 심토에 형성된다. 이 형태는 심토에 팽창형점토 함량이 높은 일부 습윤지역 토양에서도 발견될 수 있다.

판상구조의 장축은 수평면이다. 이 형태에서는 다른 구조의 토양에 비하여 수직적인 수분이동, 가스 확산, 뿌리 침투가 상당히 감소한다. 이러한 구조를 가진 토양은 일반적으로 뿌리의 발달에 좋지 않은 조건을 형성한다. 이 형태는 어느 정도의 다짐이 이루어진 점토질 또는 실트질토양의 심토에서 발견되기도 하고, 밀도 높은 셰일(shale)과 같이 수평분할면을 갖는 모암으로부터 유래되기도 한다.

중장비 또는 잦은 발길로 인한 기계적 혼합 또는 다짐은 토양구조를 파괴시킬 수 있다. 좋은 예로 굴착, 흙더미 쌓기, 건설공사로 인해 다짐이 이루어진 심토 위에 복토한 표토 등이 있다. 새로 조성된 토양에서는 토양구조를 거의 찾아볼 수 없다.

(3) 견지성(堅持性)

견지성은 수분조건에 따라 형성되는 토양의 물리적 상태를 나타낸다. 이것은 토양이 덩어리 상태에서 작은 조각으로 부서지는 정도를 의미한다. 물은 입자와 페드 사이에 응집력과 점착력을 형성하며 토양의 강도를 결정한다. 토양이 건조할 때 입자와 페드는 가까이 접촉되어 강한 응집력을 나타낸다. 이 때 토양은 단단해서 깨어지기 어렵다. 이러한 이유 때문에 점토질토양은 건조할 때 단단해진다. 물이 많이 가해지면 입자와 페드 사이에 수막이 형성되고 중간 또는 미세한 토성을 가진 토양의 결합력이 약해진다. 이때 토양은 비교적 쉽게 작은 조각으로 깨어진다. 사질토양 입자 사이에 형성된 수막은 점착력을 형성하여 모래 입자들을 결합시킨다. 점토질토양이 충분한 습도를 유지한 상태에서 수막으로 인한 빛나는 표면이 보일 정도가 되면 끈적끈적해지고 가소성을 갖게 된다. 이러한 상태의 토양은 틀을 이용하여 튼튼한 모양을 형성할 수 있다.

견지성은 다양한 습도조건에서 이용되는 도시토양에 실제적으로 매우 중요하다. 농부들은 토양을 다루는데 유리한 토양습도 조건이 무엇인지 잘 알고 있다. 그들은 토양의 견지성이 불리할 때에는 야외작업을 자제한다. 도시상황에서는 대개 이와 같은 관리방법이 그대로 적용되지는 않고 있으며 토양이 사질이 아닌 경우 손, 삽 또는 차량바퀴에 잘 붙는 단점이 나타난다.

(4) 용적밀도(容積密度)

밀도는 일반적으로 고체의 단위부피당 중량으로 정의되며 토양에는 적용되지 않는데 그 이유는 토양은 공극성 매체이기 때문이다. 용적밀도는 공극량이 포함된 토양의 단위부피당 건조중량으로 정의된다. 고체와 공극이 구성하는 전체 부피는 통상 총부피로 지칭된다. 용적밀도는 다음과 같이 계산된다.

$$\text{용적밀도, } \frac{\text{Mg}}{m^3} = \frac{\text{건조중량 (Mg)}}{\text{총부피 } (m^3)}$$

산림토양의 용적밀도는 유기물층의 0.2 Mg/m^3로부터 잘 다져진 사질토양의 1.8 Mg/m^3까지 다양하다. 토양 무기입자의 밀도는 평균 2.65 Mg/m^3이다. 고체물질 50%를 가진 가상적인 토양의 용적밀도는 1.33 Mg/m^3이다. 다짐이 이루어져 토양층의 용적밀도가 1.75 Mg/m^3를 넘는 사질토양과 1.55 Mg/m^3를 넘는 점토질토양에서는 뿌리의 침투가 방해된다(Veihmeyer와 Hendrickson, 1948). 용적밀도는 일반적으로 토양층의 깊은 곳으로 갈수록 증가한다. 아래로 내려갈수록 유기물함량과 토양동물의 활동 감소하며, 실트와 점토가 증가하고, 암석이 많아진다. 상부 층으로부터 가해지는 토양압에 의한 압박 때문에 하부 층에서는 습윤과 건조 또는 동결과 해빙에 따른 팽창과 수축이 제대로 일어나지 않는다. 표면층의 용적밀도는 1.0~1.3 Mg/m^3, 심토의 용적밀도는 1.2~1.5 Mg/m^3의 범위를 보인다.

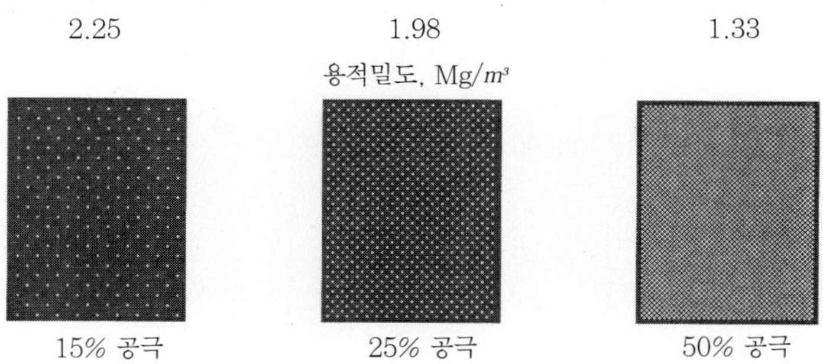

그림 4-6 용적밀도와 총공극량

거칠고 굵은 입자의 토성을 갖는 토양에서는 통상적으로 미세한 토성을 갖는 토양에서보다 공극량이 적은데, 그것은 표면적이 적고, 입자가 촘촘히 맞닿아 있고, 유기물함량이 적기 때문이다. 유기물은 토양구조의 발달을 촉진하고 공극률을 증가시킨다. 공극률 또는 총공극량은 다음 식에 의해서 계산된다:

$$\text{총공극량 (\%)} = 100 - \left(\frac{\text{용적밀도}}{2.65\ \text{Mg}/m^3} \times 100\right)$$

용적밀도가 1.33 Mg/m^3인 토양은 총공극량이 50%이다. 토양입자의 밀도를 2.65 Mg/m^3로 가정했을 때 용적밀도가 2.06 Mg/m^3인 토양은 총공극량이 22%이다. 용적밀도와 공극량은 서로 반비례 관계에 있다. 점토는 토양구조의 발달을 촉진하기 때문에 미세 토성을 갖는 토양은 사질토양보다 공극률이 높고 용적밀도가 낮다. 그러나 공극률 또는 총공극량은 토양수 보유의 중요한 결정 요인인 공극크기별 분포, 배수, 통기와는 직접 관련이 없다.

(5) 토양수(土壤水)

토양수는 토양의 공극 속에 들어가며, 토양이 물로 포화되었을 때는 모든 공극을 채우게 된다. 이 때 토양공극에는 공기가 전혀 없게 된다. 배수가 진행되면서 가장 큰 공극이 먼저 비워지고 중력에 의해서 더 이상 물이 움직이지 않을 때까지 순차적으로 작은 공극까지 배수가 이루어진다. 이 시점에서 토양 쪽으로 물을 끌어당기는 힘은 중력과 같은 크기로 작용하며, 이때 수분함량을 포장용수량이라고 정의한다. 이 끌어당기는 힘은 점토와 유기물 입자 표면의 음전하와 공극 내 공기-물 접촉면에서 만들어지는 모세관력에 기인한다(Hillel, 1980). 수분이 토양으로부터 식물 뿌리로 이동하면서 토양 속에 토양수분포텐셜이 만들어진다. 수분은 토양수분포텐셜이 높은 곳으로부터 낮은 곳으로 이동한다. 뿌리가 수분을 흡수하면 뿌리에서 가장 가까운 부분의 토양수분포텐셜이

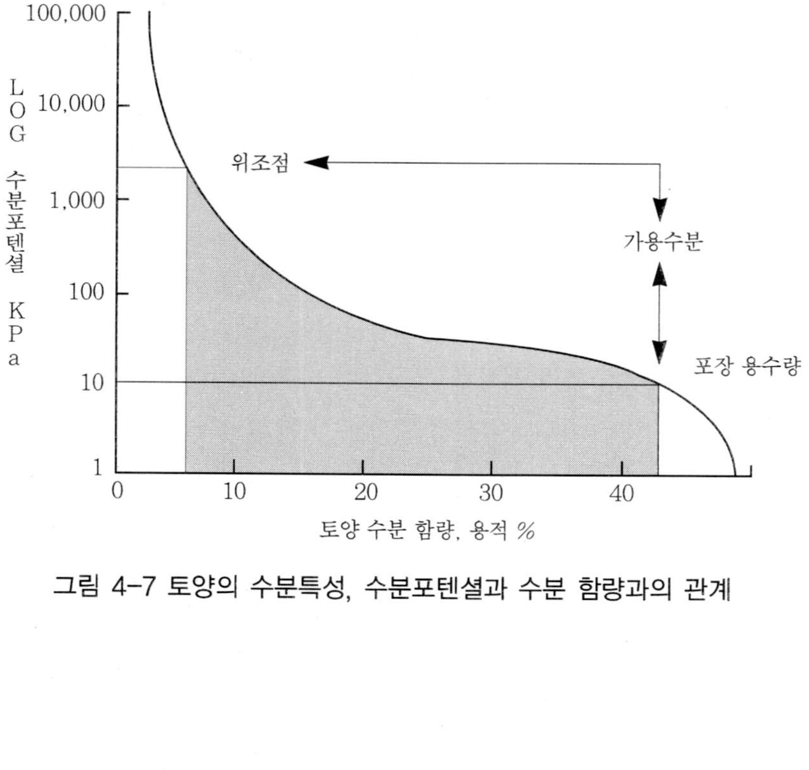

그림 4-7 토양의 수분특성, 수분포텐셜과 수분 함량과의 관계

낮아진다. 물은 토양수분포텐셜 경사를 따라 뿌리 방향으로 이동한다. 토양 내 수분포텐셜이 낮아져서 물 분자 이동이 어려워지면 수분이 뿌리로 이동하지 못하게 되며 이를 위조점이라고 한다. 토양 내 어떤 수분은 매우 작은 공극 안에 뿌리가 흡수하려는 힘보다 큰 힘으로 끌려 있기 때문에 식물에 이용될 수 없다. 중력에 의해 토양을 빠르게 빠져 나가는 수분도 역시 식물에 이용될 수 없다. 따라서 포장용수량과 위조점 사이의 수분함량이 뿌리가 흡수할 수 있는 가용수분이 된다(그림 4-7). 포장용수량이 될 때 수분이 빠져 나가고 공기로 채워지는 부분은 대공극이며, 가용수분이 채워지는 공극은 중간공극이 된다. 위조점일 때 수분이 채워지는 공극은 미세공극이다.

(6) 토양색(土壤色)

토양색은 토양단면에서 가장 두드러지게 나타나는 토양특성이다. 토양색은 단지 색을 설명하는 용어지만 식물생장에 직접 영향을 미치는 일반적인 토양조건을 알려준다. 표면층 색의 어두운 정도는 유기물함량에 따라 결정되며 유기물이 많을수록 검은색을 띠게 된다. 이 때 색은 대략적인 토양생산력의 척도가 될 수 있다. 심토의 색은 토양단면의 통기/배수상태, 철산화물의 집적 장소, 매몰된 표토 등을 알려준다.

토양의 색은 구성요소의 혼합물로 나타난다. 점토와 유기물 등 콜로이드 물체는 무기원소의 색 변화에 주 영향을 미친다. 암석원소들은 색이 다양하며 석영은 흰색 또는 회색, 장석은 적색, 석회석은 회색, 흰색 또는 녹색을 나타낸다(Longwell *et al.*, 1969). 콜로이드성 유기성분인 부식질은 흑색 또는 짙은 회색이며 짙은 갈색일 때도 있다. 반면에 점토는 회색, 흰색 또는 적색을 띤다. 철은 산화-환원상태에 따라 색상이 다양하게 나타난다. 철은 자체로 또는 다른 무기입자를 피복하는 물질로서 중요한 색상원소이다. 모재로부터 나오는 조직상의 색은 표토 내 부식질에 의하여 바뀌며 유기물함량이 높을수록 어두운 색을 띠게 된다. 용탈층, 즉 E층은 인접한 층에 비하여 밝은 색을 띠는 경향이 있다. 이 밝은 색은 남아있는 석영을 피복하고 있었던 철과 유기물 등 색상원소가 부분적으로 또는 전부 제거되어서 나타난다.

토양색은 Munsell 표기법을 이용하여 나타낸다. 이 방법은 색을 색상, 명도, 채도를 기준으로 표기한다. 색상은 빛의 파장 또는 빛깔을 구분하는 용어이다. 명도는 전체 빛의 양 또는 색의 밝기를 나타내는 척도이다. 채도는 색의 상대적인 순도를 나타내는 척도이며 흰색의 양이 감소함에 따라 채도는 증가한다. Munsell 색채 기호는 숫자와 문자의 조합으로 이루어진다. 여기에서 10YR 5/6은 황갈색을 나타내는 기호이며, 색상은 10YR, 명도는 5, 채도는 6이다. 토양색은 토양시료를 Munsell 토양색책에 표준세트로 정리되어 있는 색상 조각과 비교함으로써 쉽게 판별할 수 있다(사진 4-1).

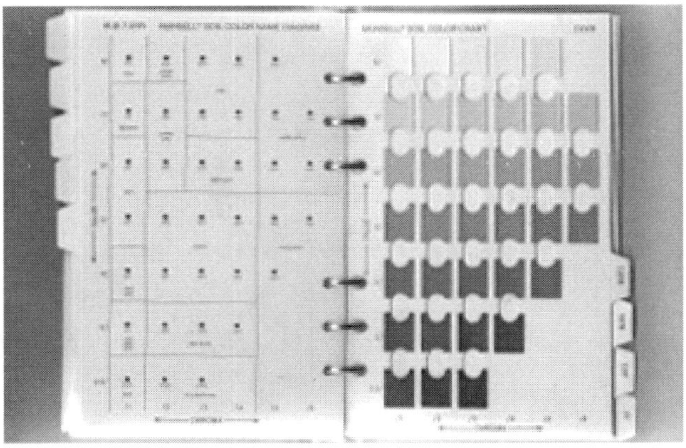

사진 4-1 Munsell 표기법으로 구분된 토양색

(7) 통기성(通氣性)

토양 내 공기는 대기의 공기와는 다른 구성을 갖는다. 대기는 질소 79%, 산소 20%, 그리고 이산화탄소 0.03%로 되어있다. 나머지는 다른 소량의 가스들로 구성되어 있다(Brady, 1990). 지표면 부근의 토양공기는 질소 79%, 산소 20%, 그리고 이산화탄소 0.25%, 그리고 메탄, 에탄, 황화수소, 산화질소와 같은 다른 가스들로 구성되어 있다. 이 가스들은 확산에 의해 토양 안과 밖으로 이동한다. 이 과정이 이루어지는 속도는 확산경로의 굴곡도와 온도경사에 의해 결정된다(Hillel, 1980). 토심이 증가할수록 확산경로의 굴곡도와 길이가 증가하고 그 결과 확산속도가 느려지며, 일반적으로 토양의 깊이가 증가하면 산소 농도는 낮아진다. 이산화탄소는 토양생물과 뿌리의 호흡에 의해 생성된다. 이들은 대기로 확산됨으로써 토양으로부터 빠져나간다. 그러나 확산이 억제되면 토양 내 이산화탄소 농도는 대기보다 높아진다. 이 농도는 토심이 증가할수록 증가하며 어떤 토양에서는 농도가 4.5%까지 상승한다. 다시 말하면, 산소는 토양의 하층에 도달하기 어렵고, 토양에서 생성된 이산화탄소는 하층으로부터 잘 빠져나가지 못한다. 산소와 이산화탄소의 농도는 반비례의 관계를 갖는다.

뿌리는 산소를 필요로 하며, 따라서 대부분의 토양에서 통기성은 뿌리가 뻗어가는 깊이를 결정하는 중요한 요인이다. 많은 식물들은 적어도 공극의 10-12%가 공기로 채워져 있을 때 만족스러운 생장을 보인다. 물푸레나무, 찰피나무는 공극의 15% 이상이 공기로 채워져야 한다. 독일가문비나무는 공극의 5%만 공기로 채워져 있어도 잘 자란다. 이산화탄소는 농도가 지나치게 높을 경우 뿌리에 독성 작용을 하여 수분 흡수를 제한할 수도 있다. 뿌리의 생존을 위한 산소 요구량은 공극 부피의 3%, 뿌리 생장은 5-10%, 그리고 새로운 뿌리의 생성을 위해서는 12% 이상이 필요하다.

통기성은 토양에 또 다른 영향을 준다. 화학작용과 생물의 활동은 산소농도에 의해 영향을 받는다. 산소농도가 최소농도 이상으로 유지되면 산화작용을 일으키고 토양은 통기성이 좋은 것으로 간주된다. 호기성 작용은 탄수화물, 이산화탄소, 물을 생성하고 많은 양의 에너지를 방출한다. 토양 속에 들어있는 철과 망간은 산화되어 토양에 색을 나타낸다. 많은 생물작용들은 산화과정을 포함하며, 좋은 통기성은 토양에 서식하는 박테리아, 조류, 균, 무척추동물들에게 이롭게 작용한다. 산소농도가 낮고 이산화탄소 농도가 높은 토양 공기는 혐기성으로 되어 일부 생물에 해를 끼친다. 이때에는 환원작용이 주로 발생하고 메탄, 지방산, 알콜 등이 생성되며 제한된 양의 에너지만 방출된다. 토양배수는 토양의 통기성에 직접 영향을 미치게 된다.

산화-환원 전위는 토양의 통기성을 나타내는 지표이다. 산화는 전자를 잃는 것이며 환원은 전자를 얻는 것이다. 배수가 잘 되어 통기성이 좋은 토양에서는 산화-환원 전위가 낮아진다. 산화-환원 전위는 식물에 직접적인 영향을 미치지는 않는다. 그러나 토양용액 내 화학 조건에 영향을 미치며 따라서 양분의 가용성을 결정하게 된다. 산화-환원 작용은 또한 토양 색에 영향을 미치며 야외에서 토양의 통기성을 평가하는 방편으로 이용될 수 있다.

(8) 토양배수(土壤排水)

토양배수는 세 가지 요소 즉, 지표면유출, 지하배수 및 투수성으로 나뉘어지며 이들은 토양의 통기성에 영향을 미친다. 지표면유출은 물이 지표면 위로 흘러 배수시스템으로 들어가는 것을 말한다. 이 현상은 강우량 또는 관수량이 토양의 침투능력을 초과할 때 발생한다. 토양 침투성은 공극률, 공극 크기 비율,

그리고 이전의 토양습도에 의해 결정된다. 공극률이 낮고 토양수분의 함량이 높은 토양은 공극률이 높고 토양수분의 함량이 낮은 토양에 비하여 지표면유출이 자주 발생한다.

지형적인 위치와 경사도는 지표면유출량과 그 속도를 결정한다. 언덕 정상 또는 고개 마루와 같은 곳에서는 직접 내리는 강우의 영향만 받으며 물은 흘러서 빠져 나간다. 경사지 하부에서는 직접 내리는 강우와 위로부터 내려온 유출수의 영향을 받는다. 이곳에서는 유입되는 물이 유출되는 물의 양보다 많기 때문에 토양층의 습도 조건은 경사지 상부보다 더 습윤한 상태가 된다. 경사각이 커지면 유출수의 양이 커지기 때문에 토양층은 그만큼 건조해진다. 경사가 끝나는 지점은 상부로부터 많은 양의 물이 유입되는 곳이다. 따라서 이곳은 습윤한 조건이 형성된다.

지하배수는 포화된 수분이 토양층을 통과해서 아래로 빠져나가는 것을 의미한다. 그 속도는 토양의 투수성과 토양층 내 수직이동을 방해하는 층의 유무에 의해 결정된다. 투수성은 공극량 및 공극 크기의 비율과 관련이 있으며, 토양층에서 투수성이 가장 낮은 층에 의해 결정된다(Hillel, 1980). 심토가 다짐을 받은 상태인 경우 지하배수 속도는 느려진다. 습윤한 시기 또는 비가 많이 온 후에는 투수성이 가장 낮은 층 위에 수분포화 상태가 만들어진다. 모재층 밑에 불투수성 암반이 있거나 도시토양에서 매립토 밑에 콘크리트 구조물이 있는 경우 이와 비슷한 결과를 초래한다. 지하수면이 높은 경우에도 비슷한 결과가 나타난다. 양토질모래와 같이 공극이 많은 토양은 투수성이 높으며, 그 아래에 불투수층이 없다면 포화 상태는 거의 나타나지 않는다. 중간 또는 미세 입자를 가진 토양도 구조가 잘 발달되어 있으면 높은 투수성을 보인다.

(9) 토양깊이

토양깊이는 자연 상태의 토양이 토양생성과정의 영향을 받아 형성된다. 일반적으로 토양깊이는 표면에서 암반 또는 지하수면까지를 말한다. 깊은 토양은 더 많은 뿌리활동공간을 제공하며 다른 조건들도 풍부하게 마련된다. 토심이 깊은 토양은 적어도 1 m 이상의 깊이를 갖는다. 식물생장을 위한 적정 토양깊이는 정해질 수가 없는데 그 이유는 뿌리 생장 깊이는 토양층의 물리적 깊이보다는 통기성이 보장되는 깊이로 정해지기 때문이다. 그러나 얕은 토양에서는 물리적인 깊이가 제한요인이 될 수 있다.

도시지역에서는 토양깊이가 제한요인이 되는 경우가 많다. 개발 또는 복원이 이루어지는 과정에서 토양을 제거하고, 깊이를 감소시키며, 암반 위에 흙채우기가 얕은 깊이로 이루어지기도 한다. 통상적으로는 우리나라와 같은 건조하지 않은 지역에서는 45~60 *cm*의 토심으로 필요한 수분과 뿌리활동 공간이 보장될 수 있다. 건조한 지역에서 관수가 없는 조건이라면 더 깊은 토심을 가져야 한다. 얕은 토양에서는 습윤 상태에서 토양의 기계적 지지력이 문제되어 수목이 쓰러지는 경우도 있다. 전문가들은 양호한 배수조건을 가진 토양이 75~90 *cm*의 깊이를 가지면 뿌리활동 공간, 수분저장, 지지력을 충분히 제공할 수 있는 것으로 보고 있다.

5) 토양의 화학적 특성(化學的 特性)

토양의 화학적 특성은 양분의 함량과 가용성, 토양의 양분보유능력과 저장소 역할, 토양과 식물간의 유기물, 탄소, 질소의 순환으로 나타난다. 토양은 역동적인 시스템으로 정의되어 왔다. 이 시스템의 상당히 많은 부분은 토양 내에서 고유하게 일어나는 화학반응과 과정들이다. 이러한 많은 반응들은 단순화가 진행되는 과정이라고 할 수 있는데, 이 과정을 통해 복잡한 물질이 식물과 다른 생물에게 이용될 수 있는 단순한 물질로 변환된다. 반응속도는 토양의 모재, 최종생성물의 제거 속도, 생물활동의 특성, 그리고 온도, 습도, 통기성과 같은 환경요인의 영향에 의해 결정된다. 모재와 환경조건의 영향은 특정한 반응과정에만 유리하게 작용하여 결국은 장소에 따라 다른 특성을 가진 토양이 만들어지게 된다.

토양의 화학적 특성은 물리적 특성에 비하여 다루기가 쉬운 측면이 있다. 이와 같은 이유 때문에 화학적 특성 중에서 특히 석회시비 또는 산성화를 통한 토양산도의 조절과 시비에 의한 영양물질의 조절은 많은 사람들의 많은 관심을 불러 일으켰다. 이러한 관심의 대부분은 농업토양에 적용되었으며, 산림토양과 도시토양에는 많이 적용되지 않았다. 따라서 화학적 특성과 관련하여 서술된 대부분의 것들은 농업적인 기반을 갖는다.

(1) 토양양분(土壤養分)

지구의 지각은 92 개의 화학원소들로 구성되어 있다. 이 중 8 개의 원소가 지구 무게의 약 96%를 차지한다. 이들 원소는 산소, 실리콘, 알루미늄, 철, 칼슘, 나트륨, 칼륨, 마그네슘이다. 식물이 필요로 하는 원소들, 필수원소 또는 양분은, 대부분 지각에 풍부하게 존재하지 않으며, 지구상에 균일하게 분포하는 것도 아니다. 17 개의 필수원소와 그 출처가 표 4-2에 수록되어있다. 대부분의 원소들은 토양입자와 광물질로부터 들어온다. 이중 탄소, 질소 산소는 공기와 물로부터 공급되며 식물에서 가장 많은 양을 차지한다. 식물조직의 94~99.5%가 이 세 원소로 구성된다. 나머지 원소들은 이용되는 양에 따라 두 개의 그룹, 즉 다량원소와 미량원소로 나눌 수 있다. 다량원소는 *ha* 당 수백 *kg*이 소요되고 미량원소는 *ha* 당 수 *kg* 정도만 필요하다.

토양 내 모든 양분들이 다 식물에 가용한 상태로 존재하는 것은 아니다. 어떤 원소는 암석의 성분으로 되어 있거나 식물에 이용되기 전에 단순한 상태로 전환되어야 하는 유기화합물에 들어있다. 단순한 형태의 원소는 가용성이며 식물에 흡수 가능한 상태로 토양 또는 유기물 표면에 붙어있다. 원소의 총량은 많아도 가용한 형태는 소량일 수 있다. 어떤 토양에서는 다량원소를 비교적 많이 포함하고 있지만 식물에 결핍현상이 나타나는 경우가 있다. 토양 조건에 따라 원소가 가용한 상태로 되기 위한 변환이 억제될 수도 있다.

표 4-2 식물의 필수원소와 그 출처

	토양입자	
공기와 물	다량원소	미량원소
C	N	Fe
H	P	Mn
O	K	B
	Ca	Mo
	Mg	Cu
	S	Zn
		Cl
		Co

유기물은 토양 속에 많은 양이 존재하며 67,200~1,792,000 *kg/ha*의 범위로 나타난다. 유기물은 토양에 질소, 인, 황을 공급하기 때문에 식물이 화학적으로 좋은 환경을 누리도록 도와주고 토양비옥도를 향상시키는 중요한 역할을 한다. 유기물함량이 낮을 경우 앞에 언급된 세 원소는 토양 내에서 낮은 수준에 머무를 수밖에 없다. 인이 부족할 경우 특별한 문제를 발생시키며 많은 경우에 있어서 식물의 생장을 제한한다. 많은 토양에 있어서 인의 총량은 낮은

수준을 보이는데 그것은 토양을 생성하는 암석 중에서 인을 포함하고 있는 암석이 드물기 때문이다. 질소와 황화합물은 대개 물에 잘 용해된다. 칼륨의 총량은 많은 토양에 있어서 충분하며 식물의 생장에 필요한 양이 충분히 공급될 수 있다. 집약적 농업방식이나 칼륨이 부족한 암석의 경우에는 칼륨이 부족할 수 있다. 칼슘과 마그네슘의 양은 토양의 모재에 의해 영향을 많이 받는다. 칼슘과 마그네슘이 많은 토양은 석회석, 해양퇴적물 또는 석회질 혈암으로부터 생성된다. 이 토양들은 중성 또는 염기성을 나타낸다. 칼슘과 마그네슘화합물은 물에 잘 용해되며 용탈에 의해 제일 먼저 토양으로부터 빠져나간다. 산성토양에서는 칼슘과 마그네슘의 가용성이 낮아질 수 있다. 황은 일반적으로 식물생장에 충분한 양이 토양에 들어있다. 일부 화산토양에서 황 성분이 부족한 경우가 있다. 현재 문제가 되고 있는 산성강하물은 황 함량이 낮은 토양에는 황이 공급되는 이로운 측면이 있다.

토양양분의 가용 형태는 두 가지로 나타난다. 하나는 음전하를 가진 토양콜로이드 표면에 흡착되어 있는 양이온이고, 다른 하나는 토양용액에 용해된 염이다. 후자는 식물 뿌리가 물을 흡수할 때 함께 흡수되거나 뿌리 표면에서 치환에 의해 흡수된다. 전자는 나중에 양이온치환에 의해 토양용액에 들어간 후 같은 과정으로 뿌리에 흡수되거나 토양콜로이드와 뿌리 사이의 직접적인 접촉에 따른 치환으로 흡수된다. 음이온들도 비슷한 경로를 밟게 되는데 약간 다른 과정을 거치게 된다.

(2) 양이온치환

토양은 식물 양분의 저장고 역할을 한다. 점토 콜로이드 입자와 유기물은 표면전하를 가지고 있으며 양이온들을 끌어당긴다. 토양에 흡착된 양이온들은 용탈로부터 보호되며 식물 뿌리에 흡수될 수 있는 가용 상태로 있게 된다. 토양 내 중요한 양이온들은 칼슘, 마그네슘, 나트륨, 칼륨, 수소, 암모늄, 알루미늄 등이다. 양이온이 콜로이드 표면으로부터 이탈될 때 그 자리는 신속하게 다른 양이온으로 치환된다. 예를 들면, 한 개의 칼슘 이온이 점토 표면으로부터 떨어져 나오면 두 개의 수소 이온이 그 자리에 들어간다. 이 과정을 양이온치환이라고 한다. 접시 모양의 점토입자는 그 크기에 비해 표면적이 매우 크며, 토양 내에 소량이 존재하더라도 표면적 활동에 대한 기여도는 크다.

온대지역 토양의 점토 성분은 지질구성 물질로부터 토양으로 풍화되는 과정에서 알루미늄규산 광물의 형태로 만들어진다. 그 구조는 알루미늄 이온이 중앙에 위치하고 꼭지점에 산소이온이 들어간 팔면체로 만들어진 층과(그림 4-8a) 규소 이온이 중앙에 들어가고 꼭지점에 산소가 들어간 규소사면체로 만들어진 층이(그림 4-8b) 연결되어 형성된다. 이 두 층은 이웃하는 팔면체와 사면체의 산소를 공유하면서 연결되어 점토미셀을 형성한다(그림 4-8c). 이 구조는 자연계에서 완전한 형태가 되지 않으며 대개 부러진 테두리를 갖는다. 이 부러진 테두리에는 채워지지 않은 양전하와 음전하가 나타나며, 주로 음전하 위주로 나타난다. 따라서 점토미셀은 거대한 음이온처럼 행동한다. 그림 4-8에 제시된 점토는 1:1 격자형 알루미늄규산으로 kaolinite 그룹에 속한다. 1:1 격자형 구조와는 다른 속성을 갖는 2:1 및 2:2 격자형 점토도 있으며, 이들은 양이온치환능력, 수축과 팽창, 수분보유능력, 가스흡수 특성이 다르다. illite와 같은 2:1 격자형 점토는 2개의 규산층과 1개의 알루미늄층으로 구성되며 내부의 표면과 부러진 테두리에 음전하를 가짐으로써 양이온치환능력과 수축 및 팽창이 더 커진다. 그러므로 토양 내 점토의 양과 함께 점토의 종류를 아는 것이 중요하다. 음전하에 의해 만들어진 유인력은 콜로이드 표면에 물과 토양가스를 흡착시키는 역할을 한다. 이것은 토양 페드에 용해염 및 가스가 포함된 수분 필름이 만들어지는 기초가 된다.

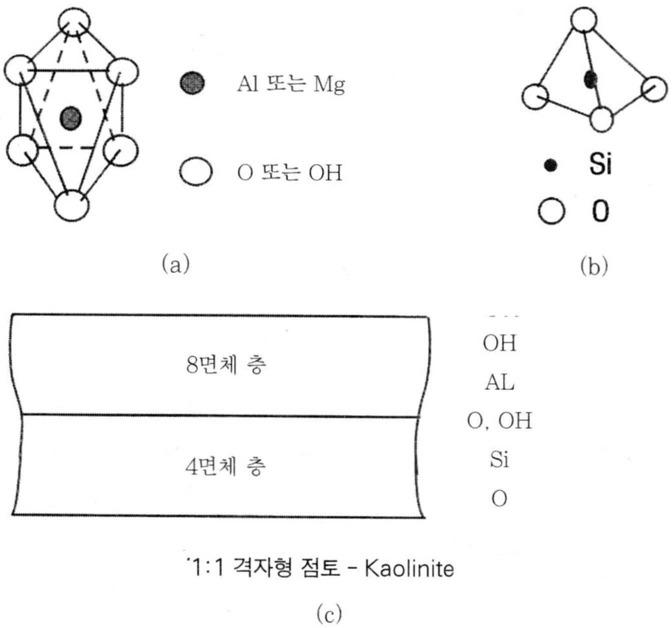

그림 4-8 격자형 점토 내의 규산사면체와 알루미나팔면체

유기물도 양이온치환 작용을 한다. 그러나 점토가 결정체 구조를 갖는 것과는 다르게 유기물은 부정형 물질이다. 유기물의 음전하는 carboxyl 그룹에서 (-COOH) 수소이온이 떨어져 나가면서 (-COO-) 만들어진다. 유기물은 단위면적 당 음전하량이 점토에 비하여 상당히 많아서 양이온치환능력이 훨씬 크다. 이러한 사실은 유기물이 토양 특성에 대하여 매우 중요한 역할을 하는 추가적인 이유가 된다. 그림 4-9는 미셀 표면에서 이루어지는 양이온치환 반응을 보여주고 있다.

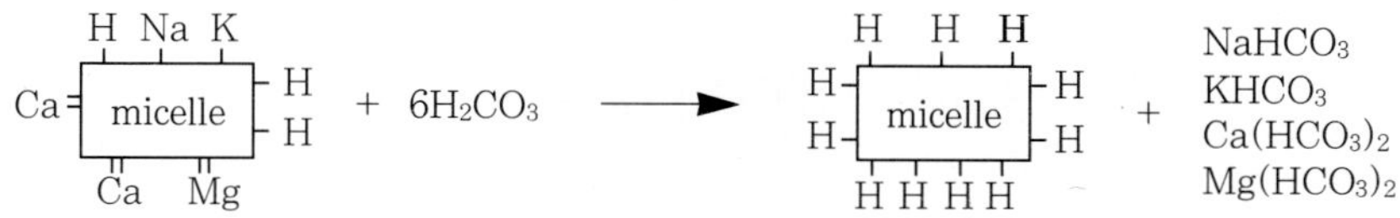

그림 4-9 양이온치환 반응

양이온치환능력은 유기물함량이 많은 표토에서 가장 높게 나타난다. 이 능력은 토양 표면으로부터 깊이가 깊어질수록 감소한다. 그리고 실트질 및 점토질토양의 B2층에서 일부 증가할 수도 있다. 사질토양은 유기물과 점토 함량이 낮기 때문에 양이온치환능력이 그다지 높지 않으며, 특히 심토층에서 낮은 값을 보인다. 따라서 사질토양은 비교적 낮은 비옥도를 가진다. 양토 또는 실트질양토와 같이 중간 크기의 토성을 가진 토양에서는 점토와 유기물 함량이 증가할수록 양이온치환능력이 증가하며 토양의 비옥도도 따라서 증가한다. 그러나 이 토양에서 통기성의 악화와 같이 물리적 특성이 불리하게 될 경우 생산성이 낮아져서 비옥도를 상쇄하게 된다.

토양에 흡착된 양이온의 종류는 토양비옥도에 영향을 미친다. 차갑고 습한 온대지역에서 생성된 토양은 수소이온의 흡착이 가장 많고 칼슘, 마그네슘, 칼륨, 나트륨, 알루미늄 순으로 낮아진다. 강우가 거의 없는 지역의 따뜻하고 건조한 토양은 칼슘, 나트륨, 칼륨의 흡착이 많고 수소이온의 흡착은 거의 없다. 이러한 일반적인 경향은 모재에 의해 바뀔 수 있고, 정도는 약하지만 국지적인 지형의 영향도 받는다. 예를 들면, 석회석 모재로부터 생성된 습윤한 온대지역의 토양은 칼슘과 마그네슘의 함량이 높다. 토양은 염기성이며 비옥도는 높다. 같은 지역에서 사암으로부터 생성된 토양은 수소 이온의 함량이 높다. 이 토양은 산성이며 비옥도는 낮다. 양이온치환능력은 완충능력을 결정하기 때문에 안정된 토양산도를 유지하는데 중요한 역할을 한다.

(3) 토양반응(土壤反應)

토양반응 또는 토양산도(pH)는 토양용액의 수소이온농도로 나타낸다. 이 특성만으로는 식물의 생장에 아무런 정보를 제공할 수 없다. 그러나 경험 및 연구에 의하면 토양반응은 토양의 전체 화학적 조건에 대한 간단하고 직접적인 지표가 된다. 토양반응은 양분의 가용성과 관련이 있으며, 생물 개체군의 활동, 유기물 분해 및 질소무기화에 영향을 준다. 또한 토양반응은 독성물질의 가용성 및 농도와 관련이 있다.

물은 분해되어 H^+와 OH^- 이온으로 전환된다. 순수한 물에서는 이 두 이온의 농도는 같고, 산도는 중성이 된다. 실제로는 물 분자 554,000,000 개 중 하나가 이온화되는 것이기 때문에 농도 값은 매우 작다. 작은 숫자를 다루기 쉽게 하기 위하여 산도 단위가 고안되었다. 산도는 수소이온농도의 역수에 log 값을 취한 것이다. 그리고 그 값은 정수가 된다. 중성인 물은 산도 값이 7이다. pH 7보다 적은 값은 수소 이온이 수산기 이온보다 많다는 것을 의미한다. 이때 용액은 산성이 된다. pH 7 보다 큰 값은 수산기 이온이 더 많은 경우이며 용액은 알칼리성 또는 염기성이 된다.

점토 표면에 흡착되어 있는 양이온들은 분리되어서 가수분해로 OH 이온을 생성한다. 여기에서 나온 치환성 수소이온은 H^+의 주공급원이며 이로 인해 무기산이 만들어지게 된다. 토양의 총 양이온치환능력 중 염기로 채워진 부분의 비율을 염기포화도라고 하며 %로 표시된다. 염기포화도가 클수록 산도 값이 커진다. pH 7에서 염기 대 수소의 비율은 토양에 따라 다르다. 따라서 pH 7일 때 염기포화도가 정확하게 50%인 것으로 가정할 수는 없다. 주어진 염기포화도에서 산도 값은 점토와 흡착된 양이온의 종류에 따라 달라진다.

표토층에 분해되지 않은 유기물이 비교적 많이 들어있을 때 토양이 산성으로 되는 경우가 많다. 강우가 유기물 통과할 때 유기산이 형성되고 이들은 토양층을 따라 아래로 내려가면서 토양을 풍화시키고 토양산도를 낮추게 된다. 유기물이 많이 분해된 경우에는 산도 값이 높아지고 유기산은 표토층에 흡수된다. 산도를 낮추는 또 다른 요인으로 이산화탄소가 물에 용해되어 만들어지는 탄산과 산성우를 통해 유입되는 황화합물이 있다. 유럽에서 진행된 연구들에 의하면 이들 물질이 토양에 직접적으로 영향을 미치는 것으로 나타났다. 토양산도가 낮아지면 미래의 식생과 토양의 장기적인 생산성에 심각한 위협이 될 수 있다.

토양산도는 양분의 가용성을 결정하는 역할을 한다. 토양산도가 증가하면 토양용액 내 칼슘, 마그네슘, 칼륨의 양이 증가한다. 이 관계가 그림 4-10에 나타나있다. 질소와 황은 산도에 따른 변화가 비슷하며, pH 5.5에서 최대가 된다. 철, 망간, 구리, 아연은 산도 값이 낮을 때 잘 용해되고 pH 8이 될 때까지 계속 줄어든다. 인과 붕소는 낮은 산도에서 용해도가 증가하고, pH 5.0~5.5에서 최대가 되며, pH 7.5 이상에서는 다시 감소한다. 따라서 pH 6.~7.0가 바람직한 토양산도로서 식물양분의 용해도가 최대를 이루는 범위가 된다. 대부분의 작물들의 경우 적절한 생장을 보장하기 위하여 이 범위 이내로 토양산도 수준을 유지할 필요가 있다. 다양한 종류의 식물들은 토양산도 요구

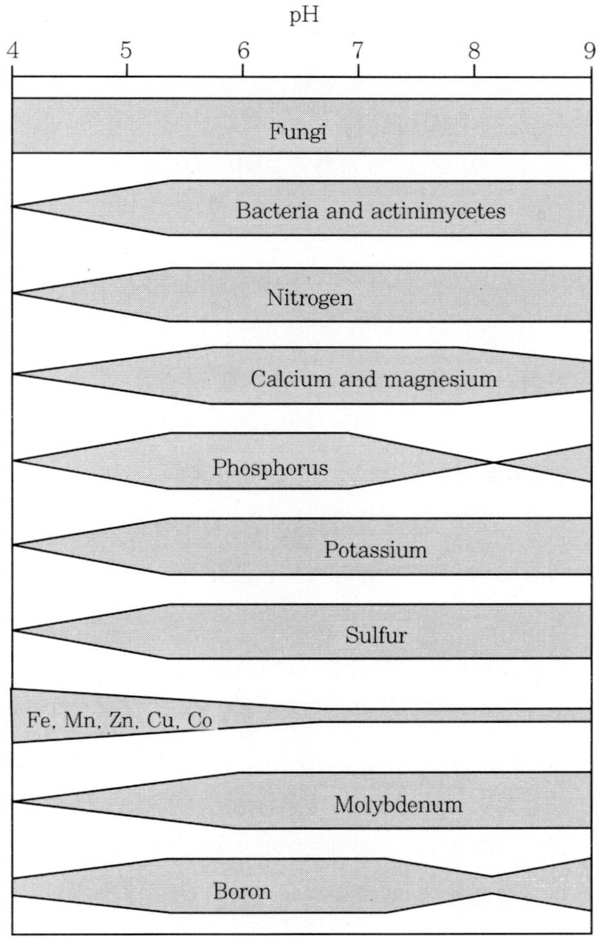

그림 4-10 토양반응과 양분가용성과의 관계(Brady, 1990)

도가 다르다. 진달래, 동백나무, 철쭉은 pH 4.5 정도의 낮은 산도를 요구한다. 국화, 매발톱, 팬지, 라일락 등은 높은 토양산도 수준을 요구한다.

토양 pH가 7 근처일 때 토양생물들과 그 활동에 유리한 조건이 제공된다. 세균, 조류, 균, 방사선균은 모두 중성 조건에서 활발하게 활동한다. 그러나 산도가 낮아지면 세균과 방사선균의 수와 활동이 줄어들면서 균이 미생물로서 주류를 이루게 된다. 이러한 조건에서는 유기물 분해 속도가 떨어지게 된다. 질산화박테리아도 pH 5.5 이하일 때 활동이 제한된다. 지렁이는 중성 또는 염기성에만 견딜 수 있다. 산성토양에서는 지렁이를 볼 수 없다(Alexander, 1980).

토양반응은 변경시킬 수 있다. 칼슘과 마그네슘이 들어있는 석회를 뿌리면 토양산도는 상승한다. 석회시비는 농장과 정원에서 재배하는 작물들의 생산을 위하여 실행하는 표준화된 작업이다. 석회시비량은 토양의 양이온치환능력과 토양산도에 의해 결정된다. 산성 조건에서 잘 자라는 식물을 위해서 산도가 높은 토양에 황화합물 또는 미분해 유기물을 넣어주어 산도를 낮추기도 한다. 토양산도를 낮게 유지함으로써 수목에 뿌리썩음병을 일으키는 병원균을 억제하기도 한다.

6) 토양의 생물학적 특성(生物學的 特性)

토양의 생물학적 특성은 그 토양에 서식하는 생물과 그들이 토양의 물리적, 화학적 특성에 미치는 영향에 중점을 둔다. 토양생물은 세 가지 기능을 가진 그룹으로 분류된다. 생산자는 에너지원으로 태양복사에너지를 사용하여 복잡한 세포조직을 만든다. 생산자에는 녹색 식물, 일부 세균 그리고 남조류 등이 있다. 소비자는 직접 식물을 섭취하는 초식동물이나, 간접적으로 섭취하는 육식동물 등 주로 동물이다. 분해자는 복잡한 탄소 성분의 유기물을 무기화합물로 변환시키는 미생물 또는 소동물들이다. 분해자에는 대부분의 세균, 균, 그리고 토양 무척추동물 등이 있다.

모든 토양생물은 에너지원, 먹이 습성, 간단한 화합물의 생성과 이용, 공간적 배열 등과 서로 밀접하게 연관되어 있으며, 그 가운데 진정한 토양생태계가 존재하게 된다. 토양생물은 토양 내에서 생활사를 이루며 토양생체량을 형성한다. 식물 뿌리는 실제로 거대 또는 미세 생물로 분류되지는 않을지라도 반드시 토양생태계에 포함되어야 한다(Brady, 1990). 식물 뿌리는 토양 특성에 영향을 미치고 근권이라는 특별한 공간에 함께 속해있는 생물들에게 중요한 역할을 한다.

(1) 토양생물(土壤生物)

토양생물의 분류는 크기, 기능, 에너지원, 생활형태 또는 구조를 기초로 한다. 이 가운데 영양등급과 에너지 생산 과정을 기초로 한 분류가 가장 유용하다(Richards, 1974). 이 분류에는 네 가지 그룹이 있다. 광자가영양생물은 에너지원으로 태양복사를 이용하고 이산화탄소를 탄소의 주원료로 이용한다. 고등식물, 남조류, 그리고 일부 박테리아가 여기에 속한다. 광타가영양생물도 또한 태양복사를 이용하지만, 탄소의 대부분을 유기화합물로부터 얻는다. 오직 한 종류의 특별한 세균 그룹이 여기에 속한다. 화학자가영양생물은 무기화합물을 산화하여 에너지를 얻고, 이산화탄소를 주된 탄소원으로 한다. 화학타가영양생물은 유기화합물에서 에너지와 탄소를 얻는다. 이 그룹에는 동물, 원생동물, 균 그리고 대부분의 세균이 속한다.

세균(細菌)

세균은 토양미생물 중에서 가장 작고, 그 수가 가장 많다(표 4-3). 또한 단세포이고, 대개 막대 모양이며 주로 분해자 역할을 한다. 세균은 일반적 활동 및 특별한 분해 기능을 수행한다. 세균은 수와 종류가 매우 많기 때문에 개체군과 활동 수준은 토양에 주어진 조건에 따라 다양하게 나타난다. 그러나 대부분의 유익한 세균은 기능 수행을 위해 산소를 필요로 하며, 배수가 좋지 않을 때에는 피해를 입는다. 일부는 좋은 조건이 다시 조성될 때까지 포자를 형성하여 생존하며, 건조한 토양에서도 살아남는다.

표 4-3 토양생물과 표토 내 존재량

생물	수량*	비고
세균	1,000,000,000 이상 /g 토양	토양생물, 토양 내
방선균	10,000,000 이상 /g 토양	생체조직 5 ton/acre
균	1,000,000 이상 /g 토양	
조류	100,000 이상 /g 토양	
원생동물	1,000,000 이상 /g 토양	
선충	10 이상 /g 토양	
지렁이	1,000,000 / acre	

조류(藻類)

조류는 대부분이 물속에서 살지만 토양 표면에 형성된 수막에도 나타난다. 조류는 단세포이지만 균체를 형성하기도 한다. 녹조류와 남조류가 가장 흔한 종류이다. 조류의 "만개"는 노출된 토양에 가뭄의 끝에 비가 내린 후 관찰된다. 이름에 의해 나타난 것처럼 조류는 광자가영양생물이며, 다른 생물의 에너지원이 된다.

방선균(放線菌)

방선균은 세균도 아니고 균도 아니지만, 이 두 종류의 특성을 모두 갖고 있다. 방선균류는 균과 같이 선형으로 나타나기도 하며 세균과 같이 포자로 번식한다. 크기가 극히 미세하고 때때로 세균과 비슷한 양을 갖는다. 대개 봄에 새로 경운된 토양에서 나는 냄새의 원인이 된다. 방선균류는 섬유소를 분해하고 일부 식물에는 질소고정을 위한 뿌리혹을 형성한다.

균(菌)

균은 균사로 불리는 긴 실 모양의 형태를 갖는다. 균사는 매트 모양을 가진 조직을 형성하게 되는데 이것을 균사체라고 한다. 이런 이유 때문에 균을 분류할 때 크기를 기준으로 하기 어렵다. 균은 고등식물처럼 운반조직을 갖지 않는다. 이 미생물은 유기물에 침입하여 빠르게 분해한다. 균은 화학타가영양생물이며, 유기물 잔해를 분해하는 일반적인 기능을 수행한다. 그러므로 균은 사물기생생물로 간주된다. 균은 산성인 산림토양에서 잘 번식하며, 세균 등 낮은 산도에 민감한 다른 생물들이 없을 때 양분순환에 중요한 역할을 한다. 균은 복잡한 구조를 가지며 분해에 강한 저항력이 있는 리그닌을 분해하는 몇 안 되는 생물 중 하나이다.

원생동물(原生動物)

단세포 미생물 그룹에 속하는 원생동물은 조류와 비슷하게 토양 입자를 둘러싸고 있는 수막에서 산다. 그러나 유기물의 분해에 그다지 크게 기여하지는 않는다. 원생동물은 세균, 균, 조류의 포식자이다. 그리고 주로 토양세균 개체군을 조절하는 역할을 한다.

선충류(線蟲類)

선충류는 주류를 이루는 미세생물이며, 토양에서 가장 풍부하게 존재하는 동물이다. 어떤 것은 10 배율의 렌즈로 관찰된다. 선충류는 기생하는 성향이 있어서 많은 식물의 뿌리 내부에서 살며, 세포 내용물을 섭취한다. 식물의 혹, 옹이,

뿌리변형 등은 선충의 영향으로 나타나는 증상들이다. 선충류는 원예작업 시 많은 문제를 만들며, 묘포, 온실, 식재지에 주요 해충이 되기도 한다.

지렁이

지렁이는 토양을 섞고, 갈아주는 역할을 하며, 가장 잘 알려져 있는 토양생물이다. 지렁이는 산성인 산림토양에서는 수가 매우 적거나 없지만, 습하고 비옥한 경작지 토양에서는 *ha* 당 백만 마리가 넘게 나타나기도 한다. 지렁이는 토양 중에 통로를 만들어 공기와 물의 이동을 돕는다. 유기물을 토양으로 끌어들이고 섞어서 토양을 입상구조로 만든다. 지렁이의 위에서 생성되는 mucoprotein은 배설물에 섞여 나오며 토양 입단을 형성하는데 기여한다. 토양에 섞여 들어간 유기물은 다른 생물의 에지원으로 이용된다. 지렁이는 토양의 습도조건에 민감하여 토양이 물로 포화되면 지표면으로 나오거나 다른 곳으로 이동하고, 표층이 건조해지면 더 깊은 곳으로 들어간다.

톡토기

톡토기는 토양의 낙엽층에 매우 풍부하게 존재한다. 주로 죽은 식물이나 동물의 잔해, 유기물, 균사체 등을 먹는다. 톡토기는 진드기, 작은 딱정벌레, 지네 그리고 작은 거미의 먹이가 된다.

진드기

진드기는 주로 죽은 유기성 잔해를 먹는 매우 작은 생물이다. 일부는 육식성으로 선충류, 톡토기, 곤충 알 등을 먹는다. 흔한 개 진드기는 몸집이 큰 진드기 종류이다.

노래기와 지네

토양동물 중 두 그룹인 노래기와 지네는 많은 다리를 가진 것이 특징이다. 이들은 산림토양에서 가장 흔하게 볼 수 있다. 지네는 신체적으로 감당할 수 있는 대부분의 동물을 먹는 육식성 포식자인 반면, 노래기는 죽은 유기물의 주된 분해자 역할을 한다.

민달팽이와 달팽이

육상 연체동물인 민달팽이와 달팽이는 토양의 환경조건에 극도로 민감하다. 그들의 분포는 일정하지 않고 다양하며, 토양습도가 높고 차가운 곳에 주로 서식한다. 그들의 먹이는 다양하며 살아있는 식물로부터 죽어서 분해 중인 유기물까지 포함된다. 일부는 지렁이나 다른 달팽이를 먹기도 한다. 이 연체동물도 지렁이처럼 mucoprotein을 생성하여 토양구조가 강화되는데 기여한다.

개미, 벌, 말벌

개미는 많은 유기물을 운반하고 토양 표면 바로 밑에 식량을 저장함으로써 유기물을 토양에 혼합하여 토양 표면을 비옥하게 한다. 개미의 굴 파는 습성은 토양을 흩트리고 집 짓는 과정에서 토양이 지표면 위로 옮겨져 토양을 섞는 역할을 한다. 그 결과 토양구조와 통기성이 향상된다. 개미는 주로 다른 곤충을 포식하지만 식물의 조직이나 유기물 잔해를 먹이로 저장하기도 한다. 어떤 개미는 또한 그들의 지하 통로에서 균을 재배하여 먹이로 한다. 토양에 굴을 파는 벌이나 말벌은 토양에 비슷한 영향을 주지만 개미처럼 그 수가 많지는 않다.

생쥐, 들쥐, 뾰족뒤쥐, 두더지

생쥐나 들쥐는 주로 산림의 낙엽층에 굴을 판다. 이 과정에서 유기물이 물리적으로 파괴되고 미생물에 의해 분해되기 쉬운 상태로 된다. 뾰족뒤쥐와 두더지는 더 깊은 곳에 굴을 판다. 사실상 앞을 볼 수 없는 두더지는 일생을 토양 속에서 보낸다. 후자의 두 동물은 식물 뿌리, 땅벌레, 지렁이, 민달팽이, 달팽이를 먹는다. 두더지는 지렁이의 천적이다. 뾰족뒤쥐와 두더지는 굴 파는 행동으로 잔디에 해를 준다.

(2) 근권(根圈)

토양 내에는 양분을 흡수하는 뿌리의 표면을 둘러싸고 있는 일정한 공간이 있다. 이곳에서는 뿌리와 토양미생물 사이의 상호작용에 의해 영향을 받는다. 이 독특한 환경을 근권이라고 한다. 근권이 형성되는 범위는 대개 뿌리로부터 몇 *mm* 정도이다. 그러나 사질토양에서는 1*cm*까지 확장되기도 한다(Rovira, 1979).

점액질의 뿌리분비물은 탄수화물, 아미노산, 비타민과 같은 다양한 종류의 양분을 포함하고 있으며, 뿌리를 덮어주고, 토양 속으로 짧은 거리를 침투한다. 또한 뿌리조직에서 떨어져 나간 조각도 이러한 환경이 만들어지도록 작용한다. 이 공간에서는 세균 개체군이 급속히 증가하며, 특정 종류의 미생물이 다른 미생물에 비하여 유리하게 된다. 이 때 생물들 사이에 경쟁이 심해진다. 이와는 대조적으로 균은 뿌리에 의한 영향을 많이 받지 않는다. 그러나 어떤 종류의 미생물들은 세균의 경우와 같이 독점적 혜택을 누리기도 한다. 뿌리와 미생물 개체군의 호흡으로 인하여 근권에서는 산소가 모자라게 된다. 따라서 근권의 미생물은 혐기성을 나타내는 경향이 있다.

근권에 존재하는 미생물은 양이 많고 다양하기 때문에 생화학적 반응이 복잡하고 반응 생성물에 대하여 신속한 반응을 보인다. 이 생성물은 다른 미생물의 기질로 작용한다. 산림토양 내 근권에서 질소고정이 이루어진 증거가 있다. 이 모든 활동과 반응은 토양용액과 뿌리 사이의 이온교환을 증진시키며, 뿌리의 양분흡수 능력을 향상시킨다. 수분흡수 능력도 마찬가지로 향상된다. 근권은 분명히 식물생육을 위하여 중요한 역할을 한다.

(3) 균근(菌根)

근권에서 발생하는 특별한 경우의 하나로 균사가 식물에 해를 주지 않으면서 뿌리의 표피를 뚫고 세포 사이에 침투하고 식물 뿌리는 하나의 균에 의해 덮이는 것을 볼 수 있다. 이것을 균근이라고 한다. 뿌리를 덮은 균이 식물에 피해를 입히는 경우도 있는데, 이것은 뿌리에 가해지는 병으로 간주된다.

균근은 근모와 작은 가지뿌리에서 만들어진다. 균근이 형성되어 뿌리의 유효직경이 증가하면 뿌리의 흡수 표면적도 증가한다. 그리고 균근 자신에 가지가 형성되면서 표면적이 증가한다. 그 결과 기주식물의 양분 및 수분 흡수가 증진된다. 균은 유기물을 분해할 수 있고 식물이 흡수할 수 없는 형태의 에너지와 양분을 흡수한다. 균근은 또한 기주식물에 유리하게 작용하는 다양한 호르몬을 생산한다. 균근은 그 대가로 기주식물로부터 광합성물을 안정적으로 공급받는다.

균-뿌리 결합체에서 식물이 받는 혜택은 식물생장 조건이 열악할 때 잘 나타난다. 척박한 토양에 식재된 침엽수에서 그 효과를 잘 볼 수 있다. 최근에 조사된 바에 따르면 적절한 종류의 균근을 접종한 핀참나무(Pin oak, *Quercus palustris* L.)가 열악한 도시토양에서 생장이 증가한다는 것을 보여주었다(Craul, 1992). 이 기술은 도시지역에 식재된 특정 종류의 수목에 대하여 생장을 증가시킬 수 있는 가능성을 제시한다.

제5장 조경식물 번식방법

녹화를 위해 식재하는 다양한 종류의 조경식물 번식은 다른 식물들과 마찬가지로 종자번식(sexual propagation)과 영양번식(vegetative propagation)에 의해 이루어진다. 종자번식은 성숙한 종자를 파종하여 개체를 증식하는 방법으로 단시간에 대량번식이 가능하고 교잡에 의해 변이종이나 새로운 식물체를 만들 수 있는 장점이 있다. 그러나 대부분의 자식물에서 유전적인 변이(variation)가 발생하므로, 고가의 조경식물에서 품종 고유의 형질을 유지하기 어려운 단점도 지닌다. 영양번식은 식물 영양체의 일부를 사용하여 번식하는 방법으로 삽목(꺾꽂이; cutting), 접목(접붙이기; grafting), 취목(layering), 분주(포기나누기; division) 등의 방법이 있다. 영양번식은 기술과 시설이 필요하며 번거롭기도 하지만 모체와 동일한 식물을 대량으로 번식할 수 있다는 장점이 있다.

조경식물의 번식방법
- 포자번식: 고사리류 조경식물의 번식
- 종자번식(유성번식): 꽃이 피는 대부분의 조경식물
- 영양번식(무성번식):
  - 삽목 또는 삽아
  - 분주 및 분구
  - 접목
  - 취목
- 조직배양: 난과 식물 및 일반 조경식물의 대량번식, 무병주 생산

사진 5-1 양치식물의 포자번식

1. 조경식물의 종자번식(種子繁殖)

1) 종자와 종자번식의 특성

식물체가 일정한 연령에 도달하여 적절한 환경조건이 주어지면 생식기관의 형성과 발달이 일어난다. 이와 같은 현상을 개화라고 하며 뒤이어 수정(fertilization)의 결과 생기는 완전한 식물체를 종자라고 한다. 아름다운 조경식물을 번식하기 위한 첫걸음은 우량한 종자를 구해서 파종하는 것이다. 일반적인 재배작물과 마찬가지로 거의 모든 조경식물도 종자번식이 가능하다. 종자번식은 묘의 대량번식이 가능하고 식물체가 튼튼하게 자라며 새로운 신품종을 육성할 수 있는 장점이 있다.

종자는 일반적으로 배(embryo), 배유(endosperm), 종피(seed coat)의 주요한 세부분으로 나뉘며 배는 유아(plimula), 유근(radicle), 자엽(cotyledon)으로 구성된다. 배유는 배가 발아하여 활동할 때에 양분으로 이용될 저장양분을 지니고 있으며 식물의 종류에 따라 전분 또는 지질, 단백질 등을 함유한다. 종피는 배와 배유를 기계적으로 보호하기 위해 일반적으로 견고한 구조를 가진다. 또한 1*ml*당 20개 미만을 차지하는 큰 종자를 대립종자라 하고 1*ml*당 100-300개인 종자를 중립종자라 하며 1,000-2,000개로 작은 종자를 소립종자라 한다. 대부분의 참나무과 조경식물은 대립종자, 진달래과의 조경식물은 소립종자로 알려져 있다.

조경식물 종자번식의 성공여부는 우량한 종자의 선별에서부터 시작된다. 우량한 종자는 조경식물 종의 특징적인 형질이 잘 발현되며 충분히 성숙되어 생명력이 충만하여 발아율 및 발아세가 우수한 종자이어야 한다. 또한 이물질의 혼입이나 병충해의 감염이 없어야 한다. 이와 같은 종자들은 식물에 따라 수확하는 시기를 잘 맞추고 적절한 조건에서 저장해야 한다. 수확시기가 적절하지 못하면 종자가 미성숙 상태로 남아 있거나 과숙하여 저절로 떨어져버린다. 또한 종자저장 방법이 적절하지 못해도 발아능력이 떨어지게 된다.

2) 파종(播種) 준비

(1) 파종시기 및 방법

조경식물 종자의 파종시기는 종자의 종류나 용도에 따라 다르나 대부분은 봄(3-4월) 및 초여름(6-7월), 가을(8-9월)에 파종하는 것이 보통이다. 일반적으로 노천매장에 의한 겨울 동안의 냉습적 처리를 거친 종자나 휴면성이 없는 종자는 봄철에 파종한다. 그러나 냉습적 및 발아를 억제하기 위한 보호저장이 필요한 참나무과 종자인 신갈나무, 떡갈나무, 졸참나무 등은 가을에 파종하는 것이 좋다. 또한 온습적과 냉습적을 요구하는 종자나 채종 후 이내 활력이 저하되어 저장력이 없는 조경식물의 종자는 여름철에 파종하는 것이 관행이다.

파종방법은 야외포장에 직접 파종하는 직파(field sowing)와 별도의 파종상을 준비하여 파종하는 상파(bed sowing)로 구분할 수 있다. 일반적으로 발아 후 이식을 싫어하거나 종자가 크고 발아 직후에 유묘의 생육이 빠르고 성질이 강건하여 잡초 등에 의해 도태될 위험이 적은 조경식물의 종자는 직파하는 것이 안전하다. 그러나 종자가 미세하여 지속적인 관리가 필요하거나 유묘의 생육이 느린 종, 세력이 약한 종, 뿌리가 직근성인 종들을 비롯하여 발아과정에서 특수한 환경조건을 필요로 하는 종들은 적당한 파종상에 상파하는 것이 바람직하다. 조경식물의 경우, 일부 종자를 제외하고는 자연상태에서 수정이 제대로 이루어지지 않아 배가 충실하지 못한 경우도 많으므로 대량의 종자를 야외에 직파하는 경우도 있다. 직파하는 경우에는 흩어뿌리기(散播; spread sowing) 보다 줄뿌리기(條播; line sowing) 또는 점뿌리기(點播; spot sowing), 모아뿌리기(摘播)를 하는 것이 발아 후의 어린 묘를 관리하는데 효과적이다. 종자를 직파하기 위해서는 포장을 잘 경운한 후에 이물질을 제거하고 토양을 부드럽게 하는 것이 좋다. 이랑을 조성할 경우에는 남북으로 길게 조성하는 것이 발아 이후의 생육에 좋다.

파종량은 조경식물의 종류에 따라 다르다. 발아율이 높아 확실히 발아하는 종자는 1립씩 파종하여도 큰 문제가 없으나 대부분의 대립종자는 2-3립, 소립종자는 8-12립을 직파하면 실패하지 않는다. 파종 후에도 토양의 건조, 종자가 바람 등에 날려 없어지거나 기타 물리적인 피해를 방지하기 위해 짚 등으로 엷게 피복(mulching)을 해준다. 별도로 준비된 파종상에 파종하는 경우는 채광 및 통풍이 좋은 포장의 일부에 적절한 크기와 형태로 파종상을 설치하고 토양은 지름 9*mm* 정도의 채로 쳐서 팽윤시킨 후 종자를 파종한다. 조경식물의 종류나 파종량에 따라 적당한 파종상자를 준비하여 파종하기도 한다. 보통 파종상자는 나무를 이용하여 간단히 제작하지만, 시판하는 플라스틱제 상자나 화분를 이용하기도 한다. 파종상자는 배수 및 통기를 좋게 하기 위해 밑 부분에 구멍이 뚫려 있어야 하며 자갈이나 굵은 모래를 깔아 배수층을 만들어 준다. 용토는 신선한 밭흙 1 : 부엽 1 또는 밭흙 1 : 피트모스 1을 혼합하여 조제한다. 경우에 따라서는 마사토를 1의 비율로 첨가하기도 한다. 용토는 잡초의 종자나 각종 병균 및 해충의 알 등을 제거하기 위해 열탕 또는 증기소독, 소각처리를 사전에 하여 사용하는 것이 좋다.

특히 소량의 종자를 파종하는 경우에 발아직후의 어린 유묘가 잡초나 병해충에 의한 도태를 방지하기 위해 용토를 철판 위에서 볶아 사용하거나 거의 무균상태에 가까운 피트모스와 버미큘라이트를 1:1로 혼합한 용토에 파종하는 것도 효과적이다. 피트모스 혹은 버미큘라이트를 사용한 용토는 비료성분이 거의 없으므로 발아 이후 이식하거나 인위적인 시비작업이 필요하다.

준비된 파종상이나 파종상자는 긴 막대기를 이용하여 수평면으로 골라준다. 파종방법은 줄뿌리기가 일반적이나 소규모의 파종상에서는 흩어뿌리기도 좋다. 파종한 종자 위에 종자 크기의 2-3배 정도로 복토해준다. 그러나 크기가 매우 작은 미세종자나 진달래과 식물과 같이 광발아 종자의 경우에는 거의 복토를 하지 않거나 흙으로 가볍게 덮어준다. 그러나 종자의 크기가 큰 대립종자는 약간 두껍게 복토하는 것이 좋다. 또한 점질토양에 파종한 경우에는 사질토양 조건에 비해 상대적으로 얇게 복토해주는 것이 수분관리 및 종자호흡에 유리하다. 보통 복토를 얇게 해주면 발아 후 유근의 발달이 불량하고 관수 시에 묘가 도복되기 쉽다. 그러나 너무 두껍게 복토를 하면 발아기간이 길어지거나 발아에 실패할 수도 있다. 파종이 끝난 파종상자나 화분은 위에서 직접 관수하지 말고 파종상 밑의 배수공을 통해 저면관수를 하는 것이 안전하다. 파종상은 바람이 너무 강하게 불거나 직사광선이 내리쬐지 않는 온화한 곳에서 관리하며

사진 5-2 파종상의 준비

식물에 따라 적당한 환경조건을 맞춰주며 관리한다. 파종 후에 건조방지 및 지온상승을 위해 신문지나 비닐, 유리 등을 덮어주어도 좋다.

(2) 종자소독 및 전처리

일반적인 소독방법은 50-60℃ 정도의 온수에 10-20분간 종자를 담구었다가 꺼내는 온탕침법이 있는데 바이러스 오염 등에 효과가 있다. 또한 가정에서 흔히 사용하는 락스 10-15% 용액에 15분 정도 또는 2% 정도의 칼슘하이포클로라이드 용액으로 처리하기도 하지만, 시판 중인 종자소독제 티아졸, 베노람 수화제, 지오람 수화제 등에 1-2시간 처리하면 편리하다. 어떤 경우이든 너무 장시간 동안 처리하지 말아야 하며 소독이 끝난 종자는 곧바로 파종해야 한다.

대부분의 종자는 파종하기 전 물에 하루 정도 담구어 두었다가 파종하면 발아기간을 앞당기고 고른 발아세가 나타나는 경향이 있다. 또한 종피에 왁스질이 발달한 콩과식물의 종자는 70-90℃ 정도의 더운물에 2-3분 정도 담구었다가 파종하면 발아율이 높아진다. 종피가 너무 단단한 종자는 사전에 기계적인 가상처리를 하거나 황산(비중 1.84) 등의 강산으로 처리하는 것도 효과적이다.

(3) 발아에 영향을 미치는 종자의 생리적 특성

파종한 종자가 발아하기 위해서는 적당한 환경조건 및 종자 내부의 생리적인 요건이 충족되어져야 한다. 대개의 종자는 알맞은 수분, 온도, 산소 조건이 주어지면 발아를 시작하게 된다. 일부의 미립종자는 광을 필요로 하는 경우도 있다. 그러나 이와 같은 환경조건들이 적절한 경우에도 종자 내부의 생리적인 요인에 의해 발아하지 않는 경우도 있는데 이것을 휴면(dormancy)이라고 한다. 휴면은 두터운 종피 또는 종자내부에 발아억제 물질이 존재할 때, 또는 배가 미숙한 경우에 일어나므로 이들 요인을 제거해 주어야 한다. 일반적으로 온대성 조경식물의 경우에는 습윤한 상태로 종자를 저온저장(층적처리; stratification) 하는 방법이 이용된다. 또한 일부 조경식물의 종자에서는 지베렐린(gibberellin) 등과 같은 생장조절물질을 처리하여 좋은 효과를 나타내는 경우도 있다.

① 휴면(休眠)

많은 종류의 조경식물 종자는 휴면성을 지니는 경우가 많다. 몇 가지 종류의 콩과식물 및 잣나무, 포도나무 등의 종자는 종피가 단단하여 불투수성인 경우도 있다. 이때에 종자가 소량인 경우에는 사포 등에 문질러 파종하기도 하지만 종자가 대량일 때는 모래나 자갈 등과 종자를 함께 넣고 섞어서 종피에 상처를 주는 방법이 발아에 효과적일 수 있다. 또한 대부분의 장미과 조경식물 및 은행나무, 물푸레나무과 같이 온대지역이 원산인 몇몇 목본식물의 종자는 배휴면성인 경우가 많다. 이와 같은 경우는 층적처리에 의해 종자의 후숙을 도모하는 것이 효과적이다. 층적처리의 효과는 반드시 저온(3-7℃)조건이어야 하며 습기가 있어야 하고 통기가 충분한 조건에서 일정한 기간을 경과시켜야만 한다. 일부 종자에서는 층적처리 대신에 100*ppm* 정도의 지벨레린 처리를 대신할 수 있는 경우도 있다. 지벨레린 처리의 경우에는 유효한 식물의 종류가 있으며 지벨레린의 종류 및 농도에도 큰 차이가 있으므로 사용에 주의를 요한다. 배휴면성인 종자의 경우에는 채종 시 종자 내의 배가 근본적으로 미발달 상태에 놓여 있기 때문에 파종하여도 발아가 되지 않는 경우가 있다. 호랑가시나무류가 이와 같은 경우에 해당되는데, 층적처리에서와 같이 저온조건 보다는 온화하고 습한 조건에서 종자를 처리할 필요가 있다. 대부분의 발아억제 물질은 종자의 과육 등에 많이 존재하므로 종자채취 시에 종자에 붙어있는 과육을 충분히 제거하는 것이 효과적이다. 일부 종자에 있어서는 위에서 밝힌 여러 종류의 휴면들을 복합적으로 지니는 경우가 있는데 이것을 이중휴면(double dormancy)이라고 한다. 이중휴면성 종자는 대개 2년 발아 종자가 대부분이다. 이와 같은 경우는 종피처리와 더불어 단기간의 고온 층적처리와 일정기간의 저온처리가 효과적일 수 있다. 이중휴면성 종자는 초화류에서 보다 산사나무, 호랑가시나무 등의 목본성 조경식물에서 주로 나타난다.

② 여러가지 발아촉진 처리법

앞에서 종자 내부의 각종 발아억제 요인들을 해결하는 방법들을 제시하였다. 그러나 단순히 이와 같은 방법으로 종자를 처리하여 정상적인 발아를 도모할 수도 있지만, 제반 방법들을 복합적으로 처리하거나 기타 다른 방법에 의해 종자발아를 촉진할 수도 있다. 재배작물의 경우에는 여러 종류의 질산화합물 또는 티오요소(thiourea)를 비롯하여 과산화수소, 몇 가지 종류의 청산화합물, 각종 식물호로몬류들의 효과가 인정되기도 하였다. 그러나 아직 조경식물 종자에 대한 일반적인 유효성에 대해서 확실한 바가 아니므로 연구결과가 보고된 바 없는 종류가 매우 많은 다양한 조경식물에 사용하는 경우에 사용 농도 및 처리방법 등에 주의해야 한다.

냉습적(cold stratification)

종자발아를 촉진하기 위해 5-10℃의 습윤한 저온상태로 7일에서 길게는 6개월 이상 처리하는 것이다. 이와 같은 냉습적에 의해 휴면 중인 온대성 종자의 배 후숙을 조장하고 종피의 흡습성을 높이는 휴면타파 효과가 있다. 조경식물의 종류에 따라 처리방법 및 기간은 다양하나 보통은 이끼류, 청결한 모래, 버미큘라이트, 톱밥 등의 보습제와 함께 저온처리를 한다. 대부분 종자의 저온처리 과정에서 유의할 사항은 충분한 산소와 수분유지가 발아에 효과적이라 알려져 있다. 냉습적 후 종자의 선별은 체를 사용하면 편리하다.

가상처리(mechanical scarification)

종자 표면이 물리적으로 너무 단단하거나 불투수층이 발달되어 있는 경우 화학물질 또는 기계적인 과정을 통해 종피의 일부를 깍아주어 발아를 촉진하는 방법이다. 종자 표면에 상처를 내는 방법은 종피를 사포(sand paper)나 줄로 마찰하는 방법, 종피를 망치로 깨는 방법, 화학약품을 사용하는 방법 등으로 다양하다. 황산, 염산 등의 강산이나 KOH 등의 강알칼리 또는 NaOCl, $CaOCl_2$ 등의 화학약품을 이용한다. 콩과나 아욱과의 조경식물인 경우는 ether이나 acetone 등의 유기용매로 종피를 처리하여 수분흡수를 돕기도 한다. 대표적인 난지형 잔디인 한국잔디(*Zoysia japonica*)의 종자는 15% 정도의 KOH에 30-50분 침지처리하고 수세한 후 햇볕에 광처리하여 파종한다.

화학물질 처리

티오-요소(thio urea) 0.2% 용액에 종자를 침종하여 맨드라미, 플록스, 채송화 등의 초화류 발아를 촉진하였으며 지베렐린 200*ppm* 용액에 40분간 처리는 발아기간이 단축되고 에틸알코올과 같은 유기용매가 효과를 나타내는 경우도 있다. 기타 휴면성 종자에서는 지베렐린이 저온처리를 대신하여 발아에 촉진적으로 작용한다는 보고가 있다.

침수처리(seed soaking treatment)

종자를 파종하기 전에 물에 24시간 정도 침수처리하는 것이다. 침수처리는 종피를 부드럽게 하고 발아억제물질을 제거하여 고른 발아세와 발아율을 향상시키는 효과가 있다. 모란, 작약, 칸나, 스위트피(sweet pea), 꽃아카시아 등의 종자는 75℃ 정도의 열탕에 처리하고 냉수로 식혀 종자를 팽윤시키는 방법을 사용하기도 한다. 또는 35-40℃ 온수에 수 일간 처리한 후 파종하는 방법도 있다.

프라이밍 처리

종자발아에 필요한 대사과정을 자극하여 종자 내의 유근발달을 촉진하는 처리방법으로 조경식재에 흔히 사용되는 자생 초본성 식물의 종자에 사용하기도 한다. 프라이밍처리를 한 이후에는 곧바로 파종하여 유근발달이 지속될 수 있도록 해야한다. 프라이밍 처리방법은 KNO_3, KH_2PO_4, K_3PO_4, $Ca(NO_3)_2$ 등을 100*ml* 농도로 3-5일 정도 침지처리하거나 PEG 8000(polyethylene glycol) 등으로 삼투용액 처리를 하는 방법이 가장 일반적이다. 프라이밍에 의해 몇 종류의 초본성 식물에서 고른 발아세를 나타내는 결과가 보고되었다.

(4) 종자파종

종자를 파종하면 신속하고 고르게 발아하고 발아한 어린묘의 초기생장이 왕성하게 나타나는 것이 이상적이다. 따라서 고른 발아세와 종자의 발아율을 높이기 위해 종자 특성에 알맞게 발아촉진 전처리를 비롯하여 적절한 환경조건을 다음과 같이 유지관리하는 것이 중요하다.

① 광선 관리

광선은 식물종자의 발아 및 발아한 유묘의 생장에 영향을 준다. 식물종자가 발아할 때에는 광선을 절대적으로 필요로 하는 종자(호광성종자; light-favoured seed)가 있다. 대부분이 극미세종자나 미세종자의 경우에 이와 같은 경우가 많다. *Primula*속, *Campanula*속, *Lobelia*속, 잔디류, 금어초, 콜레우스, 페튜니아, 디기탈리스, 베고니아, 글록시니아 등이 해당된다. 또한 목본류의 경우에도 진달래류, 뽕나무, 자작나무류, 오리나무류, 버드나무류, 오동나무류 등의 종자는 광선이 있으면 발아에 더 유리하다. 그러나 발아 시에 광선을 피하는 종자(혐광성종자; light-inhibited seed)도 있다. 대부분의 대형 종자들을 비롯하여 *Allium*속, *Amaranthus*속, *Phlox*속, 금잔화, 시클라멘, 맨드라미, 백일홍, 가지, 호박, 수세미 등이 있다. 그러나 학술적으로 빛과 발아와의 관계를 깊이 연구하면 위에서 밝힌 구분은 단순히 피상적인 구분에 불과하며, 실제로는 광발아성에 대해서는 상당히 애매하고 복잡한 면이 있다. 그러나 일반적으로 호광성 종자의 경우는 파종 시에 복토를 얇게 하거나 거의 하지 않는 것이 발아가 잘 되며 묘의 출현도 빠르다. 반대로 혐광성 종자의 경우는 복토를 더 깊게 해주는 것이 좋으며 주로 건조한 사막지대가 원산인 식물들이 대부분이다.

발아한 유식물체가 정상적으로 발육하기 위해서는 적절한 광선을 필요로 한다. 광선이 부족하면 황화현상은 물론 유식물의 생장도 비정상적으로 도장하거나 약해진다. 그러나 너무 강한 광선은 아직 연약한 유식물에게 피해를 일으키므로 적당한 차광(partial shading)이 필요하기도 하다. 또한 강건한 묘를 생산하기 위해서는 어느 정도의 단파장의 청색광을 쬐어주는 것이 중요하다. 적색광이 주로 쬐어지면 식물체는 도장하여 약해지기 쉽다.

② 수분관리

종자발아는 마른 종자의 낮은 수분포텐셜 때문에 물(water)을 흡수하는 팽윤(imbibition) 과정에서부터 시작한다. 저장중인 종자는 내부 수분함량이 보통 10% 내외이지만 외부로부터 적절한 수분을 흡수하여 종자내부의 발아에 필요한 생리작용이 활발해진다. 따라서 종자발아기간 동안 계속해서 고른 수분조건을 유지해 줄 필요가 있다. 파종상의 수분상태를 고르게 유지하기 위해서 관수에 대한 세심한 배려는 물론 피복(mulching)이 필요하기도 하다. 때에 따라서는 파종상의 수분함수량이 낮아져 토양 내의 염류농도가 높아지는 경우도 있다. 토양의 고염류 농도는 발아가 억제되고 묘의 생육이 좋지 못한 결과를 가져온다. 이와 같은 가용염류는 토양자체에 이미 침적된 경우도 있고 관수용 물속에 녹아있을 수도 있으며 비료 등에 의해서 공급될 수도 있으므로 제반조건을 잘 검토하여 대책을 마련한다. 또 경우에 따라 수돗물을 관수하게 될 때에는 Cl 농도 0.1-0.6*ppm* 정도는 큰 해를 미치지 않는다고 알려져 있다.

③ 온도관리

종자가 발아하기 위해서는 알맞은 온도조건이 필요하다. 현재 이용하고 있는 조경식물은 종류가 대단히 많고 같은 종에서도 상태에 따라 발아적온이 다르므로 적당한 온도영역을 나타내기는 어렵다. 그러나 일반적으로 온대지역이 원산지인 식물의 종자는 15-20℃ 정도에서 발아가 잘 된다. 한대지역 원산 종자는 10℃ 전후, 아열대지역 원산 종자는 20-25℃, 열대지역 원산 종자는 25-35℃ 범위가 발아적온이다. 종자는 이와 같은 최적 발아온도 이상의 고온이나 저온이 계속되면 종자가 발아하지 않음은 물론 해를 입거나 2차휴면 상태에 들어가는 경우도 있다.

발아상의 온도조건은 일정한 최적온도에서 계속 발아시키는 것보다는 최적온도의 상한선 온도와 하한선 온도를 교대로 주는 것이 효과적이라고 알려져 있다. 그러나 이와 같은 변온(alternating temperature)은 대개 18시간 동안 15-20℃ 정도로 처리하고 나머지 6시간 동안을 25-30℃로 관리하기도 한다. 변온처리는 발아촉진은 물론 묘의 생육에도 효과적이라고 알려져 있으나 종자의 후숙 정도 및 주어진 온도 차이에 따라 같은 종에서도 다르게 나타난다. 따라서 경우에 따라서는 전혀 효과가 나타나지 않는 경우도 있다.

적절한 온도조건은 발아는 물론 묘의 생장에도 큰 영향을 미친다. 일반적으로는 발아적온보다 약간 낮은 온도에서 묘의 생육이 좋게 나타나는 경향이 있다.

④ 통기성관리

공기 중에는 산소(oxygen)가 약 20% 정도 포함되어 있는데 파종상에서의 가스교환은 토양의 깊이가 증가하는데 따라 감소하고, 더욱이 토양표면이 단단히 굳어져 있을 때에 산소의 확산은 현저히 제한된다. 또한 토양수분이 지나치게 많을 때에도 산소공급이 제한되므로 파종상에 사용하는 토양은 배수가 잘되고 쉽게 굳어지지 않는 토양이 바람직하다. 종자가 발아하는 과정에서 산소를 흡입하여 호흡을 하고 이산화탄소를 배출한다. 그러므로 배수가 불량한 파종상에서는 산소부족에 의해 발아가 좋지 못한 경우도 있다.

(5) 종자 채취 및 저장

대부분의 온대성 조경식물에서 가을철에 채취한 종자는 이듬해 봄까지 보관하여도 발아력이 크게 저하되지 않는 것이 보통이다. 따라서 다음과 같은 요령에 의해 종자를 안전하게 저장하였다가 파종한다.

① 채취시기

우선 충분히 성숙한 종자를 채취하는 것이 장기저장이 가능하며 발아율도 높게 나타난다. 따라서 종자 꼬투리 색깔이 누렇게 또는 갈색으로 마르게 되면 꼬투리채로 채취하여 그늘에서 적당히 말린다. 꼬투리가 알맞게 건조되면 손으로 비벼서 안에 들어있는 종자를 털어내고 각종 불순물을 제거한 후 용기에 담아 저장한다. 미세종자나 크기가 작은 꼬투리의 경우에는 꼬투리채로 그대로 이듬해 봄까지 저장하여도 관계없다. 무궁화나 콩과식물과 같은 열개성 열매의 종자는 멍석 위에서 말려서 채종한다. 소나무류의 솔방울은 멍석 위에서 2-12주 동안 말리면 열매가 벌어져 채종이 가능하다. 그러나 과육이 많은 장미과 조경식물의 종자는 채종 후 곧바로 과육을 제거하는 것이 좋다.

② 저장법

채취한 종자는 사용하고 남은 플라스틱 용기나 소형의 유리용기, 또는 비닐봉지나 종이봉투 등에 담아 단단히 밀봉한 후, 5℃ 전후의 건조하고 어두운 장소에서 보관하는 것이 바람직하다. 특히 높은 온도와 습도는 종자수명을 단축시키는 가장 큰 요인이므로 관리에 유의한다. 종자의 수명은 짧게는 몇일에 불과한 종에서부터 수십년에 걸쳐 활력을 유지하는 종도 있다.

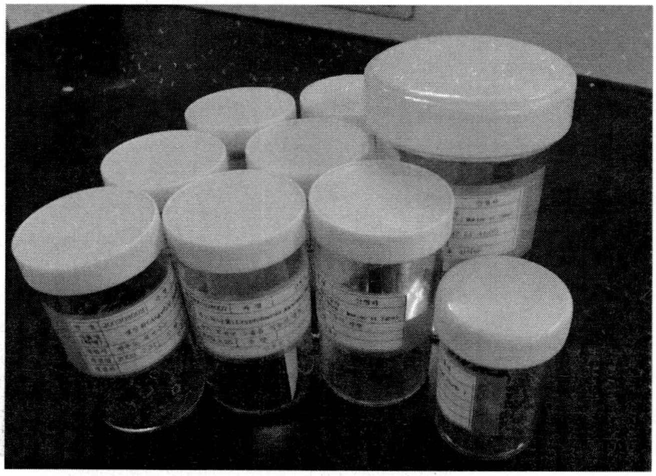

사진 5-3 조경식물 종자의 저장 용기

2. 조경식물의 무성번식(無性繁殖)

영양번식은 무성번식이라고도 하며 모식물체에서 생성된 잎, 줄기, 뿌리의 일부분과 같은 영양기관을 분리하여 새로운 개체로 번식시키는 것이다. 영양번식은 유전적 형질이 모체와 동일하고 근본적으로 종자 결실이 어려운 식물의 번식에 이용할 수 있다. 또한 영양번식에 의한 식물체는 생장과 개화가 종자번식 식물에 비해 빠른 장점이 있어 당년에 꽃을 볼 수도 있고 키우기도 쉬운 장점이 있어 조경식물 번식에는 흔히 이용한다. 그러나 이와 같은 영양번식법은 대부분 조작이 번거롭고 종자번식에 비해 대량번식이 어려운 단점도 있다.

1) 삽목(揷木)

삽목(cutting)은 식물체의 재생능력(regeneration)을 이용하여 인위적으로 번식시킬 수 있는 대표적인 영양번식방법으로 목본성 조경식물은 물론 대부분의 초본성 조경식물들에서도 효과적인 번식방법으로 이용된다. 이 방법은 식물체의 일부를 상토에 꽂아 절단면으로부터 부정근을 발생시키는 번식방법이다. 삽목은 삽수의 굳기 정도에 따라 녹지삽, 반숙지삽, 숙지삽 등으로 나뉘며 사용하는 부위에 따라서는 엽삽, 엽아삽, 경삽, 근삽 등으로 구별하고 삽수의 조제방식에 따라 보통삽(normal cutting), 곰방메삽(mallet cutting), 단자삽(earth-ball cutting) , 할삽(cleft cutting) 등으로 구분하기도 한다.

(1) 삽목용토(揷木用土)

삽목상에 이용하는 삽목용토는 삽수를 기계적으로 지지하고 삽수에 수분을 공급하며 삽수의 하단부에 공기를 공급하는 역할을 한다. 그러므로 삽목용토는 보수력과 통기성이 좋으며 배수성도 좋아야 한다. 삽목용토는 보통 청결한 마사토를 이용하나 버미큘라이트(vermiculite), 펄라이트(perlite), 피트모스(peat moss) 등을 이용한다. 이들은 단용으로 사용하기도 하지만 적당한 비율로 혼용하여 사용하기도 한다. 특히 버미큘라이트와 펄라이트를 동일한 비율로 혼합하거나 펄라이트와 피트모스를 2:1 또는 3:1의 비율로 조제하거나 모래와 버미큘라이트 등을 섞어서 사용한다. 용토는 비료분과 염분이 없어야 하며 병충에 오염되지 않은 청결한 토양이어야 한다. 또한 통기성과 배수성이 좋으며 적당한 보습성을 지녀야 한다.

(2) 발근촉진물질

삽목을 할 때에는 적당한 발근촉진 물질을 많이 이용하는데 특히 옥신(auxin)이 대표적이다. 옥신은 IAA(indole acetic acid)가 대표적이나 값이 비싸고 열과 햇빛에 약하며 효소에 의해 분해되기 쉬운 단점이 있어 실제로 삽목에 사용하기는 어렵다. 그러므로 삽목에 주로 사용되는 옥신류에는 IBA(indole butyric acid), NAA(naphthalene acetic acid), 2.4-D, 2.4.5-T 등의 합성옥신류가 안정되고 경제적이므로 널리 사용된다. 옥신의 처리방법은 50*ppm* 정도 수용액 상태의 저농도를 장시간 처리하는 방법과 1,000*ppm* 내외의 고농도를 순간 처리하는 방법이 있는데 주로 삽수의 하단을 침지처리한다. 이외에도 사용하기 편리한 시판의 분말상 옥신류(Rootone)도 있다. 옥신은 일반적으로 단용으로 처리하나 2가지 이상의 옥신류를 같은 비율로 섞어 혼용처리하면 효과가 높게 나타난다는 연구보고도 있다.

(3) 삽수(插穗)의 조제

삽수의 조제는 조경식물의 종류에 따라 다르나 적어도 상하 2개의 눈을 부착하여 조제하며 도장하지 않고 영양조건이 양호하며 모체의 연령이 될 수 있는 한 어린가지에서 채취하는 것이 좋다. 목본성 식물의 경우 10-15*cm* 정도 길이로 조제하며 초본성 식물의 경우는 줄기나 잎 등을 주로 사용하는데 10*cm* 내외의 길이로 조제한다. 삽수 밑 부분의 절단면은 흡수면적을 넓게 하기 위해 비스듬히 자르는 것이 좋고 위는 가능한 똑바로 잘라 절단면적을 최대한 좁게 하여 수분증산량을 적게 한다. 삽수의 절단은 바이러스 및 세균에 오염되지 않은 청결한 가위나 칼을 이용한다.

(4) 삽목상(插木床)

삽목상은 적절한 수분을 가지고 있어야하고 삽수의 하단에는 공기를 충분히 공급하여야 한다. 또한 지상부의 환경조건도 높은 습도를 유지하는 것이 유리하며 지상부의 온도는 낮은 것이 눈의 발달을 억제하고 저장양분의 소모 또한 억제하므로 발근에 유리하다. 그러나 삽목상은 충분한 습도를 유지해야 하기 때문에 곰팡이나 세균 등에 의한 부패가 일어나기 쉬우므로 살균제를 적절하게 살포해 줄 필요가 있다. 가정에서 소량의 삽수를 꽂을 때에는 내구성이 있는 상자나 화분을 이용할 수 있으나 대량으로 삽목할 경우에는 노지에 삽목상을 설치하는 것이 좋다.

발근된 조경식물의 어린 묘는 알맞는 장소에 이식하게 되는데 뿌리가 상하지 않도록 조심한다. 이식한 후에는 충분히 관수를 하고 약 1주일 가량을 습하고 그늘진 곳에서 적응시킨 후 천천히 야외로 옮기는 것이 좋다.

절개사면이나 경사지와 같이 식물의 이식이 곤란한 경우에는 성질이 강건하고 삽수의 발근력이 매우 뛰어난 왜성 관목류나 초본류의 줄기를 현장에 직접 삽목하여 피복하는 방법도 있다. 필요에 따라서는 옥신류의 식물생장조절물질을 삽수에 처리하는 것도 효과적이다. 식재지에 직접 꺾꽂이하여 녹화하는 경우에도 수분 관리를 철저히 할 필요가 있다.

① 미스트 및 밀폐삽목

채취된 삽수는 뿌리가 없는 상태이므로 지상부의 증산작용에 필요한 수분흡수가 원활하지 못하여 삽수가 고사하기 쉽다. 특히 삽수에 잎을 부착한 상태의 녹지삽 및 반숙지삽은 지하부로부터의 수분흡수와 지상부의 잎을 통한 증발산에 의해 수분 불균형에 의한 삽수의 고사현상이 종종 발생한다. 그러므로 삽목상 내에 안개와 같이 미세한 물방울 입자를 수시로 분무시켜 삽수 잎의 기공을 적당히 조여줌으로서 증산을 억제하여 발근을 촉진한다. 이와 같은 시설을 미스트(mist)라 한다. 미스트 분무 방식은 일정한 시간 간격으로 뿜어지거나 습도를 감지히여 자동적으로 미스트가 뿜어지는 방식의 두 가지가 흔히 적용된다. 미스트 삽목상은 습하기 쉬우므로 적당한 간격으로 통기를 시켜주거나 살균제 등을 살포해 줄 필요가 있다.

미스트 시설은 삽수의 발근 효과는 좋으나 초기 시설비 및 관리비가 많이 드는 것이 단점이다. 그러므로 비닐로 삽목상을 밀폐한 간이 밀폐삽목실을 설치하여 높은 습도를 유지시켜 삽수의 발근을 촉진하는 시설이 밀폐삽목이다. 밀폐삽목실은 삽수의 왕성한 증산 억제 및 시설 내의 온도상승을 방지하기 위해 차광막이나 발을 쳐서 약간의 그늘을 만들어주는 것이 좋다. 또한 과습을 방지하고 밀폐실 내의 가스교환을 위해 한낮에는 비닐을 수시로 걷어주는 것이 좋다.

② 저면가온법(底面加溫法)

겨울철 혹은 이른 봄에 목본성 조경식물의 숙지삽을 하는 경우 발근을 촉진하기 위해 삽목상의 지하부를 전열온상선 등을 이용해 적당히 가온해주는 방법이다. 보통 지하부는 가온하여 발근을 촉진하고 지상부는 찬 공기에 접하게 하여 삽수의 눈 발달을 억제함으로서 저장양분이 소모되지 않도록 하는 것이 좋다. 저면가온법에 의한 삽목상은 수분이 쉽게 말라버리므로 정기적인 수분보충 및 관리가 필요하다.

(5) 삽목 방법

대부분의 초본성 및 온대성 조경식물의 경우 5-6월경에 줄기가 적당히 굳어진 녹지(softwood) 상태에서 줄기를 잘라 꽂으면 뿌리가 잘 내린다. 또한 목본성 조경식물의 경우에는 새 순이 반 정도 굳어진 반숙지(semi-hardwood)를 7-8월에 삽목하기도 한다. 낙엽이 지고 휴면에 들어가는 온대성 목본식물은 충분히 굳어진 숙지(hardwood)를 휴면기-이른 봄에 걸쳐 삽목하기도 한다. 대부분의 조경식물은 2-5매정도의 잎을 붙인 줄기를 잘라 삽목하는 것이 효과적이다. 이것은 잎에서의 광합성 및 식물생장호로몬 생성을 촉진하는 효과가 있다.

삽목을 하기 위하여 줄기나 순, 싹 등을 채취하는 경우에는 도장하지 않고 병충해 피해를 입지 않은 건전한 식물체에서 실시한다. 이 때 바람이 잔잔하고 습도가 높은 흐린 날 오전에 실시하는 것이 효과적이다. 채취할 때에는 가위 등을 사용해도 무방하나 예리한 칼로 절단면이 깨끗하게 자르는 것이 좋다. 기린초, 말똥비름 등의 돌나물과 식물, 선인장, 크라슐라 등과 같이 다육질 식물들은 줄기를 잘라 바람이 잘 통하는 반그늘에서 하루 정도 말린 후 꽂는 것이 좋다. 동백나무, 고무나무와 같이 잎이 큰 식물은 잎을 1/2-1/3 정도 잘라주는 것이 수분흡수와 증산에 균형을 맞추어줄 수 있다. 삽목상은 미리 적당한 용토를 채운 후에 물을 뿌려 축축하게 해놓은 다음 자 등으로 일정한 간격으로 표시한 후 나무젓가락 등으로 구멍을 뚫어 꽂는 것이 좋다.

(6) 엽삽(葉插), 근삽(根插), 기타

삽목은 주로 줄기를 이용한 영양번식 방법이지만 식물에 따라서는 잎이나 뿌리를 꽂아 뿌리를 내리게 하는 방법도 있다. 또한 엽상과 경삽의 중간인 엽병과 액아를 붙인 엽아삽(leaf bud cutting)도 있는데, 국화, 동백나무, 치자나무, 수국 등에서 이루어진다.

조경식물들 가운데에는 뿌리나 땅속줄기(근경)를 잘라 심으면 증식이 잘되는 종류도 있다. 노루귀, 비룻하여 둥굴레, 윤판나물, 약모밀, 삼지구엽초, 억새 등의 자생식물은 근경을 잘라 땅속에 꽂아 놓으면 새싹이 곧 발생된다. 민들레, 설앵초, 숙근아지랭이꽃, 아칸더스, 제비꽃, 플록스, 국수나무, 개나리, 등, 명자나무, 산사나무, 오동나무 등은 뿌리를 잘라 꽂아도 증식이 쉽게 된다. 뿌리를 꽂는 경우에는 뿌리의 아래-위(극성)가 바뀌지 않도록 꽂는 것이 중요하다.

백합과의 나리류는 인경의 비늘줄기(인편: scale)를 떼어내 하나씩 꽂아도 증식이 잘된다. 인편은 인경에 붙어있는 위치에 따라 저장양분의 차이가 보여진다. 인경의 가장 바깥쪽에 붙어있는 인편의 일부와 가장 가운데 부분의 인편은 저정양분이 적어 삽수로 적당하지 않다. 보통 인편삽을 하는 시기는 8-9월이 적당하다.

2) 접목(接木)

접목(grafting)은 분리된 두 식물체의 조직을 유합시켜 하나의 식물체로 만드는 번식방법이다. 보통 뿌리가 있어 접목 시에 밑부분에 해당하는 식물체를 대목(root stock)이라 하고 위에 위치하여 새가지와 줄기를 내어 접목된 식물의 주체를 이루는 부분을 접수(scion)라 한다. 특히 종자번식이나 삽목발근이 어려운 조경식물의 번식에 이용될 수 있으며 개체가 지니는 특이한 형질을 그대로 유지시킬 수 있다. 그 외에도 접목에 의해 번식된 조경식물은 실생번식된 개체보다 개화결실이 촉진되는 경향이 있고 수세를 조절할 수 있다. 또한 대목이 지니는 환경적응성 및 저항성을 이용할 수 있다. 조경식물의 번식과는 별도로 병징이 나타나지 않는 바이러스(virus)의 보균식물(symptomless carrier)을 검증하기 위해 접목을 하기도 한다. 그러나 접목은 숙련된 기술이 필요하고 접수 및 대목의 확보에 제한이 있다는 단점도 있다. 접목은 일반적으로 유전적으로 근연관계에 있는 식물들끼리 친화력이 높다.

① 대목(臺木)과 접수(接穗)

접목 활착은 대목과 접수의 친화성이 매우 중요하다. 친화성이 없으면 접목 부위가 유합되지도 않고 시간이 경과한 이후에 분리될 수도 있다. 또한 가능한 대목의 굵기는 접수와 비슷한 것이 바람직하다. 접수는 채취하여 시간이 오래 경과되지 않은 신선한 가지를 사용한다. 대목은 하나의 식물체로 활착되면서 생장상태, 내병충해성, 수형 등과 같은 접수의 형질에 중대한 영향을 미치는 경우가 많다.

② 접목시기 및 준비물

접목시기는 목본성 조경식물의 종류와 접목방법에 따라 차이가 난다. 절접, 할접, 합접 등은 2-4월경의 이른 봄에 저장된 휴면지를 이용하여 실시하는 것이 좋다. 또한 아직 굳어지지 않은 여린 가지를 접목하는 녹지접은 보통 6-7월에 실시한다. 9월경의 가을철에 접목을 하는 경우도 있다.

대목은 실생으로 준비하거나 삽목 또는 취목에 의해 양성한다. 대목은 수세가 강하고 접목친화력이 높으며 세근 발달이 좋은 개체가 바람직하다. 접수는 온대성 낙엽수목의 경우, 휴면기에 미리 채취하여 5℃저온조건에 저장한다. 접수는 가지의 굵기가 적당하고 눈이 충실하며 도장하지 않은 것이 좋다. 접도(grafting knife)는 잘 관리하여 날이 날카로운 것이 좋다. 접밀(grafting wax)은 식물체에 잘 점착하고 빗물에 잘 씻기지 않으며 바람에 쉽게 마르지 않는 것이 좋으며 가열식(hot or hard wax)과 상온식(cold wax)접밀이 있다. 접목 부위를 고정하고 보호하는데 이용하는 접목용 끈(wrapping materials)은 비닐이나 고무테이프, 반창고, 천 등을 흔히 사용한다.

사진 5-4 접목 후 비닐감기

(3) 접목 활착에 영향을 미치는 요인

① 대목의 활력 및 화합성

대목의 활력과 생리적인 상태는 접목활착에 큰 영향을 미친다. 그러므로 생장이 양호하고 건전한 상태의 대목을 사용하여야 하며 대목의 생장기 혹은 휴면기 등의 생리적인 상태도 잘 맞추어야 한다. 또한 대목과 접수 간의 불화합성(incompatibility)은 접목활착에 큰 영향을 미친다. 보통 접목불화합성은 접목율을 낮추거나 근본적으로 접목활착을 불가능하게 한다. 대체로 접목친화성은 식물분류학상 근연인 경우에 높게 나타나는 경향이 있다.

② 접목 환경조건

접목부위의 유합이 정상적으로 이루어지기 위해서는 적절한 환경조건이 필요하다. 보통 15℃ 이상, 30℃ 이하의 적정한 온도조건과 충분한 습도조건이 필요하다고 알려져 있다. 그러나 이와 같은 환경조건은 접목시기 및 접목방법, 식물의 종류 등에 따라 다르다는 것을 염두에 두어야 한다.

③ 식물의 종류

접목번식을 시도하는 식물의 종류에 따라 원래부터 접목활착이 어려운 식물들이 있다. 예를 들어 참나무류, 너도밤나무류, 호두나무류 등은 접목번식이 어려운 것으로 알려져 있다. 또한 조경식물의 종류에 따라 적용 가능한 접목기술 및 시기가 있다. 일반적인 동백나무(*Camellia japonica*)는 삽목 및 접목이 잘 되나 중국 남부지방이 원산이 *Camellia reticulata*는 접목이 용이하지 않다.

④ 활착촉진 물질의 이용

접목부위의 세포분열을 촉진시키는 옥신류를 비롯한 생장조절물질을 비롯하여 기타 다양한 활착촉진물질의 이용이 보고되어 있으나 큰 효과가 나타나지 않았다.

(4) 접목의 종류

접목의 종류는 접수의 채취방법이나 시기, 접목부위 등에 따라 다양하다. 어떤 방법이든 대목과 접수의 형성층을 잘 합착시켜 유합되도록 하여야 한다.

① 지접(枝接)

지접(scion-grafting)은 접목번식에서 가장 널리 이용되는 방법으로 대목(臺木)에 접수(接穗)를 접붙여 하나의 식물체로 육성하는 방법이다. 접수는 휴면 중인 가지나 발아하기 직전의 가지를 흔히 이용한다. 지접은 대목과 접수의 굵기, 접목부위, 접목방법 등에 의해 다음과 같이 여러 종류가 있다. 목본성 조경식물류 등의 접목번식에 흔히 이용되며 주로 겨울-이른 봄철에 접목을 한다. 접수는 1-6개 정도의 건전한 눈을 지닌 가지를 잘라 조제한다. 지접에는 다음과 같은 종류들이 있다.

근관접(crown-grafting): 절접(veneer grafting), 할접(cleft grafting), 합접(splice graft), 탑접(whittle graft), 안장접(saddle graft), 호접(inarching graft), 설접(tongue graft) 등이 있다.

복접(side-grafting): 단순복접(stub graft)과 복절접(veneer side graft)으로 구분된다.

고접(top-grafting): 목본성 조경식물의 종 혹은 품종갱신을 위해 새로운 종이나 품종을 원줄기, 주지, 곁가지 등에 접목하는 방법이다.

교접(bridge-grafting): 접수식물의 뿌리에는 문제가 없으나 수피가 상한 조경식물의 경우에 보철을 통해 생존시키기 위한 접목방법으로 이용된다.

호접(inarching): 뿌리를 지닌 두 개체를 상호 접목하는 방법으로 활착 후에는 접수 부분의 뿌리부분을 잘라버려 효율은 낮으나 안전한 번식방법이다.

이중접(double-working): 대목에 다른 대목을 접목하여 키운 후 다시 그 위에 접수를 접목하는 방법이며 가운데의 대목을 중간대목이라 한다.

녹지접(softwood-grafting): 접수가 굳어지기 전인 5월 하순-6월 중순 경에 실시하는 접목이다.

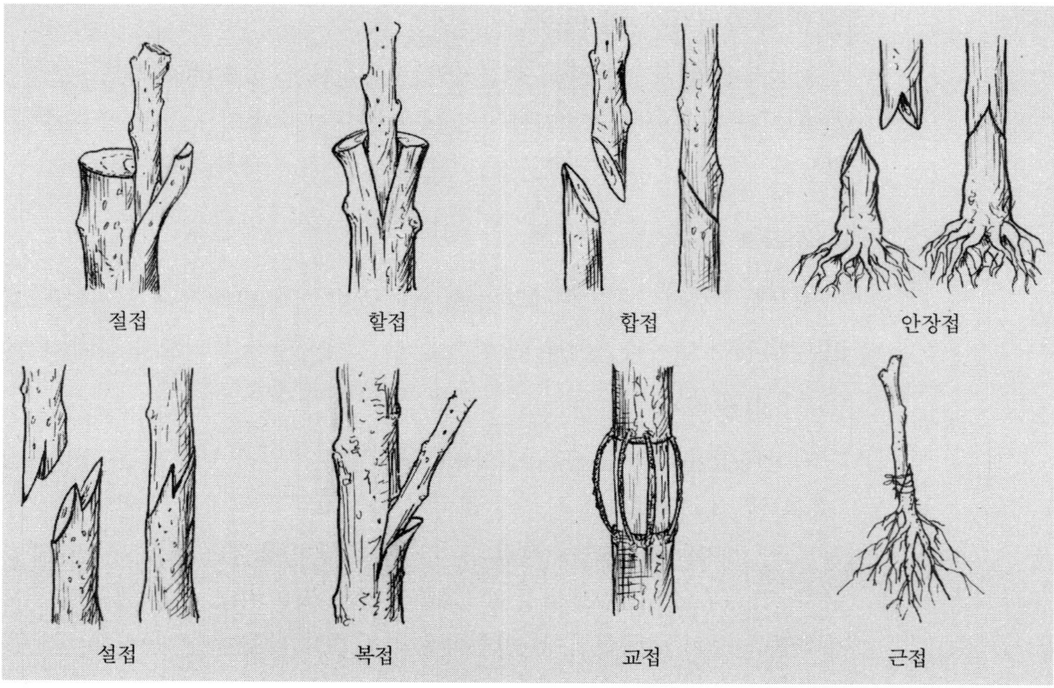

그림 5-1 접목(지접)의 종류

② 근접(根接)

근접(root-grafting)은 굵은 뿌리를 대목으로 접수를 절접이나 할접 등으로 접붙이기 하는 방법으로 다음과 같이 구분된다.

전근접(whole-root grafting): 근계 전체를 대목으로 사용하는 접목이다.

편근접(piece-root grafting): 뿌리를 절단하여 일부분만 대목으로 사용하는 접목이다.

③ 아접(芽接)

아접(budding)은 줄기를 대목으로 하여 형성층까지 수피를 예리한 칼로 T자형 혹은 방패형 등으로 깊게 도려내고 눈을 끼워 넣고 빗물이 스며들지 않도록 비닐 등을 감아 단단히 고정시켜 접붙이는 방법이다. 장미 등의 번식에 이용한다.

T아접(T-budding): 대목의 수피에 T자형으로 칼자국을 내고 접아를 넣어주는 아접이다. 아접 후 보통 10일 정도 경과하면 활착여부를 알 수 있다.

패치아접(patch-budding): 주로 수피가 두꺼운 수종에서 접수를 패치형으로 떼어내 아접하는 방법이다. T아접에 비해 아접방법이 간단한 장점이 있다.

환상박피아접(ring or annular budding): 대목의 수피를 박피하고 박피된 접아를 접착시켜 아접하는 방법이다. T아접이나 패치아접에 비해 비교적 활착율이 높은 장점이 있으나 아접방법이 번거로운 것이 단점이다.

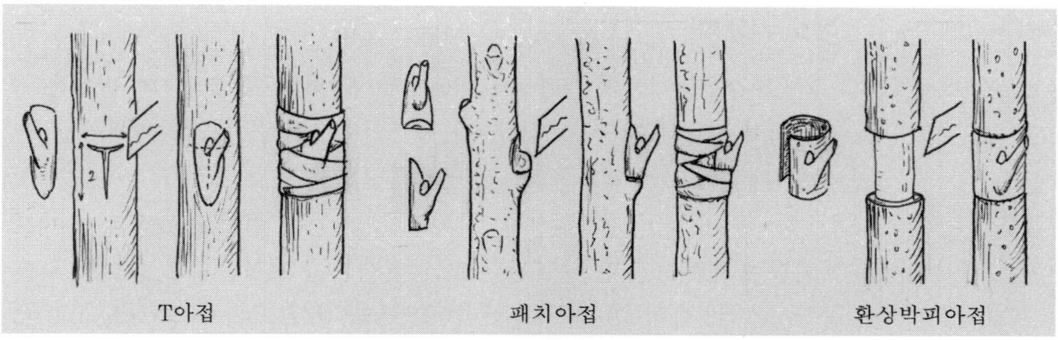

그림 5-2 여러 종류의 아접방법

3) 분주 및 분구

대부분의 초본성 조경식물들은 뿌리줄기(근경)와 곁가지(측지)를 지하에 지니고 있는 다년초들이므로 특별한 경우를 제외하고는 원줄기 근처의 땅속에서 나오는 뿌리가 일부 달린 곁눈(측아) 또는 측지를 잘라서 옮겨 심어 번식시킬 수가 있다. 이와 같은 영양번식법을 분주(포기나누기: division)라 하고 대부분의 초본성 조경식물 및 명자나무, 진달래류, 조팝나무, 쥐똥나무, 화살나무, 모란 등의 관목성 조경식물에서 실시한다.

(1) 분주(分株)

분주는 3-4월 경에 주로 실시하지만 지상부 잎이 지고난 후의 가을에 실시하기도 하며 조경식물을 번식시킬 때 가장 손쉽고 안전하며 확실한 번식방법이다. 따라서 종자를 파종하거나 삽목에 의해 번식이 불가능한 조경식물들의 효과적인 번식방법으로 이용할 수 있다. 그러나 종자를 뿌리거나 꺾꽂이를 하는 것에 비해서는 대량의 묘를 생산하기에 어려운 단점도 있다. 앵초, 매발톱꽃,

원추리, 초롱꽃 등은 매년 분주를 해주어야만 생육이 좋고 꽃도 아름답게 피는 경우도 있다. 분주는 식물의 종류에 따라 적절한 시기가 있으므로 시기 및 환경에 맞춰 실시할 필요가 있다. 또는 이른 봄철 땅이 녹은 후에 화단을 정리할 때 함께 실시하는 것도 좋다. 일반적인 방법은 큰 포기를 캐어 뿌리에 붙은 흙을 적당히 정리한 후 눈을 2-3개 정도 붙여 다른 곳에 떼어서 심는다. 노루귀, 복수초, 원추리, 꿩의다리 등은 포기나누기에 의해 건전한 꽃을 볼 수도 있다. 창포, 붓꽃류, 범부채, 구절초류 등은 땅속줄기를 잘라 포기나누기를 한다.

(2) 분구(分球)

분구(알뿌리나누기: off-set division)에 의한 조경식물의 번식은 구근류의 지하에서 생성된 자구(bulblet)나 구근의 일부분을 분리하여 증식시키는 방법이다. 대표적으로 백합과의 *Allium*속 및 *Lilium*속에 속하는 조경식물 및 백합, 히야신스, 튜울립, 수선화, 상사화 등과 같이 인경으로 서로 떨어져 새로운 개체를 형성하고 있는 종류들은 쪼개서 심거나 모식물체에 붙은 자구를 떼어내 증식시킨다. 특히 피나물, 홀아비바람꽃과 같이 작은 괴경(tuber)들이 모여서 큰 덩이를 형성하는 종들은 괴경을 잘게 떼어내 심으면 종자번식에 못지않은 대량번식이 단시일 내에 가능하기도 하다. 개구리갓, 다알리아 등은 괴근(tuberous root)을 지니고 꽃생강(Ginger), 칸나 등은 근경(rhizome)을 가진다. 또한 천남성과 식물 및 글라디올러스 등과 같은 구경(corm)류에서도 모구에 붙은 자구를 심어 번식시킬 수 있으며 나비난초, 옥잠난초, 새우난초 등도 알뿌리를 나누어 이끼에 심으면 증식이 가능하다.

달리아, 구근 베고니아(tuberous begonia), 고구마 등의 괴근류는 마디가 없으며 눈(bud)이 붙어 있는 근관부(crown)가 존재하는 특성이 있다. 그러므로 괴근류의 극성은 괴경류와는 반대 방향에 있다. 이와 같은 구근식물은 근관부에 있는 눈을 붙여서 분단(division)하여 증식할 수 있다. 달리아와 같은 괴근류의 구근은 가을철에 채취하여 2-3일 정도 공기 중에서 건조시킨다. 표면이 적당히 건조된 구근은 건조한 톱밥이나 토탄 등에 묻어서 4-10℃ 조건에 겨울동안 저장한다. 이른 봄에 구근을 꺼내 근관부에서 분단하여 식재한다. 분단을 할 때에는 1 개의 구근에는 1 개의 눈이 반드시 붙여져야 한다. 분단된 구근은 적당한 온도와 습도에 의해 눈이 발달하여 성장과 분화가 일어나게 된다.

이와 같은 번식법들은 종자번식에 비해 번식률은 많이 떨어지나 번식이 난해한 조경식물의 경우에도 안전하게 모식물체와 동일한 자식물체를 얻을 수 있는 장점도 있다.

사진 5-5 달리아 구근

4) 취목(取木)

주로 덩굴성 조경식물의 경우에는 지면에 닿는 마디에서 쉽게 뿌리가 내리는 성질을 지니고 있다. 예를 들어 메꽃, 인동덩굴, 계요등, 능소화, 덩굴장미, 포도나무, 양지꽃, 좀씀바귀 등은 긴 덩굴이나 줄기가 뻗어가면서 땅에 닿는 곳에서 뿌리가 발생하기 쉬운 식물들이다. 따라서 이와 같은 식물들은 덩굴 마디에 부드러운 흙을 올려놓으면 금방 뿌리가 내리고 새로운 싹이 나오게 된다. 이렇게 모체의 뿌리가 그대로 붙어있는 상태에서 부정근 발생에 의한 번식방법을 취목(layering)이라 한다. 가지에서 뿌리가 발생된 이후 모체에서 분리하여 심으면 새로운 식물이 된다. 괭이밥이나 골무꽃, 벌깨덩굴, 광대나물, 금창초 등의 초본류나 철쭉류, 명자나무 등의 관목류도 흙으로 주변을 북돋아 주면 쉽게 뿌리가 나온다. 취목은 삽목이나 접목으로 번식이 용이하지 않거나 고가의 식물, 특정식물 등의 조경식물을 번식하는데 흔히 이용한다. 또한 대부분의 조경식물은 줄기에 폭 1*cm* 정도의 환상박피 혹은 굵은 철사로 묶어준 후 청결한 수태를 감싸고 비닐로 덮은 다음 비닐의 아래, 위를 묶어주고 수태가 마르지 않게 매일 관수를 해주면 발근이 된다. 이 때 덮어준 비닐은 통기가 가능하도록 적당히 구멍을 내주고 위는 관수가 가능하도록 느슨하게 묶어주는 것이 요령이다. 발근이 되면 줄기에서 잘라 옮겨심으면 된다. 이와 같은 취목법을 공공중취목법(air layering)이라 한다.

취목은 최초에 줄기가 모체에서 분리되지 않은 상태이므로 목부가 그대로 유지되고 물과 양분이 지속적으로 공급되기 때문에 삽목이나 접목에 비해 확실한 결과를 얻을 수 있다. 취목의 경우에도 모식물체와 동일한 유전형질을 지니며 희귀식물이나 일반적인 번식법에 의해 증식이 어려운 식물에서 사용할 수 있으나 대량증식의 어려움이 있다. 취목에는 파상취목(波狀取木; serpentine layering), 성토법(盛土法; mound layering), 공중취목(空中取木; air layering) 등의 여러 방법들이 있다.

그림 5-3 여러 종류의 취목 번식방법

5) 조직 배양(組織培養)

조직배양(tissue culture)은 식물의 일부분을 떼어 무기염류 배지에서 인공적으로 배양하여 새로운 식물체로 증식시키는 번식방법이다.

(1) 조직배양 번식의 이용

조경식물의 번식은 종자번식 혹은 영양번식이 흔히 이용되지만 조직배양에 의한 조경식물 번식도 가능하다. 특히 조직배양은 영양계 식물의 급속대량번식을 위해 일반적으로 이용되고 있으며 무병주 식물을 생산하거나 새로운 품종을 육성하기 위한 효과적인 방법으로 조직배양을 이용하기도 한다. 최근에는 식물의 생식질을 장기적으로 보존하고 교환하기 위한 방편으로 이용하며 그 외에도 일부 유용식물에서는 2차 산물의 대량생산을 위해서도 이용하고 있다.

(2) 생장점 배양

생장점은 식물의 조직 가운데 가장 세포분열이 왕성한 곳으로 무균상태인 지름 약 0.1*mm* 정도의 조직이다. 난과식물 및 다년생 초본류의 번식을 위해 흔히 이용되는 방법으로 식물의 생장점을 채취하여 70% 알코올을 비롯한 1% 하이포아염소산나트륨(NaOCl) 등으로 소독한 후, 무균수로 수세하여 배지에 치상하여 배양한다. 조건에 따라 대량증식이 가능하고 무병주 식물의 생산이 가능하다.

제6장 조경식물의 재배관리

1. 조경식물의 재배

1) 적기작업(適期作業)

조경식물의 재배포인트는 적기식재와 관수, 비료주기, 병충해방제, 제초, 배수관리, 전정 등 적기관리가 가장 중요하다. 농부가 잡초를 보지 않고 밭을 매는 것을 상농이라고 하고 잡초를 보고 매는 것을 중농, 잡초를 보고도 매지 않는 것을 하농이라고 한다. 경제적인 농법을 말해주고 있다.

식물을 제대로 재배하려면 "식물의 소리를 들을 줄 알아야 한다.", "식물은 거짓말을 하지 않는다." 그리고 "땅은 정직하다."는 불멸의 진리를 생활화해야 한다. 우리가 주식으로 하는 벼, 보리농사도 시기를 놓치면 망친다. 조경소재 생산도 마찬가지이다. 모든 작업을 적정 시기에 실시해야 좋은 수형, 초형, 그리고 규격화된 것을 재배할 수 있다. 물론 시공된 식물도 마찬가지이다.

2) 기반조성(其盤造成)

포지(圃地)를 조성하든지 계획된 구간을 조경하기 위해 반드시 먼저 해야 할 일이 기반조성작업이다. 즉 물빠짐이 좋지 못하면 맹암거(盲暗渠) 또는 맹거작업 등 배수시설과 관수시설을 준비해야하며, 식물 생육에 적합한 토양인지 조사한 후 유기질비료(지력증진), 석회질비료시용(산도조정), 객토(토양개량)를 실시하고 식재해야 한다. 또한 자칫 결핍하기 쉬운 미량요소도 시용해야한다. 오늘날 조경현장에서 가장 많이 발생하는 하자요인은 습해, 건조해가 주를 이루고 있다.

3) 정량시용(定量施用)

토양이 너무 점질토가 많아 배수가 되지 않는다고 하여 모래를 과다하게 넣으면 건조해를 받을 수 있고 식물의 상태가 좋지 못하다하여 적정량 이상의 비료를 일시에 준다면 비료피해를 받을 수 있다. 또한 병충해를 방제하기 위해 제시된 희석비율을 과도하게 초과하여 농약을 살포하면 오히려 약해를 받게 된다. 따라서 모든 작업의 체계적이고 과학적인 시행이 필요하다.

4) 적정처방(適正處方)

여름철이면 포지나 조경시공현장에 잡초가 무성하다. 이때 제초제를 잘못 사용하여 피해를 보는 경우가 많다. 예를 들면 소나무나 관상수 교목 밑에 잡초가 많아서 호르몬제 제초제인 반벨을 사용하면 강우 또는 관수에 의해 토양 속에 침투하여 수목의 뿌리가 흡수하게 되어 결국 약해를 받아 고사하던지 또는 기형화가 된다. 그리고 교목밑에 잔디나 지피식물을 심었을 때도 비선택성인 제초제 근사미 등을 잘못 사용하여 약해를 받는 경우도 있다. 특히 정원, 운동장이나 골프장 등의 잔디에 잡초가 발생했을 때 선택성 제초제라 할지라도 약효가 바로 나타나지 않고 서서히 나타나게 되는데 약효가 없다고 2~3회 연속 사용했다가 잔디까지 고사하는 사례가 있다. 비료도 마찬가지여서 식물의 생장시기에 따라 비료 종류와 비료량을 적정하게 맞추어서 시용해야 한다.

5) 적지적초수(適地適草樹)

고도, 토양, 바람, 온도, 습도, 조도 등의 환경 요인은 식물의 생육에 영향을 미친다. 수많은 종류의 조경소재들은 각각의 특성을 가지고 있어 환경 조건에 적응하는 정도가 다른 것이 많다. 따라서 재배하고자 하는 곳의 제반 환경조건을 고려하여 적응할 수 있는 종류를 선택해야 하며 주변 환경요건에 맞는 식물을 선택해야 한다.

예를 들면 전깃줄이 거미줄같이 많은 곳에 속성수이면서 교목으로 자라는 메타세쿼이아를 심어 놓고 계속 자라지 못하도록 초두부를 잘라내는 경우가 있는데 이런 경우에는 수고생장이 느린 수종을 선택해야 한다. 또한 조경공사 시에 요청에 의해 식물의 내한성에 대한 고려 없이 식재하여 동해로 고사하여 손해를 보는 경우가 많다.

이러한 문제를 최소화하기 위해 기후와 환경 여건, 장소를 고려하여 알맞은 식물을 선택하는 것이 중요하다. 한냉지에 식재하기 위해서는 구상나무, 잣나무, 자작나무, 매발톱, 개미취 등 내한성이 강한 식물을 식재하고 옥상과 같은 인공지반이나 암석원, 절개지 등 건조지에는 기린초, 구절초, 노간주나무, 측백나무 등 내건성이 강한 식물을 식재해야 한다. 또한 습윤지에는 호습성이 강한 식물을(부처꽃, 숫잔대, 낙우송 등), 해안가에는 내염성, 내조성이 강한 식물을(해국, 원추리, 해당화, 곰솔 등), 음지에는 내음성이 강한 식물을(맥문동, 조릿대류 등) 식재해야 한다.

자연상태에서 중부이북지방에 열대, 아열대지방의 내한성이 약한 식물을 심을 때는 동해를 받기 쉬우므로, 특히 추기에서 동기식재를 지양해야 하고 부득이한 경우 겨울을 대비하여 특별한 보호대책이 필요하다. 최근에는 지구온난화로 북방한계선이 점점 상승하고 있다. 감나무와 개잎갈나무(히말리야시다)의 경우 과거에는 온대북부지방에서는 월동이 불가하였으나 지금은 가능하게 되었다.

6) 적정규격화(適正規格化)

포지에서부터 육묘를 할 때 목적성을 가지고 재배해야 한다. 즉, 분재용, 차폐용, 생단용, 미관용, 독립경관수, 군식용 등 목적을 고려하여 하지정지(下枝整枝) 등 관리를 통해 조경목적에 알맞은 식물로 재배해야 한다. 물론 병충해의 피해 흔적이 없고 고사지, 불필요한 도장지(徒長枝), 얼지(蘖枝) 등이 없어야 하고 가지 배열이 적정하도록 하는 것이 좋다. 우리나라에서도 뜻있는 재배농가에서는 콘테이너재배로 이식 시 하자를 줄이고 규격화된 식물을 생산하는 곳도 있으나 아직 초기단계이다. 독일 등 선진국가에서는 가로수용 묘목을 식재 시부터 지하고를 조정하여 재배하고 독립경관수는 지하고와 수관폭을 제대로 살려서 재배하는 것을 볼 수 있다.

2. 재배환경 요인

조경식물의 생육은 광(light), 수분(water), 온도(temperature), 대기(air), 토양(soil) 등의 자연환경에 크게 좌우된다. 이와 같은 환경요인들은 식물의 분포면적 및 생장상태를 지배하고 식물생존의 한계를 설정한다. 그러므로 조경식물 재배에 있어서도 환경조건 상호간을 적절히 조화시켜 식물생육에 적합한 재배환경이 성립될 수 있도록 해야 한다.

1) 광선(光線)

빛은 식물의 생육에 절대적으로 필요한 광합성(photosynthesis)의 요소이며 광주기성(photoperiodism), 기관형성(photomorphogenesis) 등에 작용한다. 이와 같은 식물의 생리작용에는 빛의 강도, 빛의 성질, 빛의 지속시간 등이 영향을 미친다. 빛은 주로 가시광선(380-760*nm*) 영역에서 식물에 유효한데 이 빛에너지에 의해 식물의 생육에 필요한 광합성을 비롯하여 증산작용, 식물의 생장과 분화, 굴광현상, 개화반응, 식물색소의 합성 등의 중요한 생리작용이 일어난다. 우리나라는 북반구의 중위도 지역에 위치하여 계절에 따른 광도, 일장 등의 변화가 심하게 나타난다.

(1) 빛의 강도(强度)와 일장(日長)

빛은 전자파(electromagnetic wave)로 이루어진 에너지로 일정한 파장을 지니고 있다. 이와 같은 전자파가 가지는 에너지는 파장에 반비례하고 일정한 길이 내에서 진동수에 비례한다. 그러므로 파장이 상대적으로 짧은 청색광은 파장이 긴 적색광에 비해 높은 에너지를 지닌다고 할 수 있다.

식물이 받는 빛의 강도를 광도(light intensity)라 한다. 일반적으로 광도는 연중을 통해 계절적인 변화는 물론 위도에 따라 변화한다. 하루 중에도 아침에 해가 뜰 때부터 정오까지는 광도가 증가하나 이후 차차 감소하게 되며 계절에 따라서도 여름철에는 높고 겨울철에는 낮은 것이 일반적이다. 광도는 일반적으로 *lux* 혹은 촉광(*ftc*) 단위로 나타내는데, 이는 광에너지의 단위는 아니며 사람의 눈이 빛을 감지하는 정도를 나타내는 조도(illuminance)로 나타낸다. 광에너지는 Wm^{-2} 혹은 $\mu mol/m^2s$로 나타낸다.

보통 식물의 광합성속도는 광도에 비례하지만 광도가 어느 정도에 이르면 광합성속도는 증가하지 않게 된다. 이와 같은 조건에 이른 빛의 강도를 광포화점(light saturation point)이라 한다. 광포화점은 식물의 종류에 따라 다르다. 광포화점이 높은 식물은 비교적 빛이 강한 조건을 좋아하며 양지성식물(sun plant)이라고 한다. 보통 80,000-130,000*lux* 정도의 강한 광도에 적응한다. 반대로 광포화점이 낮은 식물의 경우는 빛이 약한 장소에서 생육이 좋으

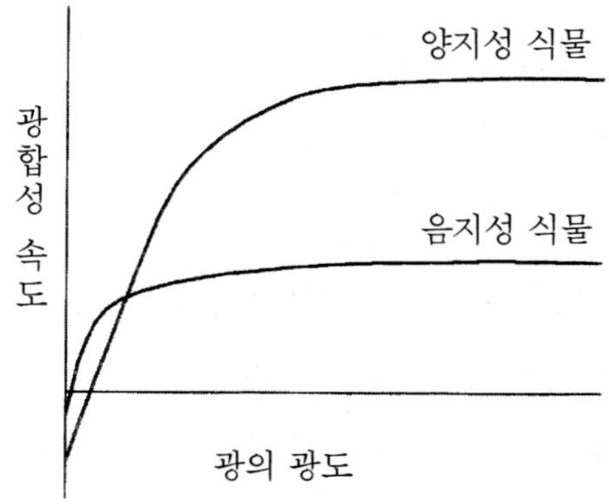

그림 6-1 양지성식물과 음지성 식물의 광합성 차이

며 강한 광선에 의해 도리어 해를 입기도 하는 식물을 음지성식물(shade plant)이라고 하며 보통 50,000*lux* 정도의 음지 조건을 선호한다.

식물에 있어 광도가 약해져 광합성을 위한 CO_2의 흡수량과 호흡에 의해 발생하는 CO_2의 배출량이 동일하게 되어 외견상으로 CO_2의 양이 0이 되는 빛의 강도를 광보상점(light compensation point)이라 한다. 보상점은 식물의 종류 및 연령, 계절에 따라 크게 변화한다. 즉 양지성식물에 비교해 음지성식물의 보상점은 상대적으로 낮다.

빛의 강도가 필요 수준 이하가 되면 잎을 비롯하여 꽃눈의 형성이 불량하게 되고 생육이 부진하며 병충해가 많이 발생하게 된다. 식물이 생육하기 위해 필요한 최소의 수광량을 최소수광량 이라고 하며 식물체에서 가장 빛을 많이 받는 부분과 가장 빛을 적게 받는 부분과의 상대치는 양지성식물에서 10-25% 정도, 음지성식물에서 0.5-5% 정도라고 알려져 있다. 같은 식물이라 하더라도 광도가 낮은 조건에서 재배한 식물은 도장하여 잎과 키가 다소 커지고 개화량이 줄어들며 향기와 화색이 줄어드는 경향이 있다.

일장(day-length, photoperiod)이란 하루 24시간 중에 해가 떠서 질 때까지의 해의 길이를 일컫는다. 일장이 12-14시간 이상인 경우를 장일(long-day)이라 하며 12-14시간 이하인 경우를 단일(short-day)이라 한다. 일장은 식물의 개화 및 결실을 비롯하여 영양기관의 형성 및 비대에 큰 영향을 미친다. 특히 초본성 조경식물에서는 줄기의 분화 및 잎의 형태변화와 같은 식물의 형태 형성, 목본성 조경식물에서는 휴면의 유도를 비롯하여 신장생장, 노화, 내한성의 획득 및 소실 등에도 절대적인 영향을 미치게 된다. 일장조건은 식물의 생육뿐만이 아니라 지구상의 위도에 따른 다양한 식물종의 분포에도 영향을 끼친다.

특히 일장은 식물의 종류에 따라 화아분화 및 개화에 크게 영향을 미치는데, 장일성식물(long day plant), 중성식물(day neutral plant), 단일성식물(short day plant) 등의 3가지 형태로 구분할 수 있다.

(2) 빛의 파장(波長)과 식물의 생육(生育)

지구상에 방사되는 태양광의 파장은 보통 280*nm*에서 700*nm*의 범위에 있는데 400*nm* 이하인 단파장의 광선을 자외선이라 하고 800*nm* 이상의 장파장을 적외선이라고 한다. 자외선과 적외선 사이의 400-800*nm* 영역을 가시광선이라 하며 식물의 광합성에 가장 유효한 파장 범위로 알려져 있다. 특히

440nm를 중심으로 한 청색광 부근과 660nm를 중심으로 한 적색광 부근의 광선이 식물의 광합성에 효과적이다.

자외선은 주로 고지대에서 많이 내리쬐기 때문에 고랭지에서 재배한 작물이 튼튼하고 아름답게 재배되기도 한다. 적외선은 열을 동반하므로 식물체의 기공 개폐를 적당히 촉진시켜 줌으로서 증산작용을 활발하게 하고 엽록소의 생성을 비롯한 동화기능에 효과적으로 작용한다. 그러나 녹색광에 상당하는 510-600nm 파장영역은 식물의 광합성에 거의 이용되지 않으므로 주의해야 한다.

(3) 조경식물 식재와 광조건

조경식재지에서 식물을 과밀상태로 배식하여 잎이 서로 엉기고 포개지게 되면 빛의 투과상태가 좋지 않게 된다. 따라서 최하층에 붙어있는 잎에는 최소수광량에도 미치지 못하는 약한 빛이 들어오기 때문에 잎이 말라 고엽이 새기거나 광합성 속도 저하에 따른 생육 불량 현상이 나타나게 된다. 따라서 식물을 대량으로 재배할 때는 수광 능률을 높이기 위해 수광상태가 좋은 식물의 형태(plant type)를 유지하도록 하는 것과 적당한 재식밀도를 유지하도록 관리하는 것이 중요하다. 일반적으로 식물의 군락 표면에 도달한 빛의 일부는 반사되고 상당한 양은 잎에 의해 흡수되므로 실제 하부의 지면에 도달하는 빛은 극히 일부에 불과하다. 그러므로 숲, 초원, 작물 재배지 등과 같은 군락에서는 하부에 도달하는 빛의 양은 상부에 비해 거의 지수함수적으로 약해지게 된다. 동일한 식물에서도 빛이 잘 드는 상층부의 잎은 하층부의 잎에 비해 엽면적이 작고 엽육조직이 잘 발달하여 두텁고 단단하며 색도 황록색을 띠는 경우가 많다. 그러나 빛이 부족하기 쉬운 하층부의 잎은 상대적으로 엽면적이 크고 연하며 녹색을 띠게 된다.

2) 수분(水分)

우리나라의 연평균 강우량은 1,200mm 정도로 세계 평균치인 1,000mm에 비해 많은 편이지만 여름 장마철에 대부분의 강우량이 집중된다. 그러므로 야외포장이나 정원 등 노지에 식재된 조경식물의 원활한 생육을 위해서는 봄과 가을의 건조기에 수분관리에 유의할 필요가 있다.

일반적으로 식물의 분포는 강우량과 온도조건에 따라 결정되는 것이 일반적이나 우리나라에서는 국토의 대부분이 식물의 생육에는 충분할 정도의 강우량을 가지므로 온도조건이 식물의 분포를 제한하는 중요한 요소로 작용한다. 자연상태에서의 강우는 때때로 식물체의 도복을 가져오거나 토양을 유실시키며 다습에 의한 식물의 생리적 장애를 유발시키는 등 부정적인 요소도 있으나 식물의 생육에 절대적으로 필요한 토양수분을 공급해주는 중요한 역할을 담당한다.

식물체에 흡수된 수분은 외부에 노출된 식물체의 표면을 통해 증산된다. 이때 활발한 증산을 위해 활짝 열린 기공을 통하여 탄산가스가 충분히 공급될 수 있고 광합성도 활발히 이루어지므로 식물체의 생육도 좋아지게 된다. 일반적인 환경조건에서 식물체는 오전 10시-12시경이 증산작용과 수분요구량(water requirement)이 가장 많으며 화아분화 및 형성기에 많은 수분을 필요로 한다.

(1) 조경식물과 수분관리

조경식물의 수분관리는 이식 후 또는 건조한 봄철이나 고온조건이 계속되는 여름철에는 면밀한 관리가 요구된다. 대부분의 조경식물은 별도의 관수가 필요 없으나 건조한 조건이 지속되거나 용기에 식재된 조경식물의 경우에는 관수관리를 적절히 해야한다. 관수의 기본은 식물체의 뿌리에 충분히 물이 도달할 수 있는 정도가 되어야 한다.

식물체에 관수하는 물은 보통 병균이나 중금속 오염이 없고 염분농도가 높지 않은 연수가 좋다. 관수 시의 수온은 여름철에 25℃ 내외, 겨울철은 10℃ 내외를 유지하도록 하는 것이 효과적이다. 특히 시설 내에서 재배되는 식물의 경우는 수온이 약간 높은 물을 관수하는 것이 식물체에게 스트레스를 일으키지 않으므로 물탱크를 설치하여 어느 정도 수온을 올린 후에 관수한다. 이때 저장 중인 물을 직사광선에 노출시켜 수온상승 효과는 물론 소독도 겸할 수 있다.

이식 후에는 지하부의 상태가 악화되어 있으므로 충분한 관수를 하고 1주일 정도는 세밀히 식물체의 상태를 살펴서 물을 주는 것이 좋다. 보통 여름철에 약 20일 이상, 겨울철에는 30일 이상 노지에서 수분공급이 차단될 경우, 식물체는 건조피해를 받게 된다. 건물에 미치는 하중을 줄이기 위해 토양층을 얕게 조성한 옥상정원이나 인공지반에 식재된 조경식물의 경우에는 자연지반에 비해 쉽게 건조피해를 입을 수 있으므로 적절한 관수대책이 요구된다.

일반적으로 식물체에 관수하는 작업은 상당히 주의를 요하는 번거로운 작업이다. 지하부 및 주변환경이 너무 과습하면 식물체가 도장하고 연약하게 되어 각종 병해충에 감염되기 쉽고 식물체의 조경가치도 저하되며 개화도 잘 안된다. 그러나 반대로 건조한 상태가 지속될 때에는 광합성율의 저하는 물론 탄수화물을 비롯한 유기물의 합성도 방해를 받으며 생장이 지연되고 정도가 심한 경우에는 위조(wilting) 상태에 이르러 결국 죽어버리게 된다.

3) 온도(溫度)

식물이 원활히 생육하는 데는 적당한 온도조건이 필요하다. 이와 같은 온도조건은 식물에 따라 적절한 범위가 정해져 있는데 이 범위 내에서 각 식물체의 원산지 내지는 자생지가 결정된다. 특히 극히 다양한 종의 자생식물들이 조경재료로 사용되고 있기 때문에 식물의 종류에 따라 생육최적온도(optimum growth temperature)의 차이가 현저하게 나타난다. 온도가 식물의 생육에 적당한 최적온도 범위 내에 있을 경우에는 광합성율이 높고 호흡작용이 정상적으로 이루어져 튼튼한 식물로 재배관리될 수 있다. 이와 같은 생육최적온도는 식물의 종류에 따라 차이가 나는데 호냉성작물(cool season crops) 및 호온성작물(warm season crops)로 구별하기도 한다.

일반적으로 온대지역이 원산인 식물은 15-25℃ 범위가 생육적온이다. 그러나 온대식물 가운데에도 비교적 한랭한 곳이 자생지인 Aster속 식물, 용담, 물싸리, 복주머니란 등은 월동은 용이한 반면에 여름철에 온도를 내려주기 위해 차광망을 비롯한 직사광선 차단 시설 및 환기장치 등을 설치할 필요가 있다.

식물에 있어 각종 생리활동은 생육최저온도(minimum growth temperature)로부터 최적온도에 이를 때까지는 온도가 상승함에 따라 그 속도가 현저히 증가하게 된다. 따라서 온도가 10℃ 올라감에 따라 생리작용의 반응속도가 얼마나 증가되었는가 하는 것을 수치로 표시할 수 있다. 즉 온도가 10℃ 상승함에 따라 증가하는 반응속도의 배수를 온도계수 또는 Q10 이라고 한다. 보통 식물은 고온에서 광합성에 의한 유기물의 생성은 저하되고 호흡에 의해 유기물의 소모가 증가되므로 동화양분이 식물체내에 제대로 축적되지 못한다. 따라서 온도가 높으면 식물의 성숙이 촉진되며 개화시기가 빨라지고 개화한 꽃은 빨리 노화해버리며 화색도 흐려지게 된다. 또한 온도는 항상 일정한 것이 아니라 일변화도 있고 계절적인 변화도 있다. 이와 같은 온도의 주기적인 변화는 식물의 생장과 분화에 큰 영향을 끼치는데 이것을 온도주기효과(thermoperiodicity)라고 한다. 온도주기효과는 낙엽수나 월동성 1년생식물에 있어서와 같이 저온기(겨울)와 고온기(여름)가 교대로 변화됨에 의해 식물의 생장과 발육이 촉진되는 연간 온도주기효과(annual thermoperiodicity)와 1년생 초본류에 있어 낮과 밤의 온도 변화에 따라 생장과 분화가 이루어지는 주야간 온도주기변화(diurnal thermoperiodicity) 등이 있다.

(1) 식물 생육과 온도

일반적인 조경식물들은 생육적온이 있으며, 이 범위 내에서 식물의 생육이 가장 활발하다. 이 생육적온은 각 식물의 자생지 온도조건에 해당한다. 조경식물은 다른 작물류에 비해 자생지 조건은 물론 초본류, 목본류, 낙엽성, 상록성, 침엽수, 활엽수와 같이 종류도 다양하기 때문에 적합한 생육적온도도 다양하다. 또한 태양광선의 복사와 기타조건에 의해 나타나는 지온의 경우에도 식물의 생육에 큰 영향을 미치기도 한다. 대개의 식물은 기온보다 약간 높은 지온에서 잘 생육하는데 이것은 뿌리의 발육촉진과 토양 미생물의 활동 이 활발해지는데 따른 것이다.

일반적으로 적절하지 못한 기온, 즉 고온 및 저온조건에서는 식물의 생육이 순조롭지 못하고 특히 개화상태가 좋지 못하다. 여름철에는 식물체의 고온장애를 막기 위하여 적절한 볕가림 시설의 설치 및 환기를 할 필요가 있다. 또는 식물체의 내열성을 높여 주기 위하여 식물체 내의 유리수분량을 줄여 주고 대사작용을 억제시키고 원형질 내의 단백질 안정성을 증가시키거나 세포내의 염류농도를 높여주는 방법(즉, 경우에 따라 염화카리 또는 $MgSO_4$의 시용)도 강구할 수 있다. 겨울철에는 식물체가 냉해, 또는 동해를 입을 수가 있으므로 멀칭, 방한 등의 관리도 필요하다.

(2) 미기후 및 온도구배

다양한 조건의 자생식물 자생지 혹은 재배지에서 기온, 바람, 강우량, 지형 등의 제반 요소들의 미묘한 조합에 의해 국지적인 수준의 미기후(microclimate) 차이가 나타난다. 미기후는 높낮이의 차이는 물론 시간의 경과 등을 비롯하여 바람, 수분, 지형, 토양 등의 여러 요소들에 의해 큰 차이를 나타낸다. 예를 들어 야간에 냉각된 하강기류에 의해 계곡사면 하부의 기온이 크게 내려가거나 야간의 고산식물 지표면 온도가 약 30*cm* 상부의 온도보다 최고 20도 정도가 높게 나타나기도 한다고 보고된 바 있다.

식물체가 자라는 대기 중에는 온도구배(temperature profile)가 존재한다. 해가 지는 야간에는 대기 중에 비해 지표면 및 식물체의 표면이 급속히 냉각되어 온도구배상 상대적으로 저온상태가 된다. 그러므로 이들 표면에 접한 공기는 에너지를 빼앗기고 냉각되어 무거워져 하강하게 된다. 결국 야간에는 지표면에 비해 식물체의 높은 부분이 상대적으로 미묘하게 온도가 높게 나타나는 온도구배가 발생한다. 반대로 해가 비치는 한낮에는 지표면이 온도구배상 가장 온도가 높은 장소가 된다. 채광과 공기의 흐름 등에 의해서도 온도구배가 변화한다. 이와 같은 온도구배는 물속은 물론 토양 중에서도 일어난다.

(3) 겨울철 조경식물의 보호

우리나라와 같이 겨울철의 환경조건이 가혹한 지역에서는 재배식물의 동해 및 상해(霜害; 서리 피해)를 방지하기 위해서 가을철에 들어서기 전에 질소비료의 시용을 중단하고 인산 및 칼리 비료를 충분히 시비해주는 것이 원칙이다. 가을철이 되면 식물이 식재된 주변 토양의 배수를 개선하여 토양수분을 적절히 저하시켜 식물조직이 쉽게 탈수될 수 있도록 배려한다. 그러나 겨울철의 토양조건이 너무 건조한 상태는 저온건조해 및 한풍해를 받을 위험성도 따른다. 그러나 보다 적극적인 식물의 관리방법도 있다. 방한은 한랭하고 건조한 공기가 식물체에 직접 닿지 않도록 관리하는 방법으로서 내한성이 약하거나 건조한 겨울철 바람에 건조피해를 입기 쉬운 식물들을 보호하기 위해 실시한다. 예를 들어 식물체의 지상부를 짚 또는 거적으로 싸주거나 땅속에 묻어주는 방법 등이 있다. 단기간동안의 방한을 목적으로 한다면 종이박스, 플라스틱 용기, 낡은 우산, 나무상자 등 주변에서 쉽게 얻을 수 있는 재료로 식물체에 씌워주기만 하여도 큰 효과가 있을 수 있다.

또한 내한성이 약한 식물을 재배하는 경우에는 단순한 방한시설만으로 월동을 하기가 대단히 어렵다. 이때는 온상이나 비닐하우스, 온실과 같은 시설 내에서 식물을 재배하고 외부로 빼앗기는 열을 보존하는 것이 효율적이다. 또 지온유지를 위해 짚, 왕겨, 비닐 등으로 멀칭을 해줄 필요도 있다. 특히 내한성에 의한 제약요소로 인해 식재가 여의치 못한 경우에도 적절한 방한 및 방풍에 의해 한랭한 겨울철에 식물을 보호할 수 있다. 예를 들어 내한성이 비교적 약한 상록성 철쭉류, 대나무류 등을 부득이 식재해야 할 경우, 주위에 교목 및 관목류를 치밀히 식재하여 한풍을 방지하여 공중습도를 유지하여 월동을 가능하게 한다.

또한 내한성이 충분한 자생식물의 잎, 가지, 줄기는 강한 바람과 같은 물리적인 충격에는 약한 경우가 있다. 이와 같은 경우 새끼줄이나 노끈 등으로 가지와 줄기를 잘 정리하여 묶어주는 것도 효과적이다. 특히 남부지방에서 겨울철에도 잎이 그대로 남아있는 상록성 활엽수를 관리하는 경우 적용해볼만 하다.

(4) 상해 방지(霜害 防止)

온대성 식물의 내한성이 이미 약화된 상태의 이른 봄, 혹은 아직 충분히 내한성이 획득되지 않은 늦가을에 내리는 서리는 일부 조경식물에게 심각한 상해를 일으킬 수 있다. 생장기에 질소 비료의 시용을 줄이고 인산 및 칼리 비료를 충분히 시용하는 것이 효과적이다. 또한 가을철에 이르면 토양수분을 현저히 줄여주는 것이 바람직하다. 경우에 따라서는 가을철 단일처리 및 생장억제 유도에 의해 생장을 조기에 정지시켜 휴면상태에 이르도록 하는 것이다. 그러나 보다 적극적인 방법으로 서리의 발생을 방지하는 방법도 있다. 잎 표면에 형성된 수막이 동결되지 않도록 조치하는 방법이다. 화석 연료를 연소시켜 온도를 올려주고 연기를 발생시켜주는 훈연법(燻煙法)을 비롯하여 수목의 표면에 지속적으로 물을 뿌려주는 연속 살수법(連續撒水法), 대형 팬을 돌려 차가운 하강기류를 막아주는 방법 등이 유효한 방법으로 알려져 있다.

훈연법(燻煙法)

석탄, 석유, 가스 등의 화석연료를 식재지 내에서 태워주는 비교적 단순한 방법이지만 2-3℃ 정도의 기온을 올려주는 정도에 그치므로 기온이 -5℃ 이하로 떨어지는 경우에는 주변온도를 올려주는데 큰 효과가 나타나지 않는다. 그러나 2차적으로 장치에서 발생한 연기는 지표면에 광범위하고 고르게 깔려 지면으로부터의 냉기를 막아줄 수 있다. 낙엽이나 왕겨, 젖은 나무 등을 태워 연기를 대량으로 발생시켜주는 방법도 효과적이다.

살수법(撒水法)

상해가 예상되는 날, 해 뜨기 전 이른 아침에 식물체 표면에 물을 뿌려주는 방법이다. 물을 뿌려주는 이유는 식물표면의 동결을 녹여주기 위한 조치이다. 일반적으로 야외에서 아침 햇살이 일찍부터 들어오는 남향 및 동남향에서 상해가 많이 나타나고 햇살이 제대로 들어오지 않는 북향이나 북서향에서는 상대적으로 적게 발생한다. 동해가 발생할 수 있는 한계까지 세포 외 동결로 냉각된 식물의 경우, 해동 속도가 빠를수록 식물체의 동해는 치명적으로 나타난다. 반대로 서서히 해동시키면 동해는 적게 나타나게 된다. 그러나 동결된 식물이 이른 아침의 강한 햇살에 의해 급작스럽게 해동되면 동해가 많이 나타나는 경향이 있다. 그러므로 해가 뜨기 전에, 동결된 식물체에 미리 물을 뿌려 서서히 식물체를 녹여주는 방법이 효과가 있다. 해가 뜨기 전에 물을 뿌려주어 미리 식물체를 녹여주는 방법은 식물체의 조기 해동에 의해 나쁜 영향도 있지만 심각한 상해를 일으키는 동결건조해가 예방되어 상해가 줄어들 수 있다.

빙결법(氷結法)

소규모 녹지에서는 물을 지속적으로 관수하는 방법에 의해 상해를 방지할 수 있다. 기온이 내려가 물 1*g*이 얼 때 80*cal*의 잠열을 발생시킨다는 원리를 응용한 것이다. 관수한 물은 얼어서 얼음이 되며, 물과 얼음이 지속적으로 공존하여 계속 잠열을 발생시켜 주기 때문에 주변환경은 약 0℃의 기온이 유지되기 때문에 상해는 발생되지 않는다. 봄철에 이미 휴면이 해제된 식물체 및 이른 가을철 아직 휴면에 이르지 않은 온대성 낙엽수목은 -2~-3℃ 정도에서 상해가 발생하므로 빙결법에 의해서 피해를 완화할 수 있다.

팬 설치

아침, 저녁으로 차가워진 하강기류가 밑으로 내려와 지표면에 위치하는 식물의 눈이나 조직을 동결시킬 수 있다. 이 때, 대형 팬을 설치하여 하강기류를 흩어버리는 방법을 이용할 수 있다.

사진 6-1 상해 방지용 팬

방풍막 설치

우리나라에서는 겨울철에 차고 한랭한 북서 계절풍에 의해 식물체가 한해, 동해, 한건해 등이 발생하는 경우가 많다. 대규모로 조경식물을 식재하는 경우 재배지의 북향 혹은 북서향에 방풍막을 설치하여 바람을 막아주는 방법이다. 방풍막은 강한 바람에 견딜 수 있는 재질에 광합성 유효파장의 광선이 통과될

수 있는 초록색 막이 좋다.

(5) 식물의 온도 적응

동물과는 달리 이동 능력이 없는 식물은 생육지의 환경조건에 적응하며 생존해야 한다. 특히 온대지역의 겨울철 저온조건은 식물세포나 조직의 동결에 의한 동해 또는 저온탈수에 의한 한건해를 일으킬 가능성이 있다. 여름철의 과도하게 높은 기온 및 초여름을 전후하여 낙동강 중상류 지역 및 남한강 상류 지역에서 흔히 발생하는 푄(fohn)에 의한 고온현상은 조경식물에 고온 장애를 일으킬 수 있다. 다양한 종류의 조경식물은 나름대로의 생육최고온도 및 생육최저온도가 있다. 그러나 이와 같은 한계온도 이상 및 이하의 조건이 지속되면 식물은 생육이 불가능하다.

겨울철 저온과 식물의 생리적 반응

우리나라와 같이 사계절이 뚜렷하게 나타나는 온대지역에서는 가을에서 겨울철로 들어서 면서 기온은 떨어지고 일장은 단일조건이 된다. 더불어 주변 기상환경 변화에 따라 온대성 식물은 점차로 내동성이 증대되게 된다. 가을철이 되면서 온대성 조경식물은 여름철의 왕성한 생장기에서 휴면기로 들어서게 된다. 온대성 조경식물의 휴면기는 식물의 대사계는 물론 세포의 구조 및 성분에 있어서도 큰 변화가 나타난다. 이와 같이 조경식물의 내동성 증대와 더불어 일어나는 일련의 생리적인 변화를 저온순화(cold acclimation)라 한다. 충분히 내동성이 증대된 조경식물의 세포가 저온상태에 접하게 되면 세포벽에 접한 외부에 얼음이 형성되는 세포 외 동결(extracellular freezing)이 일어난다. 세포 외부에 형성된 얼음 결정에 의해 세포 내외의 수증기압 차이가 나타나 세포 내의 수분이 점차 밖으로 빠져나오게 된다. 세포 내 수분의 지속적인 탈수에 의해 세포는 더욱 수축되고 저온에 대한 저항성이 증대된다. 그러나 세포 외 동결에 의한 세포의 탈수가 충분히 이루어지지 않은 상태에서 저온 상태에 접하게 되면 식물의 세포 안쪽이 얼어버리게 된다. 이와 같은 동결을 세포 내 동결(intracellular freezing)이라 한다. 세포 내 동결이 발생한 식물의 세포는 생존이 불가능하다. 결국 식물은 동해를 받아 고사하게 된다.

추운 겨울철이 3-4개월 정도 지속되는 우리나라에서 대부분의 조경식물들은 세포 외 동결 혹은 과냉각(supercooling)에 의해 월동하게 된다. 과냉각이란 순수한 물이 0℃에서 얼지만 그 이하의 낮은 온도조건에서도 얼지 않고 액체상태가 지속되는 경우를 일컫는다. 온대성 식물에서 식물체 전체 혹은 일부분이 과냉각 상태를 유지하며 월동하는 경우가 많다. 예를 들어 대부분의 온대성 식물의 종자를 비롯하여 상록성 활엽수, 상당수 온대성 낙엽활엽수의 가지 목질부 방사조직 및 장미과, 진달래과 식물의 화아(flower bud) 등에서 많이 나타난다.

사진 6-2 동해방지용 거적 싸기

저온과 식물의 피해

온대지역의 조경식물에서 추운 겨울철에 흔히 발생할 수 있는 피해는 저온피해와 설해가 있다. 저온피해(cold injury)는 다시 냉해(chilling injury), 동해(freezing injury)와 동계 건조(winter desiccation)로 구분할 수 있다. 치사한계온도 이하의 저온으로 냉각된 식물의 세포가 결국 세포내 동결(intracellular freezing)을 일으켜 고사하는 피해를 일반적으로 동해라 하고 0℃ 이상의 저온에서 입는 피해를 냉해라 한다. 또한 봄철의 늦서리 혹은 가을철의 이른 서리에 의해 내동성이 충분히 형성되지 않은 식물이 받는 상해(霜害)도 동해의 범주에 넣는다. 그러나 엄밀하게 구분하면 동해는 온대성 수목의 겨울철 휴면기에 세포외 동결 혹은 과냉각 상태로 월동하던 식물체가 세포내 동결에 의해 받는 피해를 일컫는다. 우리나라에서 겨울철은 식물의 세포 내 함수량은 최소상태가 되며 기후는 한랭하고 건조한 계절풍이 끊임없이 불어오는 조건이 된다. 특히 토양이 동결된 상태로서 식물 뿌리에서 수분 흡수가 거의 불가능한 조건에서 지속적인 바람은 식물의 증산을 촉진시키고 결국 동계건조에 의해 고사하게 한다. 우리나라와 같은 전형적인 온대기후대에서 발생하는 저온피해는 예상치 않은 한파가 몰아닥치는 경우를 제외하고는 동계건조에 의한 식물의 피해가 가장 많이 발생한다. 겨울철 수목에서 나타나는 피해로 상열(霜裂, frost crack) 현상이 있다. 강원도 산간지역이나 미기후상 겨울철 이상 한파가 자주 발생하는 지역에서 나타나는 현상으로 줄기의 목질부 안쪽에서 바깥쪽으로 길게 갈라지는 피해현상이다. 동열현상은 극심한 저온에 의한 목질부와 수피부의 수축 차이에 의해 발생한다. 겨울철에 바람이 심한 지역에서 자라는 상록성 활엽수 및 대나무류의 잎이 떨어져 봄철의 신초생장 및 발아에 악영향을 주는 피해 현상을 한풍해라 한다. 남부지역에 식재된 귤나무나 상록성 조경수목에서 발생하기도 한다.

설해는 강설에 의한 수목류의 물리적인 피해현상이라 할 수 있다. 우리나라에서 겨울철의 일부 다설 지역에서는 수관부에 쌓이는 설압에 의해 수형의 변형 및 가지 찢어짐, 절단 등 피해가 나타날 수 있다. 어린 나무는 줄기나 가지가 유연하여 큰 피해는 나타나지 않지만 상대적으로 성숙한 나무에서는 심각한 피해가 나타나기도 한다. 이와 같은 설해는 수목의 적절한 정지, 전정 관리에 의해 어느 정도 완화할 수도 있다.

4) 공기

시설이나 실내에서 조경식물을 재배하는 경우에는 환경조건을 적절히 유지시켜 줄 필요가 있다. 즉 여름철의 재배시설 내 온도조건은 직사광선에 의한 복사열의 축적에 의해서 외부에 비해 상당히 높이 올라간다. 또한 식물체의 활발한 광합성은 시설 내의 이산화탄소(CO_2) 농도를 저하시킴으로서 식물체들 사이에 탄산가스 쟁탈을 가져오게 된다. 따라서 기온의 과도한 상승이나 이산화탄소 농도의 저하는 식물체의 광합성을 방해하고 원활한 생육을 불가능하게 한다. 또한 공기가 적절히 순환되지 않는 시설 내에서는 공중습도가 80-90% 정도로 높아질 수도 있다. 그러므로 이와 같은 문제를 해결하기 위해 필요에 따라서 적절하게 시설 내와 외부와의 공기를 순환시켜 항시 일정하고 적절한 환경조건을 유지하도록 해야 한다. 이와 같은 환기는 창을 열거나 출입구를 개폐시키는 자연환기와 동력장치를 사용하여 강제로 환기를 시켜줄 수 있는데, 최근에는 환기 전용의 팬을 널리 사용하고 있다. 특히 아파트 등에서 알루미늄 새시가 설치되어 사방이 밀폐된 베란다와 같은 곳에서 조경식물을 재배할 때에는 공기순환에 신경을 충분히 써야 한다.

조경식물의 육묘나 번식 또는 반음지성, 음지성 조경식물을 시설 내에서 재배하는 경우 광도를 적당히 조절할 필요가 있다. 강한 직사광선을 차단하여 시설내의 온도상승을 막아주거나 광도를 낮추기 위하여 주로 한랭사나 발 등이 많이 이용되고 있다.

(1) 대기와 바람

대기는 약 79%의 질소와 약 21% 정도의 산소로 구성되어 있으며 이들 두 가지 가스가 거의 전부를 차지하며 식물체의 광합성에 필수적인 탄산가스는 약 0.03%로 비율이 상대적으로 낮으며 이외에 기타 여러 종류의 가스류와 수증기 및 고형물질로 구성되어 있다. 이와 같은 대기(공기)는 공기층의 온도 차이에 의해 이동이 일어나는데 이것을 바람이라고 한다.

바람과 식물

바람이 녹화용 조경식물에 미치는 작용은 기계적인 작용과 생리적인 작용으로 구분할 수 있다. 바람에 의해 모래나 눈 혹은 염분 등이 운반되어 직접 식물체에 영향을 끼치는 작용을 기계적인 작용이라 한다. 특히 한랭지의 다설지역에서 겨울철에 강풍을 동반한 강설은 바람의 방향에 접한 수목의 가지에 쌓여 얼어붙게 된다. 결국 동결된 눈과 얼음덩어리의 무게에 의해 가지가 부러지거

사진 6-3 바람에 의해 한쪽의 가지가 고사한 소나무

나 피해를 받는다. 이와 같은 현상이 지속적으로 일어나게 되면 바람에 접하는 방향의 가지가 일률적으로 없어지는 현상이 나타나게 된다.

또한 생리적인 작용으로는, 적당한 바람은 지면으로부터 수분증발을 촉진시켜 과습을 방지하고 식물의 증산을 촉진하여 기공을 통한 탄산가스(CO_2)의 확산을 증가시키는데 효과가 있고 식물의 잎을 움직여 줌으로서 식물체 내부에 위치한 잎까지도 채광을 좋게 도와준다. 따라서 적당한 바람에 의해 광합성 효율이 증가됨은 물론이고 병충의 발생을 감소시키며 풍매화의 수분(授粉: pollination)을 조장하며 이른 봄과 늦은 가을의 서리도 어느 정도 막아줄 수 있다. 그러나 바람은 잡초의 종자나 병균, 해충의 알이나 성충을 멀리까지 전파시키고 건조기에 식물체의 건조를 더욱 촉진시키는 불리한 면도 있다. 또한 일정 풍속 이상의 강풍은 식물체에게 도복 또는 잎이나 줄기 손상 등의 물리적인 피해를 줄 수가 있다. 따라서 조경식물을 식재할 때에는 바람에 손상되기 쉬운 종들은 개활지에 독립적으로 심는 것보다는 교목의 하부식재 또는 군식의 형태로 식재하는 것이 바람직하다. 특히 강한 바람에 의한 식물의 피해가 우려되는 녹지대에는 사전에 충분한 방풍림의 설치도 고려할 필요가 있다.

공해와 조경식물

아직까지 다양한 분야의 연구재료로 널리 이용되지 못한 조경식물은 공해(air pollution)에 대한 피해현상에 대해서 구체적으로 밝혀진 바 없다. 그러나 금어초, 팬지, 과꽃, 카네이션, 국화, 장미 등의 대표적인 조경식물들이 공해에 심각한 피해현상이 발생한다는 결과에 비추어 아황산가스, 불화수소가스, 각종 분진 등의 공해에 식물체가 피해를 입을 수 있는 가능성이 높다. 그러므로 식재장소는 너무 공해 발생이 심한 곳을 피하고 주변과의 통기조건을 좋게 해주는 것이 필요하다.

3. 조경식물의 이식(移植)

이식(transplanting)이란 본래 식재되었던 곳에서 위치를 변경하여 다른 곳으로 옮겨 심는 것을 말하는데 굴취, 운반, 식재의 3가지의 과정으로 구분한다. 그리고 지정된 장소에 심는 것을 정식(定植), 현장여건 등 정식하기 전에 임시로 심는 가식, 정식한 후에 보완하여 추가식재하는 보식이 있으며 식물을 번식시켜 육묘하였다가 식재 간격을 넓혀서 재식(再植)하는 경우, 이미 정식된 것이 크게 자라서 너무 간격이 좁아 간인(間引)하는 경우, 타공정 때문에 불가

피하게 옮겨야 하는 여러 가지 경우가 있다. 성공적인 이식이 되기 위해서는 식물의 종류에 따라 이식력과 활착력이 다르므로 당초의 생육지와 이식지의 토양, 제반환경조건 등을 고려하여야 한다.

1) 이식시기

조경식물의 이식시기는 종류와 위도 및 표고에 따라 다르나 원칙적으로 낙엽수와 낙엽초본류는 수액이 유동하기 직전인 초봄이 좋고, 상록수와 상록초본류의 경우 온도가 너무 높지 않고 습도가 많은 초여름이 유리하다. 그러나 지금은 콘테이너 재배가 되고 있기 때문에 시기에 관계 없이 이식이 가능하나 혹서기(酷暑期)나 혹한기(酷寒期)는 피하는 것이 좋다.

낙엽수 및 낙엽숙근(宿根)인 모란과 작약은 찬바람이 불기 시작하는 9월 말에서 10월 초순에 새 뿌리가 내리기 때문에 이때가 이식 적기이다. 그러므로 불가피하게 이식하고자 할 때에는 뿌리가 상하지 않도록 분을 충분히 크게 떠서 식재하여야 한다. 그리고 소나무류는 10월부터 2월까지가 적기로 소나무류는 활착이 되기 전, 즉 송진이 흘러나오기 전까지는 소나무좀(*Tomicus piniperda*)벌레 피해로 고사하는 사례가 많다. 또한 대나무류는 죽순이 나오기 전이 적기이며(3~6월) 남부지방과 중북부지방은 약 1개월 정도 차이가 있을 수 있다.

일반적으로 식물의 이식 적기는 종류에 따라 다르나 남부 지방은 춘기나 추기에 관계없이 가능하고 중북부지방은 춘기 식재가 좋으며 발주처의 사정에 의해 하기 고온기나 늦가을, 겨울철 식재 시에는 잎따기, 수분 증발 억제제 살포, 수간피복(樹幹被覆), 방풍벽 설치와 뿌리분 주변에 멀칭(바크, 우드칩, 퇴비, 왕겨 등) 하는 것이 필요하다.

2) 굴취(掘取)

초본류는 포지에 직접 식재하여 재배한 경우와 폿트에서 식재하여 재배하는 간접식재가 있는데 전자의 경우 뿌리가 상하지 않도록 굴취에 유의해야한다. 그리고 목본은 장비로 굴취하는 방법과 인력으로 굴취하는 방법이 있는데 분을 떠서 새끼나 마대끈으로 잔뿌리를 끊어 뿌리감기를 하는 뿌리감기 굴취법과 분을 뜨되 흙을 붙이지 않는 나근굴취법(裸根掘取法)이 있다.

이 두 굴취법과 유사한 추굴법(追掘法)이 있는데 이것은 뿌리를 파낸 뒤 자르지 않고 흙을 털어 그대로 이식하는 법으로 담쟁이덩굴, 모란, 작약 등을 이

식할 때 적용하며 이식을 싫어하는 나무 또는 직근성인 교목은 이 방법의 적용을 피해야 한다. 그리고 나무의 뿌리가 깊이 뻗어 있어서 분을 만들기가 어렵거나 사질토에서 분뜨기가 곤란할 때 이용할 수 있는 방법으로 근계를 싸고 있는 흙이 동결되었을 때에 펴 올려 뿌리를 자르고 흙덩어리의 상태로 이식하는 방법인 동토법(凍土法)이 있으나 지금은 거의 사용하지 않는 방법이다. 상취법(箱取法)은 천연기념물인 노거수 등 중요한 나무를 이식하고자 할 때 사용하는 방법으로 수간을 중심으로 거의 뿌리가 잘려지지 않을 정도로 사방을 파서 뿌리감기를 하지 않고 판자를 상자처럼 사방으로 짜서 네모서리를 나사로 조임한 후 강철선으로 묶어서 끌어 올려 이식한다.

이상의 여러 가지 굴취법 중 가장 일반화되어 있는 뿌리감기굴취법은 다음과 같다.

- 굴취하기 전 아래가지를 위로 치켜 올려 새끼나 마대끈으로 가지를 묶어준다.
- 소나무 등 교목인 경우 넘어지면 가지가 부러지고 안전사고를 일으키기 때문에 주간의 2/3지점에 줄을 묶어 굴취 후 넘어지지 않도록 사방에 고정시킨다.
- 뿌리부위의 토양상태를 파악하고 뿌리가 노출 될 때까지 표토를 긁어낸다.
- 토양이 모래 또는 자갈로 구성되어 있을 때는 굴취를 포기하거나 마대를 준비하여 분 주변을 싸고 새끼나 마대끈으로 묶어야 한다.
- 분의 크기를 결정한다(표 6-1, 표 6-2 참조). 일반적으로 10*cm* 미만인 나무는 상태를 감안하여 적당하게 굴취하되 10*cm* 이상인 나무는 대개 근원경의 4배를 기준으로 한다.
- 분의 크기가 결정되면 삽날로 원을 그린다. 그리고 수간을 중심으로 삽날을 반대로 하여 선을 따라 삽을 꽂아간 후 원 바깥쪽으로 도랑을 파서 흙을 파낸다. 뿌리가 사방으로 뻗어있으므로 톱이나 전정가위로 잘라가면서 깊게 파내려간다.
- 분 깊이의 1/2정도 내려갔을 때 무렵부터 새끼나 마대끈으로 분의 윗부분부터 뿌리감기를 시작한다. 이때 한 사람은 줄을 당기고 한 사람은 나무막대기로 두들겨가면서 줄을 분에 밀착시킨다.
- 이어서 분 아래쪽으로 삽을 넣어 곁뿌리와 흙을 파내고 마지막 직근을 남

긴 채 줄을 위와 아래를 비켜 감아 돌아가는데 분 위쪽에는 거북이 등과 같은 무늬가 된다.

- 대규모 수목일 경우에는 불에 구운 8번 철선 또는 고무줄을 이용하여 줄 위로 다시 감는다.
- 삼발이를 만들어 주간을 비스듬히 삼발이 위에 세우고 직근을 잘라낸다. 분의 밑부분이 풍화암 또는 자갈이 섞여있어 흘러내릴 때가 있는데 이때는 풀이나 나뭇가지로 밑을 메워 싸매어준다.
- 상차하기 전 근원경 20*cm* 이상인 중요한 나무는 분위에서 주간 중심으로 마대나 섬피 또는 두꺼운 부직포 등을 감고 그 위에 직경 3~4*cm*, 말구 60*cm* 길이의 막대기를 5~6개 정도 돌아가면서 세우고 8번선 철사로 3곳 정도 묶어서 보호대를 설치한다. 수피보호를 위해 크레인으로 나무 상

표 6-1 상록수의 분크기

근원경(*cm*)	분경(*cm*)	배율(*cm*)	근원경(*cm*)	분경(*cm*)	배율(*cm*)
3	24	8.00	51	216	4.23
4	28	7.00	54	228	4.22
6	36	6.00	57	240	4.21
8	44	5.50	60	252	4.20
10	52	5.20	63	264	4.19
12	60	5.00	66	276	4.18
14	68	4.85	69	288	4.17
15	72	4.80	72	300	4.16
18	84	4.60	75	312	4.16
21	96	4.57	78	324	4.15
24	108	4.50	81	336	4.14
27	120	4.44	84	348	4.14
30	132	4.40	87	360	4.13
33	144	4.36	90	372	4.13
36	156	4.33	100	412	4.12
39	168	4.30	115	472	4.10
42	180	4.28	130	532	4.09
45	192	4.26	145	592	4.08
48	204	4.25	160	652	4.07

(출처: 上野敬二, 1961)

표 6-2 낙엽수의 분크기

근원경(cm)	분경(cm)	배율	근원경(cm)	분경(cm)	배율
3	24	8.00	51	264	5.17
4	29	7.25	54	279	5.16
6	39	6.50	57	294	5.15
8	49	6.12	60	309	5.15
10	59	5.90	63	324	5.14
12	69	5.75	66	339	5.13
14	79	5.64	69	354	5.13
15	84	5.60	72	369	5.12
18	99	5.50	75	384	5.12
21	114	5.42	78	399	5.11
24	129	5.37	81	414	5.11
27	144	5.33	84	429	5.12
30	159	5.30	87	444	5.12
33	174	5.27	90	459	5.12
36	189	5.25	100	509	5.09
39	204	5.23	115	584	5.08
42	219	5.21	130	659	5.07
45	234	5.20	145	734	5.06
48	249	5.18	160	809	5.05

(출처: 上野敬二, 1961)

차 시에 분과 보호대 위에 줄을 묶어서 끌어 올린다. 그리고 수간 중간에 당김줄을 묶을 자리에도 반드시 두꺼운 부직포를 감아주어야 한다.

기타 내용으로 장비로 굴취할 때는 인력굴취 작업 전에 결정된 크기의 분 주위 20~30*cm* 여유를 두고 굴착기로 파낸 후 인력으로 분 주변을 삽과 톱, 전정가위로 다듬는다. 그리고 나근굴취법은 버즘나무나 회양목 등 뿌리분이 잘 깨지지 않는 수목의 굴취에 이용되며 일반평지가 아닌 길이 없는 산지에서 굴취할 때는 미리 운반 작업도로를 개설하는 일이 선행되어야 한다.

3) 상차와 운반

어린 나무는 인력으로 운반하여 상차하고 운반차량의 진입이 어려울 때는 경운기, 트랙터 등을 이용하여 차량까지 운반한다. 대규모 수목은 과거에는 목도로 운반했지만 현재는 거의 굴착기의 바가지에 고리를 부착하여 그 곳에 메달아 운반상차하거나 크레인으로 한다.

상차시 주의할 사항으로는 첫째, 수관폭이 큰 나무는 가지를 모아 묶어주고, 둘째, 운반차량에 주간 부위가 닿는 부분은 두꺼운 부직포로 덮고 그 위에 나무를 놓아야 운반도중 상처가 나지 않는다. 셋째, 건조방지 및 바람으로 인한 스트레스 방지를 위해 반드시 분부터 나무전체가 보이지 않도록 두꺼운 부직포와 천막지 등을 이용하여 덮개를 덮는다.

4) 식재 및 사후관리

식재하고자 하는 목적지에 운반차량이 도착하면 다음 사항을 유의하여 시행한다. 수목은 하차 즉시 식재한다. 식재하고자 하는 구덩이를 파두지 않았을 경우, 바람 및 햇볕에 쬐이지 않도록 차광망 등으로 덮어두고 그 위에 뿌리분이 마르지 않도록 물을 가볍게 뿌려주는 것도 좋다. 구덩이의 크기는 분의 크기의 1.5배 정도 파고 밑바닥에는 표토를 완숙퇴비나 부엽토 등을 적당량 섞어서 넣어주고 분을 놓는다.

이식하는 나무의 뿌리가 많이 잘렸을 경우에는 T/R율(top and root ratio: 식물의 지하부생장량에 대한 지상부생장량의 비율) 조정을 위하여 지상부의 가지와 잎의 적당량을 솎아주어야 하며 필요시에는 수분증발억제제를 살포한다.

수목식재는 가능한 본래 식재되었던 방향대로 원래 묻혔던 깊이보다 조금 낮게 식재한다. 밑바닥에 지하수가 흐르고 있을 때는 반드시 암거 후에 식재한다. 식재 후에는 지주목을 설치하고 분 주변에 양질의 흙을 가득 채워 넣는다. 지주목과 수간이 접하는 부분은 반드시 마대 또는 두꺼운 부직포로 수간을 감아준다. 근원경이 큰 대경목(약 30~40㎝이상) 식재 시에는 유공관(지름 5~10㎝)을 분 주변에 5~6개 정도 분 깊이로 넣어준다. 유공관의 구멍보다 조금 굵은 자갈을 채워 흙이 들어가지 못하게 하고 뚜껑을 씌워준다. 날씨가 가물 때 뚜껑을 열고 호수로 물을 유공관에 넣어주면 분을 깊이 파지 않고 관수 할 수 있다. 이후 호수 끝에 pipe를 끼워서 분의 밑바닥에서부터 물을 가득 채워주면서 삽으로 360° 회전하면서 채웠던 흙을 완전히 죽이 되게 한다. 일정 시간이 지나면 분과 기존 토양에 물이 스며들면 채웠던 흙이 가라앉는다. 가라앉은 것만큼 다시 흙을 채운다.

흙을 채운 후에는 분 위에 바크나 우드칩, 퇴비 등을 멀칭한다. 때에 따라 소나무나 곰솔은 뿌리에 공생하는 균근류 때문에 토식(土植)을 해야 하고 물을 주어서는 안 된다고 기술하고 있지만 이것은 어린 묘목을 식재할 때는 가능하나 분을 떠서 이식하는 대목은 불가능하다.

뿌리의 발생이 좋지 못한 나무들이나 노거수 등은 뿌리돌림을 했다가 이식하면 활착이 용이하다. 그러나 과거에 좋은 장비가 없었을 때는 분을 크게 떠서 운반하기가 어려웠으나 지금은 100*ton* 이상도 들 수 있기 때문에 뿌리를 많이 자르지 않고 분을 크게 떠서 바로 이식하여도 가능하다. 뿌리돌림을 했을 때는 이식 시와 거의 유사하게 지상부의 가지는 솎아주어야 하고, 지주목 설치, 관수 그리고 멀칭, 배수, 병충해방제도 제대로 해 주어야 한다. 식재 후에 수간의 건조 및 동해, 일소(日燒) 방지를 위해 마포, 새끼(황토 바르기), 황토마포, 비닐 등을 감아주기도 한다.

지주목세우기는 2각, 3각, 4각, 첨목식, 쇠줄당기기(cabling) 등 다양하며 수목의 크기와 장소에 따라 선택한다. 식재 후 활착율을 높이는 방법은 식재당년 결빙전(結氷前)과 다음 해 해빙직후(解氷直後)와 여름가뭄, 가을가뭄 때 관수하고 수목의 상태를 보아 영양제 및 요소를 엽면에 살포하는 것이다. 성토지에 식재 시는 1/3정도 높게 상식한다. 그리고 여름장마에 철저하게 배수작업을 해야 한다.

아스팔트와 같이 다져진 터 위에 성토하여 식재 시에는 반드시 바닥을 50~60*cm* 정도 깊이로 굴착기로 갈아엎은 다음 성토해야 한다. 중부이북지방에서 추기 또는 초겨울에 식재했을 때는 반드시 멀칭을 하고 철쭉류는 방풍벽을 설치하여 준다. 가능한 강풍이 맞닿는 곳에 독일가문비, 잣나무, 백목련 등 식재할 경우 동해피해가 심각하므로 식재를 피해야 한다. 소나무류를 3~4월에 이식하였을 때는 2개월 정도까지는 소나무좀벌레 예방을 주기적으로 실시하고 여름건조기의 응애방제, 장마기 이후의 깍지벌레 예방을 철저히 한다. 노거수, 또는 희귀식물을 식재 시는 7~8월까지 남향 또는 남서향에 차광막 등으로 해가림을 하여 직사광선을 피하도록 하여 수피가 타는 것을 막아주어야 하며 이식 후 식물이 활착할 때까지는 비료를 주어서는 안 된다.

4. 조경식물의 전정(剪定)

전정은 수목이나 초본류의 식재목적에 따라 불필요한 가지나 줄기 등을 잘라주는 작업을 말하는데 일반적으로 수목의 수형을 유지보존하기 위하여 주간과 주지를 정리하여 균형과 조화를 이루는 기초정리작업을 정지(整枝:

training cut)라 하고, 관상목적에 따라 수목으로부터 원하는 형태대로 관상, 개화, 결실 등의 최종적인 목적을 얻기 위한 정리작업을 전정이라 한다.

1) 전정의 기본원리

- 수형이나 초형을 아름답게 하기 위하여 불필요한 도장지나 곁가지를 잘라준다.
- 이식한 식물은 지상부의 수분증산과 뿌리의 수분흡수의 균형을 맞추기 위하여 가지와 잎을 줄여준다.
- 여름철의 태풍을 대비하여 수형을 축소시킨다(가로수 등).
- 영양생장을 조정하여 생식생장으로 유도한다(유실수, 화목 등).
- 통풍과 채광이 잘 되게 하여 병충해발생을 억제한다.
- 병충해피해 또는 쇠약한 식물의 가지를 잘라 활력을 재생시킨다.

2) 전정의 종류

전정은 기본 수형을 유지하면서 가지솎기를 하는 정지전정(동계전정)과 미관상의 측면에서 가지와 잎을 다듬는 정자전정(하계전정), 그리고 정형화된 수목의 표면에 지엽이 밀성하게 하여 아름다움을 강조하는 깎아다듬기(단식, 군식, 열식 등의 다듬기, 원추형, 구형, 생울타리등 만들기)가 있다.

3) 전정 시기

낙엽수는 늦가을에(특히 자작나무속과 단풍나무속 식물은 해빙후에는 수액이 상승하므로 자른 부분에 수액이 흘러나온다) 상록수는 가을 전정도 하지만 중북부이북은 해동직후가 좋다(향나무 등은 가을에 전정하면 잘린 부분이 빨갛게 동해를 받는다). 철쭉류는 8월에 화아분화가 되므로 그 이후는 자르면 내년봄에 꽃이 피지 않기 때문에 꽃이 지자마자 만들고자 하는 수형으로 자른다.

우리주변의 공원이나 도로변에 식재된 수목 중 개나리, 조팝나무, 빈도리, 고광나무, 불두화, 병꽃나무, 개쉬땅나무 등은 꽃이 진 후 자르고 그 이후는 도장지만 정리하는 방법으로 해야 한다. 유실수의 경우 결과습성, 화목의 경우 개화습성에 따라 자르도록 해야 한다. 깎아다듬기(Trimming, Shearing)는 맹아력이 강한 수종으로 생단, 토피어리등 미관상 언제나 같은 형태로 유지할 필요가 있으므로 2~3회 실시한다.

4) 전정 기법(技法)

- 수목의 종류에 따라 다를 수 있으나 대체적으로 이병지, 고사지, 얼지, 상수지(도장지), 하수지, 역지(교차지), 평행지 등을 먼저 잘라낸다. 그 다음 남겨 놓은 잔가지를 솎아준다. 특히 주의할 점은 배나 사과, 매실 등 과수의 경우 도장지라 해서 무조건 잘라낼 필요는 없다. 유인하여 결과지로 활용할 수 있는 것도 있다.
- 가이즈카향나무, 향나무, 둥근향나무 등 지엽이 치밀한 수목은 바깥의 지엽만 자르지 말고 속가지 특히 채광과 통풍을 위해 삭은 가지를 훑어 내어야 한다.
- 벚나무류, 단풍나무류 등 전정을 싫어하는 나무의 경우 가지 중간에서 자르지 말고 연장대행 할 수 있는 분지점 바로 윗부분을 잘라주어야 한다.
- 정지할 때 밑부분의 크기가 직경 2~3*cm* 이상 될 때는 반드시 아랫부분을 먼저 톱으로 자른 다음 위에서 잘라야 가지가 찢어지지 않으며 그리고 길게 남기지 말고 바짝 붙여서 잘라야 유합이 잘 된다. 상처도포제(wound dressing)를 발라주어야 한다.
- 장미와 같이 골속이 큰 나무는 그림 6-2과 같이 자르고 특히 장미는 반드시 외아를 남기고 자른다.

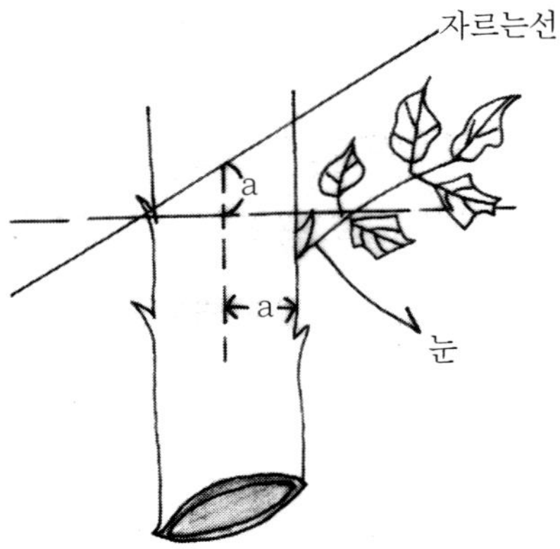

그림 6-2. 장미전정

5. 시비(施肥)

식물은 간단한 무기물로부터 인류가 요구하는 유기물을 합성해 주고 있는데, 동물이 요구하는 식품이 제각기 다른 것처럼 식물의 요구성분도 종류에 따라 다르다. 비료는 식물의 종류와 생육상태, 토양조건 등에 따라 다르나 밑거름으로 주는 기비(基肥)와 웃거름으로 주는 추비(追肥)로 나눌 수 있고 대개 기비의 경우는 유기질비료를, 추비의 경우는 화학비료 즉 무기질 비료를 준다.

식물의 필수원소는 C, H, O, P, K, N, S, Ca, Mg, Fe의 10가지로서 이중 C, H, O는 물, 공기, 이산화탄소에서 얻고, 그 밖의 원소는 모두 토양에서 얻는데, 특히 N, P, K(N, P_2O_5, K_2O)는 식물이 비교적 다량으로 요구하고 토양 중에서 부족하기 쉬운 것으로서 이것을 비료의 3대원소라고 한다. 이들 못지않게 다량으로 필요로 하는 Ca와 토양의 물리, 화학적 또는 미생물적 성질을 개선하여 토양비옥도를 증진시키는 부식질(腐植質)을 더해서 비료의 5대요소라고 한다. 10가지 필수원소 중에서 Fe를 제외한 나머지 원소들은 식물에 의한 요구도가 크므로 이들을 다량원소라고 한다. 이에 대해서 매우 적은 양이지만 식물생육에 없어서는 안 될 미량필수원소로서 Cu, Zn, Mn, B, Mo, Fe 등이 있다.

1) 비료의 성분

질소

질소(N)에는 식물체의 단백질과 엽록소 및 각종 생장물질의 기본 물질로서 가장 많이 필요로 하는 주요 비료성분으로, 이것이 결핍되면 잎이 대부분 황화되고 생장이 억제된다. 질소는 특히 잎이 자라는데 많이 이용된다.

인산

인산(P_2O_5)은 탄수화물과 화합물을 형성하여 쉽게 다른 물질로 변화되는데 이용되며, 생장점 가까이에 있는 관다발 부근의 형성층에 많고, 세포핵에 있는 핵산과 꽃, 과실 및 종자 중의 저장물질로 존재한다. 인산이 결핍되면, 신장이 억제되고, 마디 사이가 짧아진다. 인산을 꽃, 열매 및 종자의 비료라고 하며, 기온이 낮은 가을이나 겨울에 식물의 잎 주변이 보라색으로 착색되는 것은 일종의 인산결핍 증상이다.

칼리

칼리(K)는 수화이온으로서 뿌리 끝이나 잎 끝까지 물이 도달하는 곳에 널리 분포하며, 특히 줄기의 형성층 부근에 인산과 더불어 많이 분포되어 있다. 칼리는 줄기의 비료라 할 수 있을 만큼 줄기를 견고하게 하고, 내한성과 내병충해성을 강하게 하며, 특히 구근식물의 구근발달과 수량증가에 많이 요구된다.

석회

석회(Ca)는 식물성분 중에서 네 번째로 많은 물질로 토양과 식물체에 널리 존재하며, 이것은 식물의 세포막을 강건하게 하고 세포 내에 들어가는 해로운 물질을 막아준다. 석회가 결핍되면 식물의 생장점 또는 그 부근의 잎과 눈 및 꽃봉오리가 말라 죽고 생장이 억제된다.

철분

철분(Fe)은 엽록소형성에 관여하기 때문에 결핍되면 잎맥부분을 제외한 잎 전체가 황화된다.

마그네슘

마그네슘(Mg)도 철과 같이 엽록소 구성성분으로 결핍되면 잎이 황화된다.

망간

망간(Mn)은 결핍에 의한 장해보다도 과다 흡수에 의한 장해가 문제 된다.

붕소

붕소(B)는 식물에 따라 요구량과 식물 체내의 함량이 다르며 대체로 함유량이 많은 것이 요구량이 많다. 붕소가 결핍되면 잎, 줄기, 꽃 및 과실의 모양이 기형이 되고 생장이 억제되며, 비정상의 무늬가 발생되기도 한다.

2) 비료의 종류

무기질 비료

무기질 비료는 흔히 화학비료라고 하며, 비료의 효과가 단기간 내에 나타나기 때문에 속효성비료라고 한다. 무기질비료에는 질소, 인산, 칼리 성분이 단독적으로 들어있는 것과 이것들이 적당한 비율로 혼합된 복합비료가 있다.

- 질소질 비료: 황산암모늄, 요소, 유안, 등
- 인산질 비료: 과인산석회, 용성인비, 등
- 칼리질 비료: 염화칼륨, 초목회, 등
- 복합비료: 18-18-18, 원예용 복합비료, 등

유기질 비료

유기질 비료는 식물체를 부숙시킨 퇴비, 깻묵 등 식물성유기질비료와 골분, 가축의 분뇨 등을 부숙시킨 동물성유기질비료가 있는데 완효성비료라고 한다.

3) 시비법

비료요구도

식물의 생육단계와 종류에 따라 사용하는 비료의 종류와 양이 달라진다. 질소는 생육초기나 식물이 왕성하게 자랄 때 많이 필요하고, 개화나 결실기에는 인산과 칼리가 보다 더 필요하다. 식물의 종류에 따라 다비식물과 저비식물로 구분할 수 있다.

시비방법

비료는 식물의 생육이 진행되는 과정에서 필요한 것이므로 뿌리의 활동이 정지된 저온기에는 시비를 하지 않는 것이 좋다. 뿌리의 상태가 불량하면 잎의 표면과 뒷면에 액비를 뿌려주는 엽면시비방법을 이용하기도 한다. 화학비료인 경우에는 뿌리에 직접 닿지 않도록 해야 한다. 액비의 경우에는 지시된 양을 물에 타서 뿌리에 주고 고형비료의 경우에는 뿌리부근의 토양속에 묻어 주어 관수할 때마다 비료성분이 서서히 공급되도록 한다.

6. 관수(灌水)

식재 후 관수는 계획관수가 되어야 한다. 즉 대형목은 인력관수 또는 점적식 관수로 하고 관목 및 지피식물은 공원 또는 넓은 광장일 경우 스프링쿨러로 관수한다. 가로수나 분리대화단 등은 점적식 자동 관수시스템으로 하는 것이 좋다.

주기적으로 토양함수량을 점검하되 과습 또는 과건 되지 않도록 해야 한다. 대형 소나무와 같은 경우는 재배와 이식편에서 언급한 바와 같이 유공관 관수가 효율적이다. 만약 유공관을 넣지 않았을 경우는 표면 관수는 거의 효과가 없다. 식물의 뿌리분포가 지표밑 30~40*cm* 부근에 많기 때문에 10일에 한번 주더라도 분 주변을 30*cm* 이상 파서 관수를 해야 하고 관수 후에는 수분증발 방지를 위해 멀칭이 필요하다.

여름건조기에 지피식물에 관수 시는 가능한 아침, 저녁으로 하는 것이 효과적이다. 특히 장마가 끝난 후 잊어버리고 있을 때 건조피해가 많으므로 이때를 주의해야하고 결빙직전과 해동직후 관수에 만전을 기해야한다.

7. 병충해

식물 병충해의 가장 효과적인 방제는 주기적인 정기예찰에 있다. 식물의 병해와 해충의 발생은 기후 환경조건과 깊은 관련이 있다. 너무 건조하면 응애류, 방패벌레류 등이 많이 발생하고, 너무 습하면 흰가루병, 깍지벌레류 등이 많이 발생한다. 병충해 방제 역시 매년 주기적으로 발생되는 시기를 감안하여 연간 방제계획을 수립하고 기후조건 등을 감안하여 철저한 예방작업을 해야 한다.

흰불나방, 송충이 등이 잎을 가해한 후 날씨가 추워지면 지면으로 기어 내려와 땅 속에서 월동하게 되는데 낙엽이 떨어지기 전, 즉 벌레들이 내려오기 전에 수간부에 짚으로 만든 잠복소를 설치했다가 봄 해동 전에 풀어서 불에 태운다. 지금은 하나의 연례행사로 낙엽이 다 떨어진 후에 설치하고 벌레가 다 나간 후에 3~4월에 가서 제거하는 일이 많다.

1) 중요 병해

소나무재선충병(材線蟲病)

- 병원균병: *Bursaphelenchus xylophilus*
- 분포: 전 세계, 우리나라는 부산, 거제 등 남해안
- 피해수종: 곰솔, 소나무, 잣나무, 섬잣나무, 낙엽송, 젓나무 등이고 내병성이 강한 수종은 리기다소나무이다.
- 병징과 표징: 매개충인 솔수염하늘소의 몸에 부착하여 기주목에 침입. 침입 후 6일이면 잎이 밑으로 처지고 30일이 지나면 잎이 적변한다. 침입한 나무는 100% 죽는다.
- 방제: 고사목은 벌채소각, 매개충산란방지, 이목설치 후 소각, 5~7월에 메프유제 수관살포, 살선충제 수간주사, 최근에 개발시판하고 있는 관주처리용 선충탄액제, 수간주사용 인덱스유제 등이 있다.

적성병(赤星病)

- 병원균명: *Gymnosporangium asiaticum*
- 분포: 한국, 일본, 중국
- 피해수종: 사과나무, 꽃사과, 산사나무, 모과나무, 배나무, 야광나무 등 장미과
- 병징과 표징: 4~5월경 향나무의 잎과 줄기에 동포자의 돌기가 형성되고 비온 후 한천모양처럼 부푼다. 동포자가 발아하고 소생자를 형성하여 중간기주인 장미과 식물로 옮긴다. 6~7월 장미과 식물의 잎, 열매, 가지 등에 노란색의 반점이 나타나고 자낭각인 돌기를 내고 심하면 검게 변사한다.
- 방제: 농약관리법상 배, 사과원이 있는 2*km* 이내는 향나무를 심지 못하게 되어 있다. 2~3월에 향나무에 석회유황합제 살포. 사과, 배나무 등은 4월중 하순경 강우전후로 바리톤을 살포한다.

흰가루병(白粉病)

- 병원균병: *Sawadaea tulasnei*(단풍나무과), *Sphaerotheca pannosa* (장미과)
- 분포: 한국, 전세계(열대, 온대)
- 피해수종: 장미, 배롱나무, 단풍나무류, 참나무류 등
- 병징과 표징: 6~7월 또는 장마철 이후부터 잎의 앞뒤면 또는 꽃봉오리에 백색의 반점이 생기며 심하면 잎 또는 꽃봉오리가 하게 되면서 위축된다.
- 방제: 휴면기에 석회유황합제 1~2회 살포, 장마직후에 만코지수화제, 지오

판 수화제, 베노밀 수화제 등을 2주 간격으로 살포한다.

부란병(腐爛病)

- 병원균병: *Valsa ceratosperma*
- 분포: 전세계
- 피해수종: 사과나무, 꽃사과, 아그배나무, 야광나무 등
- 병징과 표징: 줄기 및 가지에 발생되어 수피가 괴사되어 말라죽거나 수세가 약해짐. 수피가 적갈색으로 변색되면서 약간 부풀어 오르고 벗겨지기도 하며 초기에는 시큼한 냄새가 난다. 사과 밭에 만연되면 폐농하게 되는 무서운 병이다.
- 방제: 상처 있는 잔가지는 잘라서 소각하고, 줄기는 접도로서 병든 부분을 깍아내고 상처도포제를 발라준다(지오판도포제, 포리겔도포제). 휴면기에 나무전체를 피시피동수화제나 석화유황합제를 살포한다.

빗자루병(天拘巢病)

- 병원균명: *Mycoplasma sp.*, Phytoplasma
- 분포: 전 세계
- 피해수종: 대추나무, 오동나무, 벚나무(곰팡이에 의한)
- 병징과 표징: 가지의 일부에 황록색의 빗자루 같은 잔가지가 모여 나서 겨울이 지나면 고사되며 2~3년 방치 시에는 나무 전체가 고사된다. 병든 나무의 꽃은 황화현상을 일으키며 잎으로 변하기도 하고 열매는 열리지 않는다. 모무늬 매미충에 의해 매개된다.
- 방제: 병든 나무는 뽑아서 소각한다. 초기에는 옥시테트라 싸이클린계의 옥시마이신 또는 테라마이신 1,000배액을 수간주사 한다. 예방책으로 6~8월 흡즙성 매개 곤충을 비피유제 또는 메프유제를 2주 간격으로 수관에 살포하여 구제한다.

이 외에도 엽진병, 엽고병, 피목지고병, 적고병, 갈반병, 윤문병, 회색곰팡이병, 떡병, 세균성천공병 등이 피해를 준다.

2) 중요 충해

소나무좀(*Tomicus Piniperda*)

- 분포: 한국, 일본, 중국, 시베리아, 유럽 등
- 피해수종: 소나무, 곰솔, 잣나무 등

- 피해: 소나무류 3대 해충의 하나로 주로 이식하여 활착되기 이전 쇠약한 나무에 가해하는데 (송진이 흐르지 않으면) 월동한 성충이 수피에 구멍을 뚫고 들어가 수직으로 갱도를 만들고 알을 낳아 부화한 유충이 자라면서 모갱과 직각인 수평 방향으로 갱도를 뚫고 갉아 먹음으로써 양분의 이동이 차단되어 나무가 고사한다. 새로 자란 성충은 새순의 1~2㎝ 위 지점에 구멍을 뚫고 골속을 가해한 후 탈출하면 빨갛게 마르면서 고개를 숙인다.
- 방제: 이식 후 수간중심으로 메프유제를 살포하고 비닐을 감아주면 예방 할 수 있고 침투성인 농약으로 코니도 같은 입제살충제를 뿌리부근에 뿌려서 흡수시키거나 다이메크론을 수간주사하기도 한다.

솔수염하늘소(*Monochamus alternate*)

- 분포: 한국, 일본, 중국, 대만
- 피해수종: 곰솔, 소나무, 잣나무, 가문비나무 등
- 피해: 소나무류의 쇠약목을 가해하는 2차성해충으로 소나무재선충의 매개충이다. 성충은 후식(後食)으로 건전한 나무의 어린가지를 물어뜯어 수피 밑 형성층을 갉아먹는다. 부화한 유충은 수피 밑의 형성층과 목질부를 식해한다. 주로 쇠약목과 고사목에 발생한다. 소나무재선충은 재선충이 기생하는 솔수염하늘소의 성충이 소나무류의 수피를 갉아 가해하거나 산란할 때 전파된다. 나무에 침입한 재선충은 나무 전체로 확산하여 생리적 변화를 일으켜 나무를 고사시킨다.
- 방제: 쇠약목, 고사목 등 수세가 약한 나무는 간벌하여 매개충이 번식하지 못 하도록 한다. 이목을 설치하여 산란을 유도하고 박피소각한다. 성충발생기인 5~7월 하순경에 메프유제를 2~3회 살포한다.

소나무가루깍지벌레(*Crisicoccus pini*)

- 분포: 한국, 일본, 미국
- 피해수종: 소나무, 곰솔, 잣나무 등
- 피해: 연 2회 발생하며 약충으로 월동하는데 5~6월에 제 1세대가 발생하고 8~9월에 제 2세대의 성충이 발생한다. 신초(新梢)의 침엽 사이, 줄기에 기생하면서 수액을 빨아먹어 생장을 저해시키고 위축시키기도 한다. 가뭄이 심하면 누렇게 퇴색하기도 하며 2차적으로 그을음병을 유발하기도 하여 미관을 해친다.
- 방제: 발생초기에 메카밤유제, 메치온유제(수프라사이드), 부프로페진액상

수타제 등을 10일 간격으로 2~3회 교호 살포한다.

회양목명나방(*Glyphodes perspectalis*)

- 분포: 한국, 일본, 중국, 인도
- 피해수종: 회양목
- 피해: 연 2회 발생하며 4월 하순부터 유충이 거미줄 같은 실을 토하여 잎을 묶고 그 속에서 가해하는데 표피와 엽육만 갉아먹어 잎이 반투명체가 되다가 더 크게 자라면 잎 전체를 갉아먹어 줄기만 남아 미관상 극히 불량하게 된다.
- 방제: 발생 초기 메프유제, 비티수화제 등을 약액이 흐르도록 2회 정도 살포하면 쉽게 방제된다.

방패벌레류

- 분포: 한국, 미국, 일본 등
- 피해수종: 버즘나무, 물푸레나무, 철쭉류
- 피해: 잎 뒷면에서 흡즙하며 가해하고 그을음병처럼 지저분하게 만들며 잎이 황변한다. 가뭄이 계속되면 더욱 심하다.
- 방제: 5월경 잎 뒷면을 예찰하여 발생초기에 에토펜프록수화제 등을 2~3회 살포한다.

응애류

- 분포: 세계적으로 분포(추운 지방은 온실 안에서 발생)
- 피해수종: 소나무, 곰솔, 벗나무류, 장미, 사과나무, 매화 등
- 피해: 연 8~10회 발생하며 나무껍질이나 잡초, 낙엽에서 성충으로 월동한다. 4~5월 시작으로 8~9월에 밀도가 가장 높고 11월까지 가해한다. 잎 뒷면에 기생하여 흡즙(吸汁)하므로 유심히 관찰하지 않으면 발생 초기에는 발견하기 어렵지만 피해가 심하면 하엽부터 잎이 황변하여 낙엽이 지게 되므로 알 수 있다. 흰 종이를 잎 밑에 놓고 위에서 가지를 흔들면 종이 위에 이 같은 것이 기어 다니는 것을 볼 수 있다. 그것도 감별이 어려우면 종이면을 쓸어보면 빨갛게 핏줄이 나타난다.
- 방제: 발생 초기에 살비왕, 방패단, 알파인 끝내기 등 약제를 주 1회 연속 2~3회 교호 살포한다.

미국흰불나방(*Hyphanria cunea*)

- 분포: 미국이 원산이며 한국(1958년 침입), 일본, 유럽 등
- 피해수종: 침엽수를 제외한 모든 활엽낙엽수

- 피해: 유충기에 피해를 주며 잡식성이다. 연 2~3회 발생하며 가해 초기에는 유충들이 군식하며 엽육만 갉아 먹고 엽맥만 남겨 놓는다. 4령기까지의 유충은 실을 토하여 잎을 감아 집을 만들고 그 속에 군서하면서 엽맥만 남기고 엽육을 먹는데 5령기부터는 나무 전체에 흩어져 가해한다. 제1화기는 5~6월에, 제2화기는 7~8월에 출현한다. 암컷이 한 번에 잎 뒷면에다 600~700개의 알을 낳는다. 유충기간은 약 50일이고 노숙유충은 번데기가 될 장소를 찾아 나무껍질 및 지피물 등에 몸을 숨겨 고치를 짓고 번데기가 되어 월동한다(번데기기간 약 200일).
- 방제: 잠복소를 8월경에 설치하고 유인하여 소각한다. 가장 경제적인 방제로는 5월부터 예찰하여 산란된 잎을 채취하여 소각하던지, 유충이 군서하면서 가해하는 잎을 따서 소각하는 방법이다. 나크수화제, 델타린유제 등을 발생 초기부터 수관에 살포한다.

이 밖에도 향나무하늘소, 소나무순나방, 솔잎혹파리, 솔껍질깍지벌레, 진딧물류, 소나무거품벌레와 솜벌레, 은무늬굴나방, 노란털알락나방, 오리나무좀, 안락하늘소, 텐트나방, 박쥐나방, 안락박쥐나방, 복숭아유리나방, 외줄면충, 도토리거위벌레 등이 가해한다.

참고문헌

고경식과 전의식. 2005. 한국의 야생식물. 일진사. 998쪽.

곽병화. 1997. 신제 화훼원예각론. 향문사. 494쪽.

국립산림과학원. 1991. 수목병해충도감. 삼정인쇄공사. 424쪽.

김용식 외. 2006. 조경수목핸드북. 광일문화사. 363쪽.

김진석, 김태영. 2011. 한국의 나무. 돌배개. 688쪽.

김호준. 2001. 수목환경관리학. 도서출판 유천. 502쪽.

김호준 외. 2003. 잔디 · 수목병해충 원색도감. 한국잔디연구소. 200쪽.

김호준, 박봉우, 임주훈, 하연. 1997. 경관수목학. 두솔. 245쪽.

박용진 외. 2003. 조경수목학. 향문사. 426쪽.

방광자. 2005. 지피식물학. 도서출판 조경. 238쪽.

서봉보 외 10인(역). 2005. 일반식물학. 월드사이언스. 510쪽.

안영희. 2001. 녹지환경학. 태림문화사. 726쪽.

안영희. 2008. 한국의 자생식물. 김영사. 607쪽.

안영희. 2010. 관상식물학. 태림문화사. 343쪽.

안영희. 2011. 조경생태학. 태림문화사. 417쪽.

안영희. 유원형. 1998. 원예학실험법. 중앙대학교 출판부. 304쪽.

오구균, 서민환, 정정준, 김유미. 2005. 생태수목도감. 광일문화사. 351쪽.

우리식물살리기운동. 2000. 토종식물 이용 · 관리와 관련된 전통지식의 발굴 · 정리사업. 산림청. 110쪽.

윤평섭. 2006. 조경학. 문운당. 572쪽.

이경준. 1995. 수목생리학. 서울대학교출판부. 514쪽.

이경준 외. 2001. 조경수식재관리기술. 서울대학교출판부. 448쪽.

이경준, 한상섭, 김지홍, 김은식. 1996. 산림생태학. 향문사. 395쪽.

이규배. 2012. 식물형태학 제2판. ㈜라이프사이언스. 188쪽.

이창복. 2004. 수목학. 향문사. 331쪽.

이창복. 2006. 원색 대한식물도감(상,하). 향문사. 914, 910쪽.

임경빈. 1999. 특용수재배학. 향문사. 496쪽.

임경빈. 2003. 우리나라 삼림대. 산림과학논집 3: 9-14.

임동빈, 백수봉, 임웅규. 1983. 신고 일반식물학. 향문사. 319쪽.

임동옥, 소웅영. 1986. 수 종 소나무속 식물에 있어서 뿌리와 줄기의 2기목부에 관한 비교해부. 한국식물학회. 29(3): 185-196.

임동옥, 소웅영. 1991. 수 종의 목본식물에 있어서 정상 및 왜소개체의 2기목부의 비교 해부. 한국식물학회. 34(1): 9-18.

임동옥, 소웅영. 1993. 한국산 두릅나무과 식물 줄기에서 2기목부의 비교 해부. 한국식물학회지. 36(4): 345-355.

임양재, 백순달. 1985. 천연보호구역 설악산의 식생. 중앙대학교 출판국. 199쪽.

임웅규, 김인택, 이호준, 송종석, 김종홍, 김장호. 1993. 식물형태학. 오성출판사. 22쪽.

조성진. 2003. 비료학. 향문사. 416쪽.

조재영 외. 2000. 재배학범론. 향문사. 578쪽.

한국생물과학협회. 1998. 생물학사전. 아카데미서적. 2068쪽.

한국자생식물협회. 2003. 우리꽃 589종. 296쪽.

한국자생식물협회. 2004. 우리꽃 599종. 신구문화사. 290쪽.

한국조경학회. 1996. 조경수목학. 문운당. 386쪽.

한국조경학회. 1999. 조경수목학. 문운당. 386쪽.

上野敬二. 1961. 樹木の移植と根廻(Ⅱ). 加島書店. 253pp.

池田二郎. 1985. 現代造園. 農業圖書株式會社(東京).

平城好明 外 5人. 1986. イラスト園藝作業ブック. 講談社(東京).

玉崎弘志. 2003.わが家の庭木を剪定 する. 日本放送出版協會(東京).

岩瀬澈, 大野啓一. 2004. 寫眞で見る 植物用語. 全國農村教育協會. 189pp.

Alexander, M. 1980. Effects of acidity on microorganisms and microbial processes in soil. In T. C. Hutchinson and M. Havas, eds. Effects of acid precipitation on terrestrial ecosystems. Plenum Press. New York. pp. 363-374.

Balick, M. J. and P. A., Cox. 1996. Plants, people, and culture: the science of ethonobotany. Scientific American Library. 228pp.

Bowes, B.G. 1996. A Colour Atlas of Plant Structure. Manson pub. 192pp.

Brady, N. C. 1990. The nature and properties of soils. 10th ed. Macmillan, New York. 621pp.

Capon, B. 1994. Botany for Gardeners an introduction and guide. B,T, Batsford Ltd, London. 220pp.

Christopher B, 2000. RHS A-Z Encyclopedia of Garden Plants. Doring Kindersley. London. 1080pp.

Craul, P. J. 1992. Urban soil in landscape design. John Wiley. New york. 396 pp.

Dawson, P. 1998. A Handbook for Horticultural Students. RHS.

Dole, J.M. and H.F. Wilkins. 1999. Floriculture. Prentice Hall(N.J.)

Eckbo, G. 1988. Home landscape. McGraw-Hill, Inc.

Elis, D. 1994. Dictionary of horticulture. Viking Penguin(New York).

Flint, H. L. 1983. Landscape plants for Eastern North America exclusive of Florida and the Immediate Gulf Coast. John Wiley & Sons, New York. 677pp.

Frodin, D. G. 1984. Guide to standard floras of the world. Cambridge University Press. 619pp.

Graves, W. R., M. N. Dana, and R. J. Joly. 1989. Influence of root-zone temperature on growth of Ailanthus altissima (Mill.) Swingle. J. Environ. Hort. 7(2):79-82.

Hartman, H.T., D.E. Kester, F.T. Davies, and R.L. Geneve. 2002. Plant propagation(Seventh edition). Prentice Hall Co.(N.J.). 880pp.

Hillel, D. 1980. Fundamentals of soil physics. John Wiley. New york. 413pp.

Hillier, J. & A. Coombes. 2002. The Hillier Manual of Trees and Shrubs. David Charles. 511pp.

Ingels, J.E. 1994. Ornamental Horticulture(2nd edition). Delmar publishers Inc.

Kalusche, D. 1999. Oekologie. Quelle & Meyer. 234pp.

Kimmins, J. P. 1997. Forest Ecology. MacMillian New York. 596pp.

Kohlen, F. and P. Menzel(1992) The encyclopedia of plants for garden situations: the right plants for the right setting. Batsford. UK. 320pp.

Kramer, P. J.(1957) Some effects of various combinations of day and night temperatures and photoperiod on the growth of loblolly pine seedlings. Forest Science 3. 45-55pp.

Larcher, W. 2001. Oekophysiologie der Pflanzen. Verlag Eugen Ulmer, 408pp.

Li, H. L. 1963. The origin and cultivation of shade and ornamental trees. University of Pennsylvania Press. 282pp.

Longwell, C. R., R. F. Flint and J. E. Sanders(1969) Physical geology. John Wiley, New york. 685pp.

Lyr, H. and Hoffmann. 1967. Growth rates and growth periodicity of tree roots. Int. Rev. For. Res., 2: 181-206.

Mitscherlich, G. 1981. Wald, Wachstum und Umwelt. J.D. Sauerlaenders Verlag. 402pp.

Reven, P.H., R.E. Evert and S.E. Eichhorn. 1986. Biology of Plants. 5th Ed. Worth Publ. Inc., New York.

Richards, B. N. 1974. Introduction to the soil ecosystem. Longman. London. 266 pp

Rogers, W.S. and G.A. booth. 1960. The root of fruit trees. Sci. Hortic. 14: 27-34.

Rovira, A. D. 1979. Biology of the soil-root interface. In J. L. Harley and R. S. Russell, eds. The soil-root interface, pp. 145-160. Academic Press. New York. 448 pp.

Royal Horticultural Society. 2012. RHS Plant Finer 2012-2013. CPI Group(UK)Ltd, Croydon, UK. 926pp.

Russell, E. W. 1973. Soil conditions and plant growth. 10th ed. Longman. London. 849pp.

Smith, R. L. 2001. Ecology and Field Biology. Harper Collins College Publishers. 740pp.

Soil Survey Staff. 1951. Soil survey manual. Agric. Handbook No. 18. United States Dept. of Agriculture. Supt. of Documents. U.S. Govt. Printing Office. Washington D.C. 503pp.

Soil Survey Staff. 1975. Soil taxonomy: A basic system of soil classification for making and interpreting soil surveys. USDA-Soil Conservation Services, Washington. D.C. 754 pp.

Takhjarjan, A. 1986. Floristic regions of the world. University of California Press. 522pp.

Veihmeyer, F. J. and A. H. Hendrickson. 1948. Soil density and root penetration. Soil Sci. 65:487-493.

Warming, E. 1909. Oecology of plants. Oxford Press. 422pp.

Way, D. S. 1973. Terrain analysis: A guide to site selection using aerial photographic Interpretation. Dowden, Hutchinson and Ross. Stroudsburg, PA. 392 pp.

Wissing, F. 1994. Wasserreinigung mit Pflanzen. Verlag Eugen Ulmer. 207pp.

제2편 각론

• 목본 편
• 초본 편

목본 편

소철

소철科

Cycas revoluta Thunb.

영명 : Sago Palm
일명 : ソテツ
중명 : 蘇鐵 소철
이명 : *Cycas inermis* Lour.
Cycas revoluta var. *inermis* Miq.

Cycas : 그리스 이름 Kykas에서 유래
revoluta : 잎이 뒤로 말린다는 뜻

생육

- 성　상 : 상록침엽소교목
- 수　형 : 원통형으로 직립
- 수　고 : 1~6m
- 원산지 : 중국 동남부, 일본 남부 원산
- 분　포 : 남부지역에 식재

형태

- 잎 : 상록성 우상 복엽, 길이 50~200mm로 열편은 빗살처럼 갈라지며 가장자리가 뒤로 말림
- 꽃 : 암수딴그루, 수꽃 화서는 길이 50~60cm, 너비 10~ 13cm로 구과형이며, 암꽃 화서는 원줄기 끝에 둥글게 모여 달리며 자생지에서 6~7월에 개화
- 열매 : 종자는 길이 4cm 정도의 관난형이고, 외종피는 붉은색이며 11~12월에 성숙
- 줄기 : 단일줄기로 곧추서며 가지는 없음
- 뿌리 : 천근성

생태

- 토　　성 : 양토
- 음 양 성 : 양수
- 내공해성 : 약함
- 건　　습 : 적윤
- 산　　도 : 약알칼리성
- 내 한 성 : 약함
- 생장속도 : 매우 느림
- 내 염 성 : 강함
- 통　　기 : 보통
- 내 화 성 : 강함

1	2	3	4	5	6	7	8	9	10	11	12

관리 및 번식

- 이　식 : 비교적 용이
- 전　정 : 강함
- 번　식 : 실생 또는 줄기의 맹아
- 병충해 : 강함
- 시　비 : 적정

용도

정형적 수형미와 야자수 같은 잎의 배열이 아름다워 실내정원용으로 널리 이용, 야외에서는 악센트식재나 군식재로 사용

특이사항

원산지에서는 해안 바위틈 사이에 주로 분포하며 음이온 발생식물로 정충이 있는 화석식물

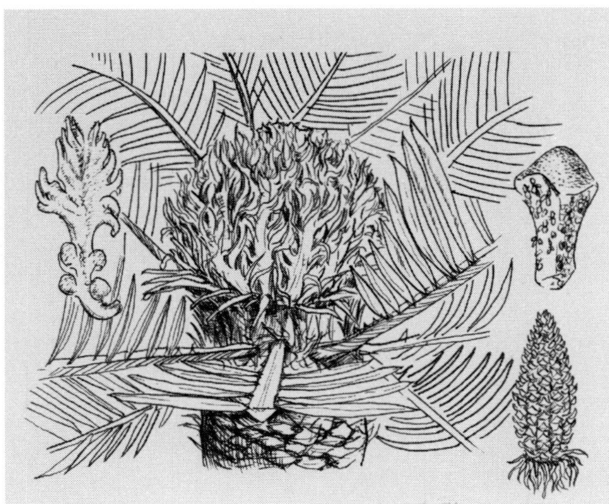

은행나무

Ginkgo biloba L.

영명	Maidenhair Tree
일명	イチョウノキ
중명	鴨脚子압각자, 公孫樹 공손수
이명	*Salisburia adiantifolia* Smith

Ginko : 17세기 일본에서 사용되었던 일본어의 gin(銀)과 kyo(杏)에서 유래
biloba : 잎이 두 개로 갈라진다는 뜻

생육

- 성　상 : 낙엽침엽교목
- 수　형 : 원추형으로 직립
- 수　고 : 20m 내외
- 원산지 : 중국 절강성의 양자강 하류 천목산 표고 1,000m이하 자생
- 분　포 : 전국에 식재

형태

- 잎 : 길이 5~15cm, 너비 8~15cm로 차상맥을 가지며 단지에서는 총생, 부채모양
- 꽃 : 암수딴그루, 수꽃은 1~5개의 꼬리화서형이며 4월에 개화, 암꽃은 짧은 가지끝에 2개의 배주가 모여 달림
- 열매 : 황색 종의로 싸인 핵과상이며 9월에 성숙
- 줄기 : 줄기는 회갈색이고 수피는 갈라짐
- 뿌리 : 심근성

생태

- 토　　성 : 사양토
- 음 양 성 : 양수
- 내공해성 : 강함
- 건　　습 : 보통
- 산　　도 : 중성
- 내 한 성 : 강함
- 생장속도 : 느림
- 내 염 성 : 보통
- 통　　기 : 보통
- 내 화 성 : 강함

1	2	3	4	5	6	7	8		10	11	12

관리 및 번식

- 이　식 : 비교적 용이
- 전　정 : 강함
- 번　식 : 실생 또는 삽목/접목
- 병충해 : 강함
- 시　비 : 적정

용도

가을철의 아름다운 황색단풍 경관과 원추형 수형, 악센트식재, 가로수 등으로 널리 식재

특이사항

1속1종인 살아있는 화석식물로 암수딴그루이며, 열매(육질종의)는 독이 있으므로 취급시 주의해야 함

기타종

- *G. biloba* 'Fastigiata' 피라미드 수형
- 은행나무 '파스티기아타' (*G. biloba* 'Fastigiata') 피라미드 수형

가문비나무 (가문비, 감비)

소나무科

Picea jezoensis (Siebold & Zucc.) Carrière

영명 : Yezo spruce
일명 : エゾマツ
중명 : 魚鱗松 어린송, 塔檜 탑회
이명 : *Abies jezoensis* Siebold & Zucc.
Abies microsperma Lindl.
Picea ajanensis Fisch.
Veitchia japonica Lindl.
Picea : 라틴어 pix(피치, 역청)에서 유래
jezoensis : 일본 북해도에서 자란다는 뜻

생육

- 성 상 : 상록침엽교목
- 수 형 : 원추형으로 직립
- 수 고 : 10m 내외
- 원산지 : 한국, 중국, 일본, 러시아
- 분 포 : 남부지방(지리산 고지대)과 중부이북 고산의 표고 500~2,000m에 자생

형태

- 잎 : 편평하며 길이 1.2cm, 너비 1.5~2.0mm
- 꽃 : 암수한그루, 수꽃은 1.5cm이고 원통형이며 암꽃은 2~3cm이고 타원형이며 적갈색으로 5월에 개화
- 열매 : 구과는 원통형이며, 종자는 난형으로 끝이 둥글고 9월에 성숙
- 줄기 : 수피는 회갈색으로 거친 편임
- 뿌리 : 심근성

생태

- 토 성 : 양토
- 음 양 성 : 음수
- 내공해성 : 보통
- 건 습 : 보통
- 산 도 : 산성
- 내 한 성 : 강함
- 생장속도 : 보통
- 내 염 성 : 매우 약함
- 통 기 : 보통
- 내 화 성 : 약함

1	2	3	4	(꽃)	6	7	8	(열매)	10	11	12

관리 및 번식

- 이 식 : 보통
- 전 정 : 성목시 처진가지 솎음전정
- 번 식 : 실생
- 병충해 : 보통
- 시 비 : 적정

용도

현재까지는 널리 사용되고 있지 않으나 우리나라 자생종으로 아름다운 수형을 지니고 있어 북부지방에서 관상적 잠재력 높음

기타종

- 붉은가문비(*P. jezoensis* for. *rubrilepis* Uyeki 열매는 자갈색임
- 종비나무(*P. koraiensis* Nakai) 우리나라 북부지방에 분포

독일가문비나무 (긴방울가문비)

Picea abies (L.) H. Karst.

영명	Norway Spruce
일명	トイツドウヒ
중명	歐洲云杉 구주운삼, 獨逸唐檜 독일당회
이명	*Picea excelsa* Linkl. *Pinus abies* L. *Pinus excelsa* Lam.

Picea : 라틴어 pix(피치, 역청)에서 유래
abies : 전나무류와 비슷하다는 뜻

1	2	3	4	5	6	7	8	9	10	11	12

생육

- 성 상 : 상록침엽교목
- 수 형 : 원추형으로 직립
- 수 고 : 20m 내외
- 원산지 : 유럽
- 분 포 : 전국에 식재

형태

- 잎 : 선형으로 단면이 사각상, 길이 1.2~2.5cm로 끝이 뾰족
- 꽃 : 암수한그루, 수꽃 화서는 액생, 길이 2.0~2.5cm이며, 암꽃 화서는 전년도 가지 끝에 달리고 길이 4.0~4.5cm이며 5월에 개화
- 열매 : 길이 10~15cm로 긴 원추형이며, 밑으로 처지며 10월에 갈색으로 성숙
- 줄기 : 오래된 아래가지는 밑으로 처져 원추형 수관을 형성하고 수피는 회갈색으로 거침
- 뿌리 : 천근성

생태

- 토 성 : 사양토
- 음 양 성 : 양수
- 내공해성 : 약함
- 건 습 : 보통
- 산 도 : 약산성
- 내 한 성 : 강함
- 생장속도 : 보통
- 내 염 성 : 보통
- 통 기 : 보통
- 내 화 성 : 약함

관리 및 번식

- 이 식 : 용이하나 수형이 다소 나빠짐
- 전 정 : 용이, 성목시 처진가지 솎음전정
- 번 식 : 실생/삽목 또는 접목
- 병충해 : 강함
- 시 비 : 적정

용도

질감은 거친 편이나 지엽이 작고 치밀하며 원추형 수형이 아름다워 악센트 식재로 활용, 원래 용재수이나 조경가치가 높고 품종육성이 용이하여 다수의 왜성품종이 개발됨. 대기오염에 약함

기타종

- 독일가문비나무 '나나' (*P. abies* 'Nana') 왜성으로 수형이 둥글다
- 독일가문비나무 '포로쿰벤스' (*P. abies* 'Procumbens') 수형이 포복형이다

일본잎갈나무 (낙엽송, 청성이깔나무)

소나무科

Larix kaempferi (Lamb.) Carrière

영명 : Japanese Larch
일명 : カラマツ
중명 : 落葉松 낙엽송
이명 : *Abies leptolepis* Siebold & Zucc.
Larix kaempferi (Lamb.) Sarg.
Larix leptolepis var. *murrayana* Maxim.
Pinus kaempferi Lamb.

Larix : 유럽 잎갈나무의 옛이름으로 켈트어 lar(풍부)에서 유래

생육

- 성　상 : 낙엽침엽교목
- 수　형 : 원추형으로 직립
- 수　고 : 20m 내외
- 원산지 : 일본
- 분　포 : 우리나라에 1904년 용재수로 도입되어 전국 산지에 조림

형태

- 잎　: 40~50개가 단지에 모여 나고 길이 25~30mm, 너비 1mm
- 꽃　: 암수한그루, 수꽃 화서는 황갈색으로 아래를 향해 달리고, 암꽃 화서는 연홍색으로 위를 향해 달리며 4월에 개화
- 열매 : 난원형으로 길이 2.0~3.5cm, 지름 1.8~2.8cm, 황갈색으로 10월에 성숙
- 줄기 : 암갈색으로 박편처럼 벗겨짐
- 뿌리 : 천근성

생태

- 토　　성 : 양토
- 음 양 성 : 양수
- 내공해성 : 약함
- 건　　습 : 습윤
- 산　　도 : 약산성
- 내 한 성 : 보통
- 생장속도 : 빠름
- 내 염 성 : 약함
- 통　　기 : 필요
- 내 화 성 : 약함

1	2	3		5	6	7	8	9		11	12

관리 및 번식

- 이　식 : 어려움
- 전　정 : 강함, 전정 불필요
- 번　식 : 실생
- 병충해 : 보통
- 시　비 : 적정

용도

현재 조경수로는 활용되고 있지 않으나 과거 산지조림 수종으로 널리 이용되었으며 곧추 자라고 질감이 부드러워 군식을 통한 배경식재나 완충식재 등으로 적합

특이사항

수명이 짧아 수세가 쇠퇴하거나 고사목이 발생하여 딱다구리류 등 산새의 서식처로 매우 유용함

기타종

- 잎갈나무(*L. olgensis* var. *koreana* (Nakai) Nakai) 지리적으로 금강산 이북지역에 자생 함.

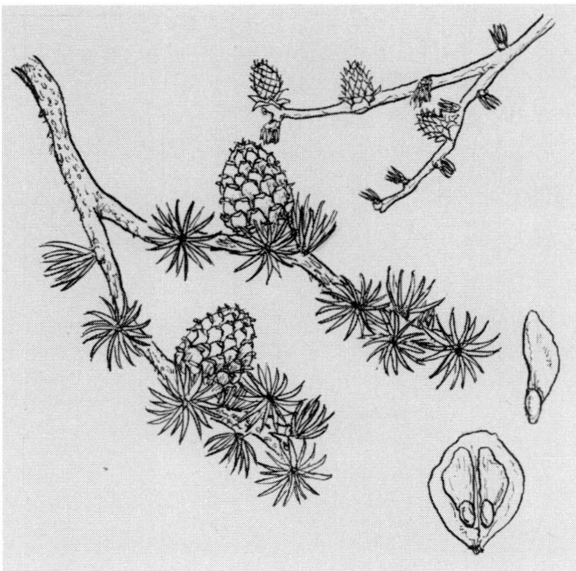

개잎갈나무 (히말라야시다, 설송)

Cedrus deodara (Roxb. ex D.Don) G.Don

영명 : Deodar Cedar
일명 : ヒマラヤシーダ
중명 : 雪松 설송
이명 : *Cedrus libanai* var. *deodara* (Roxb.) Hook.f.
Pinus deodara Roxb.

Cedrus : 고대 그리스어 kedron(향나무)에소 유래
deodara : 신목(神木)의 의미

생육

- 성　상 : 상록침엽교목
- 수　형 : 원추형으로 직립, 밑가지가 아래로 처짐
- 수　고 : 20m 내외
- 원산지 : 히말라야 북서부와 아프카니스탄
- 분　포 : 중부이남에 식재

형태

- 잎 : 짧은 가지에 30개가 총생, 길이 3~5cm로 끝이 뾰족하며, 바늘처럼 찌름
- 꽃 : 암수한그루, 수꽃 화서는 길이 3~7cm이고, 암꽃 화서는 난형으로 길이 3~4cm이며, 10월에 개화
- 열매 : 난원형으로 길이 7~12cm, 지름 5~9cm이며, 회갈색으로 다음해 11월에 성숙
- 줄기 : 줄기는 아래로 처지며, 수피는 회갈색으로 갈라져 벗겨짐
- 뿌리 : 천근성

생태

- 토　　성 : 사양토
- 음 양 성 : 중용수
- 내공해성 : 보통
- 건　　습 : 적습
- 산　　도 : 약산성
- 내 한 성 : 약함
- 생장속도 : 빠름
- 내 염 성 : 보통
- 통　　기 : 보통
- 내 화 성 : 보통

1	2	3	4	5	6	7	8	9	10	11	12

관리 및 번식

- 이　식 : 용이
- 번　식 : 실생/삽목
- 시　비 : 적정
- 전　정 : 강함
- 병충해 : 보통

용도

수형이 아름다운 세계적인 관상수로 악센트식재나 가로수로 널리 식재

특이사항

히말라야시다로 잘 알려져 있으며 과거 남부지방의 가로수나 학교 교정에 주로 식재했다. 수관폭이 넓고 속성수로 크게 자라기 때문에 적지 선정이 중요

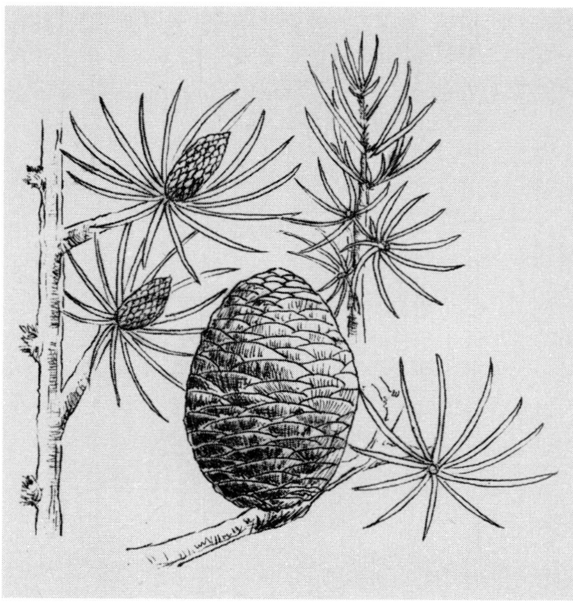

솔송나무

소나무科

Tsuga sieboldii Carrière

영명 : Southern Japanese Hemlock
일명 : ツガ
중명 : 梅鐵杉 매철삼
이명 : *Abies araragi* Siebold *Abies tsuga* Siebold & Zucc.
Tsuga : 일본명 tsuga에서 유래 *sieboldii* : 네덜란드 식물학자 Siebold 의미

생육

- 성 상 : 상록침엽교목
- 수 형 : 원추형
- 수 고 : 15m 내외
- 원산지 : 일본, 울릉도
- 분 포 : 울릉도 성인봉 태하령의 표고 300~800m에 분포

형태

- 잎 : 선형으로 길이 1~2cm, 너비 2.5~3.0mm로 끝이 갈라짐
- 꽃 : 암수한그루, 암꽃화서는 밑을 향하고 수꽃화서는 위로 피며 4~5월에 개화
- 열매 : 길이 2.0~2.5cm의 타원상 구과로 10월에 성숙
- 줄기 : 수형으로 퍼지고 적갈색 수피
- 뿌리 : 천근성

생태

- 토 성 : 양토
- 음 양 성 : 음수
- 내공해성 : 보통
- 건 습 : 적습
- 산 도 : 약산성
- 내 한 성 : 강함
- 생장속도 : 매우 느림
- 내 염 성 : 강함
- 통 기 : 보통
- 내 화 성 : 약함

1	2	3	4	5	6	7	8	9	10	11	12

관리 및 번식

- 이 식 : 용이
- 번 식 : 실생/삽목
- 시 비 : 적정
- 전 정 : 강함
- 병충해 : 강함

용도

널리 사용되고 있지는 못하나 수형이 아름답고 지엽이 치밀하여 악센트식재, 차폐식재, 유도식재로 적합

특이사항

울릉도 태하동의 솔송나무 · 섬잣나무 · 너도밤나무군락이 천연기념물 제 50호로 지정

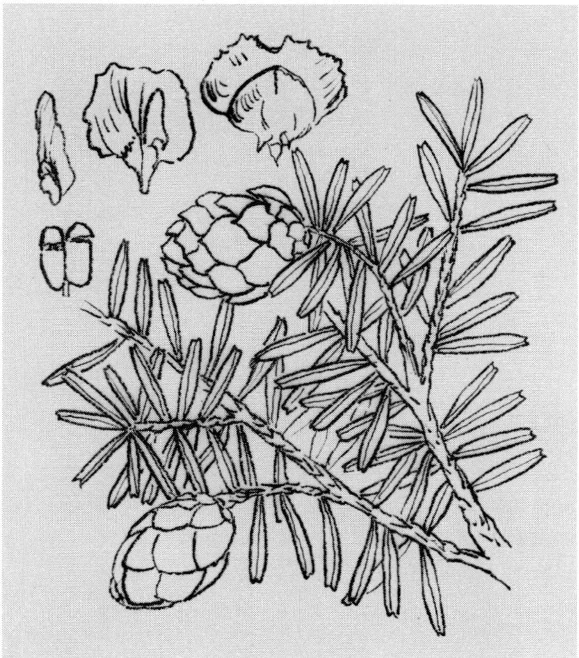

소나무 (솔나무, 여송, 육송, 적송)

Pinus densiflora Siebold & Zucc.

영명 : Japanese Red Pine
일명 : アカマツ
중명 : 赤松 적송
이명 : *Pinus densiflora* f. *brevifolia* (Liou & Wang) Kitag.
Pinus densiflora var. *brevifolia* Liou &Wang
Pinus funebris Kom.

Pinus : 켈트어 pin(산)에서 유래
densiflora : 꽃이 치밀하다는 뜻

생육

- 성　상 : 상록침엽교목
- 수　형 : 원추형 또는 원정형(생태형에 따라 다양)
- 수　고 : 15m 내외
- 원산지 : 한국, 중국, 일본, 러시아
- 분　포 : 전국에 분포

형태

- 잎 : 침엽은 2개씩 나오고 길이 8~14cm, 너비 1mm이며 엽초는 2년에 걸쳐 떨어짐
- 꽃 : 암수한그루, 수꽃 화서는 타원형으로 길이 1cm이며 20~30개가 새가지에 달리고, 암꽃 화서는 난형으로 길이 6mm이며, 5월에 개화
- 열매 : 구과는 난상 원추형으로 길이 3.0~5.5cm, 너비 2.5~4.5cm이고, 암갈색이며, 실편은 70~100개로서 다음해 9월에 성숙
- 줄기 : 수피가 붉은 색을 띠며 오래되면 거북등처럼 갈라짐
- 뿌리 : 심근성

생태

- 토　　성 : 사양토
- 음 양 성 : 양수
- 내공해성 : 보통
- 건　　습 : 건조
- 산　　도 : 약산성
- 내 한 성 : 강함
- 생장속도 : 보통
- 내 염 성 : 보통
- 통　　기 : 필요
- 내 화 성 : 약함

1	2	3	4		6	7	8		10	11	12

관리 및 번식

- 이　식 : 보통(소나무좀 주의)
- 전　정 : 용이, 솎음전정, 묵은잎 뽑기 실시
- 번　식 : 실생
- 병충해 : 약함(소나무좀, 재선충, 솔잎혹파리 등)
- 시　비 : 적정

용도

우리나라를 대표하는 자생수종으로 수형이 매우 아름다워 악센트식재로 적합

특이사항

생태적 입지에 따라 수형이 다른 품종이 분포

기타종

- 금강소나무(*P. densiflora* for. *erecta* Uyeki) 백두대간을 따라 분포하고 수간이 곧게 자람

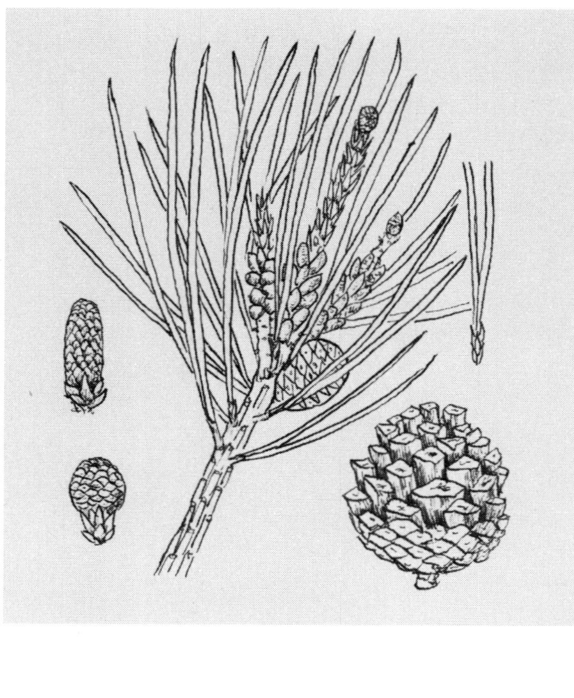

반송 (삿갓솔) | 소나무科

Pinus densiflora for. *multicaulis* Uyeki

영명 : Many-stem Japanese Red Pine
일명 : チョウセンタギョウツョウ
multicaulis : 줄기가 여러개라는 뜻

1	2	3	4	5	6	7	8	9	10	11	12

생육

- 성 상 : 상록침엽교목(대개 관목성)
- 수 형 : 원정형으로 다줄기성
- 수 고 : 5m 내외
- 원산지 : 한국
- 분 포 : 전국에 식재

형태

- 잎 : 침엽은 2개씩 나오고 길이 6~12cm, 너비 1mm이며 엽초는 2년에 걸쳐 떨어짐
- 꽃 : 암수한그루, 수꽃 화서는 타원형으로 길이 1cm이며 20~30개가 새가지에 달리고, 암꽃 화서는 난형으로 길이 6mm이며, 5월에 개화
- 열매 : 구과는 난상 원추형으로 길이 2~3cm, 너비 2~3cm이고, 암갈색이며, 실편은 50~60개로서 다음해 9월에 성숙
- 줄기 : 밑가지가 여러개로 갈라져 올라오며, 수피는 붉은색
- 뿌리 : 심근성

생태

- 토 성 : 사양토
- 음 양 성 : 양수
- 내공해성 : 약함
- 건 습 : 건조
- 산 도 : 약산성
- 내 한 성 : 강함
- 생장속도 : 느림
- 내 염 성 : 보통
- 통 기 : 강함
- 내 화 성 : 약함

관리 및 번식

- 이 식 : 보통(소나무좀 주의)
- 전 정 : 솎음 전정 필요
- 번 식 : 실생, 접목
- 병충해 : 약함(가루깍지벌레)
- 시 비 : 적정

용도

생장속도가 느린 관목성으로 악센트식재나 유도식재 등으로 널리 사용

특이사항

전북 무주 삼공리 반송이 천연기념물 제 291호로 지정되어 있음

방크스소나무(짧은잎소나무)

Pinus banksiana Lamb.

영명 : Jack Pine
일명 : バンクスマシ
중명 : 美國 短葉松 미국 단엽송
banksiana : Kew Garden(영국 왕립식물원)의 후원자였던 Sir Joseph Banks를 기념

생육

- 성 상 : 상록침엽교목, 대개 아교목
- 수 형 : 원추형 또는 원정형
- 수 고 : 25m 내외
- 원산지 : 북아메리카 북부 및 북동부 원산
- 분 포 : 전국에 생육가능
- 뿌리 : 심근성

형태

- 잎 : 침엽은 2개씩 나오고 뒤틀리며, 길이 2~4cm로 짧음
- 꽃 : 암수한그루, 타원형의 황갈색으로 5월에 개화
- 열매 : 원추상 타원형으로 길이 3~5cm, 지름 2~3cm이며 끝이 구부러졌고, 실편은 잘 벌어지지 않음. 다음해 10월에 성숙
- 줄기 : 수피는 암갈색으로 두껍고, 박편처럼 떨어짐

생태

- 토 성 : 사양토
- 음 양 성 : 양수
- 내공해성 : 보통
- 건 습 : 건조
- 산 도 : 산성
- 내 한 성 : 강함
- 생장속도 : 보통
- 내 염 성 : 보통
- 통 기 : 필요
- 내 화 성 : 약함

관리 및 번식

- 이 식 : 용이
- 번 식 : 실생
- 시 비 : 적정
- 전 정 : 용이
- 병충해 : 강함

1	2	3	4	5 (꽃)	6	7	8	9	10 (열매)	11	12

용도

질감이 거칠고 수형미가 특징적이지 못하여 경관적 가치는 없으나 고온, 척박, 건조한 토양에서 잘 견디기 때문에 군식, 방풍, 차폐 및 녹화용으로 사용

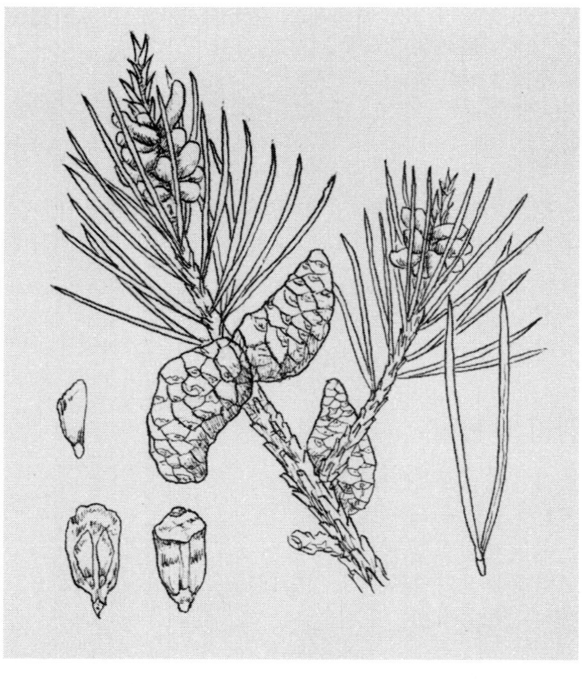

Pinus bungeana Zucc. ex Endl.

영명 : Lacebark Pine
일명 : シロマツ
중명 : 白松 백송
bungenana : 중국 식물연구가 Alexander von Bunge를 기념

생육

- 성 상 : 상록침엽교목
- 수 형 : 원추형 또는 원정형
- 수 고 : 20m 내외
- 원산지 : 중국 중북부 지방
- 분 포 : 우리나라에 약 600년전에 도입되어 전국에 식재

형태

- 잎 : 침엽은 3개씩 속생하며 길이 5~10cm, 너비 1.5~2mm
- 꽃 : 암수한그루, 수꽃 화서는 장타원형이고 암꽃 화서는 난형으로 4~5월에 개화
- 열매 : 구과는 1~2개가 정생 또는 액생하고, 원추상 난원형으로 길이 5~6cm, 지름 4~5cm 이며 실편은 넓고 끝이 뒤로 젖혀짐, 다음해 10~11월에 성숙
- 줄기 : 줄기는 많이 갈라지며, 수피는 백색으로 박편처럼 벗겨짐
- 뿌리 : 심근성

생태

- 토 성 : 양토
- 음 양 성 : 양수
- 내공해성 : 보통
- 건 습 : 적윤
- 산 도 : 약산성
- 내 한 성 : 강함
- 생장속도 : 느림
- 내 염 성 : 보통
- 통 기 : 필요
- 내 화 성 : 약함

1	2	3	4	5	6	7	8	9	10	11	12

관리 및 번식

- 이 식 : 초기 불량, 성목 보통
- 전 정 : 솎음 전정
- 번 식 : 실생
- 병충해 : 보통
- 시 비 : 적정

용도

유교문화의 상징성, 원추형의 수관과 흰색의 수피가 특징적이어서 악센트식재로 널리 식재됨

특이사항

서울 2곳, 경기 고양, 충남 예산 및 경기 이천에 천연기념물을 제8호, 9호, 60호, 106호, 253호가 지정되어 있음

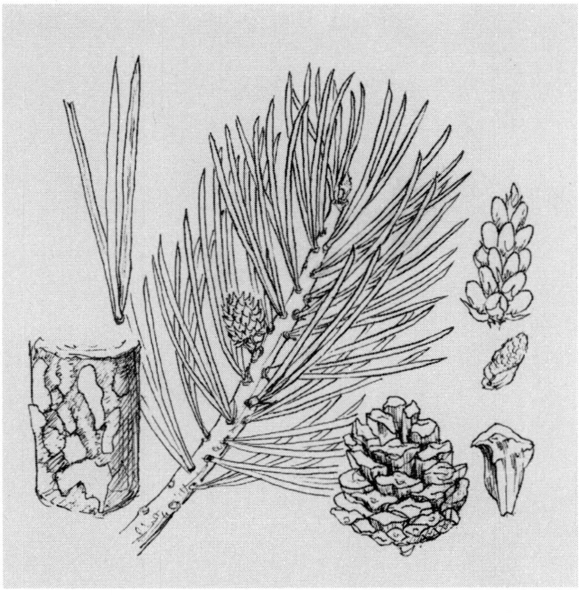

곰솔(해송, 흑송)

Pinus thunbergii Parl.

영명 : Japanese Black Pine
일명 : クロマツ
중명 : 海松 해송
이명 : *Pinus massoniana* Palib.
thunbergii : 린네의 제자였던 식물학 교수 Karl Pehr Thunberg를 기념

1	2	3	4	5	6	7	8	9	10	11	12

생육

- 성 상 : 상록침엽교목
- 수 형 : 원추형
- 수 고 : 20m 내외
- 원산지 : 한국, 일본
- 분 포 : 서쪽은 경기도 남양, 동쪽은 강원도 울진까지 해안을 따라 내륙으로 약 4km까지 분포, 전국에 식재

형태

- 잎 : 침엽은 2개로 딱딱하고 길이 4~6cm, 지름 1.5mm이며 엽초는 2~3년간 달려 있음
- 꽃 : 암수한그루, 수꽃 화서는 원통형으로 길이 1.5cm이고 암꽃 화서는 난형으로 길이 6mm이며 4~5월에 개화
- 열매 : 구과는 난상 긴 타원형으로 길이 4.5~6.0cm, 지름 3~4cm이며 녹갈색, 다음해 10월에 성숙
- 줄기 : 대개 곧추자라며 수피는 흑갈색
- 뿌리 : 심근성

생태

- 토 성 : 사양토
- 음 양 성 : 양수
- 내공해성 : 강함
- 건 습 : 건조
- 산 도 : 중성
- 내 한 성 : 강함
- 생장속도 : 보통
- 내 염 성 : 강함
- 통 기 : 필요
- 내 화 성 : 보통

관리 및 번식

- 이 식 : 용이
- 전 정 : 강함, 수시로 솎음전정 실시
- 번 식 : 실생
- 병충해 : 강함
- 시 비 : 보통
- 기 타 : 응용수목(분재)

용도

소나무보다 질감이 거칠고 수피가 흑갈색으로 남성적인 수형미를 나타내며 전정을 통한 악센트식재로 매우 적합. 해풍에 강하기 때문에 해안조경용으로 매우 적합하며, 군식 또는 차폐 및 완충식재로 이용

특이사항

소나무와는 동아가 은백색인 점에서 구별됨

잣나무(홍송)

소나무科

Pinus koraiensis Siebold & Zucc.

영명:	Korean Pine
일명:	チョウセンマツ
중명 :	紅松 홍송
이명 :	*Pinus koraienisis* (Siebold & Zucc.) Moldenke *Pinus madschurica* Rupr. *Strobus koraiensis* Moldenke

koraiensis : 한국 원산이라는 뜻

생육

- 성　상 : 상록침엽교목
- 수　형 : 원추형
- 수　고 : 20m 내외
- 원산지 : 한국, 중국, 일본, 시베리아
- 분　포 : 남부고산에 드물게 분포하고 주로 중부이북에 자생, 중부지방 산지에 목재 및 잣 생산목적으로 널리 조림

형태

- 잎 : 침엽은 5개씩 속생하고 길이 6~12cm, 너비 1mm이며 엽초는 곧 떨어짐. 다음해 10월에 성숙
- 꽃 : 암수한그루, 암꽃은 가지 끝에 수꽃은 새가지에 달리며, 적자색으로 5월에 개화
- 열매 : 긴 난형으로 길이 12~15cm, 지름 6~8cm이며 실편 끝이 길게 자라 뒤로 젖혀짐
- 줄기 : 곧추자라고, 수피는 흑갈색
- 뿌리 : 천근성

생태

- 토　　성 : 양토
- 음 양 성 : 양수(유묘: 음수)
- 내공해성 : 보통
- 건　　습 : 적윤
- 산　　도 : 약산성
- 내 한 성 : 강함
- 생장속도 : 빠름
- 내 염 성 : 보통
- 통　　기 : 필요
- 내 화 성 : 약함

1	2	3	4		6	7	8	9		11	12

관리 및 번식

- 이　식 : 용이
- 번　식 : 실생
- 시　비 : 적정
- 전　정 : 강함
- 병충해 : 보통

용도

수형미가 있고 질감이 부드러워 군식을 통한 악센트식재나 차폐 및 완충식재용으로 적합

특이사항

오래된 수목의 심재가 붉기 때문에 홍송이라 함

기타종

- 눈잣나무 (*P. pumila* (Pall.) Regel)　우리나라 중 · 북부지방의 고산지대에서 눈과 바람의 영향으로 누워 자라며 설악산 대청봉에 자생하는 눈잣나무는 천연기념물 제171호 설악산 천연보호구역으로 지정되어 보호하고 있음

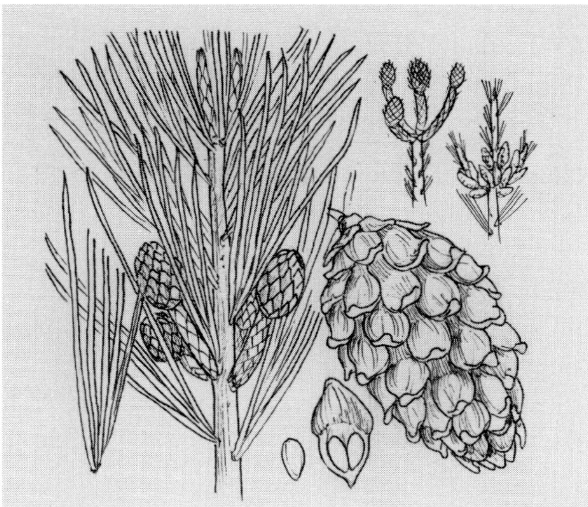

섬잣나무

Pinus parviflora Siebold. & Zucc.

영명 : Japanese White Pine
일명 : ヒメコマツ
중명 : 日本五針松 일본오침송
이명 : *Pinus himekomatsu* Miyabe & Kudo
parviflora : 작은 꽃을 의미

생육

- 성　상 : 상록침엽교목
- 수　형 : 원추형
- 수　고 : 10m 내외
- 원산지 : 일본, 울릉도
- 분　포 : 울릉도 성인봉 태하령의 표고 500m이내에서 솔송나무 등과 함께 자생

형태

- 잎 : 침엽은 5개로 길이 3.5~5.5cm, 너비 1mm
- 꽃 : 암수한그루, 수꽃 화서는 긴 타원형으로 길이 8mm이고, 암꽃 화서는 타원형으로 길이 10~12mm
- 열매 : 구과는 난상 타원형으로 길이 4.0~7.5cm, 지름 3.5~4.5cm. 다음해 10월에 성숙
- 줄기 : 대개 곧추 자라며 수피는 암회색
- 뿌리 : 심근성

생태

- 토　　성 : 사양토
- 음 양 성 : 음수
- 내공해성 : 보통
- 건　　습 : 적윤
- 산　　도 : 약산성
- 내 한 성 : 강함
- 생장속도 : 느림
- 내 염 성 : 강함
- 통　　기 : 필요
- 내 화 성 : 약함

1	2	3	4	5	6	7	8	9	10	11	12

관리 및 번식

- 이　식 : 용이
- 전　정 : 강함
- 번　식 : 실생/삽목, 접목
- 병충해 : 진딧물, 가루깍지벌레
- 시　비 : 적정

용도

울릉도 자생종은 경관적으로 널리 사용되고 있지 못하나 차폐 및 완충식재로 잠재력이 있으며, 작은 공간의 악센트식재나 유도식재 등으로 널리 식재

기타종

- *P. parviflora* Glauca Group 일본섬잣나무로 조경계에서 오엽송으로 유통되고 있음

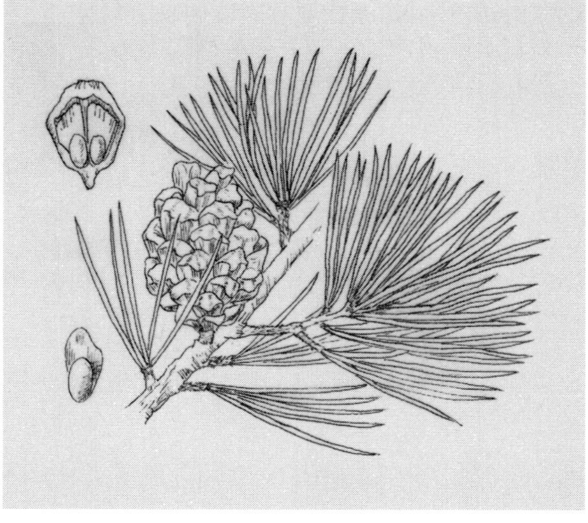

스트로브잣나무(가는잎소나무)

Pinus strobus L.

영명 : Eastern White Pine
일명 : ストロジマツ
중명 : 美國五葉松 미국오엽송
이명 : *Pinus alba-canadensis* Prov.
strobus : 구과(솔방울)를 뜻함

생육

- 성 상 : 상록침엽교목
- 수 형 : 원추형
- 수 고 : 20m 내외
- 원산지 : 북아메리카 북동부, 애팔라치안 산맥 남쪽
- 분 포 : 우리나라에 1920년 경에 도입하여 온대 · 남부 이남 식재

형태

- 잎 : 침엽은 5개 길이 6~14cm이고 가늘며 청록색
- 꽃 : 암수한그루, 암꽃 화서는 가지 선단에 1~3개가 모여 달리며, 수꽃 화서는 새가지 아래에 여러개가 모여 달리며 5월에 개화
- 열매 : 구과는 원추형으로 길이 8~20cm, 지름 4cm이고, 다음해 10월에 성숙
- 줄기 : 곧추 자리며 수피는 매끄럽고 소지는 녹갈색
- 뿌리 : 심근성

생태

- 토 성 : 양토
- 음 양 성 : 양수
- 내공해성 : 약함
- 건 습 : 적윤
- 산 도 : 약산성
- 내 한 성 : 보통
- 생장속도 : 빠름
- 내 염 성 : 보통
- 통 기 : 필요

1	2	3	4	5 (개화)	6	7	8	9	10 (결실)	11	12

관리 및 번식

- 이 식 : 용이
- 전 정 : 강함(전정 시 송진 다량유출)
- 번 식 : 실생
- 병충해 : 약함(털녹병, 주변의 까치밥나무속 식물제거)
- 시 비 : 적정

용도

수형이 아름답고 질감이 섬세하여 악센트식재, 녹음수, 차폐 및 완충식재 또는 생울타리용으로 적합

기타종

- 스트로브잣나무 '콤팍타' (*P. strobus* 'Compacta')
  수형이 둥근형, 성장은 느린편임
- 스트로브잣나무 '펜둘라' (*P. strobus* 'Pendula')
  가지가 밑으로 길게 처진다

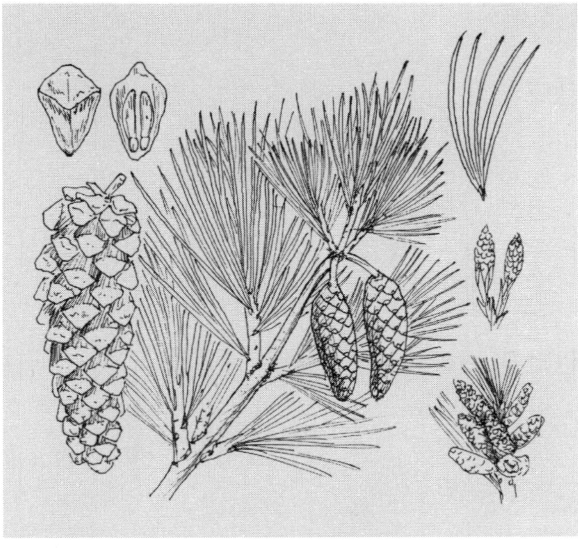

전나무(젓나무, 저수리)

Abies holophylla Maxim.

영명 : Needle Fir, Manchurian Fir
일명 : チョウセンモミ
중명 : 檜木 회목
이명 : *Pinus holophylla* (Maxim.) Parl.

Abies : 라틴어의 abo(높은)에서 유래
holohylla : 그리스어의 holos(전체)와 phyllon(잎)의 합성어

생육

- 성 상 : 상록침엽교목
- 수 형 : 원추형
- 수 고 : 20m 내외
- 원산지 : 한국, 중국
- 분 포 : 전국의 높은 산, 중부지방 표고 500m이상의 산림에 자생

형태

- 잎 : 선형으로 길이 4cm, 너비 2mm이며 끝이 매우 뾰족
- 꽃 : 암수한그루, 수꽃화서는 원통형으로 황록색이고, 암꽃화서는 긴 타원형이며, 4월에 개화
- 열매 : 원통형으로 길이 10~12cm, 지름 3.5cm이며 연갈색으로 10월에 성숙
- 줄기 : 곧추 자라고 흑갈색 수피
- 뿌리 : 천근성

생태

- 토 성 : 양토
- 음 양 성 : 음수
- 내공해성 : 약함
- 건 습 : 적습
- 산 도 : 약산성
- 내 한 성 : 강함
- 생장속도 : 느림
- 내 염 성 : 약함
- 통 기 : 필요
- 내 화 성 : 약함

관리 및 번식

- 이 식 : 보통
- 번 식 : 실생
- 시 비 : 적정
- 전 정 : 강함
- 병충해 : 강함

1	2	3	4	5	6	7	8	9	10	11	12

용도

원추형 수형이 아름다워 독립수나 군식으로 식재하며 악센트식재로 이용하며 사찰주변이나 교외의 자연공원, 골프장 등에 적합

특이사항

내공해성이 약하고 고온에 약하여 도심에서 생육이 불량

기타종

- 일본전나무(*A. firma* Sieboid & Zucc.) 내한성이 약하여 남부지방에 주로 식재하고, 잎끝이 갈라지며 길이 2.0 ~3.5cm

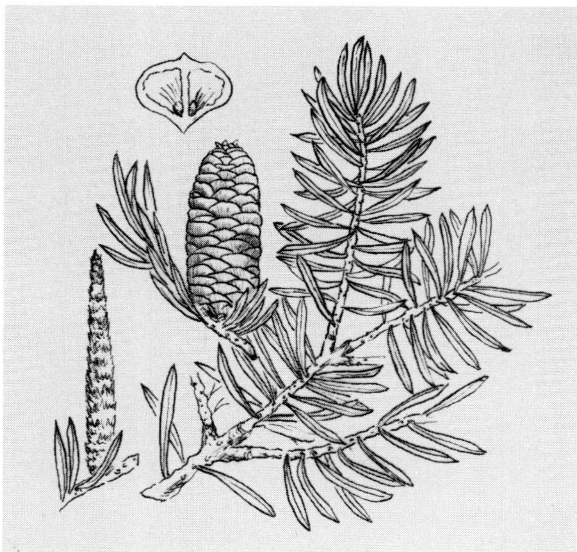

구상나무

Abies koreana E. H. Wilson

영명 : Korean Fir
일명 : サイツュウモミ
중명 : 濟州白檜 제주백회
koreana : 한국 원산지를 뜻함

생육

- 성 상 : 상록침엽교목
- 수 형 : 원추형
- 수 고 : 15m 내외
- 원산지 : 한국
- 분 포 : 한라산, 지리산, 덕유산, 가야산의 표고 1,000~2,000m 사이의 고산지대에 자생

형태

- 잎 : 도피침상 선형, 길이 9~14mm, 너비 2.1~2.4mm
- 꽃 : 암수한그루, 한 가지에 5~10개씩 달리며 길이 1.8cm 정도이고, 4월에 개화
- 열매 : 원통형으로 길이 4~7cm, 지름 20~28mm이고 자갈색으로 10월에 성숙
- 줄기 : 곧추 자라고 수피는 잿빛이 도는 흑갈색으로 밋밋함
- 뿌리 : 천근성

생태

- 토 성 : 사질 양토
- 음 양 성 : 음수
- 내공해성 : 약함
- 건 습 : 적습
- 산 도 : 약산성
- 내 한 성 : 강함
- 생장속도 : 매우 느림
- 내 염 성 : 약함
- 통 기 : 필요
- 내 화 성 : 약함

관리 및 번식

- 이 식 : 보통
- 번 식 : 실생
- 시 비 : 적정
- 전 정 : 강함
- 병충해 : 강함

1	2	3	4	5	6	7	8	9	10	11	12

용도

수형이 아름답고 구과의 관상적 가치가 높으며, 질감이 곱기 때문에 작은 공간의 악센트식재나 기조식재, 또는 차폐 및 완충식재로 적합

특이사항

2012년 기준 전세계적으로 'Prostrate Beauty', 'Compact Dwarf' 등 51 재배품종이 개발됨.

기타종

- 푸른구상(*A. koreana* for. *chlorocarpa* T. B. Lee)
- 검은구상(*A. koreana* for. *nigrocarpa* Hatus)
- 붉은구상(*A. koreana* for. *rubrocarpa* T. B. Lee)
- 분비나무(*A. nephrolepis* (Trautv.) Maxim.) 구상나무와 비슷하나 구과 포린이 젖혀지지 않음
- 청분비나무(*A. nephrolepis* for. *chlorocarpa* Wilson) 구과의 실편이 녹색이며 끝이 자백색임

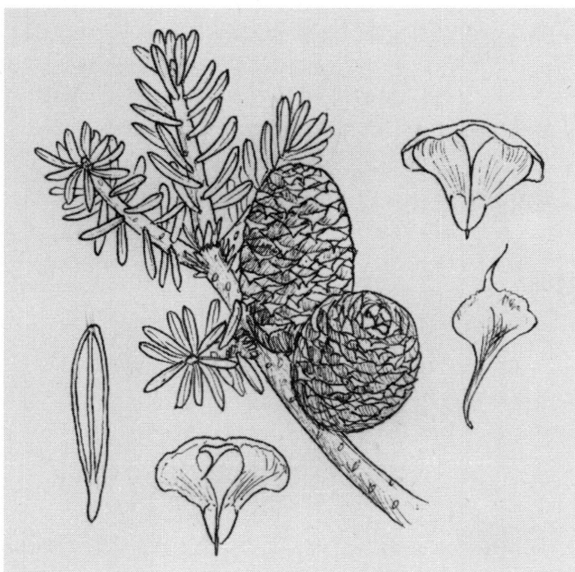

메타세쿼이아(수삼나무)

Metasequoia glyptostroboides Hu & W. C. Cheng

영명 : Dawn Redwood
일명 : メタセコイア
중명 : 水杉 수삼
이명 : *Sequoia glyptostroboides* (He & Cheng) Weide
Metasequoia : 그리스어의 meta(뒤)와 sequoia(애팔라치아 산맥의 원주민 인디언 체로귀족의 추장이름)
glyptostroboides : 그리스어의 glyptos(갈라진)와 strobilas(솔방울 문양이 들어가 있는)의 합성어

1	2	3	4	5	6	7	8	9	10	11	12

생육

- 성 상 : 낙엽침엽교목
- 수 형 : 원추형
- 수 고 : 20m 내외
- 원산지 : 중국 서부의 사천성과 호북성의 양자강 지류인 마도계(磨刀溪)의 산골
- 분 포 : 전국에 식재

형태

- 잎 : 선형이고 대생하며 길이 10~25mm, 너비 1.5~2.0mm로 두 줄로 깃처럼 배열
- 꽃 : 암수한그루, 수꽃 화서는 액생하고 정단부에 나오며, 암꽃 화서는 22~26개의 마주보는 실편을 가지며 아래로 처지고 3월에 개화
- 열매 : 길이 18~25mm인 구형으로 9월에 성숙
- 줄기 : 곧추 자라며 수피는 회갈색
- 뿌리 : 천근성

생태

- 토 성 : 미사질 양토
- 음 양 성 : 양수
- 내공해성 : 강함
- 건 습 : 적습
- 산 도 : 산성
- 내 한 성 : 강함
- 생장속도 : 빠름
- 내 염 성 : 보통
- 통 기 : 필요
- 내 화 성 : 강함

관리 및 번식

- 이 식 : 용이
- 번 식 : 실생/삽목
- 시 비 : 적정
- 전 정 : 강함, 불필요
- 병충해 : 강함

용도

수형이 아름답고 웅장하게 자라며 질감이 곱기 때문에 악센트식재나 기조식재, 차폐식재로 적합하다. 가로수로도 많이 사용되고 있으나 식재공간이나 낙엽 처리 등의 문제를 고려해야 함

특이사항

1954년 미국 아놀드 수목원에서 세계에 보급

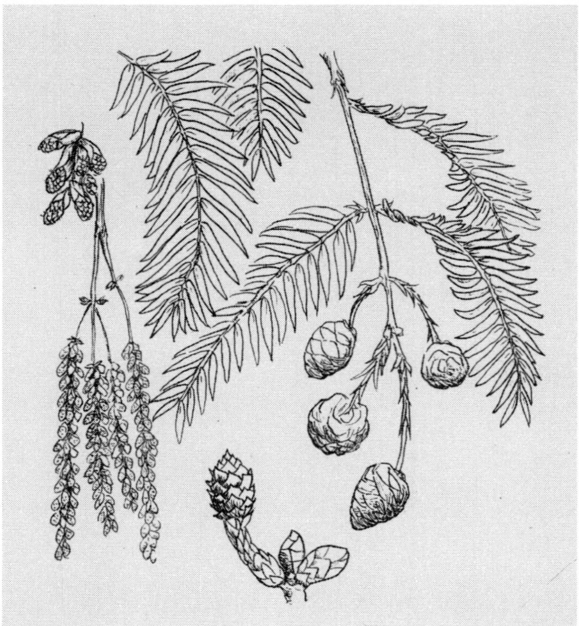

낙우송(아메리카수송)

Taxodium distichum (L.) Rich.

영명 : Bald Cypress, Swamp Cypress

일명 : ラクウショウ

중명 : 落羽松 낙우송

이명 : *Cupressus disticha* L.

Taxodium : 라틴어의 Taxus(주목)와 eidos(닮다)의 합성어

distichum : 잎이 이열성임을 뜻함

생육

- 성 상 : 낙엽침엽교목
- 수 형 : 원추형
- 수 고 : 20m 내외
- 원산지 : 북아메리카 남부
- 분 포 : 1920년경 도입되어 중부이남의 저습지에 널리 식재

형태

- 잎 : 선형으로 이열성으로 배열하고 길이 10~17mm
- 꽃 : 암수한그루, 수꽃 화서는 원추형으로 밑으로 처지며 길이 10~15mm이고, 암꽃 화서는 타원형이며, 4~5월에 개화
- 열매 : 구형으로 지름 25mm이며 대가 짧고 담갈색으로 10~11월에 성숙
- 줄기 : 곧추 자라며, 적갈색 수피는 벗겨짐
- 뿌리 : 천근성으로 기근(aerial root)이 발달

생태

- 토 성 : 미사 또는 식양토
- 내 한 성 : 강함
- 음 양 성 : 양수
- 생장속도 : 빠름
- 내공해성 : 보통
- 내 염 성 : 보통
- 건 습 : 적습
- 통 기 : 필요
- 산 도 : 중성
- 내 화 성 : 강함

1	2	3	4	5	6	7	8	9	10	11	12

관리 및 번식

- 이 식 : 용이
- 전 정 : 강함, 불필요
- 번 식 : 실생/삽목
- 병충해 : 강함
- 시 비 : 적정

용도

원추형의 수형, 단풍과 질감이 고와 연못이나 습지 주변의 악센트식재나 경관식재 또는 군식을 통한 차폐식재 등으로 적합

특이사항

메타세쿼이아와 유사하나 소지와 잎이 호생하고, 겨울눈이 작음

삼나무(숙대나무)

Cryptomeria japonica (Thumb. ex L. f.) D. Don

영명 : Japanese Cedar
일명 : スギ
중명 : 日本柳杉 일본류삼
이명 : *Cupressus japonica* L.f.
Taxodium japonicum (L. f) Brongn.
Cryptomeria : 그리스어의 kryptos(숨은)와 meris(종자)의 합성어
japonica : 원산지 일본을 뜻함

생육

- 성 상 : 상록침엽교목
- 수 형 : 원추형
- 수 고 : 20m 내외
- 원산지 : 일본
- 분 포 : 1924년경에 도입되어 남부지방의 조림수종, 제주도의 방풍림으로 널리 식재

형태

- 잎 : 침형으로 약간 굽으며, 길이 10~15mm
- 꽃 : 암수한그루, 수꽃 화서는 짧은 총상 화서로 길이 10mm이며, 암꽃 화서는 구형으로 가지 끝에 1개씩 달리고, 3월에 개화
- 열매 : 둥글며 적갈색이고, 길이 1~3cm이며 10~11월에 성숙
- 줄기 : 곧추 자라고 수피는 적갈색이며 세로로 깊게 갈라짐
- 뿌리 : 심근성

생태

- 토 성 : 양토
- 음 양 성 : 양수
- 내공해성 : 약함
- 건 습 : 적윤
- 산 도 : 약산성
- 내 한 성 : 약함
- 생장속도 : 빠름
- 내 염 성 : 강함
- 통 기 : 필요
- 내 화 성 : 강함

1	2	3	4	5	6	7	8	9	10	11	12

관리 및 번식

- 이 식 : 용이
- 전 정 : 강함(고사지 정리)
- 번 식 : 실생/삽목
- 병충해 : 강함
- 시 비 : 적정

용도

수형이 아름다워 악센트식재로 적합하며, 또한 지엽이 치밀하기 때문에 차폐식재나 완충식재로 널리 사용되고 제주도 등 해안지방에서 방풍림으로 우수

특이사항

일본에서는 목재생산수종으로 유명하며, 수형, 침엽의 색 등에서 다양한 재배품종이 있음

금송

낙우송科

Sciadopitys verticillata (Thunb.) Siebold & Zucc.

영명 : Japanese Umbrella Pine
일명 : コウヤマキ
중명 : 金松 금송
이명 : *Pinus vertillata* (Thunb.) Siebold
Taxus vertillata Thunb.

Sciadopitys : 그리스어 skias, skiados(우산)와 pitos(소나무, 잣나무)의 합성어
verticillata : 잎이 돌려난다는 뜻

생육

- 성　상 : 상록침엽교목
- 수　형 : 원추형
- 수　고 : 10m 내외
- 원산지 : 일본
- 분　포 : 조경용으로 도입되어 전국에 식재

형태

- 잎 : 2개가 합쳐져서 두꺼우며 너비 3mm의 선형이고 끝이 파져고 양면 중앙에 홈이 있으며 15~40개가 윤생
- 꽃 : 암수한그루, 수꽃 화서는 둥글며, 암꽃 화서는 타원형으로 가지 끝에 달리고, 4월 개화
- 열매 : 구과는 곧추 서고 8~12cm로 도난상 타원형이며 다음해 10~11월 성숙
- 줄기 : 소지는 가늘고 매끈하며 갈색
- 뿌리 : 심근성

생태

- 토　성 : 양토
- 음 양 성 : 음수
- 내공해성 : 약함
- 건　습 : 적윤
- 산　도 : 약산성
- 내 한 성 : 보통
- 생장속도 : 매우 느림
- 내 염 성 : 약함
- 통　기 : 필요
- 내 화 성 : 약함

1	2	3	4	5	6	7	8	9	10	11	12

관리 및 번식

- 이　식 : 보통
- 전　정 : 강함
- 번　식 : 실생/삽목, 접목
- 병충해 : 강함
- 시　비 : 적정

용도

정제된 수형미가 아름답고 잎의 질감이 섬세한 고급 조경수로서 악센트식재, 유도식재, 또는 차폐식재로 적합하고, 생장이 느려 암석원 등에도 사용가능

기타종

- 능수금송(*S. verticillata* var. *pendula* Beissin)
- 반입금송(*S. verticillata* var. *variegata* Makino)

측백나무

Thuja orientalis L.

영명 : Oriental Arborvitae
일명 : コノテカシワ
중명 : 栢子 백자
이명 : *Biota orientalis* (L.) Endl.
Thuja : 그리스어의 thya, thyia(수지, 동양에서는 기도할 때 향기를 내는데 사용)에서 유래
orientalis : 동양의 뜻

생육

- 성 상 : 상록침엽교목
- 수 형 : 원추형
- 수 고 : 10m 내외
- 원산지 : 한국, 중국, 일본
- 분 포 : 충북 단양, 문경 등 석회암지대 표고 200~600m에 자생

형태

- 잎 : 잎은 비늘 같고 끝이 뾰족한 난형이며, 길이 2.5mm, 너비 2mm
- 꽃 : 암수한그루, 수꽃은 난형으로 길이 2.0~2.5mm이고, 암꽃은 원형으로 길이 2mm이고, 4월에 개화
- 열매 : 구과는 난원형으로 길이 1.5~2.0cm이고, 겉에 갈고리 같은 돌기가 있고, 9~10월에 성숙
- 줄기 : 곧추 자라고 수피는 회갈색이며, 세로로 깊게 갈라짐
- 뿌리 : 심근성

생태

- 토 성 : 사양토
- 음 양 성 : 양수
- 내공해성 : 강함
- 건 습 : 건조
- 산 도 : 약알칼리성
- 내 한 성 : 강함
- 생장속도 : 보통
- 내 염 성 : 보통
- 통 기 : 필요
- 내 화 성 : 보통

1	2	3	4	5	6	7	8	9	10	11	12

관리 및 번식

- 이 식 : 용이
- 번 식 : 실생/삽목
- 시 비 : 적정
- 전 정 : 강함
- 병충해 : 강함

용도

건조한 석회암지대의 지표수종으로 지엽이 치밀하고 아름다워 악센트식재나 차폐식재 및 생울타리용으로 적합

기타종

- 천지백(*T. orientalis* for. *sieboldii* Rehder) 2m 내외의 관목으로 수형이 단정하고 아름다우며, 지엽이 치밀하여 작은 공간의 유도식재 및 경계식재로 적합
- 눈측백(*T. koraiensis* Nakai) 우리나라 고유종으로 태백산 이북 고산지대에 자라는 소교목

서양측백나무

Thuja occidentalis L.

영명 : American Arborvitae, White Cedar

일명 : セイヨウネバ

occidentalis : 서양이 원산재임을 뜻함

생육

- 성 상 : 상록침엽교목
- 수 형 : 원추형
- 수 고 : 10m 내외
- 원산지 : 북아메리카 북동부
- 분 포 : 1930년경 도입되어 전국에 식재

형태

- 잎 : 인편상 난형으로 길이 3mm, 뒷면의 백색 기공조선이 뚜렷
- 꽃 : 암수한그루, 수꽃은 난형으로 길이 2.0~2.5mm이고, 암꽃은 원형으로 길이 2mm이고, 4월에 개화
- 열매 : 구과는 긴타원형으로 길이 8~12mm, 황갈색으로 10~11월 성숙
- 줄기 : 가지가 짧으며 수평으로 퍼짐
- 뿌리 : 심근성

생태

- 토 성 : 양토
- 음 양 성 : 양수
- 내공해성 : 보통
- 건 습 : 적윤
- 산 도 : 중성
- 내 한 성 : 보통
- 생장속도 : 보통
- 내 염 성 : 보통
- 통 기 : 필요
- 내 화 성 : 강함

관리 및 번식

- 이 식 : 용이
- 전 정 : 강함, 묵은 속가지 전정
- 번 식 : 실생/삽목
- 병충해 : 약함
- 시 비 : 적정

1	2	3	4	5	6	7	8	9	10	11	12

용도

원추형의 아름다운 수형미와 섬세하고 치밀한 지엽으로 차폐식재 또는 생울타리로 적합하며 군식을 통한 악센트식재나 유도식재, 기조식재로 사용

특이사항

측백나무에 비해 가지가 수평으로 퍼지고, 구과는 작으며 황갈색의 타원형

기타종

- 서양측백나무 '아우레아' (*T. occidentalis* 'Aurea') 관목상으로 노란색의 침엽임
- 서양측백나무 '에메랄드 그린' (*T. occidentalis* 'Emerald Green') 잎이 진한 초록색이며 지엽이 치밀함

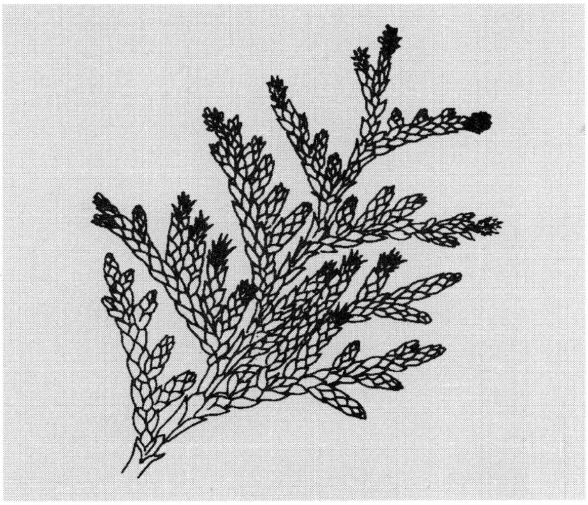

편백

Chamaecyparis obtusa (Siebold & Zucc.) Endl.

영명 : Hinoki Cypress, Hinoki False Cypress
일명 : ヒノキ
중명 : 扁柏 편백, 日本扁柏 일본편백
이명 : *Cupressus obtusa* (Siebold & Zucc.) K.Koch
Thuja obtusa (Siebold & Zucc.) Mast.

Chamaecyparis : 그리스어 chami(지상의, 왜소의)와 kyparissos(사이프러스 나무)의 합성어
obtusa : 잎 끝이 뭉뚝하다는 뜻

생육

- 성 상 : 상록침엽교목
- 수 형 : 원추형
- 수 고 : 15m 내외
- 원산지 : 일본
- 분 포 : 1904년에 조림용으로 도입하여 남부지방에 식재

형태

- 잎 : 난형으로 길이 1.0~1.5mm이며 두껍고 끝이 둔하고 뒷면은 Y자형의 백색 기공조선이 있으나 희미함
- 꽃 : 암수한그루, 4월에 개화하며 수꽃은 타원형, 암꽃은 3~5mm의 원형
- 열매 : 구형으로 지름 1.0~1.2cm이고 홍갈색으로 10~11월에 성숙
- 줄기 : 곧추 자라고 수피는 홍갈색이며 얇게 조각으로 떨어짐
- 뿌리 : 심근성

생태

- 토 성 : 미사질 양토
- 음 양 성 : 양수
- 내공해성 : 보통
- 건 습 : 적습
- 산 도 : 중성
- 내 한 성 : 약함
- 생장속도 : 빠름
- 내 염 성 : 약함
- 통 기 : 필요
- 내 화 성 : 강함

1	2	3	4	5	6	7	8	9	10	11	12

관리 및 번식

- 이 식 : 용이
- 전 정 : 강함, 묵은 속가지 전정
- 번 식 : 실생/삽목
- 병충해 : 강함
- 시 비 : 적정

용도

수형이 아름답고 맹아력이 강하며 지엽이 치밀하기 때문에 차폐식재 또는 경계식재, 방풍림으로 적합

기타종

- 편백 '아우레아' (*C. obtusa* 'Aurea') 고가 0.7~2m로 황금색의 잎을 가지며 난장이형
- 편백 '에리코이데스' (*C. obtusa* 'Ericoides') 잎에 연한 푸른색이 돌고, 질감이 부드러움

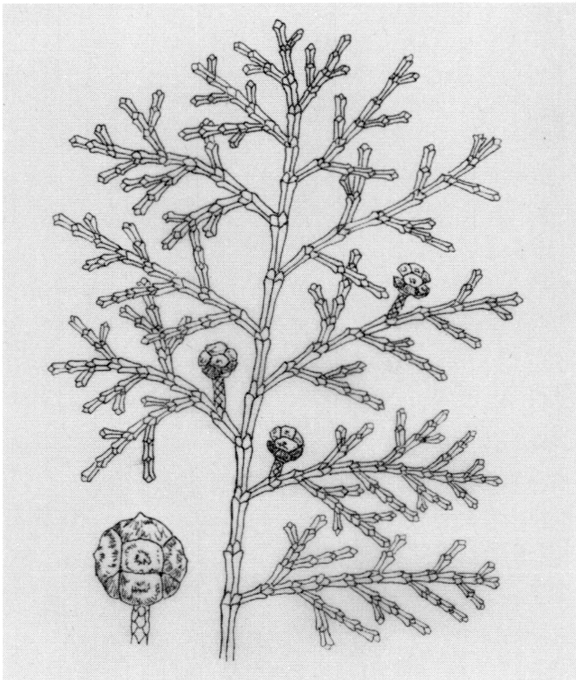

화백

Chamaecyparis pisifera (Siebold & Zucc.) Endl.

영명 : Sawara Cypress

일명 : サワラ

중명 : 日本花柏 일본화백

이명 : *Cupressus pisirera* (Siebold & Zucc.) K.Koch
Retinispora pisifera Siebold & Zucc.
Thuja pisifera (Siebold & Zucc.) Mast.

pisifera : 그리스어 pisi(완두)와 fera(생기다)의 합성어로 열매의 크기와 모양이 완두같은 것에서 유래

생육

- 성　상 : 상록침엽교목
- 수　형 : 원추형
- 수　고 : 15m 내외
- 원산지 : 일본
- 분　포 : 1920년경 도입되어 전국에 식재

형태

- 잎 : 난상 피침형으로 촉감이 거칠고 끝이 뾰족, 뒷면은 W자형의 백색 기공조선이 뚜렷
- 꽃 : 암수한그루, 4월에 개화하며 수꽃은 타원형, 암꽃은 길이 3~5mm 정도
- 열매 : 지름 6mm이며 암갈색으로 9월에 성숙
- 줄기 : 곧추 자라고 가지가 옆으로 퍼지며 홍갈색으로 얇게 띠 모양으로 벗겨짐
- 뿌리 : 심근성

생태

- 토　성 : 양토
- 음양성 : 음수
- 내공해성 : 강함
- 건　습 : 적윤
- 산　도 : 중성
- 내한성 : 강함
- 생장속도 : 빠름
- 내염성 : 보통
- 통　기 : 필요
- 내화성 : 강함

1	2	3	4	5	6	7	8		10	11	12

관리 및 번식

- 이　식 : 용이
- 전　정 : 강함, 묵은 가지 솎음 전정
- 번　식 : 실생/삽목
- 병충해 : 강함
- 시　비 : 적정

용도

원추형의 아름다운 수형미와 섬세하고 치밀한 지엽으로 차폐식재 또는 생울타리로 적합하여 군식을 통한 악센트식재나 유도식재, 기조식재

특이사항

편백과 유사하나 구형의 열매가 보다 작고 잎 뒷면이 백색인 점에서 구별

실화백(실향나무, 실편백)

Chamaecyparis pisifera 'Filifera'

영명 : Sawara Falsecypress
일명 : ヒヨクヒバ
filifera : 가는 가지가 실처럼 늘어진다는 뜻

1	2	3	4	5	6	7	8	9	10	11	12

생육

- 성 상 : 상록침엽소교목(관목상)
- 수 형 : 원추형 또는 원정형
- 수 고 : 5m 내외
- 원산지 : 일본
- 분 포 : 전국에 식재

형태

- 잎 : 실처럼 가는가지와 잎이 아래로 늘어짐
- 꽃 : 암수한그루, 4월에 개화하며 수꽃은 타원형 암꽃은 길이 3~5mm 정도
- 열매 : 지름 6mm이며 암갈색으로 9월에 성숙
- 줄기 : 곧추 자라고 왜성은 아니나 소교목 또는 관목상으로 아래로 처짐
- 뿌리 : 심근성

생태

- 토 성 : 양토
- 음 양 성 : 중용수
- 내공해성 : 보통
- 건 습 : 적윤
- 산 도 : 중성
- 내 한 성 : 보통
- 생장속도 : 느림
- 내 염 성 : 보통
- 통 기 : 필요
- 내 화 성 : 강함

관리 및 번식

- 이 식 : 용이
- 전 정 : 강함, 묵은 가지 솎음 전정
- 번 식 : 실생/삽목
- 병충해 : 강함
- 시 비 : 적정

용도

수형이 아담하고 아래로 처지는 습성으로 좁은 공간의 악센트식재나 유도식재로 적합

기타종

- 황금실화백(*C. pisifera* 'Filifera Aurea') 밝은 황금색의 잎이 실처럼 늘어지며 왜성형

향나무(노송나무)

측백나무科

Juniperus chinensis L.

영명 : Chinese Juniper
일명 : ビュクシン
중명 : 香木 향목
이명 : *Juniperus cernua* Roxb. *Juniperus thunbergii* Hook. & Arn. *Sabina chinensis* (L.) Antoine
Juniperus : 켈트어 거칠다라는 뜻에서 유래 *chinensis* : 중국 원산의 뜻

생육

- 성 상 : 상록침엽교목
- 수 형 : 원추형
- 수 고 : 10m 내외
- 원산지 : 울릉도, 중국, 일본
- 분 포 : 강원도와 울릉도 성인봉의 석회암지대에 자생

형태

- 잎 : 인엽은 7~8년생 가지에서 나오고 둔두이며 침엽은 3륜생으로 아랫가지에 많고 길이 6~12mm, 너비 1.0~1.5mm
- 꽃 : 암수딴그루, 수꽃은 가지 끝에 달리며 황색이고 암꽃은 가지 끝이나 엽액에 달리고 4월에 개화
- 열매 : 지름 6~8mm인 원형으로 겉이 백색으로 덮인 암갈색으로 다음해 9월에 성숙
- 줄기 : 곧추 자라나 가지가 상하로 향하고 수피는 적갈색으로 세로로 갈라지며 벗겨짐
- 뿌리 : 심근성

생태

- 토 성 : 사양토
- 음 양 성 : 양수
- 내공해성 : 강함
- 건 습 : 건조
- 산 도 : 약알칼리성
- 내 한 성 : 강함
- 생장속도 : 보통
- 내 염 성 : 보통
- 통 기 : 필요
- 내 화 성 : 강함

1	2	3	4	5	6	7	8	9	10	11	12

관리 및 번식

- 이 식 : 용이
- 전 정 : 강함, 모양다듬기, 솎음전정, 깎기전정
- 번 식 : 실생/삽목
- 병충해 : 강함(장미과 적성병의 중간기주)
- 시 비 : 적정

용도

수형이 아름답고 웅장하며 상징성이 높은 장수목으로 악센트식재로 적합, 또는 차폐식재로 사용

기타종

- 뚝향나무(*J. chinensis* var. *horizontalis* Nakai ex Uyeki) 관목상으로 가지가 수평으로 퍼지며 석회암지대 자생
- 둥근향나무(*J. chinensis* 'Globosa') 옥향으로 통용되고 있으며, 상록침엽관목으로 아담하고 둥근 수형이 아름답고 지엽이 치밀하여 경계식재나 작은 공간의 유도식재에 사용

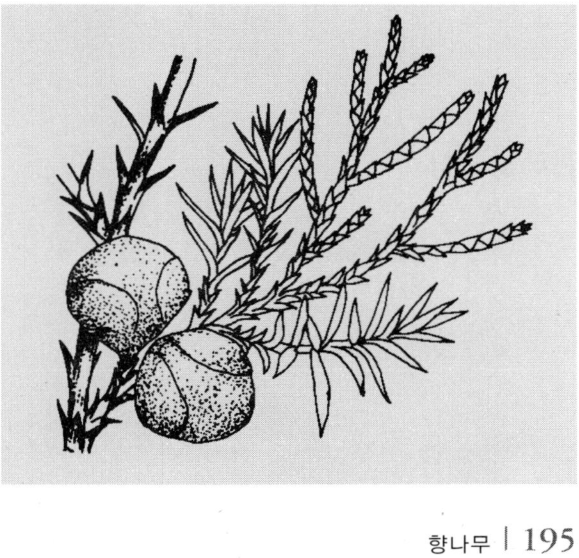

가이즈카향나무

Juniperus chinensis 'Kaizuka'

영명 : Hollywood Juniper
일명 : カイヅカビャクシン
중명 : 龍栢 용백, 螺絲柏 나사백
Kaizuka : 일본 지방이름 패총(貝塚)의 뜻

1	2	3	4	5	6	7	8	9	10	11	12

생육

- 성 상 : 상록침엽소교목
- 수 형 : 원추형(나선형)
- 수 고 : 10m 내외
- 원산지 : 일본
- 분 포 : 전국에 식재

형태

- 잎 : 침엽없이 인엽만 발생
- 꽃 : 암수딴그루, 수꽃은 가지 끝에 달리며 황색이고, 암꽃은 가지 끝이나 엽액에 달리고, 4월에 개화
- 열매 : 지름 6~8mm인 원형으로 겉이 백색으로 덮힌 암갈색으로 다음해 9월에 성숙
- 줄기 : 곧추 자라나 나선형으로 측지가 발달
- 뿌리 : 심근성

생태

- 토 성 : 사양토
- 음 양 성 : 양수
- 내공해성 : 강함
- 건 습 : 적윤
- 산 도 : 중성
- 내 한 성 : 강함
- 생장속도 : 보통
- 내 염 성 : 보통
- 통 기 : 필요
- 내 화 성 : 강함

관리 및 번식

- 이 식 : 용이
- 전 정 : 강함, 모양다듬기, 솎음전정, 깎기전정
- 번 식 : 실생/삽목
- 병충해 : 강함
- 시 비 : 적정

용도

수형이 단정하고 아름다워 악센트식재나 유도식재로 적합하며 차폐식재 및 경계식재나 기조식재로도 사용

눈향나무(누운향나무, 눈상나무)

Juniperus chinensis var. *sargentii* A. Henry

영명 : Sargent Juniper
일명 : ミヤマビャクシン
중명 : 偃柏 언백
이명 : *Juniperus sargentii* (Henry) Takeda ex Koidz.
Juniperus tsukushinensis Masam.
Sabina chinensis var. *sargentill* (Henry) Cheng & L.C.Hu

Juniperus : 켈트어 거칠다라는 뜻에서 유래
chinensis : 중국 원산의 뜻

생육

- 성 상 : 상록침엽관목
- 수 형 : 포복상으로 누워 자람
- 수 고 : 1m 내외
- 원산지 : 한국, 중국, 일본
- 분 포 : 제주도 한라산 등 고산지대 자생, 전국에 식재

형태

- 잎 : 대부분 인편엽이며 어린 가지에 간혹 침엽
- 꽃 : 암수딴그루, 수꽃은 광난형이며 황색이고, 암꽃은 가지 끝이나 엽액에 달리고, 4월에 개화
- 열매 : 지름 6~8mm인 원형으로 겉이 백색으로 덮인 암갈색으로 다음해 9월에 성숙
- 줄기 : 대개 누워 자람
- 뿌리 : 심근성

생태

- 토 성 : 사양토
- 음 양 성 : 양수
- 내공해성 : 강함
- 건 습 : 건조
- 산 도 : 산성
- 내 한 성 : 강함
- 생장속도 : 느림
- 내 염 성 : 보통
- 통 기 : 필요
- 내 화 성 : 강함

1	2	3	4	5	6	7	8	9	10	11	12

관리 및 번식

- 이 식 : 용이
- 전 정 : 강함, 모양다듬기, 솎음전정, 깎기전정
- 번 식 : 실생/삽목
- 병충해 : 강함
- 시 비 : 적정

용도

포복성 수형으로 지엽이 치밀하고 섬세하기 때문에 지피식재나 암석원, 사면녹화에 사용

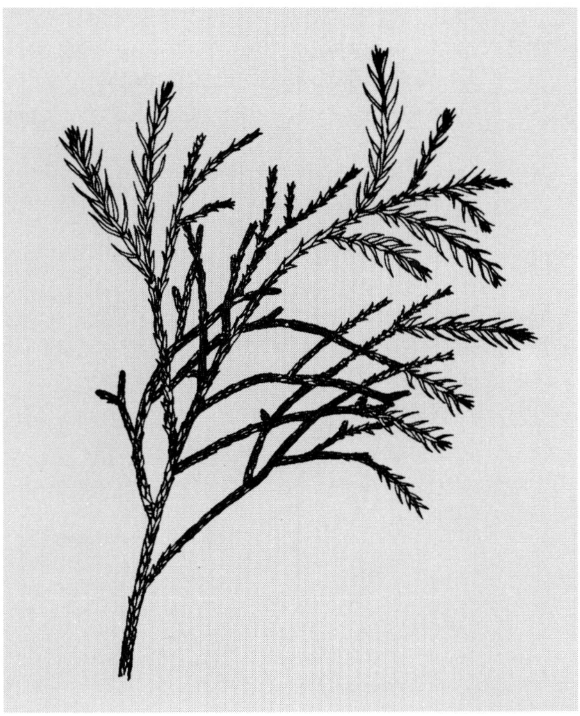

노간주나무(노가주나무, 노간주향)

Juniperus rigida Siebold & Zucc.

영명 : Needle Juniper, Hairy horn fern

일명 : ネズ(ネブミサシ)

중명 : 杜松 두송

이명 : *Juniperus utilis* Koidz.

rigida : 단단하다는 뜻

생육

• 성　상 : 상록침엽소교목
• 수　형 : 원추형
• 수　고 : 5m 내외
• 원산지 : 한국, 중국, 일본
• 분　포 : 전국의 산지에 자생

형태

• 잎 : 침엽상으로 3개씩 윤생하고 길이 1.2~1.7mm, 너비 1mm이며, 끝은 뾰족하고 단면은 V자형
• 꽃 : 암수딴그루, 수꽃은 타원형으로 길이 3~5mm이고 암꽃은 원형으로 지름 3mm이고, 4월에 개화
• 열매 : 구형 · 타원형으로 길이 7~8mm, 지름 6~8mm이며 남흑색으로 다음해 9월에 성숙
• 줄기 : 곧추 자라고 수피는 적갈색이며 세로로 얇게 갈라짐
• 뿌리 : 심근성

생태

• 토　　성 : 사양토
• 음 양 성 : 양수
• 내공해성 : 보통
• 건　　습 : 건조
• 산　　도 : 중성
• 내 한 성 : 강함
• 생장속도 : 매우 느림
• 내 염 성 : 보통
• 통　　기 : 필요
• 내 화 성 : 강함

1	2	3	4	5	6	7	8		10	11	12

관리 및 번식

• 이　식 : 약함
• 번　식 : 실생/접목
• 시　비 : 보통
• 전　정 : 강함
• 병충해 : 강함

용도

원추형 수형이 아름다우나 질감은 다소 거칠고 작은 공간의 악센트식재나 유도식재, 또는 생울타리용으로 적합

기타종

• 해변노간주(*J. rigida* var. *conferta* (Parl.) Patschke) 주로 서해안 바닷가에서 줄기가 땅에 누워 자람

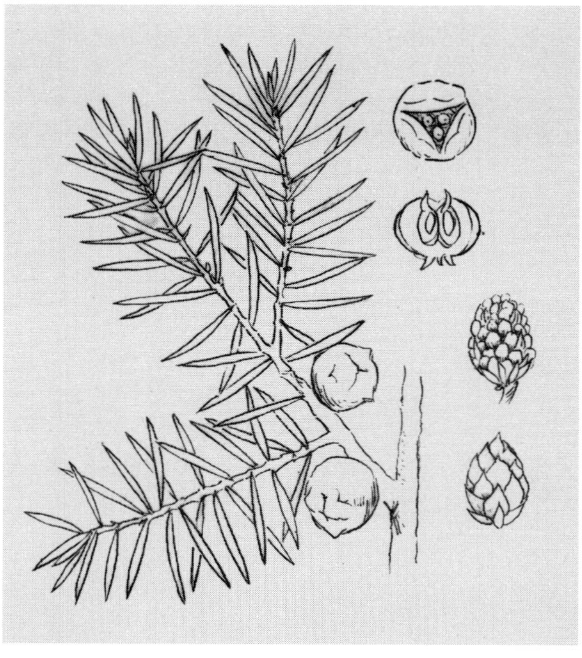

비자나무

주목科

Torreya nucifera (L.) Siebold & Zucc.

영명 : Japanese Torreya
일명 : カヤノキ
중명 : 榧子樹 비자수
이명 : *Taxus nucifera* L.
Torreya : 미국의 식물학자 John Torrey 기념
nucifera : 견과가 달린다는 뜻

생육

- 성　상 : 상록침엽교목
- 수　형 : 원추형/원정형
- 수　고 : 10m 내외
- 원산지 : 한국, 중국, 일본
- 분　포 : 내장산 이남의 남부지방 저지대 및 제주도에 자생

형태

- 잎 : 난형이고 나선상으로 배열하며 길이 2.5cm, 너비 3mm의 침상으로 끝이 뾰족하고 주맥 양쪽에 황백색의 기공조선이 뚜렷
- 꽃 : 암수딴그루, 수꽃은 타원형으로 길이 10mm이고 2년지의 엽액에 달리며, 암꽃은 새가지 끝에 2~3개씩 달리고 난형이며 5월에 개화
- 열매 : 도란형 · 타원형이며 길이 25~28mm, 지름 20mm이고 자갈색으로 다음해 9~10월에 녹색으로 성숙
- 줄기 : 곧추 자라고 수피는 홍갈색
- 뿌리 : 심근성

생태

- 토　　성 : 미사질 양토
- 내 한 성 : 약함
- 음 양 성 : 음수
- 생장속도 : 빠름
- 내공해성 : 보통
- 내 염 성 : 보통
- 건　　습 : 적습
- 통　　기 : 필요
- 산　　도 : 약산성
- 내 화 성 : 강함

관리 및 번식

- 이　식 : 용이
- 전　정 : 강함
- 번　식 : 실생/삽목
- 병충해 : 강함

1	2	3	4		6	7	8	9	10	11	12

- 시　비 : 적정

용도

수형이 웅장하게 자라기 때문에 악센트식재나 기조식재로 사용가능

특이사항

사천 성내리 비자나무(천연기념물 제287호)
강진 삼인리 비자나무(천연기념물 제39호)
고흥 금탑사 비자나무 숲(천연기념물 제239호)
장성 백양사 비자나무 숲(천연기념물 제153호)
진도 상만리 비자나무(천연기념물 제111호)
해남 녹우단 비자나무 숲(천연기념물 제241호)
화순 개천사 비자나무 숲(천연기념물 제483호)
제주 평대리 비자나무 숲(천연기념물 제374호)이 천연기념물로 지정 · 보호하고 있음

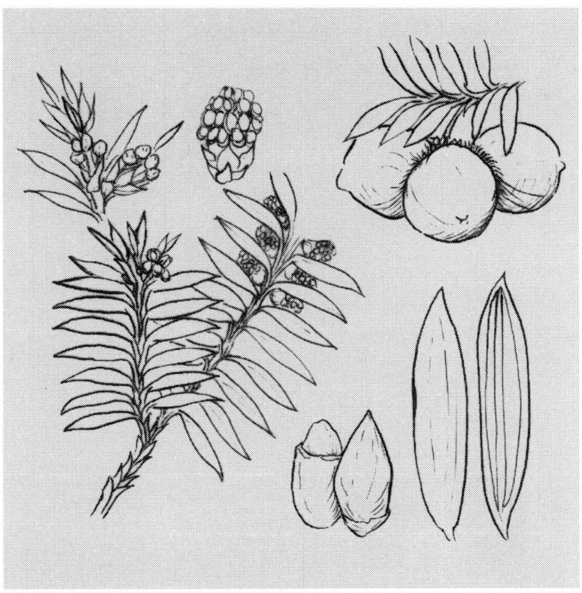

개비자나무(누운개비자나무, 좀개비자나무)

Cephalotaxus koreana Nakai

영명 : Korean Plum-yew

일명 : コウライイヌガヤ

중명 : 朝鮮粗榧 조선조비

이명 : *Cephalotaxus drupacea* var. *koreana* (Nakai) Hatus.

Cephalotaxus : 그리스어 kephale(머리)와 taxus (주목)의 합성어로 수꽃이 두상으로 달린다는 의미

생육

- 성 상 : 상록침엽소교목
- 수 형 : 불규칙/둥근 수형
- 수 고 : 3m 내외
- 원산지 : 한국, 중국, 일본
- 분 포 : 중부 이남의 산지 표고 700m 부근에 자생

형태子

- 잎 : 선형으로 길이 5cm, 너비 3mm이며, 다소 넓고 2열성으로 배열되며 주맥이 도드라짐
- 꽃 : 암수딴그루, 수꽃은 원형으로 지름 5mm이며 2년지의 엽액에 달리고, 암꽃은 소지 끝에 2개씩 달리고 4월에 개화
- 열매 : 타원형으로 길이 17~18mm이며, 다음해 9월에 붉게 성숙(식용가능)
- 줄기 : 곧추 자라나 대개 다줄기성
- 뿌리 : 천근성

생태

- 토 성 : 사양토
- 음 양 성 : 음수
- 내공해성 : 약함
- 건 습 : 건조
- 산 도 : 중성
- 내 한 성 : 보통
- 생장속도 : 느림
- 내 염 성 : 보통
- 통 기 : 필요
- 내 화 성 : 강함

1	2	3		5	6	7	8		10	11	12

관리 및 번식

- 이 식 : 보통
- 번 식 : 실생/삽목
- 시 비 : 적정
- 전 정 : 강함
- 병충해 : 강함

용도

수림하부나 개방된 전석지 등에 자라기 때문에 하층식재나 암석원 등에 사용가능

특이사항

주목과 유사하나 잎이 보다 길고 부드러우며 육질 종의는 밑부분이 열려있지 않음

화성 융릉 개비자나무는 천연기념물 제504호로 지정·보호하고 있음.

기타종

- 눈개비자나무(*C. harringtonia* var. *nana* (Nakai) Rehder) 뿌리에서 맹아가 돋음

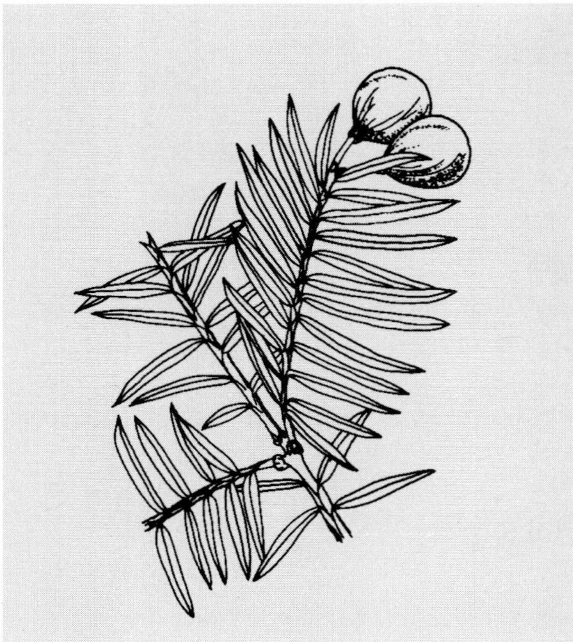

주목(화솔나무, 적목)

Taxus cuspidata Siebold & Zucc.

영명 : Japanese Yew
일명 : イチイ
중명 : 朱木 주목
이명 : *Taxus baccata* subsp. *cuspidata* (Siebold & Zucc.) Pilg.
Taxus baccata var. *microcarpa* Trautv.
Taxus cuspidata var. *latifolia* (Pilg.) Nakai

Taxus : 그리스어 taxon(활)에서 유래
cuspidata : 갑자기 뾰족해진 것을 의미

생육

- 성 상 : 상록침엽교목
- 수 형 : 원추형
- 수 고 : 10m 내외
- 원산지 : 한국, 중국, 일본
- 분 포 : 전국의 고산지대 표고 700~2,500m 사이에 자생, 전국에 식재

형태

- 잎 : 선형으로 길이 1.5~2.5cm, 너비 3mm이며 끝은 갑자기 뾰족해짐
- 꽃 : 암수딴그루, 수꽃은 갈색이고, 암꽃은 난형으로 녹색이며, 4~5월에 개화함
- 열매 : 육질종의(fleshy aril)는 원형이며 적색으로 9~10월 성숙
- 줄기 : 곧추 자라며 홍갈색 수피는 얇게 띠 모양으로 벗겨짐
- 뿌리 : 심근성

생태

- 토 성 : 사양토
- 음 양 성 : 음수
- 내공해성 : 보통
- 건 습 : 적윤
- 산 도 : 약산성
- 내 한 성 : 강함
- 생장속도 : 느림
- 내 염 성 : 보통
- 통 기 : 필요
- 내 화 성 : 강함

1	2	3	4	5	6	7	8	9	10	11	12

관리 및 번식

- 이 식 : 용이
- 전 정 : 강함, 깍기전정, 솎음전정, 모양목전정
- 번 식 : 실생/삽목
- 병충해 : 강함
- 시 비 : 적정

용도

수형이 아름답고 질감이 섬세하여 악센트식재로 적합

특이사항

소백산 주목군락은 천연기념물 제224호, 정선 두위봉 주목은 천연기념물 제433호로 지정 · 보호하고 있음

기타종

- 설악눈주목(*T. caespitosa* Nakai) 설악산의 소청봉, 중청봉의 능선부근 생육
- 회솔나무(*T. cuspidata* var. *latifolia* (pilg.) Nakai) 울릉도 나리분지에 자생

소귀나무(속나무)

소귀나무科

Myrica rubra (Lour.) Siebold & Zucc.

영명 : Chinese Bayberry, Japanese Bayberry, Red Bayberry · Yumberry, Waxberrg, Chinese Strawberry
일명 : ヤマモモ
중명 : 楊梅 양매
이명 : *Morella rubra* Lour.
Myrica rubra var. *acuminata* Nakai
Myrica : 희랍어 myriezein(방향, 향료)에서 유래
rubra : 적색의 뜻

생육

- 성 상 : 상록활엽교목
- 수 형 : 원정형(우산형)
- 수 고 : 10m 내외
- 원산지 : 한국, 중국, 대만, 일본
- 분 포 : 제주도 표고 300m이하인 난온대에 자생

형태

- 잎 : 장원상 도란형으로 혁질이며, 길이 6~16cm, 너비 1.0~3.5cm, 잎자루는 길이 0.2~1.0cm임
- 꽃 : 암수딴그루, 수꽃은 엽액에 여러 개가 모여 나고 길이 3cm이며, 암꽃은 가지에 밀착되어 나오고 길이 0.5~1.5cm이며, 3~4월 개화
- 열매 : 지름 1.0~1.5cm인 구형으로 붉은색이며 6~7월에 성숙하고 외과피는 육질이며 단맛이 남
- 줄기 : 여러개의 줄기가 나와 곧추 자라며 수피는 회색으로 세로로 갈라짐
- 뿌리 : 심근성

생태

- 토 성 : 사양토
- 음 양 성 : 음수
- 내공해성 : 보통
- 건 습 : 적윤
- 산 도 : 중성
- 내 한 성 : 매우 약함
- 생장속도 : 느림
- 내 염 성 : 강함
- 통 기 : 필요
- 내 화 성 : 강함

1	2	3	4	5	6	7	8	9	10	11	12

관리 및 번식

- 이 식 : 용이
- 번 식 : 실생/삽목
- 시 비 : 다비성
- 전 정 : 강함
- 병충해 : 깍지벌레

용도

우산형의 수형이 아름답고 지엽이 섬세하며 열매가 탐스러워 악센트식재나 가로수로 적합하며 광택 혁질의 잎과 회색 수피의 질감이 아름다워 기조식재, 녹음식재, 방화식재 등으로 이용

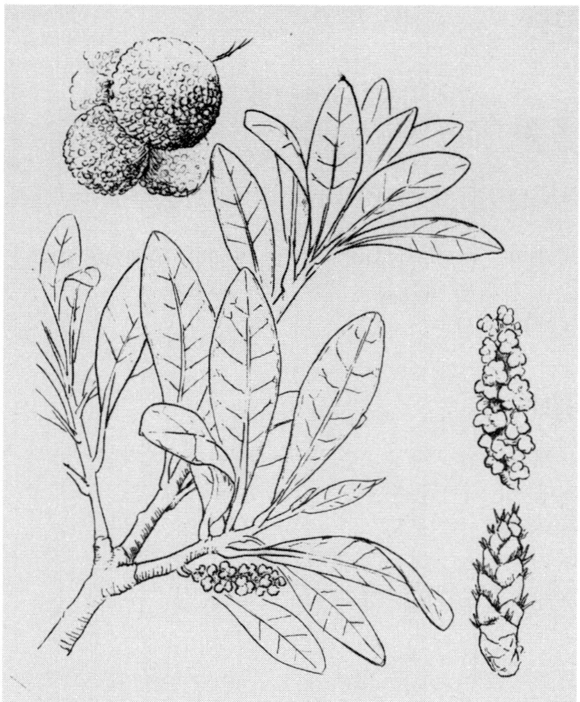

굴피나무(꾸정나무, 굴태나무)

Platycarya strobilacea Siebold & *Zucc.*

영명 : Platycarya
일명 : ノグルミ
중명 : 化香樹 화향수
이명 : *Fortunaea chinensis* Lindl.
Platycarya longipes Wu
Platycarya simplicifolia G.R.Long
Platycarya sinensis Mottet
Platycarya strobilacea var. *kawakamii* Hayata

Platycarya : 희랍어 platy(넓다)와 caryon(견과)의 합성어
strobilacea : 구과상의 뜻

생육

- 성 상 : 낙엽활엽교목
- 수 형 : 원정형
- 수 고 : 20m 내외
- 원산지 : 한국, 중국, 대만, 일본
- 분 포 : 경기도 이남의 주로 해안산지 산록부에 자생

형태

- 잎 : 기수 우상 복엽이고 소엽은 7~19개이며 난상 피침형, 길이 4~10cm
- 꽃 : 암수한그루, 수꽃은 짧은 새 가지에 여러 개가 나오고 황갈색이며 꼬리화서형, 암꽃은 타원형으로 길이 2~4cm이며 수꽃에 둘러 싸이고 6월 개화
- 열매 : 구과상 견과는 난상 타원형으로 길이 2.5~4.5cm이며 10월에 성숙
- 줄기 : 비스듬히 자라며 수피는 회색으로 갈라짐
- 뿌리 : 심근성

생태

- 토 성 : 사양토
- 음 양 성 : 양수
- 내공해성 : 강함
- 건 습 : 건조
- 산 도 : 약산성
- 내 한 성 : 강함
- 생장속도 : 빠름
- 내 염 성 : 강함
- 통 기 : 필요
- 내 화 성 : 강함

1	2	3	4	5	(꽃)	7	8	9	(열매)	11	12

관리 및 번식

- 이 식 : 용이
- 번 식 : 실생
- 시 비 : 적정
- 전 정 : 강함
- 병충해 : 강함

용도

현재 널리 사용되고 있지 않으나 황갈색의 꽃과 잎의 질감 등이 우수하여 군식이나 혼식에 적합

특이사항

경남 고성지방에 거목이 많으며 잎을 찧어서 물에 풀어 물고기를 잡는데 사용

기타종

- 중국굴피나무(*P. stenoptera* C. DC.) 굴피나무와 유사하나 소엽의 수가 많고 엽축과 열매에 날개가 있음

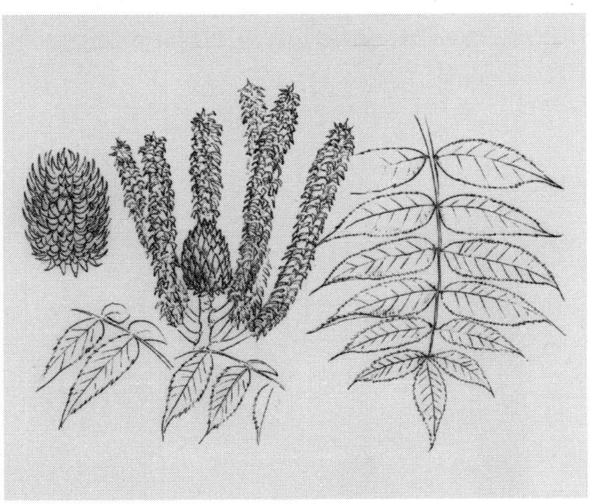

가래나무(가래추나무, 산추자나무)

Juglans mandshurica Maxim.

영명 : Manchurian Walnut
일명 : マンシウグルミ
중명 : 胡桃楸 호도추
이명 : *Juglans cathayensis* Dode
Juglans collapsa Dode
Juglans draconis Dode
Juglans formosana Hayata

Juglans : jovis(쥬피터의 속칭)와 glans(견과)에서 유래, 열매의 맛이 좋기 때문에 붙여진 이름
mandshurica : 만주지방의 뜻

1	2	3	4	5(개화)	6	7	8	9	10	11	12

생육

- 성 상 : 낙엽활엽교목
- 수 형 : 원정형
- 수 고 : 15m 내외
- 원산지 : 한국, 중국, 만주
- 분 포 : 중부이북의 표고 500~1,500m 사이의 수림에 자생

형태

- 잎 : 기수 우상 복엽, 소엽은 9~17개이며 긴 원형으로 길이 6~18cm
- 꽃 : 암수한그루, 수꽃은 길이 10~28cm로 녹갈색, 암꽃은 길이 5~12cm로 가지 끝에 뭉쳐 나오며 5월 개화
- 열매 : 난원형으로 길이 3~4cm, 9~10월에 성숙
- 줄기 : 곧추 자라며 수피는 암회색이고 세로로 갈라짐
- 뿌리 : 심근성

생태

- 토 성 : 사양토
- 음 양 성 : 양수
- 내공해성 : 보통
- 건 습 : 적윤
- 산 도 : 약알칼리성
- 내 한 성 : 강함
- 생장속도 : 보통
- 내 염 성 : 약함
- 통 기 : 필요
- 내 화 성 : 강함

관리 및 번식

- 이 식 : 보통
- 번 식 : 실생
- 시 비 : 적정
- 전 정 : 강함, 솎음전정
- 병충해 : 강함

용도

현재 널리 사용되고 있지는 않으나 시원스러운 수형과 잎의 질감이 풍부하여 녹음수나 중정목으로 사용가능

특이사항

호도나무에 비해 소엽이 9장 이상으로 많고, 타원형의 열매가 많이 달림

기타종

- 호두나무(*J. regia* L.) 가래나무에 비해 잎이 보통 7개 이하로 적고 잎 가장자리에 톱니가 없으며, 열매는 둥글고 적게 달림

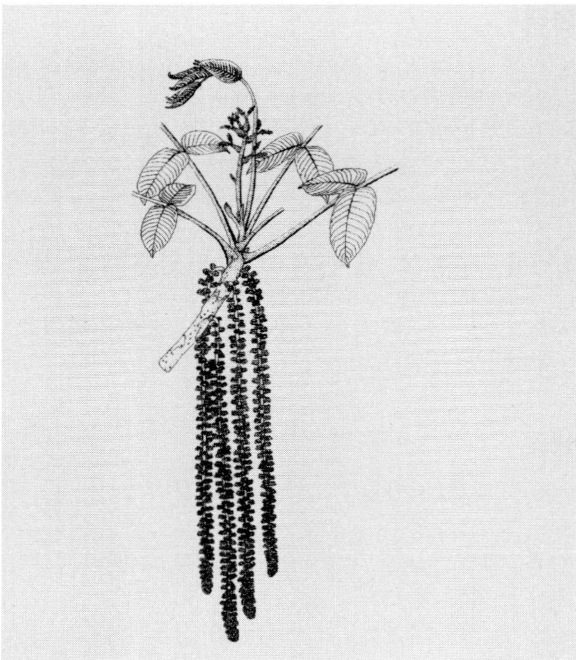

은사시나무(은수원사시나무)

Populus tomentiglandulosa T.B.Lee

영명 : Hyun Poplar, Hybrid Suwon Poplar

중명 : 玄白楊 현백양

Populus : 라틴의 오래된 이름

tomentiglandulosa : 잎 뒷면에 잔털이 밀생하는

생육

- 성　상 : 낙엽활엽교목
- 수　형 : 원정형
- 수　고 : 20m 내외
- 원산지 : 한국
- 분　포 : 펄프재 및 녹화용으로 전국에 식재

형태

- 잎 : 난형 또는 타원형으로 길이 3~8cm, 너비 2~7cm
- 꽃 : 암수딴그루, 개화기는 4월로서 잎보다 먼저 핌
- 열매 : 과수의 길이는 약 10cm이고, 약 100개 정도의 열매가 달리며, 5월에 성숙
- 줄기 : 곧추 자라고 수피는 은백색
- 뿌리 : 천근성

생태

- 토　　성 : 양토
- 음 양 성 : 양수
- 내공해성 : 보통
- 건　　습 : 적윤
- 산　　도 : 약산성
- 내 한 성 : 강함
- 생장속도 : 매우 빠름
- 내 염 성 : 보통
- 통　　기 : 필요
- 내 화 성 : 약함

관리 및 번식

- 이　식 : 용이
- 번　식 : 실생/삽목
- 시　비 : 불필요
- 전　정 : 강함
- 병충해 : 강함

1	2	3	✻	🍎	6	7	8	9	10	11	12

용도

수원사시나무와 은백양 사이의 잡종으로 과거 산지녹화와 펄프재 생산을 위해 조림하였으며, 녹음수나 경관수 또는 완충식재, 황폐지 복구 등에 사용

특이사항

1950년대 발견된 자연잡종이라는 설과 인공교배종이라는 논점이 있음. 고 현신규박사를 기념하여 현사시라 부름

기타종

- 은백양(*P. alba* L.) 잎에 흰털이 밀생
- 미루나무(*P. deltoides* Marsh.) 잎은 어릴 때 녹색이며 맹아의 가지에 능선이 있음
- 이태리포푸라(*P. euramericana* Guinier) 잎은 어릴 때 붉은빛이 돈다

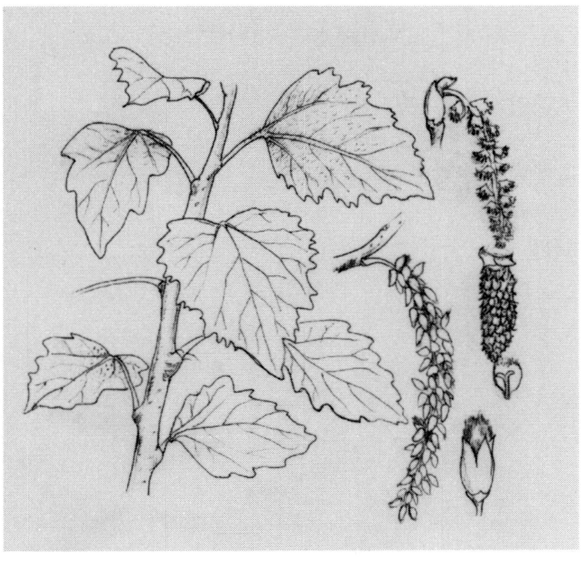

양버들(피라밋드포푸라)

Populus nigra var. *italica* Koehne

영명	Lombardy Poplar, Poplar, Italian Poplar
일명	ピラミットヤヌメラシ
중명	美國白楊 미국백양
이명	*Populus fastigiata* Asch. *Populus italica* Moench *Populus nigra* var. *pyramidalis* Shmalg. *Populus nigraitelica* Munch

nigra : 줄기가 검다는 의미
italica : 이탈리아 원산의 뜻

생육

- 성 상 : 낙엽활엽교목
- 수 형 : 원주형
- 수 고 : 20m 내외
- 원산지 : 유럽(이탈리아 롬바르디 지방) 또는 서아시아지역에서 발생한 것으로 추정
- 분 포 : 도입시기는 불분명하나 1860년대인 것으로 추정, 일제시대에 전국에 식재

형태

- 잎 : 엽신은 삼각상 난형, 길이 5~10cm로 너비보다 짧거나 같음
- 꽃 : 암수딴그루, 수꽃화서 길이 3~5cm, 암꽃화서 10~ 15cm, 3~4월에 개화
- 열매 : 삭과는 끝이 2개로 갈라지며, 5~6월 성숙
- 줄기 : 곧추 자라고 가지가 빗자루 모양으로 좁게 퍼짐, 수피는 흑갈색으로 세로로 갈라짐
- 뿌리 : 천근성

생태

- 토 성 : 사양토
- 음 양 성 : 양수
- 내공해성 : 보통
- 건 습 : 적윤
- 산 도 : 중성
- 내 한 성 : 강함
- 생장속도 : 빠름
- 내 염 성 : 강함
- 통 기 : 필요
- 내 화 성 : 약함

1	2	3	4	5	6	7	8	9	10	11	12

관리 및 번식

- 이 식 : 용이
- 번 식 : 삽목
- 시 비 : 불필요
- 전 정 : 강함
- 병충해 : 강함

용도

시원한 수형과 빗자루처럼 좁은 형태로 발달하는 가지 패턴, 황색의 가을단풍이 아름다워 교외지역이나 농촌지역의 가로수, 지표수로 적합

특이사항

일제강점기의 신작로(新作路)에 가로수로 사용된 주요 수종이었음

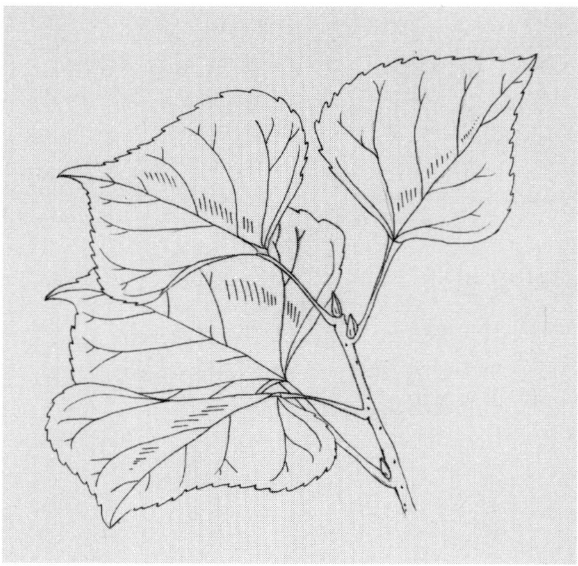

버드나무(버들, 뚝버들, 버들나무)

버드나무科

Salix koreensis Andersson

영명 : Korean Willow

일명 : コウライヤナギ

중명 : 朝鮮柳 조선류

이명 : *Salix feddei* L.f.
Salix pogonandra L.f.
Salix pseudogilgiana L.f.

Salix : 라틴 고어로 sal(가깝다)와 lis(물)의 합성어로 물가에 흔히 자란다는 의미

koreensis : 한국원산의 뜻

생육

- 성 상 : 낙엽활엽교목
- 수 형 : 불규칙한 원정형
- 수 고 : 10m 내외
- 원산지 : 한국. 중국 동북부 및 서북 지방
- 분 포 : 전국의 표고 500m이하의 산지계곡 주변 자생, 하천 등지에 식재

형태

- 잎 : 좁은 피침형, 길이 9~13cm, 나비 1~1.8cm
- 꽃 : 암수딴그루, 수꽃화서 길이 1~3cm로 대에 긴 털이 있고, 암꽃화서 길이 1~2cm로 잎보다 먼저 또는 같이 피며 4월에 개화
- 열매 : 5월에 익으며, 포는 긴타원형
- 줄기 : 곧추 자라나 불규칙, 암회색의 수피는 두껍고 세로로 갈라짐
- 뿌리 : 천근성

생태

- 토 성 : 미사질 양토
- 음 양 성 : 양수
- 내공해성 : 보통
- 건 습 : 적습
- 산 도 : 약산성
- 내 한 성 : 강함
- 생장속도 : 빠름
- 내 염 성 : 약함
- 통 기 : 필요
- 내 화 성 : 강함

1	2	3			6	7	8	9	10	11	12

관리 및 번식

- 이 식 : 용이
- 번 식 : 실생/삽목
- 시 비 : 불필요
- 전 정 : 강함
- 병충해 : 강함

용도

현재는 널리 사용되고 있지 않으며 자연스러운 수형미와 신록의 잎 질감이 우수하여 하천변이나 물가의 악센트식재, 경관식재로 적합

특이사항

능수버들이나 수양버들에 비해 가지가 처지지 않는 특징이 있음

기타종

- 갯버들(*S. gracilistyla* Miq.) 낙엽활엽관목으로 하천가장자리에 분포하며, 잎 뒷면에 회백색 털이 밀생

능수버들

Salix pseudolasiogyne H. Lév.

영명 : Korean Weeping Willow	
일명 : コウライツダレヤナギ	
중명 : 高麗垂楊 고려수양, 垂柳 수류	
이명 : *Salix neo-lasiogyne* Nakai ex Mori	
pseudo lasiogyne : *lasiogyne*종과 비슷한	

생육

- 성 상 : 낙엽활엽교목
- 수 형 : 원정형
- 수 고 : 20m 내외
- 원산지 : 중국
- 분 포 : 하천 하류의 사주부에 주로 자생하여 하반림 형성

형태

- 잎 : 피침형으로 길이 2~12cm, 너비 0.5~1.7cm
- 꽃 : 암수딴그루, 수꽃화서는 길이 1~2cm, 암꽃화서는 밑으로 처지며 길이 1~2cm, 4월경 개화
- 열매 : 수과는 길이 3mm정도로서 긴 털이 있음, 5월에 성숙
- 줄기 : 곧추 자라나 가지가 밑으로 처짐
- 뿌리 : 천근성

생태

- 토 성 : 사양토, 사토
- 음 양 성 : 양수
- 내공해성 : 보통
- 건 습 : 적습
- 산 도 : 중성
- 내 한 성 : 강함
- 생장속도 : 빠름
- 내 염 성 : 보통
- 통 기 : 필요
- 내 화 성 : 강함

관리 및 번식

- 이 식 : 용이
- 번 식 : 실생/삽목
- 시 비 : 불필요
- 전 정 : 강함
- 병충해 : 강함

1	2	3	4	5	6	7	8	9	10	11	12

용도

내수성이 커 강변, 냇가, 연못가 및 호수가 등에 수변소재로 적합하며 악센트식재나 가로수로 적합

특이사항

내한성이 강하여 생장 및 녹음기간이 김

기타종

- 수양버들(*S. babylonica* L.) 가로수와 정원수로 오래전부터 식재해왔으며, 전국적으로 야생화되어 자라고 있다. 능수버들에 비해 수꽃과 암꽃에 털이 적은 것이 특징임

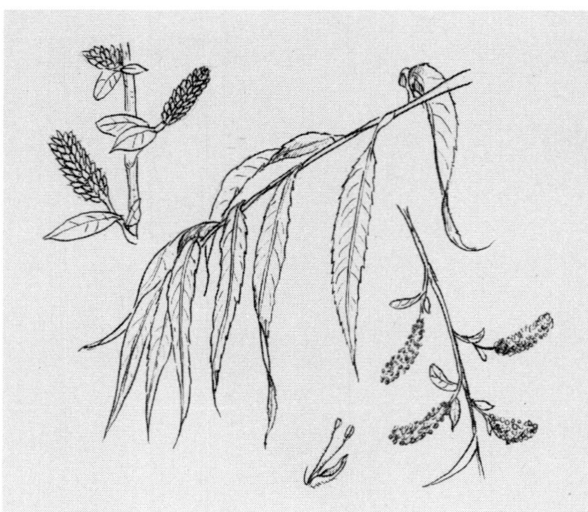

왕버들

Salix chaenomeloides Kimura

영명 : Acame-Yanagi
일명 : アカナヤナギ
중명 : 鬼柳 귀류, 河柳 하류
이명 : *Salix glandulosa* Seem.
Salix glandulosa var. *glabra* Nakai

생육

- 성 상 : 낙엽활엽교목
- 수 형 : 원정형
- 수 고 : 20m 내외
- 원산지 : 한국
- 분 포 : 충북 및 강원도 이남의 하천변이나 연못 주변에 자생

형태

- 잎 : 타원형, 길이 2.5~11cm, 너비 3.5~4.5cm, 잎 끝은 갑자기 좁아져 길게 뾰족하고, 원저
- 꽃 : 암수딴그루, 수꽃화서는 밑에 1~3개의 포가 달린 것이 있고, 암꽃화서는 길이 2~4cm, 4월에 개화
- 열매 : 5월에 익으며, 과수는 길이 5~10cm, 삭과는 난형으로 길이 3mm정도
- 줄기 : 곧추 자라나 불규칙하며 수피는 회갈색으로 세로로 깊게 갈라짐
- 뿌리 : 천근성

생태

- 토 성 : 식양토
- 음 양 성 : 양수
- 내공해성 : 보통
- 건 습 : 적습
- 산 도 : 중성
- 내 한 성 : 보통
- 생장속도 : 빠름
- 내 염 성 : 약함
- 통 기 : 필요
- 내 화 성 : 강함

1	2	3	4		6	7	8	9	10	11	12

관리 및 번식

- 이 식 : 용이
- 번 식 : 실생/삽목
- 시 비 : 불필요
- 전 정 : 강함
- 병충해 : 강함

용도

수형이 아름답고 붉은 빛이 도는 신록이 빼어나 수변의 악센트식재로 적합하며 녹음수로도 사용가능하며 전통적으로 하천, 연못에 식재

특이사항

주왕산 국립공원내 주산지의 왕버들과 경주 계림과 오릉의 왕버들 고목이 유명

기타종

- 털왕버들(*S. chaenomeloides* var. *pilosa* (Nakai) Kimura) 잎자루와 가지에 털이 있음
- 떡버들(*S. hallaisanensis* H.Lév.) 고산에 자라며 잎이 둥글고 뒷면에 털이 없음
- 호랑버들(*S. caprea* L.) 잎은넓은 타원형이며 잎 앞면은 주름이많고 뒷면은 흰털이 있음

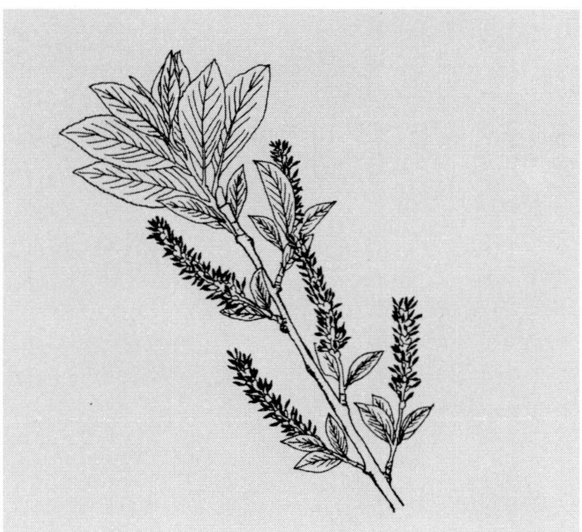

용버들(고수버들, 운용버들)

버드나무과

Salix matsudana for. *tortuosa* Rehder

영명 : Dragon-claw Willow
일명 : ハゴロモヤナギ
중명 : 雲龍柳 운룡류, 龍瓜柳 용조류, 九曲柳 구곡류
이명 : *Salix matsudana* var. *tortuosa* Vilm.
matsudana : 중국 식물연구가 마쓰다 기념
tortuosa : 불규칙하게 꼬인의 뜻

생육

- 성　상 : 낙엽활엽교목
- 수　형 : 하수형
- 수　고 : 10m 내외
- 원산지 : 중국 동서북지역에서 양자강에 이르는 넓은 지역에 분포하나 황하유역이 분포의 중심지
- 분　포 : 관상용으로 도입, 널리 식재

형태

- 잎 : 좁은 피침형으로 길이 6~8cm, 너비 1.0~1.5cm
- 꽃 : 암수딴그루, 수꽃화서는 길이 1.5~ 2.0cm, 암꽃화서 길이 3~4.5cm, 4월에 개화
- 열매 : 삭과는 5월 성숙
- 줄기 : 원줄기와 묵은 가지는 불규칙하게 배열하며 수피는 녹색빛을 띠는 암회색
- 뿌리 : 천근성

생태

- 토　　성 : 사양토
- 음 양 성 : 양수
- 내공해성 : 강함
- 건　　습 : 적윤
- 산　　도 : 중성
- 내 한 성 : 강함
- 생장속도 : 빠름
- 내 염 성 : 보통
- 통　　기 : 필요
- 내 화 성 : 강함

1	2	3			6	7	8	9	10	11	12

관리 및 번식

- 이　식 : 용이
- 번　식 : 실생/삽목
- 시　비 : 불필요
- 전　정 : 강함
- 병충해 : 강함

용도

수형이 독특하고 봄철 처지고 꾸불꾸불한 황녹색 또는 녹갈색의 새가지가 아름다워 악센트식재나 유도식재로 적합, 저수지, 연못 등 물가에 식재

특이사항

가지가 마치 용처럼 꿈틀거리는 것 같아 용버들이라 함

오리나무(물오리나무, 잔털오리나무)

Alnus japonica (Thunb.) Steud.

영명 : Japanese Alder

일명 : ハンノキ

중명 : 五里木 오리목, 赤楊 적양

이명 : *Alnus japonica* var. *genuina* Callier
Alnus japonica var. *latifolia* Callier
Alnus martima var. *arguta* Regel
Alnus martima var. *japonica* Regel
Betula japonica Thunb.

Alnus : al(가까이)와 lan(개울의 제방)의 합성어로 좋은 생육장소 의미
japonica : 일본 원산의 뜻

생육

- 성　상 : 낙엽활엽교목
- 수　형 : 원정형(불규칙)
- 수　고 : 15m 내외
- 원산지 : 한국, 중국, 일본
- 분　포 : 산간습지나 하천변 저지대에 주로 자생

형태

- 잎 : 도란상 타원형 · 피침형으로 길이 4~12cm, 측맥은 7~10쌍
- 꽃 : 암수한그루, 수꽃화서는 가지 선단에 2~5개 모여 아래로 처지며, 암꽃화서는 긴 난형으로 3월에 개화
- 열매 : 과수는 타원형으로 길이 1.2~2.0cm, 2~5개가 총상을 이루고 대는 길이 4~7mm, 9~10월 성숙
- 줄기 : 불규칙하게 위로 자라며 수피는 회갈색
- 뿌리 : 천근성

생태

- 토　성 : 미사질 양토
- 음 양 성 : 양수
- 내공해성 : 강함
- 건　습 : 적습
- 산　도 : 약산성
- 내 한 성 : 강함
- 생장속도 : 빠름
- 내 염 성 : 약함
- 통　기 : 필요
- 내 화 성 : 강함

1	2		4	5	6	7	8	9	10	11	12

관리 및 번식

- 이　식 : 용이
- 번　식 : 실생/삽목
- 시　비 : 불필요
- 전　정 : 강함
- 병충해 : 강함

용도

습지대의 지표종으로 악센트식재, 경관식재 또는 생태식재나 사방녹화용으로 적합

특이사항

질소고정균을 지녀 비료목으로 불림

기타종

- 털오리나무(*A. japonica* var. *koreana* Callier) 어린 가지와 잎 뒷면에 갈색털이 밀생
- 사방오리(*A. firma* Siebold & Zucc.) 오리나무에 비해 측맥이 13~17쌍으로 많음

물오리나무(산오리나무, 털물오리나무)

Alnus sibirica Fisch. ex Turcz.

영명 : Manchurian Alder
일명 : ケナシヤマハンノ
중명 : 山赤楊 산적양
이명 : *Alnus sibirica* var. *oxyloba* Callier
Alnus sibirica var. *paucinervis* Callier
Alnus sibirica var. *tinctoria* (Sarg.) Koidz.

sibirica : 시베리아 원산의 뜻

생육

- 성 상 : 낙엽활엽교목
- 수 형 : 원추형
- 수 고 : 20m 내외
- 원산지 : 한국, 일본, 중국(만주)
- 분 포 : 전국의 산지에 흔하게 자람

형태

- 잎 : 넓은 난형, 길이 8~14cm, 복거치
- 꽃 : 암수한그루, 수꽃은 가지 선단에 2~4개, 암꽃은 수꽃 밑에 3~5개씩 모여 달리고, 4월 개화
- 열매 : 과수는 타원형, 길이 1.5~2.0cm, 소견과는 10월 성숙
- 줄기 : 곧추 자라고 수피는 회갈색
- 뿌리 : 천근성

생태

- 토 성 : 사양토
- 음 양 성 : 양수
- 내공해성 : 보통
- 건 습 : 건조
- 산 도 : 약산성
- 내 한 성 : 강함
- 생장속도 : 빠름
- 내 염 성 : 보통
- 통 기 : 필요
- 내 화 성 : 강함

1	2	3	4	5	6	7	8	9	10	11	12

관리 및 번식

- 이 식 : 용이
- 번 식 : 실생/삽목
- 시 비 : 불필요
- 전 정 : 강함
- 병충해 : 약함

용도

맹아력이 강하여 척박지, 건조지 등 산지나 비탈절개 사면의 사방녹화수종으로 적합

기타종

- 두메오리나무(*A. maximowiczii* Callier) 잎은 심장형 또는 난형, 울릉도 및 북부지방에 자생
- 민물오리나무(*A. hirsuta* for. *glabra* T.B.Lee) 어린 가지에 처음부터 털이 없으며 잎 뒷면에 털이 없거나 맥 위에만 잔털이 있음

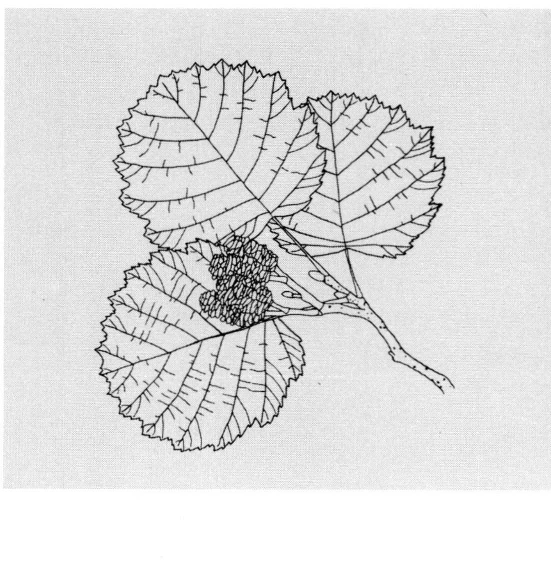

거제수나무(물자작나무, 자작나무)

Betula costata Trautv.

영명	Korean Birch
일명	チョウセンミネバリ
중명	黃檀木 황단목, 黃樺樹 황화수, 風樺 풍화
이명	*Betula ermanii* var. *costata* (Trautv.) Regel *Betula ulmifolia* var. *costata* (Trautv.) Regel

Betula : 켈트어 betu(자작나무)에서 유래
costata : 중륵 또는 주맥이 있다는 의미

생육

- 성 상 : 낙엽활엽교목
- 수 형 : 원추형
- 수 고 : 20m 내외
- 원산지 : 한국, 중국 동북부, 러시아 아무르
- 분 포 : 지리산을 포함한 남부지방의 고산지역과 중, 북부지방의 표고 600~2,000m 사이의 산지에 자생

형태

- 잎 : 긴 난형으로 길이 3~7cm 잎 뒷면에는 선점과 잎맥을 따라 융모가 있음
- 꽃 : 암수한그루, 수꽃화서는 가지선단에 1개이상 모여 아래를 향해 달리고, 암꽃화서는 장타원형으로 위를 향해 달리며, 5월에 개화
- 열매 : 소견과는 길이 3㎜로 도란형, 8~9월 성숙
- 줄기 : 곧추 자라고 수피는 회갈색으로 피목이 뚜렷
- 뿌리 : 심근성

생태

- 토 성 : 사양토
- 음 양 성 : 양수
- 내공해성 : 보통
- 건 습 : 적윤
- 산 도 : 약산성
- 내 한 성 : 강함
- 생장속도 : 빠름
- 내 염 성 : 약함
- 통 기 : 필요
- 내 화 성 : 약함

1	2	3	4	5	6	7	8	9	10	11	12

관리 및 번식

- 이 식 : 보통
- 번 식 : 실생/삽목
- 시 비 : 불필요
- 전 정 : 강함
- 병충해 : 보통

용도

수형과 수피가 아름다운 수종으로 악센트식재나 유도식재로 잠재력이 높음

특이사항

수액을 받아 마시면 재앙을 물리치는 나무라는 이름을 지님

기타종

- 사스래나무(*B. ermanii* Cham.) 고산성 수종으로 고채목이라고도 부르며 거제수나무와 비슷하나 가지에 선점이 있으며 피목은 둥근 모양임

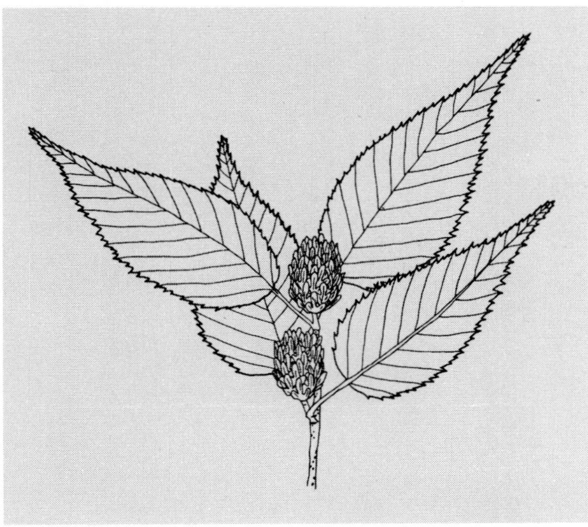

자작나무(봇나무)

Betula platyphylla var. *japonica* (Mig.) H. Hara

영명	Japanese White Birch, Asia white Birch
일명	シラカンバ
중명	白樺 백화, 岳樺 악화
이명	*Betula alba* var. *tauschii* (Regel) Shirai *Betula pendula* var. *japonica* Rehder *Betula verrucosa* var. *japonica* A.Henry

platyphylla : platy(넓다)와 phyllon(잎)의 합성어
japonica : 일본 원산의 뜻

생육

- 성　상 : 낙엽활엽교목
- 수　형 : 원추형(하수형)
- 수　고 : 20m 내외
- 원산지 : 한국, 중국 동북부, 러시아 아무르, 일본
- 분　포 : 금강산이 남방한계이고, 전국에 식재

형태

- 잎 : 삼각상 도란형, 길이 2~7cm, 측맥은 8~12쌍
- 꽃 : 암수한그루, 수꽃화서는 길이 8cm로 아래를 향하며, 암꽃화서는 길이 2cm로 위를 향하고, 5월에 개화
- 열매 : 과수는 짧은 원통형으로 길이 3~4.5cm, 10월 성숙
- 줄기 : 곧추 자라나 가지가 처지며, 수피는 백색
- 뿌리 : 천근성

생태

- 토　성 : 사양토
- 음 양 성 : 양수
- 내공해성 : 보통
- 건　습 : 건조
- 산　도 : 약산성
- 내 한 성 : 강함
- 생장속도 : 빠름
- 내 염 성 : 약함
- 통　기 : 필요
- 내 화 성 : 약함

1	2	3	4	✲	6	7	8	9	●	11	12

관리 및 번식

- 이　식 : 용이
- 번　식 : 실생/삽목
- 시　비 : 불필요
- 전　정 : 강함
- 병충해 : 강함

용도

백색이고 종이처럼 벗겨지는 아름다운 수피와 가을철의 황색단풍이 아름다우며, 악센트식재나 유도식재, 또는 차폐식재나 완충식재 및 녹음수로도 적합

특이사항

합천 해인사 팔만대장경의 재료로 사용되었고, 거제수와 더불어 수액을 마실 수 있음

기타종

- 만주자작나무(*B. platyphylla* Sukaczev) 두만강 압록강 백두산등에분포하며 자작나무에 비해가지가 처지지 않으며 소견과의 날개가 좁음

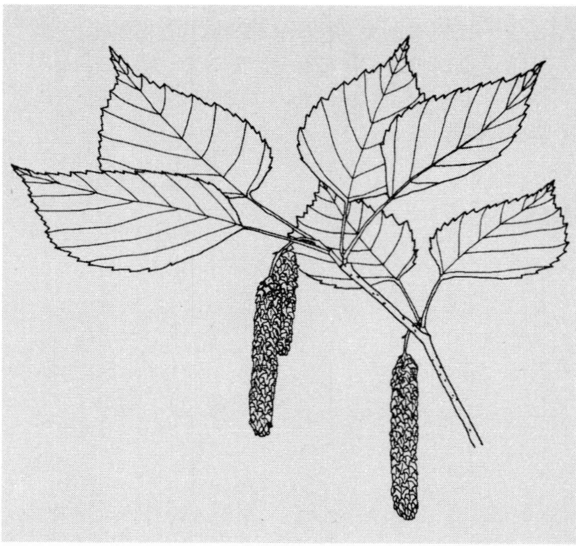

박달나무(몟박달나무, 참박달나무)

자작나무科

Betula schmidtii Regel

영명	Schmidt's Birch
일명	オノオレカンバ
중명	檀木 단목, 朴達木 박달목
이명	*Betula schmidtii* var. *angustifolia* (Shirai) Nakai *Betula schmidtii* var. lancea Nakai

schmidtii : 체코의 식물학자 Schmidt 기념

생육

- 성 상 : 낙엽활엽교목
- 수 형 : 원추형
- 수 고 : 20m 내외
- 원산지 : 한국, 중국 동북부
- 분 포 : 전국적으로 표고 500m이상의 심산 계곡 사면에 자생

형태

- 잎 : 난형 · 타원상 난형으로 길이 4~8cm, 뒷면 맥 위에 털이 있으며, 측맥은 9~11쌍
- 꽃 : 암수한그루, 수꽃화서는 길이 4~6cm로 가지 끝에서 1개이상 아래로 향해 달리고, 암꽃화서는 길이 2cm로 장타원형으로 위를 향해 달리며, 5월 개화
- 열매 : 소견과는 타원형으로 날개가 거의 없고 과포는 3열이고 길이 4㎜, 10월에 성숙
- 줄기 : 곧추 자라나 불규칙하며, 수피는 흑회색
- 뿌리 : 심근성

생태

- 토 성 : 사양토
- 음 양 성 : 양수
- 내공해성 : 보통
- 건 습 : 건조
- 산 도 : 중성
- 내 한 성 : 강함
- 생장속도 : 보통
- 내 염 성 : 약함
- 통 기 : 필요
- 내 화 성 : 강함

1	2	3	4	5 (개화)	6	7	8	9	10 (결실)	11	12

관리 및 번식

- 이 식 : 보통
- 번 식 : 실생/삽목
- 시 비 : 불필요
- 전 정 : 강함
- 병충해 : 강함

용도

수형이 아름답고 잎의 질감이 섬세하여 녹음수로 사용 가능

기타종

- 물박달나무(*B. davurica* Pall.) 수피는 회갈색으로 여러 겹으로 얇게 벗겨짐
- 개박달나무(*B. chinensis* Maxim.) 달걀형 열매가 곧게 서고 잎의 측맥은 6~10쌍임

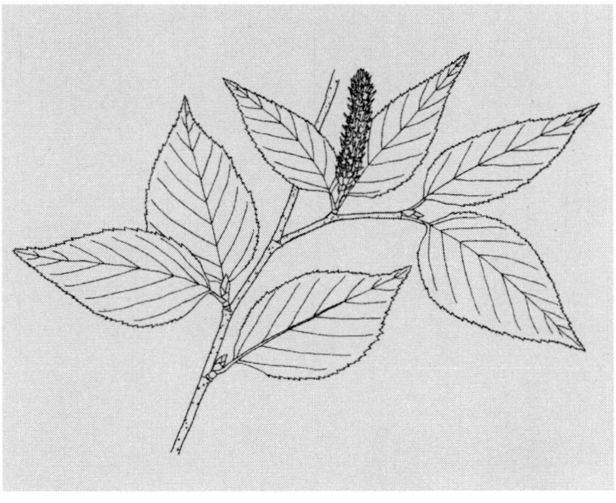

서어나무(셔나무, 초식나무)

Carpinus laxiflora (Siebold & Zucc.) Blume

영명	Red-leaved hornbeam
일명	アカシデ
중명	見風乾 견풍건
이명	*Carpinus laxiflora* f. *macrophylla* (Nakai) W.T.Lee *Carpinus laxiflora var. macrophylla* Nakai *Distegocarpus laxiflora* Siebold & Zucc.

laxiflora : 드문드문 달린 꽃의 뜻

생육

- 성 상 : 낙엽활엽교목
- 수 형 : 원정형
- 수 고 : 20m 내외
- 원산지 : 한국, 중국, 일본
- 분 포 : 황해도 이남 표고 100~1,000m에 자생

형태

- 잎 : 난형 · 타원형, 길이 5~7cm, 너비 2.5~4cm, 복거치가 있으며 측맥은 10~12쌍
- 꽃 : 암수한그루, 수꽃화서는 길이 5cm로 2년지에서 아래로 향해 달리고, 암꽃화서는 새가지에서 아래를 향해 달리며, 5월 개화
- 열매 : 소견과는 난형, 과수는 길이 4~10cm, 과포는 길이 1.5~20cm로 양쪽 가장자리에 불규칙한 톱니가 있으며 9~10월 성숙
- 줄기 : 곧게 자라나 불규칙하며, 수피는 회색으로 울퉁불퉁함
- 뿌리 : 심근성

생태

- 토 성 : 사양토
- 음 양 성 : 음수
- 내공해성 : 보통
- 건 습 : 건조
- 산 도 : 중성
- 내 한 성 : 강함
- 생장속도 : 보통
- 내 염 성 : 보통
- 통 기 : 필요
- 내 화 성 : 강함

1	2	3	4	5	6	7	8	9	10	11	12

관리 및 번식

- 이 식 : 용이
- 번 식 : 실생/삽목
- 시 비 : 불필요
- 전 정 : 강함
- 병충해 : 강함

용도

이른봄에 나오는 진붉은 빛의 새순과 원정형의 수형 그리고 포에 층층이 포개진 가을의 열매와 노랑색 단풍이 아름다우며, 습윤, 비옥토에서 악센트식재나 군식재로 가능

특이사항

줄기가 회백색으로 울퉁불퉁한 것이 특징이며, 개서어나무와는 잎 표면에 털이 없는 점에서 차이가 남

기타종

- 까치박달(*C. cordata* Blume) 잎이 크고 측맥이 많으며 밑부분은 비대칭 심장형임

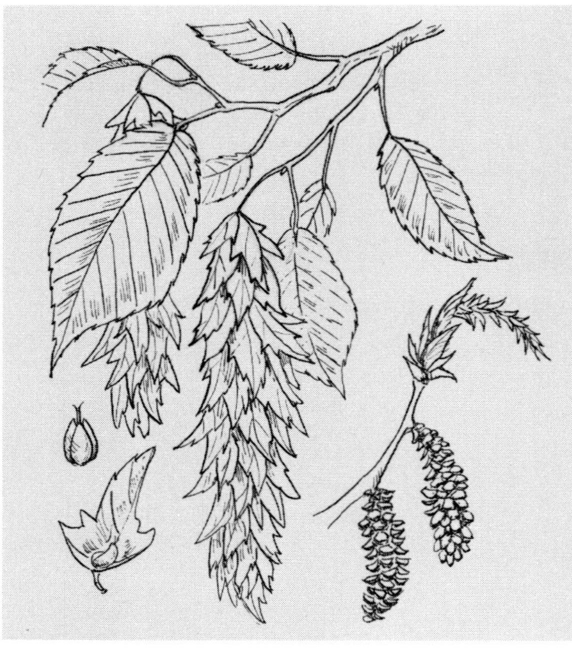

개서어나무(개서나무, 셔나무)

Carpinus tschonoskii Maxim.

영명 : Asian Hornbeam, Chonosuki's Hornbeam
일명 : イヌドクサ
중명 : 拘西木 구서목
이명 : *Carpinus eximia* Nakai
Carpinus fauriei Nakai
Carpinus obovatifolia Hu
Carpinus paoshingensis K.C.Hsia

생육

- 성 상 : 낙엽활엽교목
- 수 형 : 원정형
- 수 고 : 20m 내외
- 원산지 : 한국, 중국의 중남부지방, 일본
- 분 포 : 전라도와 경상도 및 남쪽 섬 등 주로 남부지방에 자생

형태

- 잎 : 난형 · 타원형으로 길이 5~12cm, 너비 3~4cm, 불규칙한 복거치가 있으며, 뒷면에 털이 있음. 측맥은 12-15쌍이나, 보통은 13쌍 이상임
- 꽃 : 암수한그루, 수꽃은 처지고 각 포에 1개씩, 암꽃은 대가 있고 처지고 2개씩 달림, 4월에 개화
- 열매 : 과수축에는 털이 있으며, 과포는 길이 1.5~3cm로 가장자리의 한쪽에만 불규칙한 톱니가 있으며 9~10월에 성숙
- 줄기 : 비스듬히 자라며, 수피는 회색
- 뿌리 : 심근성

생태

- 토 성 : 사양토
- 음 양 성 : 음수
- 내공해성 : 보통
- 건 습 : 건조
- 산 도 : 중성
- 내 한 성 : 강함
- 생장속도 : 보통
- 내 염 성 : 보통
- 통 기 : 필요
- 내 화 성 : 강함

1	2	3	4	5	6	7	8	9	10	11	12

관리 및 번식

- 이 식 : 용이
- 번 식 : 실생
- 시 비 : 불필요
- 전 정 : 강함
- 병충해 : 강함

용도

이른 봄의 새순과 층층이 포개지는 9월의 열매와 수형이 아름다워 기조식재, 악센트식재나 녹음식재, 군락식재에 적합

기타종

- 당개서어나무(*C. tschonoskii* var. *brevicalycina* Nakai) 열매의 상부가 화피 밖으로 나와 있음

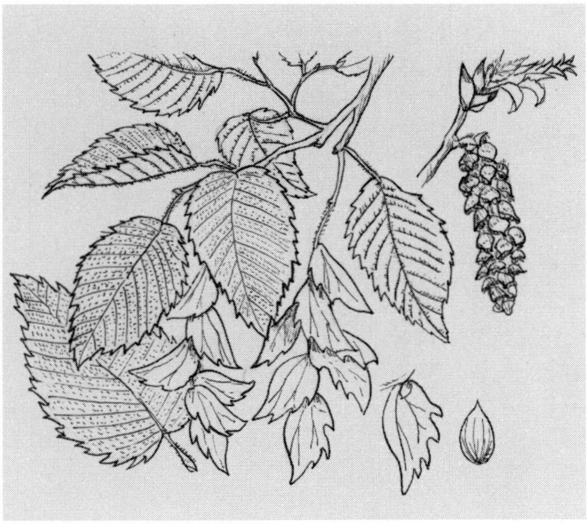

소사나무(서나무, 산서나무)

Carpinus turczaninowii Hance

영명 : Turczaninow's Hornbeam
일명 : イフシデ
중명 : 小西木 소서목
이명 : *Carpinus chowii* Hu
Carpinus coreana Nakai
Carpinus coreana var. *major* Nakai
Carpinus coreana var. *multiflora* Nakai
Carpinus tanakaena Makino
turczaninovii: 러시아의 식물학자인 Turczaninov를 기념

생육

- 성　상 : 낙엽활엽소교목
- 수　형 : 원정형(불규칙)
- 수　고 : 8m 내외
- 원산지 : 한국
- 분　포 : 중부 이남의 해안가 산지에 주로 자생

형태

- 잎 : 난형으로 길이 2~5cm, 복거치가 있으며, 측맥은 10~12쌍
- 꽃 : 암수한그루, 수꽃 화서는 소지에서 밑으로 처지고, 암꽃 화서는 포에 암꽃이 2개씩 달림, 4월에 개화
- 열매 : 과수는 길이 3~6cm이고, 포는 4~6개 달리며, 8~9월 성숙
- 줄기 : 곧추 자라나 불규칙하며, 수피는 암갈색이며, 줄기는 굴곡이 짐
- 뿌리 : 심근성

생태

- 토　　성 : 사양토
- 음 양 성 : 음수
- 내공해성 : 약함
- 건　　습 : 적윤
- 산　　도 : 중성
- 내 한 성 : 강함
- 생장속도 : 보통
- 내 염 성 : 강함
- 통　　기 : 필요
- 내 화 성 : 강함

1	2	3	4	5	6	7	8	9	10	11	12

관리 및 번식

- 이　식 : 용이
- 번　식 : 실생
- 시　비 : 불필요
- 전　정 : 강함
- 병충해 : 강함

용도

단정한 수형과 잎의 섬세한 질감과 노랑색단풍이 아름다워 악센트식재나 군식재로 적합

특이사항

분재목으로 많이 사용

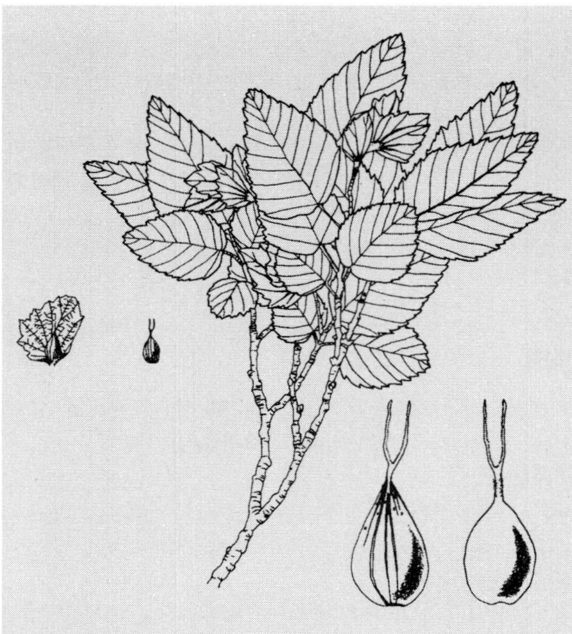

개암나무(개암나무, 난티잎개암나무)

자작나무科

Corylus heterophylla Fisch. ex Trautv

영명 : Asian Hazel
일명 : オヒョウハシバミ
중명 : 榛樹 진수, 山白果 산백과, 山反栗 산반율
이명 : *Corylus yezoensis* (Koidz.) Nakai
Corylus tetraphylla Ledeb.
Corylus mongolica Burchardt
Corylus hasibani Siebold

Corlyus : 라틴어 cory(투구)에서 유래
heterophylla : hetero(다른)와 phylla(잎)의 합성

1	2	3	4	5	6	7	8		10	11	12

생육

- 성 상 : 낙엽활엽소교목 또는 관목
- 수 형 : 원정형
- 수 고 : 3m 내외
- 원산지 : 한국, 중국 동북부
- 분 포 : 전국산지에 자생

형태

- 잎 : 장타원형, 길이 4.5~12.0cm, 예첨두, 심장저
- 꽃 : 암수한그루, 수꽃은 전년도 가지에 2~7개가 총상, 암꽃은 겨울눈 같으며, 3~4월에 개화
- 열매 : 2~6개가 모여 달리거나 1개씩 달리며, 과포는 종 모양으로 잎처럼 발달하여 열매를 둘러싸고 견과는 구형, 9월 갈색으로 성숙
- 줄기 : 줄기가 밑에서부터 여러갈래로 나뉘어져 둥근수형을 이루고, 수피는 회갈색
- 뿌리 : 심근성

생태

- 토 성 : 사양토
- 음 양 성 : 음수
- 내공해성 : 보통
- 건 습 : 건조
- 산 도 : 중성
- 내 한 성 : 강함
- 생장속도 : 보통
- 내 염 성 : 보통
- 통 기 : 필요
- 내 화 성 : 강함

관리 및 번식

- 이 식 : 용이
- 전 정 : 강함
- 번 식 : 실생/접목, 취목
- 병충해 : 강함
- 시 비 : 불필요

용도

관목상으로 질감이 풍부하므로 교목하층 식재나 군식재, 유도식재로 주연부 식재에 적합

특이사항

견과는 식용이 가능하고, 커피향을 내는 데 사용하며 지방에 따라 깨금나무라 불림

기타종

- 참개암나무(*C. sieboldiana* Blume) 개암나무에 비해 잎이 점첨두이고, 총포가 길게 닫혀진 점에서 식별

너도밤나무

Fagus engleriana Seemen ex Diels

영명 : Chinese beech
일명 : チョウセンブナ
중명 : 朝鮮山毛欅 조선산모거, 朝鮮水靑風 조선수청풍
이명 : *Fagus japonica* var. *multinervis* (Nakai) Y.N.Lee
Fagus multinervis Nakai
Fagus sylvatica var. *chinensis* Franch.

Fagus : 그리이스어 phago(먹는다)에서 유래, 열매를 식용한다는 의미

생육

- 성　상 : 낙엽활엽교목
- 수　형 : 원추형
- 수　고 : 20m 내외
- 원산지 : 한국
- 분　포 : 울릉도 성인봉 일대 표고 300~900m사이의 산지에 자생

형태

- 잎 : 호생하고 난형 · 타원형으로 첨두, 원저이며, 길이 6~12cm, 가장자리는 파상
- 꽃 : 암수한그루, 수꽃은 두상으로 가지 끝에 모여 달리고, 암꽃은 2개씩 달리며, 5월에 개화
- 열매 : 견과는 난상 원형으로 세모지고, 목질의 총포 속에 1~2개씩 들어 있으며, 10월 성숙
- 줄기 : 곧추 자라나 불규칙, 수피는 회백색
- 뿌리 : 심근성

생태

- 토　　성 : 사양토
- 음 양 성 : 중용수
- 내공해성 : 보통
- 건　　습 : 적윤
- 산　　도 : 중성
- 내 한 성 : 강함
- 생장속도 : 느림
- 내 염 성 : 보통
- 통　　기 : 필요
- 내 화 성 : 강함

1	2	3	4		6	7	8	9		11	12

관리 및 번식

- 이　식 : 용이
- 번　식 : 실생
- 시　비 : 적정
- 전　정 : 강함
- 병충해 : 강함

용도

수형이 단정하고 질감이 풍부할 뿐아니라, 단풍이 아름다워 기조식재, 군락식재, 악센트식재나 녹음수로 적합

구실잣밤나무(새불잣밤나무)

Castanopsis sieboldii (Makino) Hatus.

영명 : Itajii Chinkapin, Itajii

일명 : スダジイノキ

중명 : 柯樹 가수

이명 : *Castanopsis cuspidata* var. *sieboldii* (Makino) Nakai
Lithocarpus sieboldii (Makino) Nakai
Pasaniopsis sieboldii Kudo
Synaedrys sieboldii Koidz.

Castanopsis : castanea(밤)와 opsis(비슷한)의 합성어
sieboldii: 일본식물 연구가인 Siebold를 기념

생육

- 성　상 : 상록활엽교목
- 수　형 : 원정형
- 수　고 : 15m 내외
- 원산지 : 한국, 중국, 일본
- 분　포 : 남해안 도서지방 및 제주도에 자생

형태

- 잎 : 호생하고 두줄로 배열하며, 피침형으로 길이 7~12cm이며 뒷면에는 은갈색 털이 밀생
- 꽃 : 암수한그루, 수꽃은 새 가지 끝에서 나오고, 길이 8~12cm, 암꽃은 액생, 길이 6~10cm, 6월에 개화
- 열매 : 견과는 난형으로 길이 1.5~2.0cm, 다음해 10월 성숙
- 줄기 : 곧추서고, 많은 가지와 치밀한 잎을 가지며, 수피는 흑회색으로 세로로 갈라짐
- 뿌리 : 심근성

생태

- 토　　성 : 사양토
- 음 양 성 : 음수
- 내공해성 : 강함
- 건　　습 : 적윤
- 산　　도 : 중성
- 내 한 성 : 약함
- 생장속도 : 보통
- 내 염 성 : 강함
- 통　　기 : 필요
- 내 화 성 : 강함

1	2	3	4	5	✲	7	8	9	●	11	12

관리 및 번식

- 이　식 : 용이
- 번　식 : 실생
- 시　비 : 불필요
- 전　정 : 강함
- 병충해 : 강함

용도

수형이 아름답고, 신록과 녹음이 풍부하여 가로수나 악센트식재, 군락식재, 군식재에 적합

특이사항

열매는 감미롭고 전분이 많아서 식용 가능

기타종

- 모밀잣밤나무(*C. cuspidata* (Thunb.) Schottky) 구실잣밤나무에 비해 열매가 작고 난상 원형임

상수리나무(도토리나무, 참나무)

Quercus acutissima Carruth.

영명 : Sawtooth Oak,
일명 : クヌギ
중명 : 橡 상, 栎 력
이명 : *Quercus acutissima* subsp. *euacutissima* A.Camus
Quercus serrata Siebold & Zucc.
Quercus uchiyamana Nakai

Quercus : 켈트어 guer(질이 좋은)와 cuez(재목)의 합성어
acutissima : 가장 뾰족하다는 뜻

생육

- 성 상 : 낙엽활엽교목
- 수 형 : 원정형
- 수 고 : 20m 내외
- 원산지 : 한국, 중국, 인도, 일본
- 분 포 : 전국적으로 표고 800m이하의 산록이나 산복에 자생

형태

- 잎 : 긴 타원상 피침형, 길이 8~19cm, 너비 3~6cm
- 꽃 : 암수한그루, 수꽃 화서는 밑으로 처지고, 길이 6~12cm, 암꽃 화서는 위로 곧게 나오고, 5월 개화
- 열매 : 각두는 견과를 1/2쯤 둘러싸고, 견과는 난형으로 지름 1~2cm, 다음해 9~10월 성숙
- 줄기 : 곧추 자라고, 수피는 흑갈색으로 세로로 깊게 갈라짐
- 뿌리 : 심근성

생태

- 토 성 : 사양토
- 음 양 성 : 양수
- 내공해성 : 보통
- 건 습 : 적윤
- 산 도 : 약산성
- 내 한 성 : 강함
- 생장속도 : 보통
- 내 염 성 : 보통
- 통 기 : 필요
- 내 화 성 : 강함

1	2	3	4	5	6	7	8	9	10	11	12

관리 및 번식

- 이 식 : 용이
- 번 식 : 실생
- 시 비 : 불필요
- 전 정 : 강함
- 병충해 : 강함

용도

웅장한 수형미와 풍부한 녹음과 가을의 노랑색의 단풍이 아름다워 악센트식재나 녹음수로 적합하며 완충식재, 기조식재, 군식재로 사용가능

특이사항

상수리나무라는 명칭은 조선 선조 때 이 나무의 열매인 도토리로 묵을 만들어 임금님 수라상에 올렸다 하여 붙여졌음

갈참나무(재잘나무, 톱날갈참나무)

Quercus aliena Blume

영명 : Oriental White Oak
일명 : ナラガシワ
중명 : 槲栎 해력, 白反栎 백반력, 細皮青剛 세피청강
이명 : *Quercus aliena* var. *acuticarpa* Uyeki
Quercus aliena var. *heterophylla* Uyeki
Quercus aliena var. *monstrosa* Uyeki
Quercus aliena var. *rubripes* Nakai
aliena : 외국의 뜻

생육

- 성 상 : 낙엽활엽교목
- 수 형 : 원정형
- 수 고 : 20m 내외
- 원산지 : 한국, 중국 서남부
- 분 포 : 전국의 표고 100~1,000m사이의 산록이나 산복부에 자생

형태

- 잎 : 도란형으로 길이 10~30cm, 너비 3~15cm
- 꽃 : 암수한그루, 수꽃 화서는 길게 늘어지고 암꽃 화서는 곧게 서며, 5월에 개화
- 열매 : 각두는 견과를 1/2 정도 감싸고, 견과는 타원상 난형으로 지름 1.5cm, 9~10월 성숙
- 줄기 : 곧추 자라나 불규칙, 수피는 세로로 얕게 갈라짐
- 뿌리 : 심근성

③ 생태

- 토 성 : 사양토
- 음 양 성 : 양수
- 내공해성 : 보통
- 건 습 : 적윤
- 산 도 : 중성
- 내 한 성 : 강함
- 생장속도 : 보통
- 내 염 성 : 보통
- 통 기 : 필요
- 내 화 성 : 강함

1	2	3	4		6	7	8	9	10	11	12

관리 및 번식

- 이 식 : 보통
- 번 식 : 실생
- 시 비 : 불필요
- 전 정 : 강함
- 병충해 : 강함

용도

시원스러운 수형과 풍부한 녹음이 특징적으로 악센트식재나 기조식재, 군식재, 가로수식재, 녹음수로 적합

특이사항

참나무류는 대개 겨울철에도 갈색으로 변한 잎을 봄철 신엽이 생길 때까지 달고 있는데, 이 나무는 그 중 묵은 잎을 빨리 떨어뜨리고 나서 새잎으로 간다고 하여 갈참나무라는 이름이 붙여졌음

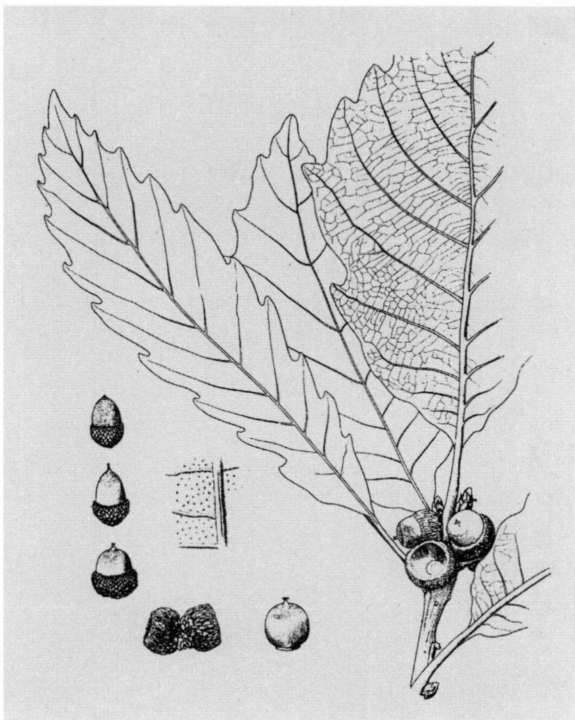

떡갈나무(선떡갈나무, 왕떡갈나무)

Quercus dentata Thunb.

영명	Daimio Oak, Korean Oak, Daimyo Oak, Japanese Emperor Oak
일명	カシワ
중명	柞栎 작역, 橡樹 상수, 波栎 파력
이명	*Quercus daimio Hoerold* ex K.Koch *Quercus dentata* var. *grandifolia* Koidz. *Quercus dentata* var. *wrightii* A.DC. *Quercus obovata* Bunge

dentata : 톱니가 있다는 뜻

생육

- 성　상 : 낙엽활엽교목
- 수　형 : 원정형(불규칙)
- 수　고 : 20m 내외
- 원산지 : 한국, 중국 중부, 일본
- 분　포 : 전국 산지의 표고 100~1,000m사이의 능선부나 산화적지에 자생

형태

- 잎 : 도란형, 가장자리는 파도 모양으로 갈라지며 길이 10~30cm, 너비 4~20cm, 뒷면에 갈색 털이 밀생
- 꽃 : 암수한그루, 수꽃 화서는 10~15cm, 암꽃 화서는 길이 1~3cm로 5월 개화
- 열매 : 각두는 견과를 1/2 이상 감싸며, 포린은 혁질로 뒤로 젖혀지며, 9~10월 성숙
- 줄기 : 곧추 자라나 다소 불규칙, 수피는 흑갈색으로 두껍고, 오래되면 세로로 깊게 갈라짐
- 뿌리 : 심근성

생태

- 토　　성 : 사양토
- 음 양 성 : 양수
- 내공해성 : 보통
- 건　　습 : 적윤
- 산　　도 : 약산성
- 내 한 성 : 강함
- 생장속도 : 보통
- 내 염 성 : 보통
- 통　　기 : 필요
- 내 화 성 : 매우 강함

1	2	3	4	5	6	7	8	9	10	11	12

관리 및 번식

- 이　식 : 보통
- 번　식 : 실생
- 시　비 : 불필요
- 전　정 : 강함
- 병충해 : 강함

용도

잎과 주황색 단풍이 아름답고, 성목이 되면 장엄한 멋이 있으며, 갈색으로 변한 잎이 겨울에도 붙어 있어 독특한 경관미를 형성하여 유도식재, 악센트식재, 녹음식재로 잠재력이 높음

특이사항

잎에 방부효과가 있어 떡을 싸는데 이용하여 떡갈나무라는 이름이 붙여졌으며, 일본에서는 명절날 '모찌'라는 떡을 찔 때 이 잎을 이용

신갈나무(돌참나무, 물갈나무)

참나무科

Quercus mongolica Fisch. ex Ledeb.

영명	Mongolian Oak
일명	モンゴリナラ
중명	靑剛栎 청강력, 蒙古栎 몽고력, 槲 유
이명	*Quercus crispula* var. *mandshurica* Koidz. *Quercus mongolica* var. *mandshurica* Nakai *Quercus sessiliflora* var. *mongolica* Franch.

mongolica : 몽고지방의 뜻

생육

- 성　상 : 낙엽활엽교목
- 수　형 : 원정형(불규칙)
- 수　고 : 20m 내외
- 원산지 : 한국, 중국 동북부
- 분　포 : 전국적으로 표고 100~1,800m 사이의 산능선이나 사면부에 자생

형태

- 잎 : 도란상 타원형으로 길이 7~20cm, 너비 6~12cm
- 꽃 : 암수한그루, 수꽃 화서는 액상, 아래로 처지고, 암꽃 화서는 길이 1cm로 위를 향하고, 5월에 개화
- 열매 : 견과는 난형으로 지름 1.3~1.8cm, 길이 2.0~2.3cm, 9~10월 성숙
- 줄기 : 곧추 자라나 불규칙하며, 맹아에 의한 것은 여러 줄기가 나옴, 수피는 흑갈색
- 뿌리 : 심근성

생태

- 토　　성 : 사토, 사양토
- 음 양 성 : 양수
- 내공해성 : 보통
- 건　　습 : 건조
- 산　　도 : 약산성
- 내 한 성 : 강함
- 생장속도 : 보통
- 내 염 성 : 보통
- 통　　기 : 필요
- 내 화 성 : 강함

1	2	3	4	5 (꽃)	6	7	8	9 (열매)	10 (열매)	11	12

관리 및 번식

- 이　식 : 보통
- 번　식 : 실생
- 시　비 : 불필요
- 전　정 : 강함
- 병충해 : 강함

용도

시원스러운 수형과 풍부한 녹음이 특징적으로 악센트 식재나 기조식재, 군락식재, 군식재에 적합

특이사항

떡갈나무보다는 잎이 두껍지 않고, 뒷면의 갈색털이 거의 없다는 점에서 구별되며, 환경지표수 임

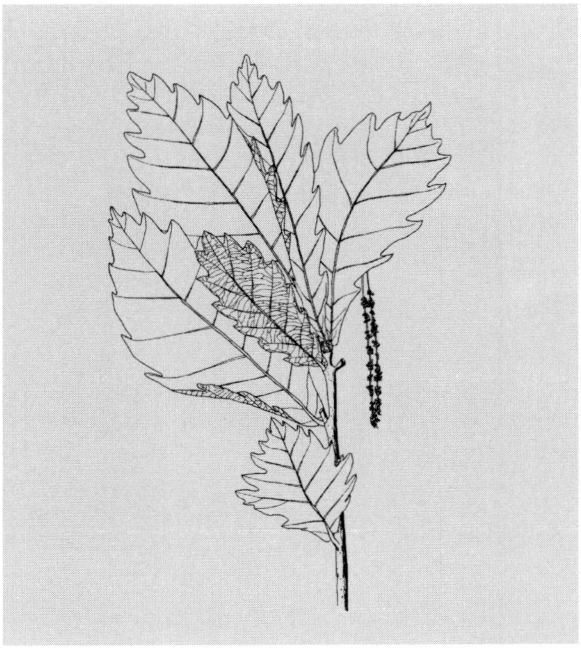

졸참나무(가둑나무, 소리나무, 굴밤나무)

Quercus serrata Murray

영명 : Konara Oak

일명 : コナラ

중명 : 枹栎 포력, 柘樹 포수

이명 : *Quercus canescens* Blume
Quercus gladulifera Blume
Quercus griffithii var. *glandulifera* Franch.
Quercus serrata var. *brevipetiola* (A.DC.) Nakai

serrata : 톱니가 있다는 뜻

생육

- 성　상 : 낙엽활엽교목
- 수　형 : 원정형(불규칙)
- 수　고 : 20m 내외
- 원산지 : 한국, 중국
- 분　포 : 전국 해발 100~1,800m의 산록이나 계곡부의 양지에 자생

형태

- 잎 : 타원상 도란형, 길이 7~17cm
- 꽃 : 암수한그루, 수꽃 화서는 길이 2~6cm로 아래로 처지고, 암꽃 화서는 길이 1.5~3.0cm로 위로 곧게 서며, 5월에 개화
- 열매 : 각두는 견과를 1/3 미만 감싸고, 견과는 타원형으로 지름 0.8~1.2cm, 9~10월 성숙
- 줄기 : 곧추 자라나 불규칙, 수피는 회백색
- 뿌리 : 심근성

생태

- 토　　성 : 사양토
- 음 양 성 : 중용수
- 내공해성 : 보통
- 건　　습 : 적윤
- 산　　도 : 중성
- 내 한 성 : 강함
- 생장속도 : 보통
- 내 염 성 : 보통
- 통　　기 : 필요
- 내 화 성 : 강함

1	2	3	4		6	7	8	9	0	11	12

관리 및 번식

- 이　식 : 보통
- 번　식 : 실생
- 시　비 : 불필요
- 전　정 : 강함
- 병충해 : 강함

용도

대표적인 참나무류 극상수종으로 가을의 주황색 단풍과 원정형의 수형이 아름다워 악센트식재나 기조식재, 녹음수로 잠재력이 높음

특이사항

참나무류 중 잎이 가장 작아 붙여진 이름이며, 갈참나무와는 잎자루가 짧고, 뒷면 맥위에 털이 많은 점에서 구별

기타종

- 루브라참나무(*Q. rubra* L.) 미국과 캐나다의 동부에 자생하며, 특히 단풍이 매우 아름답움
- 대왕참나무(*Q. palustris* Munchh.) 미국 자생으로 소지와 단지가 pin과 같다하여 Pin Oak라 함

굴참나무(구도토리나무, 물갈참나무)

참나무科

Quercus variabilis Blume

영명 : Chinese Cork Oak

일명 : アベマキ

중명 : 靑剛柳 청강류, 栓皮栎 전피력

이명 : *Quercus bungeana* Forbes
Quercus moulei Hance
Quercus serrata Carruth.

variabilis : 각종의, 변하기 쉬운 뜻

생육

- 성　상 : 낙엽활엽교목
- 수　형 : 원추형
- 수　고 : 20m 내외
- 원산지 : 한국, 중국, 일본
- 분　포 : 해발 50~1,200m의 남향의 산복, 산록에 자생

형태

- 잎 : 긴 타원상 피침형으로 길이 8~15cm, 뒷면은 회백색으로 성상모가 밀생
- 꽃 : 암수한그루, 수꽃 화서는 잎과 함께 나오며, 길이 14cm, 암꽃 화서는 새 가지 엽액에 나오고, 5월에 개화
- 열매 : 각두는 견과를 2/3쯤 감싸고 포린은 뒤로 젖혀지며, 견과는 구형으로 다음해 9~10월에 성숙
- 줄기 : 곧추 자라며, 수피는 두꺼운 코르크 발달
- 뿌리 : 심근성

생태

- 토　성 : 사토
- 음 양 성 : 양수
- 내공해성 : 보통
- 건　습 : 건조
- 산　도 : 산성
- 내 한 성 : 강함
- 생장속도 : 느림
- 내 염 성 : 보통
- 통　기 : 필요
- 내 화 성 : 강함

1	2	3	4	5	6	7	8	9	10	11	12

관리 및 번식

- 이　식 : 보통
- 번　식 : 실생
- 시　비 : 불필요
- 전　정 : 강함
- 병충해 : 강함

용도

봄의 신엽과 풍부한 녹음, 가을의 노랑색 단풍이 좋으며, 코르크질이 발달한 줄기 또한 곧고 아름다워 악센트식재나 기조식재, 완충식재로 잠재력 높음

특이사항

산불에 견디는 힘이 강해 산불 후에도 고사하지 않고 맹아가 올라오며, 참나무류 중에서 코르크질이 가장 두꺼워서 굴참나무라는 이름이 붙여졌음

가시나무(정가시나무)

참나무科

Quercus myrsinfolia Blume

영명	Chinese Ring-Cupped Oak, Chinese Evengreen Oak, Bamboo-Leaf Oak
일명	シラカシ
중명	小葉靑風 소엽청풍
이명	*Cyclobalanopsis myrsinaefolia* (Blume) Osrst. *Quercus vibrayeana* Franch. & Sav.

myrsinaefolia : Myrsine속의 잎과 같은 의미

생육

- 성 상 : 상록활엽교목
- 수 형 : 원정형
- 수 고 : 20m 내외
- 원산지 : 한국, 중국남동부, 베트남, 일본
- 분 포 : 제주도 표고 700m이하, 진도 등 난온대 지역에 자생

형태

- 잎 : 난상 피침형, 길이 7~12cm, 너비 2~4cm, 뒷면은 회백색으로 털이 없음
- 꽃 : 암수한그루, 수꽃 화서는 길이 5~12cm, 암꽃 화서는 길이 1.5~3.0cm로 새 가지에 곧게 서며, 4월에 개화
- 열매 : 각두는 견과를 1/3~1/2 정도 감싸고, 6~8개의 동심환이 있고, 10월 성숙
- 줄기 : 곧추 자라나 불규칙, 수피는 흑갈색
- 뿌리 : 심근성

생태

- 토 성 : 사양토
- 음 양 성 : 음수
- 내공해성 : 강함
- 건 습 : 적윤
- 산 도 : 중성
- 내 한 성 : 약함
- 생장속도 : 보통
- 내 염 성 : 강함
- 통 기 : 필요
- 내 화 성 : 보통

1	2	3	4	5	6	7	8	9		11	12

관리 및 번식

- 이 식 : 용이
- 번 식 : 실생
- 시 비 : 불필요
- 전 정 : 강함
- 병충해 : 강함

용도

난온대림의 대표적인 수종으로 웅대한 수형이 특징적이고, 질감이 치밀하여 기조식재, 녹음수, 군락식재, 군식재 또는 차폐식재, 가로수로 적합

특이사항

난온대기후대의 중요한 정원수(가시나무, 감탕나무, 후피향나무, 목서, 모밀잣밤나무 등)에 속함

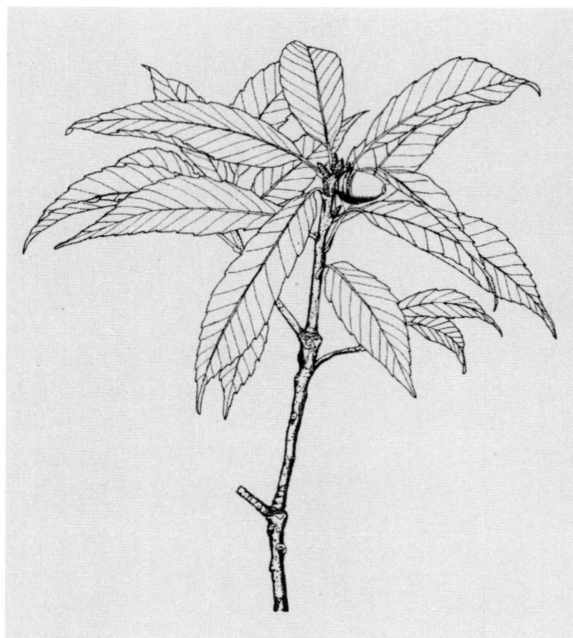

참가시나무(백가시나무, 쇠가시나무)

Quercus salicina Blume

영명 : Willow-leaf Evergreen Oak
일명 : ウラジロガシ
이명 : *Cyclobalanopsis stenophylla* (Blume) Schottky
Quercus glauca var. *stenophylla* Blume
Quercus stenophylla (Blume) Makino
salicina : 버드나무속과 비슷한

생육

- 성　상 : 상록활엽교목
- 수　형 : 원정형
- 수　고 : 10m 내외
- 원산지 : 한국, 중국, 일본
- 분　포 : 제주도 표고 700m이하, 진도 등 난온대 지역에 자생

형태

- 잎 : 호생하는 타원상 피침형으로 길이 10~14cm, 측맥 12개 내외
- 꽃 : 암수한그루, 수꽃화서는 처지고 암꽃화서는 위로 직립하며, 3~4개의 꽃이 달리고, 5월에 개화
- 열매 : 각두는 7~9개의 동심환상이 있고, 견과는 타원형으로 다음해 10월 성숙
- 줄기 : 곧추 자라나 불규칙
- 뿌리 : 심근성

생태

- 토　　성 : 사양토
- 음 양 성 : 양수
- 내공해성 : 강함
- 건　　습 : 적윤
- 산　　도 : 중성
- 내 한 성 : 약함
- 생장속도 : 보통
- 내 염 성 : 강함
- 통　　기 : 필요
- 내 화 성 : 강함

1	2	3	4	5	6	7	8	9	10	11	12

관리 및 번식

- 이　식 : 보통
- 번　식 : 실생
- 시　비 : 불필요
- 전　정 : 강함
- 병충해 : 강함

용도

아담한 수형미와 윤택이 나는 혁질의 잎은 녹음이 풍부하여 악센트식재, 녹음식재, 차폐식재로 적합

특이사항

잎 가장자리의 톱니가 뾰족하며 뒷면이 분백색이고 털이 없는 것이 특징임

붉가시나무(북가시나무, 가새나무)

Quercus acuta Thunb.

영명 : Japanese Evergreen Oak
일명 : アカガシ
이명 : *Cyclobalanopsis acuta* (Thunb.) Oerst.
Quercus buergeri Blume
Quercus laevigata Blume
Quercus marginata Blume
acuta : 잎 끝이 날카롭다는 뜻

생육

- 성　상 : 상록활엽교목
- 수　형 : 원정형
- 수　고 : 20m 내외
- 원산지 : 한국, 중국, 대만, 일본
- 분　포 : 서 · 남해 도서 및 울릉도, 제주도의 해발 고도가 낮은 산지에 자생

형태

- 잎 : 긴 타원형, 길이 7~13cm, 너비 3~6cm. 가장자리는 밋밋하나 윗부분에 톱니가 있기도 함
- 꽃 : 암수한그루, 수꽃화서는 액상, 밑으로 처지고, 암꽃화서는 곧게 자라 2~5개의 꽃이 달리고 5월에 개화
- 열매 : 각두는 컵같이 생겼고, 반구형으로 5~6개의 동심환이 있으며, 다음해 10월 성숙
- 줄기 : 곧게 자라서 장대한 수형 형성
- 뿌리 : 심근성

생태

- 토　성 : 사양토
- 음 양 성 : 양수
- 내공해성 : 보통
- 건　습 : 적윤
- 산　도 : 중성
- 내 한 성 : 약함
- 생장속도 : 빠름
- 내 염 성 : 강함
- 통　기 : 필요
- 내 화 성 : 강함

1	2	3	4	5 (개화)	6	7	8	9	10 (결실)	11	12

관리 및 번식

- 이　식 : 용이
- 번　식 : 실생
- 시　비 : 불필요
- 전　정 : 강함
- 병충해 : 강함

용도

녹음이 풍부한 광택있는 잎과 자연스러운 수형미가 특징적으로, 녹음수, 기조식재, 군락식재, 군식재, 차폐식재 및 가로수로 적합

특이사항

심재가 홍갈색에 적갈색으로 붉은색을 띠어 붉가시나무라 이름이 붙여졌고, 내한성이 강함

기타종

- 개붉가시나무(*Q. acuta* for. *subserra* (Uyeki) T.B.Lee) 잎의 윗부분에 약간의 파상형 거치가 있으며 완도에서 자람

종가시나무(석소리, 가시나무)

Quercus glauca Thunb.

영명	Ring-cupped Oak, Japanese Blue Oak, Glaucous-leaf Oak
일명	アラカシ
중명	靑剛 청강, 鐵椆 철주
이명	*Cyclobalanopsis glauca* (Thunb.) Oerst. ex Murray

glauca : glauca종 같다는 뜻

생육

- 성　상 : 상록활엽교목
- 수　형 : 원정형
- 수　고 : 15m 내외
- 원산지 : 한국(제주도), 중국 서남부, 대만, 일본
- 분　포 : 난온대 해안가나 남해안의 섬지역에 자생

형태

- 잎 : 도란상 타원형으로 길이 6~13cm, 너비 2.5~3.5cm, 가장자리에 톱니상 거치
- 꽃 : 암수한그루, 수꽃 화서는 아래로 처지고 암꽃 화서는 길이 1.5~3.0cm로 곧게 서고 5월에 개화
- 열매 : 각두는 견과를 1/3~1/2 정도 둘러싸고, 5~8개의 동심환이 있으며, 10월 성숙
- 줄기 : 곧추 자라며 수피는 녹색이 도는 흑회색으로 갈라지지 않음
- 뿌리 : 심근성

생태

- 토　성 : 사양토
- 음 양 성 : 음수
- 내공해성 : 보통
- 건　습 : 적윤
- 산　도 : 중성
- 내 한 성 : 약함
- 생장속도 : 빠름
- 내 염 성 : 강함
- 통　기 : 필요
- 내 화 성 : 강함

1	2	3	4		6	7	8	9		11	12

관리 및 번식

- 이　식 : 용이
- 번　식 : 실생
- 시　비 : 불필요
- 전　정 : 강함
- 병충해 : 강함

용도

광택이 있는 상록성의 잎이 조밀하게 나 있어 아름다운 수형을 이루며, 해안의 가로수와 방풍림, 기조식재, 군락식재, 군식 및 녹음수로 적합

특이사항

난상 긴타원형의 잎재 중간 윗부분에 5개 정도의 톱니가 있고, 뒷면은 회색 털이 있는 점이 있음

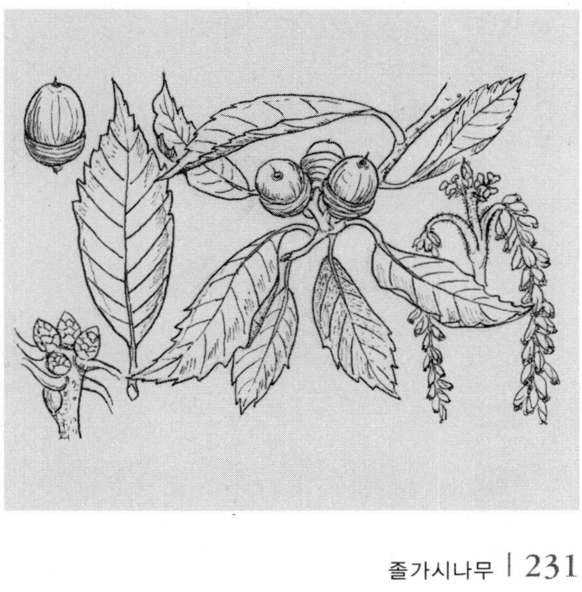

졸가시나무

Quercus phillyraeoides A. Gray

일명 : ウバメガシ
중명 : 烏風栎 조풍력
이명 : *Quercus fokinensis* Nakai
phillyraeoides : 목서과의 phillyraea 비슷한

1	2	3	4	5	6	7	8	9	10	11	12

생육

- 성 상 : 상록활엽교목
- 수 형 : 원정형
- 수 고 : 10m 내외
- 원산지 : 중국, 일본
- 분 포 : 관상용으로 도입되어 대구, 전북, 경남 등 드물게 식재

형태

- 잎 : 혁질상으로 타원상 난형, 길이 3~6cm, 가장자리는 상부에 톱니상
- 꽃 : 암수한그루, 수꽃화서는 길이 2.0~2.5cm, 암꽃화서는 길이 4cm로 4월에 개화
- 열매 : 각두는 견과를 절반정도 감싸고, 동심환상이 아니며, 견과는 타원형, 다음해 10월 성숙
- 줄기 : 곧추서고, 둥근수형을 이루며, 소지는 회갈색
- 뿌리 : 심근성

생태

- 토 성 : 사양토
- 음 양 성 : 양수
- 내공해성 : 강함
- 건 습 : 적윤
- 산 도 : 중성
- 내 한 성 : 약함
- 생장속도 : 보통
- 내 염 성 : 강함
- 통 기 : 필요
- 내 화 성 : 강함

관리 및 번식

- 이 식 : 용이
- 번 식 : 실생
- 시 비 : 불필요
- 전 정 : 강함
- 병충해 : 강함

용도

아담한 수형미와 녹음이 풍부한 윤기있는 잎이 특징적으로 가로수, 악센트식재와 녹음수 및 차폐식재로 적합

느릅나무(혹느릅나무, 반들느릅나무)

Ulmus davidiana var. *japonica* (Rehder) Nakai

영명 : Japanese Elm
일명 : ハルニレ
중명 : 春楡 춘유, 家楡 가유
이명 : *Ulmus campestris* var. *japonica* Rehder
Ulmus davidiana var. *levigata* (Schneid) Nakai
Ulmus japonica (Rehder) Sander
Ulmus japonica var. *levigiata* Schneid.

Ulmus : 켈트어 elm에서 유래
davidiana : 중국 식물채집가인 David 기념
japonica : 일본원산의 뜻

생육

- 성　상 : 낙엽활엽교목
- 수　형 : 원구형
- 수　고 : 20m 내외
- 원산지 : 한국, 중국의 동, 서북부
- 분　포 : 경기도 및 함북의 표고 600m 이하에 자생

형태

- 잎 : 도란상 타원형으로 길이 4~10cm, 너비 2~6cm, 가장자리는 복거치
- 꽃 : 양성화, 1년지 엽액에 모여 달리고, 4월에 개화
- 열매 : 시과는 도란형, 6월에 성숙
- 줄기 : 곧추 자라 넓은 수관형성, 수피는 갈색
- 뿌리 : 심근성

생태

- 토　성 : 사양토
- 음 양 성 : 양수
- 내공해성 : 강함
- 건　습 : 적윤
- 산　도 : 중성
- 내 한 성 : 강함
- 생장속도 : 보통
- 내 염 성 : 보통
- 통　기 : 필요
- 내 화 성 : 강함

1	2	3	4 (꽃)	5	6 (열매)	7	8	9	10	11	12

관리 및 번식

- 이　식 : 용이
- 번　식 : 실생/삽목
- 시　비 : 불필요
- 전　정 : 강함
- 병충해 : 강함

용도

수형미와 지엽이 치밀하여 섬세한 질감의 녹음으로 악센트식재나 녹음수, 또는 가로수로도 사용가능

기타종

- 참느릅나무(*U. parvifolia* Jacq.) 잎 가장자리가 단거치상이고 9월에 꽃이 피며, 가로수와 악센트식재, 녹음수로 널리 활용
- 당느릅나무(*U. davidiana* Planch.) 열매에 털이 있음
- 왕느릅나무(*U. macrocarpa* Hance) 잎 끝에 3개의 결각이 있음

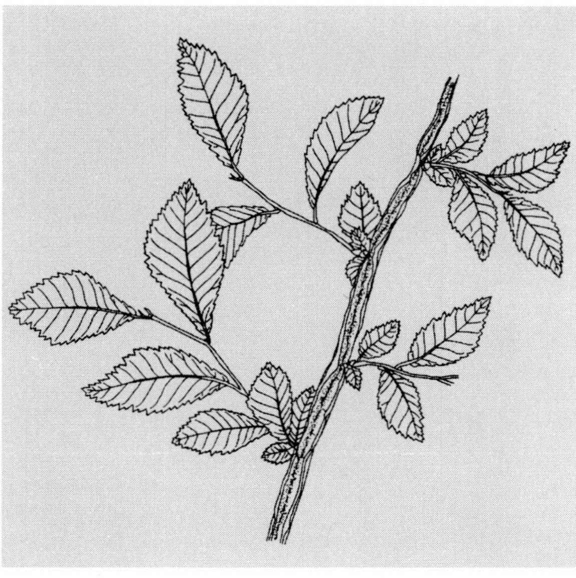

비술나무

Ulmus pumila L.

영명 : Siberian Elm
일명 : ノニレ
중명 : 野楡 야유, 楡木 유목
이명 : *Ulmus manshurica* Nakai
pumila : 키가 작다는 의미

생육

- 성　상 : 낙엽활엽교목
- 수　형 : 원정형
- 수　고 : 20m 내외
- 원산지 : 한국, 중국 만주
- 분　포 : 중부이북의 표고 200~300m사이의 계곡부나 산록부에 자생

형태

- 잎 : 호생하는 긴 타원형으로 길이 3~5cm, 복거치
- 꽃 : 3월에 개화, 양성화
- 열매 : 시과는 길이 1~2cm로, 5월 성숙
- 줄기 : 곧추 자라나 다소 경사형, 수피는 흑회색으로 조각으로 갈라짐
- 뿌리 : 심근성

생태

- 토　　성 : 사질 양토
- 음 양 성 : 양수
- 내공해성 : 강함
- 건　　습 : 적윤
- 산　　도 : 중성
- 내 한 성 : 강함
- 생장속도 : 보통
- 내 염 성 : 강함
- 통　　기 : 필요
- 내 화 성 : 강함

1	2	3	4		6	7	8	9	10	11	12

관리 및 번식

- 이　식 : 용이
- 번　식 : 실생
- 시　비 : 불필요
- 전　정 : 강함
- 병충해 : 강함

용도

시원스러운 수형미와 섬세한 지엽, 시과가 특징적이며, 악센트식재나 녹음수, 또는 녹화수종으로 사용가능

기타종

- 시무나무(*Hemiptelea davidii* (Hance) Planch.) 가지에 큰 가시가 발달하고, 잎은 다소 혁질상으로 사과의 한쪽에만 날개가 있는 점이 특징

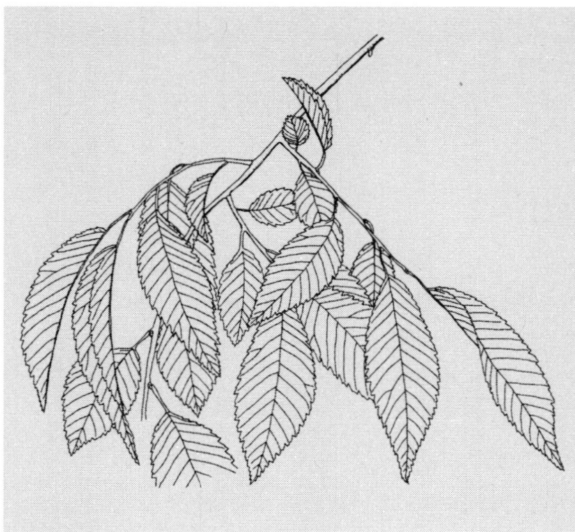

팽나무(둥근잎팽나무, 섬팽나무)

느릅나무科

Celtis sinensis Pers.

영명 : Chinese Hackberry, Japanese Hackberry

일명 : エノキ

중명 : 彭木 팽목, 朴樹 박수

이명 : *Celtis japonica* Planch.
Celtis japonica f. *magnifica* Nakai
Celtis japonica f. *purpurascens* Nakai
Celtis sinensis var. *japonica* Nakai

Celtis : 단맛이 있는 열매가 달리는 나무의 고대 그리스어에서 유래
sinensis : 중국 원산의 뜻

생육

- 성 상 : 낙엽활엽교목
- 수 형 : 원정형
- 수 고 : 20m 내외
- 원산지 : 한국, 중국 중부이남,
- 분 포 : 북부지방을 제외한 전국적으로 저지대 숲속에 자생, 중남부 및 해안가에 식재

형태

- 잎 : 긴 타원형으로 길이 3~10cm, 상반부에 둔한 톱니가 있고, 3출맥
- 꽃 : 수꽃양성화한그루, 잡성화로 액생하며, 5월에 개화. 수꽃은 가지 아래에 달리며, 양성화는 가지 위쪽 잎겨드랑이에 달림
- 열매 : 핵과는 지름 7~8㎜, 적갈색으로 10월에 성숙
- 줄기 : 곧추 자라나 넓은 수관 형성, 수피는 흑갈색
- 뿌리 : 심근성

생태

- 토 성 : 사양토
- 음 양 성 : 양수
- 내공해성 : 강함
- 건 습 : 적윤
- 산 도 : 중성
- 내 한 성 : 강함
- 생장속도 : 보통
- 내 염 성 : 강함
- 통 기 : 필요
- 내 화 성 : 강함

1	2	3	4		6	7	8	9		11	12

관리 및 번식

- 이 식 : 용이
- 번 식 : 실생
- 시 비 : 불필요
- 전 정 : 강함
- 병충해 : 강함, 천우충

용도

정서적으로 친근감 있는 정자목이자 장수목으로 평정형의 수형미와 풍부한 녹음, 노랑색 단풍이 특징적이며 기조식재, 군식재, 악센트식재로 적합하며, 녹음수나 가로수로도 사용가능하고, 해안조경에 적합

기타종

- 검팽나무(*C. choseniana* Nakai) 열매가 검정색임
- 노랑팽나무(*C. edulis* Nakai) 열매가 노랑색임
- 왕팽나무(*C. koraiensis* Nakai) 잎의 끝부분이 꼬리처럼 길며, 밑부분은 둥글고 좌우비대칭임
- 풍게나무(*C. jessoensis* Koidz.) 잎 가장자리 전체에 뾰족한 톱니가 있으며, 측맥이 3~4쌍임

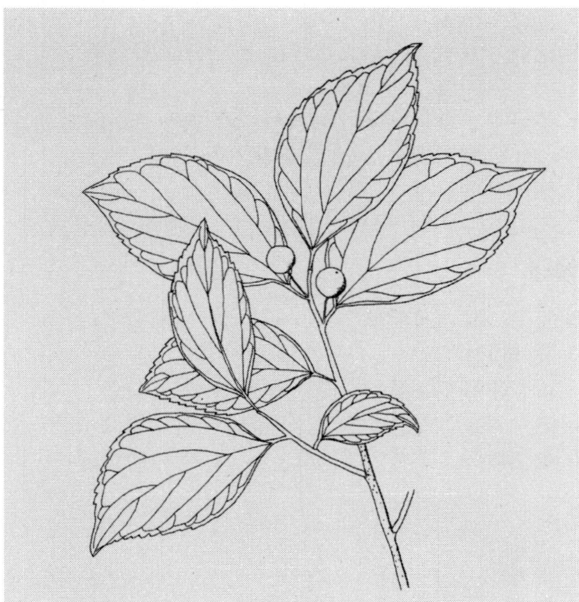

푸조나무(곰병나무, 팽나무)

Aphananthe aspera (Thunb.) Planch.

영명 : Muku Tree, Scabrous Aphananthe
일명 : ムクエノキ
중명 : 糙葉樹 조엽수
이명 : *Celtis muku* Siebold
Homoiceltis aspera Blume
Prunus aspera Thunb.

Aphananthe : 희랍어 aphalles(희미하다)와 anmos(꽃)의 합성어
aspera : 라탄어로 거칠다는 뜻

생육

- 성 상 : 낙엽활엽교목
- 수 형 : 원정형
- 수 고 : 20m 내외
- 원산지 : 한국, 중국 양자강 이남
- 분 포 : 전라도와 경상도의 해안 및 저지대 표고 700m 이하에 자생

형태

- 잎 : 타원상 난형으로 길이 4~13cm, 거치
- 꽃 : 암수한그루, 액생하는 취산화서에 달리며, 꽃잎은 5개로 갈라지는데 녹색이고, 4월에 개화
- 열매 : 핵과로 난상 구형이며, 10월에 흑색으로 성숙
- 줄기 : 곧추 자라며, 우산모양의 수형 형성, 수피는 회백색으로 세로로 돌기가 생김
- 뿌리 : 천근성

생태

- 토 성 : 사양토
- 음 양 성 : 양수
- 내공해성 : 보통
- 건 습 : 적윤
- 산 도 : 중성
- 내 한 성 : 약함
- 생장속도 : 보통
- 내 염 성 : 강함
- 통 기 : 필요
- 내 화 성 : 강함

1	2	3	4 (개화)	5	6	7	8	9	10 (결실)	11	12

관리 및 번식

- 이 식 : 용이
- 번 식 : 실생
- 시 비 : 불필요
- 전 정 : 강함
- 병충해 : 강함

용도

전통적으로 정자목으로 식재해 왔으며, 기조식재, 녹음식재, 군락식재에 적합

특이사항

팽나무에 비해 측맥이 잎의 가장자리 끝까지 닿으며, 열매는 팽나무속 식물들 보다 큼

느티나무(긴잎느티나무, 둥근잎느티나무) 　느릅나무科

Zelkova serrata (Thunb.) Makino

영명 : Japanese Zelkova
일명 : ケヤキ
중명 : 槐木 괴목
이명 : *Zelkova serrata* var. *latifolia* Nakai
Zelkova serrata var. *longifolia* Nakai

Zelkova : 코카사스에서 자라는 식물이름 Zelkowa (Tselkwa)에서 유래
serrata : 잎에 톱니가 있다는 뜻

생육

- 성　상 : 낙엽활엽교목
- 수　형 : 원정형
- 수　고 : 20m 내외
- 원산지 : 한국, 중국 중부이남, 일본, 시베리아
- 분　포 : 평남 및 함남 이남의 표고 500~1,200m에 자생하며, 남쪽으로 갈수록 넓이 분포, 전국에 식재

형태

- 잎 : 타원형으로 길이 2~13cm, 너비 1~5cm, 거치연
- 꽃 : 암수한그루, 암꽃은 가지 끝에 1~2개씩, 수꽃은 새 가지 기부에 10개씩 모여 나며 5월 개화
- 열매 : 대가 없는 편구형으로 지름 4㎜으로 10월에 성숙
- 줄기 : 곧추 자라며, 가지가 옆으로 퍼져 우산모양의 수형 형성, 수피는 짙은 회색으로 갈라지지 않고 오래되면 비늘조각으로 떨어짐
- 뿌리 : 심근성

생태

- 토　　성 : 사양토
- 음 양 성 : 중성수
- 내공해성 : 보통
- 건　　습 : 적윤
- 산　　도 : 중성
- 내 한 성 : 강함
- 생장속도 : 보통
- 내 염 성 : 보통
- 통　　기 : 필요
- 내 화 성 : 강함

1	2	3	4	❀	6	7	8	9	●	11	12

관리 및 번식

- 이　식 : 용이
- 번　식 : 실생
- 시　비 : 필요
- 전　정 : 강함
- 병충해 : 보통

용도

수형이 단정하고, 지엽이 치밀하고 섬세하며, 아름다운 적, 황색단풍이 특징적이고, 전통적인 정자목이며 군락식재, 녹음수로 널리 사용되며 악센트식재나 기조식재, 군락식재, 가로수로 적합

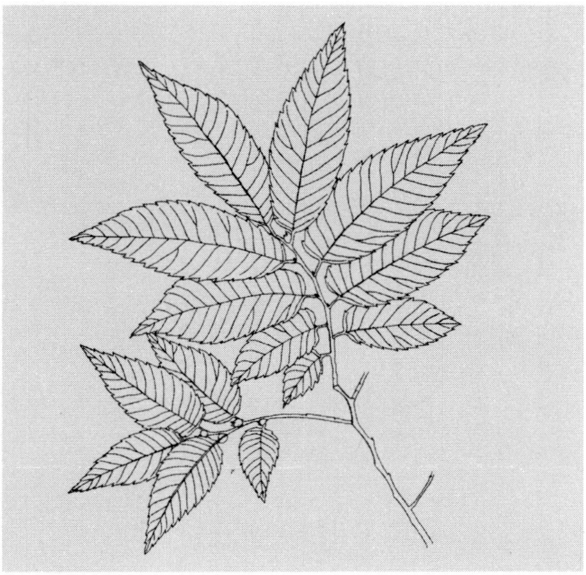

꾸지뽕나무(구지뽕나무)

Cudrania tricuspidata (Carr.) Bureau ex Lavallée

영명 : Chinese Mulberry, Chinese Silkworm Thorn, Silkworm Thorn

일명 : ハリグワ

중명 : 柘樹 자수

이명 : *Cudrania triloba* (Hance) F.B.Forbes
Cudrania triloba Hance
Vanieria tricuspidata Hue

Cudrania : 그리스어 cudros(영광이 있는)에서 유래
tricuspidata : 삼각상 첨두모양의 뜻

생육

- 성　상 : 낙엽활엽소교목 또는 관목상
- 수　형 : 원정형
- 수　고 : 8m 내외
- 원산지 : 한국, 중국 동남부
- 분　포 : 황해도 이남 표고 100~ 700m에 자생

형태

- 잎 : 난형 또는 도란형으로 전연 또는 2~3열, 길이 3~11cm, 너비 3~8cm
- 꽃 : 암수딴그루, 암꽃과 수꽃이 모두 공모양의 두상화서를 이루며 6월 개화
- 열매 : 취화과, 구형, 지름 2.5cm, 육질, 9~10월 홍색으로 성숙
- 줄기 : 가지가 많이 갈라지는 편이고 수피는 회갈색으로 벗겨져 박편상으로 떨어짐
- 뿌리 : 심근성

생태

- 토　　성 : 미사질 양토
- 음 양 성 : 양수
- 내공해성 : 보통
- 건　　습 : 건조
- 산　　도 : 중성
- 내 한 성 : 보통
- 생장속도 : 보통
- 내 염 성 : 보통
- 통　　기 : 필요
- 내 화 성 : 강함

1	2	3	4	5		7	8	9	10	11	12

관리 및 번식

- 이　식 : 용이
- 번　식 : 실생
- 시　비 : 불필요
- 전　정 : 강함
- 병충해 : 강함

용도

자유로운 수형과 아름다운 열매가 특징적이며 녹음수나 중정목, 또는 악센트식재, 사면녹화수종으로 사용

특이사항

가지에 억센 가시가 있는 점이 특징

기타종

- 산뽕나무(*Morus bombycis* koidz.) 뽕나무와 비슷하나 암술대가 뽕나무에 비해 길고 열매가 익을 때까지 떨어지지 않고 남아 있음

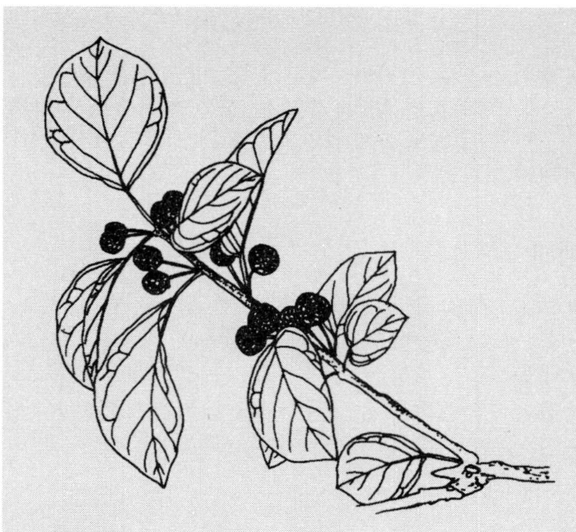

무화과나무(무화과)

Ficus carica L.

영명 : Common Fig
일명 : イチジク
중명 : 無花果 무화과, 仙桃 선도
이명 : *Ficus communis* Lam. *Ficus sativa* Poit. & Torpin
carica : 소아시아 서남부의 고대지방 carica에서 유래

생육

- 성　상 : 낙엽활엽소교목 또는 관목상
- 수　형 : 평정형
- 수　고 : 5m 내외
- 원산지 : 아라비아 서부 및 지중해 원산
- 분　포 : 우리나라에 1927년경 도입, 충청도 이남의 따뜻한 곳에 유실수, 관상수로 식재

형태

- 잎 : 난형으로 길이 10~20cm, 너비 10~20cm, 장상(3~5열)으로 갈라지고 파상 거치연
- 꽃 : 암수딴그루, 엽액에 은두화서, 화탁 내에 수많은 소화가 형성되고 4~6월 개화
- 열매 : 은화과, 지름 2.5~4.0cm, 육질상, 8~9월에 흑자색 또는 녹황색 성숙
- 줄기 : 다줄기성으로 옆으로 가지가 퍼져 우산모양의 수관 형성, 수피는 회백색
- 뿌리 : 천근성

생태

- 토　　성 : 사양토
- 음 양 성 : 양수
- 내공해성 : 보통
- 건　　습 : 적윤
- 산　　도 : 중성
- 내 한 성 : 약함
- 생장속도 : 보통
- 내 염 성 : 강함
- 통　　기 : 필요
- 내 화 성 : 강함

1	2	3	4	5	6	7	8	9	10	11	12

관리 및 번식

- 이　식 : 용이
- 번　식 : 실생/삽목
- 시　비 : 필요
- 전　정 : 강함
- 병충해 : 강함

용도

아담한 수형과 큰 잎, 탐스러운 열매가 특징적으로 작은 공간의 악센트식재나 중정목으로 적합

기타종

- 천선과나무(*F. erecta* Thunb.) 잎은 도란형 또는 장타원형이며, 가장자리가 밋밋하며 털이 없음
- 조은잎천선과 (*F, erecta* var. *sieboldii* (Mig) king)잎은 좁은 피침형이며, 맹아에 톱니가 있음

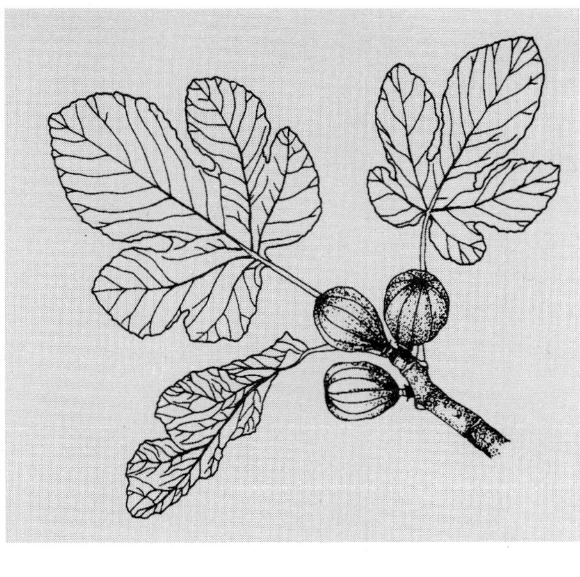

모람

Ficus oxyphylla Miq. ex Zoll.

영명	Oriental vining Fig
일명	イタビカズラ
중명	木饅頭 목만두, 石壁蓮 석벽련
이명	*Ficus foveolata* var. *nipponica* (Franch. & Sav.) King *Ficus nipponica* Franch. & Sav. *Ficus wrightii* Benth.

oxyphyllus: 날카로운 잎의

생육

- 성 상 : 상록활엽만경목
- 수 형 : 포복형
- 원산지 : 한국, 중국, 일본
- 분 포 : 제주도, 거제도, 남해, 흑산도 등 난온대기후대 해안의 암벽에 자생

형태

- 잎 : 혁질이고 타원상 피침형, 길이 6~12cm, 너비 2~4cm, 가장자리는 밋밋
- 꽃 : 암수딴그루, 액생하는 은두화서, 지름 1.2cm, 5~6월 개화
- 열매 : 은화과, 엽액에 달리며, 지름 1.0~1.2cm, 9~10월에 성숙
- 줄기 : 덩굴성으로 줄기에서 기근을 내어 나무와 바위에 붙어 자라고, 소지는 수평으로 뻗거나 밑으로 저치는 습성이 있음
- 뿌리 : 천근성

생태

- 토 성 : 사양토
- 음 양 성 : 음수
- 내공해성 : 보통
- 건 습 : 적윤
- 산 도 : 중성
- 내 한 성 : 약함
- 생장속도 : 보통
- 내 염 성 : 보통
- 통 기 : 필요
- 내 화 성 : 강함

1	2	3	4	5	6	7	8	9	10	11	12

관리 및 번식

- 이 식 : 용이
- 번 식 : 실생/삽목
- 시 비 : 불필요
- 전 정 : 강함
- 병충해 : 강함

용도

상록성 덩굴식물로 담장이나 구조물을 이용한 입면녹화, 암석원 또는 지피식물로 적합

기타종

- 왕모람(*F. pumila* L.) 모람보다 잎이 더 작고 끝이 꼬리처럼 되지 않으며 뒷면 맥위에 갈색 털이 밀생

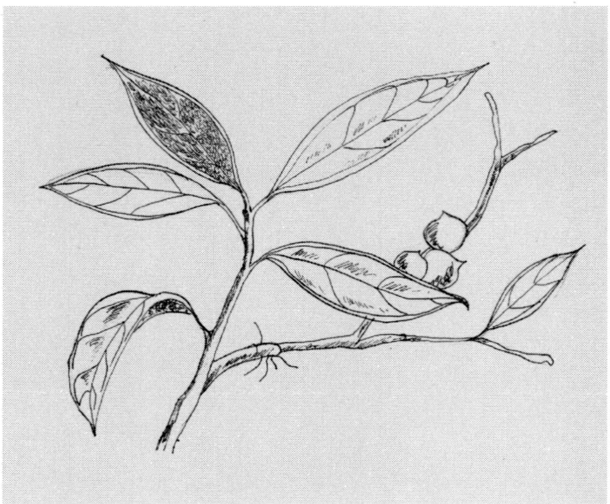

목련

목련科

Magnolia kobus DC.

영명 : Kobus Magnolia
일명 : コブシ
중명 : 辛夷 행이, 生庭 생정
이명 : *Magnolia glauca* var. *florealbo* Thunb.
Magnolia kobushi Mayr
Magnolia praecocissima Koidz.
Magnolia thurberi Parsons
Magnolia tomentosa Thunb.

Magnolia : 프랑스 몽펠리아대학의 식물학 교수 Pierre Magnol 기념
kobus : 큰 꽃을 의미

생육

- 성 상 : 낙엽활엽교목 또는 소교목
- 수 형 : 평정형
- 수 고 : 15m 내외
- 원산지 : 한국(제주도), 일본
- 분 포 : 제주도 한라산 표고 1,800m의 개미목 부근에 자생

형태

- 잎 : 도란상 타원형, 길이 8~17cm, 너비 4~9cm, 전연
- 꽃 : 양성화, 잎보다 먼저 개화하고 백색, 지름 9~10cm, 꽃잎은 6장, 3~4월 개화
- 열매 : 골돌과는 원추형, 길이 3.5~11.0cm, 종자는 타원형이고, 9~10월 성숙
- 줄기 : 곧게 자라나 불규칙적, 가지는 많이 갈라지며, 수피는 회백색으로 조밀하게 갈라짐
- 뿌리 : 심근성

생태

- 토 성 : 사양토
- 음 양 성 : 양수
- 내공해성 : 강함
- 건 습 : 적윤
- 산 도 : 중성
- 내 한 성 : 강함
- 생장속도 : 느림
- 내 염 성 : 보통
- 통 기 : 필요
- 내 화 성 : 강함

1	2	3	4	5	6	7	8	9	10	11	12

관리 및 번식

- 이 식 : 용이
- 번 식 : 실생/접목
- 시 비 : 필요
- 전 정 : 약함
- 병충해 : 강함

용도

아담한 수형과 봄철의 순백색 꽃이 일품으로 작은 공간의 악센트식재, 군식재, 유도식재로 적합

특이사항

함박꽃나무에 비해 잎보다 꽃이 먼저 핌

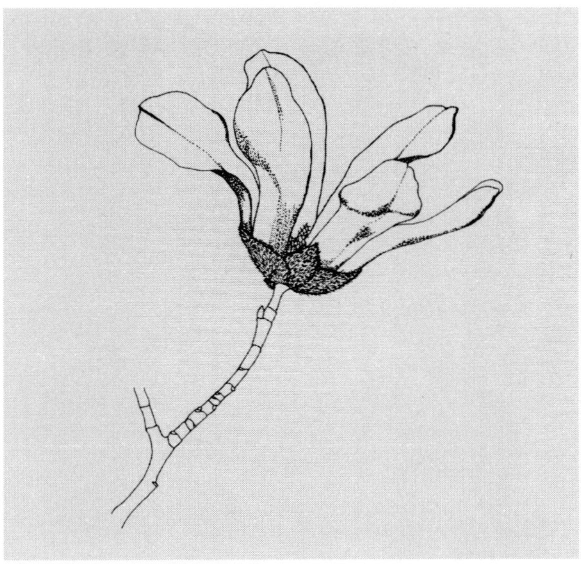

백목련(흰가지꽃나무)

Magnolia denudata Desr.

영명 : Yulan
일명 : ハクモクレン
중명 : 木蘭 목란, 白木蓮 백목련, 木筆목필, 玉蘭 옥란
이명 : *Magnolia conspicua* Salisb.
Magnolia heptapeta (Buĉhoz) Dandy
Magnolia hirsuta Thunb.
Magnolia liliflora J.V.Suringar
Magnolia precia Correa ex Vent.
denudata : 나출된

생육

- 성　상 : 낙엽활엽교목
- 수　형 : 원정형
- 수　고 : 15m 내외
- 원산지 : 중국 중부지역
- 분　포 : 오래 전에 도입되여 전국에 식재

형태

- 잎 : 도란상 타원형, 길이 10~18cm, 너비 6~12cm
- 꽃 : 양성화, 잎보다 먼저 피며, 지름 10~12cm, 3~4월 개화, 꽃잎 9장
- 열매 : 골돌과는 원추형, 길이 13~15cm, 갈색 종자는 난형, 9~10월 성숙
- 줄기 : 곧추 자라고 둥근 수관형성, 수피는 심회색
- 뿌리 : 심근성

생태

- 토　성 : 양토
- 음 양 성 : 양수
- 내공해성 : 보통
- 건　습 : 적윤
- 산　도 : 중성
- 내 한 성 : 강함
- 생장속도 : 보통
- 내 염 성 : 강함
- 통　기 : 필요
- 내 화 성 : 강함

1	2	3	4	5	6	7	8	9	10	11	12

관리 및 번식

- 이　식 : 용이
- 번　식 : 실생
- 시　비 : 필요
- 전　정 : 강함
- 병충해 : 강함

용도

아담한 수형과 봄철의 청초한 순백색 꽃이 특징적으로 악센트식재, 군식재에 적합

기타종

- 자주목련(*M. denudata* var. *purpurascens* (Maxim.) Rehder & E. H. Wilson) 백목련과 비슷하지만 꽃잎의 겉이 담홍자색이고 안쪽은 흰색
- 별목련(*M. stellata* Maxim.) 일본 원산의 낙엽소교목, 12~18개의 백색 화피편이 별 모양으로 개화

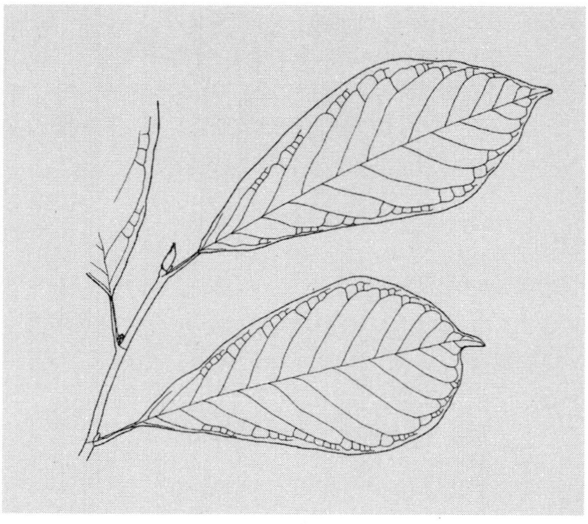

자목련(까지꽃나무)

목련科

Magnolia liliiflora Desr.

영명 : Lily Magnolia
일명 : シモクレン
중명 : 紫木蓮 자목련, 房木 방목, 辛夷 행이,
紫玉蘭 자옥란
이명 : *Magnolia quinquepeta* (Bučhoz) Dandy
Magnolia obovata var. *purpurea* Bean
Magnolia discolor Vent.
liliflora : 백합 같은 꽃의 뜻

생육

- 성 상 : 낙엽활엽소교목
- 수 형 : 평정형
- 수 고 : 10m 내외
- 원산지 : 중국 중부지역
- 분 포 : 우리나라에 오래 전에 도입되어 전국에 식재

형태

- 잎 : 타원상 도란형, 길이 8~18cm, 너비 3~10cm, 전연
- 꽃 : 자주색의 화피는 9장, 3~4월 개화, 꽃잎의 안팎이 모두 자색
- 열매 : 골돌과는 원추형, 8~9월 성숙
- 줄기 : 밑에서 여러 줄기가 올라오나 큰 줄기는 대개 곧게 자라며 수피는 회갈색
- 뿌리 : 심근성

생태

- 토 성 : 사질토
- 음 양 성 : 양수
- 내공해성 : 강함
- 건 습 : 적윤
- 산 도 : 중성
- 내 한 성 : 보통
- 생장속도 : 느림
- 내 염 성 : 약함
- 통 기 : 필요
- 내 화 성 : 강함

1	2	3	4	5	6	7	8	9	10	11	12

관리 및 번식

- 이 식 : 용이
- 번 식 : 실생
- 시 비 : 필요
- 전 정 : 강함
- 병충해 : 강함

용도

아담한 수형미와 자주색의 탐스러운 꽃이 특징적이며 악센트식재나 군식재에 적합

특이사항

경남 범어사의 자목련이 가장 오래된 개체로 연꽃을 닮아 사찰조경에 널리 사용됨

태산목(양옥란, 양목란)

Magnolia grandiflora L.

영명	Southern Magnolia, Bull Bay
일명	タイサンボク
중명	泰山木 태산목, 廣玉蘭 광옥란, 洋玉蘭 양옥란, 大花玉蘭 대화옥란
이명	*Magnolia elliptica* (Aiton) Link *Magnolia foetida* (L.) Sander *Magnolia obovata* (Aiton) Link *Magnolia virginiana* var. *foetida* L.

grandiflora : 꽃이 크다는 뜻

생육

- 성　상 : 상록활엽교목
- 수　형 : 원추형
- 수　고 : 20m 내외
- 원산지 : 북아메리카 남동부 해안지역
- 분　포 : 우리나라에 1920년경 도입되어 중부 이남에 널리 식재

형태

- 잎 : 두꺼운 혁질로 장원상 타원형, 길이 10~12cm, 너비 4~10cm, 뒤로 말리고 뒷면 갈색털 밀생
- 꽃 : 양성화, 백색으로 방향성, 지름 15~20cm, 화피편은 9~12개, 두꺼운 육질, 5월 개화
- 열매 : 골돌과는 원주상, 길이 7~10cm, 10월 성숙
- 줄기 : 곧추 자라 웅장한 수관 형성, 수피는 암갈색
- 뿌리 : 심근성

생태

- 토　　성 : 사양토
- 음 양 성 : 중용수
- 내공해성 : 강함
- 건　　습 : 적윤
- 산　　도 : 중성
- 내 한 성 : 강함
- 생장속도 : 빠름
- 내 염 성 : 약함
- 통　　기 : 필요
- 내 화 성 : 강함

1	2	3	4		6	7	8	9		11	12

관리 및 번식

- 이　식 : 보통
- 번　식 : 실생
- 시　비 : 필요
- 전　정 : 강함
- 병충해 : 강함

용도

웅장한 수형과 잎의 질감, 탐스러운 꽃이 특징적이어서 악센트식재, 군식재, 완충식재에 적합

기타종

- 태산목 '바리에가타' (*M. grandiflora* 'Variegata') 잎의 불규칙한 노랑, 흰 무늬가 아름답고 생장속도는 느리며 내한성이 약함

함박꽃나무(함백이꽃, 산목련)

Magnolia sieboldii K. Koch

영명 : Oyama Magnolia
일명 : オオヤマレンゲ
중명 : 天女花 천녀화, 小花木蘭 소화목란, 玉蓮 옥련
이명 : *Magnolia oyama* E.Rev.
Magnolia parviflora Siebold & Zucc.
Magnolia verecunda Koidz.
sieboldii : 일본식물 연구가 Siebold 기념

생육

- 성 상 : 낙엽활엽소교목
- 수 형 : 원정형
- 수 고 : 10m 내외
- 원산지 : 한국, 중국 중동부지역, 일본
- 분 포 : 전국적으로 표고 400m~2,000m 사이의 산지에 자생

형태

- 잎 : 도란상 타원형, 길이 8~13cm, 너비 4~9cm. 전연
- 꽃 : 양성화, 잎과 같이 개화하며 백색, 지름 7~10cm. 꽃잎은 9장, 5~6월 개화
- 열매 : 취합과, 길이 5~7cm, 8~9월 붉은색 성숙
- 줄기 : 불규칙한 수관 형성, 수피는 피목이 뚜렷
- 뿌리 : 천근성

생태

- 토 성 : 사질토양
- 음 양 성 : 양수
- 내공해성 : 보통
- 건 습 : 건조
- 산 도 : 약알칼리성
- 내 한 성 : 강함
- 생장속도 : 보통
- 내 염 성 : 약함
- 통 기 : 필요
- 내 화 성 : 강함

1	2	3	4	5	6	7	8	9	10	11	12

관리 및 번식

- 이 식 : 보통
- 번 식 : 실생
- 시 비 : 필요
- 전 정 : 강함
- 병충해 : 강함

용도

야취가 있는 수형과 순백색의 청순한 꽃이 특징적이며 작은 공간의 상대습도가 높은 곳에 악센트식재나 군식재에 적합

특이사항

산목련이라고도 부르며, 북한의 국화임

관리 및 번식

- 겹함박꽃나무(*M. sieboldii* for. *semiplena* T. B. Lee) 꽃잎이 12장 이상임

일본목련(떡갈후박, 왕후박) 목련科

Magnolia obovata Thunb.

영명	Japanese Big-Leaf Magnolia, Japanese Whitebark Magnolia
일명	ホオノキ
중명	日本厚朴 일본후박, 赤朴 적박, 淡伯 담백
이명	*Magnolia glauca* Thunb. *Magnolia hypoleuca* Siebold & Zucc.
obovata	도란형의

생육

- 성　상 : 낙엽활엽교목
- 수　형 : 원추형
- 수　고 : 20m 내외
- 원산지 : 중국, 일본
- 분　포 : 우리나라에 1920년경 도입, 전국에 식재

형태

- 잎 : 도란상 타원형, 길이 20~38cm, 너비 12~18cm, 잎 뒷면은 백색 털로 덮여 흰빛을 띰
- 꽃 : 양성화, 백색으로 방향성, 지름 14~20cm, 화피편은 6~12개로 잎보다 늦게 피고, 6월 개화
- 열매 : 골돌과는 원주상, 9월 자홍색 성숙
- 줄기 : 곧추 자라나 좁은 수관 형성, 수피는 회색
- 뿌리 : 심근성

생태

- 토　　성 : 사양토
- 음 양 성 : 양수
- 내공해성 : 강함
- 건　　습 : 적윤
- 산　　도 : 중성
- 내 한 성 : 강함
- 생장속도 : 빠름
- 내 염 성 : 보통
- 통　　기 : 필요
- 내 화 성 : 강함

1	2	3	4	5	6 (꽃)	7	8	9 (열매)	10	11	12

관리 및 번식

- 이　식 : 용이
- 번　식 : 실생
- 시　비 : 필요
- 전　정 : 강함
- 병충해 : 강함

용도

직립성의 단정한 수형미와 시원스러운 잎, 향기가 나는 순백색 큰 꽃이 특징적이어서 악센트식재나 군식재, 경계식재로 적합

특이사항

칠엽수 잎처럼 큰 잎이 윤생하며 꽃은 잎보다 늦게 피며 대형이고 위로 향한다. 열매를 말린 것을 후박실이라 하며 독특한 향기가 남

백합나무(목백합, 튤립나무)

목련科

Liriodendron tulipifera L.

영명 : Tulip Tree, Tulip Poplar
일명 : ハンテンボク
중명 : 木百合 목백합, 百合木 백합목
이명 : *Liriodendron procerum* Salisb.
Liriodendron truncatifolium Stokes
Liriodendron tulipiflora Lag. ex B.D.Jacks.

Liriodendron : 그리스어의 Lirion(백합)과 dendron(나무)의 합성어
tulipifera : tulipu(튜울립)와 fero(있다)의 합성어

생육

- 성　상 : 낙엽활엽교목
- 수　형 : 원정형
- 수　고 : 20m 내외
- 원산지 : 북아메리카 동부
- 분　포 : 우리나라에 1925년경 도입, 전국에 식재

형태

- 잎 : 직사각형으로 2~3열로 갈라지고 길이 7~12cm
- 꽃 : 양성화, 단정화서로 크기는 5~6cm이고 꽃잎 안쪽 기부에 오렌지색 반점 무늬가 있으며 5~6월 개화
- 열매 : 취합과는 길이 7cm, 날개가 있는 소견과는 담갈색, 10월 성숙
- 줄기 : 곧게 자라 웅장한 수형 형성, 수피는 회백색
- 뿌리 : 심근성

생태

- 토　　성 : 사양토
- 음 양 성 : 양수
- 내공해성 : 강함
- 건　　습 : 습윤
- 산　　도 : 중성
- 내 한 성 : 강함
- 생장속도 : 빠름
- 내 염 성 : 보통
- 통　　기 : 필요
- 내 화 성 : 강함

1	2	3	4	5	6	7	8	9	10	11	12

관리 및 번식

- 이　식 : 보통
- 번　식 : 실생
- 시　비 : 필요
- 전　정 : 강함
- 병충해 : 강함

용도

웅장한 수형미와 풍부한 엽량, 노랑색 단풍이 특징적이고 악센트식재나 기조식재, 녹음식재, 가로식재로 적합

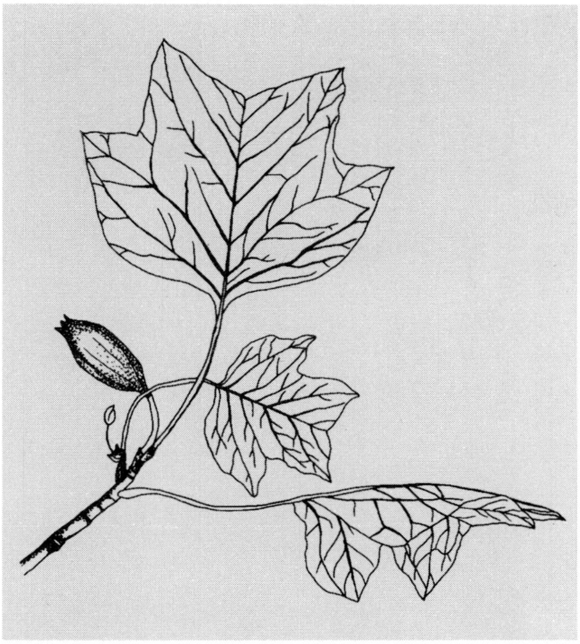

오미자

Schisandra chinensis (Turcz.) Baill.

영명 : Chinese Magnolia Vine, Magnolia-Vine
일명 : チョウセンゴミシ
중명 : 五味子 오미자
이명 : *Schisandra chinensis* var. *glabra* Nakai ex Mori
Schisandra chinensis var. *typica* Nakai

Schisandra : 수술이 갈라진다는 뜻
chinensis : 중국원산의 뜻

생육

- 성 상 : 낙엽활엽만경목
- 수 형 : 덩굴형
- 원산지 : 한국, 중국, 일본
- 분 포 : 전국 산지 숲속에서 자람

형태

- 잎 : 호생, 넓은 타원형 또는 난형, 길이 7~10cm, 나비 3~5cm
- 꽃 : 암수딴그루, 지름이 15mm, 화피열편은 6~9개, 5월~6월 개화
- 열매 : 구형 또는 도란상 구형, 1~2개의 종자, 9~10월 성숙
- 줄기 : 적갈색의 덩굴성
- 뿌리 : 천근성

생태

- 토 성 : 사질양토
- 음 양 성 : 음수
- 내공해성 : 약함
- 건 습 : 적윤
- 내 화 성 : 강함
- 내 한 성 : 강함
- 생장속도 : 매우느림
- 내 염 성 : 약함
- 통 기 : 필요
- 산 도: 중성

1	2	3	4	5	6	7	8	9	10	11	12

관리 및 번식

- 이 식 : 보통
- 전 정 : 보통
- 번 식 : 실생(종자파종)/근삽이나 여름에 반숙지를 10cm로 절달하여 삽목하기도 함
- 병충해 : 강함
- 시 비 : 열매를 얻기 위하여 시비

용도

열매가 아름다워 정원 및 공원의 울타리나 그늘시렁에 식재에 적합

기타종

- 흑오미자(*S. repanda* (Siebold & Zucc.) Radlk.) 꽃잎은 9~10개이고 열매는 도란형 흑색
- 남오미자(*Kadsura japonica* (L.) Dunal) 난온대에 자라며 상록성 덩굴식물로 흡근이 없고 열매가 아름다움

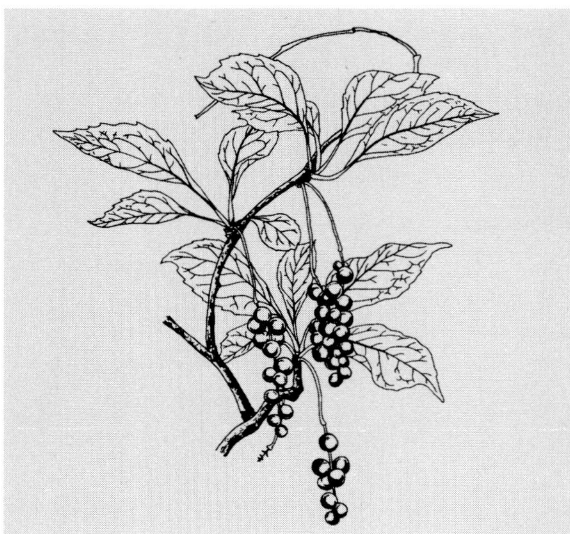

붓순나무(가시목, 말갓구, 발갓구)

붓순나무科

Illicium anisatum L.

영명 : Japanese Star Anise, Aniseed Tree, Sacred Anise Tree

일명 : シキミ

중명 : 莽草 망초

이명 : *Illicium religiosum* Siebold & Zucc.
Illicium religiosum var. *masa-ogatae* Makino

Illicium : 유혹한다(Illicto)에서 유래

생육

- 성 상 : 상록활엽교목
- 수 형 : 원정형
- 수 고 : 5m 내외
- 원산지 : 한국, 중국, 일본
- 분 포 : 제주도, 완도, 진도 등에 자생, 남부 및 해안지방에 식재

형태

- 잎 : 잎자루 길이 6~10mm, 길이 5~10cm, 너비 2~5cm
- 꽃 : 양성화, 엽액에 달리며, 지름 2.5~4.0cm, 꽃받침잎은 6장, 꽃잎은 12장, 3~4월 개화
- 열매 : 골돌과, 지름 2.0~2.5cm, 6~12개의 삭편이 바람개비처럼 배열됨, 9~10월 성숙
- 줄기 : 가지에 털이 없고 수피가 회백색
- 뿌리 : 심근성

생태

- 토 성 : 사양토
- 음 양 성 : 강음수
- 내공해성 : 보통
- 건 습 : 적윤
- 산 도 : 중성
- 내 한 성 : 약함
- 생장속도 : 느림
- 내 염 성 : 강함
- 통 기 : 필요
- 내 화 성 : 강함

1	2	3	4	5	6	7	8	9	10	11	12

관리 및 번식

- 이 식 : 어려움
- 전 정 : 강함
- 번 식 : 실생/삽목
- 병충해 : 강함
- 시 비 : 보통

용도

가지가 치밀하고 수형이 아름다우며, 잎이 윤기가 있고 부드러워 악센트식재, 군식재에 적합

특이사항

열매에 독성이 있음

녹나무

Cinnamomum camphora (L.) J. Presl

영명 : Camphor Tree, Camphor Oil Print
일명 : クスノキ
중명 : 樟樹 장수
이명 : *Cinnamomum camphora* (L.) T.Nees & C.H.Eberm.
Cinnamomum camphoroides Hayata
Cinnamomum simondii Lecomte

Cinnamomum : 계피의 그리스이름 kinamom에서 유래
camphora : 장뇌(樟腦)의 뜻

생육

- 성 상 : 상록활엽교목
- 수 형 : 타원형
- 수 고 : 20m 내외
- 원산지 : 한국, 중국
- 분 포 : 제주도 및 남부지역에 자생

형태

- 잎 : 호생, 난형, 길이 6~10cm, 너비 3~6cm, 양면에 털이 있음
- 꽃 : 양성화, 원추화서 화피편은 6개로 길이 1.5mm정도이고, 5~6월 황백색으로 개화
- 열매 : 둥글고, 지름이 8mm, 10~11월 성숙
- 줄기 : 황갈색, 세로로 거칠게 갈라짐
- 뿌리 : 천근성

생태

- 토 성 : 사질양토
- 음 양 성 : 중용수
- 내공해성 : 약함
- 건 습 : 적윤
- 산 도 : 중성
- 내 한 성 : 약함
- 생장속도 : 빠름
- 내 염 성 : 보통
- 통 기 : 필요
- 내 화 성 : 강함

1	2	3	4	5	6	7	8	9	10	11	12

관리 및 번식

- 이 식 : 어려움
- 전 정 : 강함
- 번 식 : 실생/삽목(6~7월 반숙지에 삽목)
- 병충해 : 강함
- 시 비 : 적정

용도

대기정화능력이 좋아 환경정화수로 이용할 수 있고 생장속도가 빠르고 광택이 나는 잎과 원정형의 수형이 아름다워 기조식재, 군식재, 녹음식재, 가로수식재, 방풍식재, 방화식재, 완충식재 등에 적합

기타종

- 둥근잎녹나무(*C. camphora* var. *cyclophyllum* Nakai) 녹나무에 비해 잎이 다소 원형임

생달나무(신신무)

녹나무科

Cinnamomum yabunikkei H. Ohba

영명 : Japanese Cinnamon
일명 : ヤブニクケイ
중명 : 天竺桂 천축계
이명 : *Cinnamomum chekiangense* Nakai *Cinnamomum chenii* Nakai *Cinnamomum insularimontanum* Hayata *Cinnamomum pseudoloureirii* Hayata
japonicum : 일본원산의 뜻

생육

- 성 상 : 상록활엽교목
- 수 형 : 원정형
- 수 고 : 15m 내외
- 원산지 : 한국, 중국, 대만, 일본
- 분 포 : 제주도 및 남부지역에 자생

형태

- 잎 : 타원형, 길이 7~10cm, 너비 3.0~3.5cm, 혁질, 돌출된 3출맥
- 꽃 : 양성화, 취산화서에 달리며 5mm로 길이 3.0~4.5cm의 꽃자루에 달림, 5~6월 개화
- 열매 : 핵과 구형 지름 12mm, 열매자루는 길이 3~5cm임, 10~12월 성숙
- 줄기 : 평활하고 회갈색임
- 뿌리 : 심근성

생태

- 토 성 : 사질양토
- 음 양 성 : 음수
- 내 염 성 : 강함
- 통 기 : 필요
- 내 화 성 : 강함
- 내 한 성 : 약함
- 생장속도 : 빠름
- 건 습 : 적윤
- 산 도 : 중성
- 내공해성 : 보통

1	2	3	4	5	6	7	8	9	10	11	12

관리 및 번식

- 이 식 : 용이(장마철)
- 전 정 : 보통
- 번 식 : 종자가 익은 뒤 곧 따서 파종
- 병충해 : 보통(그을음병)
- 시 비 : 적정

용도

공원 및 주택가 주변에 식재하여 시각적으로 푸른 이미지를 증대할 수 있어 기조식재, 녹음식재, 방화식재, 가로수식재, 차폐식재, 완충식재, 군락식재 등에 적합

육박나무

Actinodaphne lancifolia (Siebold & Zucc.) Meisn.

영명 : sward-leaf litsea
일명 : カゴノキ
중명 : 六駁 육박, 朝鮮木姜子 조선목강자
이명 : *Daphnidium lancifolium* Siebold & Zucc.
Iozoste lancifolia (Siebold & Zucc.) Blume
Litsea lancifolia (Siebold & Zucc.) Fern.-Vill.
Litsea orientalis C.E.Chang

Actinodaphne : Actino(방사상의)+Daphne(월계수)
lancifolia : lance(창모양의, 찌르는) 형태의 잎

생육

- 성 상 : 상록활엽교목
- 수 형 : 타원형
- 수 고 : 20m 내외
- 원산지 : 한국(제주도, 다도해), 중국, 일본
- 분 포 : 남해안 다도해와 제주도에 자생

형태

- 잎 : 호생, 긴 타원상 또는 난상 피침형, 길이 5~10cm, 길이 5~10cm, 너비 2~4cm
- 꽃 : 암수딴그루, 산형화서, 황색 수술대에 긴 털이 있음, 8~10월 개화
- 열매 : 구형, 지름 7~8mm이며 열매자루는 털이 밀생, 다음해 7~8월에 성숙
- 줄기 : 연한 흑자색으로 비늘처럼 벗겨짐
- 뿌리 : 심근성

1	2	3	4	5	6	7	8	9	10	11	12

생태

- 토 성 : 사질양토
- 음 양 성 : 중용수
- 내공해성 : 강함
- 건 습 : 적윤
- 산 도 : 중성
- 내 한 성 : 약함
- 생장속도 : 어릴때 빠름
- 내 염 성 : 강함
- 통 기 : 필요
- 내 화 성 : 강함

관리 및 번식

- 이 식 : 보통
- 번 식 : 실생
- 시 비 : 적정
- 전 정 : 보통
- 병충해 : 강함

용도

광택이 나는 잎과 버즘나무처럼 벗겨지는 흑자색 수피가 아름다며 악센트식재, 녹음식재, 기조식재, 유도식재, 가로수식재, 군락식재로 이용 가능함

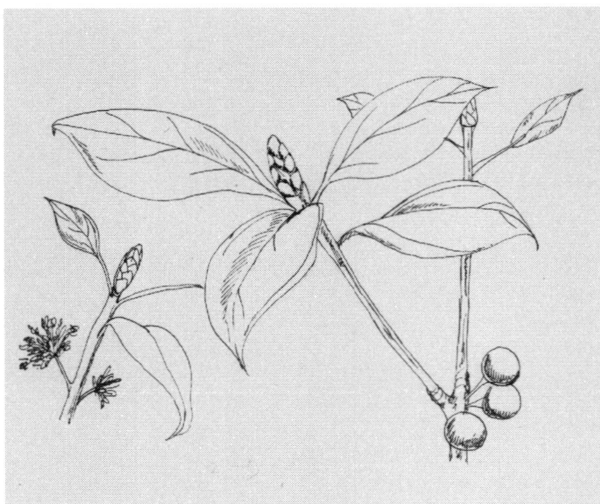

후박나무(왕후박나무)

Machilus thunbergii Siebold & Zucc.

영명 : Thunberg's bay-tree
일명 : タブノキ(イヌグス)
중명 : 厚朴 후박
이명 : *Machilus arisanensis* (Hayata) Hayata
Machilus nanshoensis Kaneh.
Machilus kwashotensis Hayata

Machilus : 인도의 지명 Makilan이 라틴어화된 것
thunbergii : 린네의 제자인 Thunberg를 기념한 것

생육

- 성 상 : 상록활엽교목
- 수 형 : 원정형
- 수 고 : 20m 내외
- 원산지 : 한국, 일본
- 분 포 : 울릉도, 남해안 및 제주도지역에 자생

형태

- 잎 : 우상맥, 길이 7~15cm, 너비 3~7cm, 엽병은 길이 2~3cm
- 꽃 : 양성화, 원추화서. 화피편은 6개로 길이 5~7mm이고, 5~6월에 황록색으로 개화
- 열매 : 지름 1.4cm로서 둥금. 다음해 7~8월성숙
- 줄기 : 소지는 녹갈색, 수피는 회백색임
- 뿌리 : 천근성

생태

- 토 성 : 사질양토
- 음 양 성 : 중용수
- 내공해성 : 보통
- 건 습 : 적윤
- 산 도 : 중성
- 내 한 성 : 약함
- 생장속도 : 빠름
- 내 염 성 : 강함
- 통 기 : 필요
- 내 화 성 : 보통

1	2	3	4	5	6	7	8	9	10	11	12

관리 및 번식

- 이 식 : 용이
- 전 정 : 강함
- 번 식 : 실생(종자가 익은 뒤 곧 따서 파종)
- 병충해 : 강함
- 시 비 : 적정

용도

붉은색을 띠는 새잎과 수형이 아름다워 기조식재, 녹음식재, 방풍식재, 군락식재, 가로수식재, 완충식재, 방화식재, 차폐식재 등에 적합

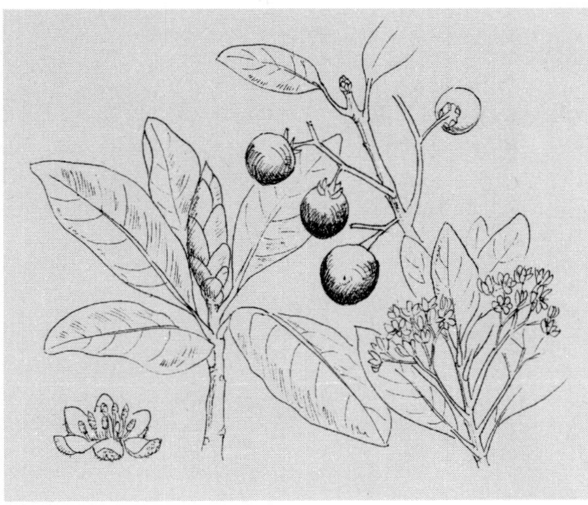

새덕이(흰새덕이, 흰생덕이)

Neolitsea aciculata (Blume) Koidz.

영명 : Lrregular-streak Newlitsea
일명 : イヌガシ
중명 : 花肉桂 화육계
이명 : *Neolitsea acutotrinervia* Kaneh. & Sasaki
Tetradenia aciculata Matsum. & Koidz.
Tetradenia foliosa Matsum.
Neolitsea : 그리스어의 새로운 Litsea속의 합성어
aciculata : '바늘처럼 뾰족한(acicuiate)' 에서 유래

생육

- 성 상 : 상록활엽교목
- 수 형 : 타원형
- 수 고 : 20m 내외
- 원산지 : 한국, 대만, 일본
- 분 포 : 난온대 기후대에 자생

형태

- 잎 : 호생, 혁질, 긴 타원형으로 길이 5~12cm, 너비 2~4cm
- 꽃 : 암수딴그루이고 산형화서, 화피편 4개, 3~4월 적색으로 개화
- 열매 : 타원형 길이 1cm 정도, 10월에 성숙
- 줄기 : 회갈색이며 매끈함
- 뿌리 : 천근성

생태

- 토 성 : 사질양토
- 음 양 성 : 음수
- 내공해성 : 보통
- 건 습 : 적윤
- 산 도 : 중성
- 내 한 성 : 약함
- 생장속도 : 빠름
- 내 염 성 : 강함
- 통 기 : 필요
- 내 화 성 : 약함

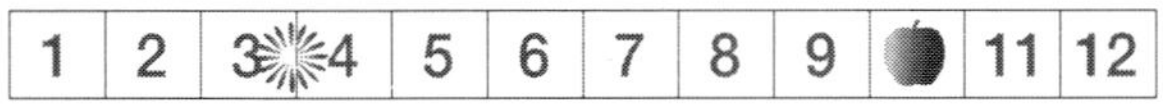

관리 및 번식

- 이 식 : 보통
- 전 정 : 보통
- 번 식 : 실생(가을에 씨를 채취해 곧바로 파종)
- 병충해 : 강함
- 시 비 : 적정

용도

매끈하게 보이는 수피가 아름다우며 기조식재, 악센트 식재, 녹음식재, 차폐식재, 완충식재 등에 적합

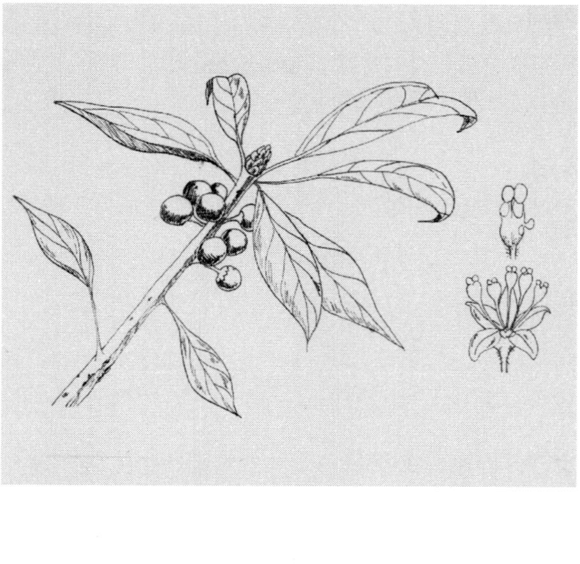

참식나무

Neolitsea sericea (Blume) Koidz.

영명 : Japanese Silver Tree
일명 : シロダモ
중명 : 舟山新木姜 주산신목강
이명 : *Neolitsea sieboldii* (Kuntze) Nakai
Neolitsea ohbana Koidz.
Neolitsea glauca (Siebold) Koidz.
Neolitsea boninense Koidz.

Neolitsea : 그리스어의 새로운 Litsea속의 합성어
sericea : 絹毛狀(견모상), 견사상의 뜻

생육

- 성 상 : 상록활엽교목
- 수 형 : 원정형
- 수 고 : 20m 내외
- 원산지 : 한국, 일본, 대만
- 분 포 : 울릉도, 제주도 및 서남해안 도서 지역

형태

- 잎 : 길이 7~18cm, 너비 4~7cm, 3출맥, 뒷면에 갈색털이 있음
- 꽃 : 암수딴그루이고 산형화서, 황백색의 꽃이 모여 달림, 10~11월 개화
- 열매 : 둥글며 지름 12mm, 다음해 10월 성숙
- 줄기 : 회백색으로 평활함
- 뿌리 : 천근성

생태

- 토 성 : 사질양토
- 음 양 성 : 음수
- 내공해성 : 약함
- 건 습 : 적윤
- 산 도 : 중성
- 내 한 성 : 약함
- 생장속도 : 보통
- 내 염 성 : 강함
- 통 기 : 필요
- 내 화 성 : 보통

1	2	3	4	5	6	7	8	9	10	11	12

관리 및 번식

- 이 식 : 3~4월, 7~8월 장마기간
- 전 정 : 약함
- 번 식 : 실생(직파)
- 병충해 : 보통(문우병, 흰잎마름병)
- 시 비 : 적정

용도

회색 또는 갈색털로 덮여 나오는 잎이 특이하고 기조식재, 악센트식재, 녹음식재 등에 적합

특이사항

새덕이와 유사하지만 잎이 보다 크며 폭도 넓다. 또한 새덕이는 꽃이 이른 봄에 피고 그해 가을에 열매가 흑색으로 익지만, 참식나무는 꽃이 가을에 피고, 이듬해 가을에 열매가 적색으로 익음

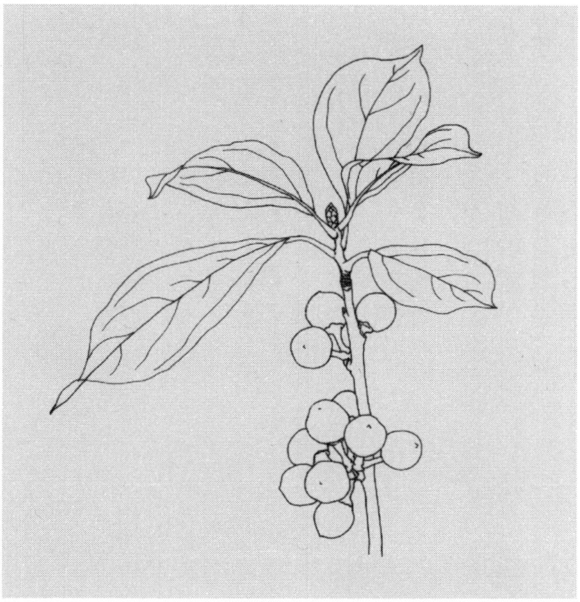

까마귀쪽나무(가마귀쪽나무)

Litsea japonica (Thunb.) Juss.

영명 : Yellowish Velvety-leaf Litsea
일명 : ハマビワ
중명 : 濱批把 빈비파
이명 : *Litsea japonica* Juss.
Malapoenna japonica Kuntze
Tetranthera japonica (Thunb.) Spreng.
Tomex japonica Thunb.
japonica : 일본원산의 뜻

생육

- 성 상 : 상록활엽교목(관목)
- 수 형 : 구형
- 수 고 : 10m 내외
- 원산지 : 한국, 일본
- 분 포 : 난온대 기후대인 남해안, 제주도에 자생

형태

- 잎 : 긴 타원형, 두꺼운 혁질, 뒷면에 갈색털이 밀생, 약간 뒤로 말림
- 꽃 : 암수딴그루, 산형화서, 화피는 6개로 깊이 갈라짐, 10~1월 황백색으로 개화
- 열매 : 타원형이며 털이 없고 다음해 6월에 성숙
- 줄기 : 짙은 갈색이며, 약간 거칠게 갈라짐
- 뿌리 : 천근성

생태

- 토 성 : 사양토
- 음 양 성 : 음수
- 내공해성 : 보통
- 건 습 : 적윤
- 산 도 : 약알칼리성
- 내 한 성 : 약함
- 생장속도 : 높음
- 내 염 성 : 강함
- 통 기 : 필요
- 내 화 성 : 강함

1	2	3	4	5	6	7	8	9	10	11	12

관리 및 번식

- 이 식 : 중간
- 전 정 : 가지솎기
- 번 식 : 실생/삽목
- 병충해 : 강함
- 시 비 : 적정

용도

가을의 노랑색 꽃이 아름다우며, 잎 뒷면의 갈색털이 특징적이고 해안가 주연부식재, 악센트식재, 경계식재, 차폐식재에 적합

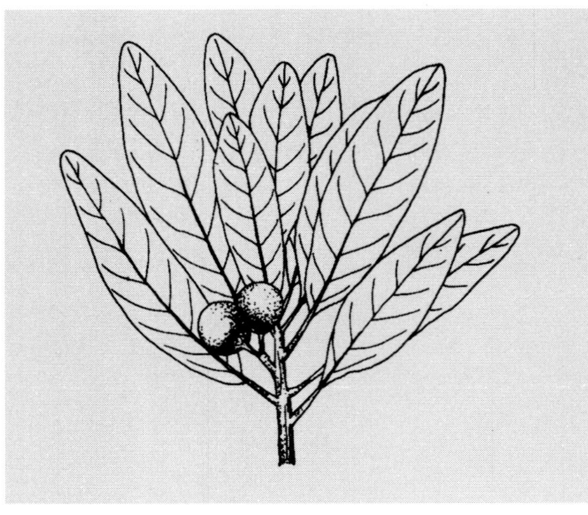

비목나무(보얀목, 윤여리나무)

Lindera erythrocarpa Makino

영명 : Redfruit Spicebush	
일명 : カナクギノキ	
중명 : 白木 백목	
이명 : *Benzoin erythrocarpum* (Makino) Rehder *Benzoin thunbergii* Siebold & Zucc. *Benzoin thunbergii* var. *macrophyllum* Hatus. *Lindera umbellata* Blume	
Lindera : 스웨덴의 식물학자 Jhann Linder에서 유래	

생육

- 성 상 : 낙엽활엽교목
- 수 형 : 타원형
- 수 고 : 15m 내외
- 원산지 : 한국, 중국, 일본
- 분 포 : 황해도 이남 표고 150~2,000m에 자생

형태

- 잎 : 호생, 도피침형, 도란상 피침형, 길이 9~12cm, 너비 4~5cm
- 꽃 : 암수딴그루, 산형화서, 화서자루는 5mm이고 한 화서에 15~17개의 꽃이 핌, 4~5월 연한황색으로 개화
- 열매 : 구형, 지름 7~8mm, 열매자루는 길이 1.5~1.8cm, 9~10월 성숙
- 줄기 : 회갈색을 띤 수피가 조각처럼 벗겨짐
- 뿌리 : 천근성

생태

- 토 성 : 양토
- 음 양 성 : 중용수
- 내 염 성 : 강함
- 통 기 : 필요
- 내 화 성 : 보통
- 내 한 성 : 약함
- 생장속도 : 빠름
- 건 습 : 적윤
- 산 도 : 약알칼리성
- 내공해성 : 약함

1	2	3	4	5	6	7	8	9	10	11	12

관리 및 번식

- 이 식 : 강함
- 전 정 : 보통
- 번 식 : 실생(2년간 노천매장후 파종)
- 병충해 : 강함
- 시 비 : 적정

용도

노랑색 단풍과 주홍색 열매가 아름다우며, 기조식재, 악센트식재, 군식재에 적합

감태나무(백동백나무, 간자목)

Lindera glauca (Siebold & Zucc.) Blume

영명 : Greyblue Spicebush
일명 : ヤマコウバシ
중명 : 石寒竹 석한죽
이명 : *Benzoin glaucum* Siebold & Zucc.
Lindera glauca var. *kawakamii* Hayata
Lindera praecox (Blume) Hemsl.
Lindera praecox Palib.
Lindera : 스웨덴의 식물학자 Jhann Linder에서 유래

생육

- 성 상 : 낙엽활엽교목(관목)
- 수 형 : 구형
- 수 고 : 8m 내외
- 원산지 : 한국, 중국, 일본
- 분 포 : 중부이남 표고 50~1,100m에 자생

형태

- 잎 : 호생, 타원형 또는 난상 긴 타원형, 표면에 윤택이 있음
- 꽃 : 암수딴그루, 산형화서에 달리며 화피 6개임, 4~5월 연한황색으로 개화
- 열매 : 구형, 지름 6~7mm정도, 10~11월 성숙
- 줄기 : 회백색으로 피목이 발달함
- 뿌리 : 천근성

생태

- 토 성 : 양토
- 음 양 성 : 양수
- 내공해성 : 강함
- 건 습 : 적윤
- 산 도 : 중성
- 내 한 성 : 강함
- 생장속도 : 보통
- 내 염 성 : 강함
- 통 기 : 필요
- 내 화 성 : 강함

1	2	3	4	5	6	7	8	9	10	11	12

관리 및 번식

- 이 식 : 용이
- 번 식 : 실생
- 시 비 : 필요
- 전 정 : 보통
- 병충해 : 강함

용도

낙엽수임에도 전년도 잎이 이듬해 봄까지 갈색빛을 형성하며 달려 있어, 관상가치가 우수하며 악센트식재, 주연부식재에 적합

특이사항

잎에 광택이 있어 백동백이라고도 함

기타종

- 뇌성목(*L. glauca* var. *salicifolia* (Nakai) T. B. Lee) 잎이 타원상 피침형이고 소지가 황록색임

생강나무(아귀나무, 동백나무)

녹나무科

Lindera obtusiloba Blume

영명 : Blunt-lobed Spice Bush
일명 : ダンコウバイ
중명 : 黃梅木 황매목
이명 : *Lindera cercidifolia* Hemsl.
Lindera mollis Oliv.
Lindera praetermissa Grierson & D.G.Long

Lindera : 스웨덴의 식물학자 Jhann Linder에서 유래
obtusiloba : 裂片(열편)의 끝이 둔한 것을 뜻함

생육

- 성 상 : 낙엽활엽관목
- 수 형 : 부채꼴형
- 수 고 : 5m 내외
- 원산지 : 한국, 중국, 일본
- 분 포 : 전국 산지에 자생

형태

- 잎 : 호생, 난상, 난상 원형, 길이 5~15cm, 너비 4~13cm
- 꽃 : 암수 딴그루, 잎보다 먼저 피고 화피는 깊게 6개로 갈라짐, 3~4월 황색으로 개화
- 열매 : 둥글고 지름 7~8mm, 9월 성숙
- 줄기 : 회갈색으로 피목이 발달함
- 뿌리 : 천근성

생태

- 토 성 : 사질양토
- 내 한 성 : 강함
- 음 양 성 : 음수
- 생장속도 : 느림
- 내공해성 : 약함
- 내 염 성 : 강함
- 건 습 : 적윤(내건성 강)
- 통 기 : 필요
- 산 도 : 약알칼리성
- 내 화 성 : 강함

1	2	3	4	5	6	7	8		10	11	12

관리 및 번식

- 이 식 : 어려움
- 전 정 : 강함
- 번 식 : 실생/삽목
- 병충해 : 강함
- 시 비 : 적정

용도

초봄의 노랑색 꽃의 질감이 아름다워 주연부식재, 악센트식재, 군식재로 적합

특이사항

가지나 잎을 꺾어서 비비면 생강 냄새가 나므로 생강나무라 하며, 지역에 따라서 열매를 짜서 나온 기름을 동백유라고도 하며, 머리를 단장하는데 사용

기타종

- 둥근잎생강나무(*L. obtusiloba* for. *ovata* T. B. Lee) 잎이 전혀 갈라지지 않음
- 털생강나무(*L. obtusiloba* for. *villosa* (Blume) T. B. Lee) 잎 뒷면에 긴 털이 있음

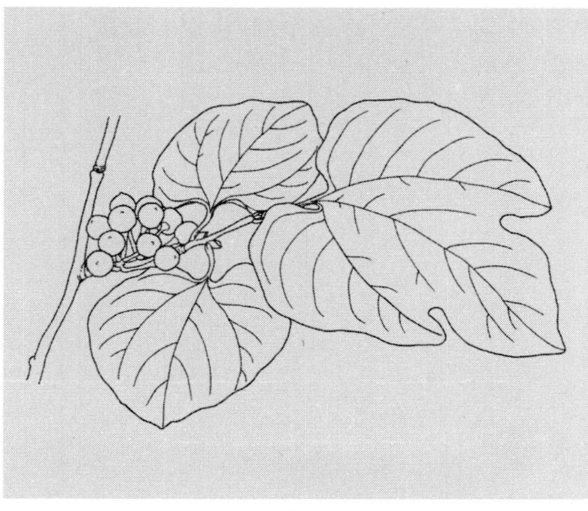

월계수(계수나무)

Laurus nobilis L.

영명 : Bay Laurel, Sweet Bay
일명 : ゲッケイジュ
중명 : 月桂樹 월계수
Laurus : 켈트어의 laur(녹색)에서 생긴 라틴명
nobilis : 고상하다는 뜻

1	2	3	4	5	6	7	8	9	10	11	12

생육

- 성 상 : 상록활엽교목
- 수 형 : 원추형
- 수 고 : 10m 내외
- 원산지 : 유럽 남부
- 분 포 : 난온대 이남에 식재

형태

- 잎 : 호생, 장원상 피침형, 길이 5~12cm, 너비 1.8~3.2cm
- 꽃 : 암수 딴그루, 액생하며 화서자루는 길이 7mm, 3월 개화
- 열매 : 구형, 7월 성숙
- 줄기 : 흑갈색으로 피목이 발달
- 뿌리 : 심근성

생태

- 토 성 : 양토
- 음 양 성 : 강음수
- 내공해성 : 보통
- 건 습 : 적윤
- 산 도 : 중성
- 내 한 성 : 약함
- 생장속도 : 보통
- 내 염 성 : 강함
- 통 기 : 필요
- 내 화 성 : 강함

관리 및 번식

- 이 식 : 보통
- 번 식 : 실생
- 시 비 : 적정
- 전 정 : 보통
- 병충해 : 보통

용도

광택이 나는 잎과 수형이 아름다워 군식재, 차폐식재에 적합

특이사항

마라톤 우승자에게 잎이 달린 가지를 꼬아서 화환을 만들어 씌어 주었던 수종

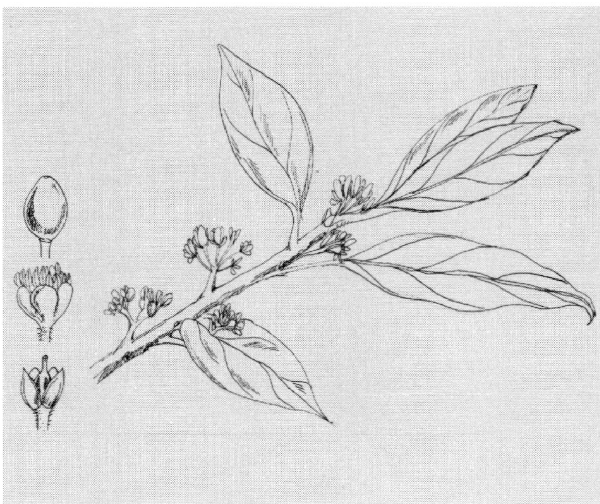

계수나무(련향나무)

Cercidiphyllum japonicum Siebold & Zucc. ex J. J. Hoffm. & J. H. Schult. bis

영명 : Katsura Tree
일명 : カツラ
중명 : 連香樹 연향수
이명 : *Cercidiphyllum ovale* Maxim.
Cercidiphyllum : cercis(박태기)+잎의 합성어
japonicum : 일본 원산의 뜻

생육

- 성　상 : 낙엽활엽교목
- 수　형 : 원추형
- 수　고 : 20m 내외
- 원산지 : 일본
- 분　포 : 전국에 식재

형태

- 잎 : 대생, 넓은 난형, 밑부분이 심장형이고 가장자리에 둔한 톱니
- 꽃 : 암수 딴그루, 암꽃 수꽃 모두 꽃받침이 없음. 꽃은 3~4월 잎이나기 전 개화
- 열매 : 굽은 원주형, 길이 8~18mm, 한쪽에 날개가 있음, 9~10월 성숙
- 줄기 : 회갈색, 세로로 갈라져서 박편상으로 떨어짐
- 뿌리 : 심근성

생태

- 토　　성 : 사질양토
- 음 양 성 : 중용수
- 내공해성 : 중간
- 건　　습 : 적윤
- 산　　도 : 약알칼리성
- 내 한 성 : 강함
- 생장속도 : 빠름
- 내 염 성 : 강함
- 통　　기 : 필요
- 내 화 성 : 보통

1	2	3	4	5	6	7	8	9	10	11	12

관리 및 번식

- 이　식 : 용이
- 번　식 : 실생/삽목
- 시　비 : 필요
- 전　정 : 보통
- 병충해 : 강함

용도

심장형의 잎과 노랑색 또는 주황색으로 물드는 단풍이 아름다우며 해안가의 유도식재, 가로수식재, 기조식재로 이용 가능

특이사항

어릴 때 지표면에서 많은 줄기가 나오나 원줄기만 남기고 나머지를 잘라 주면 좋음

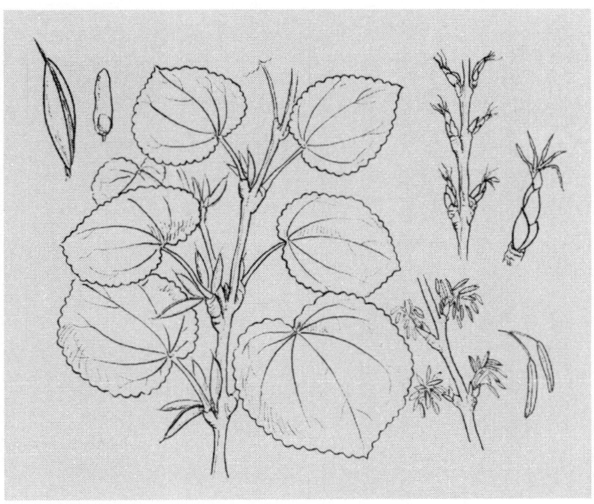

으아리(큰위령선, 좀으아리)

Clematis terniflora var. *mandshurica* (Rupr.) Ohwi

영명 : Mandshurian Clematis
일명 : オオコウライセンニンソウ
중명 : 威靈仙 위령선
이명 : *Clematis papuligera* Ohwi
Clematis mandshurica f. *koreana* Nakai
Clematis mandshurica f. *lancifolia* Nakai
Clematis recta var. *koreana* Nakai

Clematis : 그리스어 clema(어린가지)의 축소형이며 길고 연한 가지를 뜻함

생육

- 성　상 : 낙엽활엽만경목
- 수　형 : 덩굴형
- 원산지 : 한국, 중국
- 분　포 : 중부 이남 지역에 자생

형태

- 잎 : 호생, 넓은 타원형 또는 난형, 길이 7~10cm, 너비 3~5cm
- 꽃 : 양성화, 지름이 2.5~3cm, 화피열편은 6~9개, 5~8월 백색으로 개화
- 열매 : 구형 또는 도란상 구형, 1~2개의 종자가 들어 있음, 8~11월 성숙

생태

- 토　성 : 양토
- 음 양 성 : 양수
- 내 염 성 : 강함
- 통　기 : 필요
- 내 화 성 : 약함
- 내 한 성 : 보통
- 생장속도 : 빠름
- 건　습 : 적윤
- 산　도 : 중성
- 내공해성 : 약함

1	2	3	4	5	6	7	8	9	10	11	12

관리 및 번식

- 이　식 : 용이
- 전　정 : 중간
- 번　식 : 실생/삽목
- 병충해 : 보통(고온 다습시 만고병 발생)
- 시　비 : 필요

용도

여름에 흰 꽃이 아름다운 덩굴성 소재이므로 악센트식재나 차광식재, 울타리식재로 이용

기타종

- 큰꽃으아리(*C. patens* C. Morren & Decne.) 꽃의 지름이 10cm내외
- 참으아리(*C. terniflora* DC.) 꽃잎은 4장이며 긴 타원형
- 사위질빵(*C. apiifolia* DC.) 잎은 1회 3출 복엽
- 병조희풀(*C. heracleifolia* DC.) 꽃받침은 4개로 보라색

매발톱나무

매자나무科

Berberis amurensis Rupr.

영명 : Amur Barberry
일명 : アムルメギ
중명 : 大葉小檗 대엽소벽
Berberis : 과실의 아라비아이름 berberys에서 유래
amurensis : 아무르강 유역의 뜻

1	2	3	4	5 ✺ 6	7	8	●	10	11	12

생육

- 성　상 : 낙엽활엽관목
- 수　형 : 구형
- 수　고 : 5m 내외
- 원산지 : 한국, 중국, 일본
- 분　포 : 온대 중부 이북에 자생

형태

- 잎 : 새가지 호생, 짧은 가지에 총생한 것처럼 보이며, 길이 3~8cm, 불규칙한 톱니
- 꽃 : 양성화, 총상화서, 지름이 1cm, 10~20개 꽃이 달림, 5~6월에 황색으로 개화
- 열매 : 장과, 길이가 1cm, 타원형, 9월 성숙
- 줄기 : 황회색에서 회색, 가시는 1~2cm로 3개로 갈라짐
- 뿌리 : 천근성

생태

- 토　성 : 사질양토
- 음 양 성 : 음수
- 내공해성 : 보통
- 건　습 : 적윤
- 산　도 : 중성
- 내 한 성 : 강함
- 생장속도 : 빠름
- 내 염 성 : 약함
- 통　기 : 필요
- 내 화 성 : 강함

관리 및 번식

- 이　식 : 용이
- 전　정 : 강함
- 번　식 : 실생/삽목
- 병충해 : 보통(녹병)
- 시　비 : 보통

용도

노랑색 꽃이 아름답고 전정에 강하며, 소지에 3개로 갈라진 가시가 있어 경계식재로 이용, 주연부 식재, 악센트식재에 적합

기타종

- 왕매발톱나무(*B. amurensis* var. *latifolia* Nakai) 잎이 원형 또는 타원형으로 강원도 및 울릉도에서 생육
- 섬매발톱나무(*B. amurensis* var. *quelpaertensis* (Nakai) Nakai) 매자나무와 매발톱나무의 중간형

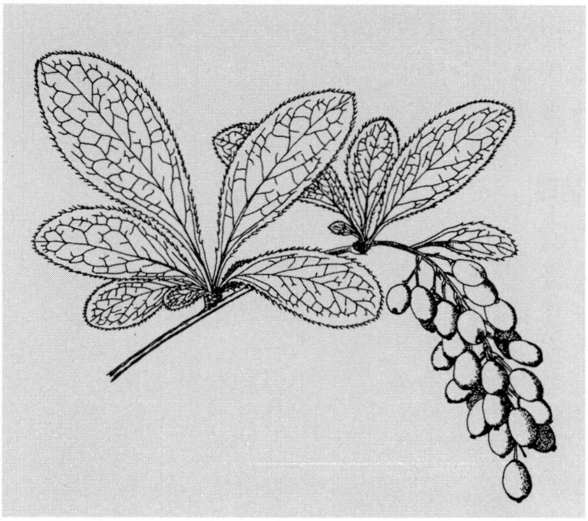

당매자나무

Berberis poiretii C. K. Schneid.

영명 : Poiret Barberry
일명 : トウメギ
중명 : 唐小檗 당소벽
이명 : *Berberis poiretii* var. *angustifolia* (Regel) Nakai
Berberis sinensis for. *weichangensis* Schneider
Berberis sinensis var. *angustifolia* Regel

Berberis : 과실의 아라비아이름 berberys에서 유래
poiretii : 프랑스 식물학자 Jean Louis Marie Poiret 기념

생육

- 성　상 : 낙엽활엽관목
- 수　형 : 피복형
- 수　고 : 2m 내외
- 원산지 : 한국, 만주, 몽고
- 분　포 : 중부 이북에 자생

형태

- 잎 : 호생, 짧은 가지에서 총생, 도피침형, 탁엽이 3개의 가시로 변함
- 꽃 : 양성화, 총상화서로 3~15개의 꽃이 달림, 5월 개화
- 열매 : 장과, 타원형, 길이 0.5cm 정도, 9월 성숙
- 줄기 : 자갈색으로 치밀함
- 뿌리 : 천근성

생태

- 토　　성 : 사질양토
- 음 양 성 : 음수
- 내공해성 : 보통
- 건　　습 : 적윤
- 산　　도 : 중성
- 내 한 성 : 강함
- 생장속도 : 빠름
- 내 염 성 : 강함
- 통　　기 : 필요
- 내 화 성 : 강함

1	2	3	4	5 (개화)	6	7	8	9 (결실)	10	11	12

관리 및 번식

- 이　식 : 용이
- 전　정 : 강함
- 번　식 : 실생/삽목
- 병충해 : 보통(녹병)
- 시　비 : 보통

용도

둥근 수형과 잎겨드랑이에 달리는 노란꽃이 아름답고 지엽이 치밀하고 가시가 발달, 전정에 강해 경계식재, 악센트식재에 적합

기타종

- 매자나무(*B. koreana* Palib.) 어린가지가 적갈색이며, 도란형의 잎은 가장자리의 톱니가 불규칙적이며, 열매는 구형 또는 난상 구형임
- 연밥매자나무(*B. koreana* var. *ellipsoides* Nakai) 열매가 긴 타원형, 가시가 3~7개로 갈라짐
- 일본매자나무(*B. thunbergii* DC.) 잎이 자주색

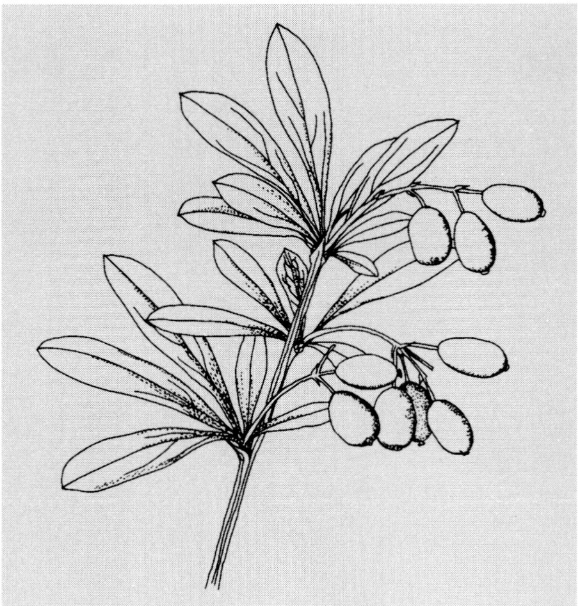

남천(남천죽)

Nandina domestica Thunb.

영명 : Sacred Bamboo, Chinese Sacred Bamboo
일명 : ナンテン
중명 : 南天竹 남천죽
Nandina : 일본발음을 라틴어화 시킨 것 *domestica* : 집의, 가정의, 국내의

생육

- 성　상 : 반상록활엽관목
- 수　형 : 피복형
- 수　고 : 2m 내외
- 원산지 : 중국
- 식재지 : 온대 남부 이남 식재

형태

- 잎 : 대생, 3회우상복엽, 길이 30~50cm, 소엽은 길이 3~10cm
- 꽃 : 양성화, 길이 20~30cm의 원추화서, 5~6월 백색으로 개화
- 열매 : 장과, 원형, 10~12월 성숙
- 줄기 : 회색으로 세로로 얕게 갈라짐
- 뿌리 : 천근성(잔뿌리 많음)

생태

- 토　　성 : 사질양토
- 음 양 성 : 중용수
- 내공해성 : 보통
- 건　　습 : 적윤
- 산　　도 : 중성
- 내 한 성 : 강함
- 생장속도 : 빠름
- 내 염 성 : 보통
- 통　　기 : 필요
- 내 화 성 : 강함

1	2	3	4	5	6	7	8	9	10	11	12

관리 및 번식

- 이　식 : 용이
- 전　정 : 보통(약간 솎아주는 정도)
- 번　식 : 실생/무성번식
- 병충해 : 강함(모자이크병, 황반병)
- 시　비 : 보통

용도

가을에 붉게 물드는 단풍과 겨울 내내 달려 있는 붉은 열매가 아름다우며 악센트식재, 군식재, 차폐식재, 경계식재에 적합

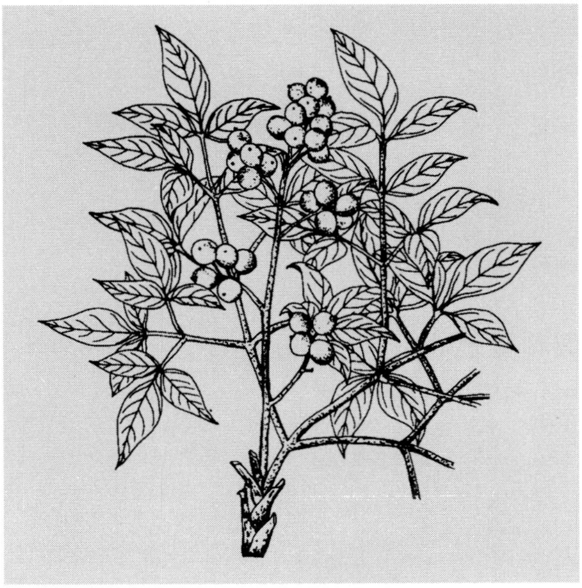

뿔남천

Mahonia aquifolium (Pursh) Nutt.

영명 : Japanese Mohonia

일명 : ヒイラギナンテン

중명 : 台彎十大功勞 태만십대공로

Mahonia : 미국의 원예가 Bernard M. Mahon씨 기념, 상록관목의 의미

japonica : 일본 원산의 뜻

생육

- 성 상 : 상록활엽관목
- 수 형 : 피복형
- 수 고 : 2m 내외
- 원산지 : 대만, 중국
- 분 포 : 전국에 식재

형태

- 잎 : 1회우상복엽, 소엽 10~16장, 가장자리 톱니, 뒷면 황록색
- 꽃 : 양성화, 총상화서, 밑으로 처짐, 2~5월 노란색으로 개화
- 열매 : 장과, 원형, 6~7월 성숙
- 줄기 : 황색, 코르크 발달
- 뿌리 : 천근성

생태

- 토 성 : 사질양토
- 음 양 성 : 강음수
- 내공해성 : 보통
- 건 습 : 적윤
- 산 도 : 중성
- 내 한 성 : 강함
- 생장속도 : 빠름
- 내 염 성 : 보통
- 통 기 : 필요
- 내 화 성 : 강함

관리 및 번식

- 이 식 : 어려움
- 전 정 : 보통
- 번 식 : 실생/무성번식/삽목
- 병충해 : 강함
- 시 비 : 보통

1	2	3	4	5	6	7	8	9	10	11	12

용도

뿔같은 잎의 형태 때문에 악센트식재 등에 이용되며, 꽃꽂이에도 사용

기타종

- 당남천죽(*M. fortunei* (Lindl.) Fedde) 작은 잎은 긴 피침형, 끝이 뾰족하고 가장자리의 얕은 톱니는 끝이 가시처럼 됨

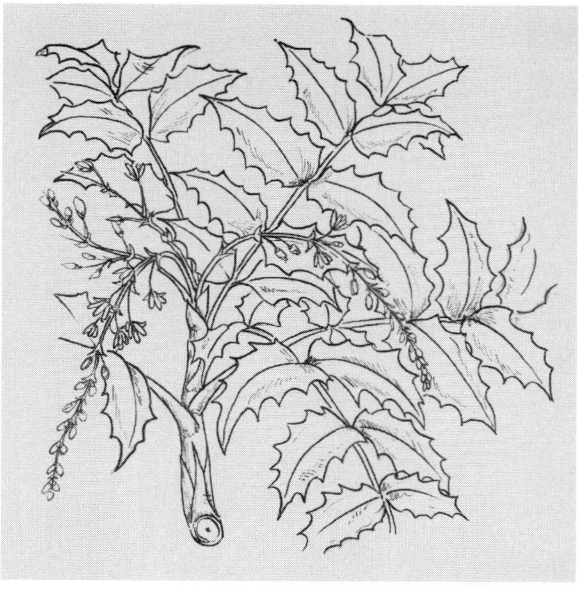

으름덩굴(목통, 으름)

Akebia quinata (Houtt.) Decne.

영명 : Chocolate Vine
일명 : アケビ
중명 : 木通 목통
이명 : Rajania quinata Thunb.
Akebia : 일본이름을 라틴어화 시킨 것
quinata : 다섯 개의 장상복엽을 의미

1	2	3	4 5	6	7	8	9	10	11	12

생육

- 성 상 : 낙엽활엽만경목
- 수 형 : 덩굴형
- 원산지 : 한국, 일본
- 분 포 : 황해도 이남의 산지에 흔히 자람

형태

- 잎 : 장상복엽, 소엽 5개, 길이 6cm, 새가지 호생, 늙은가지 총생
- 꽃 : 암수한그루, 총상화서, 4~5월 개화
- 열매 : 장과, 길이 6~10cm, 10월에 자갈색으로 익으며 과육식용 가능
- 줄기 : 털이 없으며 갈색
- 뿌리 : 천근성

생태

- 토 성 : 사질양토
- 음 양 성 : 음수
- 내공해성 : 보통
- 건 습 : 적윤
- 산 도 : 중성
- 내 한 성 : 강함
- 생장속도 : 빠름
- 내 염 성 : 강함
- 통 기 : 필요
- 내 화 성 : 강함

관리 및 번식

- 이 식 : 용이
- 전 정 : 강함(이른봄 수형 정지)
- 번 식 : 실생묘/삽목/취목/분주
- 병충해 : 강함
- 시 비 : 필요

용도

보라색 꽃, 5장의 독특한 잎, 열매 등의 관상가치가 매우 높은 식물이며 그늘시렁이나 악센트식재에 적합

특이사항

열매는 바나나 맛과 유사하나 종자가 많아서 먹기 불편함

기타종

- 여덟잎으름(*A. quinata* for. *polyphylla* (Nakai) Hiyama) 소엽이 6~9개인 것으로 속리산, 장산곶 및 안면도에서 자생

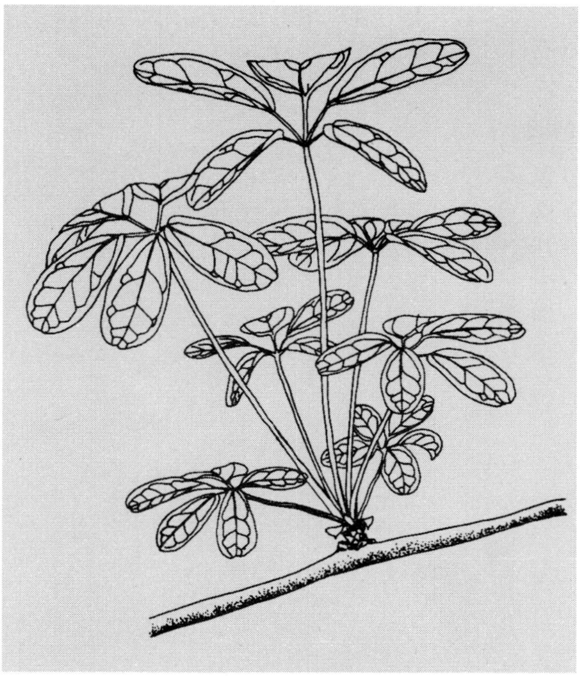

멀꿀(멀굴, 멀꿀나무)

Stauntonia hexaphylla (Thunb.) Decne.

영명 : Stauntonia Vine
일명 : ムベ
중명 : 野生瓜 야생과
이명 : *Rajania hexaphylla* Thunb.
Stauntonia : 멀꿀(-속), 영국 의사이자 중국대사인 Sir Leonard Stanton씨 기념
hexaphylla : 6개의 장상복엽을 의미

생육

- 성 상 : 상록활엽만경목
- 수 형 : 덩굴형
- 원산지 : 한국, 중국, 일본
- 분 포 : 전남, 남부 도서 및 제주도

형태

- 잎 : 길이 6~12cm, 너비 2.5~4.0cm, 장상복엽
- 꽃 : 암수한그루, 수꽃은 타원형으로 길이 1cm, 암꽃은 난형으로 길이 6mm이며 5월에 개화
- 열매 : 난상 원추형으로 길이 3.0~5.5cm, 너비 2.5~4.5cm로 암갈색, 10~11월 성숙
- 줄기 : 붉고 박편처럼 떨어짐
- 뿌리 : 천근성

생태

- 토 성 : 양토
- 음 양 성 : 양수
- 내공해성 : 보통
- 건 습 : 적습
- 내 화 성 : 강함
- 내 한 성 : 약함
- 생장속도 : 빠름
- 내 염 성 : 보통
- 통 기 : 필요
- 산 도 : 중성

1	2	3	4		6	7	8	9	10	11	12

관리 및 번식

- 이 식 : 용이(깊이 파서 이식)
- 전 정 : 보통(밀생지 솎음, 연중가능)
- 번 식 : 실생/취목
- 병충해 : 강함
- 시 비 : 보통

용도

다른 물체나 나무를 타고 오르는 특성이 있어 그늘시렁용 식재, 실내조경에 사용가능

특이사항

열매는 식용가능하고 맹아력이 강함

모란(목단, 부귀화)

Paeonia suffruticosa Andr.

일명 : ボダン
중명 : 牧丹 목단
Paeonia : 그리스 신화 의술의 신 Paeon에서 유래
suffruticosa : 아관목의 뜻

생육

- 성　상 : 낙엽활엽관목
- 수　형 : 부채꼴형
- 수　고 : 1.5m 내외
- 원산지 : 중국
- 식재지역 : 전국에 식재

형태

- 잎 : 3출엽, 각각 3~5개로 갈라지고 표면에는 털이 없음
- 꽃 : 양성화, 지름 15cm 이상, 꽃받침잎은 5개, 꽃잎은 8개 이상, 4~5월 개화
- 열매 : 구형, 내봉선이 터져 종자가 나옴, 9월 성숙
- 줄기 : 밝은 갈색, 피목이 발달
- 뿌리 : 천근성

생태

- 토　성 : 식양토, 사질양토
- 내 한 성 : 강함
- 음 양 성 : 양수
- 생장속도 : 빠름
- 내공해성 : 보통
- 내 염 성 : 약함
- 건　습 : 적윤
- 통　기 : 필요
- 내 화 성 : 강함
- 산　도 : 중성

1	2	3	4	5	6	7	8	9	10	11	12

관리 및 번식

- 이　식 : 보통(9월하순~10월상순이 이식 적기임)
- 전　정 : 보통(가지솎기)
- 번　식 : 분주/취목/삽목
- 병충해 : 보통(균핵병, 모자이크병, 회색곰팡이병)
- 시　비 : 다량(인산비료)

용도

큰 꽃이 아름다워 군식하여 악센트식재로 이용

기타종

- 적작약(*P. lactiflora* Pall.) 초본으로 뿌리의 절단면은 적색이고 화관은 8개로 희며 6월에 개화

다래(다래나무, 참다래나무)

Actinidia arguta (Siebold & Zucc.) Planch. ex Miq.

영명 : Tara Vine, Hardy Kiwi
일명 : サルナシ
중명 : 軟棗子 연조자
이명 : *Actinidia callosa* var. *arguta* (Siebold & Zucc.) Makino
Actinidia japonica Nakai
Actinidia megalocarpa Nakai ex Nakai & Kitag.

Actinidia : 방사상의 암술모양에서 유래
arguta : 뾰족한, 예치의 뜻

생육

- 성　상 : 낙엽활엽만경목
- 수　형 : 덩굴형
- 원산지 : 한국, 중국, 일본, 러시아
- 분　포 : 전국의 산지에 흔히 자람

형태

- 잎 : 호생, 장난형, 타원형 또는 광타원형, 길이 6~12cm, 너비 3.5~7.0cm
- 꽃 : 수꽃양성화딴그루, 취산화서, 액생하고 털이 없으며, 5~6월 백색으로 개화
- 열매 : 장과, 황록색의 난상원형, 9~10월에 성숙
- 줄기 : 적갈색, 수직방향으로 피목이 발달하고 벗겨짐
- 뿌리 : 천근성(잔뿌리 많음)

생태

- 토　　성 : 사질양토
- 음 양 성 : 중용수
- 내공해성 : 보통
- 건　　습 : 적윤
- 산　　도 : 중성
- 내 한 성 : 강함
- 생장속도 : 빠름
- 내 염 성 : 보통
- 통　　기 : 필요
- 내 화 성 : 보통

1	2	3	4	5	6	7	8	9	10	11	12

관리 및 번식

- 이　식 : 용이
- 전　정 : 강함
- 번　식 : 직파/실생/삽목/취목
- 병충해 : 강함(갈색무늬병, 노균병)
- 시　비 : 필요

용도

덩굴성으로 그늘시렁에 적합하며, 가을에 익은 열매는 식용이 가능

기타종

- 쥐다래(*A. kolomikta* (Maxim, & Rupr.) Maxim,) 소지의 골속은 그물모양으로 갈색임
- 개다래(*A. ploygama* (Sieboid et Zucc.) Planch. ex Maxim.) 소지의 골속이 흰색으로 차있음
- 미역줄나무(*Tripterygium regelii* Sprague et Takeda) 산지 능선부에 비교적 잘 자라며 뒷면은 맥 위에 털이 있음. 엽병은 적갈색

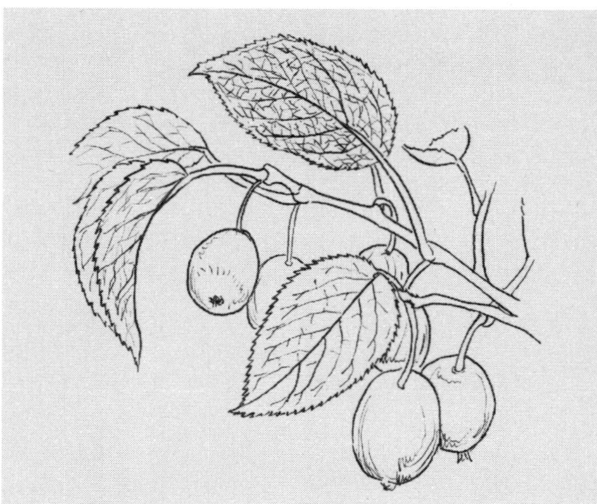

동백나무(동백, 뜰동백나무)

Camellia japonica L.

영명	Common Camellia, Japonese Camellia
일명	ツバキ
중명	冬柏木 동백목
이명	*Camellia chinensis* Kuntze *Camellia florida* Salisb. *Camellia sinensis* Kuntze *Thea japonica* var. *hortensis* Makino

Camellia : 17세기 체코의 선교사 Georg Josef Kamel씨 기념
japonica : 일본 원산의 뜻

생육

- 성 상 : 상록활엽소교목
- 수 형 : 구형
- 수 고 : 10m 내외
- 원산지 : 한국, 중국, 일본
- 분 포 : 난온대 기후대인 남해안과 제주도, 울릉도에 자생

형태

- 잎 : 호생, 타원형 또는 장타원형으로 점첨두, 가장자리에 거치, 혁질
- 꽃 : 양성화, 한 개씩 정생 또는 액생, 꽃받침과 꽃잎은 5~7개, 11~12월에 피기 시작해 다음해 4~5월까지 개화
- 열매 : 삭과, 둥글며 3개로 갈라지고, 지름 3~4cm 정도, 9~10월 성숙
- 줄기 : 회색으로 매끈하며 줄기는 피목이 발달
- 뿌리 : 천근성

생태

- 토 성 : 사질토
- 음 양 성 : 음수
- 내공해성 : 보통
- 건 습 : 적윤
- 내 화 성 : 보통
- 내 한 성 : 약함
- 생장속도 : 빠름
- 내 염 성 : 강함
- 통 기 : 필요
- 산 도 : 중성

1	2	3	4	5	6	7	8	9	10	11	12

관리 및 번식

- 이 식 : 용이
- 전 정 : 강함(개화 후)
- 번 식 : 실생/삽목/접목
- 병충해 : 강함(탄저병/균핵병)
- 시 비 : 보통

용도

짙은 녹색의 잎과 겨울철의 붉은색 꽃이 아름다우며, 음수로서 반음지나 음지에 식재, 전정에 잘 견디고, 기조식재, 악센트식재, 주연부식재, 유도식재, 차폐식재, 경계식재, 군락식재에 적합

기타종

- 애기동백(*C. sasanqua* Thunb.) 동백나무보다 잎이 작고 좁으며, 꽃의 자방에 털이 밀생
- 흰동백(*C. japonica* for. *albipetala* H.D.Chang) 백색꽃이 핌

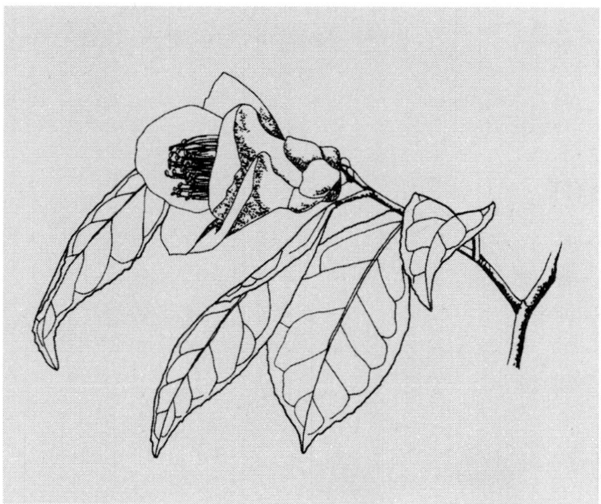

차나무

Camellia sinensis L.

영명 : Tea
일명 : チャノキ
중명 : 茶 다
이명 : *Camellia sinensis* (L.) Kuntze
Camellia thea Link
Camellia theifera Griff.
Theaphyla lanceolata Raf.
Thea chinensis Seem.

Camellia : 17세기 체코의 선교사 Georg Josef Kamel씨 기념
sinensis : 중국 원산의 뜻

생육

- 성 상 : 상록활엽관목
- 수 형 : 구형
- 수 고 : 2m 내외
- 원산지 : 중국, 일본(큐슈)
- 분 포 : 경남, 전북 이남에서 재배

형태

- 잎 : 호생, 길이 4~10cm, 너비 2~5cm, 혁질에 날카로운 거치가 있으며 긴 타원형
- 꽃 : 양성화, 1~3개가 액생 또는 정생, 꽃받침은 5~6개, 10~11월 개화
- 열매 : 삭과, 목질화된 구형, 지름은 2.0~2.5cm로 이듬해 성숙, 다음해 8~10월 성숙
- 줄기 : 가지가 많이 갈라지며 일년지는 갈색, 잔털이 있음
- 뿌리 : 천근성

생태

- 토 성 : 사질양토
- 음 양 성 : 음수
- 내공해성 : 약함
- 건 습 : 건조
- 내 화 성 : 강함
- 내 한 성 : 보통
- 생장속도 : 빠름
- 내 염 성 : 약함
- 통 기 : 필요
- 산 도 : 중성

1	2	3	4	5	6	7	8	9	10	11	12

관리 및 번식

- 이 식 : 용이
- 전 정 : 강함
- 번 식 : 실생/삽목
- 병충해 : 약함(엽고병, 탄저병, 잎말이나방, 응애, 깍지벌레, 진딧물 등)
- 시 비 : 보통

용도

남부지방에서 널리 재배하고 있으며 악센트식재, 군락식재시 하부식재로 군식

비쭈기나무(비쭉이나무, 빗죽나무)

Cleyera japonica Thunb.

영명 : Sakaki
일명 : サカキ
중명 : 新木 신목
이명 : *Cleyera lushia* Ham. ex G.Don
Cleyera japonica var. *kaempferiana* (DC.) Sealy
Sakakia ochnacea (DC.) Nakai
Eroteum ochnaceum (DC.) Nakai

Cleyera : 17세기 네덜란드의 A. Cleyer에서 유래
japonica : 일본 원산의 뜻

생육

- 성 상 : 상록활엽소교목
- 수 형 : 구형
- 수 고 : 10m 내외
- 원산지 : 한국, 중국, 일본, 대만
- 분 포 : 난온대 기후대인 남해안 도서지방 및 제주도에서 자생

형태

- 잎 : 호생, 길이 7~10cm, 너비 2~4cm, 엽병의 길이 3~10cm
- 꽃 : 양성화, 황백색, 크기 1.2~1.5cm, 6~7월 개화
- 열매 : 장과, 난형, 길이 8~10mm, 11~12월에 성숙
- 줄기 : 갈색이며 피목이 발달하고 소지는 녹색
- 뿌리 : 천근성

생태

- 토 성 : 사질양토
- 음 양 성 : 중용수
- 내공해성 : 보통
- 건 습 : 적습
- 내 화 성 : 강함
- 내 한 성 : 약함
- 생장속도 : 빠름
- 내 염 성 : 약함
- 통 기 : 필요
- 산 도 : 중성

1	2	3	4	5	6	7	8	9	10	11	12

관리 및 번식

- 이 식 : 어려움
- 전 정 : 강함
- 번 식 : 실생/삽목
- 병충해 : 보통(그을음병, 알락나방)
- 시 비 : 보통

용도

동백나무와 용도가 비슷하나 내한성이 약하여 이용이 제한되며 악센트식재, 경계식재에 이용하고 실내조경에 이용할 수 있음

특이사항

후피향나무에 비해 꽃이 작으며 열매가 흑자색이고 익어도 갈라지지 않음

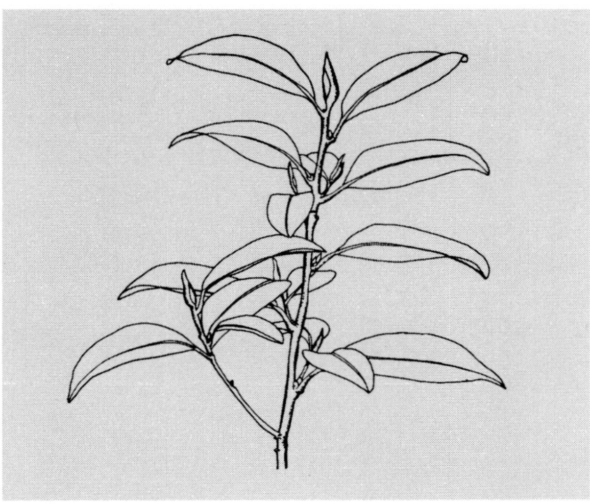

노각나무(노가지나무, 비단나무)

Stewartia pseudocamellia Maxim.

영명 : Deciduous Stewartia, Korean Stewartia, Deciduous Camellia, Japanese Stewartia

일명 : コウライシャラノキ

중명 : 朝鮮紫莖 조선자경

이명 : *Stewartia japonica* var. *grandiflora* Hort ex C.K.Schneid.
Stewartia koreana Rehder

Stewartia : 영국의 에든버러 식물원장 기념
pseudocamellia : camellia 종과 비슷한 것을 포함

생육

- 성　상 : 낙엽활엽교목
- 수　형 : 타원형
- 수　고 : 15m 내외
- 원산지 : 한국
- 분　포 : 온대 남부 이남 표고 200~1,200m에 자생

형태

- 잎 : 호생, 타원형 또는 광타원형, 예두, 기부는 원저 또는 넓은 예저
- 꽃 : 양성화, 새 가지의 기부에 액생, 꽃잎의 수 5~6개, 6~7월 개화
- 열매 : 삭과, 오각형으로 송곳모양, 3~6개의 종자가 들어있고 견모임, 9~10월 성숙
- 줄기 : 적갈색으로 다양한 무늬가 발달하며 매끈함
- 뿌리 : 심근성

생태

- 토　　성 : 사질양토
- 음 양 성 : 음수
- 내공해성 : 강함
- 건　　습 : 적윤
- 내 화 성 : 강함
- 내 한 성 : 강함
- 생장속도 : 느림
- 내 염 성 : 보통
- 통　　기 : 필요
- 산　　도 : 중성

1	2	3	4	5	6	7	8	9	10	11	12

관리 및 번식

- 이　식 : 보통
- 전　정 : 강함(전정이 필요 없음, 자연형으로 재배)
- 번　식 : 노천매장/직파
- 병충해 : 강함(탄저병, 응애, 진딧물)
- 시　비 : 보통

용도

직립하는 수형이 수려하고 백색꽃이 아름다우며 특히 적갈색 비늘모양 무늬의 수피는 독특하여 기조식재, 악센트식재, 유도식재, 녹음식재 및 건물 주위 식재에 적합

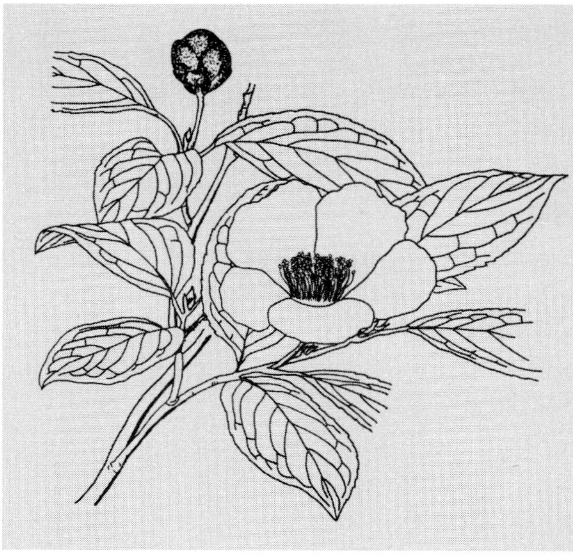

사스레피나무(가새목, 무치러기나무, 세푸랑나무)

차나무科

Eurya japonica Thunb.

영명 : East Asian Eurya
일명 : ヒサカキ
중명 : 柃木 령목
이명 : *Eurya pubicalyx* Ohwi *Eurya multiflora* Siebold *Eurya japonica* var. *angustifolia* Koidz.
Eurya : 큰, 넓은(Gr. eurys)에서 유래 *japonica* : 일본 원산의 뜻

생육

- 성　상 : 상록활엽소교목(관목)
- 수　형 : 부채꼴형
- 수　고 : 5m 내외
- 원산지 : 한국, 일본
- 분　포 : 경남, 전남, 전북, 남해안 도서 및 제주도의 해안가와 산지

형태

- 잎 : 혁질, 길이 3~8cm, 너비 2~4cm, 엽병은 1~5mm로 둔한 톱니가 있음
- 꽃 : 암수딴그루, 전년생 가지의 엽맥에 1~2개씩 밑으로 향함. 꽃잎은 5개, 3~4월 개화
- 열매 : 둥글며 지름 5~6mm로 핵과, 10~11월 성숙
- 줄기 : 회색으로 매끈함
- 뿌리 : 천근성

생태

- 토　　성 : 사질양토
- 음 양 성 : 중용수
- 내공해성 : 강함
- 건　　습 : 적윤
- 내 화 성 : 보통
- 내 한 성 : 약함
- 생장속도 : 느림
- 내 염 성 : 강함
- 통　　기 : 필요
- 산　　도 : 중성

1	2	3	4	5	6	7	8	9	10	11	12

관리 및 번식

- 이　식 : 용이
- 전　정 : 강함
- 번　식 : 실생/삽목
- 병충해 : 강함(깍지벌레)
- 시　비 : 보통

용도

전정이 잘되며 주연부식재, 경계식재, 완충식재, 군락식재시 하층식재에 적합

기타종

- 섬사스레피(*E. japonica* for. *integra* (Nakai) T.B.Lee) 거제도에 자생하고 잎 가장자리에 거치가 없음, 과실은 염료로 사용

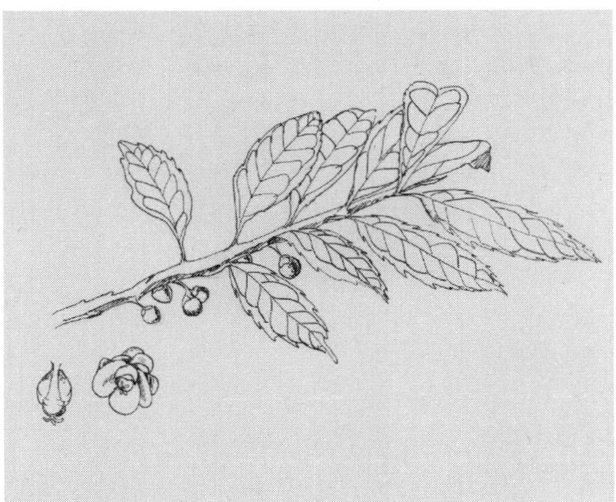

우묵사스레피(섬쥐똥나무)

차나무科

Eurya emarginata (Thunb.) Makino

영명 : Emarginate Eurya
일명 : ハマヒサカキ
중명 : 海瓜子 해과자
이명 : *Ilex emarginata* Thunb.
Eurya : 큰, 넓은(Gr. eurys)에서 유래
emarginata : 끝이 오목하게 들어간

생육

- 성 상 : 상록활엽관목
- 수 형 : 부채꼴형
- 수 고 : 5m 내외
- 원산지 : 한국, 일본
- 분 포 : 남부지역, 남해안 도서 및 제주도의 바닷가

형태

- 잎 : 2열성으로 호생, 타원상 도란형, 가장자리가 뒤로 말리며 잎 끝이 다소 오목
- 꽃 : 암수딴그루, 액생, 지름 4~5mm로 황록색이며 꽃이 1~4개씩 모여남, 10~11월 개화
- 열매 : 장과, 구형, 지름 4~7mm로 다음해 10~11월 성숙
- 줄기 : 회색으로 매끈함
- 뿌리 : 천근성

생태

- 토 성 : 사질양토
- 음 양 성 : 중용수
- 내공해성 : 강함
- 건 습 : 적윤
- 내 화 성 : 보통
- 내 한 성 : 약함
- 생장속도 : 빠름
- 내 염 성 : 강함
- 통 기 : 필요
- 산 도 : 중성

1	2	3	4	5	6	7	8	9	10	11	12

관리 및 번식

- 이 식 : 용이
- 전 정 : 강함(가시솎기/조여자르기)
- 번 식 : 실생(과육제거후 직파/노천매장후 파종)
- 병충해 : 약함
- 시 비 : 보통

용도

잎에 광택이 많고 수형이 아름다우며 맹아력이 강하고 지엽이 치밀한 편이어서 해안관광지의 주연부식재, 악센트식재, 경계식재, 군락식재시 하층식재로 적합

특이사항

사스레피나무에 비해 잎 끝이 둥글거나 오목하여 잎 가장자리가 뒤로 약간 밀림

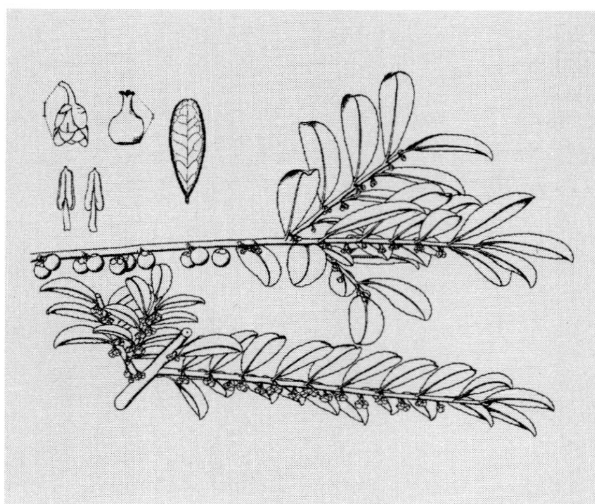

후피향나무 차나무科

Ternstroemia gymnanthera (Wight & Arn.) Sprague

영명 : Cleyera, False Japanese Cleyera
일명 : モッコク
중명 : 厚皮香 후피향
이명 : *Ternstroemia dubia* (Champ.) Choisy
Ternstroemia mokof (Adans.) Nakai
Ternstroemia japonica var. *parvifolia* Dyer

Ternstroemia : 18세기 스웨덴 식물학자 Christhpher Ternstroem를 기념

생육

- 성　상 : 상록활엽소교목
- 수　형 : 타원형
- 수　고 : 10m 내외
- 원산지 : 한국, 중국, 일본
- 분　포 : 난온대 지역에 자생

형태

- 잎 : 호생, 가지 끝에 총생, 전연, 길이 3~7cm, 너비 1.5~2.5cm, 뒷면은 황록색
- 꽃 : 수꽃양성화딴그루, 꽃받침과 꽃잎은 각각 5개, 꽃잎은 도란형, 6~7월 개화
- 열매 : 둥글고 길이 1.2~1.5cm, 종자는 3~5개, 10~11월 성숙
- 줄기 : 흑갈색으로 두껍고 불규칙하게 갈라짐
- 뿌리 : 심근성

생태

- 토　　성 : 사질양토
- 음 양 성 : 중용수
- 내공해성 : 보통
- 건　　습 : 적윤
- 내 화 성 : 보통
- 내 한 성 : 약함
- 생장속도 : 느림
- 내 염 성 : 강함
- 통　　기 : 필요
- 산　　도 : 중성

1	2	3	4	5	6	7	8	9	10	11	12

관리 및 번식

- 이　식 : 보통
- 전　정 : 보통(가지솎기)
- 번　식 : 실생/삽목
- 병충해 : 보통(그을음병, 깍지벌레)
- 시　비 : 보통

용도

잎의 광택과 앞뒷면의 색깔이 다르고 엽병의 붉은색이 조화를 잘 이루며 수형이 단정하고 정제미가 있어 악센트식재, 경계식재, 군식에 적합

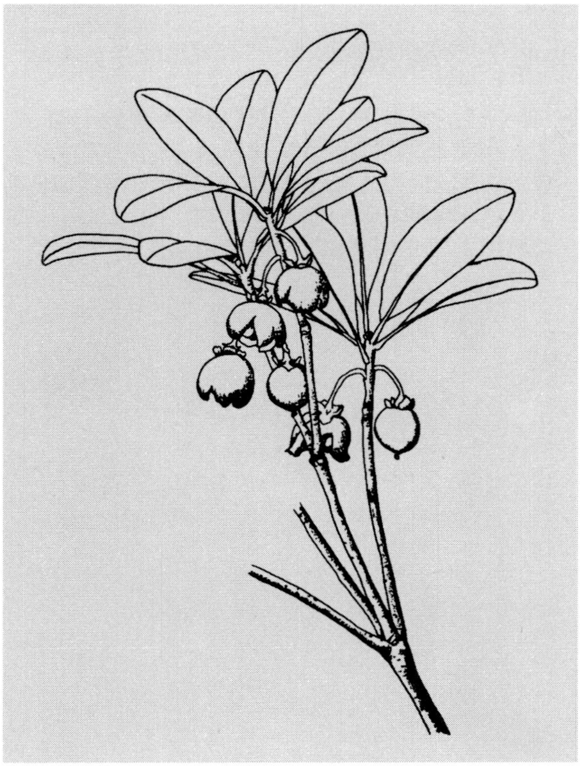

양버즘나무(양방울나무, 쥐방울나무)

Platanus occidentalis L.

영명 : Amecrican Sycamore, Bottonwood
일명 : セイヨウスズカケノキ
중명 : 一球懸鈴木 일구현령목
이명 : *Platanus lobata* Moench
Platanus occidentalis var. *lobata* J.Bommer
Platanus vulgaris var. *angulosa* Spach

Platanus : 그리스어의 platys(넓다)란 뜻
occidentalis : '서양의', '신세계의'

생육

- 성 상 : 낙엽활엽교목
- 수 형 : 타원형
- 수 고 : 20m 내외
- 원산지 : 미국
- 분 포 : 전국에 식재

형태

- 잎 : 너비는 10~22cm, 3~5개로 갈라지고 넓은 난형
- 꽃 : 암수한그루, 두상화서, 암꽃은 연한 녹색, 수꽃은 적색, 4~5월 개화
- 열매 : 둥글며 1개씩 달리고, 지름이 3cm정도, 긴 도란형 수과, 9월 성숙
- 줄기 : 회색 또는 흑갈색이며 조각으로 떨어짐
- 뿌리 : 심근성

생태

• 토 성 : 양토	• 내 한 성 : 강함
• 음 양 성 : 중용수	• 생장속도 : 빠름
• 내공해성 : 강함	• 내 염 성 : 보통
• 건 습 : 적윤	• 통 기 : 필요
• 내 화 성 : 강함	• 산 도 : 중성

1	2	3	4	5	6	7	8	9	10	11	12

관리 및 번식

- 이 식 : 용이
- 전 정 : 강함
- 번 식 : 삽목/실생
- 병충해 : 강함(갈반병, 탄저병)
- 시 비 : 보통

용도

대기오염에 강하고 이식이 용이하며 생장이 빠름. 전정이 잘되고 가로수 식재, 녹음식재, 완충식재에 적합

기타종

- 단풍버즘나무(*P.* x *hispanica* Munchh.) 버즘나무와 서양버즘나무의 잡종으로 열매는 2개씩이지만 간혹 많기도 하고 잎 중앙열편의 길이와 너비가 같음
- 버즘나무(*P. orientalis* L.) 열매는 3개 이상, 잎의 중앙열편은 너비보다 길이가 김

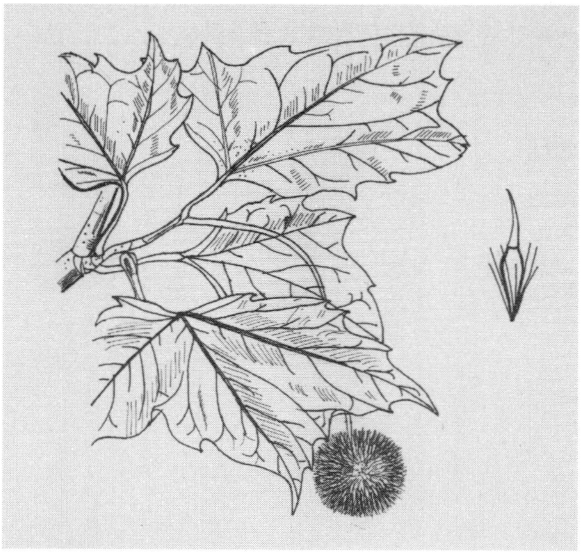

풍년화

조록나무科

Hamamelis japonica Siebold & Zucc.

영명 : Japanese Witch Hazel
일명 : アテツマンサク
중명 : 豊年花 풍년화
이명 : *Hamamelis arborea* Ottol. ex Mast.
Hamamelis zuccariniana Ottol.

Hamamelis : hamos(비슷하다)+melis(사과)의 합성어
japonica : 일본 원산을 뜻함

생육

- 성 상 : 낙엽활엽관목
- 수 형 : 원정형
- 수 고 : 5m 내외
- 원산지 : 일본
- 분 포 : 전국에 식재

형태

- 잎 : 길이 12cm, 너비 5~7cm 정도, 잎의 윗부분이 파상거치
- 꽃 : 양성화, 꽃받침은 4개로 난형이며 뒤쪽으로 젖혀짐, 3~4월 개화
- 열매 : 삭과, 길이 8~10mm정도이고, 표면에 짧은 면모가 있음, 9월 성숙
- 줄기 : 황갈색이며 피목이 뚜렷하게 발달
- 뿌리 : 천근성

생태

- 토 성 : 사질양토
- 음 양 성 : 양수
- 내공해성 : 보통
- 건 습 : 저습
- 내 화 성 : 보통
- 내 한 성 : 강함
- 생장속도 : 느림
- 내 염 성 : 약함
- 통 기 : 필요
- 산 도 : 중성

1	2	3	4	5	6	7	8		10	11	12

관리 및 번식

- 이 식 : 용이
- 전 정 : 강함(전정이 필요 없음, 자연형으로 재배)
- 번 식 : 실생/삽목
- 병충해 : 강함
- 시 비 : 보통

용도

약간 이그러진 잎이 특색이고 잎보다 먼저 피는 노랑색 꽃이 아름다움. 악센트 식재로 적합

특이사항

국명은 꽃이 평년보다 많이 피거나 일찍 피면 그해 풍년이 든다는 뜻에서 유래

기타종

- 중국풍년화(*H. mollis* Oliv. ex F.B.Forbes & Hemsl.) 꽃과 열매가 작음
- *H.* x *intermedia* 풍년화와 모리스풍년화의 교잡종

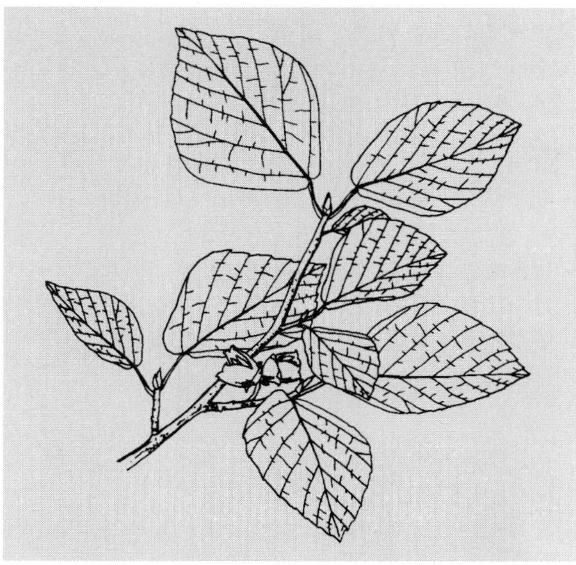

히어리(송광납판화, 송광납판화)

Corylopsis gotoana var. *coreana* (Uyeki) T.Yamaz.

영명 : Korean Winter Hazel
일명 : ショウコウミジキ
중명 : 松廣蠟瓣花 송광납판화
이명 : *Corylopsis coreana* Uyeki
Corylopsis glabrescens var. *gotoana* (Makino) T.Yamanaka

Corylopsis : corylus(개암나무속)+opsis(비슷하다)의 합성어

생육

- 성 상 : 낙엽활엽관목
- 수 형 : 원정형
- 수 고 : 5m 내외
- 원산지 : 한국(한국고유종)
- 분 포 : 온대 남부에 자생하며, 강원도, 경기도 등지에 식재 가능

형태

- 잎 : 호생, 난상원형, 길이 5~9cm, 너비 4.5~8.2cm 정도
- 꽃 : 양성화, 총상화서, 길이 3~4cm정도, 개화 후에는 7~8cm 정도로 자람, 3~4월 개화
- 열매 : 삭과, 털이 많고 자방에 2~4개의 흑색종자가 있음, 9월 성숙
- 줄기 : 수피에 피목이 발달
- 뿌리 : 천근성

생태

- 토 성 : 사질양토
- 음 양 성 : 양수
- 내공해성 : 보통
- 건 습 : 적윤
- 내 화 성 : 보통
- 내 한 성 : 강함
- 생장속도 : 느림
- 내 염 성 : 약함
- 통 기 : 필요
- 산 도 : 중성

1	2	3	4	5	6	7	8	9	10	11	12

관리 및 번식

- 이 식 : 용이
- 전 정 : 불필요
- 번 식 : 실생/삽목
- 병충해 : 강함
- 시 비 : 보통

용도

심장형의 잎과 3월에 피는 노란색 꽃이 아름다우며 악센트식재, 녹음식재, 유도식재에 적합

조록나무(잎버레혹나무)

Distylium racemosum Siebold & Zucc.

영명 : Isu Tree
일명 : イスノキ
중명 : 山柚子 산유자, 蚊母樹 문모수
Distylium : dis(그)+styols(암술대)의 합성어
racemosum : 총상화서의 뜻

생육

- 성 상 : 상록활엽교목
- 수 형 : 타원형, 원정형
- 수 고 : 20m 내외
- 원산지 : 한국, 중국, 일본
- 분 포 : 난온대(거문도, 제주도) 지역에 자생

형태

- 잎 : 호생, 타원형, 길이 3~8cm, 너비 1.5~3.0cm 정도
- 꽃 : 수꽃양성화한그루, 화관이 없고 붉은 꽃받침으로 구성된 작은 꽃이 핌, 3~4월 개화
- 열매 : 삭과, 목질이며 밀모가 있음. 길이 1.0~1.5cm 정도로 2개로 갈라져 종자가 나옴, 9~10월 성숙
- 줄기 : 적갈색
- 뿌리 : 심근성

생태

- 토 성 : 사질양토
- 음 양 성 : 양수
- 내공해성 : 강함
- 건 습 : 적습
- 내 화 성 : 강함
- 내 한 성 : 약함
- 생장속도 : 보통
- 내 염 성 : 보통
- 통 기 : 필요
- 산 도 : 중성

1	2	3	4	5	6	7	8	9	10	11	12

관리 및 번식

- 이 식 : 용이
- 전 정 : 강함
- 번 식 : 실생(노천매장 후 이듬해 봄에 파종)
- 병충해 : 강함(털둥근나무좀)
- 시 비 : 보통

용도

내한성이 약하며, 악센트식재, 군식재에 적합

기타종

- 넓은잎조록나무(*D. racemosum* for. *latifolia* Nakai) 한국 제주도 원산으로 꽃은 6~12개씩 달리며 왜성임

까마귀밥나무(까마귀밥여름나무) 범위귀科

Ribes fasciculatum var. *chinense* Maxim.

영명 : Chinese winter-berry currant

일명 : シナヤブサンザシ

중명 : 支那藪山査 지나수산사

Ribes : 아랍명의. 전용. Alphonso de Candolle에 의하면 붉은 꾸즈베리에 대한 덴마크의 구어체 ribs에서 유래

fasciculatum : 속생의

생육

- 성　상 : 낙엽활엽관목
- 수　형 : 구형
- 수　고 : 1.5m 내외
- 원산지 : 한국
- 분　포 : 온대 중부 이남 지역에 자생

형태

- 잎 : 난원형, 둔두, 심장저, 길이 5~10cm, 대개 3~5개로 갈라짐
- 꽃 : 암수딴그루, 여러 개가 모여 달리고 꽃받침잎과 꽃잎은 뒤로 젖혀짐, 수꽃은 2~9개씩, 양꽃은 1~4개씩 모여 달림, 4~5월 개화
- 열매 : 장과, 구형, 과육은 쓴맛, 10~11월 성숙
- 줄기 : 흑갈색
- 뿌리 : 천근성

생태

- 토　　성 : 사질양토
- 음 양 성 : 음수
- 내공해성 : 강함
- 건　　습 : 적윤
- 내 화 성 : 강함
- 내 한 성 : 강함
- 생장속도 : 보통
- 내 염 성 : 강함
- 통　　기 : 필요
- 산　　도 : 중성

1	2	3	4	5	6	7	8	9	10	11	12

관리 및 번식

- 이　식 : 용이(낙엽기에 이식)
- 전　정 : 강함
- 번　식 : 실생/분주/분근/삽목
- 병충해 : 강함(털녹병)
- 시　비 : 보통

용도

빨간 열매와 수형이 아름다우며 물가에 악센트식재, 주연부식재로 적합

특이사항

까마귀밥여름나무로도 불리며, 잣나무 털녹병의 중간기주

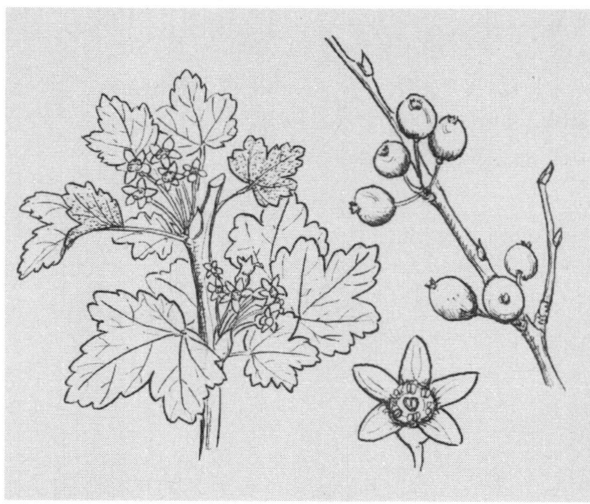

고광나무(쇠영꽃나무, 오이순) 범위귀科

Philadelphus schrenkii Rupr.

영명 : Mock Orange
일명 : チョウセンバイカウツギ
중명 : 山梅花 조선산매화
이명 : *Philadelphus schrenckii* for. *longipedicedicellatus* Nakai

philadelphus : 기원전 283~247년의 이집트왕 Ptolemy philadelphus에서 유래
schrenckii : Schrenek씨의 이름에서 유래

생육

- 성 상 : 낙엽활엽관목
- 수 형 : 부채꼴형
- 수 고 : 3m 내외
- 원산지 : 한국
- 분 포 : 전국적으로 분포하며 주로 숲 가장자리에 자람

형태

- 잎 : 대생, 난형 · 난상 타원형, 길이 7~13cm, 너비 4~7cm
- 꽃 : 총상화서, 지름이 3.0~3.5cm로 향기가 있으며, 화반에 털이없고 암술대에 털이 있으며, 5월 개화
- 열매 : 타원형이며 끝이 뾰족하고 길이 6~9mm, 지름 4~5mm, 9월 성숙
- 줄기 : 회색으로 벗겨지며 수피를 벗기면 녹색이 나타남
- 뿌리 : 천근성

생태

- 토 성 : 사질양토
- 음 양 성 : 음수
- 내공해성 : 보통
- 건 습 : 적윤
- 내 화 성 : 보통
- 내 한 성 : 강함
- 생장속도 : 빠름
- 내 염 성 : 보통
- 통 기 : 필요
- 산 도 : 약알칼리성

관리 및 번식

- 이 식 : 용이

1	2	3	4		6	7	8		10	11	12

- 전 정 : 강함(꽃 진후 5~7월)
- 번 식 : 실생/삽목/분주
- 병충해 : 강함(녹병, 진딧물)
- 시 비 : 보통

용도

흰색꽃이 줄기를 따라 만발하여 이루는 모습이 아름다우며 내건성 및 내한성이 강해 악센트식재, 주연부식재, 차폐식재에 적합

기타종

- 털고광나무(*P. schrenckii* var. *jackii* Koehne) 잎의 양면 특히 맥상에 털이 있고 화반과 암술대에 털이 많음. 소지는 밤색
- 애기고광나무(*P. pekinensis* Rupr.) 소지에 잔털이 있거나 없으며 2년생은 밤색이고 털이 없음
- 얇은잎고광나무(*P. tenuifolius* Rupr. & Maxim.) 꽃받침통에 잔털이 밀생하고 암술대는 윗부분에서 1/3정도 갈라짐

말발도리(말발도리나무, 털말발도리)

Deutzia parviflora Bunge

영명 : Mongolian Deutzia
일명 : トウウツギ
중명 : 唐梅瘦疏 당매수소
이명 : *Deutzia kongoa* AiryShaw
Deutzia obsucula Nakai
Deutzia parviflora var. *pilosa* Nakai

Deutzia : 네덜란드인 Johnn van der Deutz씨를 기념
parviflora : 작은 꽃의

생육

- 성 상 : 낙엽활엽관목
- 수 형 : 부채꼴형
- 수 고 : 2m 내외
- 원산지 : 한국, 중국, 몽골
- 분 포 : 제주도를 제외한 전국의 해발고도가 낮은 산지

형태

- 잎 : 대생, 난상피침형, 길이 3~6 cm
- 꽃 : 양성화, 꽃잎은 5개로 갈라지며 지름 1.2cm 정도이며, 산방꽃차례, 5~6월 개화
- 열매 : 삭과, 구형, 지름 3~5mm이고 성상모가 있음, 9~10월 성숙
- 줄기 : 어린가지는 갈색이 도는 녹색이며 털이 있으며 속이 비어 있음
- 뿌리 : 천근성

생태

- 토 성 : 사질양토
- 내 한 성 : 강함
- 음 양 성 : 음수
- 생장속도 : 빠름
- 내공해성 : 강함
- 내 염 성 : 강함
- 건 습 : 적윤
- 통 기 : 필요
- 산 도 : 중성
- 내 화 성 : 보통

관리 및 번식

- 이 식 : 용이
- 전 정 : 강함(꽃이 진 후 가지솎기)
- 번 식 : 실생/삽목/분주

1	2	3	4	5	6	7	8	9	10	11	12

- 병충해 : 강함(녹병, 회색곰팡이병)
- 시 비 : 보통

용도

5월에 개화하는 흰색꽃과 동그란 수형이 아름다워 악센트식재, 주연부식재, 경계식재 및 암석지 식재 적합

기타종

- 스카브라말발도리(*D. scabra*) 말발도리에 비해 잎이 둥글고 흰 꽃은 원추화서
- 물참대(*D. glabrata* Kom.) 소지의 붉은색 껍질이 벗겨짐
- 애기말발도리(*D. gracilis* Siebold & Zucc.) 일본원산 말발도리에 비해 키가 작으며, 원추형 꽃차례
- 만첩빈도리(*D. crenata* for. *plena* Schneid) 잎은 난상 피침형으로 끝은 꼬리처럼 뾰족하며, 표면에 성상모가 있다. 꽃은 흰색의 겹꽃이 핌

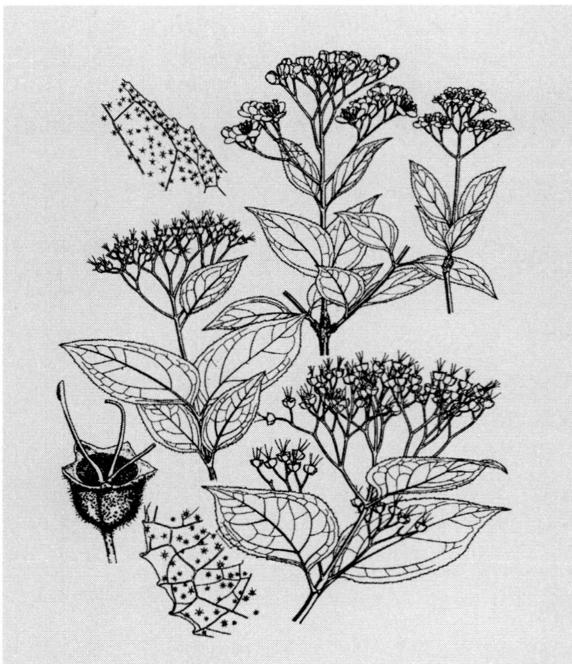

나무수국(풀수국)

Hydrangea paniculata Siebold

영명 : Paniculata Hydrangea
일명 : ノリウツギ
중명 : 圓錐繡球 원추수구
Hydrangea : hydro(水)+angion(容器)의 합성어
paniculata : 원추화서를 가리킴

생육

- 성　상 : 낙엽활엽관목
- 수　형 : 원정형
- 수　고 : 3m 내외
- 원산지 : 일본
- 분　포 : 전국에 식재

형태

- 잎 : 대생하나 3륜생하는 것도 있으며 타원형 또는 난형, 길이 5~12cm, 너비 3~8cm
- 꽃 : 원추화서, 중성화와 양성화가 한 화서에 달림, 7~8월 개화
- 열매 : 삭과, 구형, 지름 3~5mm이고 성상모가 있음, 10~11월 성숙
- 줄기 : 회갈색이며 내피에 점액이 있음
- 뿌리 : 천근성

생태

- 토　　성 : 사질양토
- 음 양 성 : 양수
- 내공해성 : 강함
- 건　　습 : 적윤
- 내 화 성 : 강함
- 내 한 성 : 강함
- 생장속도 : 빠름
- 내 염 성 : 약함
- 통　　기 : 필요
- 산　　도 : 중성

1	2	3	4	5	6	7	8	9	10	11	12

관리 및 번식

- 이　식 : 용이
- 전　정 : 강함(꽃이 진 직후부터 8월까지)
- 번　식 : 삽목/접목
- 병충해 : 강함(반점병, 윤반병)
- 시　비 : 보통

용도

흰색에서 연한 자주색으로 변하는 덩어리꽃이 원추형을 이루며 악센트식재, 경계식재로 적합

특이사항

산수국과는 달리 흔히 잎이 3장씩 돌려나며 꽃이 원추꽃차례에 달리는 것이 특징임

기타종

- 미국수국(*H. arborescens* L.) 미국 오하이오주 원산으로 흰분과 같이 꽃송이가 아름답고 6월에 개화

돈나무(갯똥나무, 섬엄나무, 해동)

Pittosporum tobira (Thunb.) W. T. Aiton

영명 : Japanese Pittosporum, Austalian laurel

일명 : トベラ

중명 : 海桐 해동

이명 : *Delastrus tobira* Thunb.
Euonymus tobira Thunb.
Pittosporum tobira var. *lanntum* Masamune
Pittosporum tobira var. *macrophyllum* Nakai

Pittosporum : Pitta(樹脂)+sporos(種子)의 합성어. 과실에 점착성이 있어 유래됨
tobira : 일본어를 라틴어와 시킨 것으로 사립문을 뜻함

생육

- 성 상 : 상록활엽관목
- 수 형 : 우산형
- 수 고 : 3m 내외
- 원산지 : 한국, 중국, 일본
- 분 포 : 경남, 전남, 전북 및 제주도의 바닷가 산지

형태

- 잎 : 호생, 윤채가 있고 마르면 혁질로 되며 길이 4~10cm, 너비 2~3cm
- 꽃 : 암수딴그루, 취산화서, 꽃잎은 주걱모양이며 향기가 있음, 4~5월 개화
- 열매 : 삭과, 원형 또는 넓은 타원형이며 짧은 털이 밀생, 9~11월 성숙
- 줄기 : 흑갈색
- 뿌리 : 천근성

생태

- 토 성 : 사질양토
- 음 양 성 : 양수
- 내공해성 : 강함
- 건 습 : 적윤
- 내 화 성 : 보통
- 내 한 성 : 약함
- 생장속도 : 느림
- 내 염 성 : 강함
- 통 기 : 필요
- 산 도 : 중성

1	2	3	4	5	6	7	8	9	10	11	12

관리 및 번식

- 이 식 : 용이
- 전 정 : 강함
- 번 식 : 반숙지삽목/실생/접목
- 병충해 : 강함(그을음병, 갈반병)
- 시 비 : 보통

용도

자연수형이 조형한 듯 아름다우며 복사열에 강하고 공해에 강해 도심지 내에서도 식재 가능, 악센트식재, 주연부식재, 차폐식재, 완충식재, 경계식재, 유도식재 등에 적합

특이사항

우리나라에는 1과 1속 1종만 자생하며, 맹아력이 강함

가침박달(까침박달)

장미科

Exochorda serratifolia S. Moore

영명 : Serrateleaf Pearlbush
일명 : カガミクサ
중명 : 柳櫻 류앵
이명 : *Exochorda serratifolia* var. *typica* Nakai
Exochorda : exo(外)+chorde(끈)의 합성어 *serratifolia* : 톱니가 있는 잎이란 뜻

1	2	3	4(개화)5	6	7	8	9(결실)	10	11	12

생육

- 성 상 : 낙엽활엽관목
- 수 형 : 구형
- 수 고 : 5m 내외
- 원산지 : 한국
- 분 포 : 온대 남부 이북 지역에 자생

형태

- 잎 : 첨두, 예저이며 길이 5~9cm, 너비 3~5cm임
- 꽃 : 총상화서, 양성화로 3~6개씩 정생 화관은 지름 4cm, 4~5월 개화
- 열매 : 삭과, 도원추형이며 종자에는 날개가 있음, 9월 성숙
- 줄기 : 백색 피목이 발달, 소지는 붉은빛이 도는 갈색
- 뿌리 : 천근성

생태

- 토 성 : 사질양토
- 음 양 성 : 음수
- 내공해성 : 약함
- 건 습 : 적윤
- 내 화 성 : 보통
- 내 한 성 : 강함
- 생장속도 : 빠름
- 내 염 성 : 보통
- 통 기 : 필요
- 산 도 : 약알칼리성

관리 및 번식

- 이 식 : 용이
- 전 정 : 강함
- 번 식 : 실생/삽목/접목/분주
- 병충해 : 강함
- 시 비 : 보통

용도

흰색꽃과 늘어지는 수형이 아름다우며 악센트식재, 군식재에 적합

특이사항

별 모양의 열매와 막질의 날개가 달린 납작한 종자가 특징임

기타종

- 털가침박달(*E. serratifolia* var. *oligantha* Nakai) 잎 뒷면에 털이 있는 것이 특징이고 강원도 이북 석회암지대에 자람

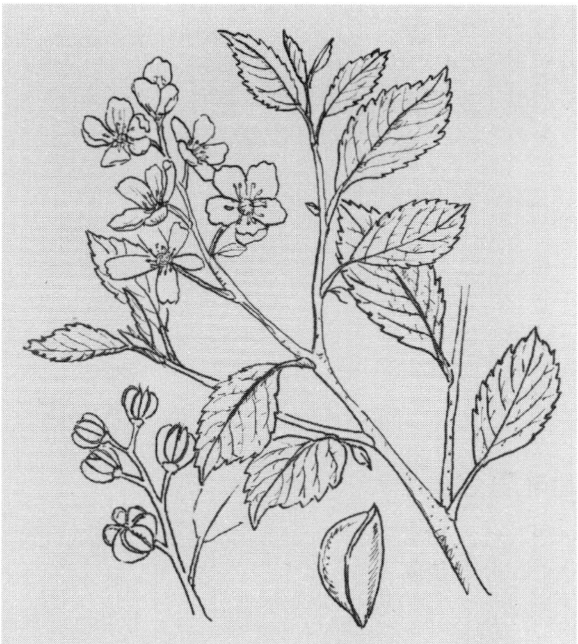

쉬땅나무(개쉬땅나무, 밥쉬나무)

Sorbaria sorbifolia var. *stellipila* Maxim.

영명 : False Spiraea
일명 : ホザキナナカマド
중명 : 珍珠梅 진주매
이명 : *Sorbaria sorbifolia* (L.) A.Braun
Sorbaria stellipila C.K.Schneid.
Sorbaria stellipila var. *typica* C.K.Schneid.

Sorbaria : sorbus속과 비슷해서 유래됨
sorbifolia : sorbus속의 잎이란 뜻

생육

- 성 상 : 낙엽활엽관목
- 수 형 : 부채꼴형
- 수 고 : 2m 내외
- 원산지 : 한국
- 분 포 : 온대 중부 이북 지역에 자생

형태

- 잎 : 소엽은 12~23개이며 뒷면에 성모가 있음
- 꽃 : 양성화, 가지 끝의 복총상화서에 꽃이 달리며 꽃받침잎과 꽃잎이 각각 5개씩임, 7~8월 개화
- 열매 : 5개의 골돌, 9~10월 성숙
- 줄기 : 많은 줄기가 한군데서 총생
- 뿌리 : 천근성, 지하경처럼 뻗음

생태

- 토 성 : 사질양토
- 음 양 성 : 중용수
- 내공해성 : 강함
- 건 습 : 적윤
- 내 화 성 : 보통
- 내 한 성 : 강함
- 생장속도 : 빠름
- 내 염 성 : 보통
- 통 기 : 필요
- 산 도 : 약알카리성

관리 및 번식

- 이 식 : 용이
- 전 정 : 강함
- 번 식 : 삽목/분주/실생/근삽

1	2	3	4	5	6	7	8	9	10	11	12

- 병충해 : 강함
- 시 비 : 보통

용도

원추형의 흰색꽃이 가지 끝에 달려 아름다우며 악센트식재, 지피식재, 주연부식재에 적합

특이사항

개쉬땅나무라고도 함

기타종

- 점쉬땅나무(*S. sorbifolia* for. *glardulosa* (Nakai) T. B. Lee) 잎 뒷면에 선점이 있음
- 청쉬땅나무(*S. sorbifolia* for. *incerta* (C. K. Shneid.) Kitag.) 꽃이 필 때 벌써 잎 뒷면의 털이 없어짐, 강원도 및 황해도 이북에서 자람

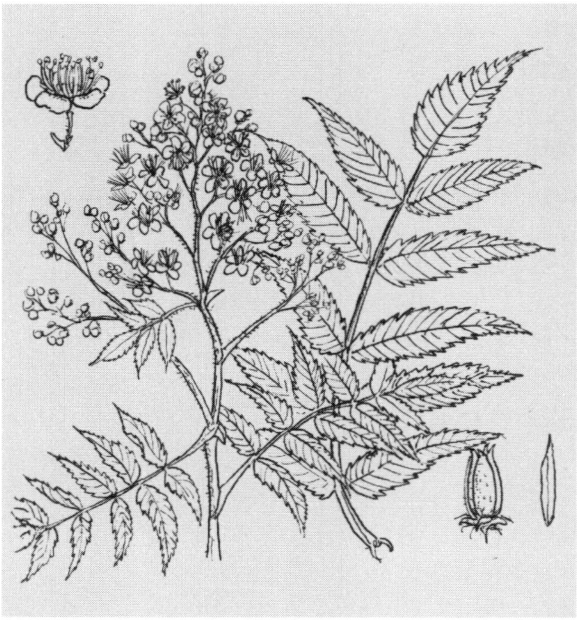

국수나무(고광나무, 뱁새더울)

장미科

Stephandra incisa (Thunb.) Zabel

영명 : Cutleaf Stephanandra
일명 : コゴメウツギ
중명 : 小珍珠花 소진주화
이명 : *Spiraea incisa* Thunb.
Stephanandra flexuosa Siebold & Zucc.

Stephanandra : 그리스어의 stephanos(관) +andron(수술)의 합성어
incisa : 예리하게 잘라진 것을 뜻함

생육

- 성 상 : 낙엽활엽관목
- 수 형 : 부채꼴형
- 수 고 : 1.5m 내외
- 원산지 : 한국, 일본
- 분 포 : 전국에 자생

형태

- 잎 : 호생, 넓은 난형이고 결각상의 톱니가 있고 엽병은 길이 3~10cm
- 꽃 : 양성화, 지름 4~5mm이며 새 가지 끝의 원추화서에 소화가 달림, 5~6월 개화
- 열매 : 난형 또는 도란형, 털이 있음, 9~10월 성숙
- 줄기 : 갈색으로 매끈함
- 뿌리 : 천근성

생태

- 토 성 : 사질양토
- 음 양 성 : 중용수
- 내공해성 : 강함
- 건 습 : 적윤
- 내 화 성 : 보통
- 내 한 성 : 강함
- 생장속도 : 빠름
- 내 염 성 : 강함
- 통 기 : 필요
- 산 도 : 중성

1	2	3	4	5	6	7	8	9	10	11	12

관리 및 번식

- 이 식 : 용이
- 전 정 : 강함
- 번 식 : 분주/취목/7월에 반숙지 삽목
- 병충해 : 강함
- 시 비 : 보통

용도

황백색꽃과 가을의 단풍이 아름다우며 주연부식재, 경계식재, 군락식재, 지피식재에 적합

기타종

- 나비국수나무(*S. incisa* var. *quadrifissa* (Nakai) T. B. Lee) 잎이 거의 비슷하게 5개로 갈라져서 나비 같으므로 국수나무와 구별됨
- 나도국수나무(*Neillia uyekii* Nakai) 국수나무와 유사하지만 잎이 크고 끝이 꼬리처럼 길며, 꽃자루, 열매에 긴 샘털이 밀생

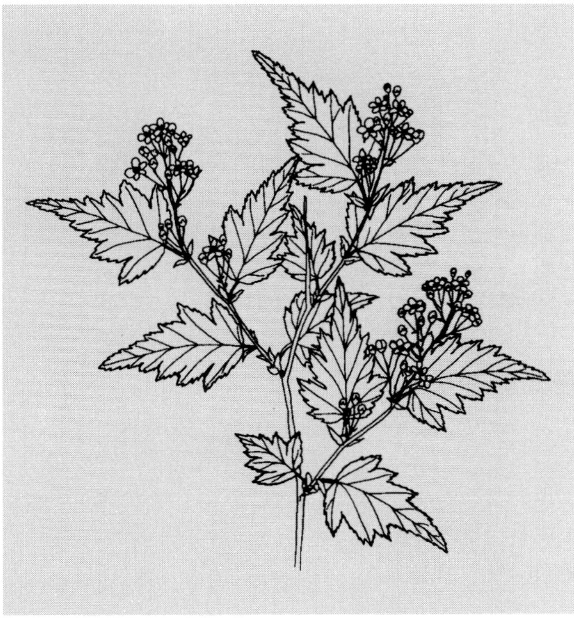

조팝나무(홑조팝나무)

Spiraea prunifolia for. *simpliciflora* Nakai

영명 : Simple bridal wreath spiraea.
일명 : ヒトヘノシジミバナ
중명 : 李葉繡線菊 이엽수선국
이명 : *Spiraea prunifolia* var. *simpliciflora* (Nakai) Nakai
Spiraea simpliciflora (Nakai) Nakai

Spiraea : speira(나선상, 화환의)에서 유래
prunifolia : 자두(Plum)의 라틴이름에서 유래

생육

- 성 상 : 낙엽활엽관목
- 수 형 : 부채꼴형
- 수 고 : 2m 내외
- 원산지 : 한국
- 분 포 : 전국에 자생

형태

- 잎 : 호생, 타원형이며 가장자리에 잔톱니가 있음
- 꽃 : 양성화, 산형화서, 윗부분의 측아는 모두 꽃으로 됨, 4~5월 개화
- 열매 : 골돌4~5개씩 모여남, 9~10월 성숙
- 줄기 : 밤색, 능선이 있고 윤채가 남
- 뿌리 : 천근성

생태

- 토 성 : 양토
- 음 양 성 : 중용수
- 내공해성 : 강함
- 건 습 : 적윤
- 내 화 성 : 강함
- 내 한 성 : 강함
- 생장속도 : 빠름
- 내 염 성 : 약함
- 통 기 : 필요
- 산 도 : 중성

관리 및 번식

- 이 식 : 용이
- 전 정 : 강함(꽃이 진 여름)
- 번 식 : 삽목/취목/실생
- 병충해 : 강함(흰가루병)
- 시 비 : 보통

1	2	3	4	5	6	7	8	9	10	11	12

용도

잎보다 먼저 피는 흰 꽃이 아름다우며 경계식재, 주연부식재에 적합

특이사항

꽃모양이 튀긴 좁쌀을 붙인 것처럼 보여서 조밥나무라고도 함

기타종

- 갈기조팝나무(*S. trichocarpa* Nakai) 복산방꽃차례, 잎은 윗부분에 몇 개의 톱니만 있음
- 참조팝나무(*S. fritschiana* C. K. Schneid.) 복산방꽃차례이며 붉은색의 꽃이 핌
- 당조팝나무(*S. chinensis* Maxim.) 꽃자루와 열매에 긴 털이 밀생
- 산조팝나무(*S. blumei* G.Don) 털이 거의 없으며 잎이 둥글며 가장자리에 둔한 톱니
- 꼬리조팝나무(*S. salicifolia* L.) 원추형꽃차례이며 연한 홍색의 꽃이 핌
- 공조팝나무(*S. cantoniensis* Lour.)

병아리꽃나무(죽도화, 이리화)

장미科

Rhodotypos scandens (Thunb.) Makino

영명 : Jet Bead, White Kerria
일명 : シロヤマブキ
중명 : 白山吹 백산취
이명 : *Corchorus scandens* Thunb.
Kerria tetrapetala Siebold
Rhodotypos kerrioides Siebold & Zucc.
Rhodotypos tetrapetala Makino

Rhodotypos : rhoden(장미)+thpos(형)의 합성어
scandens : 기어올라가는 성질의 뜻

생육

- 성 상 : 낙엽활엽관목
- 수 형 : 부채꼴형
- 수 고 : 2m 내외
- 원산지 : 한국, 중국
- 분 포 : 온대 중부 이남 지역에 자생

형태

- 잎 : 대생, 난형 · 긴 난형, 점첨두, 원저이며 가장자리에 복거치
- 꽃 : 양성화, 새 가지 끝에 1개씩 피며 꽃받침 열편은 4개로 좁은 난형, 4~5월 개화
- 열매 : 타원형의 견과로 길이 8mm 정도, 9~10월 성숙
- 줄기 : 흑갈색
- 뿌리 : 천근성

생태

- 토 성 : 식토
- 음 양 성 : 중용수
- 내공해성 : 강함
- 건 습 : 적윤
- 내 화 성 : 보통
- 내 한 성 : 강함
- 생장속도 : 빠름
- 내 염 성 : 강함
- 통 기 : 필요
- 산 도 : 중성

1	2	3	4	5	6	7	8	9	10	11	12

관리 및 번식

- 이 식 : 용이
- 전 정 : 불필요(강함)
- 번 식 : 실생/삽목
- 병충해 : 강함
- 시 비 : 보통

용도

흰색 꽃잎이 아름다워 악센트식재, 경계식재에 적합

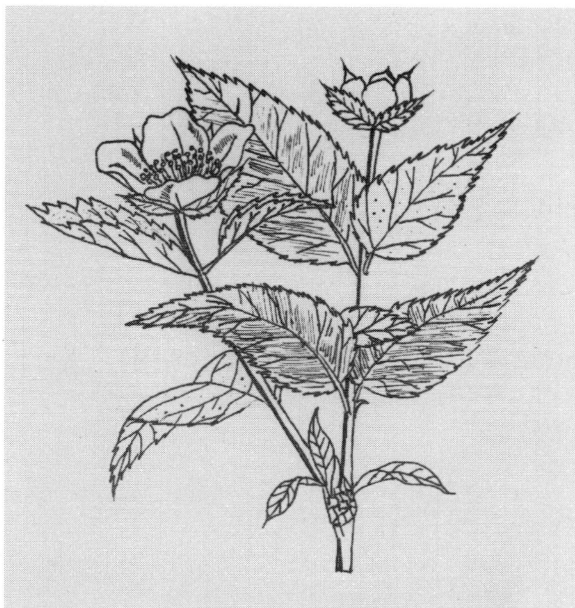

장미(로즈코나장미)

Rosa spp.

영명 : Rose
일명 : バラ
중명 : 薔薇 장미
Rosa : 켈트어 rhod(붉은)에서 유래

생육

- 성　상 : 낙엽활엽관목
- 수　형 : 부채꼴형
- 수　고 : 2m 내외
- 원산지 : 중국
- 분　포 : 전국에 식재

형태

- 잎　: 호생, 기수1회우상복엽
- 꽃　: 산방화서, 색상이 다양하며 지름은 3.5cm
- 열매 : 수과로 원형이나 난형
- 줄기 : 녹갈색
- 뿌리 : 천근성

생태

- 토　성 : 사질양토
- 음 양 성 : 양수
- 내공해성 : 강함
- 건　습 : 적윤
- 내 화 성 : 보통
- 내 한 성 : 보통
- 생장속도 : 빠름
- 내 염 성 : 약함
- 통　기 : 필요
- 산　도 : 중성

관리 및 번식

- 이　식 : 강함
- 전　정 : 강함
- 번　식 : 접목/삽목/실생
- 병충해 : 약함(흰가루병, 탄저병, 흑반병)
- 시　비 : 필요

1	2	3	4	5	✲	7	8	●	10	11	12

용도

재배품종이 많으며 색상도 백색, 적색, 황색, 자색 등 다양하고 연중 개화하며 악센트식재, 경계식재에 적합

기타종

- 덩굴장미(*R. multiflora* var. *platyphylla* Thory) 덩굴성으로 길이 5m 울타리용으로 많이 식재
- 목향장미 '루테아' (*R. banksiae* 'Lutea')
- 장미 '다소미' (*R. hybrida* 'Dasomi')
- 장미 '가희' (*R. hybrida* 'Gahee')
- 장미 '아루미' (*R. hybrida* 'Armi')
- 장미 '나이즐' (*R. hybrida* 'Nizel')
- 장미 '핑크레이디' (*R. hybrida* 'Pnk Lady') 등의 많은 재배품종이 있음

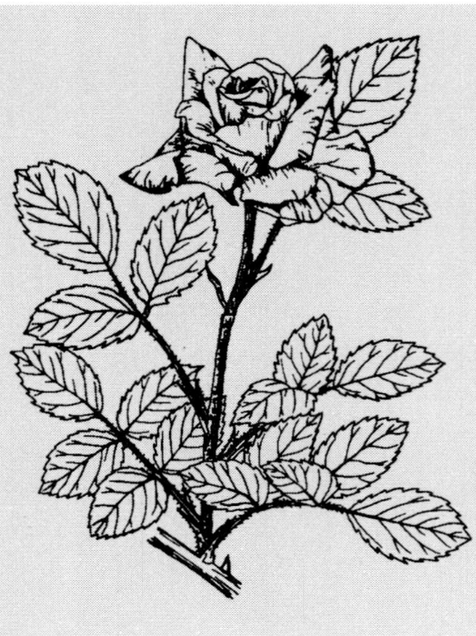

찔레꽃(가시나무, 찔레나무)

Rosa multiflora Thunb.

영명 : Baby Rose, Japanese Rose
일명 : ノイバラ
중명 : 野薔薇 야장미
이명 : *Rosa Thunbii* Tratt. *Rosa polyantha* Siebold & Zucc. *Rosa thyrsiflora* Leroy ex Desegl. *Rosa wichurae* K.Koch
Rosa : 켈트어 rhod(붉은)에서 유래 *multiflora* : 많은 꽃을 뜻함

생육

- 성 상 : 낙엽활엽관목
- 수 형 : 부채꼴형
- 수 고 : 3m 내외
- 원산지 : 한국, 일본
- 분 포 : 전국에 자생

형태

- 잎 : 우상복엽으로 소엽은 5~9개이고 도란형으로 뒷면에 잔털이 있음
- 꽃 : 양성화, 원추화서는 새 가지에 달리고 지름 2cm 정도로, 5~6월 개화
- 열매 : 둥글며 지름 8mm이고 높이는 3mm 정도로 털이 있음, 9~10월 성숙
- 줄기 : 덩굴성으로 소지에 가시가 있음
- 뿌리 : 천근성

생태

- 토 성 : 사질양토
- 음 양 성 : 중용수
- 내공해성 : 강함
- 건 습 : 적윤
- 내 화 성 : 보통
- 내 한 성 : 강함
- 생장속도 : 빠름
- 내 염 성 : 강함
- 통 기 : 필요
- 산 도 : 중성

1	2	3	4	5	6	7	8	9	10	11	12

관리 및 번식

- 이 식 : 용이
- 전 정 : 강함
- 번 식 : 실생/삽목
- 병충해 : 약함(흰가루병, 흑반병, 진딧물)
- 시 비 : 보통

용도

꽃과 열매의 관상가치가 높으며, 악센트식재, 주연부식재, 경계식재, 차폐식재, 완충식재에 적합

기타종

- 털찔레(*R. multiflora* var. *adenochaeta* (Koidz) Ohwi) 잎과 화서에 선모가 많음
- 좀찔레(*R. multiflora* var. *quelpaertensis* (H. Lév) Nakai) 소엽의 길이가 1~2cm이고 꽃이 작음

해당화

Rosa rugosa Thunb.

영명 : Rugosa Rose
일명 : ハマナス
중명 : 海棠花 해당화
이명 : *Rosa ferox* Lawr.
Rosa regeliana Linden & Andre
Rosa rugosa var. *rubra* Rehder
Rosa rugosa var. *typica* Regel

Rosa : 켈트어 rhod(붉은)에서 유래
rugosa : 주름이 있는 것을 뜻함

1	2	3	4	5	6	7	8	9	10	11	12

생육

- 성 상 : 낙엽활엽관목
- 수 형 : 부채꼴형
- 수 고 : 1.5m 내외
- 원산지 : 한국, 일본, 러시아
- 분 포 : 난온대 해안가 지역에 자생

형태

- 잎 : 호생, 7~9개의 소엽으로 구성된 기수우상복엽, 소엽은 타원형
- 꽃 : 양성화, 지름 6~9cm, 가지끝에 1~3개로 모여 달리며 5~7월 개화
- 열매 : 편구형, 지름 2.0~2.5cm로서 수과는 길이 4mm로 털이 없음, 8~9월 성숙
- 줄기 : 적갈색이고 잔털이 변한 가시 발달
- 뿌리 : 심근성

생태

- 토 성 : 사질토
- 음 양 성 : 양수
- 내공해성 : 강함
- 건 습 : 적윤
- 내 화 성 : 강함
- 내 한 성 : 강함
- 생장속도 : 빠름
- 내 염 성 : 강함
- 통 기 : 필요
- 산 도 : 중성

관리 및 번식

- 이 식 : 용이
- 전 정 : 강함
- 번 식 : 분주/삽목/실생(노천매장 후 파종)
- 병충해 : 보통(흰가루병, 갈반병, 깍지벌레)
- 시 비 : 보통

용도

홍자색의 꽃이 아름답고 대기오염에 강하며 해안사구 녹화나 악센트식재, 경계식재에 적합

기타종

- 겹해당화(*R. rugosa* for. *plena* (Regel) Bijh.) 꽃잎이 겹꽃
- 흰해당화(*R. rugosa* 'Alba') 생장력이 매우 강하여 재배가 용이하며 분홍빛이 도는 흰꽃이 핌

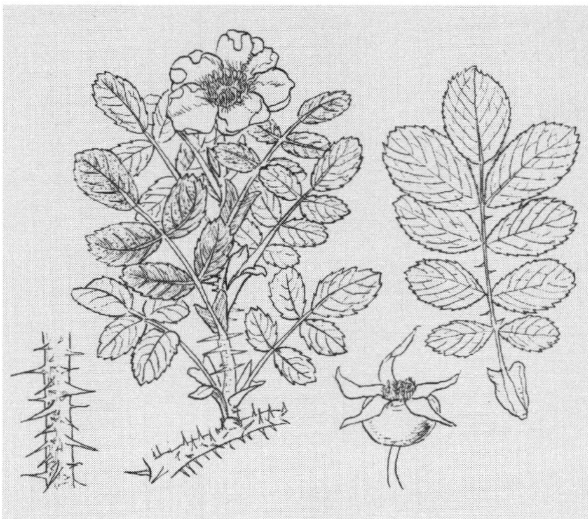

모과나무(모과)

Chaenomeles sinensis (Thouin) Koehne

영명 : Chinese Quince
일명 : カリン
중명 : 木瓜 목과
이명 : *Chaenomeles chinensis* Koehne
Cydonia sinensis Thouin
Pseudocydonia sinensis C.K.Schneid.

Chaenomeles : 그리스어의 Chaino (갈라리다)와 melon(사과)의 합성어
Cydonia : 크레타섬 북서해안에 있던 고대도시 이름
sinensis : 중국 원산의

생육

- 성 상 : 낙엽활엽교목
- 수 형 : 타원형
- 수 고 : 10m 내외
- 원산지 : 중국
- 분 포 : 전국에 식재

형태

- 잎 : 타원형, 잎가장자리에 뾰족한 톱니가 있으며 탁엽은 피침형임
- 꽃 : 양성화, 지름 2.5~3.0cm, 연한홍색, 5월 개화
- 열매 : 지름 8~15cm, 노란색, 목질발달, 9~10월 성숙
- 줄기 : 홍갈색과 녹색의 얼룩무늬
- 뿌리 : 심근성

생태

- 토 성 : 비옥한 토양 /사질양토
- 내 한 성 : 강함
- 생장속도 : 느림
- 내 염 성 : 강함
- 통 기 : 필요
- 산 도 : 중성
- 음 양 성 : 양수
- 내공해성 : 강함
- 건 습 : 적윤
- 내 화 성 : 약함

1	2	3	4	5	6	7	8	9	10	11	12

관리 및 번식

- 이 식 : 용이
- 전 정 : 강함(가지솎기)
- 번 식 : 실생/접목
- 병충해 : 보통(적성병)
- 시 비 : 필요

용도

연한홍색의 꽃과 노란 열매의 향기가 매우 좋고 수피가 아름다워 악센트식재에 적합

특이사항

식용, 약용, 관상용, 향료로 쓰이며 목재의 재질이 치밀하고 광택이 있어 모과나무로 만든 장을 '화초장'이라 하여 으뜸으로 침

명자나무(명자꽃, 산당화)

장미科

Chaenomeles speciosa (Sweet) Nakai

영명 : Japanese Quince
일명 : チョウセンボケ
중명 : 白海棠 백해당
이명 : *Chaenomeles angustifolia* Koidz.
Chaenomeles eburnea (Carr) Nakai
Cydonia citripoma Carr
Malus japonica Andrews

Chaenomeles : 그리스어의 Chaino(갈라지다)와 melon(사과)의 합성어

생육

- 성 상 : 낙엽활엽관목
- 수 형 : 부채꼴형
- 수 고 : 2m 내외
- 원산지 : 한국, 중국
- 분 포 : 전국에 식재

형태

- 잎 : 4~8cm, 타원형으로 가장자리에 잔톱니가 있음
- 꽃 : 양성화로 짧은 가지에 한 개 혹은 여러개가 달림, 붉은색 또는 분홍색, 4월 개화
- 열매 : 이과, 구형 또는 타원형, 9월 성숙
- 줄기 : 소지가 가시로 변함
- 뿌리 : 천근성

생태

- 토 성 : 사질양토
- 음 양 성 : 중용수
- 내공해성 : 강함
- 건 습 : 적윤
- 내 화 성 : 강함
- 내 한 성 : 강함
- 생장속도 : 빠름
- 내 염 성 : 보통
- 통 기 : 필요
- 산 도 : 중성

1	2	3	4	5	6	7	8	9	10	11	12

관리 및 번식

- 이 식 : 용이
- 전 정 : 강함
- 번 식 : 실생/삽목/접목
- 병충해 : 강함(반점병, 갈반병, 회색곰팡이병)
- 시 비 : 필요

용도

4월에 피는 붉은색 또는 분홍색꽃과 9월에 익는 노란색 열매가 아름다워 악센트식재, 군식재, 경계식재에 적합

특이사항

잎은 날카로운 톱니가 있으며 소지는 가시로 변함

기타종

- 풀명자(*C. japonica* (Thunb.) Lindl. ex spach) 4~5월의 주홍색, 흰색꽃과 7~8월의 황색열매가 아름다움

산돌배(산돌배나무, 돌배)

장미科

Pyrus ussuriensis Maxim.

영명 :	Snow Pear, Chinese Asian Pear, Chinese White Pear
일명 :	チョウセンヤマナシ
중명 :	秋子梨 추자리
이명 :	*Pyrus amoena* Koidz. *Pyrus aromatica* Kikuchi & Nakai *Pyrus yukinourana* Koidz. *Pyrus sguarrosa* Koidz.

Pyrus : 라틴古語
ussuriensis : 최초 채집지의 지역 명칭

생육

- 성 상 : 낙엽활엽교목
- 수 형 : 원정형
- 수 고 : 15m 내외
- 원산지 : 한국, 중국, 일본
- 분 포 : 전국에 자생

형태

- 잎 : 난형, 넓은 원형, 점첨두, 원저로 양면에 털이 없음
- 꽃 : 양성화, 5~7개씩 산방화서로 달리며 작은 꽃자루는 길이가 1~2cm임, 4월 개화
- 열매 : 구형, 지름 3~4cm, 9월 성숙
- 줄기 : 회갈색으로 잘게 갈라짐
- 뿌리 : 천근성

생태

- 토 성 : 사질양토
- 음 양 성 : 양수
- 내공해성 : 보통
- 건 습 : 적윤
- 내 화 성 : 보통
- 내 한 성 : 강함
- 생장속도 : 빠름
- 내 염 성 : 약함
- 통 기 : 필요
- 산 도 : 중성

1	2	3		5	6	7	8		10	11	12

관리 및 번식

- 이 식 : 용이(낙엽기)
- 전 정 : 강함
- 번 식 : 실생
- 병충해 : 약함(흑반병, 흑성병, 적성병)
- 시 비 : 필요

용도

꽃과 열매의 관상가치가 높으며 악센트식재에 적합

기타종

- 참배나무(*P. ussuriensis* var. *macrostipes* (Nakai) T.B.Lee) 열매의 지름이 5~6cm, 과피에 0.5mm 정도의 피복이 산재함
- 콩배나무(*P. calleryana* var. *fauriei* (C. K. Schneid.) Rehder) 잎 가장자리에 둔한 거치가 있고 열매는 양끝이 들어감

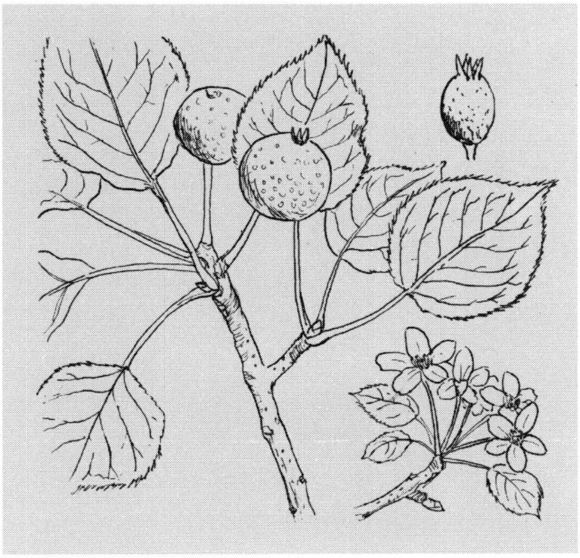

아그배나무(삼엽매자나무)

Malus sieboldii (Regel) Rehder

영명 : Toringo Crab, European Crab Apple
일명 : ズミ
중명 : 三葉海棠 삼엽해당
이명 : *Pyrus sieboldii* Regel
Malus toringo var. *rosea* Nakai
Malus : 그리스어 melon(사과)에서 유래
Sieboldii : Siebold씨를 기념한 것

생육

- 성 상 : 낙엽활엽소교목
- 수 형 : 구형
- 수 고 : 6m 내외
- 원산지 : 한국, 일본
- 분 포 : 중부 이남의 산지에 드물게 분포

형태

- 잎 : 타원형, 가장자리에 예리한 톱니가 있고 양면에 털이 있음
- 꽃 : 양성화, 지름이 3cm로 짧은 가지에서 나오는 산형화서에 4~5개씩 달림, 4~5월 개화
- 열매 : 구형, 지름 6~8mm, 9월 성숙
- 줄기 : 갈색으로 벗겨지듯 갈라짐
- 뿌리 : 천근성

생태

- 토 성 : 양토
- 음 양 성 : 양수
- 내공해성 : 중간
- 건 습 : 적윤
- 내 화 성 : 보통
- 내 한 성 : 강함
- 생장속도 : 빠름
- 내 염 성 : 약함
- 통 기 : 필요
- 산 도 : 중성

1	2	3	4 (개화)	5	6	7	8	9 (결실)	10	11	12

관리 및 번식

- 이 식 : 용이
- 번 식 : 실생/접목
- 시 비 : 보통
- 전 정 : 강함(가지솎기)
- 병충해 : 강함(녹병)

용도

흰색꽃과 붉은색 열매의 관상가치가 높으며 기조식재, 악센트식재, 경계식재에 적합

특이사항

국명은 '열매의 크기가 작은(아기-아그)배나무'라는 의미임

기타종

- 꽃사과나무(*M. floribunda* Siebold ex Van Houtte)
- 개아그배나무(*Malus micromalus* Makino) 개아2배나무. 수형은 직립, 개화초기는 담홍색이나 차차 백색, 열매는 황색

야광나무(아그배나무, 동배나무) 장미科

Malus baccata Borkh.

영명 :	Siberian Crab, Siberian Crab Apple, Manchuarian Crab Apple, Chinese Crab Apple
일명 :	シベリヤコリンゴ
중명 :	山荊子 산형자
이명 :	*Malus pallasiana* Juz. *Malus baccata* var. *sibirica* (Maxim.) C.K.Schneid. *Pyrus baccata* L.

Malus : 그리스어 melon(사과)에서 유래
Baccata : 장과의, 장과상의 라는 뜻

생육

- 성　상 : 낙엽활엽소교목
- 수　형 : 구형
- 수　고 : 10m 내외
- 원산지 : 한국, 중국, 일본
- 분　포 : 지리산 이북의 산지 및 계곡의 가장자리에서 자람

형태

- 잎 : 호생, 타원형, 가장자리에 톱니가 있고 엽병이 길고 털이 없음
- 꽃 : 양성화, 지름 3.0~3.5cm로 단지의 끝에 모여서 핌, 5월 개화
- 열매 : 이과, 5~8mm, 적색, 9월 성숙
- 줄기 : 회갈색으로 불규칙하게 갈라짐
- 뿌리 : 천근성

생태

- 토　　성 : 사질양토
- 음 양 성 : 양수
- 내공해성 : 중간
- 건　　습 : 적윤
- 내 화 성 : 강함
- 내 한 성 : 강함
- 생장속도 : 빠름
- 내 염 성 : 약함
- 통　　기 : 필요
- 건　　습 : 중성

1	2	3	4	✿	6	7	8	●	10	11	12

관리 및 번식

- 이　식 : 보통
- 전　정 : 강함(가지솎기)
- 번　식 : 실생/접목
- 병충해 : 강함(사과집시나방)
- 시　비 : 보통

용도

흰색 꽃과 붉은색 열매의 관상가치가 높아 기조식재, 악센트식재로 이용

기타종

- 털야광나무(*M. baccata* var. *mandshurica* (Maxim.) C.K.Schneid.) 잎자루와 잎 뒷면에 털이 있음
- 민야광나무(*M. baccata* for. *jackii* Rehder) 엽병과 잎에 털이 없음

마가목

Sorbus commixta Hedl.

영명 : Japanese Rowan
일명 : ナナカマド
중명 : 馬牙木 마아목
이명 : *Sorbus chionophylla* Nakai
Sorbus heterodonta Koehne
Sorbus macrophylla (Cardot) Koidz.

Sarbus : 켈트어 sorb(떫다)에서 유래
commixta : '혼합한' 이라는 뜻

생육

- 성 상 : 낙엽활엽교목
- 수 형 : 타원형
- 수 고 : 10m 내외
- 원산지 : 한국, 일본, 러시아
- 분 포 : 황해도 및 강원도 이남의 높은 산지

형태

- 잎 : 우상복엽, 소엽 9~13개, 피침형, 가장자리에 뾰족한 거치가 있음
- 꽃 : 양성화, 복산방화서, 흰색, 5월에 개화
- 열매 : 둥근 이과 5~8mm, 9월 성숙
- 줄기 : 백회색으로 수피가 벗겨짐
- 뿌리 : 천근성

생태

- 토 성 : 사질양토
- 음 양 성 : 음수
- 내공해성 : 보통
- 건 습 : 적윤
- 내 화 성 : 강함
- 내 한 성 : 강함
- 생장속도 : 빠름
- 내 염 성 : 보통
- 통 기 : 필요
- 산 도 : 중성

1	2	3	4		6	7	8		10	11	12

관리 및 번식

- 이 식 : 어려움
- 전 정 : 보통(불필요)
- 번 식 : 실생/취목/접목
- 병충해 : 보통(짚신깍지벌레, 자나방)
- 시 비 : 필요

용도

흰색꽃과 빨간 열매가 매우 아름다워 악센트식재, 유도식재에 적합

기타종

- 잔털마가목(*S. commixta* var. *pilosa* Nakai) 소엽의 뒷면에 백색의 잔털이 있음
- 당마가목(*S. amurensis* Koehne) 잎 뒷면은 흰빛이 돌며 털이 밀생, 겨울눈 표면에 백색 털이 밀생
- 차빛당마가목(*S. amurensis* var. *rufa* Nakai)

비파나무

Eriobotrya japonica (Thunb.) Lindl.

영명 : Liguat, Japanese Medlar
일명 : ビワ
중명 : 枇杷 비파
이명 : *Crataegus bibas* Lour.
Mespilus japonica Thunb.
Photinia japonica (Thunb.) Franch. & Sav.

Eriobotrya : 그리스어 erion(부드러운 털) + boytrys(포도)의 합성어
japonica : 일본

생육

- 성　상 : 상록활엽소교목
- 수　형 : 기둥형
- 수　고 : 7m 내외
- 원산지 : 일본, 중국
- 분　포 : 난온대지역에 식재

형태

- 잎 : 15~25cm, 혁질, 표면에는 털이 없으나 뒷면에는 털이 많음
- 꽃 : 양성화, 5월에 개화, 원추화서, 지름은 1~1.5cm, 황백색
- 열매 : 도란형, 황색, 9월에 성숙, 갈색 솜털이 있음
- 줄기 : 회색으로 피목발달
- 뿌리 : 심근성

생태

- 토　　성 : 사질양토
- 음 양 성 : 양수
- 내공해성 : 약함
- 건　　습 : 적윤
- 내 화 성 : 약함
- 내 한 성 : 약함
- 생장속도 : 빠름
- 내 염 성 : 약함
- 통　　기 : 필요
- 산　　도 : 중성

1	2	3	4	(꽃)	6	7	8	(열매)	10	11	12

관리 및 번식

- 이　식 : 어려움
- 전　정 : 약함
- 번　식 : 실생으로 얻은 묘목을 대목으로 접목
- 병충해 : 보통(갈색 무늬병)
- 시　비 : 보통

용도

노란 열매가 아름다워 남부지방에 악센트식재, 차폐식재에 적합

특이사항

남쪽에서는 과수나 약용으로 식재함

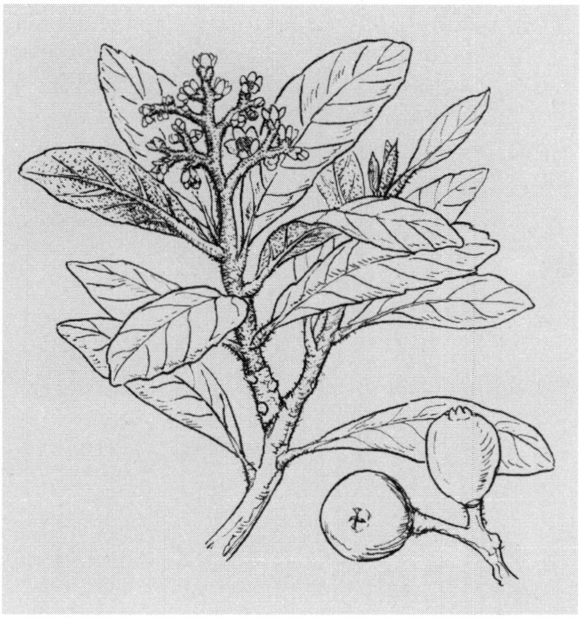

채진목(독요나무)

장미科

Amelanchier asiatica (Siebold & Zucc.) Endl. ex Walp.

영명 : Korean Juneberry
일명 : ザイフリボク
중명 : 菜振木 채진목
이명 : *Amelanchier asiatica* var. *typica* C.K.Schneid.
Amelanchier canadensis var. *asiatica* Koidz.
Aronia asiatica Siebold & Zucc.

Amelanchier : 프랑스 프로방스 지방의 지역 이름
asiatica : 원산지를 뜻함

생육

- 성 상 : 낙엽활엽소교목
- 수 형 : 타원형
- 수 고 : 5m 내외
- 원산지 : 한국, 일본
- 분 포 : 제주도지역에 자생

형태

- 잎 : 길이 4~8cm, 너비 2.5~4.0cm, 호생, 난형 또는 긴타원형
- 꽃 : 양성화, 5월에 개화, 흰색, 총상화서, 꽃잎은 각각 5장
- 열매 : 둥글고 지름 1cm, 흑자색, 9월에 성숙, 한 열매에 3~5개의 종자가 있음
- 줄기 : 적갈색, 세로로 피목이 발달함
- 뿌리 : 심근성

생태

- 토 성 : 사질양토
- 음 양 성 : 음수
- 내공해성 : 보통
- 건 습 : 적윤
- 내 화 성 : 보통
- 내 한 성 : 강함
- 생장속도 : 빠름
- 내 염 성 : 강함
- 통 기 : 필요
- 산 도 : 중성

1	2	3	4	5 (꽃)	6	7	8	9 (열매)	10	11	12

관리 및 번식

- 이 식 : 용이
- 전 정 : 강함(낙엽기)
- 번 식 : 실생/접목/취목/분주/근삽
- 병충해 : 보통(짚신깍지벌레, 톱무늬가시나방)
- 시 비 : 보통

용도

흰색꽃과 흑자색 열매가 아름다우며 악센트식재에 적합

특이사항

열매는 새들이 즐겨먹음

윤노리나무(참윤노리, 꼭지윤노리) 장미科

Pourthiaea villosa (Thunb.) Decne.

영명 : Oriental photinia
일명 : ワタゲカマシカ
중명 : 牛鼻木 우비목
이명 : *Crataegus villosa* Thunb. *Photinia variabilis* Hemsl. *Pourthiaea cotoneaster* Decne. *Sorbus villosa* Zabel
photinia : 프랑스 신부 Pourthie를 추도하여 붙인 것 *villosa* : '부드러운 털이 있는' 이라는 뜻

생육

- 성　상 : 낙엽활엽소교목
- 수　형 : 타원형
- 수　고 : 5m 내외
- 원산지 : 한국
- 분　포 : 온대 중부 이남 지역에 자생

형태

- 잎 : 호생, 길이 3~8cm, 예저, 도란형, 점첨두
- 꽃 : 양성화, 5월에 개화, 흰색, 산방화서
- 열매 : 타원형, 길이 8mm, 홍색, 9월에 성숙, 열매자루에 백색의 피목이 있음
- 줄기 : 회색으로 매끈하며 이끼가 착생
- 뿌리 : 천근성

생태

- 토　　성 : 사질양토
- 음 양 성 : 음수
- 내공해성 : 강함
- 건　　습 : 보통
- 내 화 성 : 보통
- 내 한 성 : 강함
- 생장속도 : 보통
- 내 염 성 : 약함
- 통　　기 : 필요
- 산　　도 : 중성

1	2	3	4		6	7	8		10	11	12

관리 및 번식

- 이　식 : 용이
- 전　정 : 강함(불필요)
- 번　식 : 실생/삽목
- 병충해 : 강함
- 시　비 : 보통

용도

흰색꽃의 관상가치가 높으며 악센트식재에 적합

기타종

- 떡윤노리나무(*P. villosa* var. *brunnea* (H. Lév.) Nakai) 잎이 두껍고 도란형이며 잎자루가 짧고, 화서가 크며, 열매지름이 12mm임
- 좀윤노리(*P. villosa* var. *coreana* Nakai)

좁은잎피라칸다(피라칸다)

장미科

Pyracantha angustifolia (Franch.) C. K. Schneid.

영명 : Woolly Firethorn Narrowleaf Firethorn, Slender Firethorn

일명 : タチバナモドキ

중명 : 窄葉火棘 착엽화극

이명 : *Cotoneaster angustifolia* Franch.

Pyracantha : 그리스어 pyro(불꽃) + acantha(인편)의합성어

Angustifolia : 좁은 잎을 뜻함

생육

- 성　상 : 상록활엽관목
- 수　형 : 부채꼴형
- 수　고 : 3m 내외
- 원산지 : 중국
- 분　포 : 온대 남부 이남 지역에 식재

형태

- 잎 : 타원형, 뒷면은 짧은 털이 밀생하고 가장자리가 밋밋함
- 꽃 : 양성화, 6월에 개화, 지름 4~5mm로서 꽃잎은 5장
- 열매 : 편구형, 5~6mm, 주홍색, 10월에 성숙, 광택이 있음
- 가지 : 많이 갈라지고 짧은 가지는 가시로 변함
- 뿌리 : 천근성

생태

- 토　　성 : 사질양토
- 음 양 성 : 중용수
- 내공해성 : 강함
- 건　　습 : 적윤
- 내 화 성 : 강함
- 내 한 성 : 강함
- 생장속도 : 빠름
- 내 염 성 : 강함
- 통　　기 : 필요
- 산　　도 : 중성

1	2	3	4	5		7	8	9		11	12

관리 및 번식

- 이　식 : 용이
- 전　정 : 강함(조여자르기 5~7월)
- 번　식 : 실생/삽목/취목
- 병충해 : 보통(반점병/진딧물/주머니나방)
- 시　비 : 불필요

용도

주홍색으로 빽빽하게 달리는 열매가 아름다우며 겨울철의 악센트식재, 경계식재, 생울타리에 적합

기타종

- 붉은피라칸다 (*P. coccinea* M. Roem.) 아시아의 서부에 분포하며 상록성 관목으로 흰꽃이 핌, 등황색열매가 익고 잎에 둥근 거치가 있음

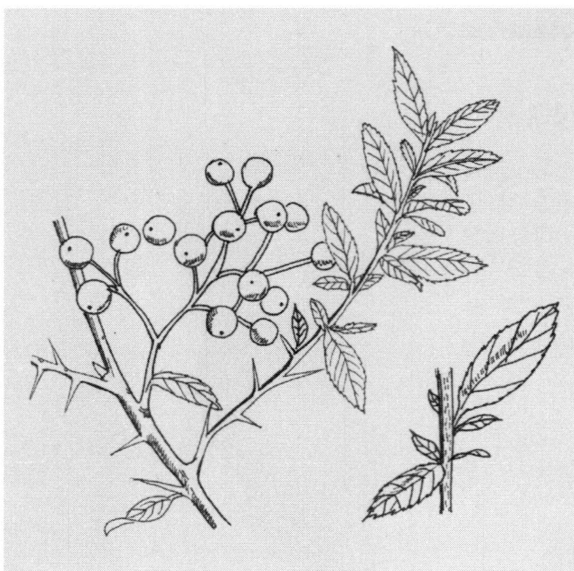

산사나무(아그배나무, 아가위나무) 장미科

Crataegus pinnatifida Bunge

영명 : Mauntain Hawthorn, Chinese Haw, Chinese Hawberry, Chinese Hawthorn

일명 : オオサンザシ

중명 : 山査木 산사목

이명 : *Crataegus pinnatifida* var. *songarica* Dippel
Mespilus pentagyna var. *pinnatifida* Wenz.
Mespilus pinnatifida K.Koch

Crataegus : 그리스어 Kratos(힘)+agein(갖다)의 합성어
pinnatifida : 우상중열(羽狀中裂)을 뜻함

생육

- 성 상 : 낙엽활엽소교목
- 수 형 : 원정형
- 수 고 : 6m 내외
- 원산지 : 한국, 중국
- 분 포 : 전국에 자생

형태

- 잎 : 난형, 우상으로 길게 갈라지며 열편은 중륵까지 갈라짐
- 꽃 : 양성화, 산방화서 흰색, 둥근 꽃잎이 5장, 5월에 개화
- 열매 : 9월에 성숙, 붉은색, 흰색 반점이 있음, 구형
- 줄기 : 갈색으로 얇게 벗겨짐
- 뿌리 : 심근성

생태

- 토 성 : 사질양토
- 음 양 성 : 양수
- 내공해성 : 강함
- 건 습 : 적윤
- 내 화 성 : 강함
- 내 한 성 : 강함
- 생장속도 : 느림
- 내 염 성 : 강함
- 통 기 : 필요
- 산 도 : 중성

1	2	3	4		6	7	8		10	11	12

관리 및 번식

- 이 식 : 용이
- 전 정 : 강함
- 번 식 : 실생(2년 노천매장 후 봄 파종)
- 병충해 : 약함(루비깍지벌레, 오얏나무자나방)
- 시 비 : 필요

용도

흰색꽃과 붉은 열매의 관상가치가 높아 기조식재, 악센트식재, 차폐식재에 적합

기타종

- 좁은잎산사(*C. pinnatifida* for. *psilosa* (C.K.Schneid.) Kitag.) 잎은 열편이 좁고 꽃자루에 털이 없음
- 넓은잎산사(*C. pinnatifida* var. *major* N. E. Br.) 잎이 크고 얕게 갈라지며 열매의 지름이 2.5cm임
- 털산사나무(*C. pinnatifida* for. *pilosa* (C.K.Schneid.) Kitag.) 잎 뒷면과 소화경에 밀모가 있음

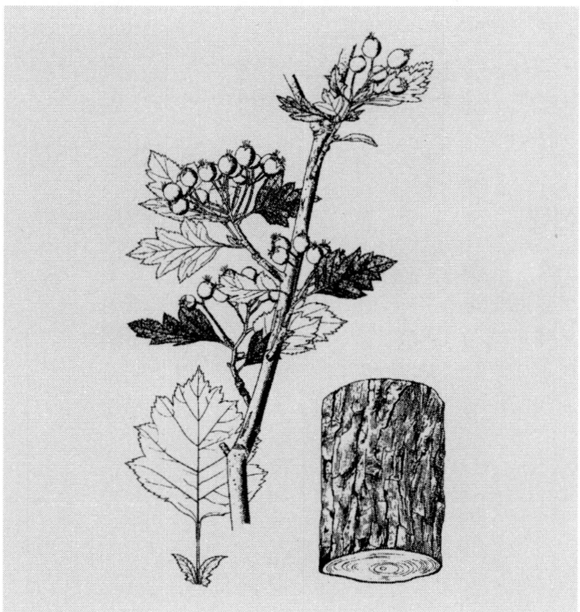

살구나무

Prunus armeniaca var. *ansu* Maxim.

영명 : Common Apricot
일명 : アンズ
중명 : 杏 행
이명 : *Armeniaca ansu* (Kom.) Kostina
Prunus ansu Kom.
Prunus armeniaca var. *typica* Palib.

Prunus : plum(자두)의 라틴이름
armeniaca : 흑해 연안에 있는 아르메니아지방 이름에서 유래

생육

- 성 상 : 낙엽활엽교목
- 수 형 : 원정형
- 수 고 : 10m 내외
- 원산지 : 한국
- 분 포 : 전국 식재 및 재배

형태

- 잎 : 호생, 넓은 타원형 또는 넓은 난형으로 길이 6~8cm, 너비 4~7cm
- 꽃 : 양성화, 4월에 개화, 연분홍색, 잎보다 먼저 피며 단지에 정생함, 꽃받침 조각이 뒤로 젖혀짐
- 열매 : 7월에 노란색으로 성숙
- 줄기 : 흑갈색으로 코르크질이 발달하지 않음
- 뿌리 : 심근성

생태

- 토 성 : 사질양토
- 음 양 성 : 양수
- 내공해성 : 약함
- 건 습 : 적윤
- 내 화 성 : 약함
- 내 한 성 : 강함
- 생장속도 : 빠름
- 내 염 성 : 강함
- 통 기 : 필요
- 산 도 : 중성

1	2	3	4 (개화)	5	6	7 (결실)	8	9	10	11	12

관리 및 번식

- 이 식 : 어려움
- 전 정 : 강함
- 번 식 : 1년생 실생묘를 대목으로 접목
- 병충해 : 약함(흑성병, 탄저병, 축과병)
- 시 비 : 필요

용도

연분홍색 꽃과노란 열매가 아름다워 악센트식재에 적합

기타종

- 개살구나무(*P. mandshurica* (Maxim.) Koehne) 수피에 코르크가 발달하고 열매는 난원형임
- 복사나무(*P. persica* (L.) Batsch)
- 자두나무(*P. salicina* Lindl.)
- 열녀목(*P. salicina* var. *columnaris* (Uyeki) Uyeki) 가지가 곧게 서기 때문에 수형이 빗자루처럼 됨

매실나무(매화나무)

장미科

Prunus mume (Siebold) Siebold & Zucc.

영명 : Japanese Apricot
일명 : ウメ
중명 : 梅 매
이명 : *Armeniaca mume* Siebold
Prunus mume var. *rosea* Ingram
Prunus mume var. *typica* Maxim.

mume : 매실의 일본발음을 라틴어화 시킨 것

생육

- 성　상 : 낙엽활엽소교목
- 수　형 : 구형
- 수　고 : 5m 내외
- 원산지 : 중국
- 분　포 : 전국에 식재 및 재배

형태

- 잎 : 난형, 길이 4~7cm로서 가장자리 예리한 잔톱니가 있음
- 꽃 : 양성화, 3~4월에 잎보다 먼저 피고 지름 2.0~2.2cm로 백색이며, 보통 3개씩 달림
- 열매 : 핵과, 난상원형, 6월에 황색 또는 자적색으로 익음
- 줄기 : 소지는 회록색, 줄기는 울퉁불퉁함
- 뿌리 : 천근성

생태

- 토　　성 : 양토
- 음 양 성 : 양수
- 내공해성 : 보통
- 건　　습 : 적윤
- 내 화 성 : 약함
- 내 한 성 : 강함
- 생장속도 : 빠름
- 내 염 성 : 약함
- 통　　기 : 필요
- 산　　도 : 중성

1	2	3 4	5		7	8	9	10	11	12

관리 및 번식

- 이　식 : 용이
- 전　정 : 강함
- 번　식 : 접목/삽목
- 병충해 : 약함(흑점병, 탄저병, 고약병, 매화나방, 매화자벌레, 진딧물, 매화좀벌레 등)
- 시　비 : 필요

용도

흰색 또는 홍색꽃의 향기가 매우 좋으며 열매가 탐스럽고, 주로 과수용으로 이용되었으나 악센트식재, 경계식재, 유도식재에 적합

특이사항

매화나무라고도 하며, 살구나무와 닮았지만 2년지가 녹색이며, 꽃을 주로 관상하는 나무를 화매(花梅)라 함(홍매, 설중매, 동지매 등)

기타종

- 흰매실나무(*P. mume* for. *alba* (Carr.) Rehder) 흰색꽃이 핌

귀룽나무(귀룽나무)

장미科

Prunus padus L.

영명 : European Bird Cherry, Bird Cherry
일명 : エゾノウワミズザクラ
중명 : 九龍木 구룡목
이명 : *Cerasus padus* DC.
Druparia padus Clairv.
Padus avium Mill.
Padus racemosa Gilib.
Prunus padus var. *typica* Koehne

padus : 야생앵두의 그리스 이름

생육

- 성 상 : 낙엽활엽교목
- 수 형 : 구형
- 수 고 : 15m 내외
- 원산지 : 한국, 일본
- 분 포 : 지리산 이북의 산지 계곡가에 비교적 흔하게 자람

형태

- 잎 : 호생하며 도란상 타원형이고 가장자리에 잔톱니가 있으며, 한반도 중부지역에 자생하는 낙엽 교목 중에서 새순이 가장 먼저 나옴
- 꽃 : 양성화, 총상화서는 새 가지 끝으로 처지며 길이 10~15cm임, 화경의 아랫부분에 잎이 있음, 5월 개화
- 열매 : 핵과, 둥글며 과육은 넓음, 검은색, 7~8월 성숙
- 줄기 : 흑갈색으로 얕게 갈라지고 줄기 하단부는 울퉁불퉁함
- 뿌리 : 심근성

생태

- 토 성 : 사질양토
- 음 양 성 : 음수
- 내공해성 : 강함
- 건 습 : 적윤
- 내 화 성 : 약함
- 내 한 성 : 강함
- 생장속도 : 빠름
- 내 염 성 : 강함
- 통 기 : 필요
- 산 도 : 중성

1	2	3	4	5 (개화)	6	7 (결실)	8 (결실)	9	10	11	12

관리 및 번식

- 이 식 : 용이
- 전 정 : 강함
- 번 식 : 실생/삽목
- 병충해 : 보통(봄철 진딧물)
- 시 비 : 보통

용도

흰꽃과 검고 둥글게 맺히는 열매의 관상가치가 높고 대기오염에 강하여 가로수, 녹음식재에 적합

기타종

- 흰털귀룽나무(*P. padus* var. *pubescens* Regel & Tiling) 소지와 작은 꽃자루에 털이 있고 잎 뒷면에 갈색 털이 밀생

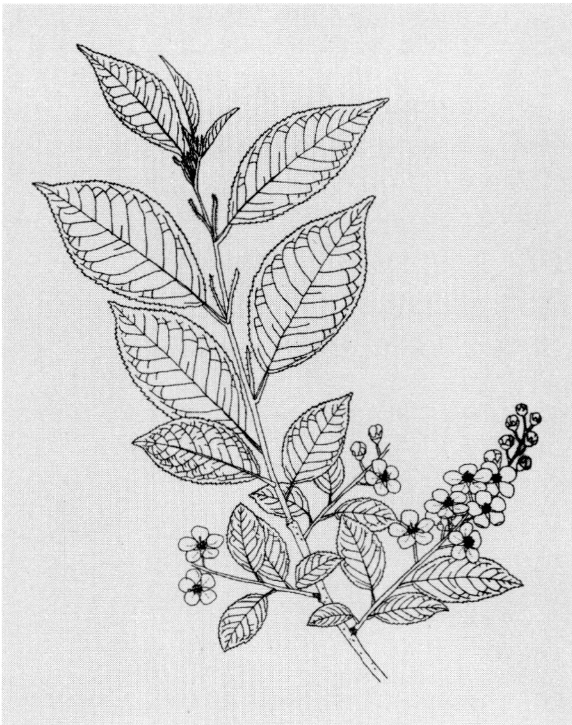

앵도나무(앵두나무)

장미科

Prunus tomentosa Thunb.

영명	Nanking Cherry, Downy Cherry
일명	ユスラウメ
중명	櫻桃 앵도
이명	*Amygdalus tomentosa* K.Koch *Cerasus tomentosa* (Thunb.) Wall. *Prunus cinerascens* Franch. *Prunus tomentosa* var. *souliei* Koehne

tomentosa : 가는 線毛가 발생

1	2	3	4	5	6	7	8	9	10	11	12

생육

- 성　상 : 낙엽활엽관목
- 수　형 : 부채꼴형
- 수　고 : 3m 내외
- 원산지 : 한국, 중국
- 분　포 : 전국에 널리 재배

형태

- 잎 : 도란형, 표면에 잔털이 뒷면에 백색융모가 밀생
- 꽃 : 양성화, 잎보다 일찍 또는 같이 피며 지름 1.5~ 2.0cm로 1~2개씩 달림, 3~4월 개화
- 열매 : 핵과, 잔털이 있고 둥글며 지름이 1cm임, 5~6월 성숙
- 줄기 : 흑갈색으로 부르트듯 갈라짐
- 뿌리 : 천근성

생태

- 토　　성 : 사질양토
- 음 양 성 : 중용수
- 내공해성 : 보통
- 건　　습 : 적윤
- 내 화 성 : 약함
- 내 한 성 : 강함
- 생장속도 : 느림
- 내 염 성 : 약함
- 통　　기 : 필요
- 산　　도 : 중성

관리 및 번식

- 이　식 : 용이
- 전　정 : 강함(11 ~ 3월 정기적 가지 솎기)
- 번　식 : 실생/삽목/분주
- 병충해 : 약함(갈색반점병, 보자기병)
- 시　비 : 필요

용도

흰꽃과 구슬같이 달리는 붉은 열매가 아름다우며 악센트식재에 적합

기타종

- 복사앵도나무(*P. choreiana* H. T. Im) 한반도 고유종으로 석회암지대에 분포

산옥매(옥매화, 옥매) 장미科

Prunus glandulosa Thunb.

영명 : Chinese Bush Cherry, Dwarf Flowering Almond, Chinese Plum
일명 : ヒトエノシロバナニワザクラ
중명 : 玉梅 옥매
이명 : *Amygdalus pumila* L.
Cerasus glandulosa (Thunb.) Loisel.
Microcerasus glandulosa M.Roem.
Persica pumila Borkh.
Prunus glandulosa var. *glabra* Koehne

Prunus : plum(자두)의 라틴이름
glandulosa : 샘이 있는

생육

- 성 상 : 낙엽활엽관목
- 수 형 : 구형
- 수 고 : 1.5m 내외
- 원산지 : 중국
- 분 포 : 전국에 식재

형태

- 잎 : 호생하며 피침형이고 가장자리에 파상의 잔톱니가 있음
- 꽃 : 양성화, 4~5월에 잎과 같이 희게 피고 겹꽃임
- 열매 : 핵과로 거의 둥글고 지름 1.0~1.2cm임, 7~8월 성숙
- 줄기 : 가지에 털이 없고 총생하며 회갈색임
- 뿌리 : 천근성

생태

- 토 성 : 사질양토
- 음 양 성 : 양수
- 내공해성 : 보통
- 건 습 : 적윤
- 내 화 성 : 약함
- 내 한 성 : 강함
- 생장속도 : 빠름
- 내 염 성 : 약함
- 통 기 : 필요
- 산 도 : 중성

1	2	3	4	5	6	7	8	9	10	11	12

관리 및 번식

- 이 식 : 용이
- 전 정 : 강함(11~3월 정기적 가지솎기)
- 번 식 : 삽목/분주
- 병충해 : 강함
- 시 비 : 보통

용도

만첩하는 흰꽃이 아름다우며 악센트식재에 적합

기타종

- 이스라지(*P. japonica* var. *nakaii* (H.Lév.) Rehder) 꽃은 연한 홍색 또는 백색이며 1~4개씩 모여 달림

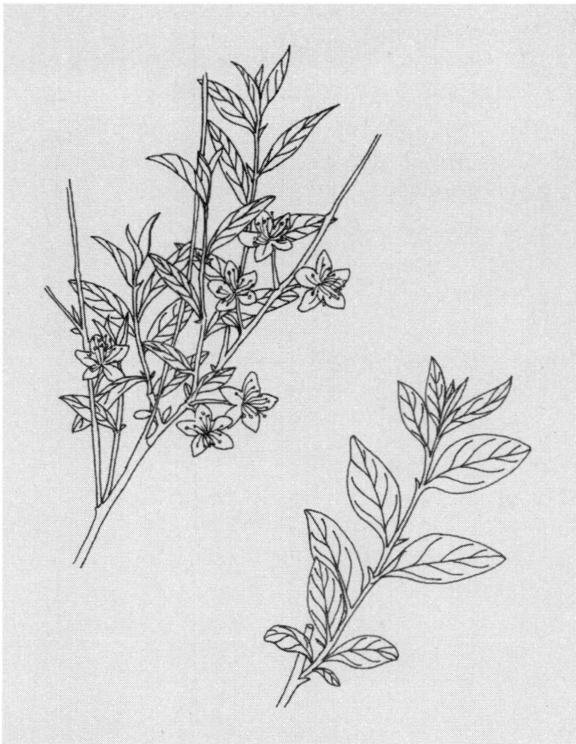

왕벚나무(제주벚나무, 큰꽃벚나무, 사구라나무)

장미科

Prunus yedoensis Matsum.

영명 : Yoshino Cherry
일명 : ソメイヨシノ
중명 : 東京櫻花 동경앵화
이명 : *Cerasus yedoensis* (Matsum.) Yu & Li.
Prunus paracerasus Koehne
Prunus pseudocerasus var. *yoshino* Spath
제주벚나무
yedoensis : 일본 에도 지방을 뜻함

생육

- 성　상 : 낙엽활엽교목
- 수　형 : 구형
- 수　고 : 15m 내외
- 원산지 : 한국(제주도)
- 분　포 : 한라산의 낙엽활엽수림대에 분포

형태

- 잎 : 호생, 길이 6~12cm, 가장자리에 예리한 복거치
- 꽃 : 양성화, 잎보다 먼저 피고, 짧은 산방화서 5~6개 꽃이 핌, 3~4월 개화. 암술대 중간 이하에 털이밀생
- 열매 : 핵과, 둥글며 지름 7~8mm, 5~6월에 흑색으로 익음
- 줄기 : 회갈색으로 평활함
- 뿌리 : 심근성

생태

- 토　　성 : 사질양토
- 음 양 성 : 양수
- 내공해성 : 보통
- 건　　습 : 적윤
- 내 화 성 : 보통
- 내 한 성 : 강함
- 생장속도 : 빠름
- 내 염 성 : 강함
- 통　　기 : 필요
- 산　　도 : 중성

1	2	3	4	5	6	7	8	9	10	11	12

관리 및 번식

- 이　식 : 보통
- 전　정 : 보통
- 번　식 : 실생/삽목/접목
- 병충해 : 약함(적성병, 탄저병, 흰가루병)
- 시　비 : 필요

용도

잎보다 먼저 피는 흰색꽃이 나무 전체를 뒤덮고 꽃잎이 떨어질 때 눈 내리는 듯하여 좋은 효과를 얻을 수 있으며 기조식재, 악센트식재, 녹음식재, 가로수 식재에 이용

기타종

- 처진개벚나무(*P. verecunda* var. *pendula* (Nakai) W. T. Lee) 능수벚나무, 수양벚나무라고도 하며 가지가 쳐짐

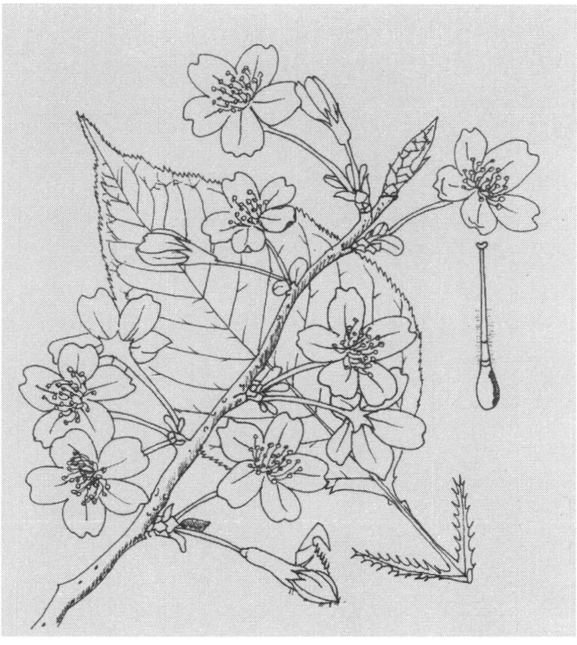

산벚나무

Prunus sargentii Rehder

영명	Sargent' s Cherry
일명	オオヤマザクラ
중명	大仙櫻 대선앵
이명	*Prunus floribunda* Koehne *Prunus sachalinensis* (F.Schmidt) Koidz. *Prunus serrulata* var. *boreais* Makino

sargentii : C.S. Sargent 교수를 기념

생육

- 성　상 : 낙엽활엽교목
- 수　형 : 구형
- 수　고 : 15m 내외
- 원산지 : 한국
- 분　포 : 전국 산지에 자생

형태

- 잎 : 호생, 길이 8~12cm, 표면은 짙은 녹색
- 꽃 : 양성화, 지름 2.5~4.0cm로서 연한 홍색, 간혹 백색도 있음, 4~5월 개화, 산형화서
- 열매 : 핵과, 구형으로 5~6월에 흑색으로 익음
- 줄기 : 검은 밤색
- 뿌리 : 심근성

생태

- 토　　성 : 사질양토
- 음 양 성 : 양수
- 내공해성 : 강함
- 건　　습 : 적윤
- 내 화 성 : 보통
- 내 한 성 : 강함
- 생장속도 : 매우빠름
- 내 염 성 : 강함
- 통　　기 : 필요
- 산　　도 : 중성

1	2	3	4	5	6	7	8	9	10	11	12

관리 및 번식

- 이　식 : 보통
- 번　식 : 실생/접목
- 시　비 : 보통
- 전　정 : 약함
- 병충해 : 약함

용도

봄에 화려하게 피는 꽃과 가을에 물드는 단풍, 붉은 자색의 수피가 아름다워 악센트식재, 녹음식재, 유도식재, 가로수 식재에 이용

기타종

- 벚나무(*P. serrulata* var. *spontanea* (Maxim.) E. H. Wilson) 전국의 산지에 자생하며 암술대와 잎 양면에 털이 없고 산방상 총상화서
- 올벚나무(*P. pendula* for. *ascendens* (Makino) Kitam.) 거제도, 제주도 및 전남에 자생하며 암술대에 털이 있고 꽃받침통은 항아리형

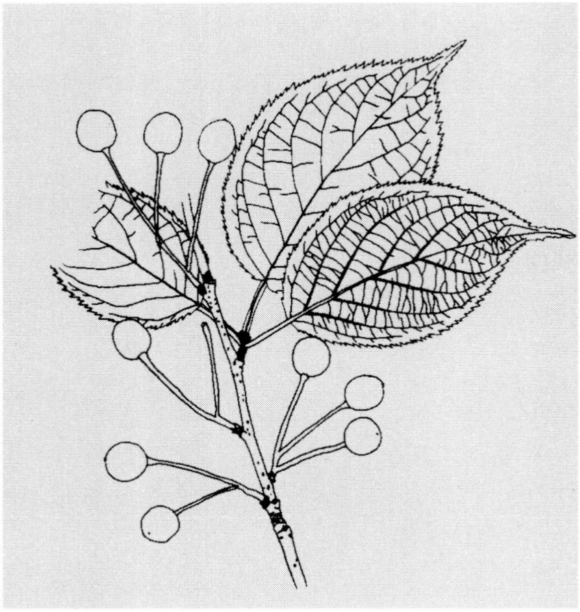

풀또기

Prunus triloba var. *truncata* Kom.

영명 : Truncate flowering cherry
일명 : オヒョウモモ
중명 : 郁李仁 욱리인

생육

- 성　상 : 낙엽활엽관목
- 수　형 : 부채꼴형
- 수　고 : 5m 내외
- 원산지 : 한국
- 분　포 : 전국에 널리 재배

형태

- 잎 : 호생, 삼각형, 끝이 뭉뚝하거나 뾰족하고 표면에 잔털이 있거나 없음
- 꽃 : 지름 2~2.5cm, 잎보다 먼저 피고 1~2송이씩 달림. 4월 개화
- 열매 : 핵과, 난상 원형, 길이 1.0~1.5cm, 8월 성숙
- 줄기 : 흑갈색으로 거침
- 뿌리 : 천근성

생태

- 토　　성 : 사질양토
- 음 양 성 : 중용수
- 내공해성 : 강함
- 건　　습 : 적윤
- 내 화 성 : 보통
- 내 한 성 : 강함
- 생장속도 : 빠름
- 내 염 성 : 약함
- 통　　기 : 필요
- 산　　도 : 중성

관리 및 번식

- 이　식 : 보통
- 번　식 : 실생/접목
- 시　비 : 보통
- 전　정 : 약함
- 병충해 : 보통(적성병)

1	2	3	4	5	6	7		9	10	11	12

용도

분홍색의 겹꽃과 붉게 익는 열매는 관상가치가 매우 높으며 주로 정원수로 이용하고 악센트식재에 적합

특이사항

복사나무에 비해 잎끝이 셋 또는 결각상으로 갈라짐

기타종

- 겹꽃으로 전국의 공원 및 정원에 간혹 식재

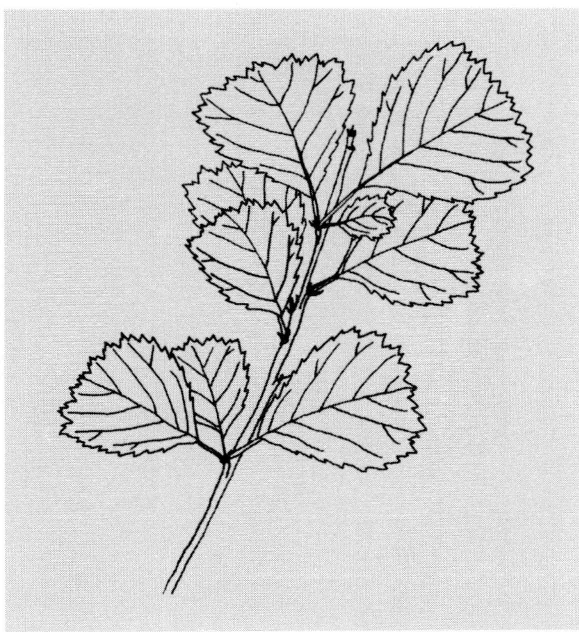

팥배나무(왕팥배나무, 산매자나무)

Sorbus alnifolia (Siebold & Zucc.) C. Koch

영명 : Korean Mountain Ash
일명 : アズキナシ
중명 : 杜 두
이명 : *Aria tiliaefolia* Decne.
Crataegus alnofolia Siebold & Zucc.
Pyrus miyabei Sarg.
Sorbus miyabei (Sarg.) Mayr

Sorbus : 켈트어 Sorb(떫다)의 뜻
alnifolia : alnus 속의 잎과 같은 것 의미

생육

- 성 상 : 낙엽활엽교목
- 수 형 : 구형
- 수 고 : 20m 내외
- 원산지 : 한국, 일본
- 분 포 : 전국의 산지에 흔하게 분포

형태

- 잎 : 호생, 달걀형, 길이 5~10cm, 점첨두, 가장자리 불규칙한 이중톱니, 단지에 3장씩 달림
- 꽃 : 양성화, 복산방꽃차례(6~10개), 지름 1cm, 흰색, 긴 흰색털, 4~6월 개화
- 열매 : 타원형, 이과, 지름 1cm, 홍색, 반점 뚜렷, 9~10월 성숙
- 줄기 : 수피 회갈색, 잔가지에 피목 뚜렷
- 뿌리 : 심근성

생태

- 토 성 : 사질양토
- 음 양 성 : 양수
- 내공해성 : 강함
- 건 습 : 건조
- 내 화 성 : 보통
- 내 한 성 : 강함
- 생장속도 : 빠름
- 내 염 성 : 보통
- 통 기 : 필요
- 산 도 : 약알카리성

1	2	3	4	5	6	7	8	9	10	11	12

관리 및 번식

- 이 식 : 보통
- 번 식 : 실생
- 시 비 : 보통
- 전 정 : 약함
- 병충해 : 약함(녹병)

용도

흰꽃과 황적색 열매가 아름다워 기조식재, 유도식재, 녹음식재, 완충식재, 악센트식재에 적합

특이사항

열매는 약용으로 가능하며, 국명은 '열매가 팥알 크기 정도로 작은 배나무라는 의미

기타종

- 털팥배나무(*S. alnifolia* for. *hirtella* (Nakai) W. T. Lee) 뒷면 엽맥의 털이 끝까지 있음
- 벌배나무(*S. alnifolia* var. *lobulata* (Koidz.) Rehder) 잎에 얕은 결각 생김

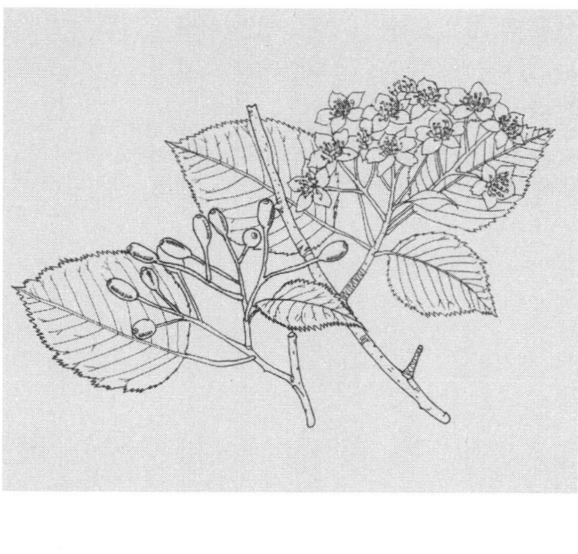

황매화(죽단화, 죽도화)

장미科

Kerria japonica (L.) DC

영명 : Japanese Kerria, Kerria
일명 : ヤマブキ
중명 : 棣棠花 체당화
이명 : *Corchorus japonicus* Thunb.
Kerria japonica for. *typica* Nakai
Rubus japonicus L.

Kerria : 영국의 정원사 William Kerr씨를 기념
japonica : 일본원산의 뜻

생육

- 성 상 : 낙엽활엽관목
- 수 형 : 부채꼴형
- 수 고 : 2m 내외
- 원산지 : 일본
- 분 포 : 중부 이남의 정원 및 공원에 식재

형태

- 잎 : 호생, 달걀형, 길이 2~8cm, 가장자리 결각상 이중톱니, 측맥 주름짐, 탁엽선형
- 꽃 : 양성화, 1개씩 달림, 지름 3~4cm, 황색. 꽃잎 5장, 4~5월 개화
- 열매 : 수과, 꽃받침 안에 5개씩 달림, 흑자색, 타원형, 9~10월 성숙
- 줄기 : 가지 녹색 또는 갈색, 수피 매끈함
- 뿌리 : 천근성

생태

- 토 성 : 사질양토
- 음 양 성 : 중용수
- 내공해성 : 강함
- 건 습 : 적윤
- 내 화 성 : 보통
- 내 한 성 : 강함
- 생장속도 : 빠름
- 내 염 성 : 약함
- 통 기 : 필요
- 산 도 : 중성

1	2	3	4	5	6	7	8	9	10	11	12

관리 및 번식

- 이 식 : 용이
- 전 정 : 강함
- 번 식 : 삽목/분주/실생
- 병충해 : 강함(갈반병)
- 시 비 : 보통

용도

황색꽃과 대나무같은 녹색 줄기가 아름다워 악센트식재, 주연부식재, 경계식재에 이용

기타종

- 죽단화(*K. japonica* for. *pleniflora* (Witte) Rehder) 황매화와 비슷하나 겹꽃이 핌

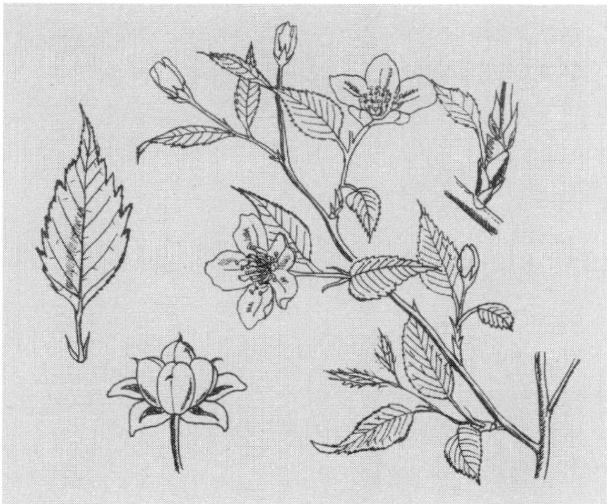

다정큼나무(쪽나무)

Rhaphiolepis indica var. *umbellata* (Thunb.) Ohashi

일명 : シャリンバイ
중명 : 車輪梅 차륜매
Raphiolepis : 그리스어의 raphe(針)+lepis(인편)의 합성어로 포(苞)가 針形(침형)임
indica : 산형화서를 뜻함

생육

- 성 상 : 상록활엽관목
- 수 형 : 구형
- 수 고 : 4m 내외
- 원산지 : 한국, 일본
- 분 포 : 경남, 전남, 전북, 제주도의 바다 가까운 산지에 자생

형태

- 잎 : 호생, 도란형 및 장타원형으로 길이 3~ 10cm, 너비 2~4cm
- 꽃 : 원추화서의 양성화가 5~6월에 연분홍색으로 개화
- 열매 : 이과로 구형이며 지름이 7~10mm로서 광택이 있고 10~11월 성숙
- 줄기 : 소지는 윤생하며 수피는 흑회색으로 얕게 갈라짐
- 뿌리 : 천근성

생태

- 토 성 : 사질양토
- 음 양 성 : 양수
- 내공해성 : 보통
- 건 습 : 적윤
- 내 화 성 : 보통
- 내 한 성 : 약함
- 생장속도 : 빠름
- 내 염 성 : 강함
- 통 기 : 필요
- 산 도 : 중성

관리 및 번식

- 이 식 : 보통
- 전 정 : 보통
- 번 식 : 실생/삽목
- 병충해 : 강함(갈반병, 자문우병)
- 시 비 : 보통

1	2	3	4	5	6	7	8	9	10	11	12

용도

바람에 잘 견디며 광택이 나는 혁질의 잎과 흰색꽃이 아름다워 악센트식재, 주연부식재에 좋음

기타종

- 둥근잎다정큼(*R. indica* var. *integerrima* (Hook. & Arn.) Rehder ex Ohwi) 잎이 넓은 도란형 또는 넓은 타원형임
- 긴잎다정큼(*R. indica* var. *liukiuensis* (Koidz.) Kitam.) 잎이 도피침형 내지는 좁은 장타원형

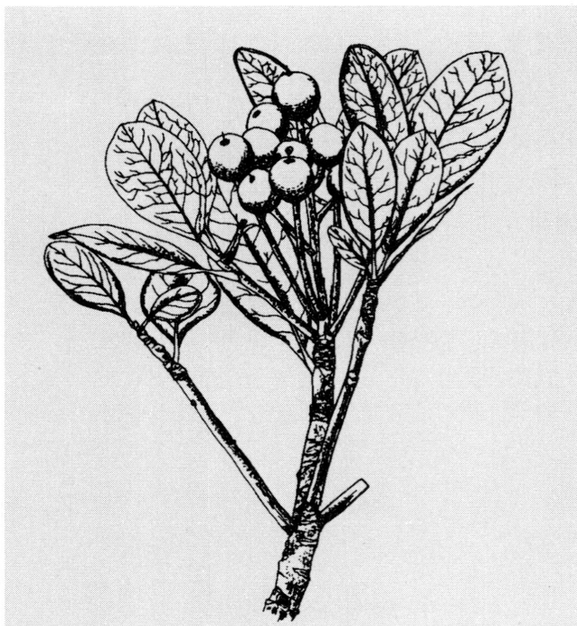

자귀나무(소쌀밥나무)

콩科

Albizia julibrissin Durazz.

영명 : Silk Tree
일명 : ネムノキ
중명 : 夜合樹 야합수
Albizia : F.del Albizzi를 기념 *julibrissin* : 東印度地名(동인도지명)

생육

- 성 상 : 낙엽활엽교목
- 수 형 : 부채꼴형
- 수 고 : 10m 내외
- 원산지 : 한국, 중국, 일본
- 분 포 : 황해도, 강원도 이남 하천변 또는 산지의 햇빛이 좋은 곳

형태

- 잎 : 호생, 우수우상복엽 양면에 털이 없거나 뒷면의 맥 위에 털이 있음
- 꽃 : 수꽃양성화한그루, 화경이 자라서 15~20개의 꽃이 6~7월 산형으로 달림
- 열매 : 10~11월, 길이 15cm 정도의 꼬투리에 5~6개 종자 알림
- 줄기 : 갈색이며, 피목이 뚜렷하게 발달
- 뿌리 : 천근성

생태

- 토 성 : 사질양토
- 음 양 성 : 양수
- 내공해성 : 약함
- 건 습 : 적윤
- 내 화 성 : 약함
- 내 한 성 : 약함
- 생장속도 : 빠름
- 내 염 성 : 강함
- 통 기 : 필요
- 산 도 : 중성

관리 및 번식

- 이 식 : 어려움
- 전 정 : 보통
- 번 식 : 실생
- 병충해 : 보통(그을음병, 바구미)
- 시 비 : 불필요

1	2	3	4	5	6	7	8	9	10	11	12

용도

여름에 피는 꽃은 분홍색을 띠며 아름답고 악센트, 군식재에 이용

특이사항

해가 지면 잎이 포개어져 '합혼목'이라고도 하며, 잎을 소가 잘먹는다고 하여 '소쌀밥나무'라고 부르기도 함

기타종

- 왕자귀나무(*A. kalkora* (Roxb.) Prain) 목포 유달산 및 인근섬에 자생하는 낙엽활엽소교목으로 자귀나무보다 잎이 크며 꽃이 백색

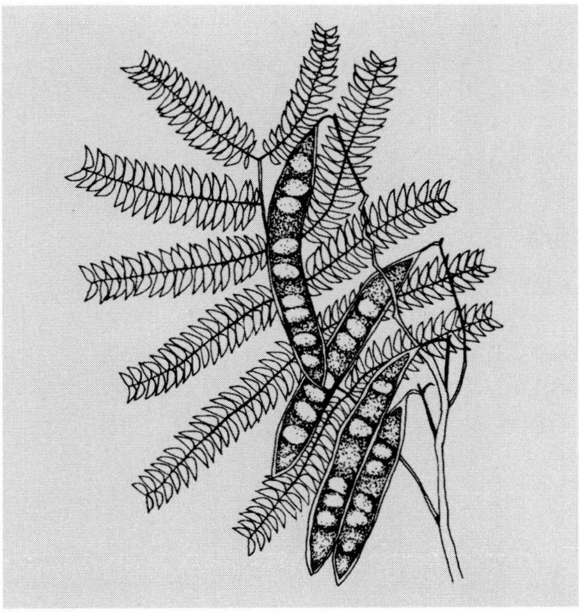

주엽나무(주염나무)

Gleditsia japonica Miq.

영명 : Japanese Honey Locust
일명 : チョウセンサイカチ
중명 : 皁莢 조협
이명 : *Gleditsia japonica* var. *koraiensis* Nakai
Gleditsia : Gottieb Gleditsch(1786)씨를 기념
japonica : 일본 원산의

생육

- 성　상 : 낙엽활엽교목
- 수　형 : 구형
- 수　고 : 15m 내외
- 원산지 : 한국, 중국, 일본
- 분　포 : 전국의 낮은 지대 계곡 및 하천 가장자리에 드물게 자람

형태

- 잎 : 호생, 우수우상복엽 길이는 12~22cm, 소엽의 엽축 표면에는 홈이 있고 다소 날개 같은 생김새
- 꽃 : 암수한그루. 5~6월에 수상화서의 녹황색 꽃이 달림
- 열매 : 길이 23cm, 폭 3cm 정도로 9~10월경에 성숙
- 줄기 : 가시가 있으며 나이가 들수록 세로로 갈라지며 피목 발달
- 뿌리 : 천근성

생태

- 토　성 : 사질양토
- 음 양 성 : 중용수
- 내공해성 : 강함
- 건　습 : 보통
- 내 화 성 : 보통
- 내 한 성 : 강함
- 생장속도 : 느림
- 내 염 성 : 강함
- 통　기 : 필요
- 산　도 : 중성

1	2	3	4	5	6	7	8	9	10	11	12

관리 및 번식

- 이　식 : 용이
- 번　식 : 실생/삽목
- 시　비 : 보통
- 전　정 : 강함(불필요)
- 병충해 : 강함(흰불나방)

용도

도심지에서도 식재가 가능하며 가시가 없는 '민주엽나무'가 개발되어 녹음식재로 이용

기타종

- 민주엽나무(*G. japonica* for. *inarmata* Nakai) 원줄기에 가시가 없음
- 조각자나무(*G. sinensis* Lam.) 주엽나무와 유사하나 줄기의 가시 횡단면이 둥글고, 열매가 거의 뒤틀리지 않음

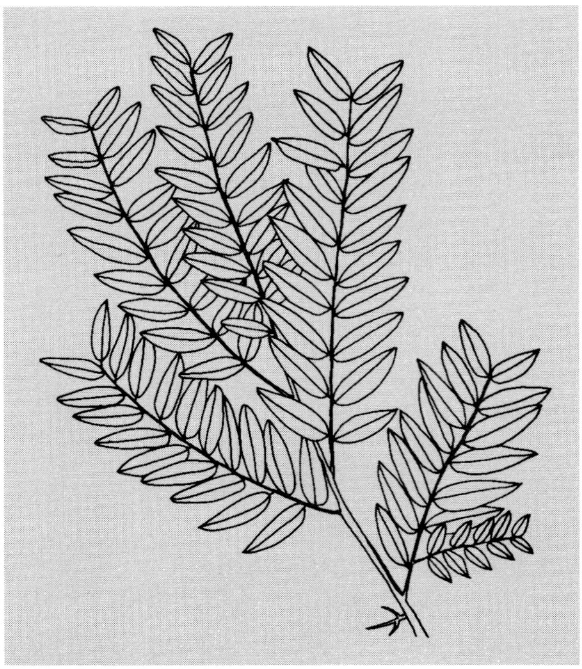

실거리나무(띠거리나무)

콩科

Caesalpinia decapetala (Roth) Alston

영명 : Mysore thorm
일명 : ジャケツイバラ
중명 : 野早角 야조각
이명 : *Caesalpinia japonica* Siebold & Zucc.
Reichardia decapetala Roth

생육

- 성　상 : 낙엽활엽관목
- 수　형 : 처짐형
- 수　고 : 5m 내외
- 원산지 : 한국, 일본
- 분　포 : 난온대 지역에 자생

형태

- 잎 : 호생, 우수우상복엽 엽신에 많은 잔점이 산재, 밑으로 꼬부라진 가시가 있음
- 꽃 : 5~6월 황색의 양성화, 가지끝에서 나오는 총상화서
- 열매 : 협과로 길이 9cm, 나비 2.7cm이며 긴타원형이고 딱딱함. 9~10월에 갈색으로 성숙
- 줄기 : 반덩굴성이며 흑갈색으로 아래로 거친 가시 발달
- 뿌리 : 천근성

생태

- 토　성 : 사질양토
- 음 양 성 : 양수
- 내 염 성 : 강함
- 통　기 : 필요
- 산　도 : 중성
- 내 한 성 : 보통
- 생장속도 : 빠름
- 건　습 : 적윤
- 내 화 성 : 강함
- 내공해성 : 보통

1	2	3	4	5	6	7	8	9	10	11	12

관리 및 번식

- 이　식 : 용이
- 번　식 : 실생
- 시　비 : 보통
- 전　정 : 강함
- 병충해 : 강함

용도

노란색의 꽃이 아름답고, 줄기가 많아 악센트식재, 주연부식재, 유도식재, 경계식재에 이용

특이사항

국명은 줄기와 가지에 퍼져 있는 '예리한 가시에 실이 잘 걸리는 나무' 라는 의미

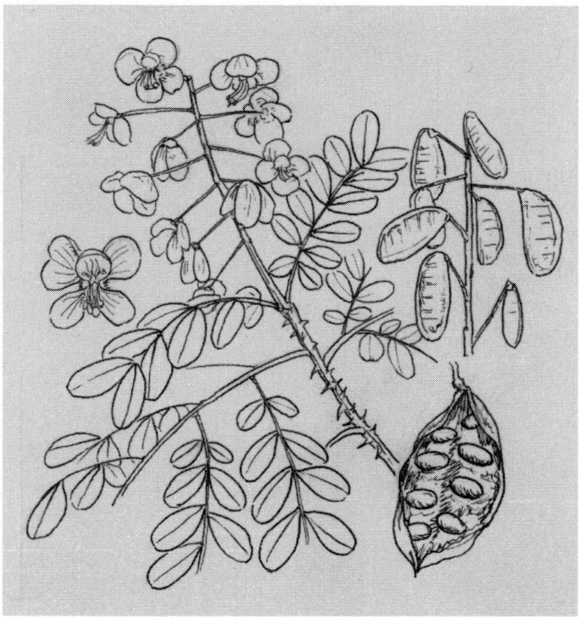

박태기나무(구슬꽃나무, 밥태기꽃나무, 소방목)

공科

Cercis chinensis Bunge

영명 : Chinese Redbud
일명 : ハナズオウ
중명 : 蘇方木 소방목
이명: *Cercis chinensis* for. *rosea* Hsu *Cercis pauciflora* Li.
Cercis : 그리스어로 cercis(칼집)이며 꼬투리가 칼집과 같음 *chinensis* : 중국 원산의

생육

- 성 상 : 낙엽활엽관목
- 수 형 : 부채꼴형
- 수 고 : 5m 내외
- 원산지 : 중국
- 분 포 : 전국에 식재

형태

- 잎 : 호생, 잎은 혁질로 6~11cm, 표면은 광택이 나며 털이 없고 기부에서 5출맥이 발달
- 꽃 : 산형화서로 잎보다 먼저 4월에 개화, 자홍색이고 7~8개 이상 모여서 개화
- 열매 : 협과, 7~10cm정도로 편평하고 타원형, 9~10월에 성숙
- 줄기 : 회갈색으로 얕게 갈라짐
- 뿌리 : 천근성

생태

- 토 성 : 사질양토
- 음 양 성 : 양수
- 내공해성 : 보통
- 건 습 : 적습
- 내 화 성 : 강함
- 내 한 성 : 강함
- 생장속도 : 빠름
- 내 염 성 : 강함
- 통 기 : 필요
- 산 도 : 중성

1	2	3	4	5	6	7	8	9	10	11	12

관리 및 번식

- 이 식 : 용이
- 전 정 : 강함
- 번 식 : 실생/분주
- 병충해 : 강함(갈반병, 바구미)
- 시 비 : 필요

용도

잎보다 먼저 피는 자홍색의 꽃이 아름다우며 악센트식재, 경계식재에 적합

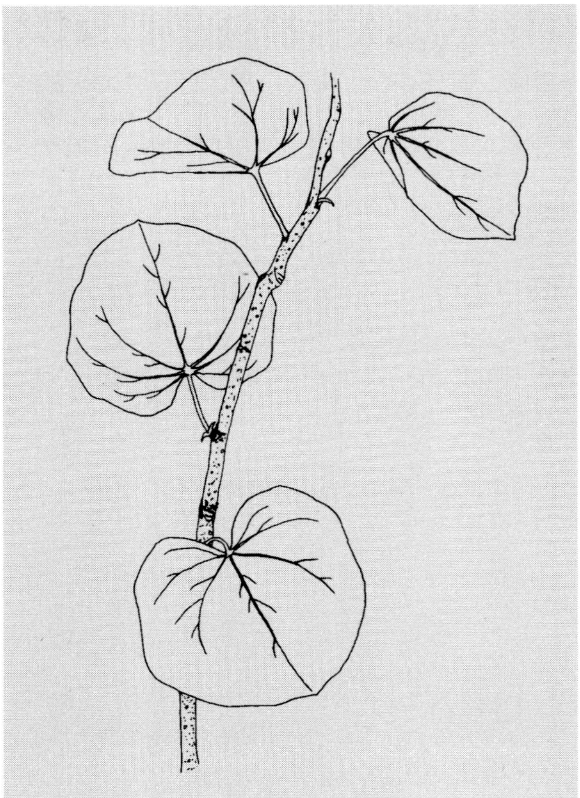

회화나무(괴나무, 회나무)

콩科

Styphnolobium japonicum (L.) Schott

영명 : Japanese Pagoda Tree

일명 : エンヅュ

중명 : 槐樹 괴수

Sophora : 아라비아 어느 식물이름 sophera를 바꿔 쓴 것

japonica : 일본 원산의

생육

- 성 상 : 낙엽활엽교목
- 수 형 : 구형
- 수 고 : 25m 내외
- 원산지 : 중국
- 분 포 : 전국에 식재

형태

- 잎 : 호생, 기수우상복엽 난형 또는 난상피침형으로 길이는 2.5~6.0cm, 소엽병은 짧고 털이 있음
- 꽃 : 원추화서로 길이는 15~30cm, 7~8월에 황백색 개화
- 열매 : 협과, 원추형이고 염주상으로 10~11월경에 성숙
- 줄기 : 회색이며 세로로 얕게 갈라짐
- 뿌리 : 천근성

생태

- 토 성 : 사질양토
- 음 양 성 : 양수
- 내공해성 : 강함
- 건 습 : 적윤
- 내 화 성 : 강함
- 내 한 성 : 강함
- 생장속도 : 빠름
- 내 염 성 : 보통
- 통 기 : 필요
- 산 도 : 중성

관리 및 번식

- 이 식 : 용이
- 전 정 : 강함
- 번 식 : 실생/분주/삽목
- 병충해 : 강함(녹병)
- 시 비 : 보통

1	2	3	4	5	6	7	8	9	10	11	12

용도

여름에 피는 백색의 꽃이 아름다우며 건조, 공해에 강하여 전통적으로 정자목으로 이용했으며 기조식재, 녹음식재, 가로수 식재에 이용

기타종

- 수양회화나무(*S. japonicum* 'Pendulum') 회화나무와 유사하나 가지가 지상부까지 처짐

특이사항

- 함안 영동리 회화나무(천연기념물 제319호)
- 월성 육통리 회화나무(천연기념물 제318호)
- 창덕궁 회화나무군(천연기념물 제472호)
- 인천 신현동 회화나무(천연기념물 제315호)
- 당진 삼월리 회화나무(천연기념물 제317호)는 천연기념물로 지정, 보호하고 있음

다릅나무(개물푸레나무, 소터래나무)

콩科

Maackia amurensis Rupr.

영명 : Amur Maackia
일명 : カライヌエンジュ
중명 : 黃色木 황색목
이명 : *Maackia amurensis* var. *typica* C. K. Schneid.

Maackia : Richard Macck(1825~1866)씨 기념
amurensis : 아무르강 유역의

생육

- 성 상 : 낙엽활엽교목
- 수 형 : 우산형
- 수 고 : 15m 내외
- 원산지 : 한국, 중국, 러시아
- 분 포 : 전국에 자생

형태

- 잎 : 길이는 3~5cm, 기수우상복엽으로 7~11개의 소엽이 달림
- 꽃 : 총상 · 원추화서로 6~8월에 연한 황백색으로 개화
- 열매 : 협과, 넓은 선형으로 털이 없음. 길이 3.0~3.5cm, 9~10월에 황갈색으로 성숙
- 줄기 : 황갈색으로 껍질이 벗겨져 말림
- 뿌리 : 천근성

생태

- 토 성 : 사질양토
- 음 양 성 : 중용수
- 내공해성 : 강함
- 건 습 : 건조
- 내 화 성 : 보통
- 내 한 성 : 강함
- 생장속도 : 빠름
- 내 염 성 : 강함
- 통 기 : 필요
- 산 도 : 중성

관리 및 번식

- 이 식 : 보통
- 번 식 : 실생
- 시 비 : 보통
- 전 정 : 강함
- 병충해 : 강함

1	2	3	4	5	6	7	8	9	10	11	12

용도

여름철 백색꽃이 관상가치가 높고, 구릿빛 수피가 특색있어 가로수식재, 악센트식재, 녹음식재로 이용가능

기타종

- 개물푸레나무(*M. amurensis* var. *buergeri* C. K. Schneid.) 잎 뒷면에 털이 있고 화서에 황갈색 또는 회갈색의 짧은 밀모가 있음
- 솔비나무(*M. fauriei* (H. Lév) Takeda) 소엽은 13개로 다릅나무보다 많으며, 열매의 봉선에 날개가 있음

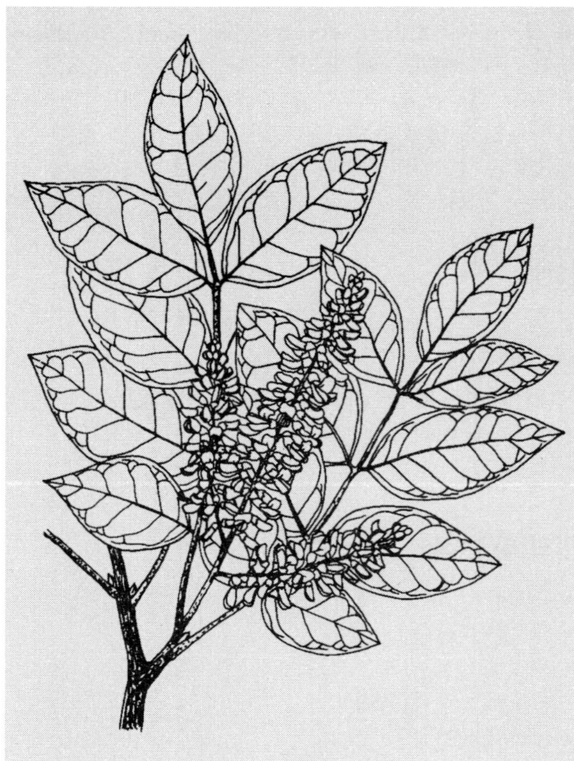

족제비싸리(왜싸리)

콩科

Amorpha fruticosa L.

영명 : Bastard Indigo, Indigo Bush, False Indigo Bush, False Indigo
일명 : イタチハギ
중명 : 紫穗愧 자수괴
Amorpha : 기형(Gr.amorbhos). 화관이 불완전한 데서 유래
fruticosa : 관목성의

생육

- 성　상 : 낙엽활엽관목
- 수　형 : 부채꼴형
- 수　고 : 3m 내외
- 원산지 : 북아메리카
- 분　포 : 전국에 식재

형태

- 잎 : 호생, 기수우상복엽 소엽은 난형 · 타원형으로 둔두이고 길이 1.5~3.0cm임
- 꽃 : 수상화서, 길이 7~15cm, 5~6월 자색으로 개화
- 열매 : 협과로 약간 굽어 있음. 9~10월경에 성숙
- 줄기 : 회갈색, 지상부에서 여러 개의 줄기가 올라옴
- 뿌리 : 천근성

생태

- 토　성 : 식양토
- 음 양 성 : 양수
- 내공해성 : 강함
- 건　습 : 보통
- 내 화 성 : 강함
- 내 한 성 : 강함
- 생장속도 : 빠름
- 내 염 성 : 강함
- 통　기 : 필요
- 산　도 : 중성

1	2	3	4	5	6	7	8	9	10	11	12

관리 및 번식

- 이　식 : 용이
- 번　식 : 실생
- 시　비 : 보통
- 전　정 : 강함
- 병충해 : 강함

용도

척박한 토양에서도 잘 자라기 때문에 토양안정을 위한 사방녹화식물로 이용 되었으며 훼손지 녹화나 차폐식재용으로 이용

등(등나무, 참등)

Wisteria floribunda (Willd.) DC.

영명 : Japanese Wisteria
일명 : ドヨウフジ
중명 : 藤 등
이명 : *Glycine floribunda* Willd.
Wisteria koreana Uyeki

Wisteria : Caspar Wistar(1761-1818)교수를 기념
floribunda : 꽃이 많이 피는

생육

- 성 상 : 낙엽활엽만경목
- 수 형 : 덩굴형
- 원산지 : 한국, 일본
- 분 포 : 전국에 식재

형태

- 잎 : 호생으로 기수1회우상복엽, 길이는 4~8cm
- 꽃 : 총상화서, 길이 30~40cm 정도로 많은 꽃이 달리고 잎과 함께 5월에 개화
- 열매 : 부드러운 털로 덮인 협과, 9월경에 성숙
- 줄기 : 매끈하고 회색
- 뿌리 : 천근성

생태

- 토 성 : 식양토
- 음 양 성 : 중용수
- 내 염 성 : 강함
- 건 습 : 적윤
- 내 화 성 : 보통
- 내 한 성 : 강함
- 생장속도 : 빠름
- 내공해성 : 보통
- 통 기 : 필요
- 산 도 : 중성

1	2	3	4	5	6	7	8		10	11	12

관리 및 번식

- 이 식 : 용이
- 전 정 : 강함
- 번 식 : 실생/취목/접목
- 병충해 : 보통(흑병, 녹병, 독나방 유충, 풍뎅이)
- 시 비 : 보통

용도

연보라색꽃이 아름답고 향기도 좋아 그늘시렁용으로 식재하거나 차폐식재, 비탈면 녹화식재로도 이용

기타종

- 흰등(*W. floribunda* for. *alba* Rehder & Wilson) 백색으로 개화

골담초

Caragana sinica (Buc' hoz) Rehder

영명 : Chinese Peashrub
일명 : モレスズバ
중명 : 骨擔草 골담초
이명 : *Caragana chamlagu* Lam.
Robinia sinica Buc' hoz

Caragana : 어느 식물의 몽고 이름 caragan에서 유래
sinica : 중국 원산의

생육

- 성 상 : 낙엽활엽관목
- 수 형 : 구형
- 수 고 : 2m 내외
- 원산지 : 중국
- 분 포 : 전국에 식재

형태

- 잎 : 호생, 길이는 1~3cm로서 표면에 광택이 나고 뒷면에는 털이 없으며 탁엽은 가시로 변함
- 꽃 : 5월에 황적색으로 개화하며 길이는 2.5~3.0cm로 꽃의 기판이 완전히 젖혀짐
- 열매 : 원주형으로 털이 없음. 9월에 성숙
- 줄기 : 지상부에서 많은 줄기가 올라와 큰 포기 형성
- 뿌리 : 천근성

생태

- 토 성 : 양토
- 음 양 성 : 양수
- 내공해성 : 강함
- 건 습 : 적윤
- 내 화 성 : 보통
- 내 한 성 : 강함
- 생장속도 : 빠름
- 내 염 성 : 강함
- 통 기 : 필요
- 산 도 : 중성

관리 및 번식

- 이 식 : 용이
- 전 정 : 강함
- 번 식 : 실생/분주/취목/접목
- 병충해 : 강함
- 시 비 : 보통

1	2	3	4	5 (꽃)	6	7	8	9 (열매)	10	11	12

용도

황적색으로 피는 꽃과 연한 녹색의 잎이 관상가치가 있으며 척박한 토양에서 견디는 힘이 강하여 비탈면 녹화 또는 악센트식재에 적합

특이사항

민가에서 약재용으로 식재화

기타종

- 참골담초(*C. fruticosa* (Pall.) Besser) 골담초 보다 작은 잎의 수가 8~12개로 많으며 꽃의 기판이 완전히 뒤로 젖혀지지 않음
- 좀골담초(*C. microphylla* Lam.) 소엽의 수가 12~18개

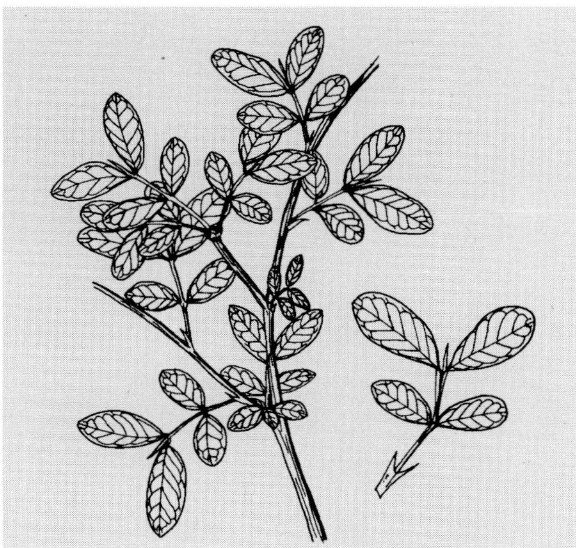

조록싸리

콩科

Lespedeza maximowiczii C. K. Schneid.

영명 : Korean lespedeza
일명 : チョウセンキハギ
중명 : 朝鮮木萩 조선목추
Lespedeza : Vincente Manuel de Ce · spedes씨 기념
maximowiczii : Maxinowicz씨 기념

생육

- 성 상 : 낙엽활엽관목
- 수 형 : 부채꼴
- 수 고 : 3m 내외
- 원산지 : 한국
- 분 포 : 전국에 자생

형태

- 잎 : 3출엽, 길이는 3~6cm, 뒷면은 잎자루와 더불어 견모가 있고 탁엽은 선명
- 꽃 : 총상화서로 액생 · 정생하며 화서 3~8cm로 6~7월에 개화
- 열매 : 협과, 9~10월경에 성숙, 넓은 피침형, 복모 있음
- 줄기 : 갈색으로 세로 방향으로 갈라짐
- 뿌리 : 천근성

생태

- 토 성 : 사질양토
- 음 양 성 : 음수
- 내공해성 : 강함
- 건 습 : 적윤
- 내 화 성 : 보통
- 내 한 성 : 강함
- 생장속도 : 빠름
- 내 염 성 : 강함
- 통 기 : 필요
- 산 도 : 약산성

1	2	3	4	5	6	7	8	9	10	11	12

관리 및 번식

- 이 식 : 용이
- 전 정 : 강함
- 번 식 : 실생/분주
- 병충해 : 강함
- 시 비 : 보통

용도

자주색꽃이 아름답고 내건성도 뛰어나 훼손지 녹화 및 주연부식재, 군락식재에 적합

기타종

- 참싸리(*L. cyrtobotrya* Miq.) 잎이 원형 또는 타원형이고 끝이 요두(凹頭)임
- 싸리(*L. bicolor* Turcz.) 화서는 잎보다 길고, 화서에 선털이 없으며 화경에 흰털이 있음.
- 해변싸리(*L. maritima* Nakai) 지상부는 겨울동안 죽지 않으며, 잎 끝은 양쪽으로 좁아지며, 잎의 가장자리가 뒤로 말림

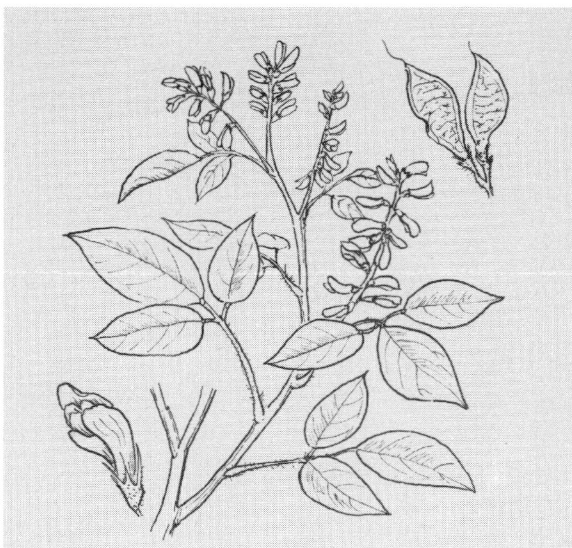

아까시나무(개아까시나무, 아카시아)

Robinia pseudoacacia L.

영명 : Black Locust, False Acaia, Bristly Locust, Mossy Locust
일명 : ニセアカシヤ
중명 : 刺槐 자괴
Robinia : Jean Robin(1550-1629)씨를 기념
pseudoacacia : 아까시아속을 닮은 것을 가리킴

생육

- 성　상 : 낙엽활엽교목
- 수　형 : 타원형
- 수　고 : 20 내외
- 원산지 : 북아메리카
- 분　포 : 귀화식물로 전국에 자생

형태

- 잎 : 길이는 2.5~4.5cm, 호생하며 9~19개의 타원형 또는 난형의 소엽이 기수1회우상복엽을 이룸
- 꽃 : 총상화서, 길이 10~20cm, 백색으로 5~6월에 개화
- 열매 : 협과로 넓은 선형, 길이는 5~10cm, 9~10월에 성숙
- 줄기 : 세로로 거칠게 갈라지며 황갈색
- 뿌리 : 천근성

생태

- 토　　성 : 사질양토, 식양토
- 내 한 성 : 강함
- 음 양 성 : 양수
- 생장속도 : 빠름
- 내공해성 : 강함
- 내 염 성 : 강함
- 건　　습 : 적윤
- 통　　기 : 필요
- 내 화 성 : 강함
- 산　　도 : 약산성

관리 및 번식

- 이　식 : 용이
- 전　정 : 강함
- 번　식 : 실생/삽목/분주
- 병충해 : 강함

1	2	3	4	5	6	7	8	9	10	11	12

- 시　비 : 보통

용도

백색꽃이 아름답고 향기가 좋고 내건성이 뛰어나나다른 수목의 활착을 억제해 식재에 주의해야하며 사방녹화나 녹음식재, 완충식재, 가로수식재에 이용

특이사항

훌륭한 밀원식물임

기타종

- 꽃아까시나무(*R. hispida* L.) 북미 원산의 낙엽활엽관목으로, 줄기에 잔털같은 가시가 많으며, 꽃은 붉은 핑크색으로 5~6월에 개화

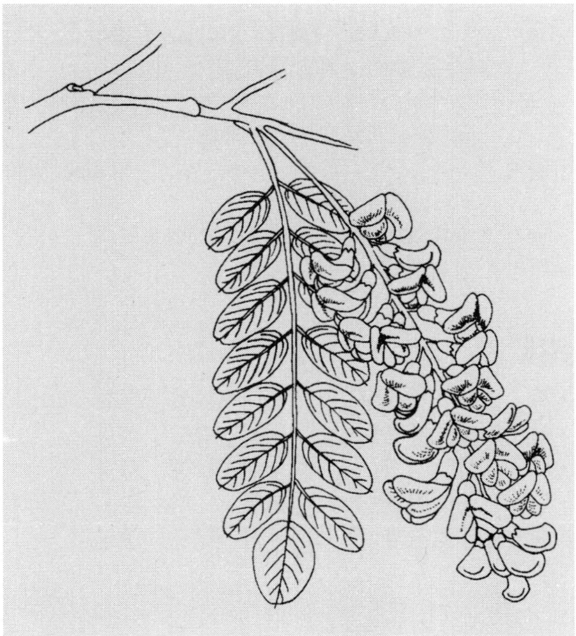

오구나무(조구나무) 대극科

Sapium sebiferum (L.) Roxb.

영명 : Chinese Tallow Tree, Chinese Tallow

일명 : ナンキンハガ

중명 : 烏臼木 조구목

이명 : *Croton sebiferus* L.
Seborium sebiferum (L.) Hurus.
Stillingfleetia sebifera (L.) Bojer
Stillingia sebifera (L.) Michx.

Sapium : 라틴 고명이며 점질이란 뜻에서 유래. 본 속의 어떤 종으로 새잡는 풀을 만들었다는 데서 유래

sebiferum : 脂肪(지방)이 있는

생육

- 성　상 : 낙엽활엽교목
- 수　형 : 원정형
- 수　고 : 15m 내외
- 원산지 : 중국, 베트남
- 분　포 : 난온대지방에 식재

형태

- 잎 : 사각상 난형, 길이는 3~6cm, 끝이 꼬리처럼 길고 가장자리가 밋밋
- 꽃 : 암수한그루, 총상화서, 수꽃 10~15개, 암꽃 2~3개로 7~8월 개화
- 열매 : 삭과, 구형, 흑색. 종자는 흰색. 납질로 덮히며 11월에 성숙
- 줄기 : 수피 회백색, 세로결, 줄기 꺾으면 흰즙나옴
- 뿌리 : 심근성

생태

- 토　　성 : 사질양토
- 음 양 성 : 중용수
- 내공해성 : 강함
- 건　　습 : 적윤
- 내 화 성 : 강함
- 내 한 성 : 약함
- 생장속도 : 빠름
- 내 염 성 : 강함
- 통　　기 : 필요
- 산　　도 : 중성

1	2	3	4	5	6	7 8	9	10		12

관리 및 번식

- 이　식 : 보통
- 번　식 : 실생
- 시　비 : 보통
- 전　정 : 약함
- 병충해 : 강함

용도

노란색 꽃과 단풍과 수형이 아름다움. 기조식재, 악센트식재, 녹음식재, 유도식재, 가로수식재에 좋음

특이사항

조구나무라고도 불림

기타종

- 사람주나무(*S. japonicum* (Siebold & Zucc.) Pax & Hoffm.) 수피는 회백색으로 백목이라고도 하며, 가지 또는 잎에 상처를 내면 백색 유액이 나옴

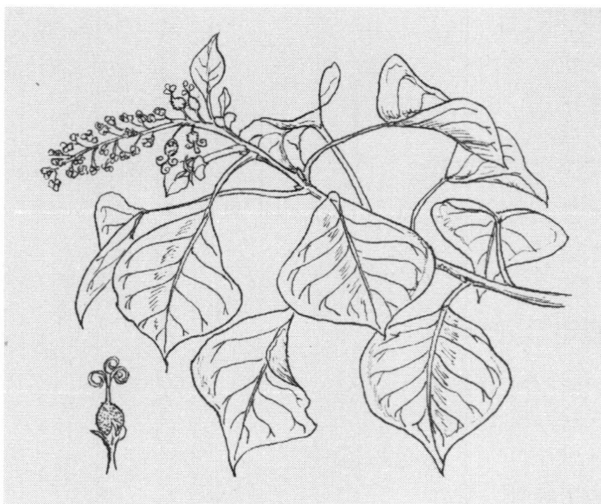

예덕나무(꽤잎나무, 비닥나무)

Mallotus japonicus (L. F.) Müll. Arg.

영명 : Mallotus, East Asian Mallotus
일명 : アカメガシワ
중명 : 野桐 야동
이명 : *Croton japonicus* Thunb.
Richinus japonicus (Thunb.) Thunb.
Rottlera japonica (Thunb.) Spreng.

Mallotus : 그리스어 Mallotus(털이 있는)의 뜻
japonicus : 일본 원산의 뜻

생육

- 성 상 : 낙엽활엽교목
- 수 형 : 원정형
- 수 고 : 5m 내외
- 원산지 : 한국, 중국, 일본
- 분 포 : 난온대 기후대 해안가와 제주도의 산지에서 자생

형태

- 잎 : 길이는 10~20cm, 가장자리 밋밋하거나 3갈래로 나눠짐. 표면에 붉은 털
- 꽃 : 암수딴그루, 원추꽃화서, 8~20cm, 털 밀생, 6월에 개화
- 열매 : 황갈색 털과 선점있음, 9월에 갈색으로 성숙
- 줄기 : 수피 회백색이고 가지 굵음. 흰 줄무늬 있음
- 뿌리 : 심근성

생태

- 토 성 : 사질양토
- 음 양 성 : 양수
- 내공해성 : 보통
- 건 습 : 적윤
- 내 화 성 : 강함
- 내 한 성 : 약함
- 생장속도 : 빠름
- 내 염 성 : 강함
- 통 기 : 필요
- 산 도 : 중성

1	2	3	4	5		7	8		10	11	12

관리 및 번식

- 이 식 : 용이
- 번 식 : 실생
- 시 비 : 보통
- 전 정 : 보통
- 병충해 : 강함

용도

붉은색의 어린잎이 아름답고 염해에 강하여 임해매립지 및 해안지방에서 악센트식재, 주연부식재, 방풍식재에 적합

기타종

- 일본유동(*Vernicia montana* Lour.) 엽병 끝의 선에 대가 있고 열매가 편구형이며, 지름이 2~2.5mm 정도임

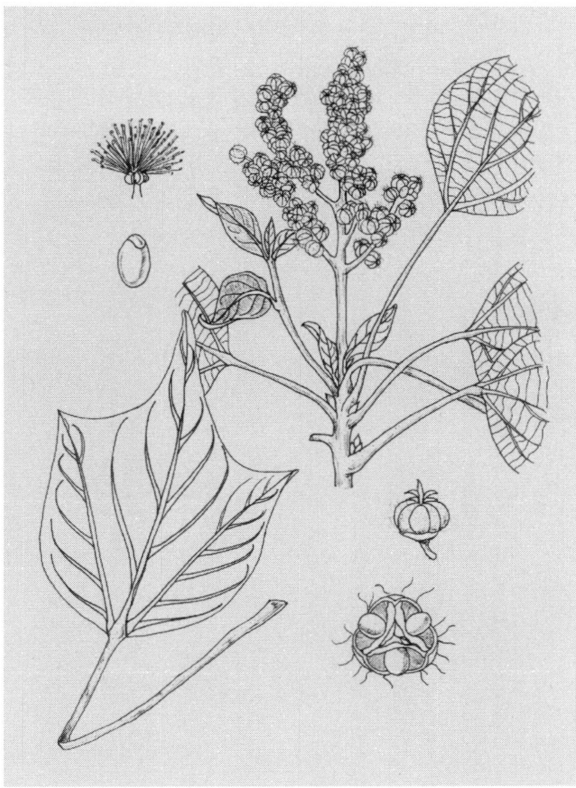

굴거리나무(만병초, 청대동)

Daphniphyllum macropodum Miq.

영명 : Daphniphyllum

일명: ユズリハ

중명 : 山黃樹 산황수

이명 : *Daphniphyllum membranaceum* Hayata

Daphniphyllum : daphne(월계수속)+phyllon(잎)의 합성어

macropodum : 긴 자루의, 굵은대의 뜻

생육

• 성　상 : 상록활엽교목(관목)
• 수　형 : 타원형
• 수　고 : 10m 내외
• 원산지 : 한국, 일본
• 분　포 : 울릉도, 전북, 전남 및 제주도의 산지

형태

• 잎 : 호생, 긴타원형, 길이는 12~20cm,가장자리 밋밋, 점첨두, 혁질, 잎자루 붉은색
• 꽃 : 암수딴그루, 총상화서, 길이 2.5cm, 꽃 녹색으로 5~6월에 개화, 수꽃에 꽃받침이 없음
• 열매 : 핵과, 타원형, 지름 1cm, 남보라색, 종자타원형으로 10~11월에 성숙
• 줄기 : 수피 회갈색, 세로로 길게 갈라짐
• 뿌리 : 심근성

생태

• 토　　성 : 사질양토
• 음 양 성 : 음수
• 내공해성 : 보통
• 건　　습 : 적윤
• 내 화 성 : 강함
• 내 한 성 : 강함
• 생장속도 : 느림
• 내 염 성 : 보통
• 통　　기 : 필요
• 산　　도 : 중성

1	2	3	4	5	6	7	8	9	10	11	12

관리 및 번식

• 이　식 : 보통
• 전　정 : 강함
• 번　식 : 실생/분주/삽목
• 병충해 : 강함(잡목긴나무좀벌레)
• 시　비 : 보통

용도

내한성이 강하여 온대 중부지방의 도심지에도 식재가 가능하며, 붉은색을 띠는 엽병, 잎의 질감과 수형이 아름다워 악센트식재, 주연부식재, 유도식재, 경계식재에 적합

기타종

• 좀굴거리나무(*D. teijsmanni* Zoll. ex Kurz) 잎이 작고 엽맥이 조밀하며 수꽃에 꽃받침이 있음

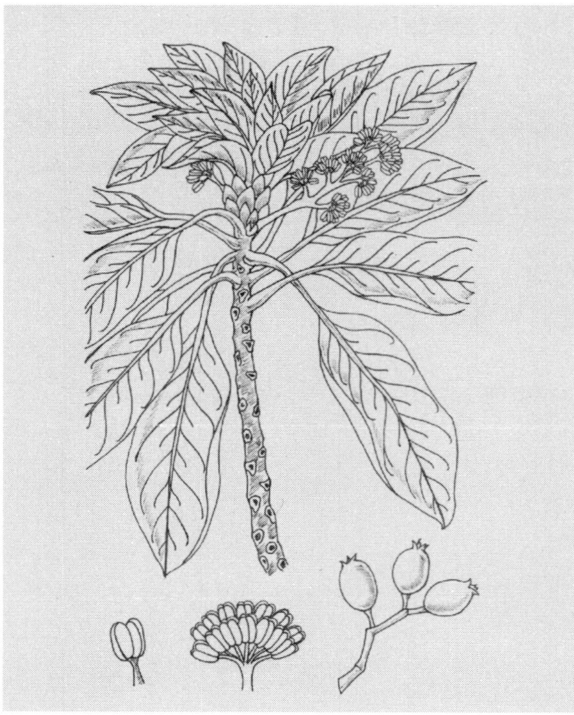

산초나무(분지나무, 산추나무) 운향科

Zanthoxylum schinifolium Siebold & Zucc.

영명	Mastic-Leaf Prickly Ash, Pepper tree Prickly Ash
일명	イヌザンショウ
중명	川椒 천초
이명	*Fagara mantchurica* (Benn.) Honda *Fagara schinifolia* (Siebold & Zucc.) Engl. *Zanthoxylum mantchuricum* Benn. ex Dnaiell

Zanthoxylum : 희랍어 xanthos(황)와 xylon(재)의 합성어이며 목재가 황색이고 운향과
schinifolium : 옻나무과 중 schinus속의 잎과 같은 野草(약초), 山草(산초)

생육

- 성　상 : 낙엽활엽관목
- 수　형 : 구형
- 수　고 : 3m 내외
- 원산지 : 한국, 중국, 일본
- 분　포 : 전국의 산지에 자생

형태

- 잎 : 호생, 기수1회우상복엽, 작은잎 11~21개, 긴타원형, 길이 1.5~4.0cm, 가장자리 둔한톱니
- 꽃 : 암수딴그루, 복산방화서, 연한 황록색, 꽃잎 5장이며 7~8월 개화
- 열매 : 삭과, 구형, 길이 4~5mm, 녹갈색. 종자 구형. 10월에 성숙
- 줄기 : 가시가 어긋나 자람
- 뿌리 : 천근성

생태

- 토　　성 : 사질양토
- 음 양 성 : 양수
- 내공해성 : 약함
- 건　　습 : 적윤
- 내 화 성 : 약함
- 내 한 성 : 강함
- 생장속도 : 빠름
- 내 염 성 : 강함
- 통　　기 : 필요
- 산　　도 : 중성

1	2	3	4	5	6	7	8	9		11	12

관리 및 번식

- 이　식 : 용이
- 번　식 : 실생/삽목
- 시　비 : 보통
- 전　정 : 보통
- 병충해 : 강함

용도

향내가 특이하여 바람을 고려하여 군식을 하면 좋은 효과를 얻을수 있으며 주연부식재, 차폐식재, 경계식재에 이용 가능하며, 종자는 기름을 짜서 식용 또는 약용으로 이용

기타종

- 민산초나무(*Z. schinifolium* var. *inermis* (Nakai) T. B. Lee) 산초나무와 비슷하나 가시가 없음
- 개산초(*Z. planispinum* Siebold & Zucc.) 상록성으로 소지에 마주 난 편평한 가시가 있으며, 소엽은 3~7개이고 엽축에 넓은 날개가 있음
- 초피나무(*Z. piperitum* (L.) DC.) 산초나무에 비해 가시가 대생임

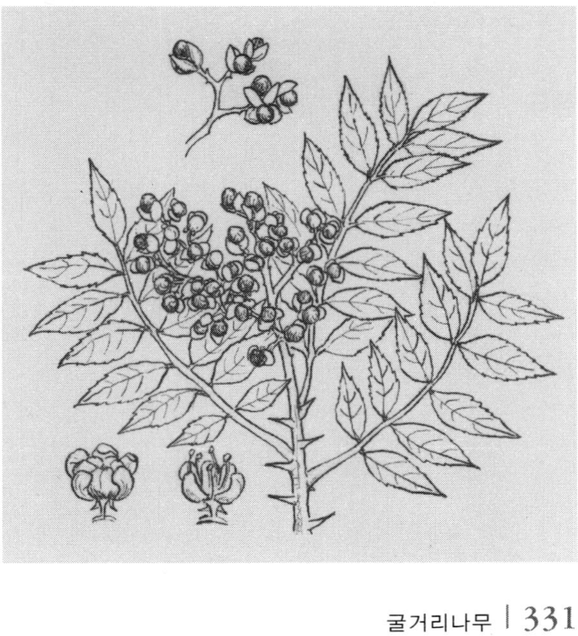

머귀나무(민머귀나무, 매오동나무)

운향科

Zanthoxylum ailanthoides Siebold & Zucc.

영명 : Alianthus-like Prickly Ash

일명 : カラスザンショウ

중명 : 食茱萸 식수유

이명 : *Fagara ailanthoides* (Siebold & Zucc.) Engl.
Fagara ailanthoides var. *inermis* Nakai

Zanthoxylum : 희랍어 xanthos(황)와 xylon(재)의 합성어이며 목재가 황색이고 운향과
ailanthoides : 가죽나무속(Ailanthus)과 비슷한

생육

- 성　상 : 낙엽활엽교목
- 수　형 : 원정형
- 수　고 : 15m 내외
- 원산지 : 한국, 중국, 일본
- 분　포 : 제주도, 울릉도 및 남해안 도서지방

형태

- 잎 : 호생, 작은 잎 19~23개, 길이는 7~12cm, 혁질
- 꽃 : 암수딴그루, 산형상 원추화서, 7~8월 개화
- 열매 : 11월에 익고 매운맛이 나며 향이 적음
- 줄기 : 소지에 털이 없으며 가시는 길이 5~7mm
- 뿌리 : 심근성

생태

- 토　　성 : 사질양토
- 음 양 성 : 중용수
- 내 염 성 : 강함
- 통　　기 : 필요
- 산　　도 : 중성
- 내 한 성 : 강함
- 생장속도 : 빠름
- 건　　습 : 적윤
- 내 화 성 : 약함
- 내공해성 : 보통

1	2	3	4	5	6	7	8	9	10		12

관리 및 번식

- 이　식 : 용이
- 번　식 : 실생/분주
- 시　비 : 보통
- 전　정 : 강함
- 병충해 : 강함

용도

가시가 달린 수피가 특이하고 흰꽃이 층을 이뤄 아름다우며 기조식재, 녹음식재, 가로수식재, 유도식재에 적합

기타종

- 좀머귀나무(*Z. fauriei* (Nakai) Ohwi) 잎과 작은 잎이 왜소함

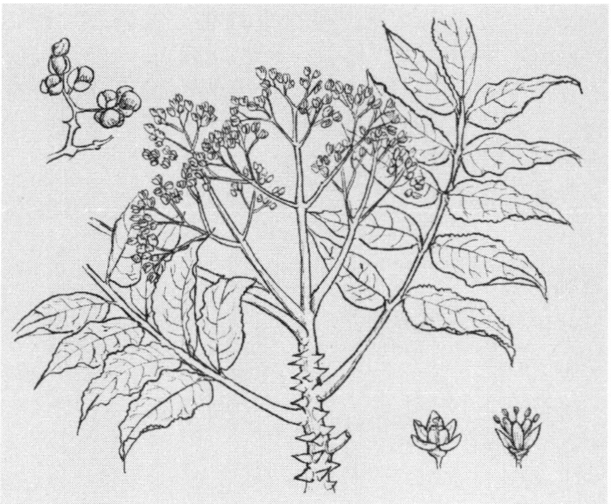

쉬나무(수유나무, 시유나무, 쇠동나무, 디지나무, 소동백나무)

운향과

Euodia daniellii (Benn.) Hemsl.

영명 : Korean Euodia, Euoida, Bee Bee tree
일명 : チョウセンゴシュユ
중명 : 臭檀 취단
이명 : *Zanthoxylum daniellii* Benn. ex Dnaiell
Evodia : 그리스어로 잎의 향기 뜻
daniellii : 인명 Diniell에서 온 것

생육

- 성 상 : 낙엽활엽교목
- 수 형 : 타원형
- 수 고 : 10m 내외
- 원산지 : 한국, 중국
- 분 포 : 전국의 해발고도가 낮은 건조한 산지 및 민가 주변

형태

- 잎 : 대생, 기수1회우상복엽, 작은잎 7~11개, 타원형, 길이 5~13cm, 뒷면 맥 사이 털, 비비면 독특한 냄새
- 꽃 : 산방화서 길이 7~8cm, 꽃지름 4~5mm, 흰색, 7~8월 개화
- 열매 : 골돌, 구형, 길이 6~8mm, 붉은갈색, 선점과 털이 있으며 9~10월 성숙
- 줄기 : 수피 붉은색, 피목 발달
- 뿌리 : 천근성

생태

- 토 성 : 사질양토
- 음 양 성 : 양수
- 내공해성 : 강함
- 건 습 : 건조
- 내 화 성 : 약함
- 내 한 성 : 강함
- 생장속도 : 빠름
- 내 염 성 : 강함
- 통 기 : 필요
- 산 도 : 중성

1	2	3	4	5	6	7	8	9	10	11	12

관리 및 번식

- 이 식 : 보통
- 번 식 : 실생
- 시 비 : 보통
- 전 정 : 강함
- 병충해 : 강함(적색하늘소)

용도

7~8월중에 피는 백색꽃이 나무 전체를 수놓아 아름답고 9~10월경 익는 적색의 열매와 수피가 관상가치가 뛰어나 기조식재, 악센트식재, 녹음식재, 유도식재, 가로수식재, 완충식재에 적합

특이사항

세계적으로 인정받는 밀원식물

기타종

- 오수유(*E. officinalis* Dode) 소엽이 7~16개이고 뒷면에 털이 있음

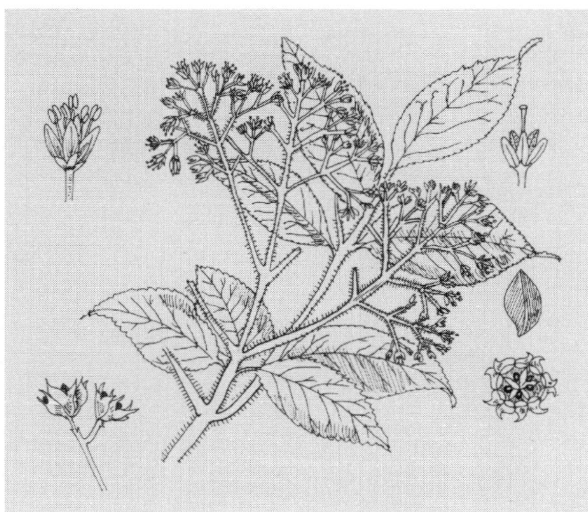

황벽나무(황경피나무, 황경나무)

Phellodendron amurense Rupr.

영명 : Amur Cork Tree

일명 : アムルキハダ

중명 : 黃檗 황벽

phellodendron : 그리스어 phellos(잎)+dendron (수목)의 뜻

amurense : 아무르강 원산의 뜻

생육

- 성　상 : 낙엽활엽교목
- 수　형 : 원정형
- 수　고 : 15m 내외
- 원산지 : 한국, 중국, 일본
- 분　포 : 제주와 전남을 제외한 전국의 산지

형태

- 잎 : 호생, 기수1회우상복엽, 작은잎 5~13개, 달걀형, 길이 5~10cm, 잎끝 꼬리모양으로 뾰족
- 꽃 : 암수딴그루, 원추화서 지름 5~7cm, 황록색, 6~7월 개화
- 열매 : 핵과, 구형, 지름 1cm, 검정색, 종자 5개, 11~12월 성숙
- 줄기 : 수피 연한 회색, 깊게 갈라짐, 코르크층 발달
- 뿌리 : 심근성

생태

- 토　　성 : 사질양토
- 음 양 성 : 중용수
- 내공해성 : 보통
- 건　　습 : 적윤
- 내 화 성 : 강함
- 내 한 성 : 강함
- 생장속도 : 빠름
- 내 염 성 : 약함
- 통　　기 : 필요
- 산　　도 : 중성

1	2	3	4	5	6	7	8	9	10	11	12

관리 및 번식

- 이　식 : 보통
- 전　정 : 보통
- 번　식 : 실생/분주/삽목
- 병충해 : 강함
- 시　비 : 보통

용도

수평으로 배열된 가지패턴과 부드러운 코르크가 발달하며 기조식재, 녹음식재, 가로수 식재에 이용가능

기타종

- 털황벽(*P. amurense* for. *molle* (Nakai) W.T.Lee) 잎의 뒷면에 융모 있음
- 화태황벽나무(*P. amurense* var. *sachalinense* F. Schmidt) 엽폭이 넓고, 코르크층이 다소 얇음

탱자나무

운향科

Poncirus trifoliata (L.) Raf.

영명 : Japanese Bitter Orange
일명 : カラタチ
중명 : 枳橘 지귤
이명 : *Citrus trifoliata* L.
Poncirus : 프랑스어 poncire(귤)의 뜻
trifoliata : 3개의 잎 또는 3개의 소엽이 달리는 것 의미

생육

- 성 상 : 낙엽활엽교목(관목)
- 수 형 : 구형
- 수 고 : 5m 내외
- 원산지 : 한국, 중국
- 분 포 : 민가, 경작지 주변의 울타리용 식재

형태

- 잎 : 호생, 3출복엽, 작은잎 타원형, 길이 3~5cm, 가장자리 둔한 톱니, 혁질, 잎자루에 날개
- 꽃 : 양성화, 1~2개씩 달림, 지름 1.8~3.0cm, 꽃잎 5개, 흰색, 4~5월 잎이 나기 전 개화
- 열매 : 감과, 구형, 지름 3~5cm, 진한 향기, 노란색, 9~10월 성숙
- 줄기 : 수피 짙은 녹색, 가시발달
- 뿌리 : 심근성

생태

- 토 성 : 사질양토
- 음 양 성 : 양수
- 내공해성 : 보통
- 건 습 : 적윤
- 내 화 성 : 강함
- 내 한 성 : 약함
- 생장속도 : 빠름
- 내 염 성 : 강함
- 통 기 : 필요
- 산 도 : 중성

1	2	3	4	5	6	7	8	9	10	11	12

관리 및 번식

- 이 식 : 어려움
- 전 정 : 강함(7월 상순~8월 중순, 2월 하순~3월)
- 번 식 : 실생/삽목/접목
- 병충해 : 강함
- 시 비 : 보통

용도

가시가 많고 가지가 여러 갈래로 갈라지며, 가을에 익는 향기가 진한 노란 열매가 아름다움. 전정시 맹아력이 강해서 토피아리나 경계식재, 차폐식재에 적합

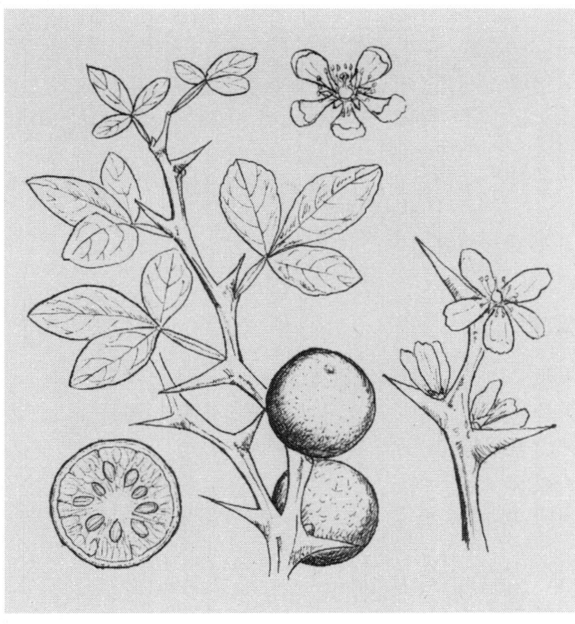

가죽나무(가중나무, 개죽나무)

Ailanthus altissima (Mill.) Swingle

영명 : Tree Of Heaven
일명 : シンジュ
중명 : 臭椿 취춘
이명 : *Ailanthus cacoendron* Schinz & Thell.
Ailanthus glandulosa Desf.

Ailanthus : Molucca 섬의 方言(방언)으로서 하늘의 나무라는 뜻
altissima : 키가 매우 큰

생육

- 성 상 : 낙엽활엽교목
- 수 형 : 원정형
- 수 고 : 20m 내외
- 원산지 : 중국
- 분 포 : 귀화식물로 전국에 자생

형태

- 잎 : 호생, 기수1회우상복엽, 길이 60~80cm, 소엽 13~25개, 넓은 피침상 난형, 길이 7~13cm, 너비 5cm내외, 표면은 녹색 뒷면은 담녹색
- 꽃 : 암수딴그루, 30cm내외의 원추화서, 지름 7~8mm, 꽃잎 5개, 녹색이 도는 백색, 5~6월 개화
- 열매 : 시과(翅果)는 적갈색, 얇은 피침형, 길이 3~4cm, 폭 1cm, 3~5개씩 달림, 9~10월 성숙
- 줄기 : 수피는 회갈색으로 얕게 갈라짐 잎이나 꽃에서 강한 냄새
- 뿌리 : 심근성

생태

- 토 성 : 가리지 않음
- 음 양 성 : 양수
- 내공해성 : 강함
- 건 습 : 적윤
- 내 화 성 : 보통
- 내 한 성 : 강함
- 생장속도 : 빠름
- 내 염 성 : 강함
- 통 기 : 필요
- 산 도 : 약산성

1	2	3	4	5	6	7	8	9	10	11	12

관리 및 번식

- 이 식 : 어려움
- 전 정 : 강함
- 번 식 : 실생/분주
- 병충해 : 약함(주홍날개꽃매미충)
- 시 비 : 보통

용도

대기오염에 강하고 생장이 빠르며 녹음기능이 우수하여 가로수 식재, 녹음식재, 완충식재에 적합

기타종

- 붉은가죽나무(*A. altissima* for. *erythrocarpa* (Carriére) Rehder) 잎의 표면이 진한 녹색이고 뒷면은 회색이며 열매가 붉은 색을 띰

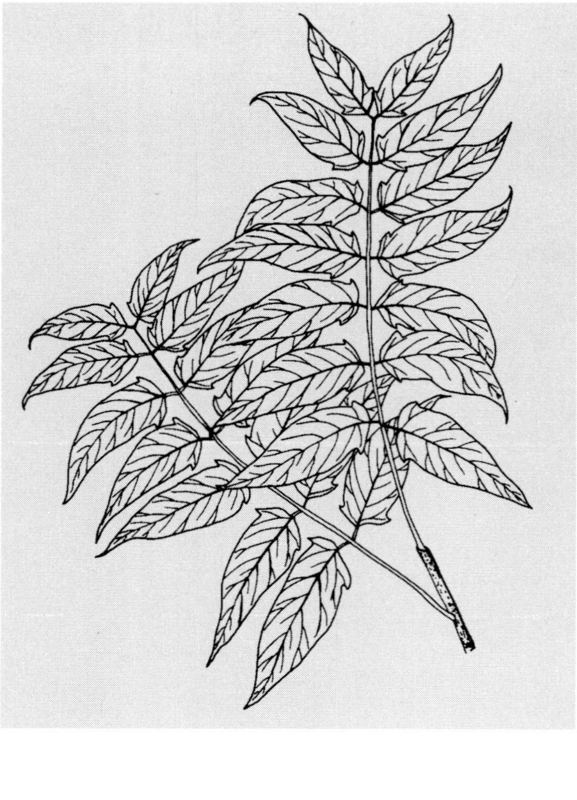

멀구슬나무(구주나무, 구주목, 말구슬나무)

Melia azedarach L.

영명 : Bead-tree, Persian lilac, Pride of India
일명 : センダン
중명 : 楝 련
이명 : *Melia azedarach* var. *japonica* (G.Don) Makino
Melia bukayum Royle
Melia cochinchinensis M.Roem.
Melia japonica G.Don

Melia : 물푸레나무의 희랍명이지만 잎 모양이 비슷하기 때문에 본 속으로 전용
azedarach : 아랍 토명(土名)

생육

- 성 상 : 낙엽활엽교목
- 수 형 : 원정형
- 수 고 : 10m 내외
- 원산지 : 한국, 중국, 일본
- 분 포 : 전남, 경남, 제주도 등 자생

형태

- 잎 : 호생, 기수2~3회우상복엽, 길이 80cm, 소엽 난형 또는 타원형, 소엽 길이 2~5cm
- 꽃 : 양성화, 가지 끝에 달리는 원추화서, 연한 자주색, 5~6월 개화
- 열매 : 핵과, 난상 원형, 지름 1.5cm, 황색, 10~11월 성숙
- 줄기 : 흑갈색 수피는 세로로 얕게 갈라짐
- 뿌리 : 심근성

생태

- 토 성 : 사질양토
- 내 한 성 : 약함
- 생장속도 : 빠름
- 내 염 성 : 보통
- 통 기 : 필요
- 산 도 : 중성
- 음 양 성 : 중용수
- 내공해성 : 강함
- 건 습 : 적윤
- 내 화 성 : 보통

1	2	3	4	5	6	7	8	9	10	11	12

관리 및 번식

- 이 식 : 보통
- 전 정 : 보통
- 번 식 : 실생
- 병충해 : 강함(반점병, 녹병)
- 시 비 : 보통

용도

녹음기능이 우수하고 내풍성이 크고 보라색 향기가 좋아 기조식재, 악센트식재, 방풍식재, 녹음식재, 가로수 식재, 유도식재에 적합

특이사항

목재는 가구재로 사용, 열매에는 margosin과 타닌산이 들어 있어 이뇨, 하열 및 구충제로 사용

안개나무(스모크트리, 개옻나무)

옻나무科

Cotinus coggygria Scop.

영명 : Smoke Bush, Venetian Sumach
일명 : ハグマノキス
중명 : 五倍子樹 오배자수
Cotinus : 야생 올리브나무의 희랍 고명
coggygria : Theophrastus가 사용한 Coccygea의 변형

생육

- 성 상 : 낙엽활엽소교목
- 수 형 : 구형
- 수 고 : 5m 내외
- 원산지 : 중국, 히말라야
- 분 포 : 전국에 드물게 식재

형태

- 잎 : 호생, 난형, 길이 4~6cm, 가장자리 밋밋, 털이 없음, 잎맥 평행맥 발달
- 꽃 : 수꽃양성화딴그루 또는 암수딴그루, 원추꽃차례, 길이 15cm, 꽃 지름 3mm, 엷은 자주색, 털 있음, 5~6월 개화
- 열매 : 핵과, 지름 3~4mm, 7~8월 성숙
- 줄기 : 줄기는 곧은편이며, 자갈색을 띠며, 수많은 피목 산생, 털 많음
- 뿌리 : 천근성

생태

- 토 성 : 비옥토
- 음 양 성 : 중용수
- 내공해성 : 강함
- 건 습 : 적윤
- 산 도 : 중성
- 내 한 성 : 강함
- 생장속도 : 빠름
- 내 염 성 : 보통
- 통 기 : 필요
- 내 화 성 : 보통

1	2	3	4	5	6	7	8	9	10	11	12

관리 및 번식

- 이 식 : 용이
- 번 식 : 삽목/실생
- 시 비 : 보통
- 전 정 : 강함
- 병충해 : 강함

용도

자주색 꽃이 안개 낀 것 같이 특이하여 열식을 하면 좋은 효과를 볼 수 있고 도심지에 악센트식재, 군식재에 적합

기타종

- 안개나무 '플레임' (*C. coggygria* 'Flame')가을에 특히 낙엽의 색깔이 좋으며, 적황색 단풍
- 안개나무 '로열퍼플' (*C. coggygria* 'Royal Purple') 잎이 짙은 자주색이며, 가을에 붉은색으로 변함

붉나무(오배자나무, 굴나무, 뿔나무) 옻나무科

Rhus javanica L.

영명	Macassar Kernels, Java Brucea, Kosam
일명	ヌルデ
중명	五倍子樹 오배자수
이명	*Rhus chinensis* Mill. *Rhus javanica* var. *chinensis* (Mill.) T.Yamaz. *Toxicodendron semialatum* (Murray) Kuntze

Rhus : 희랍 고명 rhous가 라틴어화된 것
chinensis : 중국의

생육

- 성 상 : 낙엽활엽소교목
- 수 형 : 구형
- 수 고 : 8m 내외
- 원산지 : 한국, 일본
- 분 포 : 전국 산지에 자생

형태

- 잎 : 호생, 길이 40cm, 기수1회우상복엽, 엽축에 날개, 소엽 7~13개, 난형 또는 난상 장타원형, 소엽길이 5~12cm, 너비 2.5~6.0cm, 표면 짧은 털, 뒷면 갈색 털
- 꽃 : 암수딴그루, 정생하는 15~30cm의 원추화서, 털 밀생, 황백색, 8~9월 개화
- 열매 : 지름 4mm의 핵과, 편구형(扁球形), 황적색, 황갈색의 잔털, 10~11월 성숙
- 줄기 : 수피는 회갈색, 소지는 황색
- 뿌리 : 천근성

생태

- 토 성 : 사질양토
- 음 양 성 : 양수
- 내공해성 : 보통
- 건 습 : 적윤
- 내 화 성 : 보통
- 내 한 성 : 보통
- 생장속도 : 느림
- 내 염 성 : 강함
- 통 기 : 필요
- 산 도 : 약산성

1	2	3	4	5	6	7	8	9	10	11	12

관리 및 번식

- 이 식 : 어려움
- 전 정 : 보통
- 번 식 : 실생/묘분주
- 병충해 : 약함(진딧물, 응애, 충영)
- 시 비 : 보통

용도

소나무 및 교목 아래 식재해도 잘 자라. 악센트식재, 경계식재, 소나무 군락식재시 보조수종으로 이용 가능

특이사항

잎에 달리는 벌레집을 오배자(五倍子)라 하고, 약용으로 하거나 염료로 사용

기타종

- 옻나무(*R. verniciflua* Stokes) 개옻나무에 비해 교목성이며, 어린 가지와 엽폭에 붉은빛이 돌지 않으며, 잎 가장자리에 결각이 없음
- 개옻나무(*R. trichocarpa* Miq.) 9~17개의 소엽은 끝이 급격히 뾰족해지고, 간혹 톱니가 있음

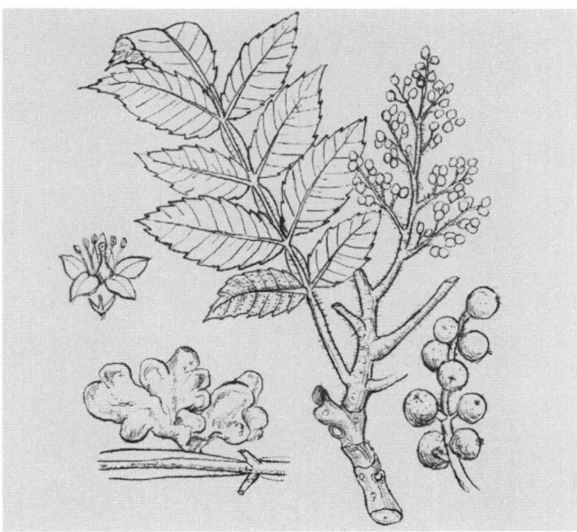

단풍나무(산단풍나무, 내장단풍)

Acer palmatum Thunb.

영명 : Japanese Maple
일명 : チョウセンヤマモミジ
중명 : 丹楓 단풍
이명 : *Acer eupalmatum* (Schwer.) Koidz.
Acer polymorphum Siebold & Zucc.
Acer palmatum var. *thunbergii* Pax
Acer : 단풍나무의 라틴명으로서 갈라진다는 뜻
palmatum : 장상의

생육

- 성　상 : 낙엽활엽교목
- 수　형 : 구형
- 수　고 : 15m 내외
- 원산지 : 한국, 중국, 일본
- 분　포 : 경남, 전남, 제주도 등에서 자생. 전국에 식재

형태

- 잎 : 대생, 5~7개로 갈라지는 원형, 열편은 넓은 피침형, 길이 5~6cm, 겹톱니
- 꽃 : 수꽃양성화한그루, 털이 없는 산방화서, 붉은 색, 4~5월 개화
- 열매 : 시과, 길이 1cm, 털이 없음, 장타원형의 날개 예각 또는 둔각으로 벌어짐, 8~10월 성숙
- 줄기 : 소지는 털이 없으며 적갈색
- 뿌리 : 천근성

생태

- 토　　성 : 사질양토
- 음 양 성 : 중용수
- 내공해성 : 강함
- 건　　습 : 보통
- 내 화 성 : 강함
- 내 한 성 : 강함
- 생장속도 : 느림
- 내 염 성 : 약함
- 통　　기 : 필요
- 산　　도 : 약알카리성

1	2	3	4	5	6	7	8	9	10	11	12

관리 및 번식

- 이　식 : 용이
- 전　정 : 강함
- 번　식 : 실생/접목
- 병충해 : 강함(탄저병, 백분병, 흰가루병)
- 시　비 : 보통

용도

단풍은 적색에서 자주색으로 변하며 악센트식재로 적합, 최근에는 일부지역에 가로수로 식재

기타종

- 단풍나무 '아오시치고산' (*A. palmatum* 'Ao-Shichigosan')
- 단풍나무 '아사히주루' (*A. palmatum* 'Asahi-Zuru')
- 단풍나무 '블러드굿' (*A. palmatum* 'Blood good')
- 단풍나무 '유구레' (*A. palmatum* 'Yugure')등 많은 재배품종이 있음

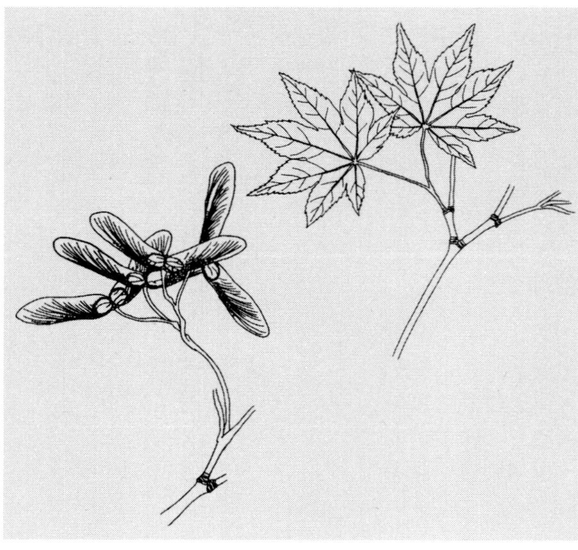

당단풍나무(박달나무, 고로실나무)

Acer pseudosieboldianum (Pax) Kom.

영명 : Korean maple
일명 : トウハウチワカエデ
중명 : 唐丹楓 당단풍
이명 : *Acer pseudosieboldianum* var. *languinosum* Nakai
Acer pseudosieboldianum var. *pilosum* Nakai

Acer : 단풍나무의 라틴명으로서 갈라진다는 뜻
pseudosieboldianum : sieboldianum종과 비슷한

생육

- 성 상 : 낙엽활엽소교목
- 수 형 : 원형
- 수 고 : 15m 내외
- 원산지 : 한국
- 분 포 : 전국 산지에 자생

형태

- 잎 : 대생, 길이 7~10cm의 원형 심장저, 9~11개 갈라짐. 표면에 털이 약간 있거나 없음. 뒷면은 엽맥을 따라 부드러운 털 존재, 잎자루는 처음부터 부드러운 털 존재
- 꽃 : 수꽃양성화한그루, 10~20개의 꽃이 달리는 산방화서, 정생, 붉은 색, 4~5월 개화
- 열매 : 털이 있으며 거의 수평으로 벌어짐, 길이 2cm, 끝이 둥금. 8월~10월 성숙
- 줄기 : 약간 매끈한 편이나 세로로 약간 골이지며 회갈색
- 뿌리 : 천근성

생태

- 토 성 : 사질양토
- 음 양 성 : 중용수
- 내공해성 : 강함
- 건 습 : 적습
- 내 화 성 : 강함
- 내 한 성 : 강함
- 생장속도 : 느림
- 내 염 성 : 약함
- 통 기 : 필요
- 산 도 : 중성

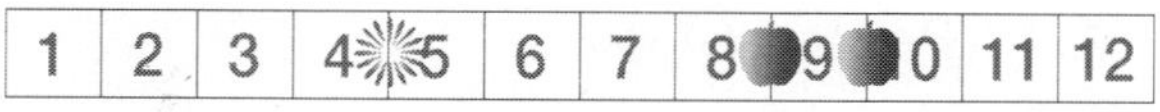

관리 및 번식

- 이 식 : 용이
- 전 정 : 강함
- 번 식 : 실생/접목
- 병충해 : 강함(검은무늬병, 흰가루병, 깍지벌레)
- 시 비 : 보통

용도

공해에 강하고 단풍이 아름다워 군식재, 군락식재, 악센트식재로 이용가능

기타종

- 섬단풍나무(*A. takesimense* Nakai) 울릉도특산으로, 소엽은 11-13개로 갈라짐.

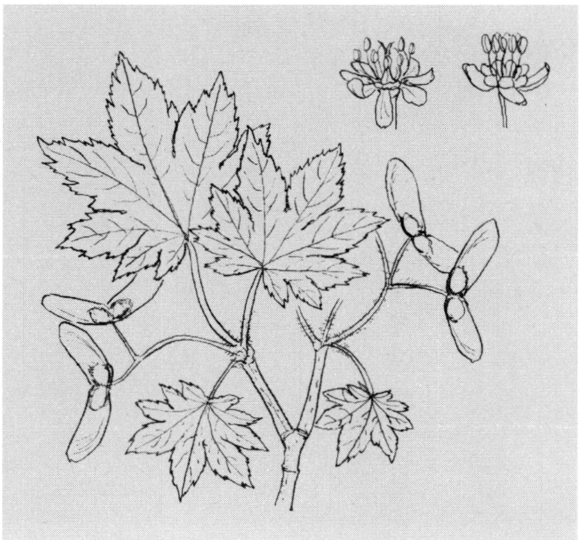

고로쇠나무(신나무, 단풍나무)

Acer pictum subsp. *mono* (Maxim.) Ohashi

영명 : Painted Maple
일명 : イタヤカエデ
중명 : 五角楓 오각풍
이명 : *Acer cappadocicum* subsp. *mono* (Maxim.) E.Murray
Acer mono Maxim.

Acer : : 단풍나무의 라틴명으로서 갈라진다는 뜻
mono : 1개의

생육

- 성 상 : 낙엽활엽소교목
- 수 형 : 타원형
- 수 고 : 20m 내외
- 원산지 : 한국, 중국, 일본
- 분 포 : 전국 산지의 계곡부에 자생

형태

- 잎 : 대생, 지름 7~15cm로 구형, 5~7개로 얕게 갈라지며 뒷면 맥액(脈腋)에 털이 속생(束生)
- 꽃 : 수꽃양성화한그루, 새가지 끝에서 잎과 같이 나오는 산방화서,연한 황록색, 지름 5~7mm, 4~5월 개화
- 열매 : 길이 2~3cm의 시과, 예각, 날개는 종자길이의 2배, 9~10월 성숙
- 줄기 : 회갈색이며 세로로 얕게 갈라짐
- 뿌리 : 천근성

생태

• 토 성 : 사질양토	• 내 한 성 : 보통
• 음 양 성 : 중용수	• 생장속도 : 보통
• 내공해성 : 강함	• 내 염 성 : 보통
• 건 습 : 적습	• 통 기 : 필요
• 내 화 성 : 강함	• 산 도 : 중성

1	2	3	4	5	6	7	8	9	10	11	12

관리 및 번식

- 이 식 : 용이
- 전 정 : 보통
- 번 식 : 실생
- 병충해 : 강함(갈색무늬병, 흰가루병, 탄저병)
- 시 비 : 보통

용도

노란색의 단풍이 아름다워 가로수식재, 유도식재, 악센트식재, 기조식재에 이용

특이사항

이른 봄에 고로쇠수액을 채취

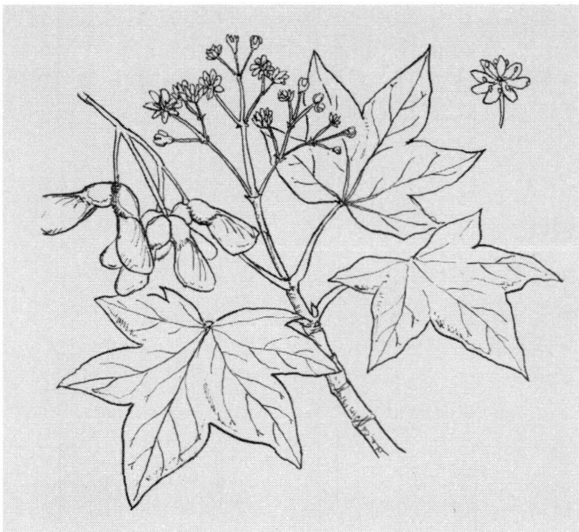

신나무(시다기나무, 시닥나무)

Acer tataricum subsp. *ginnala* (Maxim.) Wesm.

영명 : Amur Maple
일명 : カラコギカエデ
중명 : 色木 색목
이명 : *Acer ginnala* for. *coccineum* Nakai
Acer ginnala var. *divaricatum* Nakai
Acer ginnala subsp. *euginnala* Pax

Acer : 단풍나무의 라틴명으로서 갈라진다는 뜻
ginnala : 시베리아의 토명

1	2	3	4	5	6	7	8	9	10	11	12

생육

- 성 상 : 낙엽활엽교목
- 수 형 : 우산형
- 수 고 : 10m 내외
- 원산지 : 한국, 중국, 일본
- 분 포 : 전국 산지에 자생

형태

- 잎 : 대생, 난상 타원형, 길이 4~8cm, 너비 3~6cm, 표면 윤채, 하반부는 흔히 3개로 얕게 갈라지고, 가장자리 불규칙한 결각과 뾰족한 겹톱니
- 꽃 : 수꽃양성화한그루, 가지 끝에 달리는 길이 7cm의 복산방화서, 향기나는 황백색 꽃이 5~6월 개화
- 열매 : 길이 3.5cm의 시과, 날개는 거의 평행하거나 합쳐짐, 9~10월 성숙
- 줄기 : 회색이며 세로방향으로 갈라짐
- 뿌리 : 천근성

생태

- 토 성 : 사질양토
- 음 양 성 : 중용수
- 내공해성 : 강함
- 건 습 : 다습
- 내 화 성 : 약함
- 내 한 성 : 강함
- 생장속도 : 빠름
- 내 염 성 : 보통
- 통 기 : 필요
- 산 도 : 중성

관리 및 번식

- 이 식 : 용이
- 전 정 : 강함
- 번 식 : 실생
- 병충해 : 강함(반점무늬병, 검은무늬병, 하늘소)
- 시 비 : 보통

용도

붉은 색 단풍이 아름답고 정원수, 공원수로 적당. 해풍에 강하고 물가 악센트식재, 차폐식재, 완충식재에 적합

기타종

- 붉신나무(*A. ginnala* for. *coccineum* Nakai) 시과가 붉음
- 팽이신나무(*A. ginnala* for. *divaricatum* (Nakai)T. B. Lee) 시과가 벌어짐

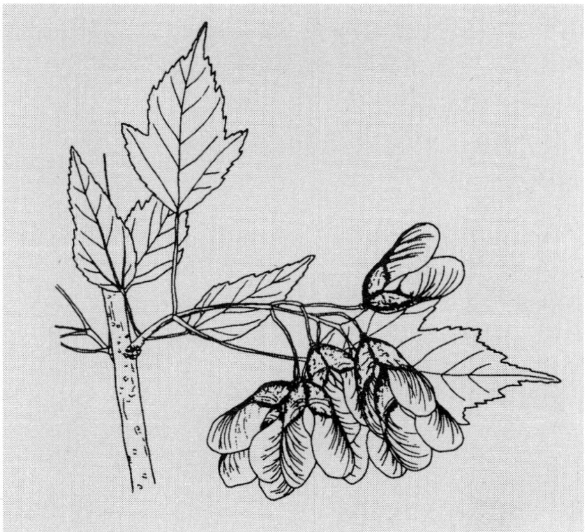

중국단풍(당단풍나무, 세뿔단풍)

Acer buergerianum Miq.

영명 : Three-toothed Maple, Trident Maple
일명 : トウカエデ영
중명 : 三角楓 삼각풍
이명 : *Acer buergerianum* var. *trinerve* (Siesm.) Rendle
Acer subtrilobum (Koch) Koidz.
Acer trifidum Hook. & Arn.

Acer : 단풍나무의 라틴명으로서 갈라진다는 뜻
buergerianum : 일본식물 채집가인 Buerger의

생육

- 성 상 : 낙엽활엽교목
- 수 형 : 타원형
- 수 고 : 15m 내외
- 원산지 : 중국, 타이완
- 분 포 : 전국에 식재

형태

- 잎 : 대생, 기부에서 3맥이 발달하고 3개로 얕게 갈라지고 열편 3각형, 가장자리 밋밋함
- 꽃 : 수꽃양성화한그루, 털이 있고 가지 끝에 달리는 산방화서, 연한 황색, 4~5월 개화
- 열매 : 털이 없고 분과(分果)는 평행, 길이 2.0~2.5㎝, 9~10월 성숙
- 줄기 : 다소 부드러우며 황갈색으로 피목발달
- 뿌리 : 천근성

생태

- 토 성 : 사질양토
- 음 양 성 : 중용수
- 내공해성 : 강함
- 건 습 : 적윤
- 내 화 성 : 보통
- 내 한 성 : 강함
- 생장속도 : 보통
- 내 염 성 : 보통
- 통 기 : 필요
- 산 도 : 중성

1	2	3	4	5	6	7	8	9	10	11	12

관리 및 번식

- 이 식 : 용이
- 번 식 : 실생
- 시 비 : 보통
- 전 정 : 강함
- 병충해 : 강함

용도

가을의 노란색 또는 적색의 단풍이 아름답고 수형이 단정하여 주로 가로수로 많이 이용되며, 군식재, 악센트식재에 적합

시닥나무(단풍자래, 시당나무) 단풍나무科

Acer komarovii Pojark.

영명 : Rubripes Maple
일명 : チョウセンミネカエデ
중명 : 小楷槭 소해축
이명 : *Acer tschonoskii* var. *rubripes* Kom.
Acer : 단풍나무의 라틴명으로서 갈라진다는 뜻
komarovii: 러시아의 식물분류학자인

생육

- 성 상 : 낙엽활엽소교목
- 수 형 : 구형
- 수 고 : 10m 내외
- 원산지 : 한국, 중국
- 분 포 : 온대 북부, 경남, 전북지역의 높은 산, 강원도 이북에 자생

형태

- 잎 : 대생, 3~5개로 갈라지는 장란형, 열편은 난형, 길이 5~9cm, 너비 5~10cm, 뒷면 맥위 갈색 털 밀생. 가장자리 치아상 또는 물결형의 톱니, 잎자루 길이 2~5cm로서 붉은 빛
- 꽃 : 암수딴그루, 5~10개의 꽃이 가지 끝에 달리는 길이 6~8cm의 총상화서, 털이 없음, 황록색, 5~6월 개화
- 열매 : 시과, 길이 2~2.5cm, 날개 피침형, 너비 5mm, 9~10월 성숙
- 줄기 : 수피 회색, 어린가지는 자주색이나 점차 회색
- 뿌리 : 천근성

생태

- 토 성 : 사질양토
- 음 양 성 : 중용수
- 내공해성 : 약함
- 건 습 : 적윤
- 내 화 성 : 약함
- 내 한 성 : 강함
- 생장속도 : 빠름
- 내 염 성 : 보통
- 통 기 : 필요
- 산 도 : 중성

1	2	3	4	5	6	7	8	9	10	11	12

관리 및 번식

- 이 식 : 용이
- 번 식 : 실생/삽목
- 시 비 : 보통
- 전 정 : 강함
- 병충해 : 강함

용도

회색의 수피와 자주색의 소지, 녹색의 잎이 조화를 잘 이루며 붉은 단풍이 아름다워 악센트식재에 적합

기타종

- 청시닥나무(*A. barbinerve* Maxim.) 잎이 보통 5개로 갈라지며 각 열편의 끝에는 거치가 없고 엽병이 흔히 엽신보다 길다
- 부게꽃나무(*A. ukurunduense* Trautv. & C.A.Mey.) 잎 뒷면에 털이 밀생하여 길게 곧추선 원추꽃차례에 많은 꽃이 모여 핌

은단풍(사탕단풍나무, 평양단풍나무)

Acer saccharinum L.

영명 : Rock Maple, Sugar Maple
일명 : ギンヨウウカエデ
중명 : 銀丹楓 은단풍
이명 : *Acer dasycarpum* Ehrh.
Acer eriocarpum Michx.
Acer : 단풍나무의 라틴명으로서 갈라진다는 뜻
saccharinum : saccharum종과 비슷한

생육

- 성 상 : 낙엽활엽교목
- 수 형 : 타원형
- 수 고 : 20m 내외
- 원산지 : 북아메리카
- 분 포 : 전국에 식재

형태

- 잎 : 원형, 너비 8~14cm, 5개의 열편, 뾰족한 겹톱니, 중앙열편은 다시 얕게 3갈래로 갈라지고 뒷면 은백색, 어린잎에 털
- 꽃 : 수꽃양성화한그루 또는 수꽃양성화딴그루, 잎보다 먼저 개화, 꽃잎 없음, 황록색, 3~4월 개화
- 열매 : 시과, 3~6cm, 날개는 도란형, 예각으로 벌어짐, 5월 성숙
- 줄기 : 줄기는 하나로 곧게 올라가 큰 수관을 이루며 수피는 회갈색인데 어린 줄기는 적갈색이다.
- 뿌리 : 심근성

생태

- 토 성 : 사질양토
- 음 양 성 : 양수
- 내공해성 : 보통
- 건 습 : 적윤
- 내 화 성 : 약함
- 내 한 성 : 강함
- 생장속도 : 빠름
- 내 염 성 : 약함
- 통 기 : 필요
- 산 도 : 중성

1	2	3 (개화)	4 (개화)	5 (결실)	6	7	8	9	10	11	12

관리 및 번식

- 이 식 : 어려움
- 번 식 : 실생
- 시 비 : 불필요
- 전 정 : 강함
- 병충해 : 강함(직고병)

용도

단풍은 붉은색, 노란색, 갈색등 다양하며 키가 커서 넓은 공간에 군식, 악센트식재

기타종

- 설탕단풍(*A. saccharum* Marshall) 북미 원산의 낙엽활엽교목으로, 수액을 설탕의 원료로 사용하며, 단풍이 붉은색으로 아름다움.
- 꽃단풍(*A. pycanathum* Koch) 일본 원산의 낙엽활엽 교목으로 4월에 꽃이 잎보다 먼저 핌

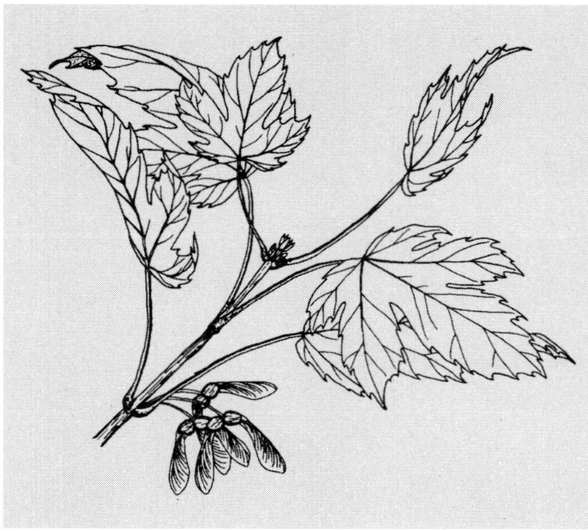

산겨릅나무(참겨릅나무, 산저릅)

Acer tegmentosum Maxim.

영명 :	Manchurian Stripe Maple
일명 :	マンシウウリハダカエデ
중명 :	瓜膚槭 과부축
이명 :	*Acer pensylvanicum* var. *tegmentosum* (Maxim.) Wesm. *Acer tegmentosum* for. *subcoriacea* Kom.

Acer : 단풍나무의 라틴명으로서 갈라진다는 뜻
tegmentosum : 아린으로 덮인

생육

- 성 상 : 낙엽활엽교목
- 수 형 : 타원형
- 수 고 : 10m 내외
- 원산지 : 한국, 중국, 러시아
- 분 포 : 중부 이북 표고 500m이상 산지 계곡에 자생

형태

- 잎 : 대생, 넓은 난형, 3~5개로 얕게 갈라짐, 기부에서 5맥이 갈라짐, 길이 및 너비 7~16cm, 양면 털이 없음, 잎자루 길이 3~8cm
- 꽃 : 암수딴그루, 가지 끝에서 밑으로 처지며 달리는 총상화서, 길이 8cm, 5~6월 황록색으로 개화
- 열매 : 시과, 길이 3cm, 둔각 또는 수평으로 벌어짐, 털이 없음, 9~10월 성숙
- 줄기 : 잔가지는 녹색, 털이 없으며 줄이 있음
- 뿌리 : 심근성

생태

- 토 성 : 사질양토
- 음 양 성 : 강음수
- 내공해성 : 약함
- 건 습 : 적윤
- 내 화 성 : 보통
- 내 한 성 : 강함
- 생장속도 : 느림
- 내 염 성 : 약함
- 통 기 : 필요
- 산 도 : 약산성

1	2	3	4	5	6	7	8	9	10	11	12

관리 및 번식

- 이 식 : 보통
- 번 식 : 실생
- 시 비 : 불필요
- 전 정 : 보통
- 병충해 : 보통

용도

흰줄무늬의 녹색의 수피가 독특하고 질감이 다소 고운편, 고로쇠, 당단풍과 함께 혼식하는 것이 좋고 악센트식재, 군락식재에 이용

특이사항

수피는 섬유가 발달해 있으므로 새끼 대신 사용

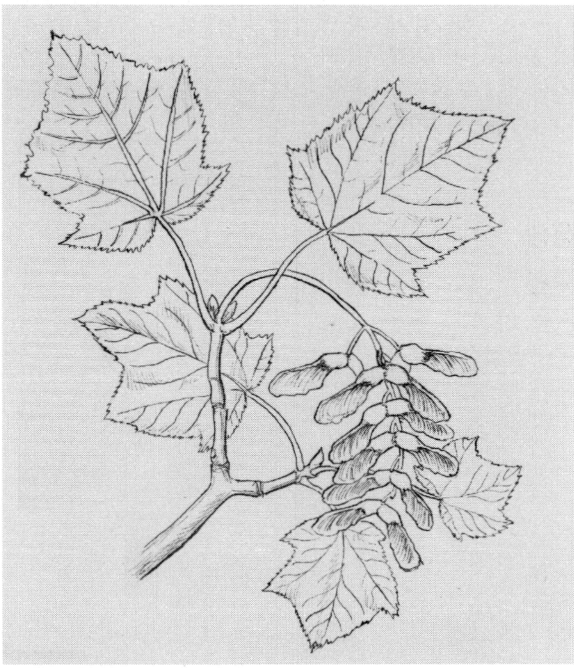

복자기(가슬박달, 산참대)

Acer triflorum Kom.

영명 : Three-flowered Maple
일명 : オニメグスリ
중명 : 鬼目樂木 귀목낙목
Acer : 단풍나무의 라틴명으로서 갈라진다는 뜻
triflorum : 3화형의

생육

- 성 상 : 낙엽활엽교목
- 수 형 : 난형, 원형
- 수 고 : 20m 내외
- 원산지 : 한국, 중국
- 분 포 : 중부 이북에 주로 자생, 전국에 식재

형태

- 잎 : 대생, 3장의 소엽, 장타원상 난형 또는 타원상 피침형, 2~4개의 큰 톱니, 표면에 털 및 뚜렷하지 않은 맥, 뒷면 뚜렷한 맥상에 억센 털
- 꽃 : 수꽃양성화딴그루, 꽃 3개가 달리는 산방화서, 꽃자루 길이 1.0~1.2cm, 갈색 털, 4~5월 개화
- 열매 : 시과, 길이 5cm, 너비 1.5cm, 회백색, 뽀족한 털이 밀생, 날개는 예각 또는 둔각, 9~10월 성숙
- 줄기 : 수피는 회백색, 가지에 붉은 빛이 돌며 피목은 백색
- 뿌리 : 심근성

생태

- 토 성 : 사질양토
- 음 양 성 : 음수
- 내공해성 : 보통
- 건 습 : 적습
- 내 화 성 : 보통
- 내 한 성 : 강함
- 생장속도 : 느림
- 내 염 성 : 약함
- 통 기 : 필요
- 산 도 : 중성

1	2	3	4	5	6	7	8	9	10	11	12

관리 및 번식

- 이 식 : 용이
- 전 정 : 강함
- 번 식 : 실생
- 병충해 : 강함(반점무늬병, 검은무늬병, 하늘소)
- 시 비 : 보통

용도

붉은색 단풍이 매우 아름다우며 기조식재, 녹음식재, 악센트식재, 유도식재에 적합하며, 최근 가로수로 식재

기타종

- 복장나무(*A. mandshuricum* Maxim.) 복자기보다 잎의 거치가 많음. 잎자루와 열매의 표면에 털이 없음

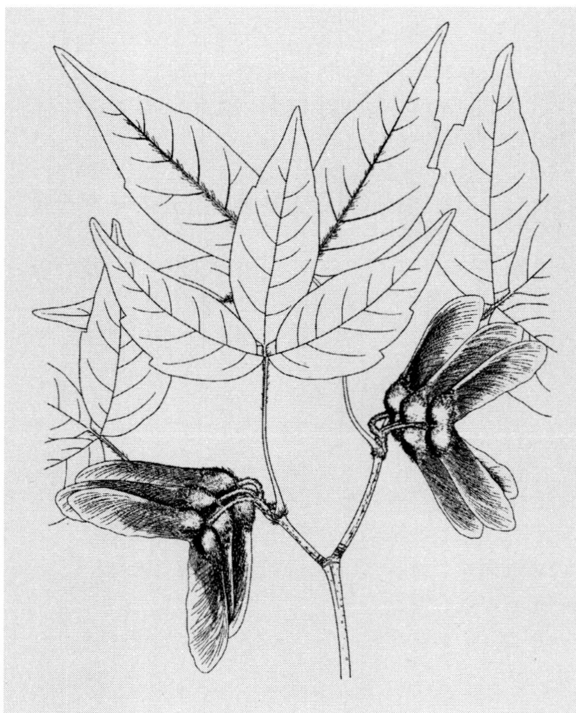

네군도단풍(네군도단풍나무)

Acer negundo L.

영명 : Ash-leaved Maple, Box Elder
일명 : ネグンドモミジ
중명 : 美國蹴 미국축
이명 : *Acer negundo* Pax
Negundium fraxinifolium Raf.
Negundo fraxinifolium DC.
Rulac negundo Hitchc

Acer : 단풍나무의 라틴명으로서 갈라진다는 뜻
negundo : 토명

생육

- 성 상 : 낙엽활엽교목
- 수 형 : 타원형
- 수 고 : 20m 내외
- 원산지 : 북아메리카
- 분 포 : 공원수 및 가로수로 전국에 식재

형태

- 잎 : 대생, 소엽 3~5개(때로는 7~9개), 난형 또는 피침상 장타원형, 길이 5~10cm, 정소엽은 3개로 갈라지는 결각상, 드문 톱니
- 꽃 : 암수딴그루, 황록색, 수꽃은 산방화서, 암꽃은 총상화서, 털 있음, 3~4월 개화
- 열매 : 시과, 길이 2.5~3.5cm, 털이 없음. 예각으로 벌어져 안으로 굽음, 9~10월 성숙
- 줄기 : 가지는 밑으로 처지며 잔가지에 털이 없음
- 뿌리 : 심근성

생태

- 토 성 : 사질양토
- 음 양 성 : 양수
- 내공해성 : 강함
- 건 습 : 적윤
- 내 화 성 : 보통
- 내 한 성 : 강함
- 생장속도 : 빠름
- 내 염 성 : 강함
- 통 기 : 필요
- 산 도 : 중성

1	2	3	4	5	6	7	8	9	10	11	12

관리 및 번식

- 이 식 : 보통
- 전 정 : 강함
- 번 식 : 삽목
- 병충해 : 강함(흰불나방, 박쥐나방)
- 시 비 : 필요

용도

단풍이 노랗고 내한성이 강한 속성수로서 조기녹화에 적합하고 내염성이 커 해안지방 조경에 식재가능

기타종

- 자주네군도단풍(*A. negundo* var. *violaceum* (Booth ex London) G. Kirchn.) 가지가 가을철에 짙은 자색으로 되고 소엽이 3~11개(보통 5~7개)로서 흔히 털이 있음

모감주나무(염주나무)

Koelreuteria paniculata Laxmann

영명 : Golden-rain Tree
일명 : モクゲンジ
중명 : 欒樹 란수
Koelreuteria : 독일의 식물학자 Joseph Gottlieb Koelreuter(1734~1806)에서 유래
paniculata : 원추형의

생육

- 성　상 : 낙엽활엽교목
- 수　형 : 원정형
- 수　고 : 10m 내외
- 원산지 : 한국, 중국, 일본
- 분　포 : 온대 중부 이남에 자생, 전국에 식재

형태

- 잎　: 호생, 기수 1회우상복엽, 길이 25~35cm, 소엽 7~15개, 길이 3~10cm, 너비 3~5cm의 난형 또는 난상 장타원형, 불규칙하고 둔한 톱니
- 꽃　: 수꽃양성화한그루, 길이 25~35cm의 원추화서, 황색(중심부는 적색), 짧은 퍼진 털, 짧은 꽃자루, 6~7월 개화
- 열매 : 삭과, 종자는 흑색의 구형, 9~10월 성숙
- 줄기 : 가지는 밑으로 처지며 잔가지에 털이 없음
- 뿌리 : 심근성

생태

- 토　　성 : 사질양토
- 음 양 성 : 양수
- 내공해성 : 강함
- 건　　습 : 적윤
- 내 화 성 : 강함
- 내 한 성 : 강함
- 생장속도 : 빠름
- 내 염 성 : 강함
- 통　　기 : 필요
- 산　　도 : 약알칼리성

1	2	3	4	5	6	7	8	9	10	11	12

관리 및 번식

- 이　식 : 용이
- 전　정 : 약함
- 번　식 : 실생/삽목
- 병충해 : 강함(탄저병, 엽고병)
- 시　비 : 보통

용도

해풍에 강하여 해안조경에 이용하여 악센트식재, 주연부 식재, 유도식재, 방풍식재, 가로식재 등에 적합

특이사항

종자는 둥글고 윤기있는 검은색으로 염주용 또는 비누대용으로 사용

무환자나무(모감주나무)

Sapindus mukorossi Gaertn.

영명 : Chinese Soapberry

일명 : ムクロジ

중명 : 無患樹 무환수

이명 : *Sapindus abruptus* Lour.
Sapindus axuminata Wall. ex Royle
Sapindus detergens Roxb.

Sapindus : 라틴어 sapo indicus(인도의 비누)에서 유래. 과피에 비누성분이 있어 인도에서는 예부터 세탁용으로 이용

mukorossi : 일본명 "무꾸로지"

생육

- 성　상 : 낙엽활엽교목
- 수　형 : 원정형
- 수　고 : 15m 내외
- 원산지 : 한국, 중국, 동남아시아
- 분　포 : 난온대 기후대에 식재

형태

- 잎 : 호생, 홀수1회 우상복엽, 소엽 9~13cm, 장타원상 난형 또는 장타원상 피침형, 길이 7~14cm, 너비 3.0~4.5cm, 양면에 털이 없음, 뒷면에 많은 주름살, 밋밋한 가장자리
- 꽃 : 수꽃양성화한그루. 길이 20~30cm의 원추화서, 담황색, 지름 4~5mm의 단성화, 6~7월 개화
- 열매 : 구형, 황갈색, 기부의 한쪽에 발달하지 않은 심피(心皮)가 쟁반형으로 달림, 검은색의 종자, 10~11월 성숙
- 줄기 : 녹갈색의 털이 없는 가지
- 뿌리 : 심근성

생태

- 토　　성 : 사질양토
- 음 양 성 : 양수
- 내공해성 : 강함
- 건　　습 : 내건
- 내 화 성 : 약함
- 내 한 성 : 약함
- 생장속도 : 빠름
- 내 염 성 : 강함
- 통　　기 : 필요
- 산　　도 : 중성

1	2	3	4	5	6	7	8	9	10	11	12

관리 및 번식

- 이　식 : 용이
- 번　식 : 실생/삽목
- 시　비 : 보통
- 전　정 : 약함
- 병충해 : 강함

용도

해안가에서 적갈색으로 피는 꽃과 원정형을 이루는 수형이 아름다우며, 기조식재, 녹음식재, 군식재, 방풍식재에 적합

특이사항

목재는 책상 및 기구재로 사용한 삶은 물은 비누대용, 종자는 염주로 사용

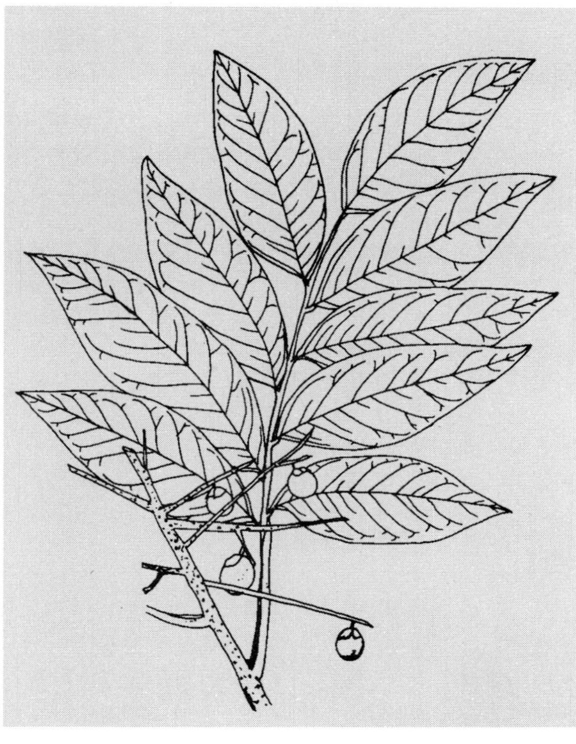

칠엽수(왜칠엽나무, 칠엽나무)

Aesculus turbinata Blume

영명 : Japanese Horse Chestnut
일명 : トチノキ
중명 : 日本七葉樹 일본칠엽수
이명 : *Aesculus chinensis* Bunge
Aesculus chinensis C.K.Schneid.
Aesculus sinensis Hort. ex Bean
Pawia turbinata (Blume) Kuntze

Aesculus : 라틴어 aescare(먹다)에서 유래. 처음에는 참나무의 이름이었으나 轉用(전용)되었고 열매는 식용 또는 飼料(사료)
turbinata : 팽이모양의

생육

- 성 상 : 낙엽활엽교목
- 수 형 : 우산형
- 수 고 : 10m 내외
- 원산지 : 일본
- 분 포 : 전국에 식재

형태

- 잎 : 대생, 장상복엽, 소엽 5~7개, 긴 도란형, 길이 30cm, 너비 12cm, 표면에 털이 없음, 뒷면에 적갈색 부드러운 털, 가장자리에 둔한 겹톱니
- 꽃 : 수꽃양성화한그루, 길이 15~25cm, 지름 6~10cm의 원추화서, 짧은 퍼진 털, 꽃지름 1.5cm, 붉은 반점이 있는 흰색, 꽃받침은 종모양, 5~6월 개화
- 열매 : 적갈색 견과, 도원추형, 지름 5cm, 3갈래로 갈라짐, 9~10월 성숙
- 줄기 : 녹갈색의 털이 없는 가지
- 뿌리 : 심근성(직근)

생태

- 토 성 : 사질양토
- 음 양 성 : 양수
- 내공해성 : 강함
- 건 습 : 적윤
- 내 화 성 : 보통
- 내 한 성 : 중간
- 생장속도 : 보통
- 내 염 성 : 보통
- 통 기 : 필요
- 산 도 : 중성

1	2	3	4	5	6	7	8	9	10	11	12

관리 및 번식

- 이 식 : 용이
- 전 정 : 보통
- 번 식 : 실생/삽목
- 병충해 : 강함(들명나방, 자나방)
- 시 비 : 필요

용도

원추형의 수형과 잎 모양이 특징적이며, 흰색 꽃과 열매가 감상 가치가 높아 기조식재, 악센트식재, 녹음식재, 군식재에 적합

특이사항

탄닌(tannin)을 제거한 열매는 식용으로 사용

기타종

- 가시칠엽수(*A. hippocastanum* L.) 마로니에라고도 불리우며, 열매에 가시가 있음

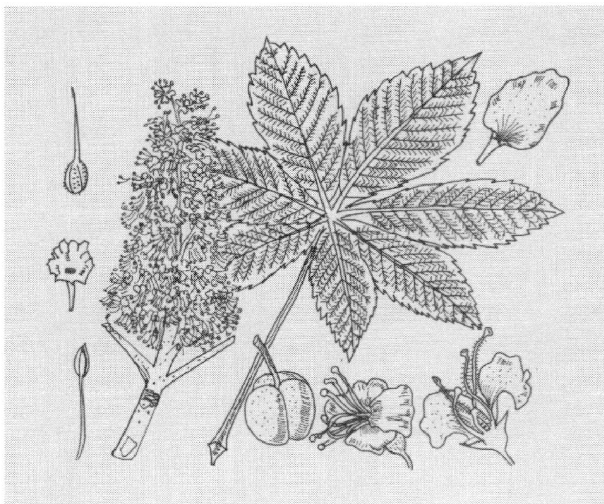

나도밤나무(나도합다리나무)

Meliosma myriantha Siebold & Zucc.

영명 : Abundent-flower Meliosma
일명 : アワブキ
중명 : 泡吹樹 포취수
이명 : *Meliosma stewardii* Merr.
Meliosma : 희랍어 meli(꿀벌)와 osme(향기)의 합성어이며 봉밀(꿀벌)의 향기가 있다는 뜻
myriantha : 많은 종류의 꽃의

생육

- 성 상 : 낙엽활엽교목
- 수 형 : 원정형
- 수 고 : 15m 내외
- 원산지 : 한국, 중국(동부), 일본
- 분 포 : 온대 남부 이남에 자생

형태

- 잎 : 호생, 타원형, 타원상 도란형 또는 도란상 장타원형, 길이 10~25cm, 너비 4~8cm, 양면에 털, 뒷면의 다갈색의 털, 톱니상 거치
- 꽃 : 양성화, 길이 및 너비가 각각 15~25cm의 원추화서. 백색, 5수(數), 6~7월 개화
- 열매 : 핵과, 지름 7mm, 적색, 구형의 흑색종자, 9~10월 성숙
- 줄기 : 회색이며, 피목이 발달
- 뿌리 : 심근성

생태

- 토 성 : 사질양토
- 음 양 성 : 음수
- 내공해성 : 약함
- 건 습 : 적윤
- 내 화 성 : 약함
- 내 한 성 : 보통
- 생장속도 : 빠름
- 내 염 성 : 강함
- 통 기 : 필요
- 산 도 : 중성

1	2	3	4	5	6	7	8	9	10	11	12

관리 및 번식

- 이 식 : 용이
- 전 정 : 보통
- 번 식 : 실생/취목/삽목
- 병충해 : 보통
- 시 비 : 보통

용도

아직까지 조경용으로 개발되지 않았으나 흰색꽃과 베이지색 단풍이 아름다워 악센트식재, 군락식재에 적합

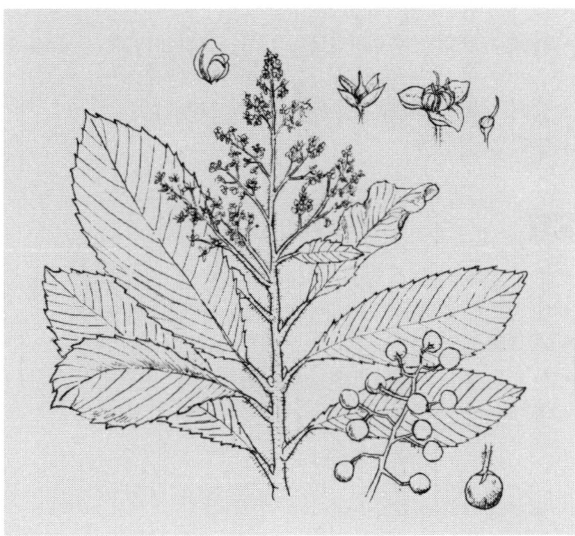

합다리나무(합대나무)

Meliosma oldhamii Mixim.

영명	Oldham Meliosma
일명	ヌニテアワブキ
중명	紅枝柴 홍지자
이명	*Meliosma oldhamii* Miq. *Rhus bofillii* L.f.

Meliosma : 희랍어 meli(꿀벌)와 osme(향기)의 합성어이며 봉밀(꿀벌)의 향기가 있다는 뜻
oldhamii : 채집가 Oldham의

생육

- 성　상 : 낙엽활엽교목
- 수　형 : 원정형
- 수　고 : 15m 내외
- 원산지 : 한국, 중국, 대만
- 분　포 : 주로 전북, 경남 이남의 산지에 분포하지만, 해안을 따라 황해도, 충남, 경기도에서도 간혹 자람

형태

- 잎 : 호생, 홀수1회 우상복엽, 소엽 9~15개, 난상 타원형 또는 피침상 타원형, 길이 5~10cm, 너비 2.0~3.5cm, 양면에 털, 뒷면 맥에 많은 털, 끝부분에 낮은 톱니
- 꽃 : 양성화, 원추화서, 흰꽃, 씨방에 털 밀생, 6~7월 개화
- 열매 : 핵과, 구형, 지름 7mm, 9~10월 적색에서 흑색으로 익음
- 줄기 : 황갈색 털을 가진 굵은 어린 가지
- 뿌리 : 심근성

생태

- 토　　성 : 사질양토
- 음 양 성 : 양수
- 내공해성 : 약함
- 건　　습 : 적윤
- 내 화 성 : 약함
- 내 한 성 : 약함
- 생장속도 : 빠름
- 내 염 성 : 강함
- 통　　기 : 필요
- 산　　도 : 중성

1	2	3	4	5	6	7	8	9	10	11	12

관리 및 번식

- 이　식 : 용이
- 번　식 : 실생
- 시　비 : 보통
- 전　정 : 보통
- 병충해 : 강함

용도

조경용으로 거의 개발되지 않았으나 흰색꽃과 붉은 열매가 관상가치가 높아 유도식재, 악센트식재, 녹음식재에 이용가능

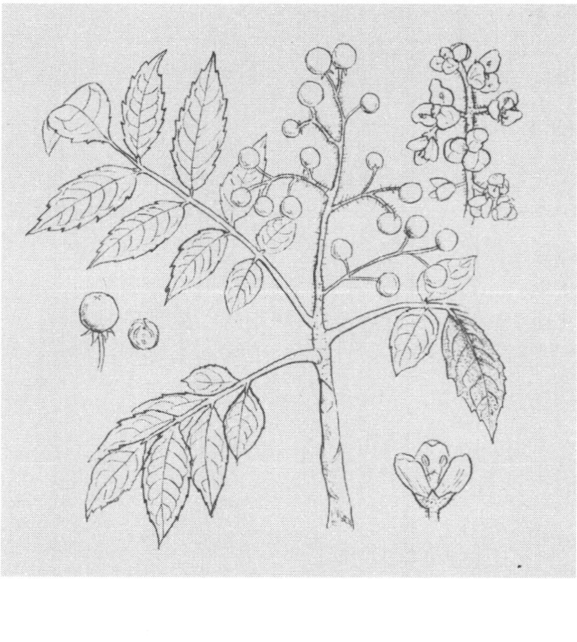

호랑가시나무(묘아자, 묘이자나무)

감탕나무科

Ilex cornuta Lindl. & Paxton

영명 : Horned Holly

일명 : ヒイラギモドキ

중명 : 猫兒刺 묘아자

이명 : *Ilex cornuta* var. *integra* Uyeki

Ilex : 서양호랑가시(holly) 또는 holly oak(Quercus)의 라틴명

cornuta : 각이 있는

생육

- 성　상 : 상록활엽소교목
- 수　형 : 구형
- 수　고 : 5m 내외
- 원산지 : 한국, 중국
- 분　포 : 난온대 기후대에 자생

형태

- 잎 : 호생, 타원상 6각형, 냉채, 가시로 된 각점(角點), 길이 3.5~10.0cm, 양면에 털이 없음, 표면 짙은 녹색, 뒷면 황록색
- 꽃 : 암수딴그루, 5~6개씩 달리는 산형화서, 전년지에 액생, 꽃 지름 7mm, 향기, 녹백색, 4~5월 개화
- 열매 : 핵과, 원형, 지름 8~10mm, 적색, 길이 6mm, 너비 4mm, 황록색, 두껍고 굳은 종피, 9~10월 성숙
- 줄기 : 황갈색 털을 가진 굵은 어린 가지
- 뿌리 : 심근성

생태

- 토　성 : 사질양토
- 음 양 성 : 양수
- 내공해성 : 강함
- 건　습 : 적윤
- 내 화 성 : 보통
- 내 한 성 : 보통
- 생장속도 : 느림
- 내 염 성 : 강함
- 통　기 : 필요
- 산　도 : 중성

1	2	3	4	5	6	7	8	9	10	11	12

관리 및 번식

- 이　식 : 용이
- 번　식 : 실생/삽목
- 시　비 : 보통
- 전　정 : 강함
- 병충해 : 강함(깍지벌레)

용도

광택이 있는 상록잎과 빨간 열매의 조화가 아름다우며 가시가 있어 악센트식재, 유도식재, 경계식재, 차폐식재에 이용 가능

특이사항

잎의 변이가 심하며, 암수딴그루이므로 암나무 위주 식재

기타종

- 호랑가시나무 '부르포르디' (*I. cornuta* 'Burfordii') 잎이 전연
- 완도호랑가시나무(*I.* x *wandoensis* C. F. Mill. & M. Kim) 호랑가시나무와 감탕나무의 자연교잡종으로 완도 등 남해안이나 섬에서 흔히 보임

감탕나무(끈제기나무, 떡가지나무)

Ilex integra Thunb.

영명 : Mochi Tree
일명 : モチノキ
중명 : 細葉冬青 세엽동청
이명 : *Ilex asiatica* Spreng.
Ilex othera Spreng.
Othera japonica Thunb.
Prinos integra Hook. & Arn.

Ilex : 서양 호랑가시(holly) 또는 holly oak(Quercus)의 라틴명
integra : 거치가 없는, 전연의

생육

- 성 상 : 상록활엽소교목
- 수 형 : 구형
- 수 고 : 10m 내외
- 원산지 : 한국, 중국, 대만, 일본
- 분 포 : 울릉도, 제주도 및 남해안 도서의 바닷가 가까운 산지

형태

- 잎 : 호생, 타원형, 장타원형 또는 장타원상 도란형, 길이 5~10cm, 너비 2.0~3.5cm, 양면에 털이 없음, 밋밋하거나 2~3개의 톱니
- 꽃 : 암수딴그루, 지름 8mm, 황록색, 다수의 수꽃 및 1~2개의 암꽃이 엽액에 달림, 3~5월 개화
- 열매 : 핵과, 원형, 지름 1.0~1.2cm, 적색, 엽액에 1~2개, 10~12월 성숙
- 줄기 : 작은 가지는 녹색이며, 줄기는 회갈색
- 뿌리 : 심근성

생태

- 토 성 : 사질양토
- 음 양 성 : 음수
- 내공해성 : 강함
- 건 습 : 적윤
- 내 화 성 : 보통
- 내 한 성 : 약함
- 생장속도 : 느림
- 내 염 성 : 강함
- 통 기 : 필요
- 산 도 : 중성

1	2	3	4	5	6	7	8	9	10	11	12

관리 및 번식

- 이 식 : 보통
- 번 식 : 실생
- 시 비 : 보통
- 전 정 : 약함
- 병충해 : 강함

용도

내한성이 약하며 공해에 강하고 기조식재, 악센트식재, 유도식재, 방화식재, 완충식재 등에 이용 가능

특이사항

암수딴그루이므로 암나무 위주 식재

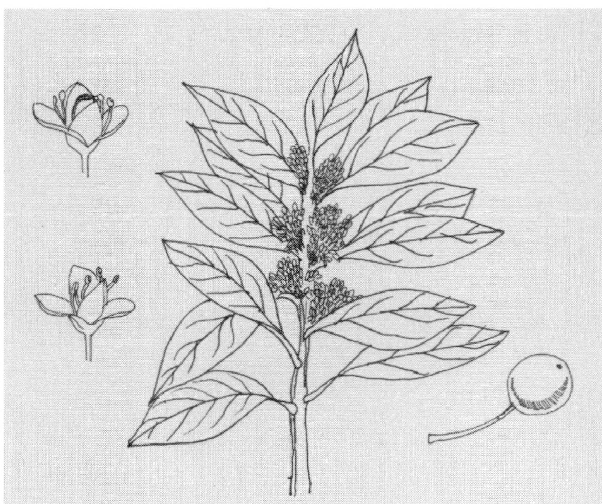

먼나무(좀감탕나무)

Ilex rotunda Thunb.

영명 : Round-leaf Holly
일명 : クロガネモチ
중명 : 鐵冬青 철동청
이명 : *Ilex koshunensis* Yamam.
Ilex laevigata Blume ex Miq.
Ilex microcarpa Lindl. ex Paxton
Ilex sasakii Yamam.

Ilex : 서양 호랑가시(holly) 또는 holly oak(Quercus)의 라틴명
rotunda : 원형의

생육

- 성 상 : 상록활엽교목
- 수 형 : 구형
- 수 고 : 10m 내외
- 원산지 : 한국, 중국, 일본, 대만
- 분 포 : 전남, 제주도의 산지 숲속 및 계곡부

형태

- 잎 : 호생, 타원형 또는 장타원형, 길이 4~11cm, 너비 3~4cm, 양면에 털이 없음주맥 표면은 들어가나 뒷면은 도드라짐. 가장자리 밋밋
- 꽃 : 암수딴그루, 새 가지에서 액생하는 취산화서, 지름 4mm, 연한 자주색, 6월 개화
- 열매 : 핵과, 원형 지름 5~8mm, 적색, 겨울동안에도 달려 있음, 11~12월 성숙
- 줄기 : 짙은 갈색의 털이 없는 가지
- 뿌리 : 심근성

생태

- 토 성 : 사질양토
- 음 양 성 : 양수
- 내공해성 : 강함
- 건 습 : 적윤
- 내 화 성 : 강함
- 내 한 성 : 약함
- 생장속도 : 느림
- 내 염 성 : 강함
- 통 기 : 필요
- 산 도 : 중성

1	2	3	4	5	✲	7	8	9	10	11	12

관리 및 번식

- 이 식 : 강함
- 번 식 : 실생
- 시 비 : 보통
- 전 정 : 강함
- 병충해 : 강함

용도

수형이 좋으며 붉은색 열매가 아름다워 악센트식재, 유도식재, 가로수 식재에 적합

특이사항

암수딴그루이므로 암나무 위주 식재

낙상홍

Ilex serrata Thunb.

영명 : Japanese Winterberry
일명 : ウメモドキ
중명 : 落霜紅 낙상홍
이명 : *Ilex nemotoi* Makino
Ilex serrata var. *sieboldii* (Miq.)Loes
Ilex serrata var. *sieboldii* (Miq.)Rehder
Ilex sieboldii Miq.

Ilex : 서양호랑가시(holly) 또는 holly oak(Quercus)의 라틴명
serrata : 톱니가 있는

생육

- 성　상 : 낙엽활엽관목
- 수　형 : 구형
- 수　고 : 3m 내외
- 원산지 : 일본
- 분　포 : 전국에 식재

형태

- 잎 : 호생, 타원형 또는 장타원형, 길이2~7cm, 1.5~3.5cm
- 꽃 : 암수딴그루, 수꽃 5~20개 및 암꽃 2~4개 각각 달리는 취산화서, 6월 개화
- 열매 : 핵과, 원형 지름 5mm, 적색, 9~10월 성숙
- 줄기 : 암회색으로 매끈함, 어린가지에 털
- 뿌리 : 천근성

생태

- 토　　성 : 사질양토
- 음 양 성 : 양수
- 내공해성 : 강함
- 건　　습 : 적윤
- 내 화 성 : 보통
- 내 한 성 : 강함
- 생장속도 : 보통
- 내 염 성 : 강함
- 통　　기 : 필요
- 산　　도 : 중성

1	2	3	4	5	6	7	8	9	10	11	12

관리 및 번식

- 이　식 : 용이
- 번　식 : 실생/삽목
- 시　비 : 보통
- 전　정 : 보통
- 병충해 : 강함

용도

단풍과 붉은 색 열매가 아름다우며 암나무, 수나무를 구분하여 식재하되, 악센트식재 또는 군식재, 열식에 이용

특이사항

암수딴그루이므로 암나무 위주 식재

기타종

- 미국낙상홍(*I. verticillata* (L.) A. Gray) 잎이 비교적 크고, 열매는 낙상홍의 2배 정도 크기

꽝꽝나무

감탕나무科

Ilex crenata Thunb.

영명 : Japanese Holly, Box-leaved Holly
일명 : イヌツゲ
중명 : 鈍齒冬靑 둔치동청
이명 : *Celastrus adenophyllus* Miq.
Ilex : 서양호랑가시(holly) 또는 holly oak(Quercus)의 라틴명
crenata : 톱니가 있는

생육

- 성　상 : 상록활엽소교목(관목)
- 수　형 : 구형
- 수　고 : 5m 내외
- 원산지 : 한국, 일본
- 분　포 : 난온대 기후대에 자생

형태

- 잎 : 호생, 타원형, 장타원형 또는 좁은 도란형, 길이 1.5~3.0cm, 너비 6~20mm, 표면은 윤채, 짙은 녹색, 뒷면은 연한녹색 및 작은 선점(腺點), 가장자리에 가는 톱니
- 꽃 : 암수딴그루, 수꽃은 3~7개씩 달리고 퇴화된 암술이 있는 짧은 총상 또는 복총상화서, 잎겨드랑이에 1개씩 달리는 암꽃, 황백색, 5~6월 개화
- 열매 : 핵과, 지름 6~7mm, 흑색, 9~10월 성숙
- 줄기 : 회색이며 매끈함. 어린가지에 잔털
- 뿌리 : 천근성

생태

- 토　　성 : 사질토양
- 음 양 성 : 중용수
- 내공해성 : 강함
- 건　　습 : 적습
- 내 화 성 : 보통
- 내 한 성 : 보통
- 생장속도 : 느림
- 내 염 성 : 보통
- 통　　기 : 필요
- 산　　도 : 중성

1	2	3	4	5	6	7	8	9	10	11	12

관리 및 번식

- 이　식 : 보통
- 전　정 : 강함
- 번　식 : 실생/삽목
- 병충해 : 강함(굴나방/잎말이나방)
- 시　비 : 보통

용도

관목으로 양묘하여 악센트식재, 주연부식재, 경계식재로 적합

관리 및 번식

- 좀꽝꽝나무(*I. crenata* var. *microphylla* Maxim. ex Matsum.) 잎의 모양이 타원형 또는 넓은 타원형이다
- 콘벡사꽝꽝나무(*I. crenata* 'Convexa') 잎이 완전히 뒤로 젖혀짐
- 꽝꽝나무 '아우레오바리에가타'(*I. crenata* 'Aureovariegata') 잎에 노란색 반점이 있음

대팻집나무(물안포기나무, 대패집나무)

Ilex macropoda Miq.

영명 : Largepetiole Holly
일명 : アオハダ
중명 : 大柄冬青 대병동청
이명 : *Ilex costata* Blume ex Miq.
Ilex dubia var. *macropoda* (Miq.) Loes
Ilex macropoda var. *stenophylla* Koidz.

Ilex : 서양호랑가시(holly) 또는 holly oak(Quercus)의 라틴명
macropoda : 장병(長柄)의, 굵은 대의

생육

- 성 상 : 낙엽활엽교목
- 수 형 : 구형
- 수 고 : 15m 내외
- 원산지 : 한국, 중국(남부), 일본
- 분 포 : 온대 중부 이남에 자생

형태

- 잎 : 호생(짧은 가지에 총생), 넓은 난형 또는 타원형, 길이 3~10cm, 너비 3.0~4.5cm, 표면에 털이 있으나 사라짐, 뒷면 맥위에 털, 가장자리에 드문 털, 측맥 6~8쌍
- 꽃 : 암수딴그루, 지름 5mm, 수꽃 여러개, 암꽃 4~6개, 흰색
- 열매 : 핵과, 구형, 지름 7~8mm, 적색, 육질 발달, 9~10월 성숙
- 줄기 : 회갈색이며 피목이 발달
- 뿌리 : 심근성

생태

- 토 성 : 사질양토
- 음 양 성 : 양수
- 내공해성 : 보통
- 건 습 : 적윤
- 내 화 성 : 약함
- 내 한 성 : 보통
- 생장속도 : 빠름
- 내 염 성 : 약함
- 통 기 : 필요
- 산 도 : 중성

1	2	3	4	5	6	7	8	9	10	11	12

관리 및 번식

- 이 식 : 보통
- 번 식 : 실생
- 시 비 : 보통
- 전 정 : 약함
- 병충해 : 강함

용도

베이지색 단풍과 겨울철의 열매가 아름다우며 기조식재, 녹음식재, 군식재로 이용가능

특이사항

국내 자생하는 감탕나무속 식물 중에서 유일하게 낙엽성이며, 목재가 단단하고 치밀해 '대팻집을 만드는 데 사용하는 나무' 라는 뜻에서 유래

화살나무(혼립나무, 홋잎나무)

Euonymus alatus (Thunb.) Siebold

영명 : Winged Spindle
일명 : ニシキギ
중명 : 衛矛 위모
이명 : *Celastrus alatus* Thunb.
Euonymus Thunbergiana Blume
Euonymus alata (Siebold) Thunb.
Melanocarya alata (Thunb.) Turcz.

Euonymus : 희랍 고명으로서 eu(좋다)와 onoma (명)의 합성어
alatus : 날개가 있는

생육

- 성 상 : 낙엽활엽관목
- 수 형 : 부채꼴형
- 수 고 : 3m 내외
- 원산지 : 한국, 중국, 일본
- 분 포 : 전국의 산지 숲속에 자람

형태

- 잎 : 대생, 타원형 또는 도란형, 길이 3~5cm, 표면 녹색, 뒷면 회록색, 털이 없음, 가장자리 예리한 잔톱니
- 꽃 : 양성화, 3개의 꽃이 달리며 액생하는 취산화서, 지름 10mm, 황록색, 5~6월 개화
- 열매 : 삭과, 구형, 5~8mm, 적색, 4갈래로 갈라짐. 종자는 황적색 종의로 싸여 있으며 백색, 9~10월 성숙
- 줄기 : 회색이며 피목이 발달함. 퍼지는 가지, 어린 가지 2~4줄의 코르크질 날개
- 기타 : 종자는 황적색 종의로 싸여 있으며 백색
- 뿌리 : 천근성

생태

- 토 성 : 사질양토
- 음 양 성 : 음수
- 내공해성 : 강함
- 건 습 : 적윤
- 내 화 성 : 약함
- 내 한 성 : 보통
- 생장속도 : 빠름
- 내 염 성 : 약함
- 통 기 : 필요
- 산 도 : 중성

1	2	3	4	5	6	7	8	9	10	11	12

관리 및 번식

- 이 식 : 용이
- 번 식 : 실생
- 시 비 : 보통
- 전 정 : 약함
- 병충해 : 강함

용도

줄기에 있는 날개가 독특하며 붉게 익는 종자, 가을의 붉은색 단풍이 감상가치가 뛰어나 악센트 식재로 이용

기타종

- 회잎나무(*E. alatus* for. *ciliatodentatus* (Franch. & Sav.) Hiyama) 가지에 날개가 없음
- 털화살나무(*E. alatus* for. pilosus (Loes. & Rehd.) Ohwi) 잎 뒷면에 털이 있음

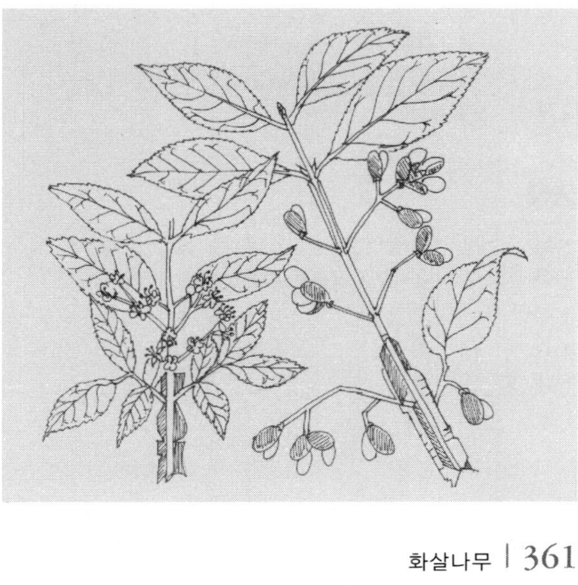

사철나무(개동굴나무, 들쭉나무)

Euonymus japonicus Thunb.

영명	Japanese Spindle Tree
일명	マサキ
중명	思仙木 사선목
이명	*Euonymus boninensis* Koidz. *Euonymus japonicus* L.f. *Masakia japonica* Nakai

Euonymus : 희랍 고명으로서 eu(좋다)와 onoma (명)의 합성어
japonicus : 일본의

생육

- 성 상 : 상록활엽소교목(관목)
- 수 형 : 구형
- 수 고 : 5m 내외
- 원산지 : 한국, 중국, 일본
- 분 포 : 중 · 남부 지역의 바닷가 및 인근 산지

형태

- 잎 : 대생, 도란형 또는 좁은 타원형. 길이 3~7cm, 너비 3~4cm, 표면 짙은 녹색 및 윤채, 뒷면 황록색 및 털이 없음, 가장자리 둔한 톱니
- 꽃 : 꽃 5~12개가 달리는 취산화서, 양성화, 꽃 지름 7mm, 연한 황록색, 꽃잎 4장, 6~7월 개화
- 열매 : 삭과, 종자는 황적색의 종의(種衣), 백색, 구형, 길이 8~9mm, 적색, 10~12월 성숙
- 줄기 : 흑갈색으로 얕게 트듯이 갈라짐
- 뿌리 : 천근성

생태

- 토 성 : 사질양토
- 음 양 성 : 음수/중용수
- 내공해성 : 강함
- 건 습 : 적윤
- 내 화 성 : 강함
- 내 한 성 : 강함
- 생장속도 : 빠름
- 내 염 성 : 강함
- 통 기 : 필요
- 산 도 : 중성

1	2	3	4	5	6	7	8	9	10	11	12

관리 및 번식

- 이 식 : 용이
- 전 정 : 강함(가지솎기/수형다듬기)
- 번 식 : 실생/삽목
- 병충해 : 강함(흰가루병, 탄저병)
- 시 비 : 보통

용도

사철 푸른 잎과 주황색 열매의 대비가 아름다우며 경계식재, 차폐식재, 악센트식재 사용

기타종

- 사철나무 '천리포' (*E. japonicus* 'Chollipo')
- 소엽사철나무(*E. japonicus* 'Microphyllus') 등 다양한 재배품종이 있음

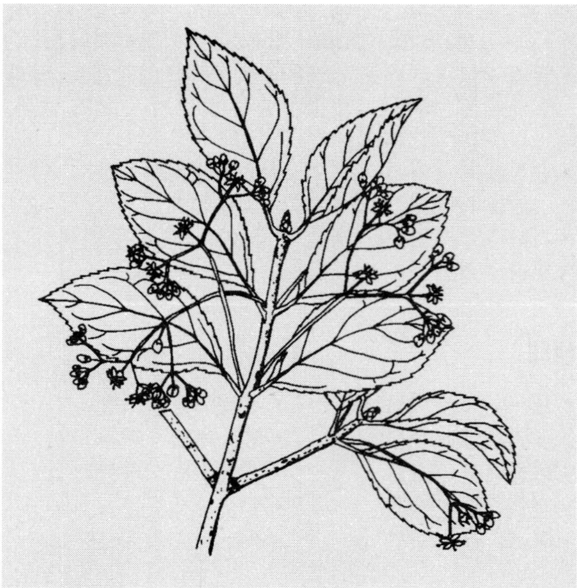

줄사철나무(덩굴들축, 덩굴사철나무)

노박덩굴科

Euonymus fortunei var. *radicans* (Siebold & Miq.) Rehder

영명 : Winter Creeper
일명 : ツルマサキ
중명 : 扶芳藤 부방등
이명 : *Euonymus gracilis* Siebold
Euonymus japonicus var. *radicans* Miq.
Euonymus radicans Siebold ex Miq.

Euonymus : 희랍 고명으로서 eu(좋다)와 onoma (명)의 합성어
fortunei : 날개가 있는

생육

- 성 상 : 상록활엽만경목
- 수 형 : 포복형
- 원산지 : 한국, 일본, 중국
- 분 포 : 경북(울릉도), 전북, 충남 이남의 숲 가장자리, 산지 능선 및 바위지대

형태

- 잎 : 대생, 타원형 또는 난형, 길이 2~5cm, 너비 1~2cm, 표면 짙은 녹색, 엽맥 주위 회록색, 털이 없는 뒷면 회록색, 얕고 둔한 톱니
- 꽃 : 양성화, 15개 내외의 꽃이 달리며 액생하는 취산화서, 지름 6~7mm, 연한 녹색, 6~7월 개화
- 열매 : 삭과, 둔한 4각편구형, 연한 홍색, 길이 8~9mm, 적색, 10~12월 성숙
- 줄기 : 줄기에서 기근이 나와 다른 나무와 바위에 붙어 생육, 녹색의 약간 모가지고 뚜렷하지 않은 돌기가 있는 잔가지
- 뿌리 : 천근성

생태

- 토 성 : 사질양토
- 음 양 성 : 음수/중용수
- 내공해성 : 강함
- 건 습 : 적윤
- 내 화 성 : 강함
- 내 한 성 : 강함
- 생장속도 : 빠름
- 내 염 성 : 강함
- 통 기 : 필요
- 산 도 : 중성

1	2	3	4	5	6	7	8	9	10	11	12

관리 및 번식

- 이 식 : 용이
- 번 식 : 실생/삽목
- 시 비 : 보통
- 전 정 : 강함
- 병충해 : 강함

용도

수목이나 돌, 담장, 벽에 부착하여 악센트식재, 벽면 녹화에 사용

기타종

- 무늬줄사철나무(*E. fortunei* var. *radicans* 'Variegatus') 잎에 흰 무늬가 있음

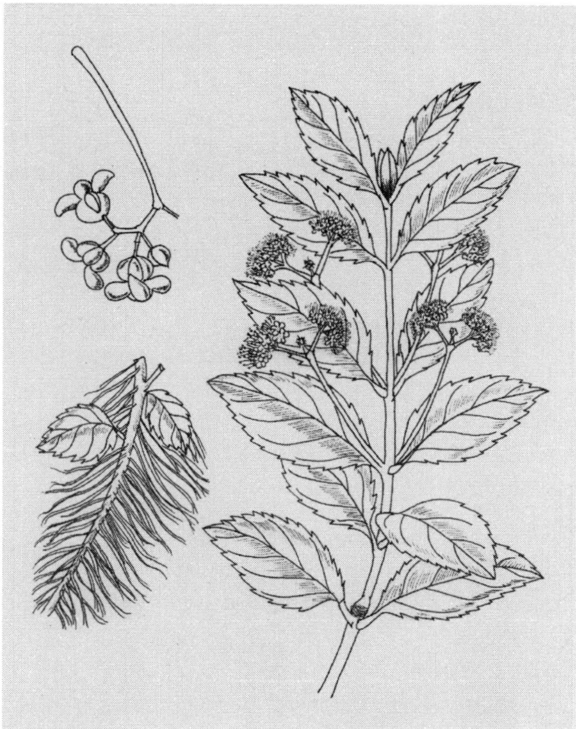

참빗살나무(물뿌리나무, 화살나무)

Euonymus hamiltonianus Wall.

영명 : Hamilton's Spindletree, Himalayan Spindle

일명 : マユミ

중명 : 金銀柳 금은류

이명 : *Euonymus hians* Koehne
Euonymus semiexsertus Koehne
Euonymus vidalli Franch. & Sav.
Euonymus europaeus Forbes & Hemsl.

Euonymus : 희랍 고명으로서 eu(좋다)와 onoma(명)의 합성어

hamiltonianus : Hamilton 지역명에서 유래

생육

- 성 상 : 낙엽활엽소교목
- 수 형 : 타원형
- 수 고 : 8m 내외
- 원산지 : 한국, 중국, 일본
- 분 포 : 중부 이남 산지의 숲 가장자리, 능선 및 바위지대

형태

- 잎 : 대생, 피침상 장타원형, 길이 5~15cm, 너비 2~8cm, 양면 털이 없음, 가장자리 고르지 않은 둔한 잔 톱니
- 꽃 : 양성화, 길이 3~6cm의 취산화서, 꽃 3~12개가 달리는 2.0~2.5cm의 소화경, 황록색, 5~6월 개화
- 열매 : 삭과, 도삼각형 심장형(倒三角狀 心臟形), 4개의 능선, 길이 및 너비 각각 8~10mm, 적색, 4개로 갈라짐, 종의는 주홍색, 10~11월 성숙
- 줄기 : 둥근 가지, 평활한 수피(樹皮)
- 뿌리 : 천근성

생태

- 토 성 : 사질양토
- 내 한 성 : 강함
- 음 양 성 : 중용수
- 생장속도 : 빠름
- 내공해성 : 강함
- 내 염 성 : 강함
- 건 습 : 적윤
- 통 기 : 필요
- 내 화 성 : 보통
- 산 도 : 약산성

1	2	3	4	5	6	7	8	9	10	11	12

관리 및 번식

- 이 식 : 용이
- 전 정 : 강함
- 번 식 : 실생
- 병충해 : 강함(화살나무집시나방/자나방)
- 시 비 : 보통

용도

원형을 이루는 수형이 수려, 가을의 단풍과 열매가 아름다움, 악센트식재, 주연부 식재로 좋음

기타종

- 좁은잎참빗살나무 (*E. hamiltonianus* var. *maackii* (Rupr.) Kom.) 잎이 장타원형으로 꽃은 황백색이며 꽃밥은 자주색
- 좀참빗살나무(*E. bungeana* Maxim.) 잎이 광타원형이며 엽병은 길이 8~25mm
- 둥근잎참빗살나무(*E. quelpaertensis* Nakai) 잎이 타원형 또는 광타원형으로 엽병의 길이는 8~23mm

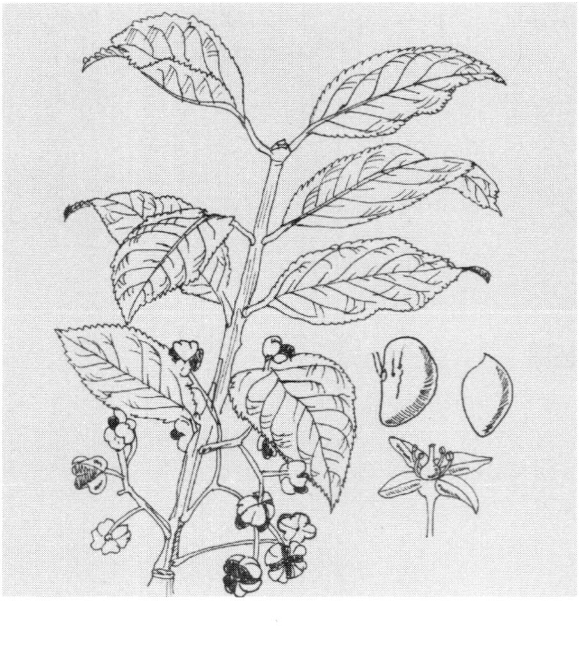

회나무(종나래회나무, 나래회나무)

노박덩굴科

Euonymus sachalinensis (F.Schmidt) Maxim.

영명 : Sakhalin Euonymus
일명 : ムラサキツリバナ
중명 : 冬青花 동청화
이명 : *Euonymus latifolius* (F.Schmidt) C.Bauhin
Euonymus planipes Koehne
Kalonymus maximowicziana Prokh.
Turibana planipes Nakai

Euonymus : 희랍 고명으로서 eu(좋다)와 onoma(명)의 합성어
sachalinensis : 사하린의

생육

- 성 상 : 낙엽활엽소교목(관목)
- 수 형 : 구형
- 수 고 : 4m 내외
- 원산지 : 한국, 중국, 일본, 러시아(사할린)
- 분 포 : 산지에 비교적 드물게 자람

형태

- 잎 : 대생, 난상 장타원형, 타원형 또는 거꿀달걀모양형, 가장자리 둔한 잔톱니, 양면에 털 없음
- 꽃 : 양성화, 액생하고 많은 꽃이 달리는 취산화서, 황록색, 5~6월 개화
- 열매 : 삭과, 구형, 지름 3cm(날개의 너비 포함), 날개 5개(너비 10mm), 9~10월 성숙
- 줄기 : 털이 없는 가지
- 뿌리 : 천근성

생태

- 토 성 : 사질양토
- 음 양 성 : 음수
- 내공해성 : 약함
- 건 습 : 적윤
- 내 화 성 : 약함
- 내 한 성 : 보통
- 생장속도 : 보통
- 내 염 성 : 보통
- 통 기 : 필요
- 산 도 : 중성

1	2	3	4	5	6	7	8	9	10	11	12

관리 및 번식

- 이 식 : 용이
- 번 식 : 실생/삽목
- 시 비 : 보통
- 전 정 : 보통
- 병충해 : 강함

용도

현재까지 조경용으로 거의 이용되지 않으나 연한 핑크색 단풍과 열매가 아름다워 악센트식재, 주연부식재에 적합

기타종

- 나래회나무 (*E. macropterus* Rupr.) 꽃과 열매는 4수이고, 열매에 4개의 날개
- 참회나무 (*E. oxyphyllus* Miq.) 꽃과 열매는 5수이고 열매에 날개가 없으며 둥글다

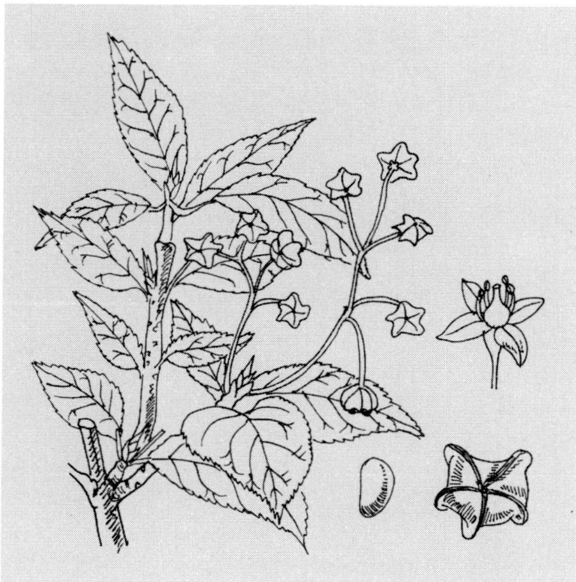

노박덩굴(노파위덩굴, 놉방구덩굴)

Celastrus orbiculatus Thunb.

영명 : Oriental Bittersweet
일명 : ツルウメモドキ
중명 : 蔓性落霜紅 만성낙상홍
이명 : *Celastrus articulatus* Thunb.
Celastrus crispulus Regel
Celastrus insularis Koidz.
Celastrus tatarinowii Rupr.

Celastrus : 어떤 상록수에 대한 고대 희랍명이며 celas는 늦가을이란 뜻
orbiculatus : 둥근, 공 모양의

생육

- 성 상 : 낙엽활엽만경목
- 수 형 : 덩굴형
- 원산지 : 한국, 중국, 일본
- 분 포 : 산지에 흔하게 자람

형태

- 잎 : 호생, 타원형, 길이 5~10cm, 너비 3~8cm, 끝이 갑자기 뾰족해짐, 가장자리 둔한 톱니
- 꽃 : 암수딴그루, 꽃 1~10여개가 달리며 액생하는 취산화서, 황록색, 5~6월 개화
- 열매 : 삭과, 구형, 지름 8mm, 황색, 3개로 갈라짐, 9~10월 성숙
- 줄기 : 회갈색이며 세로로 깊게 갈라지고 털 없음
- 뿌리 : 천근성

생태

- 토 성 : 사질양토
- 음 양 성 : 중용수
- 내공해성 : 강함
- 건 습 : 적윤
- 내 화 성 : 강함
- 내 한 성 : 강함
- 생장속도 : 빠름
- 내 염 성 : 강함
- 통 기 : 필요
- 산 도 : 중성

1	2	3	4	5	6	7	8	9	10	11	12

관리 및 번식

- 이 식 : 용이
- 번 식 : 실생
- 시 비 : 보통
- 전 정 : 약함
- 병충해 : 강함(흰가루병)

용도

덩굴 식물로 가을에 주황색 열매가 아름다움, 담장녹화용, 그늘시렁용으로 이용가능

기타종

- 해변노박덩굴(*C. orbiculatus* var. *punctatus* (Thunb.) Rehder) 잎이 두꺼우며 길이 3~5cm로서 윤채가 있고 뾰족하다가 끝이 다소 둔하며 피목(皮目)이 뚜렷하고 표면의 엽맥이 오목
- 개노박덩굴 (*C. orbiculatus* var. *strigillosus* (Nakai) Makino) 잎 뒷면 맥위에 주상의 돌기가 있고 어린 가지와 꽃차례가 평활하며 털이 없음
- 덤불노박덩굴(*C. orbculatus* var. *sylvestris* (Siebold) Nakai ex Mori) 잎의 길이와 너비가 각각 10cm이고 잎자루가 길이 2.1cm로서 원형이며 얇음

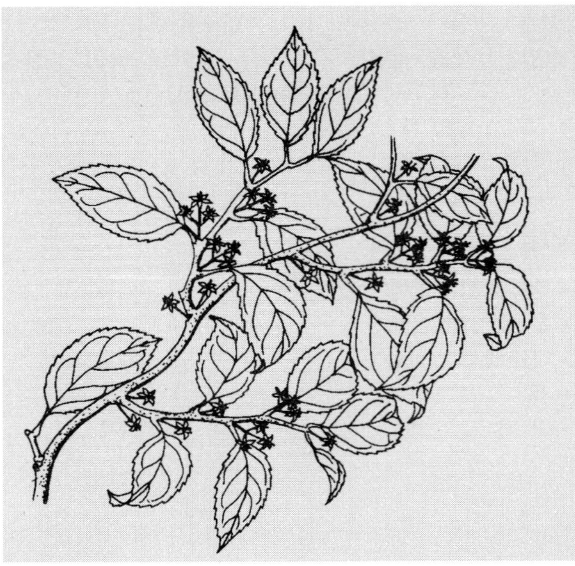

말오줌때(나도딱총나무, 말오줌나무)

Euscaphis japonica (Thunb.) Kanitz

영명 : Korean Sweetheart Tree
일명 : コンズイ
중명 : 野鴉春 야아춘
이명 : *Sambucus japonica* Thunb.
Euscaphis : 희랍어 eu(좋다)와 scaphis(쪽배,朔(삭))의 합성어이며 적색의 삭과가 아름다운 데서 연상
japonicus : 일본의

생육

- 성　상 : 낙엽활엽관목
- 수　형 : 원정형
- 수　고 : 5~6m
- 원산지 : 한국, 중국, 일본, 대만
- 분　포 : 제주도 및 서 · 남부 도서지역

형태

- 잎 : 대생, 홀수1회우상복엽, 길이 소엽 4~8cm, 잎자루 28cm(잎자루 포함), 소엽 5~11개, 피침상 난형 또는 난형, 가장자리 예리한 잔톱니, 표면 털이 없는 짙은녹색, 뒷면 주맥 기부 근처 흰 털
- 꽃 : 양성화, 너비 5~15cm의 원추화서, 지름 5mm, 백록색, 향기, 5~6월 개화
- 열매 : 골돌과, 꼬부라진 타원형, 1~3개씩 달림, 세로맥, 겉은 붉은 빛, 안쪽 밝은 적색, 구형의 종자, 9~11월 성숙
- 줄기 : 회갈색이며 가지를 꺾으면 악취가 남, 가지는 녹갈색으로 세로무늬가 있음
- 뿌리 : 천근성

생태

- 토　　성 : 사질양토
- 음 양 성 : 양수
- 내공해성 : 강함
- 건　　습 : 적윤
- 내 화 성 : 강함
- 내 한 성 : 약함
- 생장속도 : 빠름
- 내 염 성 : 강함
- 통　　기 : 필요
- 산　　도 : 중성

1	2	3	4	5	6	7	8	9	10	11	12

관리 및 번식

- 이　식 : 용이
- 번　식 : 실생
- 시　비 : 보통
- 전　정 : 강함
- 병충해 : 강함

용도

검은 열매와 붉은 종피가 조화를 이루어 아름다우며 악센트식재, 군식재로 이용 가능

기타종

- 고추나무(*Staphylea bumalda* DC.) 잎이 마주나며 3출엽이며, 열매는 납작한 풍선모양

회양목(도장나무, 회양나무)

Buxus koreana Nakai ex Chung & al.

영명 : Korean Boxwood
일명 : ヒメツゲ
중명 : 黃楊 황양
이명 : *Buxus japonica* Palib.
Buxus microphylla var. *koreana* Nakai
Buxus microphylla var. *sinica Rehder* & Wilson

Buxus : 틴명이며 puxas(箱子(상자))에서 유래. 이 나무로 작은 상자를 만들었다
koreana : 한국(산)의

생육

- 성　상 : 상록활엽소교목(관목)
- 수　형 : 구형
- 수　고 : 7m 내외
- 원산지 : 한국, 일본
- 분　포 : 제주도, 남해 도서지역의 산간 바위지대 및 내륙의 바위지대, 특히 석회암지대에서 흔히 자람

형태

- 잎 : 타원형, 길이 12~17mm, 표면 녹색, 털이 있는 주맥 하반부, 뒷면 황록색, 가장자리 뒤로 젖혀짐
- 꽃 : 암수한그루, 정생 또는 액생, 1~4개의 수꽃과 그 중앙부의 암꽃, 연한 황색, 3~4월 개화
- 열매 : 삭과, 난형, 길이 10mm, 털이 없음. 광택이 나는 갈색, 8~9월 성숙
- 줄기 : 녹색으로 네모가 지고 털이 있는 어린 가지
- 뿌리 : 천근성

생태

- 토　　성 : 알카리성 사질양토
- 내 한 성 : 강함
- 음 양 성 : 양수
- 생장속도 : 느림
- 내공해성 : 강함
- 내 염 성 : 약함
- 건　　습 : 건조
- 통　　기 : 필요
- 내 화 성 : 강함
- 산　　도 : 알카리성

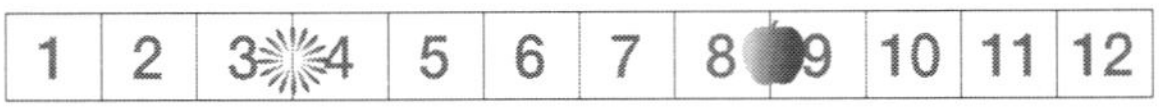

관리 및 번식

- 이　식 : 용이
- 전　정 : 강함
- 번　식 : 삽목/실생
- 병충해 : 강함
- 시　비 : 보통

용도

추위와 공해에 강하고 전정에 강하여 토피아리로도 이용, 관목으로 양묘하여 경계식재, 지피식재로 이용

기타종

- 긴잎회양목(*B. koreana* f. *elongata* (Nakai) Kim & Kim) 잎이 좁은 피침형
- 섬회양목(*B. koreana* f. *insularis* (Nakai) Kim & Kim) 잎이 길이 12~22mm, 너비 4~11mm로서 윤채가 있고 표면에 털이 없음
- 좀회양목(*B. microphylla* Sieboild & Zucc.) 일본원산잎회양목에 비해 잎과 잎자루에 털이 없고 잎몸이 얇음

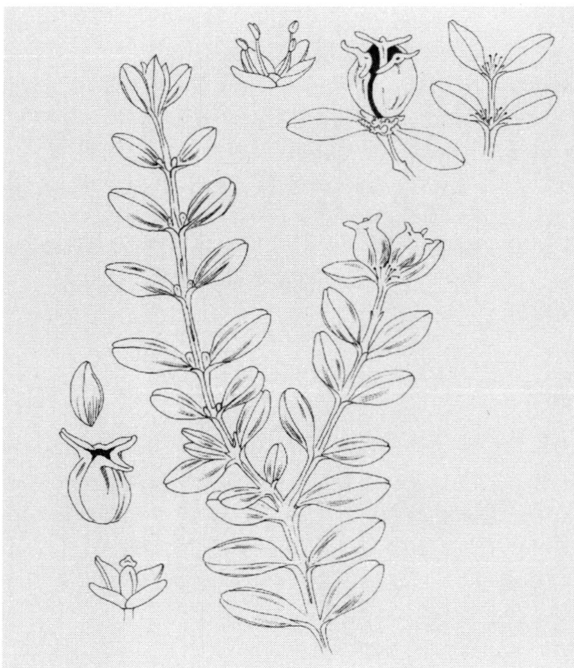

상동나무

Sagaretia thea (Osbeck) M. C. Johnst.

영명 : Sageretia, Sweet-plum, Chinese Sweet Plum, Mock Buckthorn.

일명 : クロイゲ

중명 : 生冬木 생동목

이명 : *Ampeloplis chinensis* Raf.
Rhamnus thea Osbeck
Rhamnus theezans L.
Sageretia theezans (L.) Brongn.

Sageretia : 프랑스의 식물학자 Sageret(1763~1851)에서 유래

theezans : 날카로운 끝

생육

- 성　상 : 반상록활엽관목
- 수　형 : 부채꼴형
- 수　고 : 2m 내외
- 원산지 : 한국, 중국, 일본
- 분　포 : 제주도와 남해안의 바닷가 및 인근 산지

형태

- 잎 : 대생에 가까운 호생, 난형 또는 넓은 난형, 길이 1~3cm, 너비 1.0~1.5cm, 가장자리 잔톱니, 가을에 노란색으로 변함
- 꽃 : 양성화, 가지 옆과 끝에서 자라는 수상화서, 털 밀생, 지름 3.5mm, 5수(數), 황색, 10~11월 개화
- 열매 : 핵과, 구형, 지름 3~5mm, 자흑색, 다음해 4~5월 성숙
- 줄기 : 8줄의 능선, 갈색잔털, 끝이 가시로 변하는 잔 가지
- 뿌리 : 천근성

생태

- 토　　성 : 사질양토
- 음 양 성 : 양수
- 내공해성 : 약함
- 건　　습 : 적윤
- 내 화 성 : 강함
- 내 한 성 : 약함
- 생장속도 : 느림
- 내 염 성 : 강함
- 통　　기 : 필요
- 산　　도 : 약알카리성

1	2	3	4	5	6	7	8	9	10	11	12

관리 및 번식

- 이　식 : 용이
- 번　식 : 실생/삽목
- 시　비 : 보통
- 전　정 : 강함
- 병충해 : 강함

용도

노란 꽃과 노란 단풍이 관상가치 높으며 해안가 주변 부식재, 기조식재, 악센트식재에 이용

기타종

- 털상동나무(*S. theezans* for. *tomentosa* (C. K. Schneid.) Hara) 잎 뒷면에 털이 밀생

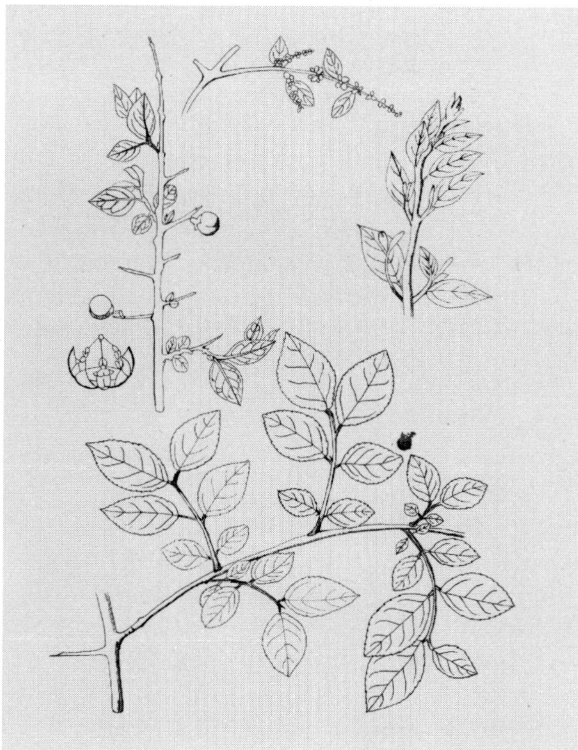

망개나무

Berchemia berchemiifolia (Makino) Koidz.

영명 : Korean Berchemia
일명 : ヨコクラノキ
중명 : 朝鮮勾兒茶 조선구아차
이명 : *Berchemiella koreana* Nakai
Rhamnella berchmiaefolia Makino

Berchemia : 18세기 화란의 식물학자 Berhout von Berchem에서 유래
berchemiaefolia : Berchemia속의 잎과 비슷한

생육

- 성　상 : 낙엽활엽교목
- 수　형 : 원정형
- 수　고 : 15m 내외
- 원산지 : 한국, 중국, 일본
- 분　포 : 온대 중부지방 산지에 드물게 자생

형태

- 잎 : 호생, 장타원형 또는 난상 장타원형, 길이 7~12cm, 너비 3~5cm, 표면에 털 없음, 뒷면 분백색, 털 없거나 맥액(脈腋)근처에 털, 가장자리 밋밋하거나 뚜렷하지 않은 물결형의 톱니
- 꽃 : 양성화, 가지 끝 부근의 잎겨드랑이에 달리는 취산화서 또는 가지 끝에 달리는 총상화서, 양성, 지름 3.0~3.5mm, 6~7월 개화
- 열매 : 핵과, 좁고 긴 타원형, 길이 7~8mm, 8~9월 성숙
- 줄기 : 원줄기는 곧게 자라며 적갈색 수피는 세로로 잘게 갈라지고 작은 피목이 산재
- 뿌리 : 심근성

생태

- 토　　성 : 사질양토
- 음 양 성 : 양수
- 내공해성 : 보통
- 건　　습 : 적윤
- 내 화 성 : 약함
- 내 한 성 : 강함
- 생장속도 : 빠름
- 내 염 성 : 약함
- 통　　기 : 필요
- 산　　도 : 중성

1	2	3	4	5	6	7	8	9	10	11	12

관리 및 번식

- 이　식 : 보통
- 번　식 : 실생/삽목
- 시　비 : 보통
- 전　정 : 보통
- 병충해 : 보통

용도

붉은 열매와 노란색 단풍의 관상가치 높으며 아직 조경수로 이용되고 있지 않으나 기조식재, 녹음식재용으로 가치가 높음

특이사항

세계적으로 희귀한 수종이고 우리나라에서는 보은 속리산(207호), 괴산 사담리(266호), 제천 제원 송계리(337호)의 군락지를 천연기념물로 지정

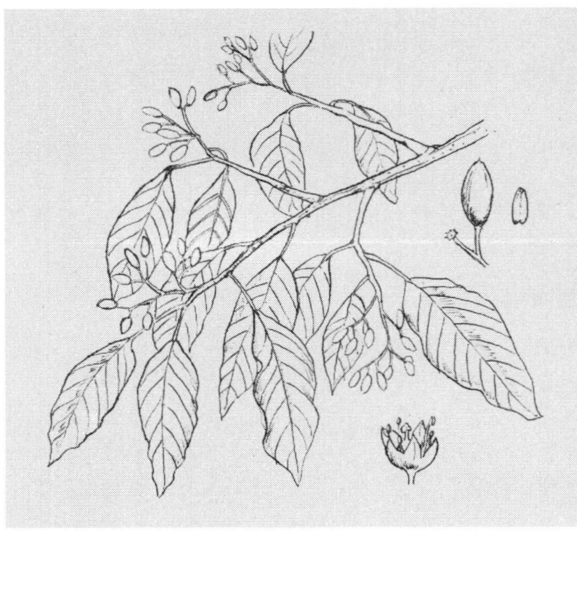

까마귀베개(푸대추나무, 가마귀베개)

Rhamnella franguloides (Maxim.) Weberb.

영명 : Franguloides Rhamnella, Crow's pillow

일명 : ネコノチチ

중명 : 長實山黃 장실산황

이명 : *Microrhamnus franguloides* Maxim.
Rhamnella japonica Miq.

Rhamnella : 속명 Rhamnus의 축소형
franguloides : 속명 Frangula와 비슷한

생육

- 성 상 : 낙엽활엽교목
- 수 형 : 원정형
- 수 고 : 7m 내외
- 원산지 : 한국, 일본, 중국
- 분 포 : 온대 남부 이남에 자생, 제주도는 표고 1,100m까지 자생

형태

- 잎 : 호생, 난상 장타원형, 길이 6~12cm, 너비 2.5~4.0cm, 표면에 털 없음. 뒷면 회록색, 맥 위에 잔털, 가장자리 잔톱니
- 꽃 : 양성화, 꽃 2~15개 달리며 액생하는 취산화서, 잔털, 지름 3.5mm, 5수, 황록색, 6~7월 개화
- 열매 : 핵과, 원통상 타원형, 황색에서 흑색으로 익음 백색, 길이 10mm, 잔줄, 9~10월 성숙
- 줄기 : 어린가지에 털이 약간 있음
- 뿌리 : 천근성

생태

- 토 성 : 사질양토
- 음 양 성 : 음수
- 내공해성 : 보통
- 건 습 : 적윤
- 내 화 성 : 약함
- 내 한 성 : 강함
- 생장속도 : 빠름
- 내 염 성 : 보통
- 통 기 : 필요
- 산 도 : 중성

1	2	3	4	5	6	7	8	9	10	11	12

관리 및 번식

- 이 식 : 용이
- 번 식 : 실생/삽목
- 시 비 : 보통
- 전 정 : 강함
- 병충해 : 보통

용도

조경용으로 거의 이용되고 있지 않으나 노란색의 단풍과 노란색에서 흑색으로 익는 열매가 아름다워 악센트 식재, 군락식재에 이용 가능

특이사항

중국에서는 타원형의 열매가 고양이 젖꼭지를 닮았다고 해서 '묘유'(貓乳)라고 부름

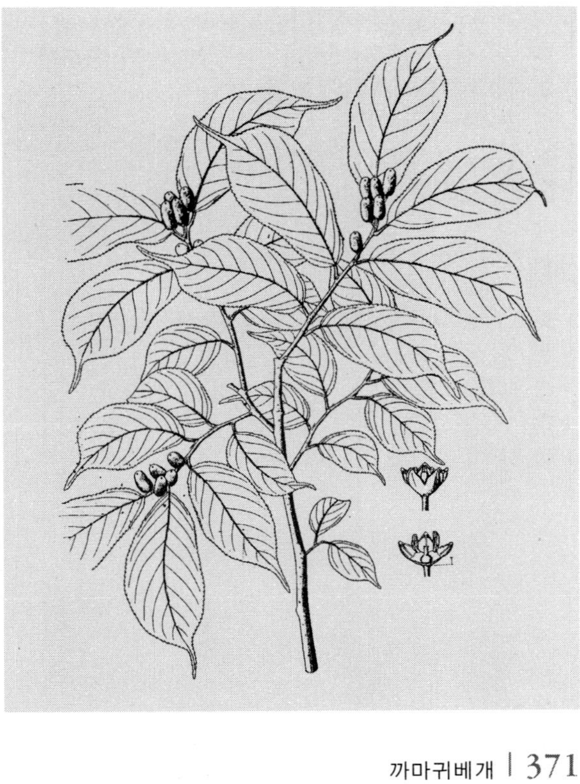

대추나무(녀추, 대추)

Ziziphus jujuba var. *inermis* (Bunge) Rehder

영명 : common jujube
일명 : ナツメ
중명 : 棗木 조목
이명 : *Ziziphus sativa* var. *inermis* C.K.Schneid.
Ziziphus vulgaris var. *inermis* Bunge

Zizyphus : 아랍명 zizonf가 희랍명 zizyphon으로 되고 다시 현대명으로 바뀌었음
jujuba : 아랍명

생육

- 성　상 : 낙엽활엽관목
- 수　형 : 타원형
- 수　고 : 8m 내외
- 원산지 : 한국, 중국
- 분　포 : 전국에 식재 및 재배

형태

- 잎 : 호생, 난형, 길이 2~6cm, 가장자리 둔한 톱니
- 꽃 : 양성화, 꽃 2~3개씩 달리는 액생의 취산화서, 지름 5~6mm , 녹황색, 6~7월 개화
- 열매 : 핵과, 타원형, 지름 1.5~2.5cm, 적갈색, 9~10월 성숙
- 줄기 : 갈색으로 거칠게 갈라짐
- 뿌리 : 천근성

생태

- 토　　성 : 사질양토
- 음 양 성 : 중용수
- 내공해성 : 강함
- 건　　습 : 적윤
- 내 화 성 : 강함
- 내 한 성 : 강함
- 생장속도 : 보통
- 내 염 성 : 강함
- 통　　기 : 필요
- 산　　도 : 중성

1	2	3	4	5	6	7	8	9	10	11	12

관리 및 번식

- 이　식 : 보통
- 전　정 : 강함
- 번　식 : 실생/삽목/분주
- 병충해 : 약함(빗자루병/유리나방)
- 시　비 : 보통

용도

주로 과수로 식재되어 왔으나 최근 들어 주거단지에 도입되어 악센트식재에 이용

기타종

- 묏대추나무(*Z. jujuba* Mill.) 대추나무의 기본종으로 과육이 적고, 탁엽이 변한 가시가 있음
- 갯대추나무(*Paliurus ramosissimus* (Lour.) Poir.) 제주도와 서해 바닷가에서 자라며 어린가지에 가시(오래되면 사라짐), 열매는 건과로 끝이 3갈래로 갈라져 날개로 발달

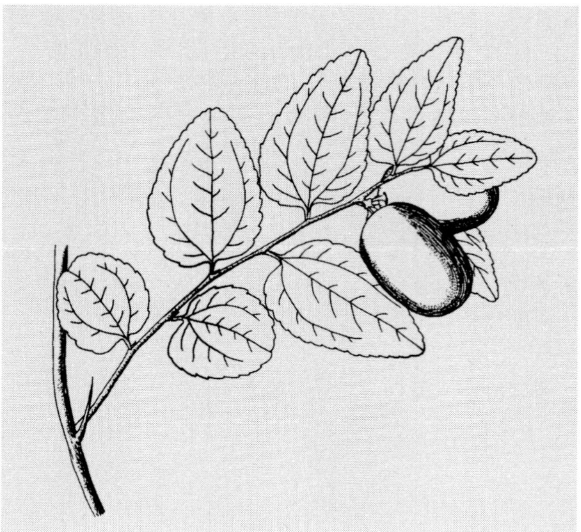

머루(산머루, 산포도) 포도科

Vitis coignetiae Pulliat ex Planch.

영명 : Crimson Glory Vine
일명 : ヤマブドウ
중명 : 朝鮮山葡萄 조선산포도
이명 : *Vitis amurensis* var. *coignetii* (Pulliat) Nakai
Vitis labrusca var. *grandifolia* Regel

Vitis : 라틴 고명으로서 vita는 생명이란 뜻임
coignetiae : 인명 Goignet의

생육

- 성 상 : 낙엽활엽만경목
- 수 형 : 부정형
- 원산지 : 한국, 일본
- 분 포 : 경북(울릉도), 전남, 제주도의 숲 가장자리 및 바닷가에 분포

형태

- 잎 : 호생하며 오각상 심장형의 예두 심장저, 잎끝은 5개로 얕게 갈라지며 잎의 길이는 8~30cm, 잎 뒷면에 적갈색 털
- 꽃 : 수꽃양성화딴그루, 원추화서로 잎과 마주달림, 화경 밑부분에서 덩굴손 발달, 6월~7월경에 황록색으로 개화
- 열매 : 장과는 송이를 이루며, 크기는 8mm 정도로 9월경에 검푸른색으로 성숙
- 줄기 : 덩굴성으로 소지에는 뚜렷하지 않은 능선
- 뿌리 : 천근성

생태

- 토 성 : 사질양토
- 음 양 성 : 중용수
- 내공해성 : 보통
- 건 습 : 적윤
- 내 화 성 : 강함
- 내 한 성 : 강함
- 생장속도 : 빠름
- 내 염 성 : 강함
- 통 기 : 필요
- 산 도 : 중성

1	2	3	4	5	6	7	8		10	11	12

관리 및 번식

- 이 식 : 용이
- 번 식 : 실생/삽목
- 시 비 : 보통
- 전 정 : 강함
- 병충해 : 강함

용도

잎 형태와 단풍이 아름다우며 그늘시렁식재에 이용하며, 식용이 가능함

기타종

- 왕머루(*V. amurensis* Rupr.) 머루에 비해 잎 뒷면에 거미줄 같은 갈색 털이 거의 없음
- 새머루(*V. flexuosa* Thunb.) 왕머루와 머루에 비해 잎이 작고 결각이 없으며 끝이 꼬리처럼 길게 뾰족함
- 개머루(*Ampelopsis heterophylla* (Thunb.) Siebold & Zucc.) 잎은 보통 3~5갈래로 깊게 갈라지며 열매는 자주색에서 벽색으로 익음

담쟁이덩굴(담장넝쿨, 돌담장이)

포도科

Parthenocissus tricuspidata (Siebold & Zucc.) Planch.

영명 : Boston Ivy

일명 : ナツヅタ

중명 : 地錦 지금

이명 : *Parthenocissus thunbergii* (Siebold & Zucc.) Nakai
Psedera thunbergii (Siebold & Zucc.) Nakai
Quinaria tricuspidata Koehne
Vitis thunbergii (Siebold & Zucc.) Druce

Parthenocissus : 희랍어 parthenos(처녀)와 cissos (담쟁이덩굴)의 합성어,
tricuspidata : 3첨두(3凸頭)

생육

- 성 상 : 낙엽활엽만경목
- 수 형 : 포복형
- 원산지 : 한국, 중국, 일본, 대만
- 분 포 : 전국에 자생

형태

- 잎 : 호생, 넓은 난형, 너비 10~20cm, 끝이 3개로 갈라짐, 표면에 털 없음, 뒷면 맥위에 잔털, 가장자리 불규칙한 톱니, 가을철 붉은 단풍
- 꽃 : 많은 소화가 달리며 액생하는 취산화서, 양성화, 황록색, 6~7월 개화
- 열매 : 지름 6~8mm, 흑색, 장과, 9~10월 성숙
- 줄기 : 기근과 흡착근 발달, 줄기는 10m 이상 길게 뻗으며 굵은 것은 기부가 약 4~5cm 정도
- 뿌리 : 천근성, 잎과 대생하는 덩굴손에 둥근 흡착근이 생김

1	2	3	4	5	6	7	8	9	10	11	12

생태

- 토 성 : 부식토
- 음 양 성 : 음수/반음수
- 내공해성 : 강함
- 건 습 : 적윤
- 내 화 성 : 보통
- 내 한 성 : 강함
- 생장속도 : 빠름
- 내 염 성 : 강함
- 통 기 : 필요
- 산 도 : 약알카리성

관리 및 번식

- 이 식 : 용이
- 전 정 : 보통
- 번 식 : 실생/삽목
- 병충해 : 강함(깍지벌레, 자나방)
- 시 비 : 보통

용도

적갈색 단풍과 검은 열매가 아름다우며, 줄기에 흡착근이 있어 건물벽이나 암석 등의 벽면녹화에 이용

기타종

- 미국담쟁이덩굴(*P. quinquefolia* (L.) Planch.) 잎이 5개의 소엽으로 구성된 장상복엽

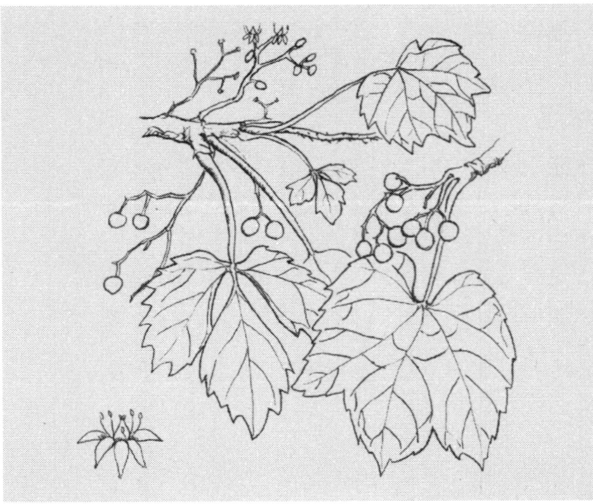

담팔수(담팔수)

Elaeocarpus sylvestris var. *ellipticus* (Thunb.) H. Hara

영명 : Ellipticus Elaeocarpus

일명 : ホルトノキ

중명 : 膽八樹 담팔수

이명 : *Cerasus elliptica* (Thunb.) Loisel.
Elaeocarpus elliptica (Thunb.) Nakai
Elaeocarpus makinoi Kaneh. ex Hatus.
Prunus elliptica Thunb.

Elaeocarpus : 희랍어 elaia(올리브)와 carpos(과)의 합성어이며 올리브나무의 열매와 비슷함

sylvestris : 중생의, 야생의

생육

- 성　상 : 상록활엽교목
- 수　형 : 우산형
- 수　고 : 20m 내외
- 원산지 : 한국, 일본
- 분　포 : 제주도에 자생

형태

- 잎 : 호생, 도피침형 또는 좁은 도피침형, 길이 5~15cm, 양면에 털 없음 표면 윤채, 뒷면 회록색, 가장자리 물결형 톱니
- 꽃 : 잎이 떨어진 묵은 가지의 잎겨드랑이에 달리는 길이 10cm의 총상화서, 털 있음, 양성화, 백색, 7~8월 개화
- 열매 : 핵과, 타원형, 길이 2~2.5cm, 흑벽색, 11~다음해 3월 성숙
- 줄기 : 회색이며 얕게 갈라짐
- 뿌리 : 심근성

생태

- 토　　성 : 사질양토
- 음 양 성 : 음수
- 내공해성 : 강함
- 건　　습 : 적윤
- 내 화 성 : 강함
- 내 한 성 : 약함
- 생장속도 : 빠름
- 내 염 성 : 강함
- 통　　기 : 필요
- 산　　도 : 중성

1	2	3	4	5	6	7	8	9	10	11	12

관리 및 번식

- 이　식 : 보통
- 번　식 : 실생
- 시　비 : 보통
- 전　정 : 강함
- 병충해 : 강함

용도

수형이 정연하고 백색꽃, 붉은 단풍과 흑색 열매가 아름다워 기조식재, 악센트식재, 군식재, 가로수식재에 적합

특이사항

제주도에서도 서귀포 일대의 몇 곳에서만 소수 개체가 자생하는 희귀종이며, 연중으로 적색의 잎을 달고 있는 특징때문에 먼 거리에서도 쉽게 식별

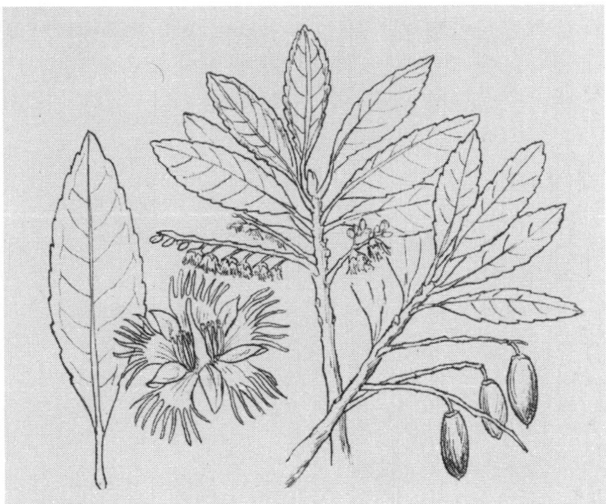

피나무(꽃피나무, 달피나무)

Tilia amurensis Rupr.

영명 : Linden, Amur Lime
일명 : アムルツナノキ
중명 : 毛皮木 모피목
이명 : *Tilia amurensis* for. *polyantha* Nakai
Tilia amurensis var. *kryloviana* Kom.
Tilia cordata (Mill.) Maxim.

Tilia : 보리자나무의 라틴 고명으로서 ptilon(날개)에서 유래, 날개같은 포가 화경에 있음
amurensis : 러시아 아무르지방의

생육

- 성 상 : 낙엽활엽교목
- 수 형 : 타원형
- 수 고 : 20m 내외
- 원산지 : 한국, 중국, 러시아
- 분 포 : 전국의 산지에 자생

형태

- 잎 : 호생, 넓은 난형, 길이 3~9cm, 표면에 털 없음, 회록색의 뒷면 맥액에 갈색털 밀생, 가장자리 예리한 톱니
- 꽃 : 양성화, 3~20개씩 달리는 취산화서 또는 산방화서, 지름 15mm, 털 없음(선단외면에 털 있음), 황백색, 6~7월 개화
- 열매 : 견과, 원형 또는 도란형, 지름 5~8mm, 백색 또는 갈색 털 밀생, 8~9월 갈색으로 성숙
- 줄기 : 회갈색으로 세로로 얇게 갈라짐. 어린 가지에 짧은 단모(單毛)가 있거나 없음
- 뿌리 : 심근성

생태

- 토 성 : 사질양토
- 음 양 성 : 중용수
- 내공해성 : 보통
- 건 습 : 적윤
- 내 화 성 : 보통
- 내 한 성 : 강함
- 생장속도 : 느림
- 내 염 성 : 강함
- 통 기 : 필요
- 산 도 : 약산성

1	2	3	4	5	6	7	8	9	10	11	12

관리 및 번식

- 이 식 : 어려움
- 전 정 : 보통
- 번 식 : 실생/삽목
- 병충해 : 강함(붉은나방, 목화명나방)
- 시 비 : 보통

용도

심장 모양의 잎이 아름답고 열매를 달고 있는 포가 독특하여 수형이 원형 또는 난형으로 기조식재, 녹음식재, 악센트식재, 군락식재로도 적합

기타종

- 섬피나무(*T. insularis* Nakai) 잎이 긴 점첨두이며 피나무에 비해 잎 뒷면 맥액에 백색 털이 밀생
- 뽕잎피나무(*T. taquetii* C.K.Schneid.) 꽃이 피는 줄기의 잎이 3cm이하로 작음

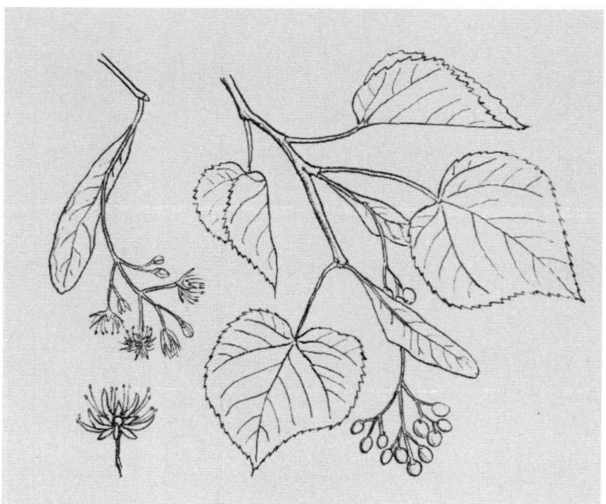

염주나무(구슬피나무, 둥근염주나무)

Tilia megaphylla Nakai

영명 : Megaphylla Linden, Beads Linden
일명 : オホボダイヂュ
중명 : 大葉椴樹 대엽단수, 大菩提樹 대보제수
이명 : *Tilia mandshurica* Nakai
Tilia : 보리자나무의 라틴 고명으로서 ptilon(날개)에서 유래. 날개같은 포가 화경에 있음
megaphylla : 큰 잎의

생육

- 성　상 : 낙엽활엽소교목
- 수　형 : 원정형
- 수　고 : 5m 내외
- 원산지 : 한국
- 분　포 : 온대 북부 이북에 자생

형태

- 잎 : 호생, 넓은 난형, 길이 10~12cm, 표면에 털 없음. 뒷면 성모밀생, 가장자리 잔톱니
- 꽃 : 3~9개가 달리는 산방화서, 포(苞) 길이 8~14cm, 황백색, 6월 개화
- 열매 : 도란형 또는 도란상 타원형, 끝이 뾰족, 열매의 기부에서 정점까지 5줄의 능선, 길이 10~12mm, 한 열매꼭지에 3~9개 달림, 갈색 성모, 10월 성숙
- 줄기 : 자갈색이며 세로로 피목이 발달함, 어린가지 성모 밀생
- 뿌리 : 심근성

생태

- 토　　성 : 사질양토
- 음 양 성 : 양수
- 내공해성 : 강함
- 건　　습 : 적윤
- 내 화 성 : 보통
- 내 한 성 : 강함
- 생장속도 : 느림
- 내 염 성 : 강함
- 통　　기 : 필요
- 산　　도 : 중성

1	2	3	4	5	❀	7	8	9	●	11	12

관리 및 번식

- 이　식 : 보통
- 전　정 : 보통(불필요)
- 번　식 : 실생
- 병충해 : 강함(붉은나방, 목화명나방)
- 시　비 : 보통

용도

잎이 크므로 시원한 느낌을 주며 열매는 염주를 만드는 데 사용하고 사찰 조경용으로 많이 식재되었으며 악센트식재, 녹음식재에 이용

기타종

- 둥근잎염주나무(*T. megaphylla* for. *subintegra* Nakai) 북청지방에 자생하며 잎자루의 길이가 7cm 정도, 잎이 난상원형, 짧은 예두, 얕은 심장저이며 길이 10cm, 너비 8cm로서 가장자리에 톱니가 적고 거의 밋밋

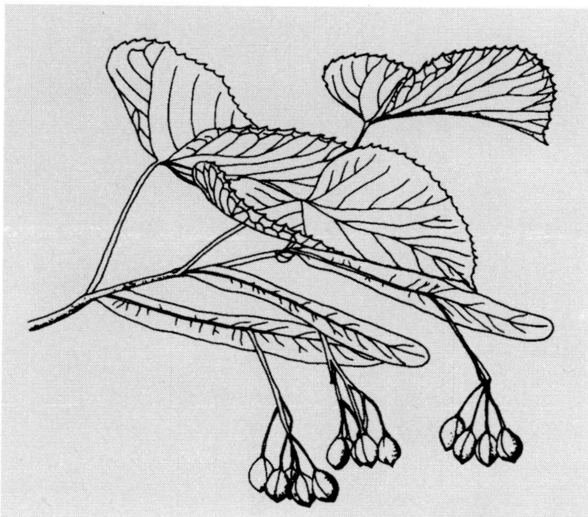

장구밤나무(잘먹기나무, 장구밥나무)

Grewia parviflora Bunge

영명 : Bilobed Grewia
일명 : エノキウツギ
중명 : 扁擔木 편담목
이명 : *Grewia biloba* var. *parviflora* (Bunge) Hand.-Mazz.
Grewia chanetii Lev.
Rubus umbellifer Lev.

Grewia : 식물조직연구가 Nehemiah Grew(1628~1682)에서 유래
parviflora : 꽃이 작은

생육

- 성 상 : 낙엽활엽관목
- 수 형 : 구형
- 수 고 : 2m 내외
- 원산지 : 한국
- 분 포 : 주로 서해안. 중부이남 해변 산록, 제주도에서 자생

형태

- 잎 : 호생, 난형 또는 마름모 비슷한 난형, 기부에서 3개의 큰맥 발달, 길이 4~12cm, 표면 거침, 뒷면 성모, 가장자리 불규칙한 겹톱니 혹은 3개로 얕게 갈라짐
- 꽃 : 암꽃양성화딴그루, 5~8개 달리는 취산화서 또는 산형화서, 연한 황색, 지름 1cm, 6~7월 개화
- 열매 : 핵과, 구형 또는 장구통 같은 구형, 황색 또는 황적색, 털이 없음. 종자 1개 들어있는 것은 지름 6mm, 2~4개 들어 있는 것은 8~12mm, 9월~10월 성숙
- 줄기 : 황갈색으로 매끈함, 잔가지에 융모 밀생
- 뿌리 : 천근성

생태

- 토 성 : 사질양토
- 음 양 성 : 양수
- 내공해성 : 강함
- 건 습 : 적윤
- 내 한 성 : 강함
- 생장속도 : 보통
- 내 염 성 : 강함
- 통 기 : 필요

1	2	3	4	5	6	7	8	9	10	11	12

- 내 화 성 : 보통
- 산 도 : 중성

관리 및 번식

- 이 식 : 보통
- 번 식 : 실생/삽목
- 시 비 : 보통
- 전 정 : 보통
- 병충해 : 강함

용도

온대 남부이남에서 식재가 가능하고, 질감은 보통이나 장구 모양으로 다닥다닥 붙는 주황색열매가 아름다움, 바람이 많은 해안 조경용으로 적합하고 악센트식재, 주연부식재에 이용

기타종

- 좀장구밤나무(*G. parviflora* for. *angusta* (Nakai) W. T. Lee) 제주도에 자생하며 잎이 넓은 피침형 또는 피침상 장타원형

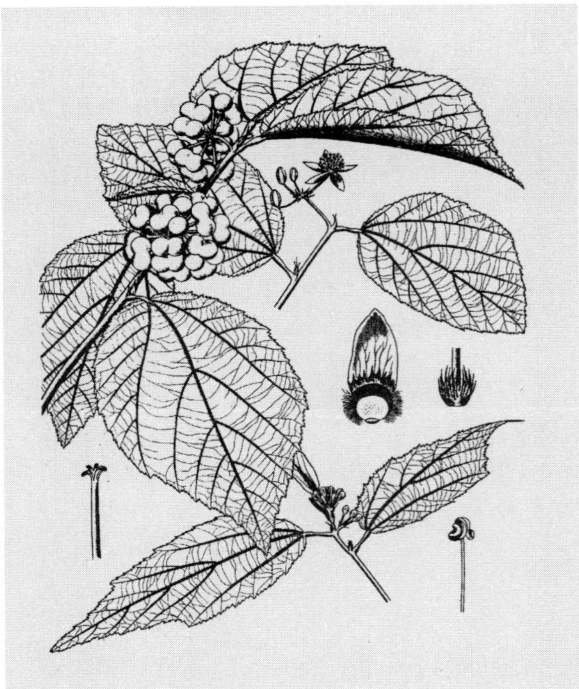

무궁화(목근화, 무궁화나무)

Hibiscus syriacus L.

영명 : Rose of sharon
일명 : マクゲ
중명 : 無窮花 무궁화
Hibiscus : 고대 라틴명 (아욱과)
syriacus : 시리아의

생육

- 성　상 : 낙엽활엽관목
- 수　형 : 타원형
- 수　고 : 4m 내외
- 원산지 : 중국
- 분　포 : 전국에 식재

형태

- 잎 : 호생, 난형 또는 마름모 비슷한 난형, 다소 3개로 갈라짐, 표면에 털 없음, 기부에 3개의 큰 맥, 뒷면 맥위에 털, 가장자리에 둔하거나 예리한 톱니
- 꽃 : 양성화, 종형, 지름 6~10cm, 꽃색 보통 분홍색 내부에 짙은 홍색, 7~9월 개화
- 열매 : 삭과, 긴타원형, 지름 1.2cm, 5열, 10~11월 성숙
- 줄기 : 줄기는 대부분 밑에서 여러 개가 올라오며 수피는 회색, 어린가지에 털이 많으나 점차 사라짐
- 뿌리 : 천근성

생태

- 토　　성 : 사질양토
- 음 양 성 : 양수
- 내공해성 : 강함
- 건　　습 : 적윤
- 내 화 성 : 보통
- 내 한 성 : 강함
- 생장속도 : 빠름
- 내 염 성 : 강함
- 통　　기 : 필요
- 산　　도 : 중성

1	2	3	4	5	6	7	8	9	10	11	12

관리 및 번식

- 이　식 : 용이
- 전　정 : 보통
- 번　식 : 실생/삽목
- 병충해 : 약함(갈반병, 화부병, 반점병)
- 시　비 : 보통

용도

개화기간이 길어 관상가치가 높고 공해에도 강하여 악센트식재, 경계식재, 군식재, 차폐식재 등에 이용

특이사항

품종이 많아 자색, 백색 등 다양하고 홑꽃, 겹꽃도 있어 다채로움

기타종

- 부용(*H. mutabilis* L.) 무궁화에 비해 잎이 오각형 또는 광난형이고 윗부분에서 3~7갈래로 갈라짐

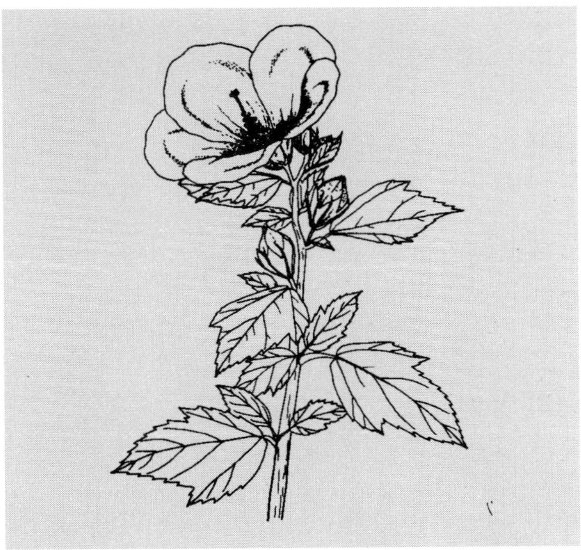

황근(갯부용, 갯아욱)

Hibiscus hamabo Siebold & Zucc.

영명	Hamabo Hibiscus
일명	ハマボウ
중명	黃槿 황근
이명	*Pariti hamabo* (Siebold & Zucc.) Nakai

Hibiscus : 고대 라틴명 (아욱과)
hamabo : 일본명 "하마보"

생육

- 성 상 : 낙엽활엽소교목(관목)
- 수 형 : 부채꼴형
- 수 고 : 1~2m 내외
- 원산지 : 한국, 일본, 대만, 제주도에 분포
- 분 포 : 난온대 해안지에 자생

형태

- 잎 : 호생, 편원형 또는 도란상 원형, 길이 3~6cm, 너비 3~7cm, 표면 약간의 털, 뒷면 회백색 털 밀생, 가장자리 둔한 잔톱니
- 꽃 : 양성화, 가지 끝의 잎겨드랑이에 1개씩 달림. 지름 5cm, 연한 황색, 중심부의 중앙은 짙은 적색, 7~8월 개화
- 열매 : 삭과, 난형, 잔털로 덮여 있음. 5개로 갈라짐, 10~11월 성숙
- 줄기 : 얇은 회색 수피에 황색 피목이 발달
- 뿌리 : 천근성

생태

- 토 성 : 사질양토
- 음 양 성 : 양수
- 내공해성 : 보통
- 건 습 : 적윤
- 산 도 : 약알카리성
- 내 한 성 : 약함
- 생장속도 : 느림
- 내 염 성 : 강함
- 통 기 : 필요
- 내 화 성 : 약함

관리 및 번식

- 이 식 : 보통
- 번 식 : 실생/삽목
- 시 비 : 보통
- 전 정 : 보통
- 병충해 : 강함

1	2	3	4	5	6	7	8	9	10	11	12

용도

내한성이 약하여 해안지방에서 식재가 가능하며 가을철 단풍이 매우 아름다워 군식하여 악센트식재에 이용

특이사항

무궁화속(*Hibiscus*)은 열대 및 아열대지역에 200여 종이 분포하나 국내에서는 유일하게 황근 1종만 자생

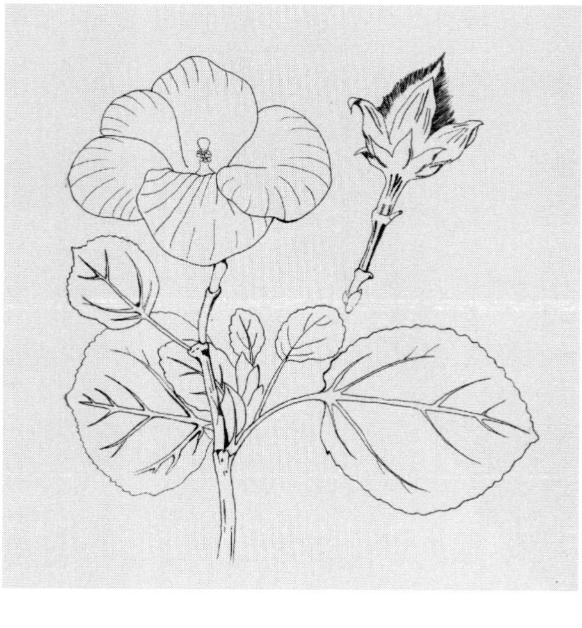

삼지닥나무(황서향나무, 삼아나무)

팥꽃나무科

Edgeworthia chrysantha Lindl.

영명 : Oriental Paperbush, Mitsumata

일명 : ミツマタ

중명 : 三椏木 삼아목

이명 : *Edgeworthia papyrifera* Siebold & Zucc.
Edgeworthia tomentosa (Thunb.) Nakai

Edgeworthia : 영국의 식물학자 M. P. Edgeworth 부부의 이름에서 유래

chrysantha : 황색 꽃의

1	2	3	4	5	6	7	8	9	10	11	12

생육

- 성　상 : 낙엽활엽관목
- 수　형 : 부채꼴형
- 수　고 : 2m 내외
- 원산지 : 중국
- 분　포 : 제주도 및 남부지역의 정원과 공원에 식재

형태

- 잎 : 호생, 막질, 넓은 피침형 또는 피침형, 양끝이 좁음, 길이 8~15cm, 너비 2~4cm, 양면 특히 뒷면에 털, 표면 밝은 녹색, 뒷면 흰빛이 돔, 가장자리 밋밋
- 꽃 : 양성화, 가지 끝에 모이는 두상화서 또는 총상화서, 황색꽃은 잎보다 먼저 핌, 3~4월 개화
- 열매 : 핵과, 꽃받침통에 싸여 있음, 난형, 검은색의 종자, 6~7월 성숙
- 줄기 : 황갈색으로 한 줄기가 올라와 3개씩 갈라짐
- 뿌리 : 천근성

생태

- 토　　성 : 사질양토
- 음 양 성 : 음수
- 내공해성 : 약함
- 건　　습 : 적윤
- 산　　도 : 중성
- 내 한 성 : 약함
- 생장속도 : 빠름
- 내 염 성 : 약함
- 통　　기 : 필요
- 내 화 성 : 보통

관리 및 번식

- 이　식 : 곤란
- 전　정 : 보통
- 번　식 : 실생
- 병충해 : 강함(세균성점무늬병)
- 시　비 : 보통

용도

이른 봄 잎이 나기 전 피는 노랑색 꽃과 낙엽이 진 후 수형이 매우 아름다워 악센트식재, 군식재, 경계식재로 좋음

특이사항

수피는 종이 만드는데 사용하며 거제도 및 일부 남부지역에서는 야생화가 되어 자람

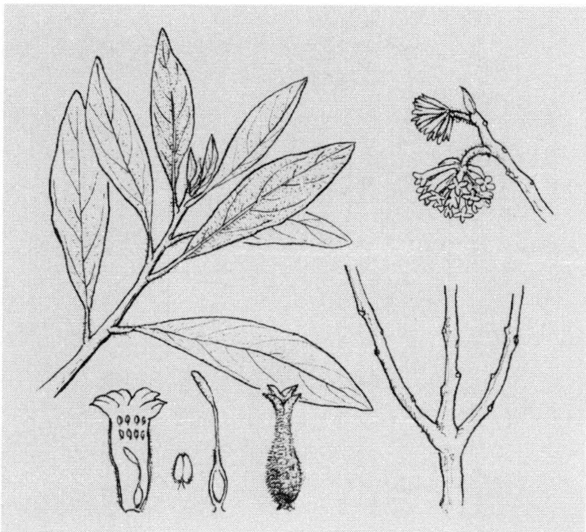

팥꽃나무(이팝나무, 넓은이팝나무)

Daphne genkwa Siebold & Zucc.

영명 : Lilac daphne
일명 : チョウジザクラ
중명 : 芫花 원화
이명 : *Daphne fortunei* Lindl.
Daphne genkwa f. *taitoensis* Hamaya
Daphne genkwa var. *fortunei* (Lindl.) Franch.

Daphne : Daphne 희랍의 여신명에서 월계수의 이름으로 전용, 엽형이 비슷하기 때문에 본 속의 이름으로 다시 전용됨
genkwa : 한명 원화의 일본발음

생육

- 성 상 : 낙엽활엽관목
- 수 형 : 타원형
- 수 고 : 2m 내외
- 원산지 : 한국, 중국, 대만
- 분 포 : 평안남도, 황해도에서 전라남도에 이르는 바닷가 근처

형태

- 잎 : 대생(간혹 호생), 피침형 또는 피침상 장타원형, 길이 2~6cm, 톱니 없음. 표면 털이 있으나 점차 사라짐, 뒷면 맥위에 융모
- 꽃 : 양성화, 잎보다 먼저 묵은 가지 끝에 꽃 3~7개씩 달리는 산형화서, 연한 자홍색, 화경에 털, 3~5월 개화
- 열매 : 핵과, 길이 7~8mm의 타원형으로, 6~7월 붉은색으로 성숙, 털밀생
- 줄기 : 자갈색을 띠고 있으며, 새가지는 누운 털이 있음
- 뿌리 : 천근성

생태

- 토 성 : 사질양토
- 음 양 성 : 양수
- 내공해성 : 보통
- 건 습 : 적윤
- 산 도 : 중성
- 내 한 성 : 강함
- 생장속도 : 느림
- 내 염 성 : 강함
- 통 기 : 필요
- 내 화 성 : 약함

1	2	3	4	5	6	7	8	9	10	11	12

관리 및 번식

- 이 식 : 용이
- 전 정 : 보통(가지솎음 정도)
- 번 식 : 실생/삽목
- 병충해 : 강함
- 시 비 : 보통

용도

내한성이 강하므로 온대 중부 지방의 도심에서도 식재 가능하며 3월경 잎보다 먼저 피는 꽃이 아름다우며 암석원조성에 군식하여 악센트식재에 이용

기타종

- 서향(*D. odora* Thunb.) 백서향과 비슷하나 분홍색 꽃이 핌
- 백서향(*D. kiusiana* Miq.) 꽃이 백색이고 자방은 장타원형이고 털이 있다. 제주도와 남해안 지역에 자생

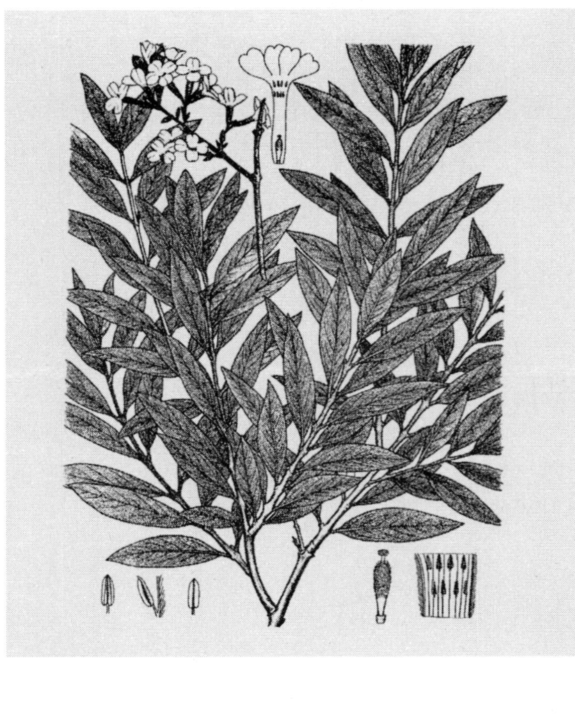

보리수나무(볼네나무, 보리장나무)

Elaeagnus umbellata Thunb.

영명 : Autumn Olive
일명 : アキグミ
중명 : 牛奶子 우내자
이명 : *Elaeagnus crispa* Thunb.
Elaeagnus crispa var. *typica* Nakai

Elaeagnus : 희랍어 elaia(올리브)와 agnos(서양목형,Vitex)의 합성어
umbellata : 산형화서의

생육

- 성 상 : 낙엽활엽소교목(관목)
- 수 형 : 타원형
- 수 고 : 4m 내외
- 원산지 : 한국, 중국, 일본
- 분 포 : 온대 중부이남산지에 자생

형태

- 잎 : 호생, 타원형 도는 난상 장타원형, 길이 3~7cm, 너비 1.0~3cm, 톱니 없음, 표면의 털이 바로 떨어짐, 뒷면에 은백색 비늘털 밀생
- 꽃 : 양성화, 새가지의 잎겨드랑이에 꽃 1~7개가 달리는 산형화서, 백색에서 연한 황색으로 변함, 향기, 끝이 4갈래, 암술대에 비늘털, 4~6월 개화
- 열매 : 장과, 구형, 지름 6~8mm, 비늘털, 연한 홍색, 9~11월 성숙
- 줄기 : 줄기에 은백색의 털이 나 있으며, 흔히 가시가 나있기도 함, 그루터기에서 여러 개의 줄기가 나옴
- 뿌리 : 천근성

생태

- 토 성 : 사질양토
- 음 양 성 : 중용수
- 내공해성 : 강함
- 건 습 : 적윤
- 산 도 : 중성
- 내 한 성 : 강함
- 생장속도 : 빠름
- 내 염 성 : 강함
- 통 기 : 필요
- 내 화 성 : 강함

1	2	3	4	5	6	7	8	9	10	11	12

관리 및 번식

- 이 식 : 용이
- 전 정 : 강함
- 번 식 : 실생/삽목/분주
- 병충해 : 강함(녹병, 갈반병)
- 시 비 : 보통

용도

백색 꽃과 붉은 열매가 아름답고 향기도 좋으며 전정에 강하므로 경계식재, 차폐식재, 주연부식재, 악센트식재에 적합

기타종

- 뜰보리수(*E. multiflora* Thunb.) 어린가지에 적갈색의 인모가 밀생하고 꽃이 연한 황색이며, 보리수나무에 비해 열매가 더 큼

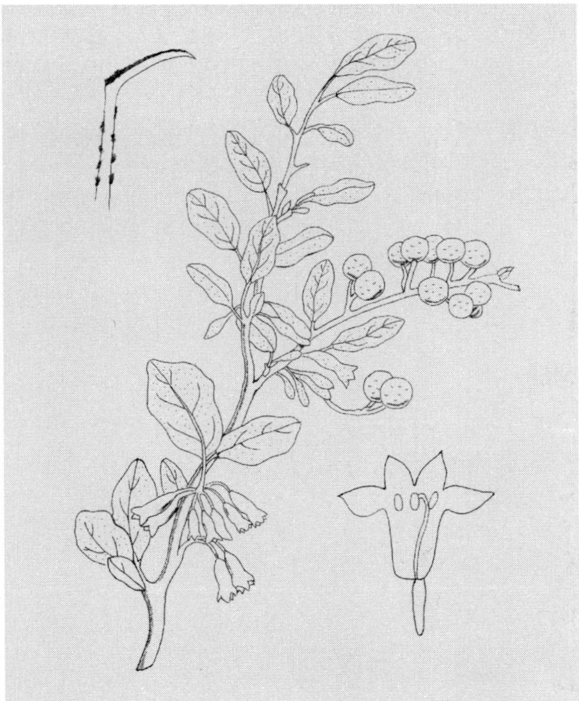

보리밥나무(봄보리똥나무, 봄보리수나무)

Elaeagnus macrophylla Thunb.

영명 : Oleaster
일명 : オオバグミ
중명 : 三月黃子 삼월황자
이명 : *Elaeagnus kotoensis* Hayata
Elaeagnus : 희랍어 elaia(올리브)와 agnos(서양목형,Vitex)의 합성어
macrophylla : 큰 잎의

생육

• 성　상 : 상록활엽만경목
• 수　형 : 덩굴형
• 원산지 : 한국, 일본, 중국
• 분　포 : 황해도 이남의 바다 가까운 산지 및 울릉도 자생

형태

• 잎 : 호생, 원형, 넓은 난형 또는 넓은 타원형, 길이 5~10cm, 너비 4~6cm, 톱니 없음, 표면 은백색의 비늘 털이 있으나 없어짐, 뒷면 은백색 비늘털 그대로 남아 있음
• 꽃 : 양성화, 몇 개씩 액생, 백황색, 소화경 길이 5~ 10mm로 백색 비늘털 밀생, 10~11월 개화
• 열매 : 핵과, 타원형, 길이 15~17mm. 붉은색, 백색 비늘털, 다음해 3~4월 성숙
• 줄기 : 잔가지에 은백색 및 연한 갈색의 비늘털, 가지가 자라면서 덩굴성, 수피는 갈색, 세로로 불규칙하게 깊이 갈라짐
• 뿌리 : 천근성

생태

• 토　성 : 사질양토
• 음 양 성 : 양수
• 내공해성 : 보통
• 건　습 : 적윤
• 산　도 : 중성
• 내 한 성 : 약함
• 생장속도 : 빠름
• 내 염 성 : 강함
• 통　기 : 필요
• 내 화 성 : 약함

1	2	3	4	5	6	7	8	9	10	11	12

관리 및 번식

• 이　식 : 곤란
• 전　정 : 보통
• 번　식 : 실생/삽목
• 병충해 : 강함
• 시　비 : 보통

용도

잎 뒷면 은색과 열매 등이 아름다우며 해안녹화나 주연부 식재에 이용 가능

기타종

• 보리장나무(*E. glabra* Thunb.) 보리밥나무에 비해 잎이 좁고 뒷면에 적갈색 인모가 밀생

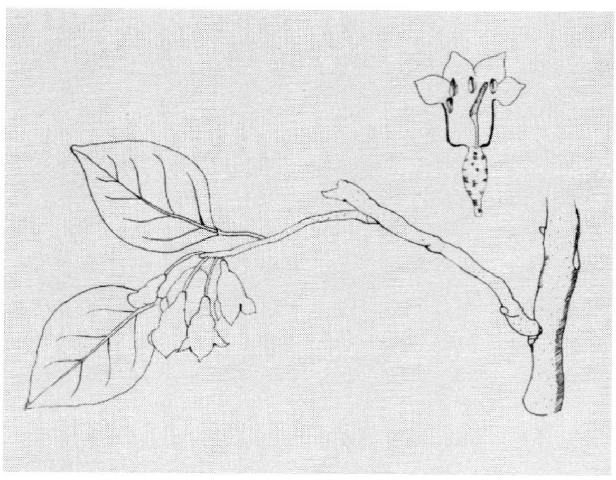

이나무(위나무, 의나무, 팥피나무)

Idesia polycarpa Maxim.

영명 : Wonder Tree, Igiri Tree, Chinese Wonder Tree, Idesia

일명 : イイギリ

중명 : 山桐子 산동자

Idesia : 네델란드의 식물채집가 E. Ysbrant Ides에서 유래

polycarpa : 여러번 열매를 맺는, 많은 열매의

생육

- 성　상 : 낙엽활엽교목
- 수　형 : 원정형
- 수　고 : 15m 내외
- 원산지 : 한국, 중국, 일본, 대만
- 분　포 : 전라도 및 제주도에서 자생

형태

- 잎 : 호생, 난상 심장형 또는 3각상 심장형, 길이 10~25cm, 너비 8~20cm, 표면 녹색, 뒷면 분백색, 주맥의 기부 양쪽에 흰털, 엽맥 붉은 빛
- 꽃 : 암수딴그루, 길이 20~30cm의 원추화서, 정생(頂生) 또는 액생(腋生), 일부가 총상화서, 황록색, 5~6월 개화
- 열매 : 장과, 구형, 지름 8~10mm, 황적색, 종자는 도란형으로 약 10개, 10~11월 성숙
- 줄기 : 황백색이며, 갈색 피목 발달
- 뿌리 : 심근성

생태

- 토　　성 : 사질양토
- 음 양 성 : 양수
- 내공해성 : 강함
- 건　　습 : 적윤
- 산　　도 : 중성
- 내 한 성 : 약함
- 생장속도 : 빠름
- 내 염 성 : 강함
- 통　　기 : 필요
- 내 화 성 : 보통

1	2	3	4	5	6	7	8	9	10	11	12

관리 및 번식

- 이　식 : 용이
- 번　식 : 실생
- 시　비 : 보통
- 전　정 : 강함
- 병충해 : 강함

용도

잎과 줄기의 질감이 비교적 좋으며 수관폭이 넓고 지하고도 높아 녹음식재, 가로수식재, 악센트식재 등에 이용

특이사항

노랑색 단풍과 황백색의 수피. 가을에 포도송이처럼 붉은 열매가 아름다우며 이듬해 개화기까지 열매가 남아 있음

위성류

Tamarix chinensis Lour.

영명 : Tree-Stamen Tamarisk, Chinese Tamarisk

일명 : ギョリュウ

중명 : 渭城柳 위성류

이명 : *Tamarix elegans* Spach
Tamarix indica Bunge
Tamarix tenuissima Nakai

Tamarix : 라틴 고명이며 피레네지방의 Tamaris강 유역에서 많이 자랐었음

chinensis : 중국의

생육

- 성 상 : 낙엽활엽소교목
- 수 형 : 타원형
- 수 고 : 5m 내외
- 원산지 : 중국
- 분 포 : 전국의 공원 및 정원에 식재

형태

- 잎 : 호생, 백록색, 가늘고 침형, 가지전체를 덮음
- 꽃 : 양성화, 1년에 2번 개화하는 총상화서(봄철 개화는 늙은 가지, 여름철 개화는 새 가지에서 달림, 연한 분홍색, 5월, 9월 개화
- 열매 : 삭과, 길이 3.5mm, 갈색, 종자는 긴털이 있어 바람에 잘 날림, 10월 성숙
- 줄기 : 회갈색이며 세로로 골이 생김
- 뿌리 : 천근성

생태

- 토 성 : 사질양토
- 음 양 성 : 양수
- 내공해성 : 강함
- 건 습 : 적윤
- 산 도 : 중성
- 내 한 성 : 강함
- 생장속도 : 느림
- 내 염 성 : 강함
- 통 기 : 필요
- 내 화 성 : 강함

1	2	3	4	5	6	7	8			11	12

관리 및 번식

- 이 식 : 용이
- 번 식 : 실생/삽목
- 시 비 : 보통
- 전 정 : 강함
- 병충해 : 강함

용도

질감이 매우 고우며 담황색꽃이 아름다워 물가 주위의 악센트식재에 이용

특이사항

국내에서는 서해안 습지에 야생화되어 자라기도 함

기타종

- 향성류(*T. juniperina* Bunge) 꽃차례가 측생하며 수술대의 기부가 비대해져 화반의 선(腺)과 같은 위치

배롱나무(백일홍)

부처꽃科

Lagerstroemia indica L.

영명 : Crape Flower, Crape Myrtle
일명 : サルスベリ
중명 : 百日紅 백일홍
이명 : *Lagerstroemia chinensis* L. *Lagerstroemia chinensis* Lam. *Lagerstroemia elegans* Paxton *Lagerstroemia minor* Retz.
Lagerstroemia : Linne의 친구인 스웨덴의 Magnus von Lagerstroem(1696~1759)에서 유래 *indica* : 인도의

생육

- 성　상 : 낙엽활엽교목
- 수　형 : 원정형
- 수　고 : 5m 내외
- 원산지 : 중국
- 분　포 : 가로수 및 공원수로 전국에 식재

형태

- 잎 : 대생 또는 호생, 타원형 또는 도란형, 길이 2.5~7.0cm, 표면에 윤채, 털이 없음, 뒷면 엽맥을 따라 털이 있음, 가장자리 톱니가 없고, 잎자루 거의 없음
- 꽃 : 양성화, 길이 10~20cm의 원추화서, 지름 3~4cm, 양성화, 홍색, 7~9월 개화
- 열매 : 삭과, 넓은 타원형, 길이 1.0~1.2cm, 갈색, 10~11월 성숙
- 줄기 : 갈색으로 매끈하고 무늬가 발달함
- 뿌리 : 천근성

생태

- 토　　성 : 사질양토
- 음 양 성 : 양수
- 내공해성 : 강함
- 건　　습 : 적윤
- 산　　도 : 중성
- 내 한 성 : 약함
- 생장속도 : 빠름
- 내 염 성 : 강함
- 통　　기 : 필요
- 내 화 성 : 약함

1	2	3	4	5	6	7	8	9	10	11	12

관리 및 번식

- 이　식 : 용이
- 전　정 : 약함
- 번　식 : 실생/삽목/분주
- 병충해 : 약함(흰가루병, 갈반병, 그을음병)
- 시　비 : 보통

용도

넓게 퍼지는 수형과 7~9월경에 피는 붉은 꽃, 평활하고 얼룩무늬가 있는 수피가 아름다워 악센트식재, 열식, 군식에 적당

기타종

- 흰배롱나무(*L. indica* for. *alba* (W. A. Nicholson) Rehder) 흰꽃이 핌

석류나무(석누나무)

Punica granatum L.

영명 : Pomegranate
일명 : ザクロ
중명 : 石榴 석류
이명 : *Punica florida* Salisb.
Punica spinosa Lam.

Punica : 라틴어 punicus(칼타고의)에서 유래. 석류가 북아프리카의 칼타고원산이라고 생각한 데서 유래
granatum : 입상의

1	2	3	4	5	6	7	8	9	10	11	12

생육

- 성　상 : 낙엽활엽소교목
- 수　형 : 구형
- 수　고 : 4~10m 내외
- 원산지 : 이란, 파키스탄, 지중해연안
- 분　포 : 온대 중부 이남에 식재

형태

- 잎 : 대생, 도란형 또는 장타원형, 길이 2~8cm, 양면에 털 없음, 가장자리 밋밋
- 꽃 : 양성화, 1~5개씩 달림, 붉은 색, 5~7월 개화
- 열매 : 석류과, 구형, 지름 6~8cm, 황색 또는 황홍색, 육질, 외피가 불규칙하게 터져 종자가 보임, 9~10월 성숙
- 줄기 : 잔가지는 네모가 지고 털이 없음, 짧은 가지의 끝이 가시로 됨
- 뿌리 : 천근성

생태

- 토　성 : 사질양토
- 음 양 성 : 양수
- 내공해성 : 보통
- 건　습 : 적윤
- 산　도 : 중성
- 내 한 성 : 약함
- 생장속도 : 느림
- 내 염 성 : 강함
- 통　기 : 필요
- 내 화 성 : 약함

관리 및 번식

- 이　식 : 용이
- 전　정 : 약함
- 번　식 : 실생/삽목/접붙이기
- 병충해 : 약함(반점병, 그을음병)
- 시　비 : 필요

용도

잎에 광택이 나고 여름부터 익기 시작하는 열매가 아름다워 악센트식재에 이용

기타종

- 애기석류나무(*P. granatum* var. *nana* (L.) Pers.) 석류나무에 비해 왜소하고 높이 1m 정도임

박쥐나무(누른대나무)

Alangium platanifolium var. *trilobum* (Miq.) Ohwi

영명 : Lobed-leaf Alangium
일명 : ウリノキ
중명 : 瓜木 과목
이명 : *Alangium platanifolia* var. *ogurae* Yanagita
Marlea macrophylla Siebold & Zucc.
Marlea macrophylla var. *velutina* Nakai

Alangium : Malabar란 지방명이며 angolam을 바꾸어서 만들었다
platanifolium : 버즘나무속(platanus)의 잎과 같은

생육

- 성　상 : 낙엽활엽관목
- 수　형 : 부채꼴형
- 수　고 : 3~4m 내외
- 원산지 : 한국, 중국, 일본
- 분　포 : 전국 산지에 자생

형태

- 잎 : 사각상 심원형 또는 원형, 길이와 너비는 각각 7~20cm, 끝이 3~5개로 얕게 갈라짐, 열편은 달걀형, 톱니 없음, 표면 황록색 및 약간 짧은 털, 뒷면 잔털이 드문드문 있음
- 꽃 : 액생 또는 액생의 취산화서, 털이 있거나 없음, 양성화, 황백색, 8개의 선형의 꽃잎으로 뒤로 말림, 5~6월 개화
- 열매 : 핵과, 난상 원형, 길이 6~8mm, 청자색, 8~10월 성숙
- 줄기 : 흑갈색으로 매끈함
- 뿌리 : 천근성

생태

- 토　성 : 사질양토
- 음 양 성 : 음수
- 내공해성 : 보통
- 건　습 : 적윤
- 산　도 : 중성
- 내 한 성 : 강함
- 생장속도 : 느림
- 내 염 성 : 강함
- 통　기 : 필요
- 내 화 성 : 보통

1	2	3	4	5	6	7	8	9	10	11	12

관리 및 번식

- 이　식 : 용이
- 전　정 : 강함
- 번　식 : 실생(채종 후 직파하거나 노천매장)
- 병충해 : 강함
- 시　비 : 보통

용도

넓고 박쥐날개 모양의 잎과 아래로 달리는 꽃이 특징적이고 주연부식재, 악센트식재에 이용

기타종

- 단풍박쥐나무(*A. platanifolium* (Siebold & Zucc.) Harms) 단풍나무에 비해 잎이 단풍잎처럼 깊게 갈라짐

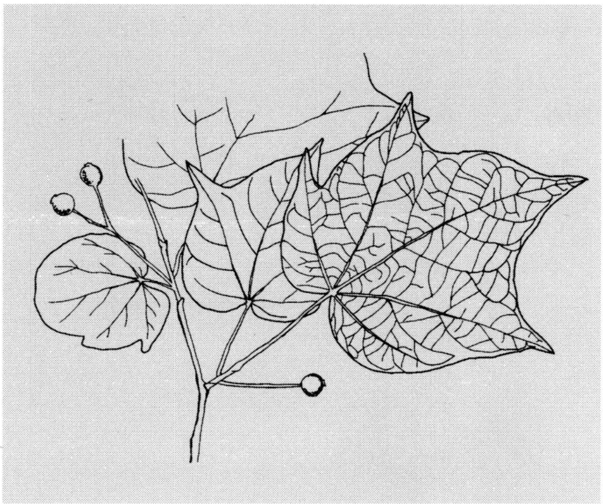

층층나무(말채나무, 물깨금나무)

Cornus controversa Hemsl.

영명 : Giant Dogwood
일명 : ミズキ
중명 : 六角樹 육각수
이명 : *Cornus longipetiolata* Hayata
Cornus macrophylla Walter
Cornus controversa var. *alpina* Wangerin

Cornus : 라틴어 cornu(각)에서 유래, 재질이 단단
controversa : 의심스러운

생육

- 성 상 : 낙엽활엽교목
- 수 형 : 우산형
- 수 고 : 20m 내외
- 원산지 : 한국, 일본, 중국, 대만
- 분 포 : 전국 산지에 자생

형태

- 잎 : 평행맥이며 층층나무과에서 예외적으로 잎이 어긋남
- 꽃 : 양성화, 산방화서, 꽃잎은 넓은 피침형이며 털이 밀생함, 5~6월 개화
- 열매 : 지름은 6~7mm 정도, 핵과로 둥글고, 8~10월 흑자색으로 성숙
- 줄기 : 세로로 얕게 흠이 갈라지고 계단상으로 가지가 윤생
- 뿌리 : 심근성

생태

- 토 성 : 사질양토
- 음 양 성 : 중용수
- 내공해성 : 강함
- 건 습 : 적윤
- 산 도 : 중성
- 내 한 성 : 강함
- 생장속도 : 빠름
- 내 염 성 : 약함
- 통 기 : 필요
- 내 화 성 : 약함

1	2	3	4	5	6	7	8	9	10	11	12

관리 및 번식

- 이 식 : 보통
- 번 식 : 실생
- 시 비 : 보통
- 전 정 : 강함
- 병충해 : 강함(반점병)

용도

층층으로 배열되는 전체 수형과 흰색꽃이 아름다우며, 기조식재, 녹음식재, 가로수식재, 군락식재에 적합

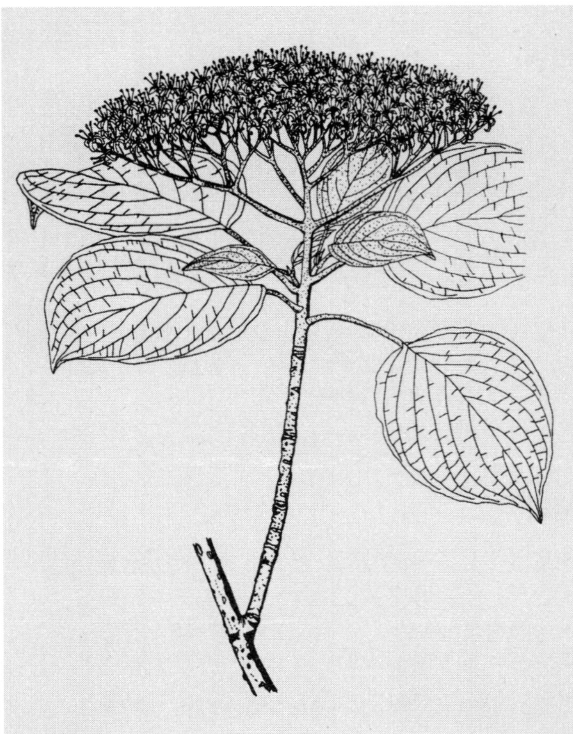

흰말채나무(붉은말채)

Cornus alba L.

영명 : Tatarian Dogwood
일명 : シラタマミズキ
중명 : 白玉水木 백옥수목
이명 : *Cornus alba* var. *sibirica* Loudon
Cornus subumbellata Komatsu
Cornus alba var. *rutokensis* Miyabe & Miyake

Cornus : 라틴어 cornu(각)에서 유래. 재질이 단단
alba : 흰색의

생육

- 성 상 : (다간성)낙엽활엽관목
- 수 형 : 부채꼴형
- 수 고 : 3m 내외
- 원산지 : 한국, 중국, 일본, 대만
- 분 포 : 전국의 공원 및 정원에 널리 식재

형태

- 잎 : 대생, 타원형, 길이 5~10cm, 표면에 작은 털, 뒷면은 흰색
- 꽃 : 양성화, 가지 끝에 달리는 기산화서, 화서의 지름은 4~5cm, 5~6월 개화
- 열매 : 핵과, 타원형, 흰색, 7~9월 성숙
- 줄기 : 붉은색
- 뿌리 : 천근성

생태

- 토 성 : 사질양토
- 음 양 성 : 양수
- 내공해성 : 약함
- 건 습 : 적윤
- 산 도 : 중성
- 내 한 성 : 강함
- 생장속도 : 빠름
- 내 염 성 : 약함
- 통 기 : 필요
- 내 화 성 : 약함

1	2	3	4	5	6	7	8	9	10	11	12

관리 및 번식

- 이 식 : 보통
- 전 정 : 강함
- 번 식 : 실생
- 병충해 : 강함(작은민갈고리나방, 황다리독나방)
- 시 비 : 보통

용도

키가 최고 3m 정도에 이르며 녹적색 줄기가 아름답고 열매는 희며 지엽이 치밀하고 전정에 강해 경계식재, 주연부식재에 적합

기타종

- 노랑말채나무(*C. sericea* L.) 줄기가 황색인 원예품종

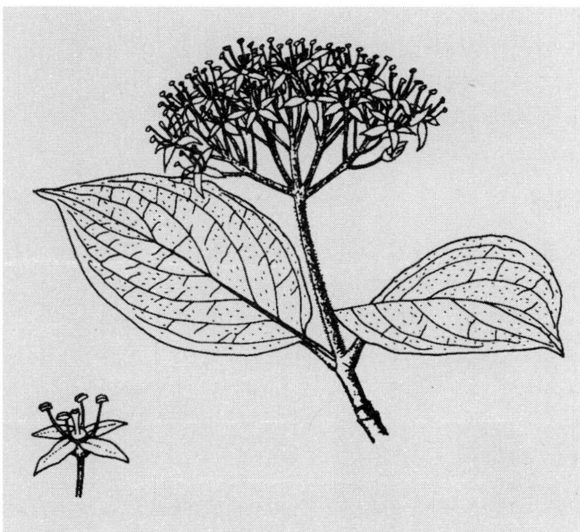

산딸나무(들매나무, 애기산딸나무)

Cornus kousa F. Buerger ex Hance

영명 : Kousa, Dogwood
일명 : ヤマボウシ
중명 : 四照花 사조화
이명 : *Benthamia japonica* (Siebold & Zucc.) Hara
Benthamia japonica Siebold & Zucc.
Cornus japonica Koehne
Cynoxylon japonica var. *typica* Nakai

Cornus : 라틴어 cornu(각)에서 유래. 재질이 단단
kousa : 일어의 풀(구사)이란 뜻이며 일본 하코네지방(箱根地方)의 방언

생육

- 성　상 : 낙엽활엽교목
- 수　형 : 원정형
- 수　고 : 7m 내외
- 원산지 : 한국, 중국, 일본
- 분　포 : 중부 이남의 산지에 자생

형태

- 잎 : 난형 또는 원형의 잎은 마주나며, 측맥은 4~5쌍이며, 맥겨드랑이에 갈색 털이 밀생
- 꽃 : 양성화, 꽃자루 길이 5~10cm, 총포편은 4개가 달림, 두상꽃차례, 황록색, 5~7월 개화
- 열매 : 적색, 지름 1.5~2.5cm, 핵과, 9~10월 성숙
- 줄기 : 암회색으로 수피가 부분적으로 떨어짐
- 뿌리 : 심근성

생태

- 토　　성 : 사질양토
- 음 양 성 : 중용수
- 내공해성 : 강함
- 건　　습 : 적윤
- 산　　도 : 중성
- 내 한 성 : 강함
- 생장속도 : 빠름
- 내 염 성 : 약함
- 통　　기 : 필요
- 내 화 성 : 약함

1	2	3	4	5	6	7	8	9	10	11	12

관리 및 번식

- 이　식 : 용이
- 번　식 : 실생/삽목
- 시　비 : 보통
- 전　정 : 보통
- 병충해 : 강함(반점병)

용도

수형이 단정하고 흰색 꽃받침과 붉은색 열매가 아름다워 악센트식재, 주연부식재, 경계식재,군식재에 적합

기타종

- 꽃산딸나무(*C. florida* L.) 북미 원산으로, 잎보다 꽃이 먼저 피며, 4개의 화포는 끝에 상처가 있음

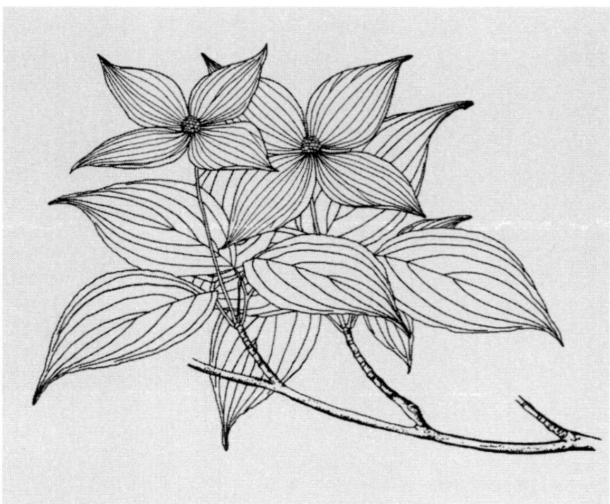

말채나무(말채목)

층층나무科

Cornus walteri F. T. Wangerin

영명	Walter Dogwood
일명	チョウセンミズキ
중명	小六谷 소육곡
이명	*Cornus coreana* Wangerin *Cornus henryi* Hemsl. ex Wangerin

Cornus : 라틴어 cornu(각)에서 유래. 재질이 단단
walteri : 미국인 Thomas Walter의

생육

- 성 상 : 낙엽활엽교목
- 수 형 : 원정형
- 수 고 : 10m 내외
- 원산지 : 한국, 중국
- 분 포 : 전국의 산지에 자생

형태

- 잎 : 대생, 광란형, 길이는 5~14cm, 측맥은 4~5쌍
- 꽃 : 양성화, 취산화서, 크기는 7~8cm정도, 꽃잎은 피침형, 흰색, 5~6월 개화
- 열매 : 둥글며 핵과로서 종자는 거의 둥글음, 검은색, 9~10월 성숙
- 줄기 : 감나무의 수피처럼 그물과 같이 갈라지고 쪼개짐
- 뿌리 : 심근성

생태

- 토 성 : 사질토
- 음 양 성 : 중용수
- 내공해성 : 보통
- 건 습 : 적윤
- 산 도 : 중성
- 내 한 성 : 강함
- 생장속도 : 느림
- 내 염 성 : 강함
- 통 기 : 필요
- 내 화 성 : 보통

1	2	3	4	5	6	7	8	9	10	11	12

관리 및 번식

- 이 식 : 곤란
- 전 정 : 보통
- 번 식 : 실생/삽목
- 병충해 : 강함(반점병, 갈반병)
- 시 비 : 보통

용도

수고 및 수관폭이 크므로 공공조경용으로 많이 이용되며 특징적인 수피와 꽃과 열매, 수형이 아름다워 기조식재, 녹음식재, 악센트식재, 유도식재에 적합

기타종

- 곰의말채나무(*C. macrophylla* Wall.) 말채나무에 비해 측맥이 4~7쌍으로 많으며, 층층나무에 비해서는 잎이 마주남

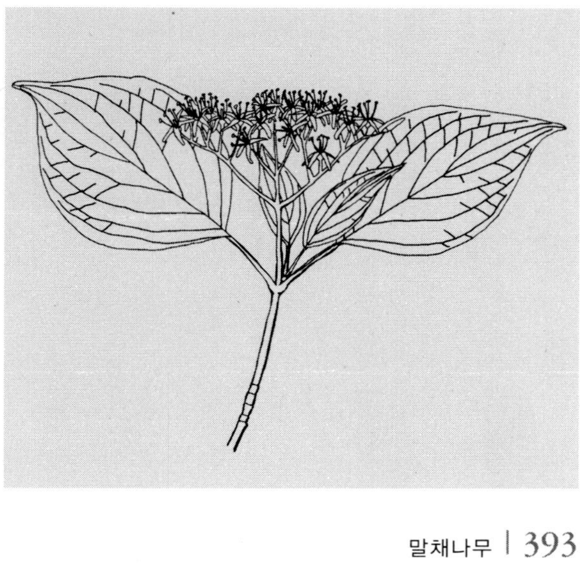

산수유(산시유나무)

Cornus officinalis Siebold & Zucc.

영명	Japanese Cornelian Cherry, Japanese Cornel
일명	サンシュユ
중명	山茱萸 산수유
이명	*Cornus mascula* var. *japonica* Siebold ex Miq. *Macrocarpium officinale* Nakai

Cornus : 라틴어 cornu(각)에서 유래. 재질이 단단
officinalis : 약용의, 효과가 있는

생육

- 성 상 : 낙엽활엽소교목
- 수 형 : 우산형
- 수 고 : 8m 내외
- 원산지 : 중국
- 분 포 : 전국에 식재

형태

- 잎 : 대생, 장타원형, 길이는 4~12cm, 뒷면에 갈색 털
- 꽃 : 양성화, 황색이며 3월에 잎보다 먼저 핌, 산형화서, 3~4월 개화
- 열매 : 장과로 타원형이며 길이는 1.5~2.0cm, 적색, 9~11월 성숙
- 줄기 : 갈색으로 길게 벗겨짐
- 뿌리 : 천근성

생태

- 토 성 : 사질양토
- 음 양 성 : 양수
- 내공해성 : 약함
- 건 습 : 적윤
- 산 도 : 중성
- 내 한 성 : 강함
- 생장속도 : 빠름
- 내 염 성 : 약함
- 통 기 : 필요
- 내 화 성 : 약함

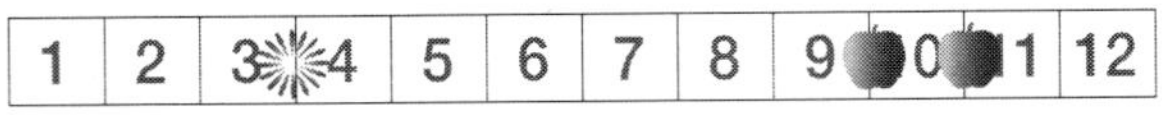

관리 및 번식

- 이 식 : 강함
- 전 정 : 보통
- 번 식 : 실생/삽목/접목
- 병충해 : 강함(잔점병, 좀나방)
- 시 비 : 필요

용도

잎보다 먼저 피는 황색의 꽃이 아름답고 가을에 붉게 익는 열매는 식용뿐만 아니라 감상가치도 높아 악센트 식재, 유도식재에 적합

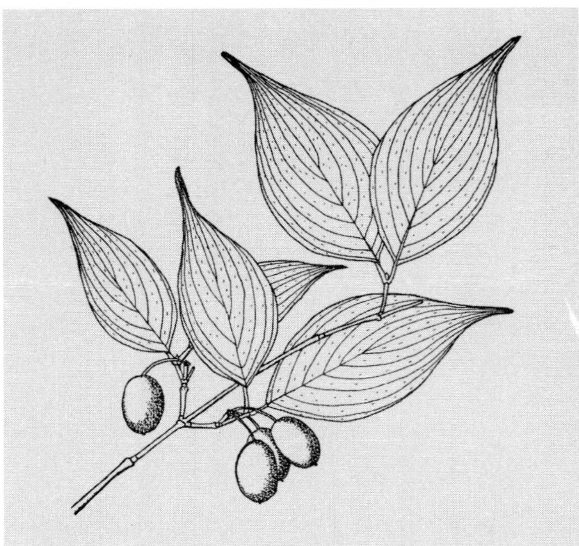

식나무(넓적나무, 넙적나무)

Aucuba japonica Thunb.

영명 : Spotted Laurel
일명 : アオキ
중명 : 桃葉珊瑚 도엽산호
이명 : *Aucuba japonica* var. *concolar* Regel *Aucuba japonica* var. *ovoidea* Koidz. *Aucuba japonica* var. *typica* Nakai *Eubasis dichotoma* Salisb.
Aucuba : 일본명 "아오키바"에서 유래 *japonica* : 일본의

생육

- 성 상 : 상록활엽관목
- 수 형 : 부정형
- 수 고 : 3m 내외
- 원산지 : 한국, 중국, 일본, 타이완
- 분 포 : 울릉도, 전남, 제주도의 산지 숲속에서 자람

형태

- 잎 : 대생, 타원형이며 광택이 남. 길이는 5~20cm 거치가 있으며, 예두 또는 점첨두
- 꽃 : 암수딴그루, 3~4월경 가지 끝의 원추화서에서 검은 자색으로 개화
- 열매 : 타원형 또는 난상 타원형, 1.5~2.0cm 정도의 핵과로 한 개씩 종자가 들어있음, 11~12월 성숙
- 줄기 : 새로 나온 줄기는 녹색이고, 광택이 남. 밑부분에서 여러 개의 줄기가 나옴
- 뿌리 : 천근성

생태

- 토 성 : 사질양토
- 음 양 성 : 음수
- 내공해성 : 약함
- 건 습 : 적윤
- 산 도 : 중성
- 내 한 성 : 약함
- 생장속도 : 빠름
- 내 염 성 : 강함
- 통 기 : 필요
- 내 화 성 : 강함

1	2	3✱4	5	6	7	8	9	10	11●12

관리 및 번식

- 이 식 : 보통
- 전 정 : 강함
- 번 식 : 실생/삽목
- 병충해 : 약함(그을음병, 탄저병, 진딧물)
- 시 비 : 보통

용도

자웅이주로서 겨울에 눈 내린 후에 볼 수 있는 진홍색 또는 주황색 열매는 대단히 아름다우며 차폐식재, 경계식재, 생울타리용식재에 적합

기타종

- 금식나무(*A. japonica* for. *variegata* (Dombrain) Rehder) 가지가 굵고 녹색이며 잎에 황색의 반점이 있음. 남부지방에 조경용으로 식재

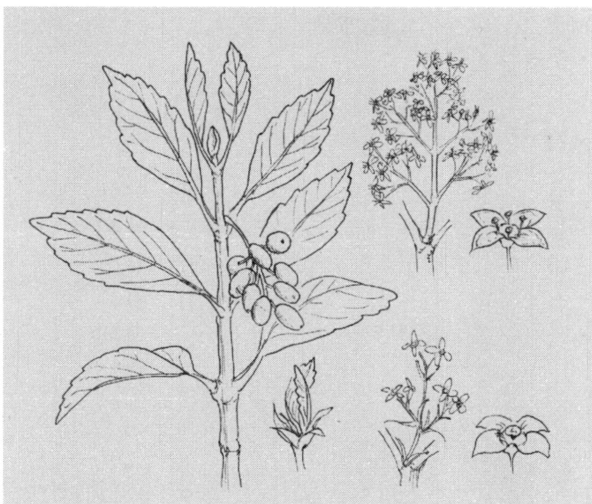

팔손이(팔각금반, 팔손이나무)

Fatsia japonica (Thunb.) Decne. & Planch.

영명 : Japanese Aralia, Castor Oil Plant, Fatsi, Fig-leaf Palm, Glossy-leaved Paper Plant

일명 : ヤツデ

중명 : 八角金盤 팔각금반

이명 : *Aralia japonica* Thunb.
Aralia sieboldii Hort ex K.Koch

Fatsia : 일본명 '야쯔데(팔수)"의 하찌(8)에서 유래
japonica : 일본의

생육

- 성 상 : 상록활엽관목
- 수 형 : 구형
- 수 고 : 2~4m 내외
- 원산지 : 한국, 일본
- 분 포 : 난온대 기후대에 자생

형태

- 잎 : 손바닥 모양으로 7~9개로 깊게 갈라짐. 표면은 털이 없고 광택, 양면에 털이 없다
- 꽃 : 양성화, 산형화서, 꽃잎과 수술은 5개, 지름 5mm, 11~12월에 가지끝에서 흰색 꽃이 개화
- 열매 : 거의 원형. 흑자색으로 익음, 핵과, 다음해 4~5월 성숙
- 줄기 : 회갈색으로 매끈
- 뿌리 : 천근성

생태

- 토 성 : 비옥토
- 음 양 성 : 음수
- 내공해성 : 강함
- 건 습 : 적윤
- 산 도 : 중성
- 내 한 성 : 약함
- 생장속도 : 빠름
- 내 염 성 : 강함
- 통 기 : 필요
- 내 화 성 : 약함

1	2	3	4	5	6	7	8	9	10	11	12

관리 및 번식

- 이 식 : 용이
- 전 정 : 보통
- 번 식 : 실생/삽목, 취목
- 병충해 : 보통(탄저병, 황갈병, 검은무늬병, 깍지벌레)
- 시 비 : 보통

용도

8장으로 갈라지는 잎이 특징적이며 흰꽃과 흑색 열매가 아름다움. 실내 조경에 이용할 수 있고 악센트식재, 주연부 식재에 적합

황칠나무(노란옻나무)

두릅나무科

Dendropanax morbiferus H. Lév.

영명 : Korean Dendropanax
일명 : チョウセンカクレミノ
중명 : 樹參 수삼
이명 : *Gilibertia morbifera* (Lev.) Nakai
Textoria morbifera (Lev.) Nakai

Dendropanax : 희랍어 dendron(수목)과 Panax(인삼속)의 합성어이며 Panax와 비슷하지만 고목으로 자람
morbiferus : 병을 지닌

생육

- 성　상 : 상록활엽교목
- 수　형 : 원정형
- 수　고 : 15m 내외
- 원산지 : 한국, 일본, 타이완
- 분　포 : 전남, 전북의 도서지역 및 제주도의 산지.

형태

- 잎 : 난형, 끝이 뾰족하고 길이 10~20cm, 양면에 털이 없음
- 꽃 : 양성화 또는 수꽃양성화한그루, 가지 끝에 산형화서, 화축의 길이 3~5cm, 꽃잎과 수술 5장, 7~8월에 황록색으로 개화
- 열매 : 핵과, 타원형, 10~11월 검은색으로 성숙
- 줄기 : 수피에 상처가 나면 황색액이 나옴
- 뿌리 : 심근성

생태

- 토　　성 : 비옥토
- 음 양 성 : 중용수
- 내공해성 : 보통
- 건　　습 : 적윤
- 산　　도 : 중성
- 내 한 성 : 약함
- 생장속도 : 빠름
- 내 염 성 : 강함
- 통　　기 : 필요
- 내 화 성 : 약함

1	2	3	4	5	6	7	8	9	10	11	12

관리 및 번식

- 이　식 : 곤란
- 번　식 : 실생/삽목
- 시　비 : 보통
- 전　정 : 약함(불필요)
- 병충해 : 강함(하늘소)

용도

광택이 나는 잎과 수형이 단정한 멋이 있고 나무에서 생산되는 수액이 황칠공예에 이용되며 악센트식재, 기조식재, 녹음식재, 완충식재, 가로수식재, 경계식재, 유도식재에 적합

특이사항

줄기에서 나오는 수액을 예로부터 황금색을 내는 염료, 도료로 사용

송악(담장나무)

Hedera rhombea (Miq.) Siebold & Zucc. ex Bean

영명 : Japanese Ivy
일명 : キヅタ
중명 : 常春藤 상춘등
이명 : *Hedera helix* var. *rhombea* Miq.
Hedera tobleri Nakai
Hedera : 유럽산 송악의 라틴명
japonica : 일본의

1	2	3	4	5	6	7	8	9	10	11	12

생장

- 성 상 : 상록활엽만경목
- 수 형 : 포복형
- 원산지 : 한국, 일본
- 분 포 : 충남, 경남, 울릉도, 전남, 전북 및 제주도의 산지에서 자생

형태

- 잎 : 삼각형 비슷하고 3~5개로 얕게 갈라진다
- 꽃 : 양성화, 가지 끝에 1개 또는 여러 개가 취산상으로 달림, 9~11월 황록색 꽃이 개화
- 열매 : 핵과, 구형이며 다음해 5~7월에 흑자색으로 익는다
- 줄기 : 적갈색
- 뿌리 : 천근성

생태

- 토 성 : 적습지
- 음 양 성 : 음수
- 내공해성 : 보통
- 건 습 : 습윤
- 산 도 : 약알카리성
- 내 한 성 : 보통
- 생장속도 : 느림
- 내 염 성 : 강함
- 통 기 : 필요
- 내 화 성 : 강함

관리 및 번식

- 이 식 : 보통
- 번 식 : 실생/삽목
- 시 비 : 보통
- 전 정 : 강함
- 병충해 : 강함(깍지벌레)

용도

상록만경류로서 내한성이 강한편이고 벽면녹화나 지피식재에 적합

기타종

- 무늬송악(*H. rhombea* 'Variegata') 잎에 무늬가 있고 중심부위가 짙은 녹색
- 아이비 '덴마크'(*H. helix* 'Denmark') 아이비 '에스터'(*H. helix* 'Ester') 등의 *H. helix* 재배품종의 열매는 보통 노란색으로 익으후 흑색으로 변하며 Hedera속 중에서 가장 많은 품종이 개발

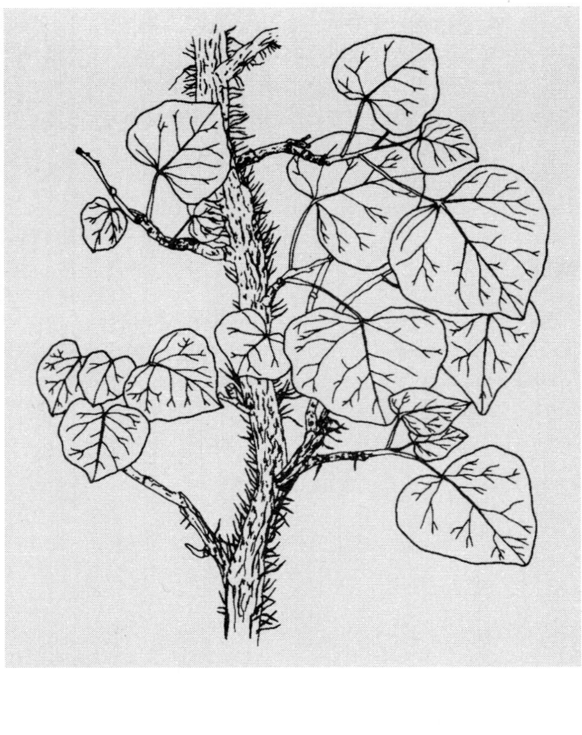

오갈피나무(오가피, 서울오갈피나무)

두릅나무科

Eleutherococcus sessiliflorus (Rupr. & Maxim.) S. Y. Hu

영명 : Five Leaf Aralia
일명 : マンシュウウコギ
중명 : 五加皮木 오가피목
이명 : *Acanthopanax seoulense* (Rupr. & Maxim) Seem.
Eleutherococcus seoulensis (Nakai) S.Y.Hu
Panax sessiliflorus Rupr. & Maxim.

Eleutherococcus : 가시오갈피나무속으로서 희랍어의 eleuthero(떨어지다)와 coccus(분과)의 합성어이며 오갈피속(Acanthopanax)에 포함
sessiliflorus : 대가 없는 꽃의

생육

- 성　상 : 낙엽활엽소교목(관목)
- 수　형 : 원정형
- 수　고 : 4m 내외
- 원산지 : 한국, 중국, 일본
- 분　포 : 중부 이남의 산지에 자라며 농가에서 약용식물로 흔히 재배

형태

- 잎 : 3~5개 소엽의 장상복엽, 소엽의 길이는 6~15cm
- 꽃 : 양성화, 꽃자루는 길이 0.5~3.0cm, 꽃잎 길이는 1.5~2.0mm, 8~9월 자주색 꽃이 개화
- 열매 : 핵과, 도란상 타원형으로 길이 1.0~1.5cm, 10~11월 검은색으로 성숙
- 줄기 : 털과 가시가 없음
- 뿌리 : 천근성

생태

- 토　성 : 양토
- 음 양 성 : 음수
- 내공해성 : 강함
- 건　습 : 보통
- 산　도 : 중성
- 내 한 성 : 강함
- 생장속도 : 보통
- 내 염 성 : 보통
- 통　기 : 필요
- 내 화 성 : 강함

1	2	3	4	5	6	7	8	9	10	11	12

관리 및 번식

- 이　식 : 용이
- 전　정 : 보통
- 번　식 : 실생/삽목/촉성재배법
- 병충해 : 보통
- 시　비 : 보통

용도

수형이 좋고 줄기에서 독특한 향기가 나며 악센트식재, 주연부식재에 적합하며, 줄기와 껍질을 약용, 식용으로 이용

기타종

- 가시오갈피(*E. senticosus* (Rupr. & Maxim.) Maxim.) 가지에 긴 바늘같은 가시가 밀생
- 섬오갈피나무(*E. gracilistylus* (W.W.Sm.) S.Y.Hu) 가지에 짧고 밑이 넓은 삼각형의 가시가 있음
- 오가나무(*E. sieboldianus* (Makino) Koidz.) 중국산의 낙엽관목으로 가지에 피목이 발달, 줄기는 회백색

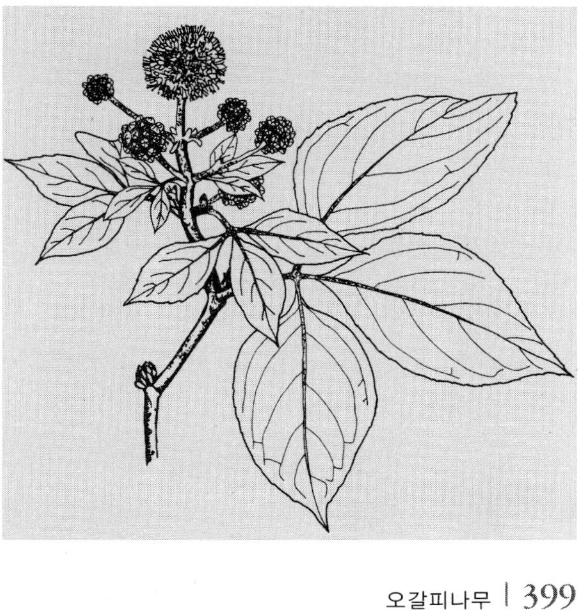

음나무(개두릅나무, 엄나무)

Kalopanax septemlobus (Thunb.) Koidz.

영명 : Carstor Aralia
일명 : ハリギリ
중명 : 嚴木 엄목
Kalopanax : 그리스어 kalos(아름답다)와 Panax(인삼속)의 합성어이며 잎의 결각이 규칙적임
septemlobus : 7개로 갈라진

생육

- 성 상 : 낙엽활엽교목
- 수 형 : 수평형
- 수 고 : 25m 내외
- 원산지 : 한국, 중국, 일본, 러시아
- 분 포 : 전국 산지에 자생

형태

- 잎 : 호생, 둥글며 5~9개로 갈라지는데 열편은 산형 또는 타원형
- 꽃 : 양성화, 새 가지의 끝에 산형화서, 꽃잎과 수술은 각각 4~5개씩, 7~8월 가지끝에서 황백색 꽃이 개화
- 열매 : 핵과로 둥글며 1~2개의 종자가 들어 있음, 10~11월 검은색으로 성숙
- 줄기 : 어릴때는 회백색이며, 크면 짙은 흑회색이 되면서 깊게 갈라짐
- 뿌리 : 심근성

생태

- 토 성 : 사질양토
- 음 양 성 : 음수
- 내공해성 : 보통
- 건 습 : 적윤
- 산 도 : 중성
- 내 한 성 : 강함
- 생장속도 : 보통
- 내 염 성 : 보통
- 통 기 : 필요
- 내 화 성 : 보통

1	2	3	4	5	6	7	8	9	10	11	12

관리 및 번식

- 이 식 : 용이
- 전 정 : 강함
- 번 식 : 실생/삽목/무성번식
- 병충해 : 보통(흑색무늬병, 탄저병, 갈색무늬병,나방류, 굼벵이류)
- 시 비 : 보통

용도

여름에 피는 흰꽃과 단풍이 아름다우며, 기조식재, 군식재, 악센트식재에 적합. 근피를 해동피라 하여 약재로 이용

기타종

- 가는잎음나무(*K. septemlobus* var. *maximowiczi* (VanHootte) Hand.-Mazz.) 잎이 깊게 갈라지고 열편의 폭이 좁음
- 털음나무(*K. septemlobus* var. *magnificus* (Zabel) Hand.-Mazz.) 잎 뒷면에 털이 밀생

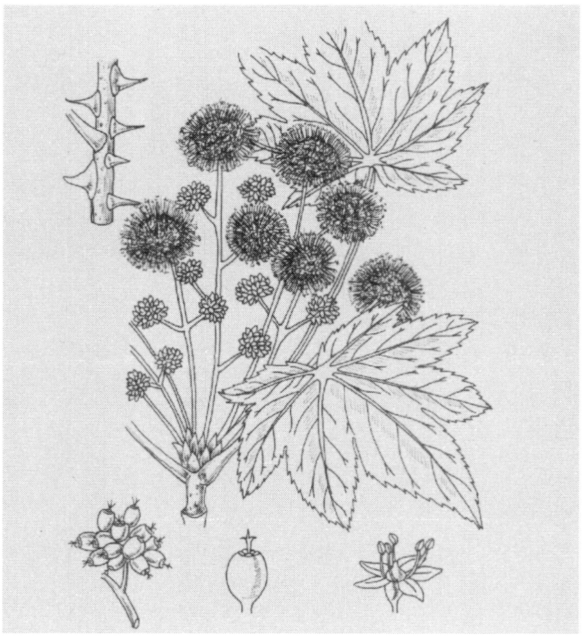

만병초(들쭉나무, 뚝갈나무)

Rhododendron brachycarpum D. Don ex G.Don

영명 : Fujiyama Rhododendron
일명 : ハクサンシャクナゲ
중명 : 萬病草 만병초
이명 : *Rhododendron brachycarpum* subsp. *tigerstedtii* Nitz.
Rhododendron brachycarpum var. *tigerstedtii* (Nitz.) Davidian

Rhododendron : 희랍어 rhodon(장미)과 dendron(수목)의 합성어이며 적색 꽃이 피는 나무의 뜻으로서 처음에는 협죽도의 이름
brachycapum : 짧은 열매의

생육

- 성 상 : 상록활엽소교목(관목)
- 수 형 : 타원형
- 수 고 : 4m 내외
- 원산지 : 한국, 일본
- 분 포 : 지리산 이북의 높은 산지, 울릉도 자생

형태

- 잎 : 상록, 호생으로 두터움, 길이 8~20cm
- 꽃 : 양성화, 가지 끝에 달리고 백색 또는 담황색, 연한 홍색, 6~7월 개화
- 열매 : 삭과로 길이 2cm, 8~9월에 갈색으로 성숙
- 줄기 : 적갈색으로 거칠게 보임
- 뿌리 : 천근성

생태

- 토 성 : 비옥토
- 음 양 성 : 음수
- 내공해성 : 약함
- 건 습 : 습윤
- 산 도 : 약산성
- 내 한 성 : 강함
- 생장속도 : 느림
- 내 염 성 : 보통
- 통 기 : 필요
- 내 화 성 : 보통

1	2	3	4	5	6	7	8	9	10	11	12

관리 및 번식

- 이 식 : 보통
- 전 정 : 약함
- 번 식 : 실생/삽목/무성번식
- 병충해 : 보통(엽고병, 갈반병, 녹병)
- 시 비 : 보통

용도

상록성의 짙은 녹색 잎은 시원한 느낌을 주고 6~7월에 피는 백색 또는 담황색꽃이 아름다워 광이 부족한 곳에 악센트식재에 적합

기타종

- 노랑만병초(*R. aureum* Georgi) 꽃은 연한 황색으로 설악산, 백두산에 자생
- 홍만병초(*R. brachycarpum* var. *roseum* Koidz.) 꽃이 홍색임.

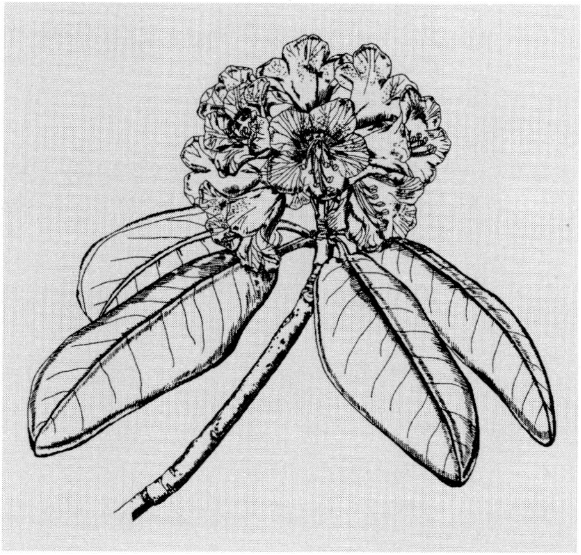

진달래(진달내, 진달래나무)

Rhododendron mucronulatum Turcz.

영명 : Korean Rhododendron
일명 : ゲンカイツツジ
중명 : 杜鵑花 두견화
이명 : *Rhododendron davuricum* var. *mucronulatum* (Turcz.) Maxim.
Rhododendron mucronulatum var. *acuminatum* Hutchison
Rhododendron mucronulatum var. *latifolium* Nakai

Rhododendron : 희랍어 rhodon(장미)과 dendron(수목)의 합성어이며 적색 꽃이 피는 나무의 뜻으로서 처음에는 협죽도의 이름
mucronulatum : 다소 미철두형인

생육

- 성 상 : 낙엽활엽관목
- 수 형 : 타원형
- 수 고 : 3m 내외
- 원산지 : 한국, 중국, 일본, 만주
- 분 포 : 전국에 자생

형태

- 잎 : 어긋나며 장타원상의 도피침형임. 뒷면에 백색, 갈색 인모가 혼생
- 꽃 : 3~4월경에 잎에 앞서 개화하며 양성화로서 3~6개로 정생함, 분홍색
- 열매 : 삭과, 길이 2cm, 삭과, 짧은 기둥모양, 9~10월 성숙
- 줄기 : 높이 2~3m이며 소지는 연한 갈색이고 인편이 있음
- 뿌리 : 천근성

생태

- 토 성 : 사질양토
- 음 양 성 : 반음수
- 내공해성 : 보통
- 건 습 : 적윤
- 산 도 : 약산성
- 내 한 성 : 강함
- 생장속도 : 보통
- 내 염 성 : 보통
- 통 기 : 필요
- 내 화 성 : 강함

1	2	3	4	5	6	7	8	9	10	11	12

관리 및 번식

- 이 식 : 보통
- 번 식 : 실생/삽목
- 시 비 : 보통
- 전 정 : 강함
- 병충해 : 강함

용도

이른 봄에 잎보다 먼저 피는 홍색계통의 꽃이 아름다워 소나무숲 하층에 악센트식재 또는 주연부식재에 적합

기타종

- 흰진달래(*R. mucronulatum* for. *albiflorum* (Nakai) Okuyama) 흰색꽃이 핌
- 털진달래(*R. mucronulatum* var. *ciliatum* Nakai) 잎 뒷면에 백색 털이 있음

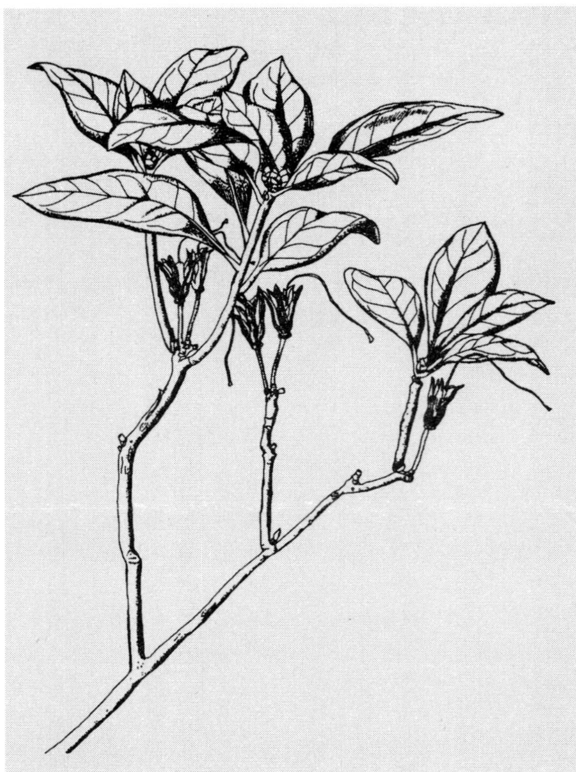

철쭉(함박꽃, 철쭉나무)

Rhododendron schlippenbachii Maxim.

영명 : Deciduous Azalea
일명 : クロフネツツジ
중명 : 躑躅 척촉
이명 : *Azalea schlippenbachii* (Maxim.) Kuntze

Rhododendron : 희랍어 rhodon(장미)과 dendron(수목)의 합성어이며 적색 꽃이 피는 나무의 뜻으로서 처음에는 협죽도의 이름이었음

schlippenbachii : 1854년에 한국식물을 처음으로 수집한 독일의 독일의 해군 재독 B.A. Schlippenbach의

생육

- 성　상 : 낙엽활엽관목
- 수　형 : 구형
- 수　고 : 5m 내외
- 원산지 : 한국, 중국, 러시아
- 분　포 : 전국의 산지에 자생

형태

- 잎 : 도란형 또는 넓은 타원형으로 4~5개씩 모여남
- 꽃 : 양성화로서 3~6개가 정생, 화관은 깔대기 모양이고 연한 자홍색, 4~6월 개화
- 열매 : 길이 1.5cm, 삭과로서 짧은 기둥 모양, 9~10월 성숙
- 줄기 : 갈색으로 잘게 갈라짐
- 뿌리 : 천근성

생태

- 토　성 : 사질양토
- 음 양 성 : 반음수
- 내공해성 : 약함
- 건　습 : 보통
- 산　도 : 약산성
- 내 한 성 : 강함
- 생장속도 : 보통
- 내 염 성 : 보통
- 통　기 : 필요
- 내 화 성 : 보통

1	2	3	4	5	6	7	8	9	10	11	12

관리 및 번식

- 이　식 : 곤란
- 번　식 : 실생/삽목
- 시　비 : 보통
- 전　정 : 보통
- 병충해 : 강함

용도

고산에서 4~6월에 개화하는 분홍색꽃이 아름답고 악센트식재, 주연부식재에 적합

기타종

- 흰철쭉(*R. schlippenbachii* for. *albiflorum* (*Uyeki*) Y.N.Lee) 흰색꽃이 핌
- 영산홍(*R. indicum* (L.) Sweet) 일본원산으로 여러 품종이 개발되어 있으며 반상록성임

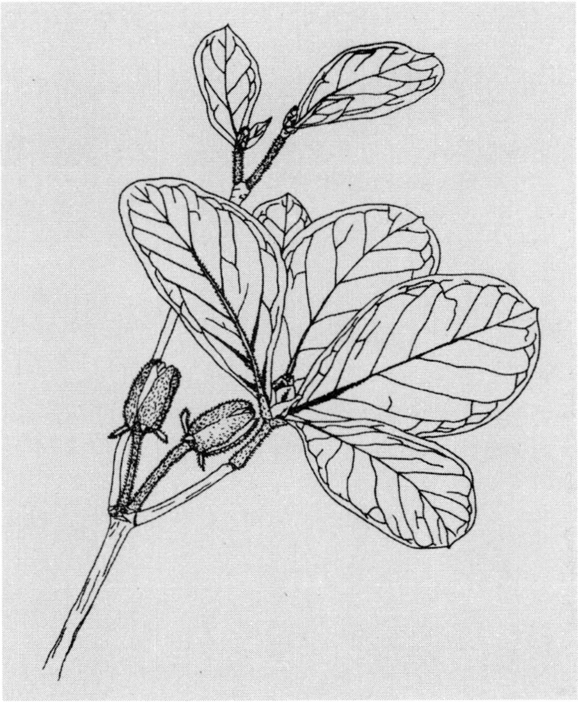

산철쭉(물철쭉, 개꽃나무)

Rhododendron yedoense for. *poukhanense* (H. Lév.) M. Sugim. ex T. Yamaz.

영명 : Korean Azalea

일명 : チョウセンヤマツツジ

중명 : 山躑躅 산척촉

이명 : *Rhododendron coreanum* Rehder

Rhododendron : 희랍어 rhodon(장미)과 dendron(수목)의 합성어이며 적색 꽃이 피는 나무의 뜻으로서 처음에는 협죽도의 이름

yedoense : 북해도의

생육

- 성 상 : 낙엽활엽관목
- 수 형 : 다간형
- 수 고 : 1~2m 내외
- 원산지 : 한국
- 분 포 : 황해도 및 평북 이남의 산지 능선 및 하천 가장자리

형태

- 잎 : 어긋나지만 가지 끝에 모여 달리며 넓은 도피침형임. 갈색털이 밀생
- 꽃 : 양성화, 가지 끝에 2~3개씩 모아나며 연한 홍자색으로 4~6월 개화
- 열매 : 삭과, 난형이며 8~10mm 정도의 털이 있음, 9~10월 성숙
- 줄기 : 소지에 갈색 털이 있음
- 뿌리 : 천근성

생태

- 토 성 : 사질양토
- 음 양 성 : 반음수
- 내공해성 : 강함
- 건 습 : 습윤
- 산 도 : 약알카리성
- 내 한 성 : 강함
- 생장속도 : 느림
- 내 염 성 : 보통
- 통 기 : 필요
- 내 화 성 : 보통

1	2	3	4	5	6	7	8	9	10	11	12

관리 및 번식

- 이 식 : 용이
- 번 식 : 실생/삽목
- 시 비 : 보통
- 전 정 : 강함
- 병충해 : 강함

용도

생장이 양호하고 공해와 전정에 강하며 도심이나 공단지역에 악센트식재, 주연부식재에 적합

기타종

- 흰산철쭉(*R. yedoense* for. *albflora* Chang) 꽃이 흰색임
- 참꽃나무(*R. weyrichii* Maxim.) 난상 원형의 큰 잎이 가지끝에서 3개씩 모여 달림
- 흰참꽃나무(*R. tschonoskii* Maxim.) 지리산, 가야산 정상 암석주위에 자생하여 수고 2m이하로 5월 하순경 흰꽃이 핌

정금나무(조가리나무, 지포나무)

진달래科

Vaccinium oldhamii Miq.

영명 : Oldham's Blueberry
일명 : ナツハゼ
중명 : 山樱桃 산앵도, 夏櫨 하로
Vaccinium : 전래를 알 수 없는 라틴 고명. 독일의 속어 kuhteke의 영향을 받은 라틴어 vaccinus(암소의 복수) 또는 vacca(암소)와 관계가 없고 Hyacinthus의 희랍명 vakinthos에서 변한 라틴명이라고도 함
oldhamii : 식물채집가 Oldham의

생육

- 성 상 : 낙엽활엽관목
- 수 형 : 구형
- 수 고 : 3m 내외
- 원산지 : 한국, 일본, 중국
- 분 포 : 경북, 충북 이남, 서해안의 산지

형태

- 잎 : 톱니가 있고 털이 많음. 길이 3~8cm
- 꽃 : 연한 홍색을 띈 황록색 또는 적갈색의 양성화가 새가지 끝에서 10~18개씩 총상으로 달리며 5~6월 개화
- 열매 : 장과이고 난형이며 숙존성 꽃받침 때문에 절구통같이 보임. 9~10월 흑자색으로 성숙
- 줄기 : 수피는 회갈색을 띈 적갈색으로 세로로 얇게 갈라져 긴 조각을 벗겨져 떨어짐
- 뿌리 : 천근성

생태

- 토 성 : 사질양토
- 음 양 성 : 반음수
- 내 염 성 : 보통
- 통 기 : 필요
- 내 화 성 : 강함
- 내 한 성 : 강함
- 생장속도 : 빠름
- 내공해성 : 강함
- 건 습 : 적윤
- 산 도 : 약산성

1	2	3	4	5	6	7	8	9	10	11	12

관리 및 번식

- 이 식 : 이용하지
- 전 정 : 보통
- 번 식 : 실생/삽목
- 시 비 : 보통
- 병충해 : 강함

용도

열매를 식용으로 하며 조경용으로 잘 이용하지 않지만 야생미를 주기 때문에 악센트식재, 주연부식재, 군락식재시 하층 식재수종으로 적합

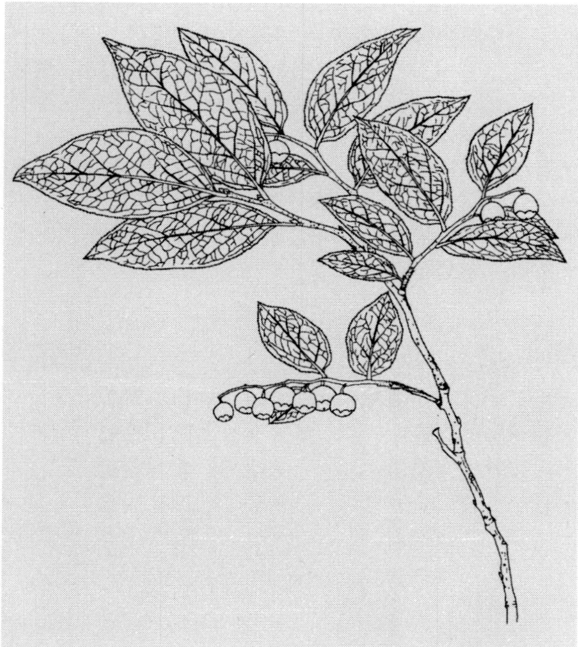

자금우

Ardisia japonica (Thunb.) Blume

영명 : Marlberry
일명 : ヤブコウジ
중명 : 紫金牛 자금우
이명 : *Ardisia glabra* A.DC.
Ardisia japonica var. *montana* Miq.
Ardisia odontophylla Lindl.
Bladhia japonica var. *typica* Nakai

Ardisia : 희랍어 ardis(창 끝,화살 끝)에서 유래. 꽃밥의 형태가 이와 같음
japonica : 일본의

생육

- 성 상 : 상록활엽관목
- 수 형 : 부정형
- 수 고 : 15~20cm 내외
- 원산지 : 한국, 중국, 일본, 대만
- 분 포 : 울릉도, 제주도 및 서 · 남해안 도서의 건조한 숲속

형태

- 잎 : 마주나거나 돌려나며, 피침상 타원형으로 엽질은 종이질 또는 가죽질이며 털이 없음
- 꽃 : 양성화로 엽맥 또는 포맥에 산형화서, 별모양의 꽃잎은 5개, 7~8월 가지 끝에서 홍백색으로 개화
- 열매 : 핵과이고 편원형이며 10~12월 붉은색으로 성숙
- 줄기 : 어린줄기에는 약간의 털이 있으나 차츰 없어짐
- 뿌리 : 천근성

생태

- 토 성 : 비옥토
- 음 양 성 : 음수
- 내공해성 : 강함
- 건 습 : 습윤
- 내 화 성 : 강함
- 내 한 성 : 약함
- 생장속도 : 느림
- 내 염 성 : 약함
- 통 기 : 필요
- 산 도 : 중성

1	2	3	4	5	6	7	8	9	10	11	12

관리 및 번식

- 이 식 : 용이
- 전 정 : 약함
- 번 식 : 실생/분주
- 병충해 : 강함(깍지벌레, 뿌리혹선충)
- 시 비 : 보통

용도

수고 30cm 정도 되고 아래로 처지는 붉은색 열매가 아름다워 수림 또는 독립수 아래의 지피식재로 적당, 내음성이 강하므로 실내조경시 하부식재용으로적합

특이사항

산호수에 비해 땅으로 뻗는 줄기에 잎이 달리지 않고, 잎 가장자리에 잔톱니가 많음

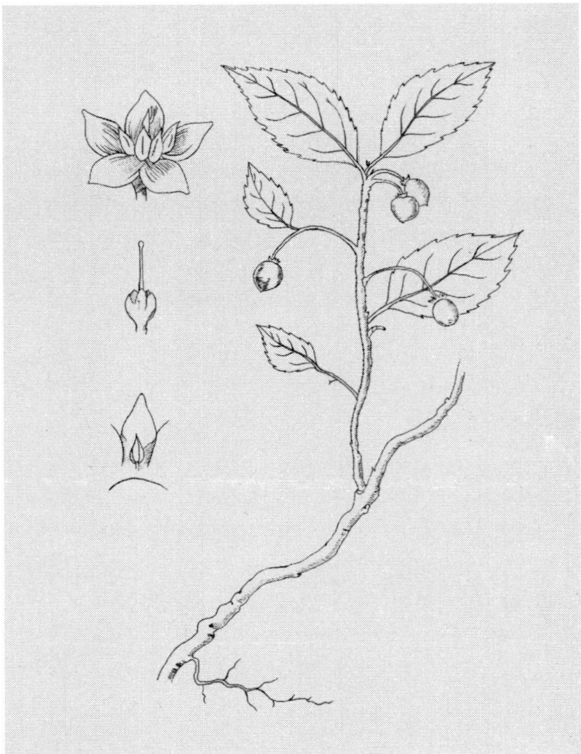

산호수(털자금우)

Ardisia pusilla A. DC.

영명 : Tiny Ardisia

일명 : シルコウジ

중명 : 珊瑚樹 산호수

이명 : *Ardisia villosa* (Thunb.) Mez
Ardisia villosa var. *liukiuensis* (Nakai) Makino & Nemoto
Bladhia villosa Thunb.
Bladhia villosa var. *liukiuensis* Nakai

Ardisia : 희랍어 ardis(창 끝,화살 끝)에서 유래. 꽃밥의 형태가 이와 같음
pusilla : 弱小(약소)한

생육

- 성 상 : 상록활엽소관목
- 수 형 : 포복형
- 수 고 : 5~8m 내외
- 원산지 : 한국, 중국, 일본, 필리핀, 말레이시아
- 분 포 : 제주도의 계곡 가장자리 및 숲속의 습한 곳

형태

- 잎 : 윤생하고 타원형이며 양면에 붉은 갈색의 긴털이 있으며 가장자리에 드문드문 톱니가 있음
- 꽃 : 양성화, 꽃은 백색으로 피고 소화경은 길이 7~12mm로서 털이 있음. 7~8월에 개화
- 열매 : 지름 5~6mm의 장과로서 둥글고 10~12월 적색으로 성숙
- 줄기 : 지하경 끝이 지상경으로 되며 전체에 적갈색 털이 밀생
- 뿌리 : 천근성

생태

- 토 성 : 사질양토
- 음 양 성 : 음수
- 내공해성 : 강함
- 건 습 : 적윤
- 산 도 : 중성
- 내 한 성 : 약함
- 생장속도 : 빠름
- 내 염 성 : 강함
- 통 기 : 필요
- 내 화 성 : 약함

1	2	3	4	5	6	7	8	9	10	11	12

관리 및 번식

- 이 식 : 용이
- 전 정 : 강함
- 번 식 : 실생/삽목/포기나누기
- 병충해 : 강함
- 시 비 : 보통

용도

잎과 수형이 단정하고 감상기간이 긴 붉은색의 열매가 아름다워 악센트식재, 지피식재, 실내조경에 적합

특이사항

상록성인 잎의 모양이 독특하며 포복성으로 옆으로 길게 뻗어 나가며, 자금우에 비하여 잎과 줄기에 털이 많고 연약

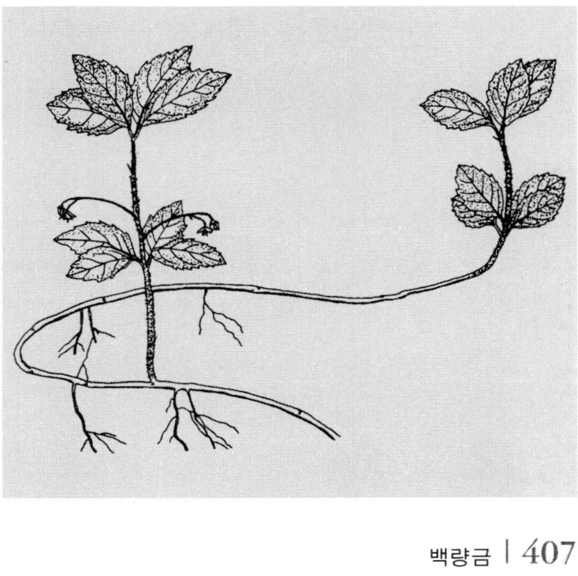

백량금(큰백량금, 탱자아재비)

Ardisia crenata Sims

영명	Coralberry Tree, Hen's-eyes, Christmas Berry, Australian Holly, Coral Ardisia, Coral Bush
일명	オオマンリョウ
중명	百兩金 백량금
이명	*Ardisia crispa* Merr. *Ardisia lentiginosa* var. *rectangularis* Hatus. *Bladhia crenata* (Sims) H. Hara

Ardisia : 희랍어 ardis(창 끝,화살 끝)에서 유래. 꽃밥의 형태가 이와 같음

crenata : 둥근 톱니의

생육

- 성 상 : 상록활엽관목
- 수 형 : 원형
- 수 고 : 1m 내외
- 원산지 : 한국, 중국, 일본, 인도, 베트남
- 분 포 : 제주도, 남해안 도서의 숲속에서 자람

형태

- 잎 : 타원형의 짙은 녹색이고 파상의 톱니가 있음
- 꽃 : 양성화, 산형화서 또는 복산형화서 크기는 6mm, 7~8월 흰색 꽃이 아래를 향해 개화
- 열매 : 핵과, 둥글며 10~12월 붉은색으로 성숙
- 줄기 : 한 개의 굵은 줄기가 길게 자라며 위에서 여러 개의 가지를 냄
- 뿌리 : 천근성

생태

- 토 성 : 부식질토
- 음 양 성 : 강음수
- 내공해성 : 약함
- 건 습 : 적윤
- 산 도 : 중성
- 내 한 성 : 약함
- 생장속도 : 빠름
- 내 염 성 : 강함
- 통 기 : 필요
- 내 화 성 : 약함

1	2	3	4	5	6	7	8	9	10	11	12

관리 및 번식

- 이 식 : 용이
- 번 식 : 실생/삽목
- 시 비 : 보통
- 전 정 : 보통
- 병충해 : 강함

용도

잎과 수형이 단정하고 감상기간이 긴 붉은색의 열매가 아름다워 악센트식재, 지피식재, 실내조경에 적합

고욤나무(고양나무, 민고욤나무)

감나무科

Diospyros lotus L.

영명 : Date Plum
일명 : マメガキ
중명 : 小柿 소시
이명 : *Diospyros kaki* var. *glabra* A.DC.
Diospyros lotus var. *glabra* (A.DC.) Makino

Diospyros : 아랍어 dios(Jupiter신)와 pyros(곡물)의 합성어이며 신의 식물이란 뜻으로서 과일의 맛을 찬양한 것
lotus : 희랍명

생육

- 성 상 : 낙엽활엽교목
- 수 형 : 원정형
- 수 고 : 15m 내외
- 원산지 : 중국, 서남아시아, 유럽 남부
- 분 포 : 전국의 민가 부근에 야생화되어 퍼짐

형태

- 잎 : 타원형, 길이 6~12cm, 너비 5~7cm, 첨두, 원저
- 꽃 : 노란색, 독 모양, 여러 송이가 잎겨드랑이에 붙으며, 암수딴그루, 6월에 황백색으로 개화
- 열매 : 장과, 둥근 모양, 지름이 1.5cm가량, 노란색에서 검은색으로 익음, 10~11월 성숙
- 줄기 : 수피는 짙은 회색 또는 회갈색, 불규칙하게 갈라짐
- 뿌리 : 천근성

생태

- 토 성 : 비옥토
- 음 양 성 : 양수
- 내공해성 : 강함
- 건 습 : 적윤
- 산 도 : 중성
- 내 한 성 : 강함
- 생장속도 : 보통
- 내 염 성 : 강함
- 통 기 : 필요
- 내 화 성 : 보통

1	2	3	4	5		7	8	9	10	11	12

관리 및 번식

- 이 식 : 보통
- 번 식 : 실생
- 시 비 : 필요
- 전 정 : 보통
- 병충해 : 강함

특이사항

아직까지 조경용으로 이용되고 있지 않으나 단풍과 10~11월에 익는 열매, 수피가 아름다움. 악센트식재, 녹음식재에 적합

기타종

- 감나무(*D. kaki* Thunb.) 오래전에 도입되어 재배되고 있으며, 고욤나무에 비해 어린가지에 갈색 털이 밀생하며, 열매가 큼

때죽나무(노가나무, 족나무)

Styrax japonicus Siebold & Zucc.

영명 : Japanese Snowbell
일명 : オオバエゴノキ
중명 : 野茉莉 야말리
Styrax : 아랍어 storax(안식향)를 생산하는 수목의 고대 희랍명
japonicus : 일본의

생장

- 성 상 : 낙엽활엽소교목
- 수 형 : 구형
- 수 고 : 10m 내외
- 원산지 : 한국, 중국, 일본
- 분 포 : 황해도, 강원도 이남의 산지

형태

- 잎 : 호생, 난생 타원형, 끝은 뾰족하고 밑부분은 쐐기형
- 꽃 : 5~6월에 백색의 양성화가 1~6개씩 모여 아래를 향함. 화관은 1~2cm 정도로 5갈래로 갈라짐
- 열매 : 열매는 삭과로 난상 구형이며 회백색을 띠고, 종자는 갈색이며 장타원형, 9~10월 성숙
- 줄기 : 흑갈색 수피로 매끈하게 보임
- 뿌리 : 심근성

생태

- 토 성 : 사질양토
- 음 양 성 : 양수
- 내공해성 : 강함
- 건 습 : 적습
- 산 도 : 중성
- 내 한 성 : 강함
- 생장속도 : 보통
- 내 염 성 : 강함
- 통 기 : 필요
- 내 화 성 : 보통

1	2	3	4	5	6	7	8	9	10	11	12

관리 및 번식

- 이 식 : 보통
- 전 정 : 강함
- 번 식 : 실생
- 병충해 : 강함(귤벌레나방, 매실자나방)
- 시 비 : 보통

특이사항

5월에 피는 흰색꽃과 향기, 9월에 익는 종 모양의 열매가 아름다워 악센트식재, 주연부식재로 좋음, 도심지나 공단에서 완충식재, 군락식재에 적합

쪽동백나무(쪽동백나무, 정나무)

때죽나무科

Styrax obassia Siebold & Zucc.

영명 : Fragrant Snowbell

일명 : ハクウンボク

중명 : 玉鈴花 옥령화

Styrax : 아랍어 storax(안식향)를 생산하는 수목의 고대 희랍명

obassia : 일본명 "오오바지샤"

생육

- 성 상 : 낙엽활엽소교목
- 수 형 : 타원형
- 수 고 : 10m 내외
- 원산지 : 한국, 중국, 일본
- 분 포 : 전국에 자생

형태

- 잎 : 호생, 도란형 또는 광난형, 가장자리의 상반부의 불규칙한 물결모양의 톱니가 있음
- 꽃 : 5~6월에 새가지 끝부분에서 나온 긴 꽃차례에서 백색의 양성화들이 아래를 향해 핌. 화관은 5갈래로 깊게 갈라짐
- 열매 : 열매는 삭과로 난상 타원형이고 회백색을 띠며, 종자는 1cm의 장타원형으로 갈색임, 9~10월 성숙
- 줄기 : 흑갈색 소지는 종잇장처럼 벗겨지며, 수피는 짙은 회색임
- 뿌리 : 심근성

생태

- 토 성 : 사질양토
- 음 양 성 : 중용수
- 내공해성 : 강함
- 건 습 : 적윤
- 산 도 : 중성
- 내 한 성 : 강함
- 생장속도 : 빠름
- 내 염 성 : 보통
- 통 기 : 필요
- 내 화 성 : 보통

1	2	3	4	5	6	7	8	9	10	11	12

관리 및 번식

- 이 식 : 곤란
- 전 정 : 강함
- 번 식 : 실생
- 병충해 : 강함(깍지벌레, 응애)
- 시 비 : 보통

특이사항

5~6월에 피는 흰색의 꽃과 9~10월에 익는 열매의 관상가치가 매우 높아 개발가치가 매우 높은 수종. 악센트식재, 군식재에 적합

기타종

- 좀쪽동백나무(*S. shiraianus* Makino) 쪽동백나무에 비해 잎이 소형임

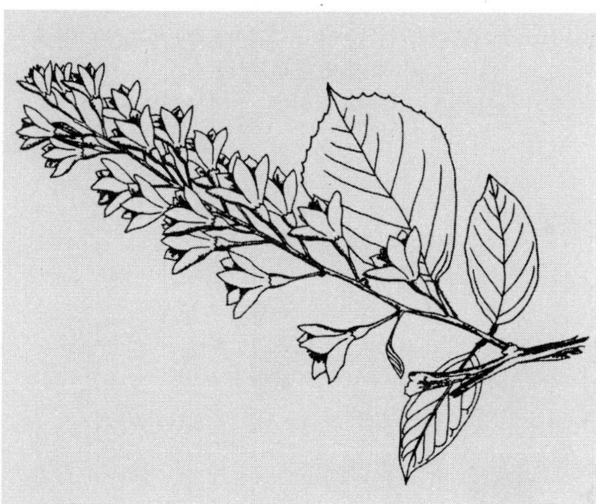

미선나무

Abeliophyllum distichum Nakai

영명 : White Forsythia, Abeliophylum
일명 : ウケワノキ
중명 : 團扇木 단선목
이명 : *Abeliophyllum distichum* f. *albiflorum* Nakai

Abeliophyllum : Abelia(댕강나무속)와 희랍어 phyllon(잎)의 합성어이며 잎이 댕강나무의 잎과 같다는 뜻
distichum : 이열생의

생육

- 성　상 : 낙엽활엽관목
- 수　형 : 부채꼴형
- 수　고 : 1m 내외
- 원산지 : 한국
- 분　포 : 전북, 충북, 경기도, 경북의 숲가장자리 및 바위지대에서 자람

형태

- 잎 : 대생, 타원상 난형, 끝은 뾰족하고 밑부분은 둥글며, 가장자리는 밋밋함. 양면에 잔털이 흩어져 있음
- 꽃 : 양성화로 3~4월 잎이 나기 전에 백색, 연한 황백색, 연한 홍색의 꽃이 잎겨드랑이에 모여 달림. 꽃은 단주화와 장주화의 2가지 형태임
- 열매 : 시과, 부채 모양의 둥근 날개가 달린 열매는 9~10월 황갈색으로 성숙
- 줄기 : 소지는 사각기둥이며 높이 1~2m
- 뿌리 : 천근성

생태

- 토　　성 : 사질양토
- 음 양 성 : 중용수
- 내공해성 : 보통
- 건　　습 : 습윤
- 산　　도 : 약알카리성
- 내 한 성 : 강함
- 생장속도 : 느림
- 내 염 성 : 강함
- 통　　기 : 필요
- 내 화 성 : 보통

1	2	3	4	5	6	7	8	9	10	11	12

관리 및 번식

- 이　식 : 용이
- 번　식 : 실생/삽목
- 시　비 : 보통
- 전　정 : 강함
- 병충해 : 강함

용도

이른 봄에 잎보다 먼저 피는 흰색 또는 분홍꽃이 아름다워 조경용으로 점차 이용이 늘고 있으며 악센트식재에 적합

기타종

- 상아미선나무(*A. distichum* for. *eburneum* T. B. Lee) 꽃이 상아색으로 핌
- 분홍미선나무(*A. distichum* for. *lilacinum* Nakai) 꽃이 분홍색으로 핌

개나리(신리화, 어사리)

Forsythia koreana (Rehder) Nakai

영명 : Gaenari, Korean Goldenbell Tree
일명 : チョウセンレンギョウ
중명 : 金鐘花 금종화
이명 : *Forsythia koreana* f. *autumnalis* (Uyeki) Nakai
Forsythia koreana f. *pilosa* Nakai
Forsythia viridissima var. *koreana* Rehder

Forsythia : 영국의 원예가인 William A. Forsyth (1737~1804)에서 유래
koreana : 한국의

생육

- 성　상 : 낙엽활엽관목
- 수　형 : 부채꼴형
- 수　고 : 3m 내외
- 원산지 : 한국
- 분　포 : 강원도, 경기도, 경북, 전북의 산지 절벽 및 석회암지대

형태

- 잎 : 길이 3~12cm, 양면에 털이 없고, 표면에 광택
- 꽃 : 노란색 꽃이 3~4월 엽액에 1~3개씩 달리며, 소화경은 5~ 6mm, 꽃받침은 4개
- 열매 : 삭과로 난형, 사마귀 같은 돌기가 있으며 갈색이며 날개가 있고, 10~11월 갈색으로 성숙
- 줄기 : 소지는 녹색에서 점차 회갈색으로 되며 피목이 뚜렷함
- 뿌리 : 천근성

생태

- 토　　성 : 사질양토
- 음 양 성 : 중용수
- 내공해성 : 강함
- 건　　습 : 적윤
- 산　　도 : 약알카리성
- 내 한 성 : 강함
- 생장속도 : 빠름
- 내 염 성 : 강함
- 통　　기 : 필요
- 내 화 성 : 보통

1	2	3	4	5	6	7	8	9	10	11	12

관리 및 번식

- 이　식 : 용이
- 번　식 : 실생/삽목
- 시　비 : 보통
- 전　정 : 강함
- 병충해 : 강함

용도

대기오염 등 각종 공해에 강하고 3~4월에 잎보다 먼저 피는 노란색 꽃이 아름다워 악센트식재, 경계식재에 적합

기타종

- 만리화(*F. ovata* Nakai) 가지가 늘어지지 않으며, 잎은 광난형이고 꽃자루와 열매가 작음
- 산개나리(*F. saxatilis* (Nakai) Nakai) 개나리에 비해 잎에 털이 있으며 화관열편이 좁은 장타원형임
- 영춘화(*Jasminum nudiflorum* Lindl.) 중국 원산이며, 관상용으로 식재. 가지는 녹색으로 황색꽃이 핌

특이사항

- 암술이 수술보다 짧은 단주화(수꽃역할)와 암술이 수술보다 긴 장주화(암꽃역할)의 2가지 형태가 있지만, 흔히 단주화이며 장주화는 비교적 적음

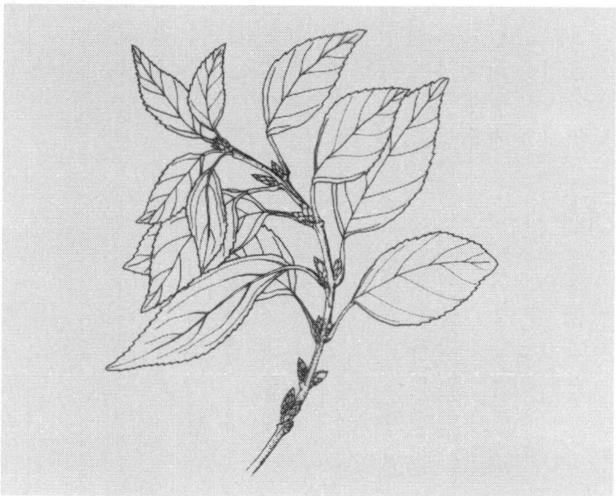

물푸레나무(쉬청나무)

Fraxinus rhynchophylla Hance

영명 : East Asian Ash, Ash

일명 : チョウセントネリコ

중명 : 木倉木 목창목

이명 : *Fraxinus chinensis* var. *rhychophylla* (Hance) Hemsl.
Fraxinus densata Nakai
Fraxinus hopeiensis Tang
Fraxinus ornus var. *bungeana* Hance

Fraxinus : 서양물푸레나무의 라틴 고명이며 phraxis(분리하다)에서 유래되었다고 하지만 확실하지 않음

rhynchophylla : 부리같은 잎의

생육

- 성 상 : 낙엽활엽교목
- 수 형 : 타원형
- 수 고 : 10m 내외
- 원산지 : 한국, 중국, 일본
- 분 포 : 전국에 자생

형태

- 잎 : 대생, 기수우상복엽이며 소엽은 난형으로 5~7개로 구성, 길이는 6~15cm
- 꽃 : 수꽃양성화딴그루, 새 가지에서 액생하는 원추화서, 4~5월 개화
- 열매 : 시과로서 길이 2~4cm, 날개는 피침형이며 약간 뾰족하며 8~9월 갈색으로 성숙
- 줄기 : 회색이며 세로로 얕게 갈라지고 흰 이끼류가 착생
- 뿌리 : 천근성

생태

- 토 성 : 사질양토
- 음 양 성 : 음수
- 내공해성 : 강함
- 건 습 : 적윤
- 산 도 : 약알카리성
- 내 한 성 : 강함
- 생장속도 : 빠름
- 내 염 성 : 강함
- 통 기 : 필요
- 내 화 성 : 강함

1	2	3	4 ✺ 5	6	7	8 ● 9	10	11	12

관리 및 번식

- 이 식 : 용이
- 전 정 : 강함
- 번 식 : 실생
- 병충해 : 강함(잎마름병, 반점병, 흰가루병)
- 시 비 : 보통

용도

가을에 노랗게 물드는 단풍이 아름다우며 수피의 흰 이끼무늬가 특이함. 녹음식재, 군식재에 적합

기타종

- 들메나무(*F. mandshurica* Rupr.) 물푸레나무에 비해 소엽은 9~11개로 많으며, 엽축과 작은잎자루가 만나는 지점에 갈색 털이 밀생
- 물들메나무(*F. chiisanensis* Nakai) 소엽은 7개이고 도란상 장타원형으로 꽃받침은 떨어지지 않으며 꽃이 묵은 가지에 달리고 지리산 반야봉 등 중남부지역에 제한적으로 분포함

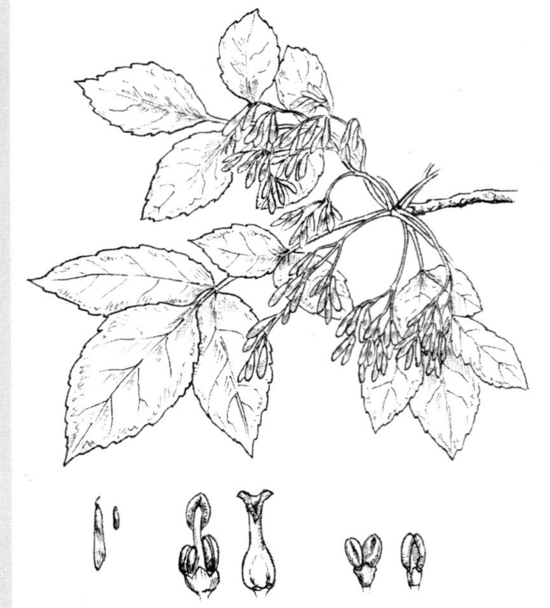

쇠물푸레나무(좀쇠물푸레나무)

Fraxinus sieboldiana Blume

영명 : Chinese Flowering Ash, Ash
일명 : コバノトネリコ
중명 : 苦歷木 고력목
이명 : *Fraxinus sieboldiana* f. *tobana* (Honda) Koidz.
Fraxinus sieboldiana var. *barbinervis* Nakai
Fraxinus tobana Honda

Fraxinus : 서양물푸레나무의 라틴 고명이며 산도 raxis(분리하다)에서 유래되었다고 하지만 확실하지 않음
sieboldiana : 일본식물 연구가 Siebold의

생육

- 성　상 : 낙엽활엽소교목
- 수　형 : 타원형
- 수　고 : 10m 내외
- 원산지 : 한국, 중국, 일본
- 분　포 : 강원도 및 황해도 이남의 산지

형태

- 잎 : 대생, 우상복엽이며 소엽은 5~9개로 긴 난형, 길이는 5~10cm
- 꽃 : 수꽃양성화딴그루, 꽃은 4~5월에 피고 원추화서는 새 가지 끝에 정생하거나 액생
- 열매 : 시과로서 선상 피침형이고 길이 2cm, 8~9월에 성숙
- 줄기 : 녹색을 띠며 매끈
- 뿌리 : 심근성

생태

- 토　성 : 사질양토
- 음양성 : 음수
- 내공해성 : 강함
- 건　습 : 적윤
- 산　도 : 중성
- 내한성 : 강함
- 생장속도 : 빠름
- 내염성 : 강함
- 통　기 : 필요
- 내화성 : 강함

1	2	3	4	5	6	7	8	9	10	11	12

관리 및 번식

- 이　식 : 용이
- 번　식 : 실생
- 시　비 : 보통
- 전　정 : 강함
- 병충해 : 강함

용도

모양이 단정하고 흰꽃과 가을에 적자색으로 변하는 열매와 노란색 단풍이 아름다움. 악센트식재, 경계식재, 군락식재시 하층식재에 적합

특이사항

물푸레나무에 비해 잎이 작고 뒷면에 갈색 털이 밀생하지 않으며, 보통 소관목상으로 자라는 개체가 많아 보이지만 심산의 계곡부에서는 교목으로 자라기도 함

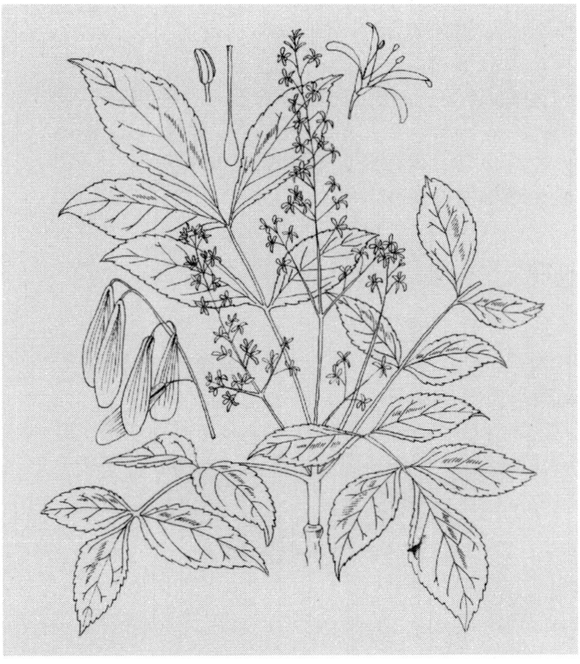

수수꽃다리(개똥나무, 넓은잎정향나무)

Syringa oblata var. *dilatata* (Nakai) Rehder

영명	Dilatata Lilac, Korean Early Lilac
일명	ヒロハハシドイ
중명	黃葉野丁香 황엽야정향
이명	*Syringa dilatata* Nakai

Syringa : 희랍어 syrinx(philadelphus의 소지로 만든 피리의 희랍명)에서 유래, 처음에는 philadelphus의 이름이었으나 전용됨
dilatata : 넓어진

생육

- 성 상 : 낙엽활엽소교목(관목)
- 수 형 : 원정형
- 수 고 : 5m 내외
- 원산지 : 한국, 중국
- 분 포 : 황해도, 평남 및 함남의 석회암지대에 분포. 전국에 식재

형태

- 잎 : 대생, 난형 또는 광난형이며 끝부분은 예두 또는 점첨두
- 꽃 : 양성화, 길이는 7~12cm 정도로서 화축에 털이 있음. 꽃받침은 4개로 갈라지고 4~5월 개화
- 열매 : 삭과로서 타원형으로 첨두이며 길이는 9~15mm로 9~10월에 갈색으로 성숙
- 줄기 : 회갈색으로 나선형으로 비틀림
- 뿌리 : 천근성

생태

- 토 성 : 사질양토
- 내 한 성 : 강함
- 음 양 성 : 중용수
- 생장속도 : 빠름
- 내공해성 : 강함
- 내 염 성 : 강함
- 건 습 : 적윤
- 통 기 : 필요
- 산 도 : 약알카리성
- 내 화 성 : 강함

1	2	3	4	5	6	7	8	9	10	11	12

관리 및 번식

- 이 식 : 용이
- 전 정 : 강함
- 번 식 : 실생/삽목
- 병충해 : 강함(흰가루병)
- 시 비 : 보통

용도

4월에 피는 꽃이 아름답고 향기도 좋으며 각종 공해에 내성이 강함. 악센트식재, 군식재에 이용

기타종

- 라일락(*S. vulgaris* L.) 낙엽소교목으로 수형은 거의 구형이며 꽃이 대형이고 향기가 짙게 나며 서양수수꽃다리라고도 함

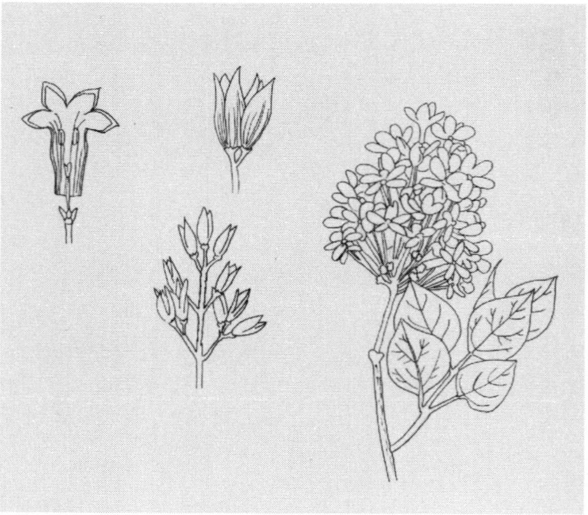

정향나무(둥근정향나무)

Syringa patula var. *kamibayashii* (Nakai) M. Y. Kim

영명 : Korean Lilac
일명 : チョウセンハシドイ
중명 : 丁香 정향
이명 : *Syringa palibiniana* var. *kamibayashii* Nakai
Syringa velutina var. *kamibayshii* (Nakai) T.B.Lee

Syringa : 희랍어 syrinx(philadelphus의 소지로 만든 피리의 희랍명)에서 유래. 처음에는 philadelphus의 이름이었으나 전용됨
patula : 다소 개출한

생육

- 성 상 : 낙엽활엽소교목(관목)
- 수 형 : 구형
- 수 고 : 4m 내외
- 원산지 : 한국
- 분 포 : 제주도를 제외한 전국에 드물게 자생

형태

- 잎 : 대생하며 넓은 난형 또는 아원형, 주맥 기부에 털이 있음. 엽맥이 약간 들어가며 엽병은 털이 없거나 간혹 있음
- 꽃 : 양성화, 원추화서로 5~6월 흰색 또는 연보라색 꽃이 전년생 가지의 끝에 달리며 꽃자루가 없음
- 열매 : 삭과로 끝이 둔하며 길이는 9~12mm, 9~10월 갈색으로 성숙하고 열매에 피목이 발달
- 줄기 : 밑에서 여러개의 줄기가 올라와 큰 포기를 이루며 회갈색이고 피목이 흩어져 있음
- 뿌리 : 천근성

생태

- 토 성 : 사질양토
- 음 양 성 : 양수
- 내공해성 : 강함
- 건 습 : 적윤
- 산 도 : 중성
- 내 한 성 : 강함
- 생장속도 : 빠름
- 내 염 성 : 강함
- 통 기 : 필요
- 내 화 성 : 강함

1	2	3	4	5	6	7	8	9	10	11	12

관리 및 번식

- 이 식 : 용이
- 전 정 : 강함
- 번 식 : 실생/삽목
- 병충해 : 보통(응애, 깍지벌레)
- 시 비 : 보통

용도

4월에 피는 자홍색 꽃이 아름다우며 향기도 매우 좋음. 주로 군식하여 악센트식재, 군식재에 이용

기타종

- 꽃개회나무(*S. wolfii* C.K.Schneid.) 개회나무에 비해 연홍자색의 꽃이 새 가지 끝에 피며, 화관통부가 길어 수술이 안에 있음
- 개회나무(*S. reticulata* var. *mandshurica* (Maxim.) H. Hara) 백색의 꽃이 2년지에 달리고, 열편이 화관통부보다 길어 수술이 밖으로 나옴

쥐똥나무(검정알나무, 남정실)

Ligustrum obtusifolium Siebold & Zucc.

영명 : Ibota Privet, Border Privet
일명 : イボタノキ
중명 : 水蠟樹 수랍수
이명 : *Ligustrum ciliatum* var. *spathulatum* Blume
Ligustrum ibota Siebold
Ligustrum ibota for. *angustifolium* (Blume) Nakai

Ligustrum : 본 속 중 *L. vulgare*의 고명이며 ligare (매다)에서 유래. 이 식물의 가지로 물건을 잡아매었음
obtusifolium : 끝이 鈍한 잎의

생육

- 성　상 : 낙엽활엽관목
- 수　형 : 타원형
- 수　고 : 3m 내외
- 원산지 : 한국, 중국, 일본
- 분　포 : 전국에 자생

형태

- 잎 : 길이 2~7cm, 너비 7~25mm, 거치가 없고 뒷면의 맥 위에 털이 있음
- 꽃 : 양성화이며 총상 또는 복총상화서로 5~6월 흰색 꽃이 새 가지의 끝에 뭉쳐서 핌
- 열매 : 핵과, 난상 원형, 길이 7mm, 10~11월에 검은색으로 익음
- 줄기 : 갈색으로 피목이 발달함
- 뿌리 : 천근성

생태

- 토　성 : 사질양토
- 음 양 성 : 음수
- 내공해성 : 강함
- 건　습 : 적윤
- 산　도 : 약알카리성
- 내 한 성 : 강함
- 생장속도 : 빠름
- 내 염 성 : 강함
- 통　기 : 필요
- 내 화 성 : 보통

1	2	3	4	5	6	7	8	9	10	11	12

관리 및 번식

- 이　식 : 용이
- 번　식 : 실생/삽목
- 시　비 : 보통
- 전　정 : 강함
- 병충해 : 강함

용도

5~6월에 피는 백색꽃과 가을에 달리는 검정색 열매가 아름다움. 경계식재, 차폐식재, 완충식재, 가로식재에 이용

기타종

- 섬쥐똥나무(*L. foliosum* Nakai) 쥐똥나무에 비해 잎이 약간 크고 끝이 뾰족함
- 왕쥐똥나무(*L. ovalifolium* Hassk.) 잎이 크고 반상록성이며 꽃차례가 크고 종자가 두꺼운 내과피에 싸여 있지 않음

광나무

Ligustrum japonicum Thunb.

영명 : Wax-leaf Privet, Japanese Privet	
일명 : ネズミモチ	
중명 : 女貞木 여정목	
이명 : *Ligustridium japonicum* (Thunb.) Spach *Ligustrum japonicum* for. *pubescens* (Koidz.) Murata *Ligustrum japonicum* var. *ovalifolium* Blume	
Ligustrum : 본 속 중 *L. vulgare*의 고명이며 ligare (매다)에서 유래. 이 식물의 가지로 물건을 잡아매었음 *japonicum* : 일본의	

생육

- 성 상 : 상록활엽소교목(관목)
- 수 형 : 타원형
- 수 고 : 5m 내외
- 원산지 : 한국, 중국, 일본, 대만
- 분 포 : 경남, 전남 및 제주도에서 자생

형태

- 잎 : 대생, 장난형, 예두 또는 둔두이고 원저임
- 꽃 : 양성화, 복총상화서로 6~7월 흰색꽃이 새가지 끝에 달리며 길이와 폭이 5~12cm
- 열매 : 핵과, 난상 원형, 길이 7~10mm, 겨울 동안에도 잘 떨어지지 않고 남음, 10~11월에 흑백색으로 성숙
- 줄기 : 갈색으로 피목이 발달
- 뿌리 : 천근성

생태

- 토 성 : 사질양토
- 음 양 성 : 중용수
- 내공해성 : 강함
- 건 습 : 적윤
- 산 도 : 중성
- 내 한 성 : 보통
- 생장속도 : 빠름
- 내 염 성 : 강함
- 통 기 : 필요
- 내 화 성 : 강함

1	2	3	4	5	6	7	8	9	10	11	12

관리 및 번식

- 이 식 : 보통
- 번 식 : 실생/삽목
- 시 비 : 보통
- 전 정 : 강함
- 병충해 : 강함(갈반병)

용도

광란상 타원형의 광택이 나는 상록성 잎의 질감이 좋고 맹아력이 강해 주로 경계식재, 완충식재, 가로식재, 차폐식재에 이용

기타종

- 당광나무(*L. lucidum* Aiton) 광나무와 유사하나 꽃차례와 잎이 보다 크고 잎 뒷면에 맥이 뚜렷함

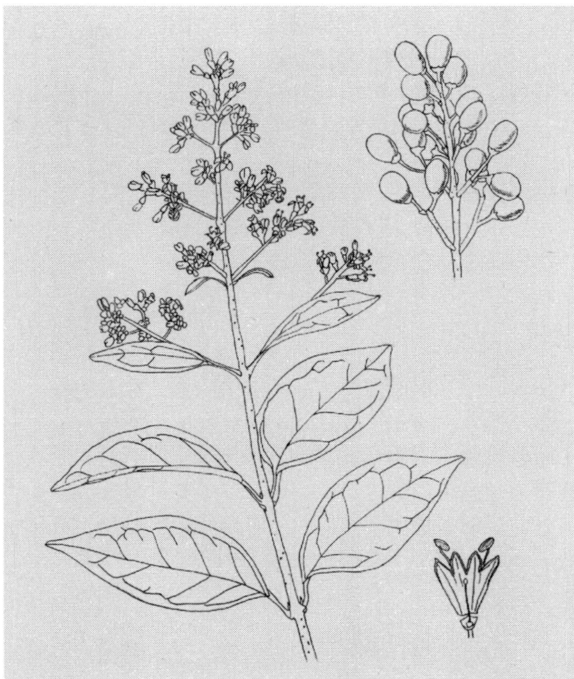

이팝나무(쌀밥나무, 뻣나무, 니암나무)

Chionanthus retusus Lindl. & Paxton

영명 : Chinese Fringe Tree
일명 : ヒトツバタゴ
중명 : 六道木 육도목
이명 : *Chionanthus chinensis* Maxim.
Chionanthus duclouxii Hickel
Chionanthus : 희랍어 chion(雪(설))과 anthos(꽃)의 합성어, 백색의 꽃이 만발
retusus : 微凹形(미요형)의

생육

- 성 상 : 낙엽활엽교목
- 수 형 : 원정형
- 수 고 : 25m 내외
- 원산지 : 한국, 중국, 일본, 대만
- 분 포 : 중부 이남의 산야에 드물게 자람

형태

- 잎 : 길이 3~15cm, 너비 2~6cm이며 가장자리는 거의 밋밋함. 뒷면 맥 가장자리에 털이 밀생
- 꽃 : 수꽃양성화딴그루, 길이 6~10cm의 취산화서, 작은 꽃자루의 길이는 7~10mm, 5월에 전년지에서 흰색 꽃이 개화
- 열매 : 타원형 핵과, 길이 1.0~1.5cm, 지름 8~9mm, 10~11월에 흑백색 또는 검은색으로 성숙
- 줄기 : 회색으로 세로로 얕게 갈라지며 어린가지의 수피는 벗겨짐
- 뿌리 : 심근성

생태

- 토 성 : 사질양토
- 음 양 성 : 양수
- 내공해성 : 강함
- 건 습 : 적윤
- 산 도 : 중성
- 내 한 성 : 강함
- 생장속도 : 빠름
- 내 염 성 : 강함
- 통 기 : 필요
- 내 화 성 : 약함

1	2	3	4	5	6	7	8	9	10	11	12

관리 및 번식

- 이 식 : 용이
- 전 정 : 강함
- 번 식 : 실생/삽목
- 병충해 : 강함(깍지벌레, 선충, 흰가루병)
- 시 비 : 보통

용도

화려한 흰색 꽃을 피우고 넓은 수관을 형성하기 때문에 악센트식재, 녹음식재, 가로수식재에 이용

기타종

- 긴잎이팝나무(*C. retusus* var. *coreana* (H. Lév.) Nakai) 이팝나무에 비해 잎이 더 좁고 긴 피침형이고, 화관 열편의 폭이 1.0~1.5mm

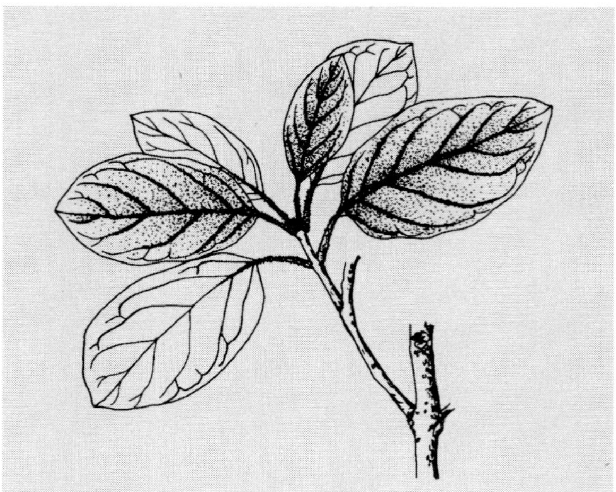

목서

Osmanthus fragrans Lour.

영명 : Fragrant Olive, Sweet Tea

일명 : ウスギワニグチ

중명 : 木犀 목서

이명 : *Olea acuminata* Wall. ex G.Don
Osmanthus asiaticus Nakai
Osmanthus latifolius (Makino) Koidz.
Osmanthus fragrans f. *latifolius* Makino

Osmanthus : 희랍어 osme(향기)와 anthos(꽃)의 합성어, 꽃에 향기가 있음

fragrans : 방향이 있는

생육

- 성 상 : 상록활엽소교목(관목)
- 수 형 : 구형
- 수 고 : 3m 내외
- 원산지 : 중국
- 분 포 : 남부지방에 식재

형태

- 잎 : 잎의 길이는 7~12cm, 너비는 25~40mm
- 꽃 : 수꽃양성화딴그루, 지름은 5mm 정도로 매우작음. 은은한 향기가 퍼짐. 9~10월 흰색 꽃이 개화
- 열매 : 열매는 타원형의 핵과로 다음해 10월에 암자색으로 성숙
- 줄기 : 가지에 털이 없고 연한 회갈색
- 뿌리 : 천근성

생태

- 토 성 : 사질양토
- 음 양 성 : 중용수
- 내공해성 : 강함
- 건 습 : 적윤
- 산 도 : 중성
- 내 한 성 : 약함
- 생장속도 : 빠름
- 내 염 성 : 약함
- 통 기 : 필요
- 내 화 성 : 약함

1	2	3	4	5	6	7	8	9		11	12

관리 및 번식

- 이 식 : 보통
- 전 정 : 강함
- 번 식 : 실생/삽목/분주/휘묻이
- 병충해 : 강함
- 시 비 : 필요

용도

향기가 좋으며 맹아력이 강함, 악센트식재, 경계식재, 군식재에 이용

기타종

- 금목서(*O. fragrans* var. *aurantiacus* Makino) 등황색 꽃이 피고 향기가 뛰어남
- 박달목서(*O. insularis* Koidz.) 희귀식물로 가거도, 거문도, 제주도에 자생하며 흰 꽃이 핌

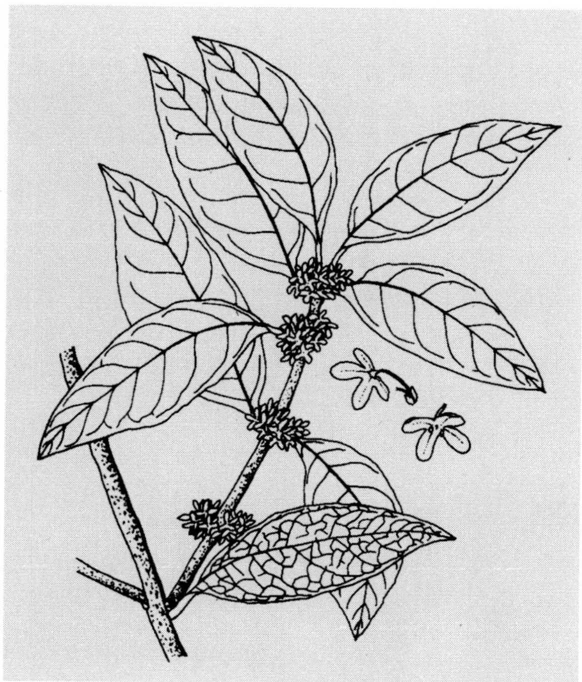

구골나무(참가시은계목)

Osmanthus heterophyllus (G.Don) P. S. Green

영명 : Holly Olive, Chinese Holly, False Holly

일명 : ヒイラギ

이명 : *Ilex heterophylla* G.Don
Osmanthus aquifolium (Thunb.) Siebold ex Siebold & Zucc.
Osmanthus aquifolium var. *ilicifolius* W.A.Nicholson
Osmanthus ilicifolius (Hassk.) Nakai

Osmanthus : 희랍어 osme(향기)와 anthos(꽃)의 합성어, 꽃에 향기가 있음
heterophyllus : 異葉性(이엽성)의

생육

- 성　상 : 상록활엽관목
- 수　형 : 원형
- 수　고 : 3m 내외
- 원산지 : 일본, 타이완
- 분　포 : 남부지방에 식재

형태

- 잎 : 대생, 혁질, 타원형, 첨두설저, 길이 3~5cm, 폭 2~3cm이며 표면녹색, 어린것과 맹아의 것은 날카로운 가시로 끝나는 치아상의 돌기
- 꽃 : 수꽃양성화딴그루, 지름 4~5mm이며 백색이고 5개가 한 묶음으로 엽액에 모여 나며 11~12월에 개화
- 열매 : 핵과로 타원형이며 길이 1.2~1.5cm, 지름 1cm이고 자흑색으로 다음해 6~7월에 성숙
- 줄기 : 가지가 무성하고 연한 회갈색이며 어릴 때 돌기같은 복모
- 분포 : 천근성

생태

- 토　　성 : 사질양토
- 내 한 성 : 보통
- 음 양 성 : 중용수
- 생장속도 : 빠름
- 내공해성 : 강함
- 내 염 성 : 약함
- 건　　습 : 적윤
- 통　　기 : 필요

1	2	3	4	5	6	7	8	9	10	11	12

- 산　　도 : 중성
- 내 화 성 : 약함

관리 및 번식

- 이　식 : 보통
- 전　정 : 강함
- 번　식 : 실생
- 병충해 : 강함
- 시　비 : 보통

용도

상록색 잎의 질감이 부드러우며, 흰 꽃과 향기가 뛰어나 악센트식재에 적합

협죽도(유도화, 듀오화, 류선화)

Nerium oleander L.

영명 : Common Oleander, Rose Bay
일명 : キョウチクトウ
중명 : 夾竹桃 협죽도
이명 : *Nerium indicum* Mill.
Nerium odorum Sol. ex Aiton
Nerium oleander var. *indicum* O.Deg. & Greenwell

Nerium : 희랍어 neros (습한)에서 취한 라틴명에서 유래. 습지에서 잘 자람
Oleander : 식물 심장독의 하나

생육

- 성 상 : 상록활엽관목
- 수 형 : 부채꼴형
- 수 고 : 3m 내외
- 원산지 : 인도, 유럽 동부
- 분 포 : 남부 해안지방에 식재

형태

- 잎 : 길이 7~15cm, 너비 8~20mm 윤생, 선형이며 혁질
- 꽃 : 양성화로 크기는 4~5cm, 꽃받침은 5개로 갈라짐. 취산화서, 7~8월 붉은색으로 개화
- 열매 : 골돌과로서 선형이고 길이 10cm 정도이며 그 안에 연한 갈색털이 밀생한 종자, 10~11월 적갈색으로 성숙
- 줄기 : 적갈색으로 밋밋함
- 뿌리 : 천근성

생태

- 토 성 : 사질양토
- 음 양 성 : 양수
- 내공해성 : 강함
- 건 습 : 적습
- 산 도 : 약알카리성
- 내 한 성 : 약함
- 생장속도 : 보통
- 내 염 성 : 강함
- 통 기 : 필요
- 내 화 성 : 보통

1	2	3	4	5	6	7	8	9	10	11	12

관리 및 번식

- 이 식 : 용이
- 번 식 : 삽목
- 시 비 : 보통
- 전 정 : 보통
- 병충해 : 강함(응애류)

용도

환경에 대한 내성이 강하고 관상가치가 높아 악센트식재, 차폐식재, 방풍식재 등에 적합하며, 수액은 독성이 있어 어린이 공원에는 적합하지 않음

기타종

- 만첩협죽도(*N. indicum* for. *plenum* Makino) 겹꽃임
- 흰협죽도(*N. indicum* for. *leucanthum* Makino) 흰색꽃이 핌
- 노랑협죽도(*N. indicum* for. *lutescens* Makino) 노랑색 꽃이 핌

마삭줄(겨우사리덩굴)

Trachelospermum asiaticum (Siebold & Zucc.) Nakai

영명 : Asian Jasmine, Chinese Jasmine, Climing Bagbane, Chinese Ivy

일명 : テイカカズラ

중명 : 白花藤 백화등

이명 : *Trachelospermum jasminoides* Franch. & Sav.
Trachelospermum asiaticum var. *intermedium* Nakai

Trachelospermum : 희랍어 trachelos(목)와 sperma(종자)의 합성어, 종자가 짤록짤록한 데서 유래

asiaticum : 아시아의

생육

- 성 상 : 상록활엽만경목
- 수 형 : 포복형
- 원산지 : 한국, 중국, 일본, 인도
- 분 포 : 경북, 전북 이남 및 서해 도서지역의 산지, 제주도

형태

- 잎 : 대생, 길이 2~5cm, 너비 1~3cm이며 가장자리는 밋밋
- 꽃 : 양성화, 화관 지름 2~3cm, 화관열편 길이 7~8mm, 5~6월에 흰색으로 개화
- 열매 : 길이 12~22cm. 골돌과로 2개가 서로 평행하게 달리며 10~11월에 적갈색으로 성숙
- 줄기 : 길이 5m 이상, 가지는 적갈색이며 털이 있고 줄기에서는 뿌리가 내리며 다른 물체에 붙어 자람
- 뿌리 : 천근성

생태

- 토 성 : 사질양토
- 음 양 성 : 음수
- 내공해성 : 강함
- 건 습 : 습윤
- 산 도 : 중성
- 내 한 성 : 약함
- 생장속도 : 빠름
- 내 염 성 : 강함
- 통 기 : 필요
- 내 화 성 : 약함

1	2	3	4	5	6	7	8	9	10	11	12

관리 및 번식

- 이 식 : 보통
- 전 정 : 강함
- 번 식 : 삽목/취목/실생
- 병충해 : 강함(깍지벌레)
- 시 비 : 보통

용도

광택이 나는 혁질의 잎과 5~6월에 피는 흰색 꽃과 가을의 주홍색 단풍의 관상가치가 높음. 주로 암석원이나 비탈면에 지피식재로 이용

기타종

- 털마삭줄(*T. jasminoides* var. *pubescens* Makino) 마삭줄에 비해 꽃자루, 어린가지, 잎뒷면에 털이 많으며, 마삭줄에 비해 수술이 화관 밖으로 나오지 않음
- 백화등(*T. asiaticum* var. *majus* (Nakai) Ohwi) 마삭줄에 비해 크기가 크며, 흰색 꽃이 많이 핌

치자나무(좀치자, 치자)

Gardenia jasminoides J. Ellis

영명 : Cape Jasmine Gardenia
일명 : クチナシ
중명 : 梔子 치자
이명 : *Gardenia augusta* var. *grandiflora* (Fr. & Sav.) Sasaki
Gardenia augusta var. *kosyunensis* Sasaki
Gardenia jasminoides for. *ovalifolia* (Sims) Hara
Mussaenda chinensis Lour.

Gardenia : 미국의 박물학자 A. Garden(1730~1792)에서 유래
jasminoides : 속명 Jasminum과 비슷한

생육

- 성 상 : 상록활엽관목
- 수 형 : 구형
- 수 고 : 3m 내외
- 원산지 : 중국, 일본, 대만
- 분 포 : 남부지방에 식재

형태

- 잎 : 호생이며 혁질
- 꽃 : 양성화로 향기가 강하며 6~7월 가지끝에 백색의 꽃이 1개씩 핌
- 열매 : 장과로 6~7개의 능각이 있고 9~10월에 황홍색으로 성숙
- 줄기 : 어린 가지에는 먼지 같이 보드라운 털
- 뿌리 : 천근성

생태

- 토 성 : 사질양토
- 음 양 성 : 중용수
- 내공해성 : 강함
- 건 습 : 적습
- 산 도 : 약산성
- 내 한 성 : 약함
- 생장속도 : 보통
- 내 염 성 : 강함
- 통 기 : 필요
- 내 화 성 : 보통

1	2	3	4	5	6	7	8	9	10	11	12

관리 및 번식

- 이 식 : 보통
- 전 정 : 강함
- 번 식 : 실생/삽목
- 병충해 : 보통(점무늬병, 회색곰팡이병)
- 시 비 : 보통

용도

약재, 염색원료로 사용하며 항상 푸른 잎과 향기 좋은 순백색의 하얀 꽃, 그리고 노란색 열매가 좋아 경계식재, 악센트식재, 유도식재에 이용

기타종

- 꽃치자(*G. jasminoides* var. *radicans* (Thunb.) Makino) 치자나무에 비해 잎이 도피침형이고 잎과 꽃이 작음

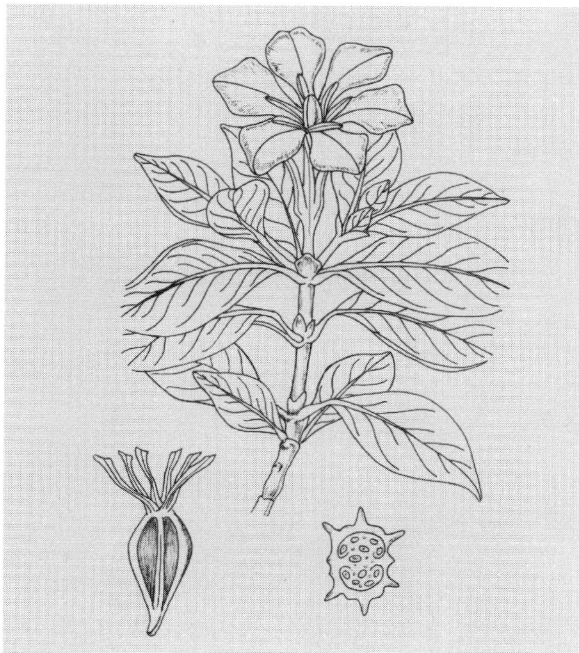

백정화(두메별꽃, 백마골, 백정꽃)

Serissa japonica (Thunb.) Thunb.

영명 : Snowrose, Snowbush
일명 : ハクチョウゲ
중명 : 白丁花 백정화
이명 : *Serissa foetida* (L.f.) Comm. ex Juss.
Serissa kawakamii Hayata
Dysoda fasciculata Lour.
Leptodermis venosa Craib

Serissa : 인도명 또는 18세기 스페인의 식물학자인 Serissa에서 유래
japonica : 일본의

생육

- 성 상 : 상록활엽관목
- 수 형 : 구형
- 수 고 : 1m 내외
- 원산지 : 일본, 대만, 인도, 중국
- 분 포 : 온대 남부 이남에 식재

형태

- 잎 : 대생, 가장자리는 거치가 없음
- 꽃 : 양성화로 5~6월 흰색 꽃이 개화하며, 끝이 5개로 갈라지고 열편은 3개고 얕게 갈라짐
- 열매 : 핵과, 구형이고 10월 경에 성숙
- 줄기 : 회색 줄기는 가늘고 밀생
- 뿌리 : 천근성

생태

- 토 성 : 사질양토
- 음 양 성 : 양수
- 내공해성 : 강함
- 건 습 : 내건
- 산 도 : 중성
- 내 한 성 : 약함
- 생장속도 : 보통
- 내 염 성 : 강함
- 통 기 : 필요
- 내 화 성 : 약함

1	2	3	4	5	6	7	8	9		11	12

관리 및 번식

- 이 식 : 용이
- 번 식 : 삽목
- 시 비 : 보통
- 전 정 : 강함
- 병충해 : 강함

용도

5월의 흰 꽃이 나무 전체에 수를 놓아 아름답고 가지가 치밀하고 전정에 강하므로 경계식재나 차폐식재에 이용

종작살나무

Callicarpa dichotoma (Lour.) K.Koch

영명 : Purple Beauty-berry
일명 : コムラサキシキブ
중명 : 日本紫珠 일본자주
이명 : *Callicarpa gracilis* Siebold & Zucc.
Callicarpa : 아름다운 열매의 뜻
dichotoma : 쌍으로 갈라진

생장

- 성　상 : 낙엽활엽관목
- 수　형 : 원개형
- 수　고 : 1.5m 내외
- 원산지 : 한국, 일본, 중국
- 분　포 : 경기도 이남에 자생

형태

- 잎 : 대생, 길이 3~9cm, 폭 1.5~4.0cm 로서 도란상 타원형, 또는 도란형이며 점첨두 예저, 뒷면은 연한 녹색의 선점
- 꽃 : 양성화, 8월 연자주색 꽃이 개화, 취산화서, 꽃받침조각 4개
- 열매 : 핵과, 구형, 종자는 연한 갈색이며 한쪽 면이 오목한 도란형, 10월 짙은 자주색으로 성숙
- 줄기 : 소지가 네모지고 성모
- 뿌리 : 천근성

생태

- 토　　성 : 사질양토
- 음 양 성 : 중용수
- 내공해성 : 보통
- 건　　습 : 습윤
- 산　　도 : 중성
- 내 한 성 : 강함
- 생장속도 : 느림
- 내 염 성 : 강함
- 통　　기 : 필요
- 내 화 성 : 보통

관리 및 번식

- 이　식 : 용이
- 번　식 : 실생/삽목
- 시　비 : 보통
- 전　정 : 강함
- 병충해 : 강함

1	2	3	4	5	6	7		9		11	12

용도

도시공원에서는 열매가 야생조류의 유치에 큰 도움이 되며 악센트식재, 주연부식재, 경계식재용에 적합

특이사항

작살나무와 유사하지만 좀작살나무는 어린가지가 다소 각지고, 겨울눈이 구형이며, 대개 잎의 상반부에만 톱니가 있음

기타종

- 작살나무(*C. japonica* Thunb.) 좀작살나무에 비해 잎 끝이 꼬리처럼 길게 뾰족하며, 가장자리에 뾰족한 톱니가 있음
- 흰작살나무(*C. japonica* var. *leucocarpa* Nakai) 열매가 백색
- 왕작살나무(*C. japonica* var. *luxurians* Rehder) 잎은 길이 10~20cm, 폭 4~7cm로서 화서가 크고 가지가 굵으며 해안성

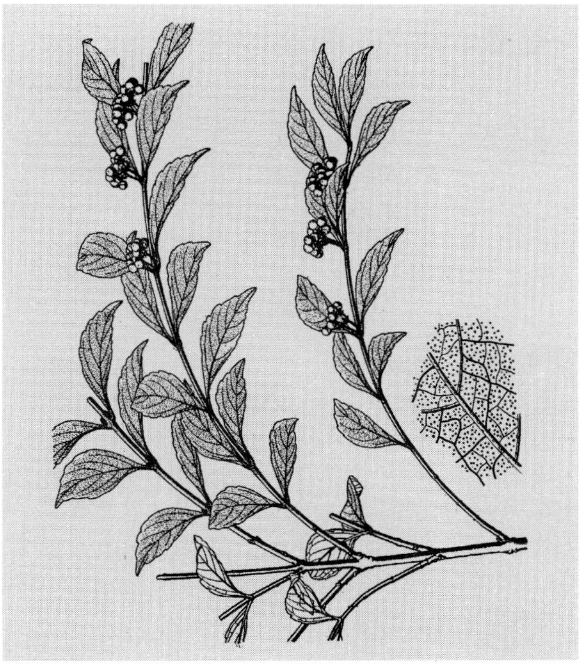

순비기나무(만형자, 풍나무)

Vitex rotundifolia L. f.

영명	Rotundleaf Chastetree, Beach Vitex
일명	ハマゴウ
중명	蔓荊子 만형자
이명	*Vitex trifolia* var. *repens* Ridl. *Vitex trifolia* var. *ovata* (Thunb.) Merr. *Vitex agnuscastus* var. *ovata* (Thunb.) Kuntze

Vitex : 라틴어 vieo(매다)에서 유래, 본 속의 가지로 바구니를 엮음
rotundifolia : 원형 잎의

생육

- 성　상 : 반상록활엽관목
- 수　형 : 기둥형
- 수　고 : 1m 내외
- 원산지 : 한국, 중국, 일본, 인도네시아, 타이완
- 분　포 : 중부 이남 해안가에 자생

형태

- 잎 : 대생으로 원형 또는 도란형으로 둥글고 거치가 없고 혁질
- 꽃 : 양성화, 수상 원추화서. 화경이 짧은 꽃이 많이 달리고, 길이는 4~7cm, 7~10월 보라색 꽃이 개화
- 열매 : 크기는 5~7mm 정도, 핵과, 구형, 10~11월 흑갈색으로 성숙
- 줄기 : 회백색의 잔털이 있고, 소지는 약간 네모지며, 백색털이 밀생하며 전체가 백분
- 뿌리 : 심근성

생태

- 토　　성 : 사토
- 음 양 성 : 양수
- 내공해성 : 보통
- 건　　습 : 습윤
- 산　　도 : 알카리성
- 내 한 성 : 강함
- 생장속도 : 느림
- 내 염 성 : 매우강함
- 통　　기 : 필요
- 내 화 성 : 보통

1	2	3	4	5	6	7	8	9	10	11	12

관리 및 번식

- 이　식 : 용이
- 번　식 : 실생/삽목
- 시　비 : 보통
- 전　정 : 강함
- 병충해 : 강함

용도

보라색꽃과 백분으로 덮인 듯한 소지가 아름다우며 해안지방 사구지에 지피식재, 악센트식재에 적합

기타종

- 좀목형(*V. negundo* var. *incisa* (Lam.) C.B. Clarke) 중부 이남의 암석틈 사이에서 자생하는 낙엽활엽관목이며, 지상부에서부터 많은 줄기가 올라와 하나의 수형을 이루는 밀원식물임

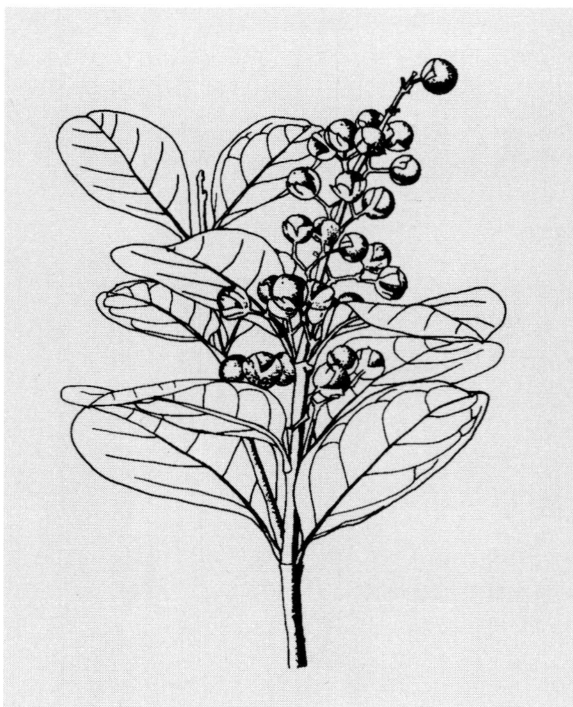

누리장나무(노나무, 개똥나무)

Clerodendrum trichotomum Thunb.

영명 : Harlequin Glory-bower
일명 : クサギ
중명 : 香臅 향추
이명 : *Clerodendrum fargesii* Dode
Clerodendrum koshunense Hayata
Siphonanthus trichotomus (Thunb.) Nakai

Clerodendrum : 희랍어 cleros(운명)와 dendron(수목)의 합성어이며 처음 셀론섬에서 자라는 2종류 중 arbor fortunata(행운목)와 arbor infortunata(불운목)라고 부른데서 유래
trichotomum : 3분지의

생육

- 성 상 : 낙엽활엽관목
- 수 형 : 원정형
- 수 고 : 2m 내외
- 원산지 : 한국, 중국, 대만, 일본
- 분 포 : 온대 중부 이남에 자생

형태

- 잎 : 길이 8~20cm이며 가장자리는 밋밋하거나 큰 톱니가 있음
- 꽃 : 양성화로 꽃자루는 길이 3~6cm, 화관은 지름 3cm이고 5개로 갈라지고 7~8월 취산화서에 흰색 꽃이 개화
- 열매 : 핵과, 지름 6~8mm로 둥글며 꽃받침으로 싸여있음, 구형이고 10~11월 적자색으로 성숙
- 줄기 : 갈색으로 피목이 발달
- 뿌리 : 천근성

생태

- 토 성 : 사질양토
- 음 양 성 : 양수
- 내공해성 : 강함
- 건 습 : 내건
- 산 도 : 약알카리성
- 내 한 성 : 강함
- 생장속도 : 빠름
- 내 염 성 : 강함
- 통 기 : 필요
- 내 화 성 : 보통

1	2	3	4	5	6	7	8	9	10	11	12

관리 및 번식

- 이 식 : 용이
- 전 정 : 강함
- 번 식 : 실생/녹지삽목
- 병충해 : 강함(솜진딧물)
- 시 비 : 보통

용도

조경용으로는 거의 이용되지 않고 있으나 악센트식재, 주연부식재, 경계식재에 적합

특이사항

식물 전체에서 누린내가 나며 7~8월경에 피는 흰색의 꽃과 겨울까지 달려있는 열매가 아름다움

벽오동(청오동나무, 벽오동나무)

Firmiana simplex (L.) W. Wight

영명 : Chinese Parasol Tree, Chinese Bottle Tree, Japanese Varnish Tree, Phoenix Tree, Sultan's Parasol

일명 : アオギリ

중명 : 碧梧桐 벽오동

이명 : *Culhamia simplex* (L.) Nakai
Firmeana simplex var. *glabra* Hatus.
Firmiana platanifolia (L.f.) Schott & Endl.

Firmiana : 오스트리아인 K. J. von Firmian (1718~1782)에서 유래
simplex : 단일한, 단생의

생육

- 성　상 : 낙엽활엽교목
- 수　형 : 타원형
- 수　고 : 20m 내외
- 원산지 : 중국
- 분　포 : 온대 중부 이남에 식재

형태

- 잎 : 호생, 길이는 16~25cm 정도이고 열편은 장난형으로 점첨두
- 꽃 : 암수한그루, 원추화서, 6~7월 가지 끝에 노란 꽃이 개화
- 열매 : 골돌과로 5개이며 성숙 전에 열 개 되어 완두 같은 종자가 보이고 9~10월 갈색으로 성숙
- 줄기 : 녹색이며 평활
- 뿌리 : 심근성

생태

- 토　성 : 사질양토
- 음 양 성 : 중용수
- 내공해성 : 강함
- 건　습 : 적윤
- 산　도 : 중성
- 내 한 성 : 보통
- 생장속도 : 빠름
- 내 염 성 : 강함
- 통　기 : 필요
- 내 화 성 : 보통

1	2	3	4	5	6	7	8	9	10	11	12

관리 및 번식

- 이　식 : 보통
- 전　정 : 보통
- 번　식 : 실생
- 시　비 : 보통
- 병충해 : 보통(갈반병, 깍지벌레, 눈마름병)

용도

잎이 크고 열매의 포가 독특하며 녹색의 수피와 가지가 아름다워 악센트식재, 유도식재, 녹음식재, 가로수식재에 이용

특이사항

중부지방에서 한건해를 입는 경우가 있으므로 식재시 북서향에 적당한 방풍식재 및 구조물을 설치하면 좋음

기타종

- 오동나무(*Paulownia coreana* Uyeki) 잎 뒷면에 갈색 털이 있고, 화관 아래쪽 열편 안쪽에 자주색 줄무늬가 없음
- 참오동나무(*P. tomentosa* (Thunb.) Steud.) 잎 뒤에 담갈색 혹은 흰색 털이 있으며, 화관 아래쪽 열편 안쪽에 자주색 점이 있음

개오동(향오동, 개오동나무)

Catalpa ovata G. Don

영명 :	Chinese Catalpa, Yellow Catalpa, Japanese Catalpa
일명 :	キササゲ
중명 :	木角豆 목각두
이명 :	*Catalpa bignonioides* var. *kaempferi* DC. *Catalpa henryi* Dode *Catalpa kaempferi* Siebold & Zucc.

Catalpa : 북아메리카 인디언의 토명에서 유래
ovata : 난형의

생육

- 성　상 : 낙엽활엽교목
- 수　형 : 타원형
- 수　고 : 10m 내외
- 원산지 : 중국
- 분　포 : 전국의 공원, 정원 및 주택 마당에 간혹 식재

형태

- 잎 : 호생, 길이 15~23cm, 뒷면에 다갈색 성모
- 꽃 : 양성화, 6~7월 원추화서에 황백색의 꽃이 개화
- 열매 : 삭과로 긴 선형이고 길이는 20~30cm, 다음해 9~10월 갈색으로 성숙
- 줄기 : 회색이며 세로로 얕게 갈라짐
- 뿌리 : 심근성

생태

- 토　성 : 사질양토
- 음 양 성 : 양수
- 내공해성 : 강함
- 건　습 : 적윤
- 산　도 : 중성
- 내 한 성 : 강함
- 생장속도 : 보통
- 내 염 성 : 강함
- 통　기 : 필요
- 내 화 성 : 보통

관리 및 번식

- 이　식 : 용이
- 번　식 : 실생
- 시　비 : 보통
- 전　정 : 보통
- 병충해 : 강함

1	2	3	4	5	6	7	8	9	10	11	12

용도

흰색꽃이 아름답고 넓고 큰 잎은 시원한 느낌을 줌, 도심지나 공단에 완충식재, 녹음식재, 가로수 식재에 이용

특이사항

수피가 얇으므로 복사열이 많은 곳에 심으면 수피가 갈색으로 됨

기타종

- 꽃개오동(*C. bignonioides* Walter) 북아메리카 원산으로 꽃은 흰색이며 노란색 줄무늬와 자색 반점이 있음

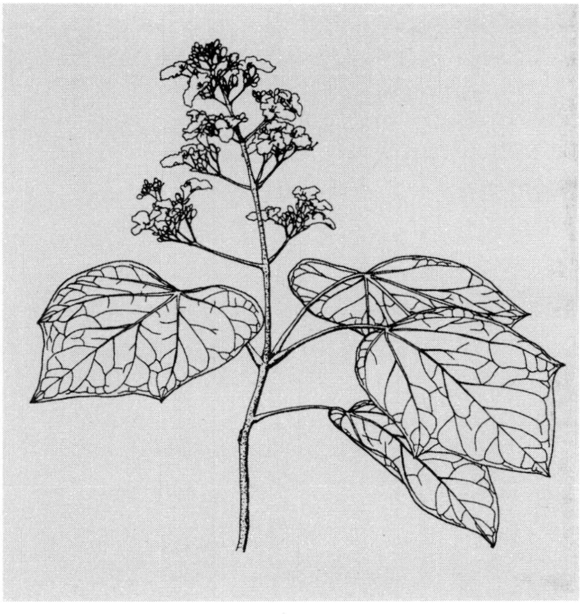

능소화(금등화, 능소화나무)

Campsis grandiflora (Thunb.) K. Schum.

영명 : Chinese Trumpet Creeper, Chinese Trumpet Vine

일명 : ノーゼンカズラ

중명 : 紫葳 자위

이명 : *Campsis adrepens* Lour.
Campsis chinensis (Lam.) Voss
Incarvillea glandifolia (Thunb.) Spreng.
Tecoma grandiflora (Thunb.) Loisel.

Campsis : 희랍어 campsis(彎曲(만곡))에서 유래. 수술이 활같이 휨
grandifolia : 큰 꽃의

생육

- 성　상 : 낙엽활엽만경목
- 수　형 : 덩굴형
- 원산지 : 중국
- 분　포 : 온대 중부 이남에 식재

형태

- 잎 : 대생, 기수1회우상복엽, 소엽은 7~9개, 길이는 3~6cm임
- 꽃 : 양성화이고 가지 끝에 원추화서로 5~15개가 정생하며, 7~8월 황적색으로 개화, 꽃에는 독성이 있음
- 열매 : 삭과로 네모지며 끝이 둔하고 2개로 갈라지는데 10월경에 성숙
- 줄기 : 갈색이며 세로로 갈라짐
- 뿌리 : 천근성

생태

- 토　　성 : 사질양토
- 음 양 성 : 양수
- 내공해성 : 강함
- 건　　습 : 적윤
- 산　　도 : 중성
- 내 한 성 : 보통
- 생장속도 : 느림
- 내 염 성 : 강함
- 통　　기 : 필요
- 내 화 성 : 약함

1	2	3	4	5	6	7	8	9	10	11	12

관리 및 번식

- 이　식 : 용이
- 전　정 : 강함
- 번　식 : 실생/삽목/분주
- 병충해 : 강함(흰가루병)
- 시　비 : 보통

용도

벽이나 그늘시렁 등에 잘 오르며 8월에 가지 끝에 피는 주황색의 꽃이 아름다워 악센트식재에 이용되며 암석, 담장이나 굴뚝에 덩굴로 식재

기타종

- 능소화 '플라멩코' (*Campsis radicans* 'Flamenco')
- 능소화 '인디언 서머' (*Campsis radicans* 'Indian Summer')
- 능소화 '타카라주카 배리게이티드' (*Campsis radicans* 'Takarazuka Variegated')
- 나팔능소화 '마담 게일런' (*Campsis* x *tagliabuana* 'Madame Galen') 등 많은 재배품종이 있음

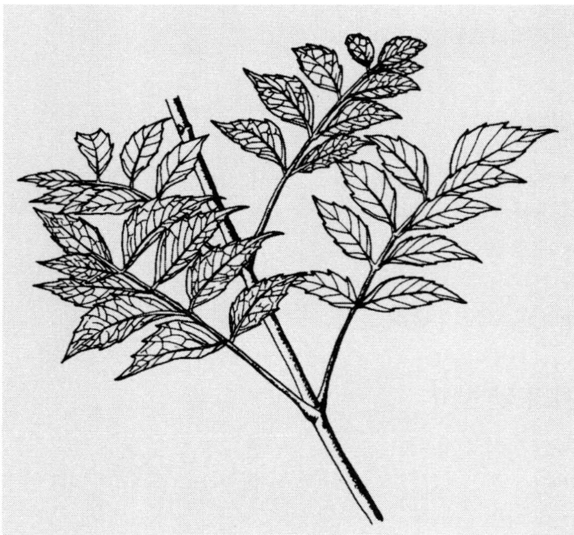

인동덩굴(금은화, 인동)

Lonicera japonica Thunb.

영명 : Japanese Honeysuckle
일명 : スイカズラ
중명 : 忍冬 인동
이명 : *Caprifolium japonicum* (Thunb.) Dum. Cours.
Lonicera fauriei Lev. & Vaniot
Lonicera japonica var. *brachypoda* Nakai
Lonicera shintenensis Hayata

Lonicera : 16세기 독일의 수학자이며 채집가인 Adam Lonitzer가 라틴어화된 것
japonica : 일본의

생육

- 성 상 : 반상록활엽만경목
- 수 형 : 덩굴형
- 원산지 : 한국, 중국, 일본
- 분 포 : 전국에 자생

형태

- 잎 : 대생, 넓은 피침형 또는 난상 타원형이며 예두 또는 끝이 둔한 예두
- 꽃 : 양성화, 5~6월 흰색 꽃이 피고 1~2개씩 엽액에 달리며 포는 난형으로 길이는 1~2cm
- 열매 : 장과이고 둥글며 크기는 7~8mm, 10~11월 검은색으로 성숙
- 줄기 : 줄기가 오른쪽으로 감아 올라가며, 소지는 적갈색으로 털이 있고 속이 빔
- 뿌리 : 천근성

생태

- 토 성 : 사질양토
- 음 양 성 : 중용수
- 내공해성 : 강함
- 건 습 : 내건
- 산 도 : 중성
- 내 한 성 : 강함
- 생장속도 : 빠름
- 내 염 성 : 강함
- 통 기 : 필요
- 내 화 성 : 약함

1	2	3	4	5	6	7	8	9	10	11	12

관리 및 번식

- 이 식 : 용이
- 번 식 : 실생/삽목
- 시 비 : 보통
- 전 정 : 보통
- 병충해 : 강함

용도

5~6월경에 개화하는 흰색 꽃이 아름답고 향기가 좋음. 주연부식재, 담장이나 벽의 덩굴성 악센트식재에 이용

특이사항

백색 꽃과 황색 꽃이 섞여 피는 것처럼 보여 '금은화' 라고 부르기도 함

기타종

- 붉은인동(*L.* x *heckrottii* Rehder) 도입종으로 분홍색 꽃이 핌

괴불나무(아귀꽃나무, 절초나무)

Lonicera maackii (Rupr.) Maxim.

영명 : Amur Honeysuckle, Bush Honeysuckle
일명 : ハナヒョウタンボク
중명 : 金銀木 금은목
이명 : *Caprifolium maackii* (Rupr.) Kuntze
Lonicera maackii var. *japonica* Nakai
Lonicera maackii var. *typica* Nakai

Lonicera : 16세기 독일의 수학자이며 채집가인 Adam Lonitzer가 라틴어화된 것
maackii : 소련의 분류학자 R. Maack의

생육

- 성 상 : 낙엽활엽관목(소교목)
- 수 형 : 타원형
- 수 고 : 5m 내외
- 원산지 : 한국, 중국, 일본, 러시아
- 분 포 : 전국에 자생

형태

- 잎 : 잎은 마주나고 톱니가 없음
- 꽃 : 양성화로 5~6월에 흰색으로 개화, 꽃자루에 털이 있으며, 꽃잎은 백색에서 황색으로 변함
- 열매 : 장과로 난형 또는 구형이고 9~10월 적색으로 익음
- 줄기 : 적갈색으로 얇게 벗겨지기도 함
- 뿌리 : 천근성

생태

- 토 성 : 사질양토
- 음 양 성 : 중용수
- 내공해성 : 강함
- 건 습 : 적윤
- 산 도 : 중성
- 내 한 성 : 강함
- 생장속도 : 느림
- 내 염 성 : 강함
- 통 기 : 필요
- 내 화 성 : 보통

관리 및 번식

- 이 식 : 보통
- 번 식 : 실생
- 시 비 : 보통
- 전 정 : 보통
- 병충해 : 강함(흰불나방)

1	2	3	4	5	6	7	8	9	10	11	12

용도

5~6월에 백색으로 개화하는 꽃과 붉은 열매가 아름다워 주연부식재, 악센트식재에 적합

기타종

- 각시괴불나무(*L. chrysantha* Turcz. ex Ledeb.) 꽃자루가 길며, 잎의 끝이 꼬리처럼 길게 뾰족하고 양면에 털이 밀생
- 섬괴불나무(*L. insularis* Nakai) 울릉도 특산식물로 꽃자루에 털이 밀생
- 청괴불나무(*L. subsessilis* Rehder) 잎의 표면이 광택이 나는 짙은 녹색, 양면에 털이 거의 없음
- 홍괴불나무(*L. sachalinensis* (F.Schmidt) Nakai var. *stenophylla* Nakai) 홍자색 꽃이 핌

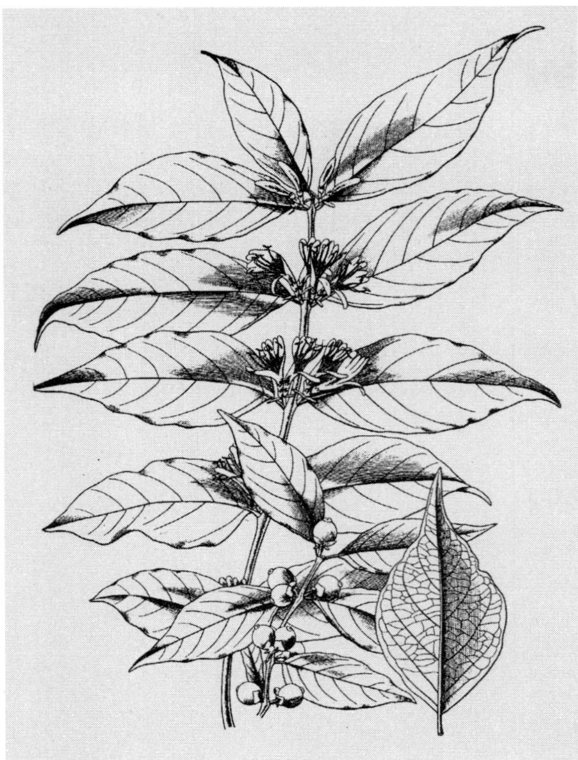

병꽃나무

인동科

Weigela subsessilis (Nakai) L. H. Bailey

영명 : Korean Weigela
일명 : コウライヤブウシギ
중명 : 高麗楊櫨 고려양로
이명 : *Diervilla subsessilis* Nakai
Weigela : 독일의 화학자 Christian Ehrenfried Von Weigel(1748~1831)에서 유래
subsessilis : 다소 엽병이 있는

생육

- 성 상 : 낙엽활엽관목
- 수 형 : 타원형
- 수 고 : 3m 내외
- 원산지 : 한국
- 분 포 : 전국에 자생

형태

- 잎 : 가장자리에 잔톱니가 있고, 길이 1~7cm, 너비 1~5cm
- 꽃 : 양성화로 5~6월 노란색 꽃이 엽액에 1~2개씩 달리고, 선형의 꽃받침 열편은 5갈래. 깔때기모양의 꽃은 길이 3~4cm
- 열매 : 삭과이고 선상 원주형이며, 표면에 긴 털이 밀생, 10~11월 성숙
- 줄기 : 수피는 회백색~회갈색, 피목이 발달하며, 오래되면 조각상으로 갈라짐
- 뿌리 : 천근성

생태

- 토 성 : 사질양토
- 내 한 성 : 강함
- 음 양 성 : 중용수
- 생장속도 : 빠름
- 내공해성 : 강함
- 내 염 성 : 강함
- 건 습 : 내건
- 통 기 : 필요
- 산 도 : 중성
- 내 화 성 : 강함

관리 및 번식

- 이 식 : 용이
- 전 정 : 강함
- 번 식 : 실생/삽목/분주
- 병충해 : 보통
- 시 비 : 보통

1	2	3	4	5	6	7	8	9	10	11	12

용도

4~5월에 병 모양으로 개화하는 꽃이 아름답고 둥근 수형이 좋아서 도심지의 조경용으로 개발하면 가치가 매우 높은 식물이며 주연부, 악센트식재에 적합

기타종

- 붉은병꽃나무(*W. florida* (Bunge) A.DC.) 꽃이 붉은색이며 주로 고산에 분포함
- 소영도리나무(*W. praecox* (Lemoine) L.H.Bailey) 꽃은 붉은색으로 주로 계곡부에 분포하며, 붉은 병꽃에 비해 잎 양면에 털이 많음
- 일본삼색병꽃나무(*W. coraeensis* Thunb.) 일본 원산으로 정원 등에 많이 식재되며, 꽃은 백색으로 피어 붉은색으로 변함
- 삼색병꽃나무(*W. florida* f. *subtricolor* Nakai) 꽃이 흰색, 분홍색, 붉은색으로 변함

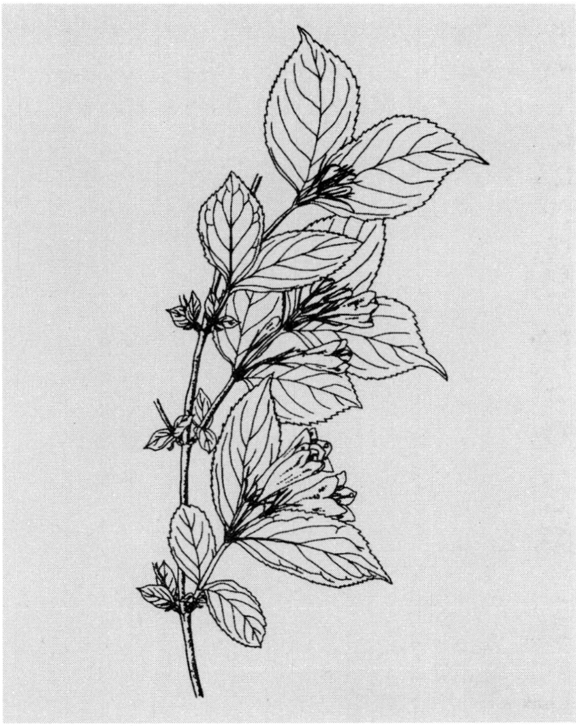

댕강나무(맹산댕강나무)

Abelia mosanensis T. H. Chung ex Nakai

영명	Fragrant Abelia
일명	モウザンツクバネウシギ
중명	孟山六條木 맹산육조목
이명	*Zabelia mosanensis* (T.H.Chung) Hisauchi & Hara

Abelia : 영국의 의사인 DR. CLARKE ABEL (1780-1826)을 기념
mosanensis : 평남 맹산의

생육

- 성　상 : 낙엽활엽관목
- 수　형 : 부채꼴형
- 수　고 : 2m 내외
- 원산지 : 한국
- 분　포 : 온대 북부지방에 자생

형태

- 잎　: 대생, 피침형 또는 긴 타원형, 길이 3~7cm
- 꽃　: 양성화, 꽃받침통 5갈래, 갈래는 송곳 모양, 화관은 통 모양, 5~6월 연한 홍색으로 개화
- 열매 : 4개의 날개를 가지며, 길이 15~17mm, 벌어지지 않고, 털이 밀생, 씨는 1개, 9~10월 성숙
- 줄기 : 줄기에 세로선이 있지만 홈이 깊지 않음
- 뿌리 : 천근성

생태

- 토　　성 : 사질양토
- 음 양 성 : 중용수
- 내공해성 : 강함
- 건　　습 : 내건
- 산　　도 : 중성
- 내 한 성 : 강함
- 생장속도 : 느림
- 내 염 성 : 강함
- 통　　기 : 필요
- 내 화 성 : 보통

관리 및 번식

- 이　식 : 용이
- 전　정 : 강함
- 번　식 : 삽목

1	2	3	4	5	6	7	8	9	10	11	12

- 병충해 : 강함(반점병, 흰가루병)
- 시　비 : 보통

용도

5~6월에 개화하는 흰색꽃과 다북하고 지엽이 빽빽한 수형이 아름다우며 악센트식재, 경계식재에 이용

기타종

- 꽃댕강나무(*A.* x *grandiflora* (Rovelli ex André) Rehder.) 중국 원산으로 흰꽃이 피며, 상록임
- 털댕강나무(*A. coreana* Nakai) 잎에 거치가 있으며, 털이 밀생, 작은 꽃이 1~2개씩 달림
- 주걱댕강나무(*A. spathulata* Siebold & Zucc.) 꽃은 황색이며, 경남 양산의 산지에서 자람

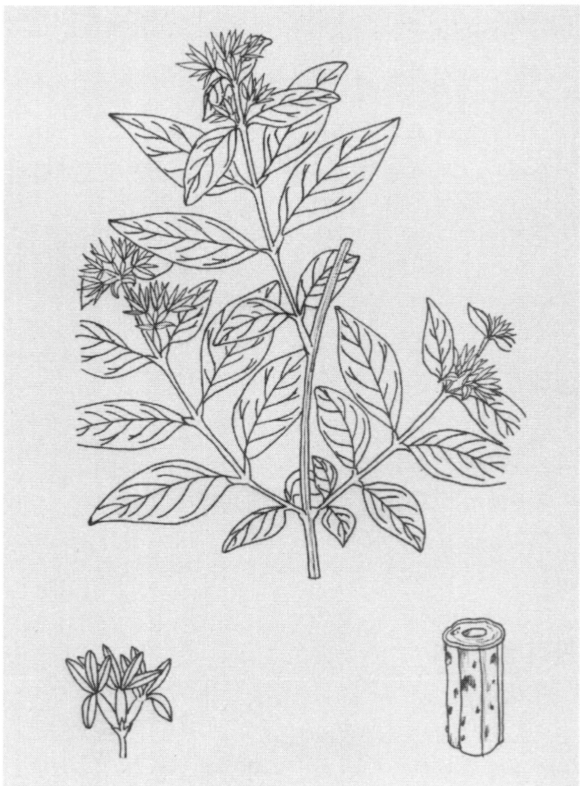

덜꿩나무(털덜꿩나무, 긴잎가막살나무)

인동科

Viburnum erosum Thunb.

영명 : Linden Arrowwood, Linden Viburnum

일명 : コバノガマズミ

중명 : 小葉探春花 소엽탐춘화

이명 : *Viburnum erosum* f. *lanceum* (Nakai) Sugim.
Viburnum erosum var. *lanceum* Nakai
Viburnum erosum var. *osumianum* Hayata
Viburnum sikokianum Koidz.

Viburnum : 뜻은 알 수 없으나 V.lantana의 고명이다
erosum : 고르지 않은 톱니의

생육

- 성 상 : 낙엽활엽관목
- 수 형 : 타원형
- 수 고 : 2m 내외
- 원산지 : 한국, 중국, 일본
- 분 포 : 경기도 이남의 낮은 산지에 자생

형태

- 잎 : 가장자리에 뾰족한 톱니가 있고, 길이 4~11cm, 너비 2~7.5cm임
- 꽃 : 양성화, 짧은 가지 끝에 지름 6~8cm의 복산형화서, 화서에 성모가 밀생, 4~5월 흰색으로 개화
- 열매 : 핵과, 난상 원형, 지름 6mm, 9~10월 적색으로 성숙
- 줄기 : 회갈색 수피는 매끈
- 뿌리 : 천근성

생태

- 토 성 : 사질양토
- 음 양 성 : 중용수
- 내공해성 : 보통
- 건 습 : 내건
- 산 도 : 중성
- 내 한 성 : 강함
- 생장속도 : 느림
- 내 염 성 : 강함
- 통 기 : 필요
- 내 화 성 : 보통

1	2	3	4	5	6	7	8	9	10	11	12

관리 및 번식

- 이 식 : 용이
- 번 식 : 실생/삽목
- 시 비 : 보통
- 전 정 : 강함
- 병충해 : 보통

용도

수형과 4~5월에 개화하는 흰색꽃과 9월에 익는 붉은 열매가 아름다우며 악센트식재, 주연부식재에 적합

기타종

- 가막살나무(*V. dilatatum* Thunb.) 잎자루가 길고 턱잎이 없으며 잎에 지점이 발달
- 산가막살나무(*V. wrightii* Miq.) 가막살나무에 비해 식물 전체에 털이 거의 없으며, 잎이 도란형이면서 밑부분이 쐐기형-원형인 점이 다름
- 푸른가막살(*V. japonicum* (Thunb.) Sprengel) 잎이 상록성이며, 마름모꼴 난형-마름모꼴 도란형임. 가거도에서 자람

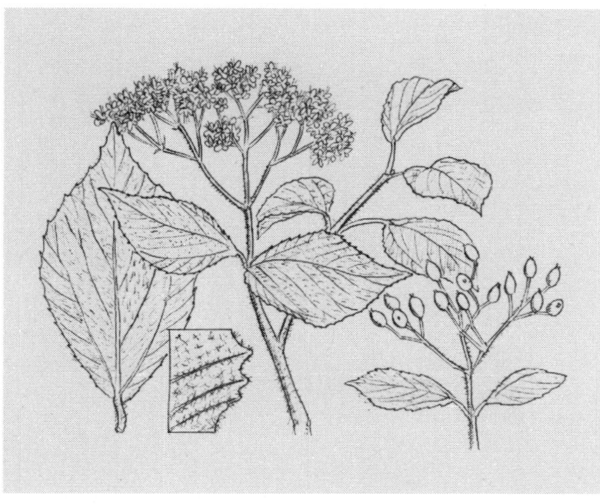

아왜나무

Viburnum odoratissimum var. *awabuki* (K. Koch) Zabel ex Rümpler

영명 : Sweet Viburnum
중명 : 法國冬靑 법국동청
Viburnum : 뜻은 알 수 없으나 *V. lantana*의 고명임
odoratissimum : 매우 향기로운

생육

- 성 상 : 상록활엽교목
- 수 형 : 타원형
- 수 고 : 10m 내외
- 원산지 : 한국, 중국, 일본
- 분 포 : 난온대 기후대인 남해안 및 제주도에 자생

형태

- 잎 : 대생, 표면은 광택이 나고, 길이는 6~20cm, 너비 2.5~8cm
- 꽃 : 양성화, 원추화서로 2쌍의 잎이 있는 어린가지의 끝에 달리며 털이 없음, 6~7월 흰색으로 개화
- 열매 : 핵과, 타원형이며 길이 1cm, 9~11월 붉은색에서 검은색으로 성숙
- 줄기 : 가지의 골 속은 갈색, 소지는 붉은 빛이 돔
- 뿌리 : 심근성

생태

- 토 성 : 사질양토
- 음 양 성 : 음수
- 내공해성 : 강함
- 건 습 : 적윤
- 산 도 : 중성
- 내 한 성 : 약함
- 생장속도 : 빠름
- 내 염 성 : 강함
- 통 기 : 필요
- 내 화 성 : 강함

1	2	3	4	5	6	7	8	9	10	11	12

관리 및 번식

- 이 식 : 용이
- 전 정 : 강함
- 번 식 : 삽목/실생
- 병충해 : 강함(외잎벌레)
- 시 비 : 보통

용도

해풍에 강하며 광택이 있는 잎과 열매가 아름답고 전정에 강하며 방화 효과가 큼. 악센트식재, 차폐식재, 경계식재, 완충식재, 유도식재, 방풍식재, 방화식재에 적합

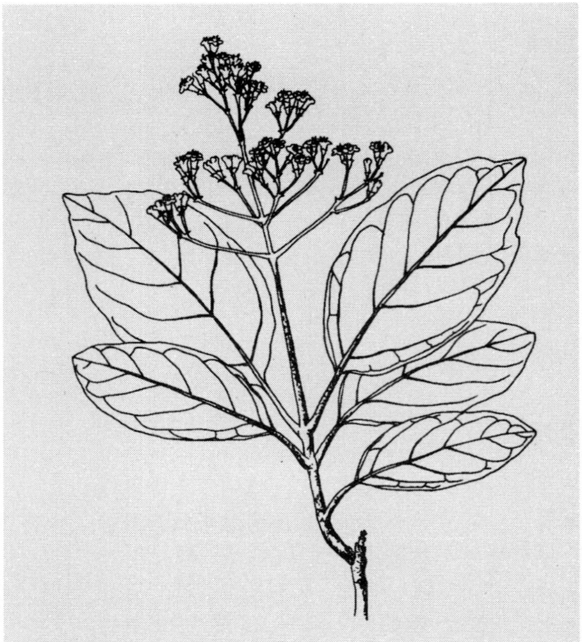

분꽃나무(붓꽃나무, 가막살나무)

인동科

Viburnum carlesii Hemsl.

영명 : Koreanspice Viburnum, Arrowwood
일명 : オオカョウジガマズミ
중명 : 粉花木 분화목
이명 : *Solenolantana carlesii* (Hemsl.) Nakai
Viburnum bitchiuense Makino
Viburnum carlesii var. *syringiflora* Hutchison

Viburnum : 뜻은 알 수 없으나 *V. lantana*의 고명
carlesii : 인천에서 식물을 채집한(1883~1884) Carles의

생육

- 성 상 : 낙엽활엽관목
- 수 형 : 타원형
- 수 고 : 2m 내외
- 원산지 : 한국, 중국, 일본
- 분 포 : 전국의 햇빛이 잘 드는 낮은 산지에 자생

형태

- 잎 : 엽병의 길이 5~10mm, 잎 가장자리에 불규칙한 거치
- 꽃 : 양성화, 크기는 1.0~1.4cm, 나팔 모양, 취산화서, 4~5월 흰색 또는 연한 홍색으로 개화
- 열매 : 핵과, 열매는 난상원형으로 길이 1cm 정도로 10~11월에 분홍색에서 검게 변하며 성숙
- 줄기 : 지상부에서 많은 줄기와 뿌리에서 맹아가 올라와 포기형성. 오래된 가지는 갈라짐
- 뿌리 : 천근성

생태

- 토 성 : 사질토양
- 음 양 성 : 양수
- 내공해성 : 강함
- 건 습 : 적윤
- 산 도 : 중성
- 내 한 성 : 강함
- 생장속도 : 느림
- 내 염 성 : 강함
- 통 기 : 필요
- 내 화 성 : 보통

1	2	3	4	5	6	7	8	9	10	11	12

관리 및 번식

- 이 식 : 보통
- 전 정 : 강함
- 번 식 : 실생
- 병충해 : 강함(매실자나방/잎벌레)
- 시 비 : 보통

용도

4~5월에 피는 연분홍색의 꽃이 예쁘고 둥근 수형이 아름답고 악센트식재, 주연부식재에 이용

기타종

- 산분꽃나무(*V. burejaeticum* Regel & Herder) 경기도 연천의 계곡과 설악산, 강원도 등지에서 소수의 개체가 자라며, 분꽃나무에 비해 가장자리의 톱니가 촘촘하며 꽃이 백색임

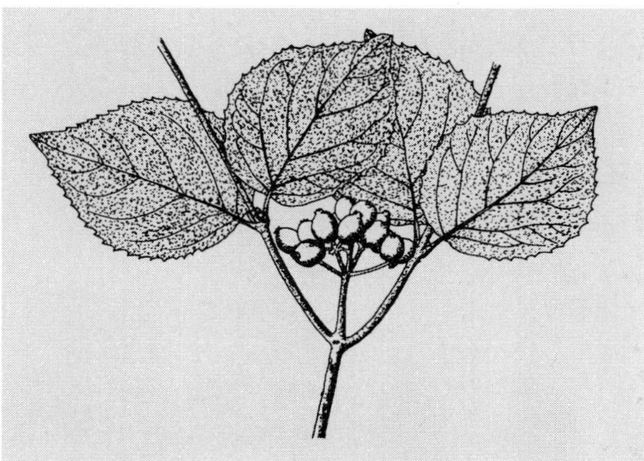

백당나무(개불두화, 까마귀밥나무)

Viburnum opulus var. *calvescens* (Rehder) H. Hara

영명 : Sargentii Viburnum, Cranberry Bush
일명 : カソボク
중명 : 佛頭花 불두화
이명 : *Viburnum lobatum* Lam.
Viburnum opulus var. *pubinerve* Makino
Viburnum pubinerve Blume ex Miq.
Viburnum sargenti f. *intermdium* (Nakai) Hara

Viburnum : 뜻은 알 수 없으나 *V. lantana*의 고명

생육

- 성 상 : 낙엽활엽관목
- 수 형 : 타원형
- 수 고 : 3m 내외
- 원산지 : 한국, 중국, 일본, 러시아
- 분 포 : 온대 중부지방에 자생

형태

- 잎 : 대생, 깊이 3개로 갈라지며 양쪽 2개의 열편이 밖으로 벌어짐
- 꽃 : 양성화이고 화경은 길이 2~6cm 정도로 주위에 중성화가 둘러싸고 있음. 5~6월 흰색으로 개화
- 열매 : 핵과, 둥글며 크기는 8~10mm 정도로서 겨울까지 달려 있으나 악취, 8~9월 붉은색으로 성숙
- 줄기 : 피목이 발달하며, 소지에 잔털이 있음
- 뿌리 : 천근성

생태

- 토 성 : 사질양토
- 음 양 성 : 중용수
- 내공해성 : 강함
- 건 습 : 적윤
- 산 도 : 약산성
- 내 한 성 : 강함
- 생장속도 : 느림
- 내 염 성 : 강함
- 통 기 : 필요
- 내 화 성 : 약함

1	2	3	4	5	6	7	8	9	10	11	12

관리 및 번식

- 이 식 : 용이
- 전 정 : 강함
- 번 식 : 실생/삽목/분주
- 병충해 : 강함(잠자리가시나방, 잎벌레)
- 시 비 : 보통

용도

5~6월에 피는 꽃과 단풍이 아름다우며 악센트식재, 주연부식재에 적합

기타종

- 불두화(*V. opulus* for. *hydrangeoides* (Nakai) Hara) 모든 꽃이 무성화이며 주로 사찰에 식재

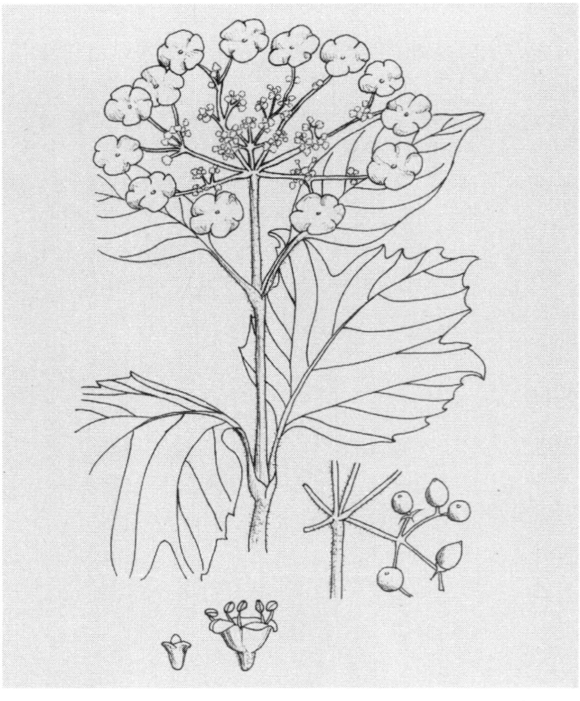

딱총나무

Sambucus williamsii var. *coreana* (Nakai) Nakai

영명 : Korean Elder
일명 : コウライニワドコ
중명 : 接骨木 접골목
이명 : *Sambucus latipinna* var. *coreana* (Nakai) Nakai
Sambucus sieboldiana var. *coreana* Nakai

Sambucus : 희랍어의 sambuce(고대악기)에서 유래. 총생하는 모습이 이 악기와 비슷함
williamsii : 영국 Frederic Newton Williams의

생육

- 성 상 : 낙엽활엽관목
- 수 형 : 원정형
- 수 고 : 5m 내외
- 원산지 : 한국, 중국, 일본, 몽골
- 분 포 : 전국의 산지에 자생

형태

- 잎 : 2~3쌍의 소엽으로 된 기수우상복엽, 길이 5~15cm, 너비 1.5~7.0cm
- 꽃 : 양성화, 길이 5~11cm의 원추화서, 열편은 긴 난형으로 길이 2mm, 4~5월 황백색 또는 녹백색으로 개화
- 열매 : 핵과, 난상 원형으로 지름은 2~5mm, 6~7월 붉은색으로 성숙
- 줄기 : 갈색 줄기에 골이 있음
- 뿌리 : 천근성

생태

- 토 성 : 사질양토
- 음 양 성 : 중용수
- 내공해성 : 약함
- 건 습 : 적윤
- 산 도 : 중성
- 내 한 성 : 강함
- 생장속도 : 빠름
- 내 염 성 : 강함
- 통 기 : 필요
- 내 화 성 : 약함

1	2	3	4~5	6~7	8	9	10	11	12

관리 및 번식

- 이 식 : 보통
- 번 식 : 실생/분주
- 시 비 : 보통
- 전 정 : 강함
- 병충해 : 강함(들명나방)

용도

4~5월에 피는 황백색꽃과 6~7월경에 익는 붉은 열매가 아름답고 악센트식재, 주연부식재, 경계식재에 이용

기타종

- 지렁쿠나무(*S. sieboldiana* var. *miquelii* (Nakai) Hara) 잎과 화서에 털이 있고, 자방에 털이 없음
- 덧나무(*S. sieboldiana* (Miq.) Blume ex Graebn.) 소지에 털이 없고, 거치가 안으로 꼬부라지며, 화서는 위를 향함

조릿대(기주조릿대, 긔주조릿대)

벼과

Sasa borealis (Hack.) Makino

영명 : Northern Bamboo
일명 : スズタケ
중명 : 山竹 산죽
이명 : *Sasa spiculosa* Makino
Sasa purpurascens (Hack.) Camus
Sasa spiculosa for. *angustior* Makino

Sasa : 일본어 "사사"에서 유래
borealis : 북방의, 북방계의

생육

- 성 상 : 상록활엽관목
- 수 형 : 부채꼴형
- 수 고 : 3m 내외
- 원산지 : 한국, 중국, 일본, 몽골
- 분 포 : 제주를 제외한 전국의 산지에 자생

형태

- 잎 : 긴 타원상 피침형 길이 10~25cm, 점첨두나 예저. 양면에 털이 없거나 뒷면에 기부에 털이있고 가장자리에 가시같은 잔거치
- 꽃 : 꽃차례는 털과 흰 가루로 덮여 있으며 밑 부분이 자주색 포로 싸여 있음. 4월 개화
- 열매 : 5~8월 성숙
- 줄기 : 마디와 마디사이에는 역모와 백분으로 덮이지만 4년째 포상엽이 벗겨지면서 없어짐
- 뿌리 : 천근성

생태

- 토 성 : 사질양토
- 음 양 성 : 음수
- 내공해성 : 보통
- 건 습 : 적윤
- 산 도 : 중성
- 내 한 성 : 강함
- 생장속도 : 빠름
- 내 염 성 : 보통
- 통 기 : 필요
- 내 화 성 : 약함

관리 및 번식

- 이 식 : 보통
- 전 정 : 강함
- 번 식 : 분주/근삽

1	2	3	4	5	6	7	8	9	10	11	12

- 병충해 : 강함(녹병, 갈색무늬병)
- 시 비 : 보통

용도

잎은 약용, 열매는 식용하며 항상 푸른색을 띠고 있으므로 교목 밑에 지피식재로 이용

기타종

- 섬조릿대(*S. kurilensis* (Rupr.) Makino & Shibata) 울릉도에 자라며, 포에 털이 없음
- 제주조릿대(*S. palmata* (Bean) E.G.Camus) 한라산에 자라며, 잎 가장자리에 흰 무늬가 있음
- 오죽(*Phyllostachys nigra* (Lodd. ex Lindl.) Munro) 줄기가 검은색 임

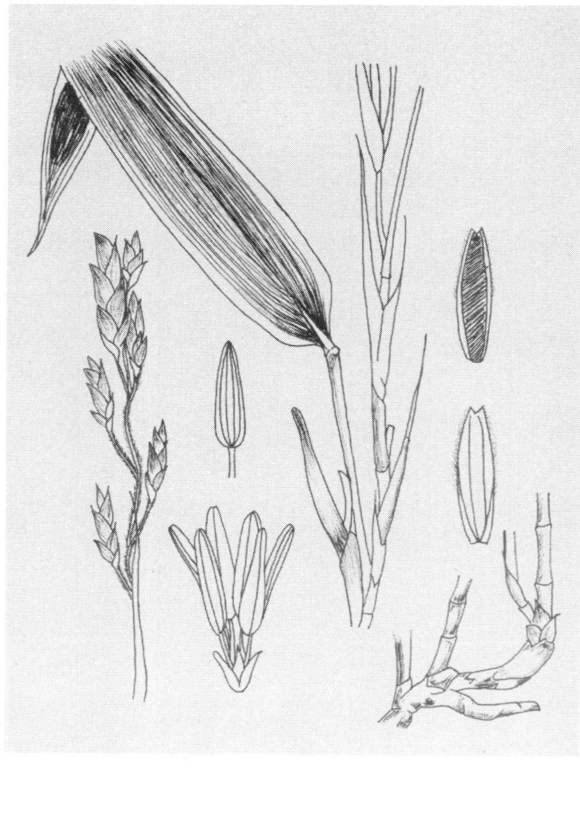

초본 편

동자꽃 석죽科

1	2	3	4	5	6	7	8	9	10	11	12

Lychnis cognata Maxim.

영명: Lobate Campion
일명: マツモトセンノウ
중명: 剪秋羅花 전추라화
이명: *Lychnis fulgens* var. *cognata* (Maxim.) Maxim. & Regel
Lychnis : 희랍어 lychnos(불꽃)에서 유래, 붉은빛이 도는 종에 대하여 불림

생육

- 여러해살이
- 초 장 : 40~100cm 내외
- 분 포 : 제주를 제외한 전국의 깊은 산 속 초원에 자생

생태

- 광 선 : 중생
- 내한성 : 강함
- 건 습 : 습윤
- 토 양 : 비옥

관리 및 번식

- 번 식 : 채취한 종자를 곧바로 파종
- 재 배 : 그늘지고 비옥한 곳을 좋아하지만 양지에서도 잘자람

용도 및 특이사항

용 도 : 소형의 절화용으로 좋으며, 관상용, 반그늘지에 군식
특이사항 : 털동자꽃, 제비동자꽃 등이 있음

패랭이꽃 석죽科

1	2	3	4	5	6	7	8	9	10	11	12

Dianthus chinensis L

영명: Chinese Pink
일명: セキチワ
중명: 石竹 석죽
이명: *Dianthus amurensis* Jacq. *Dianthus chinensis* var. *amurensis* (Jacq.) Kitag.
Dianthus : 희랍어 dios(희랍신화 중의 Jupitert신)와 anthos(꽃)의 합성어이며 Jupiter 자신의 꽃이라는 뜻

생육

- 여러해살이
- 초 장 : 20~50cm 내외
- 분 포 : 전국의 양지의 건조한 곳, 바위 주위에 자생

생태

- 광 선 : 양생
- 내한성 : 강함
- 건 습 : 보통
- 토 양 : 척박

관리 및 번식

- 번 식 : 채취한 종자를 곧바로 직파하면 발아가 좋으며 배수가 잘 되는 곳에 키움
- 재 배 : 더위, 건조 등에 강하며, 토양적응력이 높음

용도 및 특이사항

용 도 : 공원, 화단의 초본식재용으로 군식
특이사항 : 술패랭이꽃, 수염패랭이꽃, 갯패랭이꽃, 난쟁이패랭이꽃, 구름패랭이꽃 등이 있음

대나물 석죽科

1	2	3	4	5	6	7	8	9	10	11	12

Gypsophila oldhamiana Miq.

영명: Manchurian Baby's Breath
일명: コゴメナデシコ
중명: 銀柴湖 은시호
Gypsophila : 그리스어 gypsos(석회)와 philein(좋아한다)의 합성어, 석회질토양에서 잘자람

생육

- 여러해살이
- 초 장 : 50~100cm 내외
- 분 포 : 제주를 제외한 전국의 산기슭의 풀밭, 바닷가 산지

생태

- 광 선 : 양생
- 내한성 : 강함
- 건 습 : 보통
- 토 양 : 척박

관리 및 번식

- 번 식 : 실생, 분주
- 재 배 : 비교적 건조하며, 양지 혹은 반음지에서 잘자람

용도

용 도 : 어린순은 나물로 먹으며, 관상용, 특히 바위사이에 군식을 하면 아름다움

노루귀 미나리아재비科

1	2	3	4	5	6	7	8	9	10	11	12

Hepatica asiatica Nakai

영명: Hepatica
일명: ユキワリソウ
중명: 雪割草 설할초
이명: *Anemone hepatica* Blume
Hepatica asiatica f. obtusisloba Nakai
Hepatica novblis var. asiatica (Nakai) Hara
Hepatica : 간장
asiatica : 아시아원산의 뜻

생육

- 여러해살이
- 초 장 : 10cm 내외
- 분 포 : 제주를 제외한 전국의 숲 속

생태

- 광 선 : 중생
- 내한성 : 강함
- 건 습 : 습윤
- 토 양 : 비옥

관리 및 번식

- 번 식 : 5월경 채종하여 곧바로 파종, 분주
- 재 배 : 개화기에는 햇빛이 잘 드는 곳이 좋으며, 여름철에는 서늘하고 바람이 잘 통하는 곳

용도 및 특이사항

용 도 : 낙엽성 교목류 하부의 지피식물로 이용
특이사항 : 꽃색은 보라, 분홍, 흰색이 있음

매발톱 미나리아재비科

1	2	3	4	5	6	7	8	9	10	11	12

Aquilegia buergeriana var. *oxysepala* (Trautv. & Meyer) Kitam.

영명: Oriental Columbine
일명: ヤマオダマキ
중명: 洋牡丹 양모단
이명: *Aquilegia oxysepala* Trautv. & C.A.Mey.
Aguilegia : Agua(물)과 legere(모으다)의 합성어

생육

- 여러해살이
- 초 장 : 30~130cm 내외
- 분 포 : 제주도를 비롯한 전국에 자생

생태

- 광 선 : 양생
- 내한성 : 강함
- 건 습 : 보통
- 토 양 : 보통

관리 및 번식

- 번 식 : 8월경 채종하여 곧바로 파종
- 재 배 : 배수성이 좋은 사질토양에서 잘 자람. 여름철에는 서늘하고 바람이 잘 통하는 곳

용도 및 특이사항

용 도 : 화단 재료나 지피식물로 군식하면 좋음
특이사항 : 하늘매발톱(*A. japonica*)은 백두산 등 북부지역에 자라며, 꽃받침잎이 넓은 난형. 종간의 교잡이 잘 일어나며, 꽃색이 다양한 품종이 있음

하늘매발톱

복수초 미나리아재비科

1	2	3	4	5	6	7	8	9	10	11	12

Adonis amurensis Regel & Radde

영명: Amur Adonis
일명: フクジュソウ
중명: 長春菊 장춘국
이명: *Adonis amurensis* f. *viridescensicalyx* Y.N.Lee
Adonis : 그리스 아로니스신에 유래
amurensis : 아무르강 유역의 뜻

생육

- 여러해살이
- 초 장 : 10~30cm 내외
- 분 포 : 제주도를 제외한 전국에 자생

생태

- 광 선 : 개화기에 양생
- 내한성 : 강함
- 건 습 : 보통
- 토 양 : 비옥

관리 및 번식

- 번 식 : 5월말에 채종하여 곧바로 파종
- 재 배 : 적당한 보습성이 있고, 비옥한 토양을 좋아함. 5월 말에 지상부가 말라 휴면에 들어감에 따라 여름철에 짚이나 거적으로 멀칭하면 좋음

용도 및 특이사항

용 도 : 낙엽성 교목류 하부의 지피식물로 이용
특이사항 : 가지복수초, 애기복수초, 세복수초, 개복수초 등이 있음

할미꽃 — 미나리아재비科

1	2	3	4	5	6	7	8	9	10	11	12

Pulsatilla koreana (Yabe ex Nakai) Nakai ex Mori

영명: Korean Pasque-Flower
일명: チョウセンオキナグサ
중명: 白頭翁 백두옹
이명: *Pulsatilla cernua* var. *koreana* (Yabe) Y.N.Lee

Pulsatilla : 라틴어 pulso(치다, 소리내다)의 축소형이며 종같이 생긴 꽃의 형태에서 유래
koreana : 한국원산

생육

- 여러해살이
- 초 장 : 30cm 내외
- 분 포 : 제주도를 제외한 전국의 양지바른 풀밭이나 묘지부근에 자생

생태

- 광 선 : 양생
- 내한성 : 강함
- 건 습 : 건조
- 토 양 : 척박

관리 및 번식

- 번 식 : 종자를 채취하여 곧바로 파종
- 재 배 : 햇빛이 잘 들고 물 빠짐이 좋은 곳에서 키우며 너무 습하게 관리하면 지하부가 썩기 쉬움

용도 및 특이사항

용 도 : 화단 재료, 암석원, 척박지역 녹화용
특이사항 : 분홍할미꽃, 동강할미꽃 등이 있음

금꿩의다리 — 미나리아재비科

1	2	3	4	5	6	7	8	9	10	11	12

Thalictrum rochebrunianum var. *grandisepalum* (H.Lév.) Nakai

영명: Meadowrue
일명: シキンカラマツ
중명: 紫錦唐松 자금당송

Thalictrum : Dioscorides 가 이 속의 종에 붙인 이름
grandisepalum : 큰 꽃받침의

생육

- 여러해살이
- 초 장 : 70~100cm 내외
- 분 포 : 중부이북지방, 경기도, 강원도의 산야지에 자생

생태

- 광 선 : 중생
- 내한성 : 강함
- 건 습 : 적윤
- 토 양 : 보통

관리 및 번식

- 번 식 : 종자를 채취하여 곧바로 파종, 분주
- 재 배 : 습기가 많은 곳을 좋아하며, 중성토양에서 잘 자람

용도 및 특이사항

용 도 : 어린순을 나물로 먹으며, 연못 주변 등에 군식을 하면 보기가 좋음
특이사항 : 토양의 보습성이 좋은 곳이 좋으나 너무 비옥하면 식물체의 초장이 과다하게 커짐

동의나물 미나리아재비科

1	2	3	4 5	6	7		9	10	11	12

Caltha palustris L.

영명: Marsh marigold
일명: リュウキンカ
중명: 立金花 입금화
이명: *Caltha sibirica* (Regel) Tolm.
Caltha palustris var. *nipponica* Hara

Caltha : 라틴명 calathos(잔)에서 유래
palustris : 습지를 좋아하는

생육
- 여러해살이
- 초 장 : 60cm 내외
- 분 포 : 제주를 제외한 각처의 산지의 산골짜기, 도랑가, 습지에 자생

생태
- 광 선 : 개화시 양생
- 내한성 : 강함
- 건 습 : 습윤
- 토 양 : 비옥

관리 및 번식
- 번 식 : 종자를 채취하여 파종, 분주
- 재 배 : 가을에 삽목상자에 파종하면 이듬해 발아가 잘되며, 어린 유묘는 포트에 키운 후 연못 가장자리나 수반 등의 물이 있는 곳에 재배

용도 및 특이사항
용 도 : 관상용으로 분경 및 수변 가장자리에 군식하면 좋음
특이사항 : 유독성 식물로 곰취 잎과 비슷함

삼지구엽초 매자나무科

1	2	3	4		6		8	9	10	11	12

Epimedium koreanum Nakai

영명: Korean Epimedium
일명: チョウセンイカリソウ
중명: 淫羊藿 음양곽
이명: *Epimedium grandiflorum* subsp. *koreanum* (Nakai) Kitam.

Epimedium : 그리스의 지명 Media에서 유래된 epimedion에서 생긴 이름이지만 epimedion은 다른 식물이었다고 함

생육
- 여러해살이
- 초 장 : 30cm 내외
- 분 포 : 심산지역의 산지계곡 및 수림 가운데 그늘에 자생

생태
- 광 선 : 음생
- 내한성 : 강함
- 건 습 : 적윤
- 토 양 : 보통

관리 및 번식
- 번 식 : 종자를 채취하여 파종, 분주, 삽목(근삽)
- 재 배 : 물빠짐이 좋은 사질양토가 좋으며, 양지보다는 음지 와 반그늘에서 잘자람

용도 및 특이사항
용 도 : 전초는 약재로 사용, 관상용
특이사항 : 자생종은 연한 상아색이며, 기타 품종들은 꽃색과 잎이 다양함

깽깽이풀 매자나무科

1	2	3	4	5	6	7	8	9	10	11	12

Jeffersonia dubia (Maxim.) Benth. & Hook.f. ex Baker & S.Moore

영명: Chinese Twinleaf
일명: タッタソウ
중명: 鮮黃蓮 선황련
이명: *Plagiorhegma dubium* Maxim.

Jeffersonia : 제 3대 미국대통령 Thomas Jefferson에서 유래
dubia : 의심스러운

생육

- 여러해살이
- 초 장 : 25cm 내외
- 분 포 : 제주를 제외한 산골짜기 대개 낮은 지대에서 자생

생태

- 광 선 : 개화시 양생
- 내한성 : 강함
- 건 습 : 적윤
- 토 양 : 보통

관리 및 번식

- 번 식 : 종자를 채취하여 파종
- 재 배 : 물빠짐이 좋은 사질양토가 좋으며, 반그늘에서 생육상태가 양호함

용도 및 특이사항

용 도 : 뿌리는 약재로 사용, 관상용으로 분경 및 군락으로 식재
특이사항 : 위기종(EN)이며, 종자 산포는 대게 개미에 의해 퍼짐

피나물 양귀비科

1	2	3	4	5	6	7	8	9	10	11	12

Hylomecon vernalis Maxim.

영명: Forest poppy
일명: ヤマブキソウ
중명: 荷靑花 하청화
이명: *Hylomecon vernale* Maxim.

Hylomecon : 그리스어 hylo(숲)와 mecon(양귀비)의 합성어로 숲속에서 자라는 양귀비라는 뜻
vernalis : 봄의

생육

- 여러해살이
- 초 장 : 30cm 내외
- 분 포 : 중부, 북부지방 깊은 산골짜기 수림하의 그늘에서 자생

생태

- 광 선 : 음생
- 내한성 : 강함
- 건 습 : 습윤
- 토 양 : 비옥

관리 및 번식

- 번 식 : 종자를 채취하여 파종
- 재 배 : 비옥하며 습윤한 토양이 좋으며, 반그늘 혹은 그늘에서 잘자람

용도 및 특이사항

용 도 : 교목 하부에 지피식재로 사용되며, 연못가 장자리 식재도 용이함
특이사항 : 매미꽃과 비슷하지만 꽃이 잎겨드랑이에서 나오고, 상처를 내면 황적색의 유액이 나옴

금낭화 현호색科

1	2	3	4	5	6	7	8	9	10	11	12

Dicentra spectabilis (L.) Lem.

영명: Bleeding Heart
일명: ケマンソウ
중명: 錦囊花 금낭화
Dicentra : 희랍어 dis(2)와 centron(거)의 합성어이며 2개의 꽃잎에 거가 있음
spectabilis : 장관의

생육

- 여러해살이
- 초 장 : 40~70cm 내외
- 분 포 : 제주를 제외한 전국의 계곡 주변이나 바위지역에 자생

생태

- 광 선 : 중생
- 내한성 : 강함
- 건 습 : 보통
- 토 양 : 보통

관리 및 번식

- 번 식 : 7월에 채종한 종자를 바로 파종하여 멀칭을 하면 종자 발아가 좋음
- 재 배 : 반그늘에 배수가 잘 되는 토양이 좋으며, 습기가 과다하면 뿌리가 썩음

용도 및 특이사항

용 도 : 관상가치가 좋은 식물로 절화용, 분경용, 관상용, 지피식물용으로 사용
특이사항 : 약용으로 거풍, 화혈, 소창독에 효능이 있음

기린초 돌나물科

1	2	3	4	5	6	7	8	9	10	11	12

Sedum kamtschaticum Fisch. & Mey.

영명: Stonecrop
일명: キリンソウ
중명: 麒麟草 기린초
이명: *Sedum aizoon* var. *floribundum* Nakai
Sedum eooacombianum Praeger
Sedum : 라틴어 sedere(앉는다)에서 유래. 바위 곁에서 자라는 형태에서 유래
kamtschaticum : 캄차카의

생육

- 여러해살이
- 초 장 : 30cm 내외
- 분 포 : 전국의 양지바른 바위틈이나 숲 가장자리에서 자생

생태

- 광 선 : 양생
- 내한성 : 강함
- 건 습 : 건조
- 토 양 : 척박

관리 및 번식

- 번 식 : 9월에 종자 채취 후 파종, 삽목이 잘됨
- 재 배 : 양지, 배수가 잘되는 곳에서 잘자라고, 약간 건조한 상태로 재배하면 좋음

용도 및 특이사항

용 도 : 화단용, 옥상녹화용, 암석원, 바위틈, 건조지에 군식
특이사항 : 섬기린초, 애기기린초, 태백기린초, 가는기린초 등이 있음

돌나물

돌나물科

1	2	3	4	5 6	7	8		10	11	12

Sedum sarmentosum Bunge

영명: Stringy Stonecrop

일명: ツルマンネングサ

중명: 石上菜 석상채

이명: *Sedum lineare* var. *contractum* Miq.

Sedum : 라틴어 sedere(앉는다)에서 유래. 바위 곁에서 자라는 형태에서 유래

sarmentosum : 덩굴줄기의

생육

- 여러해살이
- 초 장 : 15cm 내외
- 분 포 : 전국의 산, 계곡, 들 등지의 축축한 바위틈이나 밭둑에서 자생

생태

- 광 선 : 양생
- 내한성 : 강함
- 건 습 : 건조
- 토 양 : 척박

관리 및 번식

- 번 식 : 9월에 종자 채취 후 파종, 삽목이 잘됨
- 재 배 : 보습성과 통기성이 좋은 사질양토에 하면 좋으나 어디에서나 잘 자라기 때문에 재배는 용이함

용도 및 특이사항

용 도 : 습기가 있는 지역에 지피녹화용으로 좋음. 옥상정원에도 이용

특이사항 : 바위채송화, 땅채송화 등의 비슷한 종이 있음

돌단풍

범의귀科

1	2	3	4 5	6		8	9	10	11	12

Mukdenia rossii (Oliv.) Koidz.

영명: Mukdenia

일명: イワヤツデ

중명: 一丹楓 일단풍

이명: *Mukdenia rossii* var. *typica* (Nakai) Nakai
Aceriphyllum rossii (Oliv.) Engl.

rossii : 채집가 Ross의

생육

- 여러해살이
- 초 장 : 30cm 내외
- 분 포 : 전국의 깊은 산 물가 주위의 바위틈에 자생

생태

- 광 선 : 중생
- 내한성 : 강함
- 건 습 : 보통
- 토 양 : 척박

관리 및 번식

- 번 식 : 실생, 분주(주로 분근을 이용하여 번식)
- 재 배 : 공중습도가 높은 지역을 좋아하나 뿌리는 습한 것을 싫어하며, 물 빠짐이 좋은 마사토를 사용하면 좋음

용도 및 특이사항

용 도 : 꽃과 잎이 아름다워 사찰이나 가정집에서 바위틈에 많이 식재, 분경용으로 이용

특이사항 : 붉게 물든 잎의 단풍이 아름다움

노루오줌 범의귀科

1	2	3	4	5	6	7 8		10	11	12

Astilbe rubra Hook.f. & Thomson

영명: False goat' s beard
일명: カラチタクサシ
중명: 落新婦 낙신부
이명: *Astilbe davidii* (Franch.) Henry
Astilbe chinensis var. *seoulensis* Nakai

Astilbe : 희랍어 a(무)와 stilbe(윤채)의 합성어이며 Aruncus 속에 비하여 잎에 윤채가 없음
rubra : 적색의

생육

- 여러해살이
- 초 장 : 30~70cm 내외
- 분 포 : 전국의 습윤한 계곡이나 습지 근처에 자생

생태

- 광 선 : 양생
- 내한성 : 강함
- 건 습 : 보통
- 토 양 : 보통

관리 및 번식

- 번 식 : 종자를 채취하여 습윤한 지역에 파종하면 이듬해 봄에 발아. 분주로도 증식이 잘됨
- 재 배 : 반그늘 또는 양지에서 잘 자라지만 건조에 약하기 때문에 관수에 신경을 써야 함

용도 및 특이사항

용 도 : 화단식재용으로 대량 군식하여 식재
특이사항 : 꽃색, 식물체 크기 등이 다른 다양한 품종

바위취 범의귀科

1	2	3	4		6	7		9	10	11	12

Saxifraga stolonifera Meerb.

영명: Strawberry Geranium
일명: ユキノシタ
중명: 虎耳草 호이초

Saxifraga : 라틴어 saxum(석)과 frangere(깨다)의 합성어.
stolonifera : 기는 줄기가 있는

생육

- 여러해살이
- 초 장 : 20cm, 꽃대 60cm 내외
- 분 포 : 중부이남의 음지가 있는 바위틈에 자생

생태

- 광 선 : 중생
- 내한성 : 보통
- 건 습 : 습윤
- 토 양 : 척박

관리 및 번식

- 번 식 : 실생 및 분주법. 잎은 삽목도 함
- 재 배 : 반그늘 또는 음지의 습기가 있는 지역

용도 및 특이사항

용 도 : 관상용으로 정원, 바위틈, 사찰 등에서 많이 식재하고 있음. 약용으로 서열을 내리고 독을 풀며 풍을 다스림
특이사항 : 유사종으로 바위떡풀, 참바위취 등이 있음

눈개승마

장미科

1	2	3	4	5	6	7	8	9	10	11	12

Aruncus dioicus var. *kamtschaticus* (Maxim.) H. Hara

영명: Kamchatha goat' s beard
일명: ヤマブキショウマ
중명: 竹土子 죽토자
이명: *Aruncus dioicus* var. *asiaticus* (Pojark.) Kitag.
Aruncus sylvester Park

Aruncus : 라틴의 산양의 수염에서 유래
dioicus : 이가화의
kamtschaticus : 캄차카의

생육

- 여러해살이
- 초 장 : 30~100cm 내외
- 분 포 : 제주를 제외한 전국의 각지 고산지대에 자생

생태

- 광 선 : 중생
- 내한성 : 강함
- 건 습 : 적윤
- 토 양 : 비옥

관리 및 번식

- 번 식 : 종자를 채취하여 곧바로 파종하면 발아가 잘됨
- 재 배 : 반그늘 지의 비옥하고 보습성이 좋은 토양에서 잘자람

용도 및 특이사항

용 도 : 관상용으로 심으며, 울릉도 · 강원도에서는 어린 순을 나물로 먹음
특이사항 : 유사종으로 한라개승마, 눈빛승마, 촛대승마, 승마 등이 있음

터리풀

장미科

1	2	3	4	5	6	7	8	9	10	11	12

Filipendula glaberrima Nakai

영명: meadowsweet dropwort
일명: シラユキソウ
중명: 光合葉子 광합엽자
이명: *Ulmaria kamtschatica* Nakai

Filipendula : 라틴어 filum(絲)과 pendulus(밑으로 처진)의 합성어. 기본종의 뿌리가 작은 공을 매단 것과 같다
glaberrima : 털이 전혀 없는

생육

- 여러해살이
- 초 장 : 1m 내외
- 분 포 : 제주를 제외한 전국의 각지 산지초원 및 숲가장자리에 자생

생태

- 광 선 : 양생
- 내한성 : 강함
- 건 습 : 적윤
- 토 양 : 비옥

관리 및 번식

- 번 식 : 종자를 채취하여 곧바로 파종하면 발아가 잘됨, 분주법
- 재 배 : 반그늘 지의 비옥하고 보습성이 좋은 토양에서 잘자람

용도 및 특이사항

용 도 : 관상용으로 심으며, 연못가장자리, 바위주변 등에 군식을 하면 좋음
특이사항 : 유사종으로 지리터리풀, 단풍터리풀, 붉은터리풀 등이 있음

산오이풀

장미科

1	2	3	4	5	6	7	8	9	10	11	12

Sanguisorba hakusanensis Makino

영명: Korean Mountion Burnet, Lilac Squirrel
일명: カライトソウ
중명: 根葉地楡 근엽지유
이명: *Sanguisorba hakusanensis* var. *coreana* Hara

Sanguisorba : 라틴어 sanguis(피)와 sorbere(멎게 하다)의 합성어. 뿌리에 타닌(tannin)이 많아서 지혈효과가 있다는 인간약으로서의 평판에서 유래

생육

- 여러해살이
- 초 장 : 40~80cm 내외
- 분 포 : 높은 산지(지리산, 가야산, 태백산 등) 등에 큰 군락을 형성하고 자생하는 고산식물

생태

- 광 선 : 양생
- 내한성 : 강함
- 건 습 : 보통
- 토 양 : 척박

관리 및 번식

- 번 식 : 종자번식, 분근법, 삽목법
- 재 배 : 물빠짐이 좋은 마사토에서 재배

용도 및 특이사항

용 도 : 관상용으로 심으며, 밀원식물, 약용으로 쓰임
특이사항 : 유사종으로 큰이오풀, 오이풀, 긴오이풀 등이 있음

부처꽃

부처꽃科

1	2	3	4	5	6	7	8	9	10	11	12

Lythrum anceps (Koehne) Makino

영명: Twoedged Loosestrife
일명: ミソハギ
중명: 千屈菜 천굴채
이명: *Lythrum salicaria* subsp. *anceps* (Koehne) H.Hara

Lythrum : 희랍어 lytron(血)에서 유래
anceps : 원줄기에 2개의 날개가 있는

생육

- 여러해살이
- 초 장 : 100cm 내외
- 분 포 : 전국의 양지바른 습지나 냇가 주위에 자생

생태

- 광 선 : 양생
- 내한성 : 강함
- 건 습 : 보통
- 토 양 : 보통

관리 및 번식

- 번 식 : 가을에 채취한 종자를 파종하면 이듬해 봄에 발아함
- 재 배 : 양지바르면서 습한 곳을 좋아하지만, 척박한 곳에서도 잘 자람

용도 및 특이사항

용 도 : 개화기간이 길어 다양한 용도로 사용이 가능하며, 하천변, 연못 등의 군락조성이나 척박지 녹화용으로 사용
특이사항 : 유사종으로 털부처꽃 등이 있으며, 비교적흔함

분홍바늘꽃

바늘꽃科

1	2	3	4	5	6	7	8	9	10	11	12

Epilobium angustifolium L.

영명: Fireweed, Great Willow Herb
일명: ヤナギラン
중명: 柳蘭 유란
이명: *Epilobium spicatum* Lam.
Epilobium : 그리스어 epi(上)와 lobon(삭과)의 합성어이며 긴 씨방 위에 꽃이 달린다
angustifolium : 좁은 잎

생육

- 여러해살이
- 초 장 : 1.5m 내외
- 분 포 : 강원도 대관령 이북 산록의 개활지에서 자람

생태

- 광 선 : 양생
- 내한성 : 강함
- 건 습 : 보통
- 토 양 : 보통

관리 및 번식

- 번 식 : 가을에 채취한 종자를 파종하면 이듬해 봄에 발아함. 근삽
- 재 배 : 반그늘의 일반 토양에 식재하면 좋음. 토양이 너무 좋으면 식물체가 웃자람

용도 및 특이사항

용 도 : 군락으로 식재하면 좋음. 전초를 약제로 사용(지혈, 수검 등)
특이사항 : 꽃이 흰색인 분홍바늘꽃이 있음

앵초

앵초科

1	2	3	4	5	6	7	8	9	10	11	12

Primula sieboldii E. Morren

영명: Siebold Primrose
일명: サクラソウ
중명: 野櫻草 야앵초
이명: *Primula sieboldii* var. *patens* (Turcz.) Kitag.
Primula sieboldii f. *spontanea* Takeda
Primula : 최고라는 뜻으로 일찍 꽃이피는 특색에서 유래

생육

- 여러해살이
- 초 장 : 15~40cm 내외
- 분 포 : 제주를 제외한 전국의 산지 계곡 습기 있는 곳의 가장자리, 초원에 자생

생태

- 광 선 : 중생
- 내한성 : 강함
- 건 습 : 적윤
- 토 양 : 비옥

관리 및 번식

- 번 식 : 8월에 채종한 종자를 파종, 잎이 없어지는 가을에 포기나누기를 함
- 재 배 : 반그늘지의 비옥한 토양에서 잘자람

용도 및 특이사항

용 도 : 식용, 관상용, 약용으로 쓰임. 활엽수 아래 군식하여 식재하면 좋음
특이사항 : 유사종으로 설앵초, 큰앵초 등이 있으며, 많은 원예품종들이 있음

참좁쌀풀 앵초科

1	2	3	4	5	6	7	8	9	10	11	12

Lysimachia coreana Nakai

영명: Korean Loose-strife

일명: コウライイオソウ

중명: 朝鮮眞珠菜 조선진주채

Lysimachia : Lysimachus 왕이 성난 황소의 습격을 받았을 때 이 풀을 흔들었더니 소가 진정했다는 전설이 있고, 또 lysis(풀다)와 mache(경쟁, 싸움)의 합성어

coreana : 한국 원산의

생육

- 여러해살이
- 초 장 : 50~100cm 내외
- 분 포 : 남부지방, 중부지방, 북부지방의 심산지역과 산야지 초원에 자생

생태

- 광 선 : 중생
- 내한성 : 강함
- 건 습 : 적윤
- 토 양 : 비옥

관리 및 번식

- 번 식 : 10월에 종자를 받아 곧바로 파종, 가을과 봄에 포기나누기
- 재 배 : 반그늘지의 비옥한 토양에서 잘자람

용도 및 특이사항

용 도 : 식용, 관상용, 약용으로 쓰임. 화단에 군식, 울타리 아래에 식재하면 좋음

특이사항 : 유사종으로 좁쌀풀이 있음

용담 용담科

1	2	3	4	5	6	7	8	9	10	11	12

Gentiana scabra Bunge

영명: Korean gentian

일명: リンドウ

중명: 龍膽草 용담초

이명: *Gentiana scabra* var. *intermedia* Kusn.
Gentiana fortunei Hook.

Gentiana : Illyria의 왕 Gentius (기원전 500년)에서 유래

생육

- 여러해살이
- 초 장 : 20~60cm 내외
- 분 포 : 전국 산야지초원에 자생

생태

- 광 선 : 중생
- 내한성 : 강함
- 건 습 : 보통
- 토 양 : 보통

관리 및 번식

- 번 식 : 씨앗으로 번식
- 재 배 : 보습성이 풍부하고 반그늘 비옥한 토양을 좋아함

용도 및 특이사항

용 도 : 절화용, 분화용으로 사용. 낙엽성 하부식재용이나 화단식재용으로 좋음

특이사항 : 유사종으로 과남풀, 산용담, 덩굴용담 등이 있음

꿀풀 꿀풀科

1	2	3	4	5	6	7	8	9	10	11	12

Prunella vulgaris var. *lilacina* Nakai

영명: Lilac self-heal
일명: ウツボグサ
중명: 夏枯草 하고초
이명: *Prunella vulgaris* f. *lilacina*

Prunella : 독일어이지만 어원이 확실하지 않으며 Linne 이전에는 흔히 Brunella(扁桃腺炎 : 편도선염)라고 함
vulgaris : 보통의
lilacina : 등색의, 수수꽃다리의 색과 같은

생육

- 여러해살이
- 초 장 : 20~30cm 내외
- 분 포 : 전국 양지바른 풀밭에서 자생

생태

- 광 선 : 양생
- 내한성 : 강함
- 건 습 : 건조
- 토 양 : 척박

관리 및 번식

- 번 식 : 씨앗으로 번식
- 재 배 : 꽃이 지고 나서 영양관리를 잘하면 가을에 꽃을 한번더 볼 수 있으며, 배수가 잘 되는 양지에서 재배

용도 및 특이사항

용 도 : 건조지역이나 화단에 대규모 식재
특이사항 : 한약으로 사용되며 눈을 맑게 해줌. 흰꿀풀 등이 있음

참골무꽃 꿀풀科

1	2	3	4	5	6	7	8	9	10	11	12

Scutellaria strigillosa Hemsl.

영명: Sandy Skullcap
일명: ナミキンウ
중명: 沙灘黃芩 사탄황금
이명: *Scutellaria strigillosa* f. *albiflora* Y.N.Lee

Scutellaria : 라틴어 scutella(작은 접시)에서 유래. 꽃받침에 접시 같은 부속물이 있다

생육

- 여러해살이
- 초 장 : 10~40cm 내외
- 분 포 : 제주도, 울릉도를 포함한 전국의 해변사지에 자생

생태

- 광 선 : 양생
- 내한성 : 강함
- 건 습 : 건조
- 토 양 : 척박, 모래

관리 및 번식

- 번 식 : 씨앗으로 번식, 분주법
- 재 배 : 양지, 반그늘에서 잘자라며, 토양은 가리지 않으며, 척박한 토양에서도 잘자람

용도 및 특이사항

용 도 : 약용, 식용, 화단의 군식, 사면 식재
특이사항 : 유사종으로 골무꽃, 광릉골무꽃, 황금, 애기골무꽃 등이 있음

용머리 꿀풀科

1	2	3	4	5	6	7	8		10	11	12

Dracocephalum argunense Fisch. ex Link

영명: Fischer' s Dragon-head, Argun Dragon-head

일명: ムシヤリソドウ

중명: 靑蘭 청란

이명: *Ruyschiana speciosa* (Ledeb.) Ledeb.

Dracocephalum : 그리스어 dracon(용)과 cephale(머리)의 합성어이며, 꽃부리 형태에 비유

생육

- 여러해살이
- 초 장 : 15~40cm 내외
- 분 포 : 남부, 중부, 북부지방의 산지의 숲 가장자리에 자생

생태

- 광 선 : 양생
- 내한성 : 강함
- 건 습 : 보통
- 토 양 : 보통

관리 및 번식

- 번 식 : 종자, 분주, 삽목으로 번식
- 재 배 : 내한성이 강하며 비교적 재배가 용이한 식물이며, 배수가 잘되고 유기질이 풍부한 사질양토가 좋음

용도 및 특이사항

용 도 : 밀원식물이며, 약용으로 사용함. 화단의 군식을 하면 좋음

특이사항 : 흰 꽃이 피는 흰용머리가 있음

산꼬리풀 현삼科

1	2	3	4	5	6	7	8	9	0	11	12

Veronica rotunda var. *subintegra* (Nakai) T.Yamaz.

일명: ヤマトラノオ

중명: 水蔓靑 수만청

이명: *Veronica spuria* var. *subintegra* Nakai

Veronica : 성 베로니카를 기념하는 이름

rotunda : 원형의

subintegra : 대체적으로 전연의

생육

- 여러해살이
- 초 장 : 40~80cm 내외
- 분 포 : 남부, 중부, 북부지방의 산지의 초원에 자생

생태

- 광 선 : 양생
- 내한성 : 강함
- 건 습 : 보통
- 토 양 : 보통

관리 및 번식

- 번 식 : 보통 종자로 번식함. 분주
- 재 배 : 내한성이 강하며 비교적 재배가 용이한 식물이며, 비옥한 토양 보다는 보통의 토양에서 재배하면 웃자람을 막을 수 있음

용도 및 특이사항

용 도 : 밀원식물이며, 화단에 군식을 하면 좋음

특이사항 : 유사종으로 꼬리풀, 긴산꼬리풀, 봉래꼬리풀, 구와꼬리풀 등이 있음

마타리

마타리科

1	2	3	4	5	6	7	8	9	10	11	12

Patrinia scabiosifolia ex Trevir.

영명: Patrinia
일명: オミナエシ
중명: 黃花龍牙 황화용아
이명: *Patrinia scabiosaefolia* f. *glabra* Kom.
Patrinia scabiosaefolia Fisch. ex Link

Patrinia : 프랑스의 식물학자 E.L.M. Patrin(1742~1814)에서 유래
scabiosaefolius : 체꽃속의 잎과 비슷한

생육
- 여러해살이
- 초 장 : 70~150cm 내외
- 분 포 : 양지바른 풀밭에 자생

생태
- 광 선 : 양생
- 내한성 : 강함
- 건 습 : 건조
- 토 양 : 척박

관리 및 번식
- 번 식 : 종자를 채취하여 곧바로 파종하거나 삽목하면 발근이 잘됨
- 재 배 : 배수성이 좋은 사질양토에 심으면 좋으며, 양분이 많으면 웃자랄 우려가 있음

용도 및 특이사항
용 도 : 절화용, 척박한 토양이 많은 사면에 식재
특이사항 : 유사종으로 돌마타리, 금마타리, 뚝갈 등이 있음

금마타리

마타리科

1	2	3	4	5	6	7	8	9	10	11	12

Patrinia saniculifolia Hemsl.

영명: Sanicula-leaf Golden Lace
일명: カラキンレイカ
중명: 地花採 지화채

Patrinia : 프랑스의 식물학자 E.L.M. Patrin(1742~1814)에서 유래
saniculaefolia : 참반디속(*Sanicula*)의 잎과 비슷한

생육
- 여러해살이
- 초 장 : 30cm 내외
- 분 포 : 높은 산지의 능선을 따라 바위틈 등에 자생

생태
- 광 선 : 양생
- 내한성 : 강함
- 건 습 : 보통
- 토 양 : 척박

관리 및 번식
- 번 식 : 종자 채취 후 곧바로 파종하거나, 층적처리 후 이듬해 봄에 뿌림. 분주
- 재 배 : 낙엽수 아래에 비교적 햇살이 적은 곳에서 재배하며, 토양은 물빠짐이 좋아야 함

용도 및 특이사항
용 도 : 관상용으로 바위사이에 식재하거나, 분경용으로 사용
특이사항 : 한국특산식물이자 희귀식물 중 약관심종(LC)임

솔체꽃

산토끼꽃科

1	2	3	4	5	6	7	8	9	10	11	12

Scabiosa tschiliensis Gruning

영명: Hopei Scabious

일명: チョウセンマシムシソウ

중명: 滿色山蘿卜 만색산라복

이명: *Scabiosa japonica* var. *acutiloba* Hara
Scabiosa japonica subsp. *tschiliensis*(Gruning) Hurus.

Scabiosa : 라틴어 scabies(옴)에서 유래. 본속 중에 피부병을 고치는 종류가 있다는 데서 기인

생육

- 2년생 초본
- 초 장 : 50~90cm 내외
- 분 포 : 중부지방, 북부지방, 강원지방 등 태백산맥을 따라 산지초원 및 고원지에 자생

생태

- 광 선 : 양생
- 내한성 : 강함
- 건 습 : 보통
- 토 양 : 보통

관리 및 번식

- 번 식 : 종자를 채취하여 곧바로 파종
- 재 배 : 배수성이 좋은 사질양토에 심으면 좋으며, 반그늘과 토양이 비옥하면 더욱 좋음

용도 및 특이사항

용 도 : 절화용, 화단식재. 특히 군식을 하면 더욱 좋음

특이사항 : 유사종으로 구름체꽃, 체꽃, 민둥체꽃 등이 있음

초롱꽃

초롱꽃科

1	2	3	4	5	6	7	8	9	10	11	12

Campanula punctata Lam.

영명: Spotted Bellflower, Long-flowered Harebell

일명: ホタルブクロ

중명: 螢袋 형대

이명: *Campanula punctata* var. *typica* Makino

Campanula : 작은 종모양의 꽃이 피는 것
punctata : 반점이 있는, 점이 있는

생육

- 여러해살이
- 초 장 : 50~90cm 내외
- 분 포 : 전국의 산야지, 초원에 자생

생태

- 광 선 : 양생
- 내한성 : 강함
- 건 습 : 보통
- 토 양 : 보통

관리 및 번식

- 번 식 : 종자를 채취하여 곧바로 파종, 땅속줄기에 의해 번식
- 재 배 : 배수성이 좋은 사질양토에 심으면 좋으며, 시비는 거의 필요 없음

용도 및 특이사항

용 도 : 관상용, 암석원 등에 많이 사용. 척박한 도로 옆이나 사면에 군식으로 색재하면 매우 좋음

특이사항 : 유사종으로 섬초롱꽃이 있으며, 꽃색은 연한 자주색으로 줄기에 털이 거의 없으며 조경용으로 많이 사용함

도라지

초롱꽃科

1	2	3	4	5	6	7	8	9	10	11	12

Platycodon grandiflorum (Jacq.) A.DC.

영명: Balloon Flower
일명: キキョウ
중명: 桔梗 길경
이명: *Platycodon grandiflorum* var. *candolleanus* Franch.
Platycodon autumnole Decne.

Platycodon : 그리스어 platys(넓다)와 codon(종)의 합성어, 화형(花形)에서 유래
grandiflorum : 큰 꽃의

생육

- 여러해살이
- 초 장 : 40~100cm 내외
- 분 포 : 전국 각처의 산야지에 흔히 자생하고 농가에서 재배

생태

- 광 선 : 양생
- 내한성 : 강함
- 건 습 : 보통
- 토 양 : 보통

관리 및 번식

- 번 식 : 종자를 채취하여 곧바로 파종
- 재 배 : 배수성이 좋은 사질양토에 심으면 좋으며, 토양이 비옥하면 더욱 좋음

용도 및 특이사항

용 도 : 식용, 약용, 관상용으로 사용. 뿌리를 편도선염, 복통, 거담, 천식 등의 약재로 사용
특이사항 : 유사종으로 백도라지, 겹도라지 등이 있음

더덕

초롱꽃科

1	2	3	4	5	6	7	8	9	10	11	12

Codonopsis lanceolata (Siebold & Zucc.) Benth. & Hook. f. ex Trautv.

영명: Bonnet Bellflower
일명: ツルニンヅン
중명: 沙蔘 사삼
이명: *Codonopsis yesoensis* Nakai

Codonopsis : 그리스어 codon(종)과 opsis(비슷한)의 합성어, 꽃부리가 종과 비슷하다
lanceolata : 피침형의

생육

- 여러해살이
- 초 장 : 덩굴성으로 길이 2~3m 내외
- 분 포 : 전국 각처의 심산지역, 숲속에 자생하며, 농가에서 재배

생태

- 광 선 : 양생,음생,중생
- 내한성 : 강함
- 건 습 : 적윤
- 토 양 : 비옥

관리 및 번식

- 번 식 : 종자를 채취하여 곧바로 파종
- 재 배 : 배수성이 좋은 비옥한 토양이 좋으며, 그늘, 반그늘, 양지에서 모두 잘 자람

용도 및 특이사항

용 도 : 식용, 약용, 관상용으로 사용. 특히 울타리, 담장 주위에 식재하면 좋음
특이사항 : 유사종으로 소경불알, 만삼 등이 있음

숫잔대 숫잔대科

1	2	3	4	5	6	7	8	9	10	11	12

Lobelia sessilifolia Lamb.

영명: Sessile Lobelia
일명: サワギキョウ
중명: 山梗菜 산경채
이명: *Lobelia camtschatica* Pall. ex Spreng.
Rapuntium kamtschaticum Presl.

Lobelia : 영국의 본초학자 Matthias de Lobel에서 유래
sessilifolia : 대가 없는 잎의

생육

- 여러해살이
- 초 장 : 50~100cm 내외
- 분 포 : 전국 각처의 산야습지에 자생

생태

- 광 선 : 양생
- 내한성 : 강함
- 건 습 : 습윤
- 토 양 : 보통

관리 및 번식

- 번 식 : 종자를 채취하여 곧바로 파종, 포기나누기
- 재 배 : 주변의 습도가 높거나, 물기가 많은 곳에서 재배

용도 및 특이사항

용 도 : 관상용, 약용에 쓰이고, 연못가장자리에 군식하면 좋음
특이사항 : 원예품종으로 꽃이 붉은 붉은숫잔대 등이 있음

구절초 국화科

1	2	3	4	5	6	7	8	9	10	11	12

Dendranthema zawadskii var. *latilobum* (Maxim.) Kitam.

영명: White-lobe korean dendranthema
일명: イワギク
중명: 山菊 산국
이명: *Chrysanthemum zawadskii* subsp. *latilobum* (Maxim.) Kitag.

Zawadskii : 헝가리의 식물채집가 Zawadski의
latilolous : 넓은 열편의

생육

- 여러해살이
- 초 장 : 30~50cm 내외
- 분 포 : 전국 각처의 산야에 자생

생태

- 광 선 : 양생
- 내한성 : 강함
- 건 습 : 보통
- 토 양 : 척박

관리 및 번식

- 번 식 : 종자를 채취하여 곧바로 파종, 삽목 또는 포기나누기
- 재 배 : 배수가 잘되는 지역에서 재배하는 것이 좋으며, 양지와 반음지에서 잘자람

용도 및 특이사항

용 도 : 척박지 녹화용, 공원과 화단에 군식
특이사항 : 유사종으로 산구절초, 바위구절초, 남구절초, 포천구절초 등이 있음

벌개미취 국화科

1	2	3	4	5	6	7	8	9	10		12

Aster koraiensis Nakai

영명: korean Star Wort
일명: コウライシオン
중명: 朝鮮嫁菜 조선가채
이명: *Asteromoea koraiensis* (Nakai) Kitam.
Gymnaster koraiensis (Nakai) Kitam.

Aster : 희랍어 aster(별)에서 유래. 두화가 방사형
koraiensis : 한국의

생육

- 여러해살이
- 초 장 : 50~60cm 내외
- 분 포 : 경기도 이남의 산이나 들에 자람

생태

- 광 선 : 양생
- 내한성 : 강함
- 건 습 : 보통
- 토 양 : 보통

관리 및 번식

- 번 식 : 종자를 채취하여 곧바로 파종, 포기나누기
- 재 배 : 토양조건은 가리지 않으며, 근래에 포트묘 등으로 많이 재배되고 있다

용도 및 특이사항

용 도 : 관상용으로 화단, 길가에 군식하며, 대규모 군락지에 활용하면 좋음. 뿌리줄기가 발달하여 번식하는 특성이 있기에 사면식재시 활용도가 높음

특이사항 : 유사종으로 개미취, 좀개미취가 있음.

좀개미취 국화科

1	2	3	4	5	6	7	8	9	10		12

Aster maackii Regel

영명: Maack Aster
일명: ヒゴシオン
중명: 圓苞紫菀 원포자원
이명: *Aster koidzumizana* Makino

Aster : 희랍어 aster(별)에서 유래. 두화가 방사형
maackii : 소련의 분류학자 R. Maackii의

생육

- 여러해살이
- 초 장 : 30~80cm 내외
- 분 포 : 중부지방, 북부지방의 산지, 산골짜기 냇가 근처에서 자생

생태

- 광 선 : 양생
- 내한성 : 강함
- 건 습 : 적윤
- 토 양 : 보통

관리 및 번식

- 번 식 : 종자를 채취하여 곧바로 파종, 삽목, 포기나누기
- 재 배 : 토양조건은 가리지 않으나, 비옥한 토양이 좋으며, 햇빛이 잘 드는 지역에 별다른 관리 및 번식 없이 재배 가능

용도 및 특이사항

용 도 : 관상용으로 화단, 바위사에 식재

특이사항 : 유사종으로 개미취, 벌개미취 등이 있음

미역취 — 국화科

1	2	3	4	5	6	7	8	9	10	11	12

Solidago virgaurea subsp. *asiatica* Kitam. ex H. Hara

영명: Asian Golden Rod
일명: アキノキリンソウ
중명: 一枝黃花 일지황화

Solidago : 라틴어 solidus(완전)과 접미어 ago(상태)의 합성어. 상처약으로서의 평판에 기인
virgaurea : 황금색의 가지란 뜻에서 온 라틴명
asiatica : 아시아의

생육

- 여러해살이
- 초 장 : 30~80cm 내외
- 분 포 : 전국 각처의 산야지에 흔히 자생

생태

- 광 선 : 양생, 중생
- 내한성 : 강함
- 건 습 : 보통, 적윤
- 토 양 : 보통

관리 및 번식

- 번 식 : 종자를 채취하여 곧바로 파종, 삽목
- 재 배 : 토양조건은 가리지 않으며, 비옥하고 물빠짐이 좋은 토양이 좋음. 반음지와 양지에서 재배

용도 및 특이사항

용 도 : 식용, 약용, 관상용으로 사용되며, 꽃은 화단에 군식하면 아름다움
특이사항 : 유사종으로 미국미역취, 울릉미역취 등이 있음

해국 — 국화科

1	2	3	4	5	6	7	8	9	10	11	12

Aster spathulifolius Maxim.

영명: Seashore spatulate aster
일명: ダルマギク
중명: 達磨菊 달마국
이명: *Aster spathulifolius* f. *alba* Y.N.Lee

Aster : 희랍어 aster(별)에서 유래. 두화가 방사형

생육

- 반목본성 초본
- 초 장 : 30~60cm 내외
- 분 포 : 중부이남 해안지역의 바닷가 바위 주위에서 자생

생태

- 광 선 : 양생
- 내한성 : 보통
- 건 습 : 건조
- 토 양 : 척박

관리 및 번식

- 번 식 : 종자를 채취하여 곧바로 파종, 삽목
- 재 배 : 재배초기에는 강한 직사광선을 막아주는 것이 좋으며, 통풍과 배수가 잘 되게 해주어야 함

용도 및 특이사항

용 도 : 해변의 조경용으로 매우 좋은 소재로 사용되고 있으며, 교목의 하부식재에도 매우 좋음. 약재로 사용
특이사항 : 유사종으로 왕해국이 있음

민들레 국화科

1	2	3	4	5	6	7	8	9	10	11	12

Taraxacum platycarpum Dahlst.

영명: Dandleion, Korean Dandleion
일명: タンポポ
중명: 蒲公英 포공영
이명: *Taraxacum platycarpum* var. *ecorniculatum* H.Koidz.
Taraxacum luteopapposum H.Koidz.

Taraxacum : 아랍어 쓴풀이라는 뜻에서 유래
mongolicum : 편평한, 큰 열매의

생육

- 여러해살이
- 초 장 : 30cm 내외
- 분 포 : 전역에 양지바른 초원이나, 길가에 자생

생태

- 광 선 : 양생
- 내한성 : 강함
- 건 습 : 보통
- 토 양 : 보통

관리 및 번식

- 번 식 : 5~6월에 채종하여 깃털을 제거한 후 저온처리하여 파종
- 재 배 : 양지성이나 반그늘에서도 재배 가능. 서양민들레와 교잡이 잘 됨

용도 및 특이사항

용 도 : 넓은 면적에 군식, 지피식물로 이용
특이사항 : 유사종으로 서양민들레, 흰민들레 등이 있으며 현재는 약용으로 재배함

뻐꾹채 국화科

1	2	3	4	5	6	7	8	9	10	11	12

Rhaponticum uniflorum (L.) DC.

영명: Uniflower Swisscentaury
일명: オオバナアザミ
중명: 漏蘆 누로
이명: *Leuzea dahurica* Bunge
Serratula uniflora (L.) Spreng.

Rhapontica : 흑해의 대황이라는 뜻
uniflora : 꽃이 하나인

생육

- 여러해살이
- 초 장 : 30~70cm 내외
- 분 포 : 중부 이북의 건조한 산과 들

생태

- 광 선 : 양생
- 내한성 : 강함
- 건 습 : 보통
- 토 양 : 보통

관리 및 번식

- 번 식 : 종자를 채취하여 곧바로 파종
- 재 배 : 지하부의 습기에 약하므로 물 빠짐이 좋은 사질양토에서 재배

용도 및 특이사항

용 도 : 꽃이 크고 색이 아름다워 화단용으로 식재, 절화용으로 사용
특이사항 : 어린잎은 식용하며, 한방과 민간에서 전초를 약용으로 사용함

금불초

국화科

1	2	3	4	5	6	7	8	9	10	11	12

Inula britannica var. *japonica* (Thunb.) Franch. & Sav.

영명: Oriental Yellowhead

일명: オグルマ

중명: 旋腹花 선복화

이명: *Inula britannica* subsp. *japonica* Kitam.
Inula britannica var. *japonica* Kom.

Inula : *Inula helenium*의 고대 라틴명, 그리스명은 elenion 이다

britannica : 영국의

생육

- 여러해살이
- 초 장 : 20~60cm 내외
- 분 포 : 전국 각처의 산과 들에서 자람

생태

- 광 선 : 양생
- 내한성 : 강함
- 건 습 : 습윤
- 토 양 : 보통

관리 및 번식

- 번 식 : 종자를 채취하여 곧바로 파종, 분주법
- 재 배 : 건조지와 습지에도 잘자라기에 비교적 재배가 용이한 종임

용도 및 특이사항

용 도 : 식용, 약용, 관상용으로 쓰이고, 화단에 군식을 하면 좋음

특이사항 : 유사종으로 가는금불초, 버들금불초 등이 있음

털머위

국화科

1	2	3	4	5	6	7	8	9	10	11	12

Farfugium japonicum (L.) Kitam.

영명: Leopard Print

일명: ツワブキ

중명: 大吳風草 대오풍초

이명: *Farfugium tussilagineum* Kitam.
Ligularia tussilaginea Makino
Tussilago japonicum L.

Farfugiun : 털머위의 라틴고명에서 유래

japonica : 일본원산의

생육

- 여러해살이
- 초 장 : 30~50cm 내외
- 분 포 : 울릉도, 제주도, 남해안 바닷가에 자생

생태

- 광 선 : 중생
- 내한성 : 보통
- 건 습 : 습윤
- 토 양 : 비옥

관리 및 번식

- 번 식 : 종자를 채취하여 곧바로 파종
- 재 배 : 중부지방에서도 재배가 가능하나 겨울철에 지상부가 고사. 차고 건조한 바람을 피하고 비옥한 토양에서 재배

용도 및 특이사항

용 도 : 낙엽수림 하부의 지피식물 혹은 화단재료나 실내조경용 식물로 좋음

특이사항 : 약용으로 진통, 진정, 종기 등의 치료재로 사용

곰취

국화科

1	2	3	4	5	6	7	8	9	10	11	12

Ligularia fischeri (Ledeb.) Turcz.

영명: Fischer's Ragwort, Gomchwi
일명: オタカラコウ
중명: 雄蔬 웅소
이명: *Cineraria fischeri* Ledeb.
Ligularia speciosa Fisch. & Mey.

Ligularia : 라틴어 ligula에서 유래. 작은 설상화가 달린다
fischeri : 소련의 분류학자의 이름에서 유래

생육

- 여러해살이
- 초 장 : 1-1.5m 내외
- 분 포 : 전국 각지방의 심산지역 산지 높은지대 습지에 자생

생태

- 광 선 : 중생
- 내한성 : 강함
- 건 습 : 습윤
- 토 양 : 비옥

관리 및 번식

- 번 식 : 종자를 채취하여 곧바로 파종, 분주
- 재 배 : 반그늘이나 음지의 비옥한 토양에서 재배

용도 및 특이사항

용　　도 : 관상용으로 화단, 연못가장자리 식재, 식용으로 사용
특이사항 : 유사종으로 곤달비, 어리곤달비, 화살곰취, 한대리곰취 등이 있음

산국

국화科

1	2	3	4	5	6	7	8	9	10	11	12

Dendranthema boreale (Makino) Ling ex Kitam.

영명: North Dendrathema
일명: アブラギク
중명: 野菊 야국, 香葉菊 향엽국
이명: *Chrysanthemum boreale* (Makino) Makino

boreale : 북방계의

생육

- 여러해살이
- 초 장 : 1~1.5cm 내외
- 분 포 : 전국 각처의 산야지에 흔히 자생

생태

- 광 선 : 양생
- 내한성 : 강함
- 건 습 : 건조
- 토 양 : 척박

관리 및 번식

- 번 식 : 종자를 채취하여 곧바로 파종, 삽목, 분주
- 재 배 : 토양은 배수가 잘되는 비옥토가 좋으며, 진딧물 방제를 해주어야 함

용도 및 특이사항

용　　도 : 어린순은 식용이 가능하며, 꽃은 차로 사용됨. 화단, 절화 등의 관상용으로 사용
특이사항 : 유사종으로 감국이 있으며, 감국은 산국보다 꽃이 크며, 잎의 결각이 넓은 편임

맥문동

백합科

1	2	3	4	5	6	7	8	9	10	11	12

Liriope platyphylla F.T.Wang & T.Tang

영명: Big Blus lilyturf
일명: ヤブラン
중명: 闊葉土麥冬 활엽토맥동
이명: *Liriope graminifolia* Baker
Liriope muscari Bailey
Liriope spicata var. *latifolia* Franch.
Liriope : 희랍신화 중의 여신명에서 유래

생육

- 여러해살이
- 초 장 : 30~50cm 내외
- 분 포 : 중부 이남 산지의 숲속에서 자생

생태

- 광 선 : 음생
- 내한성 : 약함
- 건 습 : 보통
- 토 양 : 비옥

관리 및 번식

- 번 식 : 종자를 채취하여 곧바로 파종, 분주
- 재 배 : 내한성에 문제가 있기에 온도관리를 잘 해주어야 함

용도 및 특이사항

용 도 : 내음성이 강하므로 그늘진 곳에 지피식재용으로 많이 사용되고 있으며, 꽃과 잎의 관상가치가 뛰어나 화분 및 분재용으로 사용
특이사항 : 유사종으로 좀맥문동, 개맥문동, 소엽맥문동 등이 있음

비비추

백합科

1	2	3	4	5	6	7	8	9	10	11	12

Hosta longipes (Franch. & Sav.) Matsum.

영명: Purplebracted Plantain Lily, Hosta
일명: イワギボウシ
중명: 長柄玉簪 장병옥잠
이명: *Funkia longipes* Franch. & Sav.
Hosta longipes Nakai
Hosta : 오스트리아의 의사 Nicholaus Thomas Hosta(1761~1834)에서 유래
longipes : 긴 대의

생육

- 여러해살이
- 초 장 : 50cm 내외
- 분 포 : 전국의 산지의 계곡이나 습한 곳에 자생

생태

- 광 선 : 중생, 음생
- 내한성 : 강함
- 건 습 : 보통
- 토 양 : 보통

관리 및 번식

- 번 식 : 종자를 채취하여 곧바로 파종, 분주
- 재 배 : 물 빠짐이 좋고 반그늘인 상태를 좋아함

용도 및 특이사항

용 도 : 조경용으로 화단이나 공원에 군식
특이사항 : 유사종으로 일월비비추, 좀비비추, 무늬비비추 등이 있음

옥잠화

백합科

1	2	3	4	5	6	7	8	9		11	12

Hosta plantaginea (Lam.) Asch.

영명: Fragrant Plantain Lily, Hosta
일명: マルバタマノカンザシ
중명: 玉簪花 옥잠화
이명: *Funkia subcordata* Spreng.
Hemerocallis plantaginea Lam.
Hosta plantaginea f. *stenantha* F.Maek.

Hosta : 오스트리아의 의사 Nicholaus Thomas Hosta(1761~1834)에서 유래

생육

- 여러해살이
- 초 장 : 40~60cm 내외
- 분 포 : 중국 원산. 우리나라에는 전국에 식재

생태

- 광 선 : 중생, 음생
- 내한성 : 강함
- 건 습 : 보통
- 토 양 : 보통

관리 및 번식

- 번 식 : 종자를 채취하여 곧바로 파종, 분주
- 재 배 : 반그늘이나 그늘에서 잘 자라고, 비옥한 토양을 좋아하므로 양분을 많이 주어야 함

용도 및 특이사항

용 도 : 공원이나 화단에 대규모의 군락으로 경관 조성용으로 식재, 향기가 좋고 꽃이 크기 때문에 경계식재용으로도 사용
특이사항 : 허브식물로도 가치가 있고 화장품의 원료로도 개발됨

원추리

백합科

1	2	3	4	5	6	7	8	9		11	12

Hemerocallis fulva (L.) L.

영명: Orange Daylily, Tawny Daylily,
일명: ホンカンゾウ
중명: 萱草 훤초
이명: *Hemerocallis maculata* Nakai

Hemerocallis : 히랍어 hemera(1일)와 callos(미)의 합성어이며 꽃이 하루만에 시든다
fulva : 다갈색의

생육

- 여러해살이
- 초 장 : 50~100cm 내외
- 분 포 : 전국의 배수가 잘되고 양지인 곳에 자생

생태

- 광 선 : 양생
- 내한성 : 강함
- 건 습 : 보통
- 토 양 : 보통

관리 및 번식

- 번 식 : 종자를 채취하여 곧바로 파종, 분주
- 재 배 : 양지를 좋아하고 반그늘에서도 잘 자라며, 배수가 잘되어야 함

용도 및 특이사항

용 도 : 공원이나 화단, 절개사면 녹화용으로 사용되며, 경계식재용으로도 사용
특이사항 : 유사종으로 각시원추리, 왕원추리, 홍도원추리 등이 있음

참나리 백합科

1	2	3	4	5	6	7~8	9	10	11	12

Lilium lancifolium Thunb.

영명: Tiger Lily
일명: オニユリ
중명: 卷丹 권단, 紅百合 홍백합
이명: *Lilium tigrinum* Ker Gawl.
Lilium : 라틴 고명이며 켈트어의 li와 희랍어의 leirion은 모두 백색을 뜻한다
lancifolius : 침엽상 잎의

생육

- 여러해살이
- 초 장 : 1~2m 내외
- 분 포 : 전국 양지바른 풀밭이나 하천변에 자생

생태

- 광 선 : 양생
- 내한성 : 강함
- 건 습 : 보통
- 토 양 : 보통

관리 및 번식

- 번 식 : 10월경 뿌리나누기를 하거나, 주아 · 인편을 삽목함
- 재 배 : 배수가 좋은 토양에 양분을 섞어서 재배하며, 건조하지 않게 함

용도 및 특이사항

용 도 : 정원이나 노지의 화단에 군식. 도로변이나 사면에 군식
특이사항 : 유사종으로 하늘나리, 솔나리, 땅나리, 중나리, 날개하늘나리, 말나리 등이 있음

은방울꽃 백합科

1	2	3	4~5~6	7	8~9	10	11	12

Convallaria keiskei Miq.

영명: Lily Of The Valley
일명: スズラン
중명: 鈴蘭 영란, 五月花 오월화
이명: *Convallaria japonica* Greene
Convallaria majalis L.
Convallaria : 라틴어 convallis(골짜기)와 leirion(백합)의 합성어이며 산골짜기의 백합화란 뜻

생육

- 여러해살이
- 초 장 : 20~30cm 내외
- 분 포 : 제주를 제외한 전국 산지의 숲속에 자생

생태

- 광 선 : 음생
- 내한성 : 강함
- 건 습 : 적윤
- 토 양 : 보통

관리 및 번식

- 번 식 : 8~9월경 종재를 채취하여 바로 파종, 봄에 포기나누기
- 재 배 : 물 빠짐이 좋으며, 반그늘에서 재배

용도 및 특이사항

용 도 : 정원이나 화단에 군식, 교목의 하부식재
특이사항 : 유독성 식물로 먹지 않지만, 강심 · 이뇨 등에 효능이 있어 약용으로 사용

두메부추

백합科

1	2	3	4	5	6	7	8	9	10	11	12

Allium senescens L.

영명: Aging Chive, German Garlic
일명: セッカヤマネギ
중명: 山韭 산구
Allium : 고대 라틴명이며 켈트어로 맵다 또는 냄새가 난다는 뜻
senescens : 늙어가는

생육

- 여러해살이
- 초 장 : 20~30cm 내외
- 분 포 : 울릉도, 중부지방, 북부지방의 심산지역 산지와 해변 등지에 자생

생태

- 광 선 : 양생
- 내한성 : 강함
- 건 습 : 보통
- 토 양 : 보통

관리 및 번식

- 번 식 : 종재채취후 곧바로 파종, 분구
- 재 배 : 토양은 가리지 않으나 물 빠짐이 좋은 토양을 좋아하며, 반그늘에서 재배

용도 및 특이사항

용 도 : 방향성식물로 식용, 약용으로 쓰이며, 최근에 정원등지에 활용하며, 지피식물로도 좋음
특이사항 : 유사종으로 한라부추, 산부추 등이 있음

둥굴레

백합科

1	2	3	4	5	6	7	8	9	10	11	12

Polygonatum odoratum var. *pluriflorum* (Miq.) Ohwi

영명: Lesser Solomon's Seal
일명: アマドコロ
중명: 玉竹 옥죽, 黃精 황정
이명: *Polygonatum koreanum* Nakai
Polygonatum : 그리스어 polys(많다)와 gonu(무릎, 마디)의 합성어로 근경에 마디가 많다
odoratum : 방향이 있는

생육

- 여러해살이
- 초 장 : 30~50cm 내외
- 분 포 : 전국에 자생

생태

- 광 선 : 음생
- 내한성 : 강함
- 건 습 : 보통
- 토 양 : 보통

관리 및 번식

- 번 식 : 10월에 익은 종자를 바로 뿌리거나, 가을이나 이른 봄에 포기나누기를 함
- 재 배 : 물 빠짐이 좋으며, 반그늘에서 재배

용도 및 특이사항

용 도 : 약용, 식용으로 재배하며, 조경용으로는 활엽수림 하부의 군식 및 사면부에 식재
특이사항 : 유사종으로 각시둥굴레, 진황정, 용둥굴레, 산둥굴레 등이 있음

뻐꾹나리 백합科

1	2	3	4	5	6	7	8	9	10	11	12

Tricyrtis macropoda Miq.

영명: Speckled Toadlily
일명: チョウセンホトトギス
중명: 擴張油點草 확장유점초
이명: *Tricyrtis macropoda* var. *glabrescens* Koidz.

Tricyrtis : 그리스어 treis(3)와 cyrtos(굽다)의 합성어이며 3개의 외화피 기부가 굽는다
macropoda : 긴 대의, 굵은 대의

생육

- 여러해살이
- 초 장 : 30~100cm 내외
- 분 포 : 제주를 제외한 거의 전국의 숲속에 자생

생태

- 광 선 : 중생 • 내한성 : 보통
- 건 습 : 적윤 • 토 양 : 보통

관리 및 번식

- 번 식 : 종자 번식이 잘되어 종자를 바로 뿌리리면 이듬해 봄에 발아함, 가을철 포기나누기
- 재 배 : 물 빠짐이 좋으며, 반그늘에서 재배

용도 및 특이사항

용 도 : 잎과 줄기는 식용으로 사용하며, 관상용으로 사용된다. 활엽수림 하부의 지피식재나 꽃 모양이 독특해 교육용으로 좋음

특이사항 : 전국적으로 자생지 및 개체수는 많으나, 꽃이 독특해 인위적 훼손에 의한 자생지 파괴가 심각함. 휘귀식물 LC(약관심종)에 속함

상사화 백합科

1	2	3	4	5	6	7	8	9	10	11	12

Lycoris squamigera Maxim.

영명: Resurrection Lily
일명: ナシスイセン
중명: 想思花 상사화
이명: *Amaryllis hallii* Baker

Lycoris : 그리스신화 중 바다여신 Lycoris에서 유래
squamigera : 인편이 있는

생육

- 여러해살이
- 초 장 : 50~80cm 내외
- 분 포 : 일본 원산이며, 관상용으로 들어와 우리나라 각처에서 흔히 심음

생태

- 광 선 : 중생 • 내한성 : 보통
- 건 습 : 습윤 • 토 양 : 비옥

관리 및 번식

- 번 식 : 인경을 이용하여 번식, 분주
- 재 배 : 반그늘의 물빠짐이 좋고 양분이 많은 토양

용도 및 특이사항

용 도 : 봄부터 장마철까지는 잎을 감상, 이후에는 꽃을 감상할 수 있는 식물로 화단용으로 많이 심음

특이사항: 유사종으로 붉노랑상사화, 백양꽃 등이 있으며, 백양꽃은 특산식물이자 휘귀식물 EN(위귀종)에 속함

석산

백합科

1	2	3	4	5	6	7	8	9	10	11	12

Lycoris radiata (L' Hér.) Herb.

영명: Spider Lily, Red Spider Lily

일명: ヒガンバナ

중명: 石蒜 석산

이명: *Nerine radiata* Sweet
Lycoris terracciani Dammann

Lycoris : 그리스신화 중 바다여신 Lycoris에서 유래
radiata : 放射狀(방사상)의

생육

- 여러해살이
- 초 장 : 30~50cm 내외
- 분 포 : 중국, 일본 원산으로 우리나라 남부지방의 사찰에 주로 심었으나 최근에는 경기도 이남으로 식재지역이 확대

생태

- 광 선 : 중생,양생
- 내한성 : 보통
- 건 습 : 보통
- 토 양 : 보통

관리 및 번식

- 번 식 : 종자 번식이 되지 않으며, 구근 번식
- 재 배 : 햇빛은 가리지 않으며, 토양은 물빠짐이 좋은 토양에서 재배

용도 및 특이사항

용 도 : 화단용으로 사용되며, 최근 정원 등의 활엽수림 하부의 대규모 군락으로 식재

특이사항 : 유사종으로 개상사화, 상사화, 백양꽃 등이 있으며 꽃무릇이라 부르기도 함. 열매가 거의 맺지 않음

붓꽃

붓꽃科

1	2	3	4	5	6	7	8	9	10	11	12

Iris sanguinea Donn ex Horn

영명: Siberian Iris, Blood Iris

일명: アヤメ

중명: 豆鼓草 두고초

이명: *Iris extremorientalis* Koidz.
Iris sibirica var. *orientalis* Baker

Iris : 희랍어로 "무지개"란 뜻이지만 식물명으로 전용됨

생육

- 여러해살이
- 초 장 : 60cm 내외
- 분 포 : 전국의 양지바른 곳의 풀밭, 습지 초원에 흔히 자생

생태

- 광 선 : 양생
- 내한성 : 강함
- 건 습 : 적윤
- 토 양 : 보통

관리 및 번식

- 번 식 : 가을에 채취한 종자를 직파, 포기나누기로 번식
- 재 배 : 토질은 가리지 않으며, 반그늘 또는 양지에서 잘자람

용도 및 특이사항

용 도 : 관상가치가 높아 경관 조성용 등으로 사용되며, 특히 군식하면 운치가 있음

특이사항 : 유사종으로 흰붓꽃, 부채붓꽃, 타래붓꽃, 꽃창포 등이 있음

타래붓꽃

붓꽃科

1	2	3	4	5 6	7 8	9	10	11	12

Iris lactea var. *chinensis* (Fisch.) Koidz.

영명: Winding Leaf Iris
일명: ネジアヤメ
중명: 馬藺子 마린자
이명: *Iris lactea* subsp. *chinensis* (Fisch.) Kitag.
Iris ensata var. *chinensis* (Fisch.) Maxim.
Iris : 희랍어로 "무지개"란 뜻이지만 식물명으로 전용됨

생육

- 여러해살이
- 초 장 : 40cm 내외
- 분 포 : 전국의 양지바른 곳의 건조한 곳에 자생

생태

- 광 선 : 양생
- 내한성 : 강함
- 건 습 : 건조
- 토 양 : 척박

관리 및 번식

- 번 식 : 익은 종자를 바로 뿌리거나 이듬해 봄에 뿌리며, 가을에 뿌리부분을 절단하여 포기나누기
- 재 배 : 토질은 가리지 않으며, 양지에서 관리를 한다

용도 및 특이사항

용 도 : 관상용 · 약용으로 쓰이고 한방과 민간에서 근경 및 종자를 편도선염, 인후염, 토혈 등에 약재로 쓴다. 화단에서 건조한 곳에 식재시 적합함

특이사항 : 유사종으로 흰붓꽃, 부채붓꽃, 붓꽃, 제비붓꽃, 꽃창포 등이 있음

제비붓꽃

붓꽃科

1	2	3	4	5 6		8	9	10	11	12

Iris laevigata Fisch.

영명: Rabbit's Ear Iris
일명: カキシバタ
중명: 燕子花 연자화
이명: *Iris maacki* Maxim.
Iris : 희랍어로 "무지개"란 뜻이지만 식물명으로 전용됨
laevigata : 털이 없는, 평활한

생육

- 여러해살이
- 초 장 : 50~70cm 내외
- 분 포 : 남부지방 지리산의 습지초원에 자생

생태

- 광 선 : 양생
- 내한성 : 강함
- 건 습 : 습윤
- 토 양 : 보통

관리 및 번식

- 번 식 : 가을에 채취한 종자를 직파, 포기나누기로 번식
- 재 배 : 양지에서 사질양토가 좋으며, 충분한 물관리가 필요함

용도 및 특이사항

용 도 : 관상가치가 높아 경관 조성용 등으로 사용되며, 특히 연못가에 심으면 좋음

특이사항 : 분포가 제한적이지만 현재 많은 원예품종이 나와 있으며, 유사종으로 흰붓꽃, 부채붓꽃, 타래붓꽃, 꽃창포 등이 있음

꽃창포 붓꽃科

1	2	3	4	5	6 7	8	9	10	11	12

Iris ensata var. *spontanea* (Makino) Nakai

영명: Japanese Water Iris
일명: ノナショウブ
중명: 花菖蒲 화창포
이명: *Iris kaempferi* var. *spontanea* Makino
Iris : 희랍어로 "무지개"란 뜻이지만 식물명으로 전용됨
ensata : 일형의
spontanea : 야생의, 자생의

생육

- 여러해살이
- 초 장 : 50~100cm 내외
- 분 포 : 전국의 햇볕이 잘 드는 습지 부근에 자생

생태

- 광 선 : 양생
- 내한성 : 강함
- 건 습 : 습윤
- 토 양 : 보통

관리 및 번식

- 번 식 : 가을에 채취한 종자를 직파, 포기나누기로 번식
- 재 배 : 물가나 습한 곳을 좋아하므로, 일반적인 흙에 관수만 잘하면 문제없이 자람

용도 및 특이사항

용 도 : 습지나 연못에 심으면 좋으며, 댐유역이나 저수지 주변에 경관조성용으로 식재
특이사항 : 잎의 크기가 대형이며 창포와 비슷하게 생겨 꽃창포라고 불리지만, 창포와는 전혀 다른 식물임

노랑꽃창포 붓꽃科

1	2	3	4	5 6	7	8	9	10	11	12

Iris pseudacorus L.

영명: Yellow Iris, Yellow Flag, Water Flag
일명: キショウブ
중명: 黃菖蒲 황창포
Iris : 희랍어로 "무지개"란 뜻이지만 식물명으로 전용됨
pseudacorus : 창포속(Acorus)과 비슷한

생육

- 여러해살이
- 초 장 : 1m 내외
- 분 포 : 유럽 원산이며 관상용으로 들어와 각처에서 연못가 등에 흔히 식재

생태

- 광 선 : 양생
- 내한성 : 강함
- 건 습 : 습윤
- 토 양 : 보통

관리 및 번식

- 번 식 : 가을에 채취한 종자를 직파, 포기나누기로 번식
- 재 배 : 물가나 습한 곳을 좋아하므로, 일반적인 흙에 관수만 잘하면 문제없이 자람

용도 및 특이사항

용 도 : 습지나 연못에 심으면 좋으며, 댐유역이나 저수지 주변에 경관조성용으로 식재
특이사항 : 많은 원예품종들이 있음(*I. pseudacorus* 'Alba', *I. pseudacorus* 'Variegata', *I. pseudacorus* 'Krill' 등)

범부채 붓꽃科

1	2	3	4	5	6	7	8	9	10	11	12

Belamcanda chinensis (L.) DC.

영명: Blackberry Lily, Leopard Lily
일명: ヒオウギ
중명: 山蒲扇 산포선, 射干花 사간화
이명: *Gemminga chinensis* (L.) Kuntze
Belamcanda punctata Moench

Belamcanda : 인도 Malabar 지방의 토명
chinensis : 중국 원산의

생육

- 여러해살이
- 초 장 : 50~100cm 내외
- 분 포 : 전국 각처의 산야지에 자생하며, 인가에서 관상초로 흔히 심음

생태

- 광 선 : 양생, 중생
- 내한성 : 강함
- 건 습 : 보통
- 토 양 : 보통

관리 및 번식

- 번 식 : 가을에 채취한 종자를 직파, 분주법
- 재 배 : 반그늘의 일반토양에 손쉽게 재배가 가능하며, 물빠짐은 좋아야 함

용도 및 특이사항

용 도 : 관상용 · 약용으로 쓰이며 한방과 민간에서는 근경을 소염, 진해, 편도선염, 진통 등에 사용하며, 관상용으로 군식하면 좋음
특이사항 : 여름철에 비가 많고 바람이 많을 불 경우 쓰러지기 쉬워 군식하면 좋음

수크령 벼科

1	2	3	4	5	6	7	8	9	10	11	12

Pennisetum alopecuroides (L.) Spreng.

영명: Chinese Pennisetum, Foxtail Fountion Gross
일명: チカラシバ
중명: 狼尾草 랑미초
이명: *Pennisetum compressum* R.Br.

Pennisetum : 라틴어 penna(羽毛; 우모; 부드러운 털)와 seta(刺毛; 자모; 가시털)의 합성어이며 소수에 까락이 많음
alopecuroides : 둑새풀속(Alopeculus)과 비슷한

생육

- 여러해살이
- 초 장 : 50~80cm 내외
- 분 포 : 전국 양지바른 풀밭이나 길가

생태

- 광 선 : 양생
- 내한성 : 강함
- 건 습 : 건조
- 토 양 : 척박

관리 및 번식

- 번 식 : 가을에 채취한 종자를 직파
- 재 배 : 토양을 가리지 않고 척박한 땅에서도 잘 견딤

용도 및 특이사항

용 도 : 사방용이나 훼손지역 지피소재용으로 좋으며, 자연적 풍경을 만들 때 경관조성용으로 사용하면 좋음
특이사항 : 많은 원예품종들이(*P. alopecuroiids* 'Cassian' s choia', *P. alopecuroiids* 'Ginger Love' 등) 있으며, 꽃꽂이 용

억새 — 벼科

1	2	3	4	5	6	7	8	9	10	11	12

Miscanthus sinensis var. *purpurascens* (Andersson) Rendle

영명: Flame Grass, Puple maiden Silver Grass
중명: 芒莖 망경, 芒根 망근
이명: *Miscanthus purpurascens* Andersson
Miscanthus : 그리스어 mischos(소화경)과 anthos(꽃)의 합성어
purpurascens : 다소 자색이 도는

생육
- 여러해살이
- 초 장 : 1~2m 내외
- 분 포 : 전국의 산과 들에 흔히 자생

생태
- 광 선 : 양생
- 내한성 : 강함
- 건 습 : 건조
- 토 양 : 척박

관리 및 번식
- 번 식 : 가을에 채취한 종자를 직파, 이른 봄 새싹이 올라올 때 포기나누기
- 재 배 : 토양을 가리지 않고 척박한 땅에서도 잘 견딤. 양지에서 재배

용도 및 특이사항
용 도 : 관상용, 공업용, 사료용, 약용, 관상용 등으로 사용되며, 특히 바위주변과 군락지, 악센트 식재시 좋음
특이사항 : 유사종으로 물억새, 참억새, 장억새, 금억새 등이 있음

창포 — 천남성科

1	2	3	4	5	6	7	8	9	10	11	12

Acorus calamus L.

영명: Common Sweet Flag
일명: ショウブ
중명: 菖蒲 창포
이명: *Acorus asiaticus* Nakai ex Kitag.
Acorus cochinchinense (Lour.) Schott
Acorus : 희랍어로 아름답지 않은 꽃이란 뜻
calamus : 관(管)의

생육
- 여러해살이
- 초 장 : 70~100cm 내외
- 분 포 : 전국의 연못, 습지, 도랑, 개울가에 자생

생태
- 광 선 : 양생
- 내한성 : 강함
- 건 습 : 습윤
- 토 양 : 보통

관리 및 번식
- 번 식 : 인공 종자번식은 거의 불가능하며, 분주를 이용하여 증식
- 재 배 : 햇볕이 잘드는 습지나 물가에서 기르면 좋음

용도 및 특이사항
용 도 : 잎이 시원스럽고 연녹색으로 관상가치가 높으며, 연못이나 습지에 식재하면 좋음
특이사항 : 욕실의 방향제, 향수, 입욕제, 비누 등으로 사용이 가능하며, 약용으로 사용. 유사종으로 석창포가 있음

부들

부들科

1	2	3	4	5	6	7	8	9	10	11	12

Typha orientalis C.Presl

영명: Bulrush, Oriental Cat' s tail

일명: コガマ

중명: 東方香蒲 동방향포

이명: *Typha shuttleworthii* subsp. *orientalis* (Presl) Graebn.

Typha : 희랍의 고명 typhe에서 유래. Tiphos(연못)에서 연상

orientalis : 東方의, 東部의

생육

- 여러해살이
- 초 장 : 1~2m 내외
- 분 포 : 전국의 하천변, 습지, 연못 등지에 자생

생태

- 광 선 : 양생
- 내한성 : 강함
- 건 습 : 습윤
- 토 양 : 척박

관리 및 번식

- 번 식 : 분주를 이용하여 증식
- 재 배 : 물가나 물속 또는 습지에서 잘 자라므로 수변에서 심어서 관리하고 잎이 마른 뒤에는 잘라 주어야 물이 썩지 않음

용도 및 특이사항

용 도 : 연못이나 물가 또는 습지에서 경관조성용으로 심으면 좋으며, 특히 꽃과 열매가 독특하고 오래 남아 있기에 관상용으로 좋음

특이사항 : 공업용으로 섬유나 편공재 등으로 사용

관중

면마科

1	2	3	4	5	6	7	8	9	10	11	12

Dryopteris crassirhizoma Nakai

영명: Thick Stemmed Wood Fern

일명: オシダ

중명: 貫仲 관중, 綿馬 면마

Dryopteris : 그리스어 dry(가시나무)와 pteris(양치식물)의 합성어

crassirhizoma : 굵은 뿌리

생육

- 여러해살이
- 초 장 : 50~100cm 내외
- 분 포 : 전국의 산지수림 아래 음지에 자생

생태

- 광 선 : 음생
- 내한성 : 강함
- 건 습 : 적윤
- 토 양 : 비옥

관리 및 번식

- 번 식 : 포자로도 가능하나 일반적으로 잘 번식 시킬 수 있는 방법이 아니며, 이른 봄 새순이 지상부로 올라올 때 바로 포기나누기 함
- 재 배 : 토양에 유기질이 많이 함유된 곳에 자라기 때문에 퇴비와 같은 거름기가 많은 것을 넣고 재배

용도 및 특이사항

용 도 : 식용, 약용으로 사용되며, 최근에 실내조경용, 건물사이의 음지, 수림하부식재로 사용됨

특이사항 : 유사종으로 북관중, 개면마, 좀나도히초미, 윤개관중 등이 있음

찾아보기

학명찾아보기

A

B

C

D

E

F

G

H

I

J

K

L

Q

R

U

V

W

Z

국명 찾아보기

ㄱ

ㄴ

ㄷ

ㄹ

ㅁ

ㅇ